U0173792

BIM 经典译丛

BIM 手册

（原著第三版）

BIM经典译丛

BIM手册

(原著第三版)

[以色列]拉斐尔·萨克斯(Rafael Sacks)
[美]查尔斯·伊斯曼(Charles Eastman)
[韩]李刚(Ghang Lee)
[美]保罗·泰肖尔兹(Paul Teicholz) 著
张志宏 郭红领 刘 辰 译
马智亮 校

面向业主、设计师、工程师、承包商和设施经理的建筑信息建模指南

中国建筑工业出版社

著作权合同登记图字：01-2019-1049 号

图书在版编目（CIP）数据

BIM 手册：面向业主、设计师、工程师、承包商和设施经理的建筑信息建模指南：原著第三版 /（以）拉斐尔·萨克斯（Rafael Sacks）等著；张志宏，郭红领，刘辰译 .—北京：中国建筑工业出版社，2023.5
（BIM 经典译丛）
书名原文：BIM Handbook 3rd Edition A Guide to Building Information Modeling for Owners, Designers, Engineers, Contractors, and Facility Managers
ISBN 978-7-112-28693-5

Ⅰ. ① B… Ⅱ. ①拉…②张…③郭…④刘… Ⅲ. ①建筑设计—计算机辅助设计—应用软件—手册 Ⅳ. ① TU201.4-62

中国国家版本馆 CIP 数据核字（2023）第 078129 号

BIM Handbook: A Guide to Building Information Modeling for Owners, Designers, Engineers, Contractors, and Facility Managers, Third Edition / Rafael Sacks, Charles Eastman, Ghang Lee, Paul Teicholz, 9781119287537

责任编辑：孙书妍
责任校对：李辰馨

BIM 经典译丛
BIM 手册（原著第三版）
面向业主、设计师、工程师、承包商和设施经理的建筑信息建模指南
[以色列] 拉斐尔·萨克斯（Rafael Sacks）
[美] 查尔斯·伊斯曼（Charles Eastman）
[韩] 李刚（Ghang Lee）
[美] 保罗·泰肖尔兹（Paul Teicholz）
著
张志宏　郭红领　刘　辰　译
马智亮　校
*
中国建筑工业出版社出版、发行（北京海淀三里河路 9 号）
各地新华书店、建筑书店经销
北京雅盈中佳图文设计公司制版
北京盛通印刷股份有限公司印刷
*
开本：787 毫米 ×1092 毫米　1/16　印张：36½　插页：8　字数：816 千字
2023 年 5 月第一版　2023 年 5 月第一次印刷
定价：**128.00** 元
ISBN 978-7-112-28693-5
（41031）

“BIM 经典译丛”书目

一、导论、基础类[1]

1.《BIM 导论》，[美] 卡伦 · M. 肯塞克著，林谦、孙上、陈亦雨译，林谦、胡智超校

2.《BIM 开发——标准、策略和最佳方法》，[美] 罗伯特 · S. 韦甘特著，张其林、吴杰译

3.《大 BIM 小 bim》（原著第二版），[美] 菲尼斯 · E. 杰尼根著，程蓓、周梦杰译

4.《大 BIM 4.0——连接世界的生态系统》，[美] 菲尼斯 · E. 杰尼根著，赵雪锋、鲁敏、刘占省、李业译

二、业主应用类

5.《建筑业主和开发商的 BIM 应用》，[美] K. 普拉莫德 · 雷迪著，李智、王静译

三、设计、施工类与绿色建造、数字建造类

6.《BIM 与整合设计——建筑实践策略》，[美] 兰迪 · 多伊奇著，张洪伟、尚晋、郭雪霏、李惠译

7.《BIM 与施工管理》（原著第二版），[美] 布拉德 · 哈丁、戴夫 · 麦库尔著，王静、尚晋、刘辰译，董建峰校

8.《绿色 BIM——采用建筑信息模型的可持续设计成功实践》，[美] 埃迪 · 克雷盖尔、布拉德利 · 尼斯著，高兴华译

9.《小型可持续设计中的 BIM 应用》，[美] 弗朗索瓦 · 勒维著，邹越等译

10.《数据驱动的设计与施工——25 种捕获、分析和应用建筑数据的策略》，[美] 兰迪 · 多伊奇著，顾文政、蔡红译，张志宏校

四、设施管理类

11.《设施管理应用 BIM 指南》，[美] 保罗 · 泰肖尔兹主编，张志宏译，刘辰校

五、风景园林类

12.《风景园林 BIM 应用》，[英] 英国风景园林学会著，郭湧译

六、综合、指南类

13.《BIM 手册 适用于业主、项目经理、设计师、工程师和承包商的建筑信息模型指南》（原著第二版），[美] 查克 · 伊斯曼、保罗 · 泰肖尔兹、[以色列] 拉斐尔 · 萨克斯、[美] 凯瑟琳 · 利斯顿著，耿跃云、尚晋等译，郭红领等校

14.《BIM 手册 面向业主、设计师、工程师、承包商和设施经理的建筑信息建模指南》（原著第三版），[以色列] 拉斐尔 · 萨克斯、[美] 查尔斯 · 伊斯曼、[韩] 李刚、[美] 保罗 · 泰肖尔兹著，张志宏、郭红领、刘辰译，马智亮校

1　同类书籍按出版先后顺序排序。

“BIM 经典译丛”序

2016 年，国家“十三五”规划首次站在国家顶层设计高度提出了加快建设数字中国。2023 年 2 月，中共中央、国务院印发了《数字中国建设整体布局规划》，将建设数字中国上升到“是数字时代推进中国式现代化的重要引擎，是构筑国家竞争新优势的有力支撑”的战略高度，并指出，要全面赋能经济社会发展，推动数字技术和实体经济深度融合，在农业、工业、金融、教育、医疗、交通、能源等重点领域，加快数字技术创新应用。

建筑业作为国民经济支柱产业，在数字中国建设中有着举足轻重、不可或缺的地位。建筑业，一方面是产业数字化的践行者、受益者和数字中国数据底座的内容提供者；另一方面，又是数字中国建设成果的主要应用者和数字经济的重要贡献者。因此，建筑业必须要加快完成数字化转型，以支撑数字中国的高质量建设和运行。

BIM 作为建筑业数字化转型的核心技术，最早的概念来自美国查尔斯·伊斯曼于 1975 年提出的“建筑描述系统”（Building Description System）。经过近 50 年的探索与实践，BIM 技术不仅在全球建筑业得到了大规模普及，有力支撑了建筑业的创新发展；也在数字孪生城市的建设和运行中发挥了核心支撑作用。

我国 BIM 技术研究起步于“九五”国家重点科技攻关计划专题“工程 CAD 集成机理研究与环境开发”对 ISO STEP 和 IAI IFC 的研究，2007 年发布了第一本 BIM 标准——《建筑对象数字化定义》JG-T/198—2007。2011 年 5 月住建部发布的《2011—2015 年建筑业信息化发展纲要》，首次以政府发文的形式提出加快推广 BIM 技术在勘察设计、施工和工程项目管理中的应用，开启了我国 BIM 大规模实践。

历经 20 余年的发展，我国 BIM 研究与应用取得了令人瞩目的丰硕成果，如结构设计、工程造价、模型检查与合规性审查、4D 模拟、5D 模拟等 BIM 工具软件研发，取得了长足进展，还出现了一大批高水平的 BIM 应用成果。但是，我们也必须正视不足，我国无论是在 BIM 核心建模软件、BIM 构件库开发和解决 BIM 模型可信性、互操作性问题等方面，还是在应用最能发挥 BIM 价值的集成项目交付模式等环节，与先进国家相比，都还存在不小的差距。

他山之石，可以攻玉。

"BIM 经典译丛"编委会自 2016 年起，按"导论、基础类""业主应用类""设计、施工类与绿色建造、数字建造类""设施管理类""风景园林类""综合、指南类"等类别，精心策划并组织一线 BIM 研究和实践专家翻译了 14 本英文原著，其中既有 BIM 创始人撰写的具有重大学术影响的开山之作，也有跨国建设公司 BIM 总监创新性应用 BIM 的经验结晶，且绝大部分原著都是所属类别世界范围内的第一本原创性 BIM 专著，对 BIM 的发展具有引领作用，堪称经典之作。应该说，该译丛对我国建筑业深入了解和借鉴国际 BIM 发展前沿技术做出了贡献，对我国 BIM 研究与实施起到了有力的推动作用。同时，编委会以中文版发行为契机，邀请一些原著作者来华参加 BIM 会议并作主题报告，与中国同行共谋 BIM 发展，在促进 BIM 领域的国际交流方面也扮演了积极重要的桥梁角色。

我诚挚祝贺"BIM 经典译丛"编委会和中国建筑工业出版社所取得的成就，也期待该译丛能够持续推出更多的介绍国际前沿技术、对数字中国建设有益的 BIM 经典之作。

孙家广
中国工程院院士
清华大学教授

2023 年 4 月于北京

中文版序

建筑信息建模技术及流程是世界各地建筑师、工程师和施工人员从事创造性设计、施工工作和相互沟通的新工具。前无古人的是，我们现在有能力在建造建筑、桥梁、铁路和道路之前，在计算机中先将它们创建出来。我们可以将设计构思表达为虚拟模型，并在构建真实资产之前，通过多种物理性能和施工流程模拟对其进行全方位的检查。这样就可以更好地设计和建造，同时减少对环境的影响。

在当前中国正在进行的大规模建设与开发中，BIM 是不可或缺的，因为相较于传统工具和流程，它有助于建筑师、工程师和施工人员高效出色地提供人们所需的设施。幸运的是，正如我多次访问中国所了解到的那样，中国建筑业和学术界不仅已在成功应用 BIM，而且还在不断开拓进取，推动 BIM 向前发展，从而为国际建筑业同行提供可借鉴的经验。

本中文版序敬献给查尔斯（查克）· 伊斯曼教授。他是一位非凡的建筑师、计算机科学家和最早设想、探索如何使用计算机进行建筑建模、性能模拟和施工模拟的先驱。本书（《BIM 手册》原著第三版中文版）是在他 2020 年去世后，第一本用非英文出版的他的原著。自 20 世纪 70 年代初，从被他称为"建筑描述系统"的开创性研究开始，在将近 50 年的职业生涯中，他一直致力于 BIM 的研究与开发。最令人欣慰的是，他作为首席作者留下的遗作，现在以这本中文版的形式呈现在数百万建筑专业人士面前。

R Sacks

拉斐尔 · 萨克斯

以色列理工学院土木与环境工程学院教授兼虚拟建造实验室主任

阿什特罗姆（Ashtrom）工程公司土木工程主席

以色列国家建筑研究院院长

《BIM 手册》第一版至第三版合著作者

《精益建造，BIM 建造：改变建造的提德哈尔方式》首席作者

Foreword to the Chinese Edition

Building Information Modeling technologies and processes are the new medium of communication and creativity for architects, engineers and builders throughout the world. For the first time in history, we have the ability to create our buildings and our bridges, our railways and our roads in computers, before we build them. We can imagine designs, generate virtual models, and test them thoroughly through multiple simulations of physical performance and of construction process well before we build the real assets. In this way, we can design and build better and with less impact on our environment.

Given the vast scope of construction and development underway in China, BIM is a must, as it helps the Chinese community of architects, engineers and builders to provide the facilities that people need more efficiently and more effectively than they can with traditional tools and processes. Fortunately, as I have learned in multiple visits to China, not only have the Chinese construction industry and academia applied BIM successfully–they are also developing and progressing BIM, and in so doing contribute to the international community of construction professionals.

This preface is dedicated to Prof. Charles (Chuck) Eastman, a wise architect and computer scientist, who was among the first to imagine and to explore how computers could be used to model buildings, to simulate their performance, and to simulate their construction. This Chinese language edition will be the first non–English edition of his original work published since his death in 2020. Beginning work on what he called a "Building Description System" in the early 1970s, he devoted his career to BIM research and development for almost 50 years. It is most gratifying that as the lead author, his legacy will now become accessible to millions more construction professionals in the form of the BIM Handbook， the third edition, Chinese version.

R Sacks

Rafael Sacks
Professor in the Faculty of Civil and Environmental Engineering at the Technion–Israel Institute of Technology and head of the Virtual Construction Lab
Chair in Civil Engineering， Ashtrom Engineering Company
Director, National Building Research Institute， Israel
Co–author of *BIM Handbook*, 1st–3rd editions
Lead author of *Building Lean, Building BIM: Changing Construction the Tidhar Way*

目录

原著第三版序 xvii

几个世纪以来，设计师和建筑商一直致力于在二维图纸上设计三维建筑，与其合作的承包商也一直基于二维图纸建造建筑。

有时，重要建筑的一些非常复杂的部分会用一个实体三维模型，即用拟建建筑的局部缩尺模型描述。伯鲁乃列斯基（Brunelleschi）为他设计的佛罗伦萨大教堂穹顶制作了一个详细的模型，巴托尔迪（Bartholdi）为他设计的自由女神像准备了不同比例的模型。

以往和现在的建筑师都会通过制作研究模型推敲设计，并通过展示模型帮助客户理解建筑外观，但这些模型在帮助承包商建造建筑方面几乎没什么用处。

作为一名建筑师，我接受过用纸质图纸设计建筑的训练。但是建筑是三维的，而图纸是二维的，使用二维图纸表达三维建筑是迫于无奈。传统上，使用图纸描述尺寸和形状，使用文字描述其他建筑信息。后来，这些文字演变为与图纸配套的说明。创建图纸和说明的目的是为承包商建造建筑提供充足的信息。

早期的计算机允许建筑师使用计算机辅助设计（Computer-Aided Design，CAD）软件进行设计。然而，这类系统仅限于二维，与手工绘图相比并没有太大的改进。经过改进的计算机最终允许建筑师使用一种称为 3D CAD 的电子建筑模型设计三维建筑。这些早期创建三维电子建筑模型的方法对设计三维建筑是有帮助的，但它们只是刚刚起步。

创建电子建筑模型始于建筑师，但很快工程师、承包商和建筑业主就开始梦想在电子“建筑模型”中添加其他有用的信息，他们将“信息”一词插入“建筑模型”术语的中间，期望“建筑模型”演变为“建筑信息模型”（Building Information Model，BIM）。

“信息”（英文缩写为“I”）在 BIM 中占据中心位置是顺理成章的，因为快速演进的信息应用是建筑业变革的主要动力。当然，作为 BIM 源头的建筑模型仍很重要，但它现在仅是可用海量建筑信息的一小部分。信息丰富的 BIM 使设计和建造流程发生了巨大变革，但在建筑运行方面，巨大的变革才刚刚开始。

《BIM 手册》（原著第三版）是一本从浩瀚的 BIM 信息海洋里提炼出的一本结构合理、条 xviii
理清晰、图文并茂的专著，它描述支持 BIM 的技术和流程，以及实施 BIM 所需的商业环境和组织架构。

阅读本书，建筑师、工程师、承包商、分包商、制作商和供应商将了解有效使用 BIM 带来的建造优势，建筑业主和运行商将了解有效使用 BIM 带来的建筑运行优势。学术机构将发现本书对教学和研究具有重要的参考价值。

本书第 1 章对全书做了简要介绍，包括建筑业发展趋势、采用 BIM 的必要性以及实施的挑战。后续章节详细介绍建筑业各参与方的 BIM 应用趋势，并在每章开始给出执行摘要，每章最后列出适合教学的问题。

第 9 章“未来：用 BIM 建造”，对近期和中期的 BIM 发展做出了雄心勃勃和高瞻远瞩的预测。它强调了 BIM 革命的本质，指出：“从纸质绘图向计算机绘图的转变不是转型升级，而 BIM 是。”作者预测，2025 年之前，我们将看到全面的数字化设计和施工流程；建筑业创新文化的成长；多样化和广泛的场外预制；合规性自动化检查的长足进展；人工智能日益普及；设计和制作全球化；对可持续建造的持续有力支持。

最后一章介绍了设计和施工领域的 11 个案例研究，展示了 BIM 在可行性研究、概念设计、深化设计、施工期间的预算和协调、场外预制和生产控制，以及设施运行和维护等方面应用的有效性。

编撰一本详细记录 BIM 发展的书籍，而且条理清晰，意蕴丰富，是一项重大成就。难能可贵的是，本书三位作者——拉斐尔·萨克斯（Rafael Sacks）、查尔斯·伊斯曼（Charles Eastman）和保罗·泰肖尔兹（Paul Teicholz）——曾三次合作完成这一壮举 [第一版于 2008 年出版，第二版于 2011 年出版，这两个版本都是与凯瑟琳·利斯顿（Kathleen Liston）合作完成的]。在此新版中，韩国首尔延世大学（Yonsei）的李刚（Ghang Lee）教授加入了写作团队。每位作者都是 BIM 革命的敏锐观察者和参与者，而且相互之间有着多年的合作经历。

查尔斯·伊斯曼是世界知名的建筑建模权威，自 20 世纪 70 年代中期以来一直在该领域深耕不辍。他在加利福尼亚大学伯克利分校环境设计学院（CED）接受建筑师培训期间，开发了 BIM 建模软件的早期版本，并提供给从业者作为工具使用。他在卡内基梅隆大学（Carnegie Mellon University）攻读博士学位期间，创立了北美建筑建模学术研究组——计算机辅助建筑设计协会（Association for Computer-Aided Design in Architecture，ACADIA）。博士毕业后，他在加利福尼亚大学洛杉矶分校（UCLA）任教 8 年，之后到佐治亚理工学院（Georgia Tech）担任数字建筑实验室（Digital Building Laboratory）教授和主任。我和查尔斯相识多年，并与他合
xix 作为查尔斯·潘科基金会（Charles Pankow Foundation）提供咨询，该基金会为建筑业的研究和创新提供支持。

保罗·泰肖尔兹是斯坦福大学土木工程系名誉教授。当他还是斯坦福大学研究生时，在那个仍旧使用穿孔卡片编程的年代，就看到了计算机推动建筑业发生革命的潜力。1963 年，他成为美国第一个获得施工工程博士学位的人，迄今拥有 40 多年在建筑、工程和施工（Architecture，Engineering，Construction，AEC）行业应用信息技术的经验。1988 年，保罗受邀回到斯坦福大学，创建集成设施工程中心（Center for Integrated Facility Engineering，CIFE），

开展土木与环境工程和计算机科学部门之间的跨学科研究。在接下来的 10 年中，他担任该中心主任，在此期间，CIFE 学者开发了一些显著改善 AEC 行业的计算机软件。

拉斐尔·萨克斯是以色列理工学院土木与环境工程学院的教授兼虚拟建造实验室主任。他于 1983 年获得南非威特沃特斯兰德大学（University of the Witwatersrand）学士学位，1985 年获得麻省理工学院硕士学位，1998 年获得以色列理工学院博士学位，且全部都是土木工程专业。2000 年，在从事结构工程、软件开发和咨询工作后，他重回学术界，作为教授加入以色列理工学院。拉斐尔的研究兴趣包括 BIM 和精益建造，他也是《精益建造，BIM 建造：改变建造的提德哈尔方式》（*Building Lean*，*Building BIM*：*Changing Construction the Tidhar Way*）的首席作者。

李刚是韩国延世大学建筑学与建筑工程系建筑信息学学组（Building Informatics Group，BIG）的教授和主任。他分别于 1993 年和 1995 年获得高丽大学学士和硕士学位，于 2004 年获得佐治亚理工学院博士学位。在攻读博士学位之前，他在一家建筑公司工作，创办了一家网络公司。除了发表大量与 BIM 相关的论文、出版书籍和国际标准外，他还开发了各种软件和自动化工具，如 xPPM、塔吊导航系统、智能出口标志系统、全球 BIM 看板和施工侦听器。他是韩国和另外几个国家的几家政府和私人组织的技术顾问。

在撰写本序之前，我有幸通读了全书。对于需要了解 BIM 革命及其对从业人员、业主和整个社会产生的深远影响的建筑业的每个人来说，本书都是非常有价值的。

帕特里克·麦克利米（Patrick MacLeamy）
美国建筑师协会会士
HOK 公司首席执行官兼董事长（已退休）
buildingSMART 国际总部创始人兼董事长

xxi # 前 言

本书论述基于建筑信息建模（Building Information Modeling，BIM）的设计、施工和设施管理流程。通过阅读本书，读者可以深入了解 BIM 技术及与其实施相关的商务和组织问题，以及有效使用 BIM 会给设施全生命期所有参与方带来哪些深远影响。本书解释使用 BIM 进行建筑设计、施工和运行与使用图纸（无论是纸质的还是电子的）以传统方式进行这些活动的区别。

BIM 正在改变建筑的展示方式、建筑的运行方式及建筑的建造方式。贯穿全书，我们有意使用“BIM”描述一项活动 [是指建筑信息建模（Building Information Modeling）]，而不是一个对象 [建筑信息模型（Building Information Model）]。这反映了我们的信念：BIM 不是一个事物或一种软件，而是一个社会技术系统，最终涉及设计、施工和设施管理流程的广泛变革。至少，BIM 系统可以在图 0–1 所示的组织层面（表现为建筑项目、公司或业主组织）发挥作用。

或许最重要的是，与传统做法相比，BIM 为社会创造了更大的机会，使社会能够以更少的资源和更低的风险使用更可持续的建造流程建设更高性能的设施。

为什么要写本书？

我们撰写本书的动机是要为学生和建筑业从业人员提供一本全面且深入的 BIM 参考书，帮助他们了解这种令人兴奋的方法，并在不被商业利益左右的情况下，客观介绍与主题相关的供应商产品。关于 BIM 现状，人们普遍接受的看法中既有真知也有谬谈。我们希望本书能够帮助强化真知，消除谬谈，并引导读者成功实施 BIM。许多满怀憧憬的建筑业决策者和从业者在尝试采用 BIM 后，都有过令人失望的经历，因为他们的努力和期望是建立在错误的认知和不充分的规划之上的。如果本书能帮助读者避免这些挫折和损失，我们就成功了。

整体而言，作者团队拥有丰富的 BIM 经验，包括 BIM 使用的技术及其支持的流程。我们
xxii 相信 BIM 代表了一种转型升级，不仅对建筑业，而且对整个社会都有深远影响，并能带来效益，因为使用 BIM，能在消耗更少的材料、使用更少人工和资金的情况下建造出质量更好、运行效率更高的建筑。我们无法说明本书关于使用 BIM 必要性的判断是完全客观的，但是，我们已尽一切努力确保本书信息的准确性和完整性。

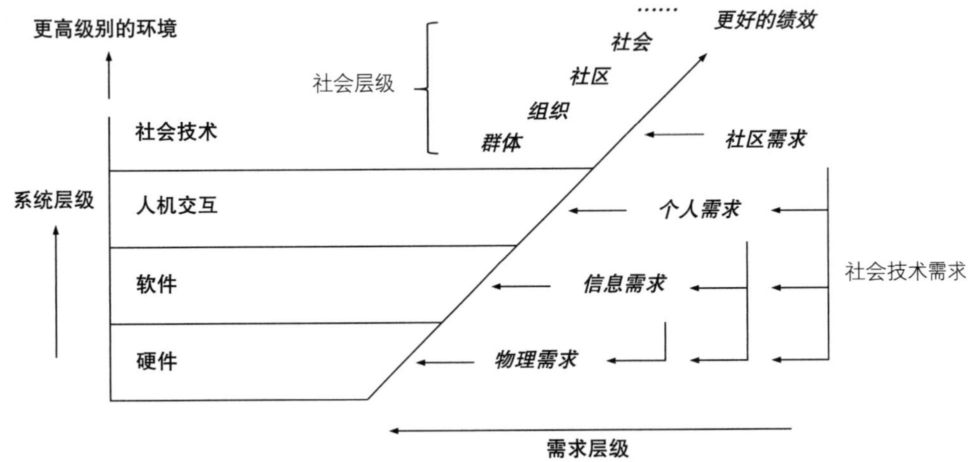

图 0–1 社会技术水平

© 布莱恩·惠特沃思（Brian Whitworth）、亚历克斯·P. 惠特沃思（Alex P. Whitworth）与《第一个星期一》（*First Monday*）杂志。这幅图为布莱恩·惠特沃思和亚历克斯·P. 惠特沃思合写的“社会环境模型：小英雄和人类社会的进化”（The Social Environment Model: Small Heroes and the Evolution of Human Society）一文中的图 1，并发表于《第一个星期一》杂志（2010 年 11 月，第 15 卷，第 11 期）。

本书为谁而写？主要内容是什么？

本书的读者可为建筑开发商、业主、项目经理、运行商、设施经理和监理，建筑师、各专业工程师、施工承包商和制作商，以及建筑学、土木工程和建筑施工专业学生。它回顾了建筑信息建模及其相关技术、潜在的好处、成本和所需的基础设施。它还讨论了 BIM 对监管机构的当前和未来影响、与 BIM 相关的法律实践，以及建筑产品制作商的 BIM 应用。本书也可适于这些领域的读者。第 10 章介绍了一组新的、有趣的 BIM 案例研究，本书早期版本中的所有案例研究可在《BIM 手册》配套网站上查阅。案例研究描述了各种 BIM 流程、平台、工 xxiii
具和技术。本书还探讨了 BIM 对行业和社会的当前和未来影响。

本书由四部分组成：

第 1—3 章介绍 BIM 和支持 BIM 的技术。这些章节描述建筑业的现状、BIM 的潜在好处和支持 BIM 的底层技术，包括建筑的参数化建模和互操作性。

第 4—7 章讲述基于参与方视角的 BIM 应用，包括业主和设施经理的 BIM 应用（第 4 章）、各类设计师的 BIM 应用（第 5 章）、承包商的 BIM 应用（第 6 章）、分包商和制作商的 BIM 应用（第 7 章）。

第 8 章讨论 BIM 采用与实施的助推器：BIM 标准、指南和合同、BIM 教育和组织变革。第 9 章讨论基于 BIM 的建筑设计、施工和运行的出现所带来的潜在影响和未来趋势。将目前的趋势外推至 2025 年，并基于此种外推方法对 2025 年以后的长期发展趋势以及支持这些趋势需要开展的研究工作做了预测。

第 10 章提供 11 个详细的设计与施工 BIM 案例研究，展示 BIM 在可行性研究、概念设计、施工图设计、预算、深化设计、协调、施工规划、物流、运行以及许多其他常见的建设活动中的应用。第 10 章的新案例研究包括建筑和结构设计双双标新立异的标志性建筑（如法国巴黎路易威登基金会艺术中心和韩国高阳现代汽车文化中心）、医院综合体项目（科罗拉多州丹佛圣约瑟夫医院、爱尔兰都柏林国家儿童医院和加利福尼亚州帕洛阿尔托斯坦福神经康复中心）、各种常见建筑（一座购物中心、一栋办公楼、一栋学生公寓、一座机场候机楼和一栋实验室大楼），以及一项基础设施综合体项目（伦敦地铁维多利亚站）。

这个版本有什么新内容？

BIM 发展迅速，与技术和实践的进步保持同步并不容易。自从七年前（2011 年）完成第二版以来，BIM 已经发生了很多变化。举几个例子：

- 政府和其他公共机构业主已广泛采用 BIM，发布了许多 BIM 强制令、指南、标准、执行计划等。
- 集成实践的益处正在接受全面检验，并在项目中进行密集测试。
- BIM 工具越来越多地用于支持可持续设计、施工和运行。
- xxiv BIM 与精益设计和施工方法相结合，有许多新软件工具支持新的工作流和管理实践。
- 模型在施工现场触手可及，对工作的完成方式产生了强烈影响。
- 得益于 BIM 提供的高质量信息，场外预制和模块化建造发展迅速。
- BIM 正在用于运维，业主现在可以在建筑交付时清晰表述他们的信息需求。
- 当今，激光扫描、摄影测绘和无人机已成为建设项目的常用术语。
- 人工智能、机器学习和语义丰富化已成为 BIM 研究的前沿。

本版不仅阐述了这些主题，更新了与 BIM 应用相关的材料，还增加了几个介绍新技术的章节，纳入了 11 个新的案例研究。

如何使用本书？

对在工作或学习中需要了解与 BIM 相关的新术语和新概念的读者而言，本书是非常有用的资源。一次性通读虽非必要，但确实是深入了解 BIM 给 AEC/FM 行业带来重大变革的最佳方式。

建议所有读者阅读第一部分（第 1—3 章），它讲述了 BIM 发展的商业和技术背景。第 1 章列出许多预期好处。它首先描述美国建筑业传统实践固有的困难以及与之相关的生产力低下和成本高企，然后描述各种建造采购方法，如传统的设计 - 招标 - 建造、设计 - 建造等，并从是否能够实现 BIM 潜在益处的角度描述每种方法的优缺点。它还描述了新兴的集成项目交付（Integrated Project Delivery，IPD）方法，这种方法在 BIM 支持下特别有用。

第 2 章首先详细介绍支持 BIM 的基础技术，特别是参数化建模和面向对象建模，并描述这些技术的历史和目前状况；接着，对用于生成建筑信息模型的主要商业应用平台进行评述。第 3 章讨论协作和互操作性难点，包括如何在不同专业之间、不同应用程序之间交流和共享建筑信息。它还详细介绍相关标准，如 IFC（Industry Foundation Classes，工业基础类）和 IDM（Information Delivery Manual，信息交付手册）、BIM 服务器技术（又称共用数据环境）以及其他数据接口技术。第 2 章和第 3 章还可作为了解参数化建模和互操作性技术的参考。

读者如果想了解如何在自己公司采用和实施 BIM 的具体信息，可以在第 4—7 章的相关章 xxv
节中找到与其职业岗位相关的详细内容。您可以阅读最感兴趣的章节，然后只阅读其他各章的执行概要。这几章存在一些内容重叠的地方，因为有的议题与多个职业相关（例如，分包商会在第 6 章和第 7 章中找到相关信息）。此外，这几章还经常提及第 10 章提供的详细的案例研究。

第 8 章是全新的一章。它讨论 BIM 采用与实施的助推器，包括 BIM 强制令、路线图、指南、教育、BIM 证书和法律问题。

那些希望了解 BIM 对技术、经济、组织、社会和职业产生哪些长期影响，以及它们如何影响您的教育或职业生涯的读者，可以在第 9 章找到针对这些议题的广泛讨论。

第 10 章的各个案例研究讲述不同专业人员在项目中使用 BIM 的经验。没有一个案例研究是 BIM 的“完整”实施或者涵盖建筑全生命期的。大多数案例涉及的建筑，在撰写研究报告时尚未完工。整体而言，案例描述前导企业尝试过的各种 BIM 应用及其获得的益处和遇到的问题，并展示立足 21 世纪初期利用现有 BIM 技术可以做什么。读者可以借鉴案例取得的经验教训，并用其指导今后的工作实践。

最后，鼓励学生和教授利用好每章结尾提供的问题讨论。

致谢

当然，首先感谢我们的家人，多年来我们在这本书上投入大量时间，他们为此付出了很多。感谢执行编辑玛格丽特·康明斯（Margaret Cummins）、项目编辑珀维·帕特尔（Purvi Patel）以及他们在约翰·威利父子出版公司（John Wiley and Sons）的同事们所做的高水准工作。

我们为写本书所做的研究得到了众多建筑商、设计师、业主、软件公司和政府机构代表的大力支持，我们衷心地感谢他们。我们特别感谢与我们一起准备所有新案例研究的撰稿人和奉献者，我们在每个案例研究的结尾都对相关人员逐一表示了感激。这些案例研究之所以能够完成，也得益于曾经亲自参与这些项目的人员做出的非常慷慨的贡献，他们与我们进行了大量的沟通，并分享了他们的理解和灼见。

最后，我们要感谢帕特里克·麦克利米（Patrick MacLeamy）为第三版所作的精彩序言。同样，我们仍然要感谢杰里·莱瑟琳（Jerry Laiserin）和拉赫米·赫姆拉尼（Lachmi Khemlani）分别为第一版和第二版所作的给人启迪、引人深思的序言。杰里帮助萌发了撰写《BIM 手册》的想法，拉赫米通过出版《AECbytes》一直在为 BIM 做着重要贡献。

第 1 章 1

导论

1.0 执行摘要

BIM（Building Information Modeling，建筑信息建模）已经成为现代 AEC（Architecture，Engineering，Construction，建筑、工程和施工）行业的有效工具。利用 BIM 技术，可以数字化方式创建一个或多个精确的建筑虚拟模型，用以支持设计的所有阶段，从而对设计进行更好的分析和控制。这些模型还包含精确的几何形体数据以及支撑施工、制作及采购活动的数据，可为建筑的建造、运行和维护提供支持。

BIM 还提供了对建筑生命期进行模拟的许多功能，为验证新设计、模拟施工以及项目团队之间角色和关系的变化奠定了基础。如果使用得当，BIM 有助于实现一个更加集成化的设计和施工流程，从而以更低的成本和更短的工期完成更高质量的建筑。BIM 还可以支持更先进的设施管理（Facility Management，FM）和未来对建筑的改造。本书的目标是通过提供必要的知识，使读者了解 BIM，同时掌握高效使用 BIM 流程的方法。

本章首先介绍现有的建造方法，并指出这些方法内在的低效问题。然后解释 BIM 背后的 2
技术，并推荐适应整个建筑生命期高效的新业务流程。最后，对应用 BIM 技术时可能遇到的各种问题进行评估。

1.1 引言

为了更好地理解 BIM 带来的重大变化，本章首先描述基于纸张的设计和施工方法，以及建筑业传统上使用的主要业务模型。然后描述与这些实践相关的各种问题，概述 BIM 是什么，并解释它与 2D 和 3D CAD（Computer Aided Design，计算机辅助设计）的区别。接下来，简要描述 BIM 可以解决的问题类型以及支持的新业务模型。本章最后介绍使用这项技术时可能出现的主要问题。尽管该技术的商业化应用大约已有 20 年历史，但仍有一些问题需要解决。

1.2 目前的 AEC 业务模式

传统的设施交付过程是碎片化的，依赖于基于二维图纸的沟通。纸质文档中的错误和遗漏常常带来额外的现场成本，导致延期，并最终使项目团队中的各方走向诉讼。这些问题会引起摩擦、财务超支和延误。其解决之道包括：采用更有效的组织结构，例如设计 - 建造方法；采用实时技术，例如通过项目网站共享计划和文档，以及利用 3D CAD 工具。虽然这些方法可以改善信息交换的及时性，但它们仍然无法减少由于使用纸质文件或其电子版造成的严重而频繁的冲突。

在设计阶段，基于二维沟通最常见的问题是，对所做设计进行关键评估（包括成本预算、能效分析、结构细节等）需要大量的时间和费用。这些评估通常是在最后才做，而此时对设计进行重大变更为时已晚。由于不能在设计过程中进行迭代式改进，必须采用价值工程解决不一致问题，而这通常会导致对所做设计的迁就。

无论采用何种合同方式，从统计上看，几乎所有大型项目（1000 万美元或更多）都有一些
3 共同的数据，包括涉及的人数和产生的信息数量。以下数据是由来自位于加拿大魁北克、称之为 Tardif，Murray & Associates 的一家建筑公司的 Maged Abdelsayed 整理的（Hendrickson，2003）：

- 参与公司数量：420（包括所有的供应商和各级分包商）；
- 参与人数：850；
- 生成的不同文档类型数：50；
- 文档页数：56000；
- 用于存放项目文档的档案箱数：25；
- 四抽屉式文件柜数：6；
- 用来生产所需纸张的树木数 [直径 20 英寸（0.508 米）、树龄 20 年、50 英尺（15.24 米）高的树木]：6；
- 储存这些纸张（扫描）电子数据的等效字节数：3000 MB。

不管采用何种合同方法，管理如此庞大的人员和文件都很不容易。图 1-1 展示了典型的项目团队及其组织边界。

4 传统上，美国有三种主要的合同方法：DBB（Design-Bid-Build，设计 - 招标 - 建造）、DB（Design-Building，设计 - 建造）和 CM@R（Construction at Risk，风险型施工管理）。这些方法

3

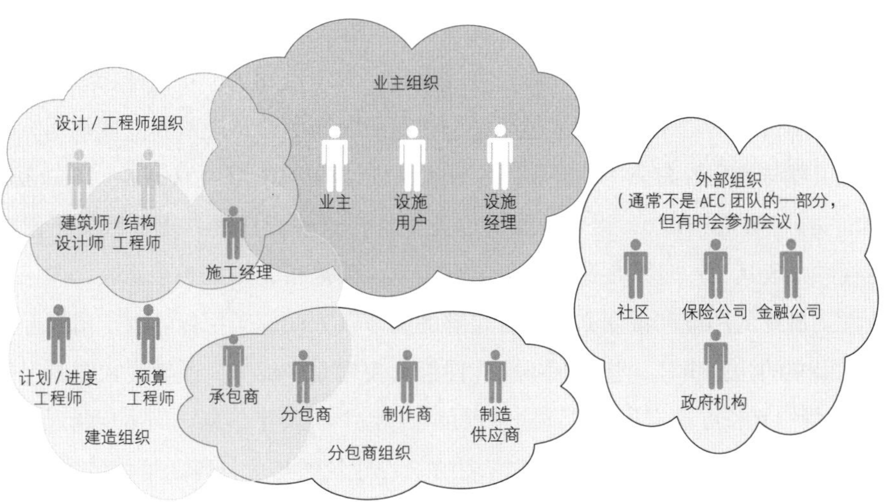

图 1–1 表示 AEC 项目团队和典型组织边界的概念图

还有很多变种（Sanvido 和 Konchar，1999；Warne 和 Beard，2005）。较新的第四种方法与前三 4
种方法截然不同，被称为 IPD（Integrated Project Delivery，集成项目交付），这种方法越来越受到精明建筑业主的欢迎。下面将详细介绍这四种方法。

1.2.1 DBB 方法

大部分建筑是采用 DBB（Design-Bid-Build，设计 – 招标 – 建造）方法建造的。这种方法有两个主要好处，一个是通过更具竞争性的招标为业主争取到可能最低的价格，另一个是可降低业主选择特定承包商的政治压力（后者对于公共项目尤其重要）。图 1–2 以典型 CM@R 和 DB 流程（见第 1.2.2 节、第 1.2.3 节）作为对照，给出典型的 DBB 采购流程。

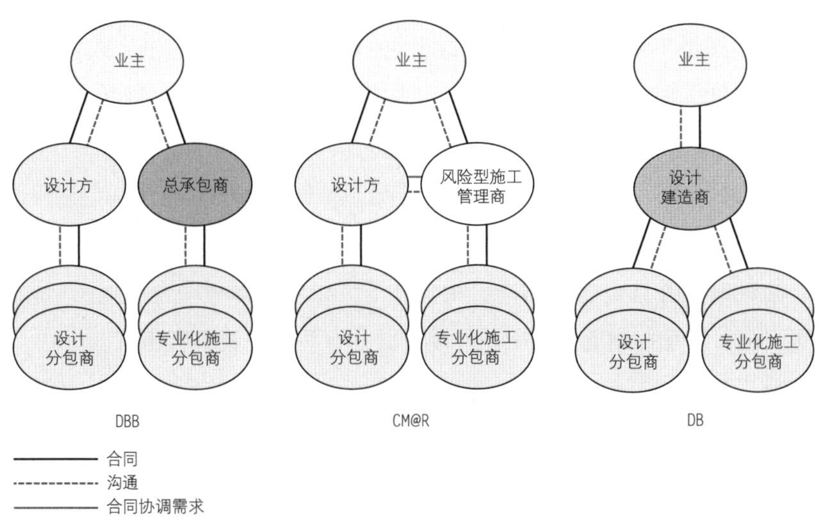

图 1–2 DBB、CM@R 以及 DB 流程示意图（见书后彩图）

在DBB方法中，业主先雇用建筑师开发一个建筑需求清单（策划），并确定项目的设计目标。接着，建筑师要经过一系列设计阶段完成设计：方案设计、扩初设计和施工图设计。最终的设计文件不仅要满足项目策划，还要符合建筑所在地的建筑规范和区域规划。建筑师会采用雇用员工或与相关咨询公司签订合同的方式完成结构、HVAC（Heating，Ventilation，and Air-Conditioning，暖通空调）、给水排水等专业设计。这些设计文件用图纸（平面图、立面图、三维视图）表达，一旦发现某张图纸出现变更，其他相关图纸必须修改，以保持整套图纸的一致性。最终的图纸和说明必须包含足够的细节以方便施工招标。由于图纸上所表示的内容会带来潜在的法律责任，建筑师不会在图纸上表现太多细节，或者会在图纸上插入诸如
5 “不要通过测量图素长度确定尺寸，而应依据尺寸标注”等文字信息。当出现错误和遗漏需要明确由谁承担责任和额外费用时，这种做法往往会在建筑师与承包商之间引起纠纷。

第二阶段是承包商投标。业主和建筑师决定哪些承包商具有竞标资格。必须为每个承包商提供一套图纸和说明，以便承包商独立编制工程量文件。承包商会根据工程量文件和分包商的投标文件确定成本预算。承包商所选的分包商也必须针对其承担的项目工作遵循同样的流程。由于进行投标活动需要成本，承包商（总包商和分包商）在编制投标文件时通常要大约花费项目成本预算的1%。[1] 如果承包商在每6次到10次投标中有一次中标，那么平均中标成本为整个项目成本的6%到10%。这些费用会被计入总承包商和分包商的间接生产成本里。

中标的承包商通常是投标报价最低的，其工作内容包括总承包商及其选定的分包商要做的全部工作。在开始施工之前，承包商通常需要重新绘制一些图纸，以满足施工流程和施工段划分的需要。这些图纸被称为总体布置图。分包商和制作商还必须绘制满足自身需求、反映构件精确细节的深化设计图纸，如预制混凝土构件详图、钢结构节点详图、墙身大样图、管路图等。

对图纸的精确性和完整性要求延伸到深化设计图，因为这些图是用于实际制作的最详细的表达。如果这些图纸不准确或不完整，或者它们是基于过时的图纸，或者基于存在错误、不一致或遗漏的图纸，那么在施工现场将会出现需要花费昂贵成本、消耗大量时间才能解决的冲突。解决这些冲突的代价可能是巨大的。

如设计中存在不一致、不准确或不确定的情况，非现场部件的制作就会变得困难。因此，大多数制作和施工活动必须在现场进行，并且只有在确切的条件确定之后才能进行。现场施工成本更高、更耗时，并且更容易出错。相比之下，如果能将一些现场施工工作放在生产力更高、工作更安全、质量控制更好的工厂环境里做，有些问题就不会出现。

通常，在施工阶段，先前未发现的错误和遗漏、未预料到的现场条件、材料可获得性的变化、对设计的质疑、新的客户需求和新技术的出现，会导致大量的设计变更发生。这些问

1 这是基于两位建筑业研究人员的个人经验得出的。这一成本包括获得标书、工程量计算、与供应商和分包商协商以及制定成本预算的支出。

题需要项目团队解决。对于每一个变更，都有一个流程，用于分析原因，确定责任方，评估对工期和成本的影响，并找到解决问题的办法。这个流程的发起，无论是手写还是使用基于web 的工具，都由 RFI（Request for Information，信息请求书）开始，然后由建筑师或其他相 6
关方答复。接下来，会签发变更单（Change Order，CO），并将变更单和相应的变更图纸下发至所有受影响的相关方。这些变更及其解决方案经常会导致法律纠纷、费用增加和工期延后。使用基于 web 的变更管理软件确实可以帮助项目团队掌控每一个变更，但是因为没有从根源上解决问题，带来的效益微乎其微。

承包商为了中标以低于预算成本报价时，也会带来各种问题。面对“赢家的诅咒”，承包商经常滥用变更流程以弥补低于成本价投标所造成的损失。这一定会导致业主和施工单位之间产生纠纷。

此外，DBB 流程要求所有材料的采购必须在完成招标之后进行，这意味着采购交货前置时间较长的产品会导致工期延长。由于这个和其他原因（后面描述），DBB 方法的工期通常要比 DB 方法的工期长。

最后阶段是施工完成之后的建筑调试。这包括测试各个建筑系统（供热、制冷、电气、给排水、消防喷淋等），以确保系统正常工作。根据合同要求，接下来需要绘制反映所有变更的竣工图纸，然后将竣工图纸连同已安装设备的所有手册和质保书一起交付给业主。到此，DBB 的所有流程才算结束。

因为提供给业主的所有信息都是二维格式（纸质文件或等效电子文件），业主必须花费大量精力才能将所有相关信息转发给负责建筑运维的设施管理团队。这个过程耗时、容易出错、成本高昂，成为有效进行建筑运维的一大障碍。由于存在这些问题，DBB 方法可能不是最快的或最省钱的设计和施工方法。为了解决这些问题，已经开发了其他方法。

1.2.2 DB 方法

开发 DB（Design–Build，设计 – 建造）流程的目的是，让单一承包实体承担设计和施工职责，以简化业主的管理任务（Beard 等，2005）。在这个模式中，业主直接与设计 – 建造团队（通常是具有设计能力的承包商或与建筑师事务所一起工作的承包商）签订合同。DB 承包商先编制一个清晰的建设计划，同时完成满足业主需求的方案设计，然后预估设计和建造所需的总成本和时间。接着，业主审核方案设计，DB 承包商依据业主意见修改方案设计，最终敲定方案设计、确立预算。值得注意的是，因为 DB 模式允许在设计前期对建筑设计进行修改，所以因变更所造成的费用和时间的增加相应减少。DB 承包商根据需要与专业设计师和分包商建立合同关系。在此之后，开始施工，其间对设计的任何变更（在预先确定的范围内）都由 DB 承包商承担责任。对于发生的设计错误和遗漏，也是如此。在基础和先期建筑部件 7
开始施工之前，不要求一定要完成整个建筑的施工图设计。这样的简化可使项目完成得更快，法律纠纷减少，总成本降低。但是，在最初的设计获得批准并确定合同金额之后，业主就没有多少变更的灵活性了。

DB 模式是美国普遍采用的模式，并在其他一些国家得到了广泛应用。据《RS Means 市场信息》的一篇报告（Duggan 和 Patel，2013），DB 在美国非住宅建设项目中的份额从 2005 年的 30% 增长到 2012 年的 38%。另据报道，DB 模式在军事建设项目中所占的比例尤其高（超过 80%）。

显然，可以在 DB 项目中使用 BIM。洛杉矶社区学院（LACCD）已经为 BIM 在设计-建造项目中的使用建立了一套清晰、完善的指南（BuildLACCD，2016）。图 1-3 即转载自 LACCD 指南，其反映了 DB 项目的 BIM 工作流程和交付成果，以及设计与施工阶段的 BIM 实施内容。

1.2.3 CM@R 方法

CM@R（Construction Management at Risk，风险型施工管理）项目交付是业主持续聘请设计师提供设计服务、聘请施工经理提供施工前期和施工阶段施工管理服务的一种方法。这些服务可以包括招标文件的准备与协调、制定进度计划、成本控制、价值工程和施工管理。施工经理通常是具有总承包资质的承包商，由其担保项目成本。在设置 GMP（Guaranteed Maximum Price，保证最高价格）之前，业主对设计负责。与 DBB 不同，CM@R 在设计阶段就让施工方介入，以吸纳其提供的一些具有决定作用的输入。此交付方法的价值在于通过承包商的早期参与，减少业主对费用超支的担忧。

1.2.4 IPD 方法

IPD（Integrated Project Delivery，集成项目交付）是一种相对较新的采购模式。随着 BIM 的应用越来越广泛以及 AEC/FM 行业逐渐学会使用这项技术支持整合团队，它变得越来越流行。IPD 的方法有很多，行业也正在对这些方法进行实验。美国建筑师协会（American Institute of Architects，AIA）、总承包商协会（Association of General Contractors，AGC）以及其他组织已经为不同的 IPD 方法提供了合同范本（AIA，2017）。虽然集成项目会因业主、主要设计方（或可能的分包设计方）以及主要承包商（或可能的关键分包商）之间的协作方式不同而有所区别，这种协作都是从早期设计开始，并一直持续到项目交付。其核心理念是，项目团队共同使用最好的协同工具，确保项目在大幅消减时间和成本的情况下满足业主需求。
9 业主要么自身进入项目团队协助进行过程管理，要么聘请顾问代表业主进入项目团队，要么和顾问同时进入项目团队。对于在设计过程中需要权衡的成本、能耗、功能、美观和可施工性因素，可通过应用 BIM 进行最好的评估。因此，BIM 和 IPD 结合在一起，可突破当前线性过程中由于难以理解的产品表达以及参与方之间存在的对抗关系对信息流动的限制。显然，

8

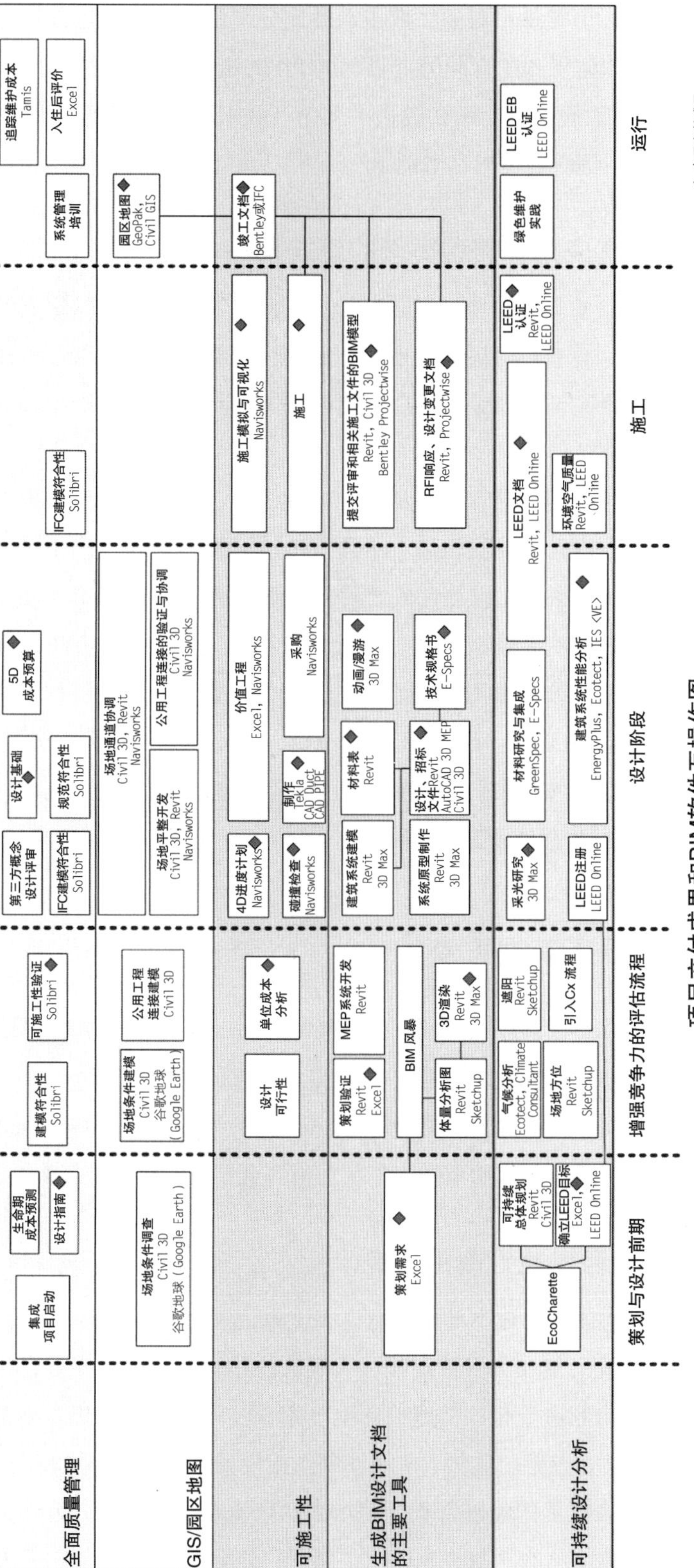

图 1-3 洛杉矶社区学院设计－建造项目的 BIM 流程（BuildLACCD，2016）经 BuildLACCD 允许转载。

业主是 IPD 的最大受益者，但要从中获益，业主需要充分理解参与制定用以规定他们从相关参与方那里得到什么以及如何得到的合同的重要性。IPD 的法律问题非常重要，第 4 章和第 6 章将对此进行讨论。《BIM 手册》配套网站提供了几个有关 IPD 项目的案例研究。第 10 章中给出的圣约瑟夫医院项目案例研究是另一个例子。

1.2.5 BIM 技术最适宜应用在何种类型的建筑采购中？

许多从设计到施工的业务流程在项目团队组织、如何给团队成员支付薪酬以及由谁承担各种风险等方面各有不同。有总价合同、成本加固定费用或百分比合同以及各种形式的谈判合同。因篇幅所限，本书不对这些合同内容及其利弊进行介绍（可参考 Sanvido 和 Konchar，1999；Warne 和 Beard，2005）。

一般会问，应用 BIM 究竟能够带来多大效益？这取决于项目团队从哪个阶段开始在一个或多个数字模型上协同工作以及协同的效果。DBB 方法对 BIM 的使用提出了巨大挑战，因为承包商不参与设计过程，所以必须在设计完成之后创建新的建筑模型。DB 方法会为采用 BIM 技术提供一个极好的机会，因为是同一个实体负责设计和施工。CM@R 方法允许施工方尽早参与设计过程，可以提高使用 BIM 和其他协作工具带来的效益。目前，各种形式的 IPD 模式正在被用于最大程度地提高 BIM 和“精益”（减少浪费、不均衡和超负荷）流程的效益 。其他采购方法也可以从 BIM 应用中获益，但可能只会获得部分好处，特别是在设计阶段只有设计方使用 BIM 而不是多方基于 BIM 开展协作时。

1.3 传统方法效率低下有据可查

本节阐述传统做法是如何造成不必要的浪费和失误的。斯坦福大学集成设施工程中心（Center for Integrated Facility Engineering，CIFE）开发的图表提供了施工现场生产力低下的证据
10 （Teicholz，2001）。美国国家标准与技术研究院（National Institute of Standards and Technology，
NIST）的一项研究成果揭示了信息流动不畅和存在冗余信息导致的后果（Gallaher 等，2004）。

1.3.1 CIFE 对建筑业劳动生产率的研究

针对传统建造方法产生的额外成本的研究有许多文献记载。保罗 · 泰肖尔兹 2001 年发表的一篇论文引起了广泛讨论。他在文中首次呼吁人们关注建筑业和非农产业在生产率方面的显著差异。图 1-4 表明，与制造业相比，建筑业生产率日益下降的趋势仍在继续，同时，非现场和现场施工活动之间存在差距。显然，非现场制作比现场施工生产率更高。

图 1-4 中曲线的数据来自美国经济普查（美国人口普查局，2016a）。劳动生产率指数是用增值美元数除以雇员人数得出的。制造业包括北美产业分类体系（NAICS 31-33）编码的所

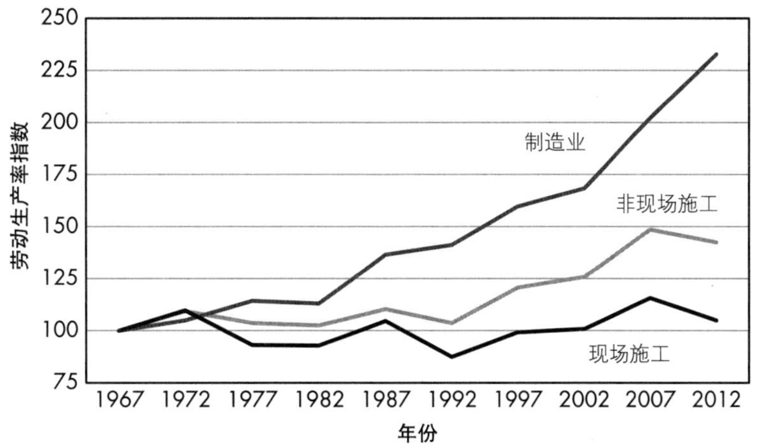

图 1-4 1967—2012 年制造业、非现场施工和现场施工的劳动生产率指数

有产业。非现场施工曲线是根据一篮子制作部门（a basket of fabrication sectors）数据计算出来的，这些部门包括金属门窗制作厂、装配式钢筋骨架及钢筋加工厂、混凝土产品制作厂、钢结构及预制混凝土承包商制作厂和电梯及自动扶梯制作厂。现场施工曲线也是根据一篮子部门数据计算出来的，这些部门包括玻璃和幕墙承包商、混凝土承包商和干墙与保温承包商。在长达 45 年的时间里，制造业的生产率翻了一番多，而现场施工作业的生产率却保持相对不变。它还时常受到经济衰退的不利影响，比如 2008 年经济危机之后的情况，2012 年的经济普查也反映了这一点。经济普查发现，大部分被视为制造业一部分的非现场施工表现出生产率的提高，但也受到建筑业经济环境的影响。当然，在过去的 40 年里，许多建筑材料和建筑技 11
术都得到了改善，结果可能比表面看起来的要好，建筑质量已大大提高，非现场预制也正在增多。

承包商越来越多地使用在工厂环境里用专用设备生产的预制部件。显然，与现场建造相比，这些部件的质量更高、成本更低（Eastman 和 Sacks，2008）。

虽然对建筑业生产率明显偏低的原因还没有完全搞清，但统计数字表明建筑业存在重大的结构性障碍。很明显，制造业通过自动化、信息系统的使用、更好的供应链管理和改进协作工具提升了效率，而现场施工的效率没有改进。可能的原因包括：

- 65% 的建筑公司都少于 5 人，这使得他们很难在新技术上投资；即使是最大的公司，其人数也不超过行业人数的 0.5%，无法成为行业领导者（见第 6 章的图 6-1）。
- 在此期间，剔除通货膨胀因素，建筑工人的实际工资和福利待遇一直停滞不增。工会的参与减少了，移民用工增加了，这阻碍了有关节省劳动力的创新。虽然也引入了一些创新，比如打钉枪、更大和更有效的土方运输设备以及更好的起重机，但与之相关的生产率的提高还不足以带动施工现场整体劳动生产率的提高。

- 扩建、改建或修复工程约占建设总量的 23%，而维护和维修约占建设总量的 16%。对于这些工作，使用资本密集型方法更为困难，因为它们是劳动密集型的，而且很可能会一直如此。新工程只占建设总量的 55%（美国人口普查局，2016a）。
- 设计和施工企业对采用新的或改进的业务方法不急不躁，只有一些较大的公司会采用新方法。此外，新技术的引进也是碎片化的，通常情况下，仍然需要将其他表达成果转换为纸质或 2D CAD 图纸，以便项目团队的所有成员能够相互沟通，并确保足够多的承包商和分包商有资格参与项目投标。几乎所有的地方政府都要求提交纸质文件进行施工许可审查。由于这些原因，行业根本离不开二维图纸。
- 虽然制作商通常与合作伙伴签订长期协议并以双方认可的方式合作，但在建筑项目中，
12 相关方合作一段时间后即各奔东西。因此，通过积累经验实现改进的机会很少，甚至没有。相反，每个合作伙伴都采用能够保护自己的哪怕是过时和耗时的流程，防止产生法律纠纷，而这些流程不利于迅速有效地实施解决方案。当然，这意味着更高的成本和时间支出。

建筑业生产率停滞不前的另一个可能原因是，现场施工并没有从自动化中显著受益。显然，现场劳动生产率的提高依赖于经过培训的合格的劳动力。然而，自 1974 年以来，随着未经培训的非工会移民工人的用工增加，小时制工人的薪酬一直在下降。尽管建筑自动化不太受劳动力成本的影响，而受技术成本影响更大一些，比如现场工作环境设置和购买设备的投入，但由于工人的成本较低，人们不愿意用自动化（或非现场）解决方案替代现场工人。

1.3.2　NIST 对建筑业因数据互用性差产生额外成本的研究

NIST（美国国家标准与技术研究院）对因数据互用性差给建筑业主增加的额外成本进行了研究（Gallaher 等，2004）。该研究涉及各个独立系统的信息交换和管理。在建筑业中，系统之间的不兼容性常常妨碍项目团队成员快速和准确地共享信息，这导致了成本增加等许多问题。NIST 的研究对象包括商业建筑、工业建筑和机构建筑，并聚焦于 2002 年的在建和既有建筑。结果表明，低效的数据互用性导致在建建筑的建设成本每平方英尺增加 6.12 美元，既有建筑的运维成本每平方英尺增加 0.23 美元，导致总成本增加 158 亿美元。表 1–1 给出了这些成本的明细以及涉及的利益相关者。

在 NIST 的研究中，因数据互用性差产生的成本，是通过将开展业务活动所花实际成本与在信息无缝流动和没有冗余数据输入的假设场景中开展同样活动所花成本进行比较得出的。NIST 认为以下成本是数据互用性差导致的：

- 防范成本（冗余的计算机系统、低效的业务流程管理、冗余的 IT 支持人员配制）；
- 规避成本（手动重新输入数据、请求信息管理）；
- 延误成本（闲散的雇员和其他资源成本）。

2002 年建筑业因数据互用性差产生的额外成本（以百万美元计） 表 1–1 13

利益相关者群体	规划、工程与设计阶段	施工阶段	运维阶段	总增成本
建筑师和工程师	$1007.2	$147.0	$15.7	$1169.8
总承包商	$485.9	$1265.3	$50.4	$1801.6
专业承包商和供应商	$442.4	$1762.2		$2204.6
业主和运营商	$722.8	$898.0	$9027.2	$10648.0
总计	**$2658.3**	**$4072.4**	**$9093.3**	**$15824.0**
2002 年平方英尺数	11 亿	11 亿	390 亿	无
额外成本 / 平方英尺	**$2.42**	**$3.70**	**$0.23**	**无**

资料来源：NIST 研究，表 6.1（Gallaher 等，2004）。

在这些成本中，大约 68%（106 亿美元）是由建筑业主和运行商招致的。由于无法获取准确数据，这些估值是推测出来的。然而，这些成本是可观的，值得认真考虑和努力减少或避免它们的产生。在整个建筑生命期中广泛采用 BIM 和使用详细的数字模型是朝着正确方向迈出的一步，由此可以消除由于数据互用性差而产生的额外成本。

1.4 BIM：新工具和新流程

本节概述了与 BIM 相关的术语、概念和功能，并讨论了如何用 BIM 工具改进业务流程。

1.4.1 BIM 平台和工具

所有的 CAD 系统都生成数字文件。这些文件主要由向量、线型和图层组成。伴随这些系统的进一步开发，又增加了数据块和文本。随着三维建模的引入，出现了高级几何形体和复杂曲面建模工具。

随着 CAD 系统变得越来越智能，越来越多的用户希望共享设计数据，软件系统的开发重点也从绘图和三维图形转移到数据本身。利用 BIM 工具创建的建筑模型可以生成多种不同视图，包括二维和三维视图。建筑模型可以用其内容（它所描述的对象）或功能（它能够支持的信息需求类型）描述。后一种方法更可取，因为它定义用户可以用模型做什么，而不是如
何构造数据库（每个模型都是不同的）。在第 2 章中，我们将详细描述 BIM 平台，并定义它们 14
使用参数化建模的方式。

1.4.2 BIM 流程

在本书中，BIM 被定义为一种建模技术和一组与之相关的用于创建、交流和分析建筑模

型的流程。BIM 是“建筑信息建模”（Building Information Modeling）的英文首字母缩写，它所反映和强调的是流程，而不是“建筑信息模型”（Building Information Model）。BIM 流程管理的对象是建筑模型或 BIM 模型。

建筑模型的特征为：

- 以数字形式表示的部件具有供软件调用的可计算图形与数据属性和支持以智能方式操作的参数化规则。
- 部件包括的描述行为的数据，是分析与建造流程所需要的，比如工程量计算、撰写技术规格书和能耗分析。
- 具有一致的非冗余数据，一旦对某一部件数据做了更改，则该部件及包含该部件集合的所有视图立即做出正确调整。

以下是两个 BIM 定义版本。一个是美国国家建筑科学研究院（National Institute of Building Sciences，NIBS）设施信息委员会（Facility Information Council，FIC）的建筑信息建模国家标准（National Building Information Modeling Standard，NBIMS）委员会给出的 BIM 定义：“BIM 是使用设施（新的或旧的）信息模型的改进的规划、设计、施工和运维流程，所用信息模型都是标准化的、机器可读的，包含设施生命期中创建或收集的、以各利益相关方可读格式存储的适当信息”（NIBS，2008）。NBIMS 将 BIM 分为三类：

1. 作为一个产品；

2. 作为 IT 驱动的、基于开放标准的交付成果和协作流程；

3. 作为一种设施生命期的管理需求。

这些 BIM 类型支持行业信息价值链的创建，后者是 BIM 发展的终极目标。企业层面（全行业）的 BIM 范围，即所有利益相关者各种 BIM 实施活动的整合，是 NBIMS 重点关注的领域。

NBIMS 的方法论源自 buildingSMART 国际总部 [前身为“国际互操作性联盟”（International Alliance for Interoperability，IAI）] 开展的有关活动（buildingSMART，2017），包括编制信息交付手册（Information Delivery Manual，IDM）、模型视图定义（Model View Definition，MVD）和国际字典框架（International Framework for Dictionary，IFD）的准备工作，这将在第 3 章中予以说明。

15 另一种描述 BIM 特征的方法是定义在建设过程中应用信息技术的递进的成熟度等级（流程中的协作程度以及使用各种工具的熟练程度等级）。此时，将 BIM 划分为与从计算机辅助绘图开始到行业进入数字时代对应的不同阶段。由于英国政府 BIM 工作组采用了“BIM 等级”概念，图 1-5 所示的四个等级（等级 0 到等级 3）已经成为广泛采用的检查某一项目 BIM 应用程度的标准。在图 1-5 中，BS 标准是由英国标准协会（British Standards Institution）制定的英国标准，每一等级的描述都来自相关标准的定义（BS，2017）。

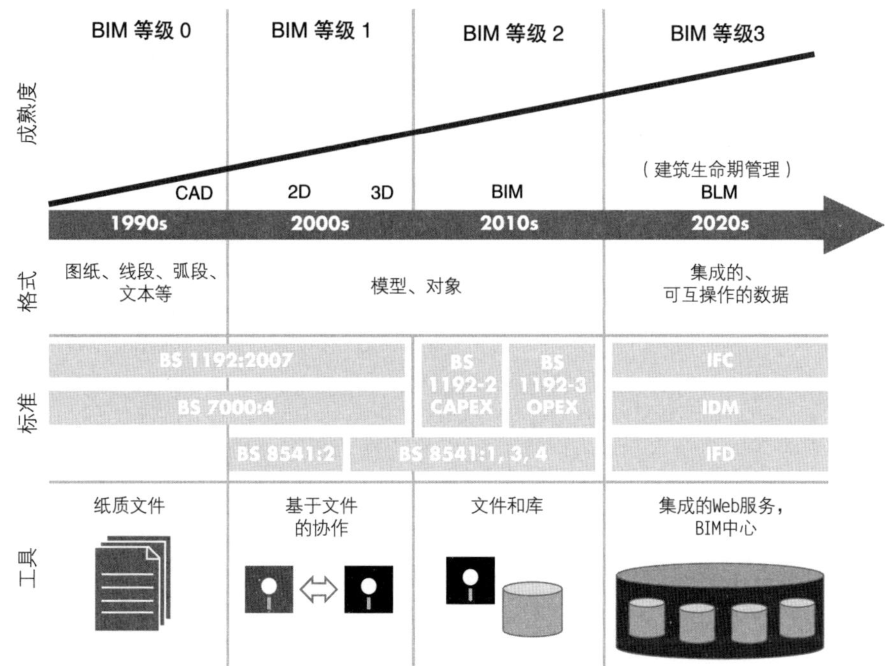

图 1–5 Mark Bew 和 Mervyn Richards 定义的 BIM 成熟度模型
转载自 PAS 1192-2：2013（BSI，2013）和 BS 1192-4：2014（BSI，2014a）。

BIM 等级

BIM 等级 0

此级别定义为非受控 CAD。它很可能是二维的，信息用传统的纸质图纸表达，或者在某些情况下，用 PDF 以数字方式表达。不管采用哪种方式，表达的资产信息都是不关联的。目前，行业所做的大多数项目已经远远领先于此。

BIM 等级 1

这是许多公司目前所处的等级。通常用 3D CAD 展示方案，用 2D CAD 报审和施工。
CAD 遵循 BS 1192：2007 标准，数据的电子共享是在共用数据环境（CDE）中进行的，并 16
且通常由承包商进行管理。项目组成员之间不共享模型。

BIM 等级 2

这一等级的特征是，所有参与方都使用自己的三维模型而不是同一个共享模型开展协同工作。解决利益相关方之间的信息交换，是该等级协作的要点。设计信息通过通用格式文件实现共享，任何组织都能把来自其他组织的数据和自己的数据组合在一起，建立组合 BIM 模型，然后对模型进行协调性检查。因此，每一方使用的 CAD 软件都必须能够输出一种通用格式文件，如 IFC（Industry Foundation Classes，工业基础类）或 COBie（Construction Operations Building Information Exchange，建造与运行建筑信息交换）。这种工作方法已经被英国政府定为所有公共项目应在 2016 年前实现的最低目标。

BIM 等级 3

该等级通过使用存储在中心存储库（通常是云对象数据库）中的单一共享项目模型，实现各专业的全面协作。所有参与方都可以访问和修改相同的模型，其好处是不必再为信息冲突发愁。这就是众所周知的“开放型 BIM”（Open BIM）。

摘自“BIM 是什么？为什么需要它？”（What is BIM and why do you need it?），TMD 工作室，伦敦和布拉格，Jan Gasparek 和 Ondrej Chudy。

如此，BIM 将行业从以纸质文件为中心的流程（0 级）（3D CAD、动画、链接数据库、电子表格和 2D CAD）推向一个整合的、可互操作的协调与协作流程，从而能最大程度地利用计算能力、网络通信，并通过数据聚集获取信息和知识（3 级）。通过操作数字模型，能在可重复和可验证的决策流程里管理建成环境，从而实现降低风险、提高建造质量、提升行业整体水平的目标。

虚拟设计与施工（Virtual Design and Construction，VDC）是最先在施工流程中使用建筑信息建模技术的实践方法。最早的研究面向精益制造和精益施工的标准实践——通过将管理注意力聚焦于每种系列产品第一批产品的生产流程，实现流程改进。借助 VDC，设计方和施工方在进行现场施工之前，可对产品和施工流程进行全面的虚拟检验。他们使用设计 - 建造
17 项目的整合多专业性能模型，审查设施、工作流程、供应链和项目团队，以识别和消除约束，从而提高项目绩效和建造质量。

1.4.3 参数化对象定义

利用参数化对象概念可以理解 BIM 对象及其与传统二维对象的区别。参数化 BIM 对象的定义如下：

- 由几何定义和相关的数据与规则组成。
- 几何体是非冗余表达的，不允许存在不一致。当一个对象以三维形式显示时，其形体就不能再以冗余的方式表达，例如，多个二维视图（二维视图可由三维模型生成）。给

定对象的平面图和立面图必须始终是一致的。尺寸不能不准确。

- 当将一个新对象插入一个建筑模型中，或者对某个对象进行更改时，对象的参数化规则会自动修改关联的几何体。例如，一扇门会自动装在墙里，一个电灯开关会自动装在门的适当一侧，墙会自动调整大小以与顶棚或屋顶相接。
- 由于可以在不同的聚合级别上定义对象，我们可以定义墙及其组件，可以在层级结构中的任何层级上定义和管理对象。例如，如果墙的某一组件的重量发生变化，那么墙的重量也应随之而变。
- 当某一修改违反对象尺寸的可行性或建造的可行性时，对象的规则可以自动识别。
- 对象可以链接、接收来自其他应用程序和模型的诸如结构材料数据、声学数据、能耗数据等属性信息，也可以广播、输出这些属性。

允许用户创建由参数化对象组成建筑模型的软件被认为是 BIM 建模工具。在第 2 章中，我们将详细讨论参数化技术以及 BIM 建模工具的常见功能，包括自动生成一致的图形和几何参数报告。在第 4—7 章中，我们将讨论这些功能和其他功能，以及它们给 AEC（建筑、工程和施工）从业者和建筑业主带来的好处。

1.4.4 对项目团队协作的支持

开放的接口应该允许导入数据（用于创建和编辑模型对象），并允许以各种格式导出数据（用于支持与其他应用程序和工作流程的集成）。有四条途径可以实现多个专业软件的集成：（1）只使用一个软件厂商的产品；（2）使用不同软件厂商的软件，但这些厂商有合作，可对每一对需要交换数据的软件，采用其中任一软件的专用文件格式，通过 API 编程提供数据交换文件；（3）使用来自不同供应商的、采用行业开放标准（主要是 IFC 标准）的软件；或者（4） 18
通过 DBMS（Database Management System，数据库管理系统）进行基于模型服务器的数据交换。

第一条途径可以更紧密、更容易地实现多个专业软件的集成。例如，对建筑模型的更改将导致对机械系统模型的更改，反之亦然。然而，这要求设计团队的所有成员使用来自同一供应商的软件。

第二条和第三条途径使用专有标准或开源标准（可公开获取并获广泛支持的标准）定义建筑对象。这些标准可为具有不同内部数据格式的应用程序提供一种互操作机制。这两种途径可提供更大的灵活性，但代价可能是降低互操作性，特别是当用于给定项目的各种软件不支持相同的交换标准，或者可支持相同的交换标准但存在丢失数据的情况时。这两条途径都允许对象从一个 BIM 应用程序导出，然后再导入另一个 BIM 应用程序中。第四条途径是使用安装在本地服务器或云服务器上的 DBMS，有时称为模型服务器、BIM 服务器、IFC 服务器、数据存储库或产品数据存储库。它的优点是允许所有用户并行处理相同的信息。有关 BIM 协同技术的详细讨论，请参见第 3 章。

1.5 BIM 作为设施生命期平台

BIM 支持对设施生命期中有关设施建造和管理的 IT 应用进行重新评估。涉及的领域包括房地产开发，产权，金融，AEC 的所有领域，制造与制作，设施维护、运行和规划，合规性监管，资产管理，可持续性，以及设施生命期内的拆除。随着社会对环境、可持续性和安全性要求的不断提高，对开放的、可重复使用的重要基础设施数据的需要已经超过对为行业提供服务和产品的相关数据的需要。应急人员、政府机构和其他组织也需要这些数据。

BIM 与 PLM（Product Lifecycle Management，产品生命期管理）有许多相似之处。PLM 起源于 20 世纪 80 年代中期的汽车工业，在 20 世纪 90 年代后期开始广泛流行。PLM 是贯穿产品生命期的产品管理流程，其目的是通过设计和工程流程的集成以及信息的重用提高产品质量、减少浪费和降低风险。BIM 和 PLM 在概念上是如此相似，以至于许多人将 BIM 称为
19 项目生命期管理（Project Lifecycle Management，PLM）或建筑生命期管理（Building Lifecycle Management，BLM），强调 BIM 作为创建和管理建筑生命期信息平台的重要性。

从概念上讲，BIM 等级 3 通过提供单个信息源扮演了生命期平台的角色，它使项目参与方能够查询、查看和使用（重用）当前信息。然而，在当前工程实践中，信息仍然是由多方在项目的不同阶段使用多个系统生成和管理的。因此，拥有数据互操作性和集成技术至关重要，它们可把数据在交换、共享和集成过程中的损失降到最小。一种方法是使用标准数据格式（如 IFC）进行数据交换。另一种方法是使用集成、专一的项目数据库，例如基于云的数据存储系统。第三种方法是使用联合或分布式数据库。通过专有文件格式进行数据交换，或者通过应用程序编程接口（API）在不同系统之间直接建立数据连接，也是实践中常用的一种方法。

虽然这些方法都有数据丢失问题，但是 BIM 作为生命期平台的作用正在显现，从而产生了新的术语，如 BIM FM（第 4 章）、绿色 BIM（第 5 章）、施工现场 BIM（第 6 章）和从 BIM 到制作（第 7 章）。BIM FM——BIM 模型与 FM 系统的集成已经取得巨大进步，传统上这两个支持图形和设备数据的系统是分开的。第 4 章将详细讨论 BIM FM 集成。

另一个发展领域是将与互联网连接的传感器设备网络（IoT）连接到楼宇自动化系统。Pärn 等人（2017）在他们的论文“设施管理中的建筑信息建模轨迹：评述”（The Building Information Modelling Trajectory in Facilities Management：A Review）中对 BIM 在建筑生命期中的应用时机和存在问题进行了很好的阐述。他们总结道：“这种几何和语义数据的早期集成在建筑使用期间对 FM 团队非常有价值，尤其是在监控建筑性能方面。反过来，对建筑使用性能的更准确测量可以为设计师和承包商提供有价值的基于知识的反馈，有利于他们把未来项目开发得更好。”

1.6 什么样的应用程序不是 BIM 平台？

“BIM”这一术语包含技术和流程两个方面，已成为软件开发人员描述其产品所提供的功能和各类专业人员描述其提供的服务的流行语，然而，也有人经常不求甚解地使用。这会引起真假 BIM 之争。为了弄清到底什么是 BIM 平台，以下描述不是 BIM 平台的建模解决方案（BIM 环境、BIM 平台和 BIM 工具将在第 2.3 节中定义），即创建以下类型建筑模型的应用程 20
序不是 BIM 平台：

- **只包含三维数据而不包含（或很少有）对象属性的模型：**这些模型只能用于图形可视化，而在对象层级上没有智能化。它们用于可视化是可以的，但是很少或根本不支持数据集成和设计分析。例如，Trimble 的 SketchUp 应用程序非常适合用于快速的方案设计和建筑造型可视化，但如将其用于分析则用途有限，因为它不知道所设计的对象有什么功能。McNeel 的 Rhino 3D 用于曲面建模时，可以适配 BIM 流程，但本质上不是 BIM 建模。这些都是支持 BIM 流程的 BIM 工具，但它们不是 BIM 平台。
- **不支持参数化行为的模型：**这些模型可以定义对象，但不能调整它们的位置或比例，因为它们不能实施参数化行为。这使得更改非常耗费人力，并且不能避免创建不一致或不准确的模型视图。
- **由多个 2D CAD 文件生成的模型，且只有这些文件组合在一起才能定义建筑：**无法确保生成的三维模型是正确的、一致的或可统计的，也无法展现模型所含对象的智能。
- **在一个视图中更改尺寸后其他关联视图不能自动更新的模型：**这会使模型存在错误并且非常难以查找（类似于在电子表格中手工输入一个公式）。

1.7 BIM 的优点是什么？它可以解决什么问题？

BIM 技术可以支持和改进许多业务实践。虽然下面讨论的优点并不是在所有项目中都能看到，列出它们的目的是为了表明随着 BIM 流程和技术的发展，BIM 能在哪些方面带来变革。BIM 是帮助建筑设计和施工团队以更快速度、更低成本建造满足可持续性和高效运维要求建筑的核心技术。传统做法无法与之相比。后续章节将简要描述如何通过 BIM 取得更好的绩效。

1.7.1 施工前期给业主带来的效益 21

概念验证、可行性分析和设计效益。在业主聘请建筑师之前，有必要知道是否可以在给定的时间和预算成本内建造出具有给定规模、质量水平和满足策划需求的建筑。换句话说，设计的建筑能满足业主的财务要求吗？如果这些问题可以得到相对确定的回答，那么业主就可以抱着目标可以实现的期望向前推进项目。如果在花费大量的时间和精力之后，发现某一

设计明显超出预算，就是一种浪费。一个内置或链接成本数据库的近似（或宏观的）建筑模型，对业主具有极大的价值和帮助。这将在第 4 章中进一步详细描述。

提高建筑性能和质量。在生成详细的建筑模型之前，开发方案模型可以更仔细地评估方案设计，以确定它是否满足建筑功能、可持续性和其他要求。在方案设计阶段早期使用分析 / 模拟工具对多个备选方案进行评估，可以提高建筑的整体质量。这些功能将在第 5 章中讲评。

使用 IPD 方法改进协作。当业主使用 IPD 进行项目采购时，项目团队可以从设计之初就使用 BIM，这不仅为理解项目需求提供了方便，并可在设计推进过程中随时生成成本预算。这样可以更好地理解设计和成本，并避免使用纸质文件沟通的弊端。这将在第 4—7 章中进一步描述，也已在《BIM 手册》在线案例研究文件夹中的加利福尼亚州卡斯特罗谷萨特医疗中心案例研究中进行了说明。

1.7.2 设计效益

设计涉及项目全方位的细化和表达，包括经济、结构、能耗、美学、功能等各方面，以实现客户的意图。它影响后面的所有阶段。

更早和更精确的设计可视化。BIM 软件生成的三维模型是在设计过程中直接生成的，而不是来自多个二维视图。在设计过程的任何阶段都可使用模型对设计成果进行可视化展示，并且每个视图的尺寸都是一致的。

当对设计进行更改时，自动根据底层逻辑进行更正。如果在设计中使用的对象由确保恰
22 当对齐的参数规则控制，那么三维模型将不会出现几何、对齐和空间协调错误。这可减少用户花在设计更改的时间（第 2 章将进一步讨论参数化规则）。

在任何设计阶段都能生成准确和一致的二维图纸。可以为项目的任何一组对象或指定视图提取精确和一致的图纸，这大大减少了生成各专业施工图的时间和错误数量。当需要对设计进行修改时，只要输入设计修改，就可以重新生成完全一致的图纸。

多个设计专业的早期协作。BIM 技术为多个设计专业同时工作创造了条件。虽然也可以基于图纸协作，但与在一个或者多个能够很好控制变更的、协调的三维模型上工作相比，基于图纸协作更加困难和耗时。基于 BIM 的协作不但可以缩短设计时间，而且可以大大减少设计错误和遗漏。它还能更早地发现设计问题，并为设计提供不断改进的机会。这比等到设计接近完成，主要设计内容都已确定之后才应用价值工程要好得多。

易于验证设计意图的符合性。BIM 在设计早期就提供了三维可视化功能，并可汇总空间面积和材料数量，从而可以更早、更准确地进行成本预算。对于技术类建筑（实验室、医院等），设计意图通常是定量描述的，可以使用建筑模型检查是否符合设计意图。对于定性需求（例如，某个空间应该靠近另一个空间），三维模型也支持自动评估。

在设计阶段准确生成成本预算。在设计的任何阶段，BIM 技术都可以提取出准确的工程

量清单和房间面积表用于成本预算。在设计的早期阶段，成本预算或基于输入项目工程量的公式，例如，输入停车位数量、各种办公区域的面积等，或基于每平方英尺的单位成本。随着设计的进展，可以获得更详细的工程量，从而可以做出更准确和更详细的成本预算。这使得在某一特定设计达到施工招标所需的详细程度之前，让所有各方追踪成本变化成为可能。在设计的最后阶段，根据对模型中所含对象数量的精确统计，可以编制更准确的最终成本预算。因此，基于 BIM，而不是基于图纸的系统，可以做出关于成本的更明智的设计决策。在使用 BIM 进行成本预算时，显然需要总承包商和可能参与项目的关键专业承包商加入项目团队。他们的知识对于在设计过程中获取精确的成本预算和进行可施工性检查非常有用。BIM 23
在成本预算中的应用很复杂，将在第 4—7 章中加以探讨；第 10 章还给出了好几个案例研究。

改善能源效率和可持续性。将建筑模型与能源分析工具连接，可以在早期设计阶段评估能源使用情况。传统二维工具无法做到这一点，因为准备相关输入数据需要大量时间。如果一定要用二维工具的话，能源分析作为一项检查或强制性要求，将在二维设计流程的最后进行，这样就减少了可以改进建筑能效的机会。建筑模型能与各种类型分析工具连接的功能提供了许多提高建筑质量的机会。

1.7.3 施工与制作效益

使用设计模型作为部件制作的基础。如果设计模型已经细化到制作对象层级（深化设计模型），且模型对象的表达精度能够满足制作和施工要求，则可以将设计模型传给 BIM 制作工具。由于已对部件作了三维定义，使用数控机床进行部件自动化制作会变得更加容易。这种自动化是当今钢材加工和一些钣金加工的标准做法，并已成功地应用于预制部件、门窗和玻璃制作。这允许全世界的供应商通过使用模型确定制作所需的细节和维护反映设计意图的链接。如果在设计过程中足够早地引入预制或预组装意图，BIM 就可以有效促进非现场制作，从而减少成本和施工时间。BIM 的精确性还允许在工厂预制更大尺寸的部件。使用传统的二维图纸，由于可能出现现场变更（返工），以及在现场其他部件就位之前无法准确预测尺寸等原因，通常这类大尺寸部件都是在现场制作。BIM 应用带来的好处还包括缩减安装人员、提高安装速度以及减少现场存储空间。

对设计变更的快速反应。一旦将设计修改输入到建筑模型，由此导致的其他对象的变更会根据已确立的参数化规则自动进行。对于跨系统变更，可通过可视化或冲突检测进行检查。修改的结果可以准确地反映在模型及其视图中。此外，使用 BIM 系统，可以更快地解决设计修改问题，因为修改后的模型可以共享、可视化，并可用于成本预算，这比使用基于二维图纸的修改流程要省时得多。在基于二维图纸的系统里，设计修改是非常容易出错的环节。

施工前发现设计错误和遗漏。由于虚拟三维建筑模型是所有二维和三维图纸的来源，这 24
就消除了二维图纸不一致所造成的设计错误。此外，因为所有专业模型都可以合并在一起，

所以可以很容易地对多系统接口进行系统检查（对于硬冲突和间隙冲突）和可视化检查（对于其他类型的错误）。对于冲突和可施工性问题，不等现场发现就能提前识别出来。设计师和承包商之间的协作会得到加强，遗漏错误也会显著减少。这可加快施工进度，降低成本，最大限度地减少法律纠纷，并为整个项目团队提供一个更加顺畅的流程。

设计与施工计划同步。使用4D CAD制定施工计划可在设计模型中将施工计划链接到三维对象，并用施工设备对象（支撑、脚手架、起重机等）补充模型，从而模拟施工流程，展示建筑和工地任一时间点的情况。使用这种图示模拟，可以洞悉每天的施工情况，发现潜在问题（工地、人员和设备问题，空间冲突，安全问题等）的根源和可能改进的机会。

更好地实施精益施工技术。精益施工技术要求总承包商和所有分包商进行认真的协调，确保只将能够完成的工作（即满足所有前置条件的工作）分配给工人。这样可以最大限度地减少人力浪费，改进工作流程，并减少对现场材料库存的需求。由于BIM提供了精确的设计模型和每个分部工程所需的材料数量，为改进分包商的进度计划奠定了基础，有助于确保人员、设备和材料的适时到达。

这可以降低成本，有利于施工现场更好地开展协作。还可以用平板电脑操作模型，以便追踪材料、查看安装进度和现场定位。这些好处将在第10章的新加坡丰树商业城II期和科罗拉多州丹佛圣约瑟夫医院案例研究中进行说明。

采购与设计和施工同步。完整的建筑模型可提供建筑所用材料和对象（或大多数材料和对象，这取决于三维建模的精度）的准确数量。这些数量、规格和指标可用于向产品供应商和分包商（如预制混凝土分包商）采购材料。

25 1.7.4 施工后期效益

改进调试和设施信息移交。在施工过程中，总承包商和MEP承包商收集已安装材料相关信息和建筑系统的维护信息。这些信息可以链接到建筑模型中的对象上，从而可以将其移交给业主，供其在设施管理系统中使用。在业主接收建筑之前，还可以使用这些信息检查所有系统是否都达到了设计要求。这可以通过使用COBie标准或集成的BIM FM系统将数据从BIM一次性下载到FM系统实现。第10章中的加利福尼亚州帕洛阿尔托斯坦福神经康复中心案例研究将对此进行说明。

更好的设施管理和运行。建筑模型是建筑所含系统的信息源（图形和规格说明书），可以用来检查建筑完工后所有系统是否工作正常。建筑投入使用后，还可将以前为选择机械设备、控制系统以及制定其他采购决策所作的分析提供给业主，用于验证设计决策正确与否。

与设施运行和管理系统集成。反映施工期间所有变更的建筑模型可作为竣工建筑空间和系统的准确信息源，是建筑管理和运行的良好起点。建筑信息模型支持对实时控制系统的监控，因为它为传感器和设施的远程操作提供了一个自然接口。其中的许多功能才刚刚开始提

供，但是 BIM 已为这些部署提供了一个理想平台。第 4 章和第 8 章将对此进行讨论；第 10 章的沙特麦地那穆罕默德·本·阿卜杜勒 – 阿齐兹亲王国际机场和加利福尼亚州帕洛阿尔托斯坦福神经康复中心案例研究将对此进行说明。

1.8 BIM 与精益建造

精益建造的核心思想是，通过优化流程和减少浪费的持续过程改进使得为客户提供的价值达到最优。这些基本原则来自精益生产，其中许多是来自对丰田生产系统（TPS）的学习与借鉴。当然，在将 TPS 的思想和工具应用于建筑之前，要做一些适应性调整。这种调整既有实践层面的，也有理论层面的，调整过程中在理论层面产生了建造新思维，如 Koskela（1992）定义的转换 – 流程 – 价值概念。

有许多精益建造工具和技术，例如 LPS（Last Planner System，末位计划系统）（Ballard， 26
2000），对使用它们的团队要求很高，需要培训，但是通常可以在很少有或没有软件支持的情况下使用。然而，在精益建造和 BIM 之间存在着很强的协作优势，因为 BIM 的使用不仅践行了一些精益建造原则，还为践行其他精益原则创造了条件。使用图纸创建、管理和沟通信息造成施工浪费的原因有很多，例如，设计图纸不一致、大批量设计信息流动受限、信息请求反馈慢等等。BIM 不仅在消除这些浪费方面起了很大作用，还改进了许多参与者在建造过程中的工作流程，即使他们没有直接使用 BIM。

萨克斯（Sacks）等人（2010）在对这种关系的研究中，列出了 24 条精益原则（表 1–2）和 18 个相关 BIM 功能，发现它们存在 56 种相互影响，其中 52 种是积极的影响。

BIM 与精益建造协同增效的第一点是 **BIM 的使用减少了不确定性**。建筑可视化和功能评估、备选设计方案的快速生成、信息和设计模型的完整性维护（包括对单个信息源的依赖和冲突检查）以及报告的自动生成等，所有这些都使信息更加一致和可靠，从而大大减少返工和等待信息所造成的浪费。这不仅给建筑设计团队的所有成员带来好处，还给参与施工的各方带来经济效益。

第二点是 **BIM 可缩短生产周期**。在所有生产系统中，一个重要的目标是减少产品从开始生产到最后完成的整个过程所需的时间，从而减少过程中的工作量和累积的库存，并可使系统以最小的浪费实施变更。这与设计管理、施工规划、生产计划和现场控制相关。

第三点，**BIM 可以对设计和施工过程进行可视化展示、仿真和分析**。可视化展示可极大地增强客户对建筑设计的理解，并使需求捕获得到改进。BIM 能帮助每一个项目团队成员表达他们的构思，从而可以消除由于不同专业设计不一致导致的大量浪费。设计师可以通过仿真和分析建筑性能改进功能性设计。对于承包商及其供应商来说，可视化的建造过程可以为规划和生产控制提供更好的支持。

最后，也许最明显的一点是，**如果 BIM 得到有效使用，可以改进信息流动**。

正如新加坡南洋理工大学北山学生宿舍项目案例研究（第 10 章）所述，通过支持模块化建造及增加建筑部件和部件集合的预制，BIM 正在前面列出的其与精益建造协同增效的领域中引领更加精益的实践。有关这些方面的更详细的讨论，请参见第 7 章。

27 精益建造的原则（Sacks 等，2010） 表 1–2

主要领域	原 则
工作流程	**减少不确定性**
	从一开始就保证良好质量（减少产品的不确定性）；改善上游流程的不确定性（减少生产不确定性）
	缩短生产周期
	缩短生产延续时间
	减少库存
	减少批量作业规模（争取单件流水作业）
	提高灵活性
	减少转换时间
	使用多技能团队
	选择适当的生产控制方法
	使用拉式系统
	平稳生产
	标准化
	坚持持续改进
	使用可视化管理
	可视化生产方法
	可视化生产流程
	基于流程与价值的生产系统设计
	简化
	采用并行加工
	只使用可靠的技术
	确保生产系统的能力不打折扣
创造价值流程	**确保了解详细需求**
	关注概念选择
	确保需求向下传递
	验证和确认
问题解决	**亲自到现场观察**
	决策之前达成共识，并考虑所有选项
开发合作伙伴	**培育一个广泛的合作伙伴网络**

考虑到这些协同效应，我们就可以清楚地知道为什么美国建筑师协会在有关 IPD（本质上是一种精益方法，Eckblad 等，2007）的文件中表述了如下观点，即“虽然不需要建筑信息建模也可以实现 IPD，但本研究的观点和建议是，建筑信息建模对有效实现 IPD 需要的协作是非常必要的”。

1.9 预期的挑战是什么？ 28

在设计和施工的每个阶段，与传统实践相比，改进的流程可以减少出现问题的数量和降低出现问题的严重程度。然而，BIM 的使用也会导致项目参与者之间的关系和它们之间的合同协议发生重大变化（传统的合同条款是为基于纸质文件的实践量身定做的）。此外，在设计阶段输入专家知识非常重要，建筑师、承包商和其他专业设计公司应在设计阶段的早期就进行协作。IPD 在建筑工程和其他类型工程中越来越多的应用，反映了集成团队使用 BIM 和精益建造技术管理设计和施工具有强大优势。

1.9.1 团队协作中的挑战

虽然 BIM 提供了新的协作方法，但对团队协作提出了更高要求。如何让项目团队成员充分共享模型信息是一个重要的问题。当建筑师和工程师仍然提供传统的纸质图纸时，承包商（或第三方）可以创建模型，从而将其用于施工规划、成本预算和协调。当设计者使用 BIM 进行设计并共享模型时，由于它可能不具备用于施工的足够细节，或者对象的细化程度不支持提取必要的建筑工程量，可能仍然需要重新创建用于施工的建筑模型。如果项目团队成员使用不同的建模工具，那么就需要有工具将模型从一个环境迁移到另一个环境或者将这些模型组合起来。这将增加复杂性，会给项目造成潜在的错误和时间延迟。

为了缓解这些问题，需要编制一个详尽的 BIM 执行计划，对建模师在每一阶段的建模精度以及模型共享或交换的机制做出规定。模型交换可以是基于文件的，也可以使用与所有 BIM 应用程序通信的模型服务器。将所有不同专业的设计团队和施工团队安置在一个“大办公室”里（即一个协调和协作的工作环境中）办公，可以有效开展 BIM 所支持的密切协作，提高项目设计质量和减少项目持续时间。第 3 章将对这些技术问题进行评述，第 4—6 章将对“大办公室”协作进行探讨；第 10 章给出的一些案例研究将介绍“大办公室”协作实践。

BIM 创建的协作开放的工作环境也会引发安全性问题。例如，如果未采取适当措施，机场、火车站或其他公共和私人建筑等安全敏感设施的详细 BIM 模型可能会落入心怀不轨的歹人之手。为了应对这种威胁，英国 BIM 工作组制定了 BS PAS 1192-5：2015《建筑信息建模、数字化建筑环境和智慧资产管理的安全意识规范》（BSI，2015）。ISO 27001：2013《信息技术 - 29
安全技术 - 信息安全管理系统》（ISO，2013）也提供了相关的指南，但它不是专为 BIM 制定的。许多基于云的 BIM 服务正在寻求 ISO 27001 认证，以证明其服务是安全的。

1.9.2 有关文档所有权的法律改变

随着 BIM 应用的普及，提出了谁拥有设计、制作、分析、施工数据，谁为它们支付费用，以及谁对它们的准确性负责等一系列法律问题。通过在项目中使用 BIM，实践人员已经找到了解决这些问题的方法。AIA 和 AGC 等专业协会还编写了防止使用 BIM 引起法律问题的合同用语指南。第 4 章和第 8 章将对此进行探讨。

1.9.3 实践和信息使用的改变

BIM 鼓励在设计过程中尽早吸纳施工知识。能够协调各阶段设计并从一开始就吸纳施工知识的集成设计 - 建造公司将受益最大。当使用 BIM 时，采用有利于促进良好协作的 IPD 合同会为业主带来更大的优势。当应用 BIM 技术时，企业发生的最重大的变化是在设计阶段密集地使用一个共享建筑模型及在施工和制作阶段密集地使用一组协调的建筑模型，并将它们作为所有工作流程和协作的基础。

1.9.4 实施问题

用建筑信息建模系统代替 2D 或 3D CAD 环境远远不只是获取软件、培训和升级硬件。要想有效地使用 BIM，需要对公司业务的几乎每一个方面都做出改变（而不仅仅是以新的方式做相同的事情）。在开始转换之前，需要对 BIM 技术和相关流程有一定的了解，并制定实施计划。顾问可为这一过程的规划、监控提供很大帮助。虽然每个企业的具体做法取决于其在 AEC 行业的业务定位，但需要采取的步骤基本是相同的，大致如下：

- 企业高层负责制定 BIM 采用计划。该计划应通盘考虑企业业务的各个方面，并对采用 BIM 将对企业内部各个部门、外部合作伙伴以及客户产生何种影响做出分析。
- 建立一个由主要管理人员组成的内部团队，负责执行包括成本预算、时间进度和绩效考核在内的 BIM 采用计划。
- 安排培训时间与资源，开展 BIM 工具和 BIM 应用培训，确保各级人员准备就绪。
30
- 与现有技术并行，将 BIM 系统用于一个或两个较小的项目（可能已经完成的项目），并由建筑模型生成传统文档。这既可发现模型在对象精度、输出能力和与分析程序通信等方面存在的缺陷，还有助于公司制定建模标准，确定模型不同应用所需要的模型质量和模型精度。
- 使用完成的项目开展更广泛的员工培训。让高层管理人员随时了解进展速度、存在问题、应用感悟等情况。
- 将 BIM 的使用扩展到新项目中，并开始采用新的协作方法与项目团队以外的成员合作，从而使用建筑模型从项目早期就进行团队整合和知识共享。
- 公司全面开展 BIM 应用，并在与客户和业务合作伙伴签订的合同文件中体现新的业务流程。
- 定期重新规划 BIM 实施流程，使其扬长避短，并设定有关绩效、时间和成本的新目标。继续将 BIM 带来的变革推广到公司其他办公场所和业务中。

第 4—7 章，将讨论 BIM 在建筑全生命期的具体应用，并对每个参与方采用的特定指南进行评述。第 8 章将讨论 BIM 采用和实施的推动因素，并对 BIM 标准、BIM 指南、组织变革以及 BIM 培训与教育进行评述。

1.10 应用 BIM 进行设计和施工的前景

第 9 章提出作者对 BIM 技术将如何演变以及它对 AEC/FM 行业和整个社会的未来可能产生哪些影响的看法。其中有关于近期（到 2025 年）的观点，也有对中期（2025 年以后）的想法，还将讨论支撑 BIM 向前发展的相关研究工作。

预测对近期的影响非常简单。因为在很大程度上，它是当前趋势的外推。基于对 AEC/FM 行业和 BIM 技术的了解，做出中期预测似乎也是可能的。超过中期，则很难做出有用的预测。

1.11 案例研究

第 10 章的案例研究展示当今是怎么使用 BIM 技术及其工作流程的。在线《BIM 手册》案
例研究目录提供了另外 15 个案例研究。这些案例研究的 BIM 应用涵盖建筑生命期的各个阶段， 31
尽管大多数集中在设计和施工阶段（对非现场制作建筑模型的应用也做了大量介绍）。对于那些渴望马上获得 BIM 应用体验的读者，阅读这些案例研究是一个很好的起点。

第 1 章 问题讨论

1. 什么是 BIM？它与三维建模有什么不同？

2. 使用 2D CAD 存在哪些主要问题？与基于 BIM 的流程相比，其是如何在设计和施工阶段浪费资源和时间的？

3. 尽管建筑技术取得了很大进步，为什么建筑业的施工现场劳动生产率在 1960 年至 2010 年的大部分时间里都停滞不前？

4. 为了有效使用 BIM，需要对设计和施工流程做出哪些变革？

5. 为什么采用“设计 – 招标 – 建造”业务流程很难在设计和施工期间发挥 BIM 的全部潜力？

6. IPD 与 DB 和 CM@R 项目采购方法有何不同？

7. 集成项目团队使用 BIM 时，预期会产生什么样的法律、协作和沟通问题？

8. 有哪些技术能将设计分析应用程序与建筑师创建的建筑模型集成在一起？

第 2 章 32

核心技术与软件

2.0 执行摘要

本章概述将 BIM 设计应用程序与早一代 CAD 系统区别开来的主要技术。基于对象的参数化建模最初是在 20 世纪 70 年代和 80 年代为制造业而开发的。与这个时代之前的其他 CAD 系统不同，参数化建模不创建具有固定几何形体和属性的对象。相反，它使用能够自动确定几何形体和非几何属性及特征的参数和规则创建对象。参数和规则可以是与其他对象相关联的表达式，从而允许对象根据用户的控制或所处环境进行自动更新。自定义参数化对象能够对复杂几何形体建模，而这在以前是不可能的。在其他行业中，企业通过使用参数化建模开发其自己的对象以吸纳行业知识和实施最佳实践。在 AECO 行业中，BIM 软件公司为用户预定义了一组基础建筑对象类，并允许用户添加、修改或者扩展。一个对象类可以生成任意数量的对象实例，由于参数设置或应用场景不同，对象实例的形体也有所不同。

一般把所处环境发生变化时对象自我更新的行为称为对象的设计行为。系统提供的对象 33
类根据对象之间的交互方式，预定义墙、板或屋顶。公司应该有能力开发自定义参数化对象，包括新对象的定义和对已有对象的扩展。有关分析、成本预算和其他应用程序需要与对象属性建立连接，但是这些属性必须先由软件公司或用户定义。

一些 BIM 平台可将三维对象与简单的二维图纸关联起来，允许用户按确定的模型详细程度建模，然后在二维图纸上补充缺失的模型元素。虽然能够通过简化的三维对象和二维剖面详图的结合生成完整的图纸，但在二维图纸上绘制的对象不能包含在生成材料清单、分析以及其他 BIM 支持的应用程序中。因此，大多数 BIM 项目和平台都强调以三维形式完整地表达每个对象，并由三维模型生成二维图纸。在这些系统中，成本预算、进度计划、能耗模拟或其他工程分析以及图纸的详细程度，都取决于所使用的三维模型的详细程度。在任何情况下，都需要根据为不同项目阶段模型应用设定的目标仔细确定所需的三维建模详细程度。模型详细程度又称为“细化程度”（LOD）。许多组织和项目级的 BIM 执行计划对建筑子系统的不同阶段提出了 LOD 要求。

任何 BIM 应用程序都提供了一个或多个这些类型的服务。从 BIM 工具层面上看，各个系统在许多重要方面是不同的，如：预定义基础对象的复杂程度、用户定义新对象类的方便性、更新对象的方法、易用性、可表达的形体和曲面的类型、图纸生成功能以及管理大量对象的能力等。从平台层面上看，各个系统在许多方面存在差异，如：管理大型项目和精细化管理项目的能力、与其他 BIM 工具软件的接口、使用多种工具的界面一致性、可扩展性、可使用的外部库、携带的可管理的数据以及支持协作的能力等。掌握 BIM 应用程序在工具层面和平台层面的各项功能是在组织内部和跨组织建设 BIM 能力的重要目标。

本章全面介绍主要的 BIM 模型生成技术以及相关工具及其功能区别，这些内容可供评估和选择工具使用。

2.1 基于对象参数化建模的演进

不管是否有自动化功能，一个好的工匠都应对自己使用的工具了如指掌。本章从介绍帮助读者理解 BIM 设计软件功能的概念框架开始。

34 今天的建筑建模工具是交互式三维设计计算机工具历经 40 年研发最终发展为基于对象参数化建模的自然结果。了解今天 BIM 设计软件功能的一个方法是回顾它们的演进历史。下面让我们做一个简短回顾。

2.1.1 早期的三维建模

自从 20 世纪 60 年代开始，三维几何建模一直是一个重要的研究领域。开发新的三维表达方法有许多用途，例如可以用在建筑与工程设计以及电影和游戏制作上。创建可见多面体的造型技术起步于 20 世纪 60 年代末，后来还由此制作了第一部计算机图形电影《电子世界争霸战》（*Tron*，1987）。这些早期的多面体可以由一组有限的参数化的、可伸缩的形体组成，但用在设计上还需要对复杂形体进行编辑和修改。1973 年，创建可见多面体的造型技术取得重要进展。能够建立并编辑任意三维实体——曲面体的技术分别由剑桥大学的伊恩 · 布雷德（Ian Braid）团队、斯坦福大学的布鲁斯·鲍姆加特（Bruce Baumgart）团队及罗切斯特大学的阿里·雷奎查（Ari Requicha）和赫伯 · 沃尔克（Herb Voelcker）团队独立开发出来（Eastman，1999；第二章）。这就是熟知的实体建模，三个团队的努力催生了第一代实用三维建模设计工具的诞生。

起初，开发出了两种不相上下的实体建模方法——边界表示法（B-rep）和构造实体几何
法（CSG）。B-rep 使用一组闭合的、有方向的有界曲面表示几何体。几何体由一组有界曲面
构成，其满足曲面体对围合曲面有关连通性、方向性和连续性的要求（Requicha，1980）。计
算函数的发展允许创建具有可变尺寸的几何体，包括参数化的长方体、圆锥体、球体、棱锥
体等等，如图 2-1（左）所示。同样，还提供了扫掠体：截面沿直线拉伸形成的拉伸体和截面
围绕旋转轴旋转生成的旋转体（图 2-1，最右两图），每一种操作都创建了具有明确尺寸和标 35
准格式的 B-rep 曲面体。通过编辑操作可使这些曲面体相互关联或者重叠。对两个及两个以
上的标准多面体，可以通过空间的并集、交集、差集运算（称为“布尔运算”）生成组合几何
体。用户可采用交互方式通过布尔运算生成非常复杂的形体，如图 2-2 中所示的来自布雷德
（Braid）论文和伊斯曼（Eastman）早期办公楼建模的例子。通过编辑操作创建的几何体是标
准的 B-rep 曲面体，其可进一步参与布尔运算。这种基于布尔运算组合原始曲面体的几何体
创建与编辑系统允许生成一组表面，共同围合用户定义的形体。由此，在计算机上编辑几何
体的时代开始了。

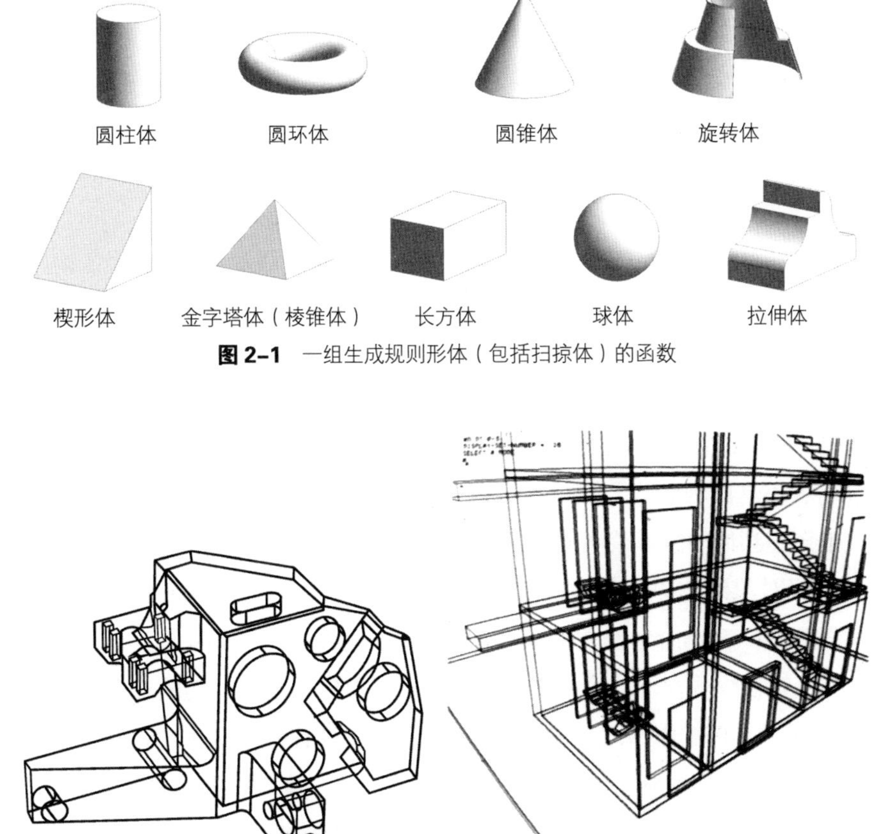

图 2-1 一组生成规则形体（包括扫掠体）的函数

图 2-2 最早使用 B-rep 通过布尔运算生成的复杂机械零件（Braid，1973）和建筑实体建模（Eastman，1975）

作为另一种方法，CSG（构造实体几何法）通过定义一组与 B-rep 类似的如图 2-3 左边所示的简单多面体的函数表示一个形体。这些函数可使用代数表达式组合，并可进行布尔运算，如图 2-3 右边所示。然而，CSG 要依靠多种方法对定义最终形体的代数表达式求值。因此，形体可以在显示器上绘制出来，但并不生成任何一组有界曲面。图 2-4 给出了一个例子。文本命令定义了由一系列简单形体表示的一所小房子。图上部文本命令的最后一行使用布尔运算构建了这一形体。其结果是最简单的建筑形体：一栋有一个门洞的单层人字形屋顶建筑。
37 图右侧显示的是求值前的形状。CSG 和 B-rep 的主要区别在于，CSG 存储定义形体部件的参数和将部件组合在一起的代数公式；而 B-rep 存储的是构建形体部件的对象变量和相关布尔运算生成的结果。差异是显著的。在 CSG 中，可以根据需要，编辑和重新生成元素。要注意的是，在图 2-4 中，所有的位置和形体参数都可以通过 CSG 表达式进行编辑。这种用文本字符串描述形体的方法非常简洁，但是在那个时代的台式机上生成形体仍然需要几秒钟。另一方面，B-rep 在人机交互、计算截面特性、渲染、生成动画以及检查空间冲突方面非常出色。但编辑 B-rep 形体非常困难，因为没有可用的编辑参数。

36

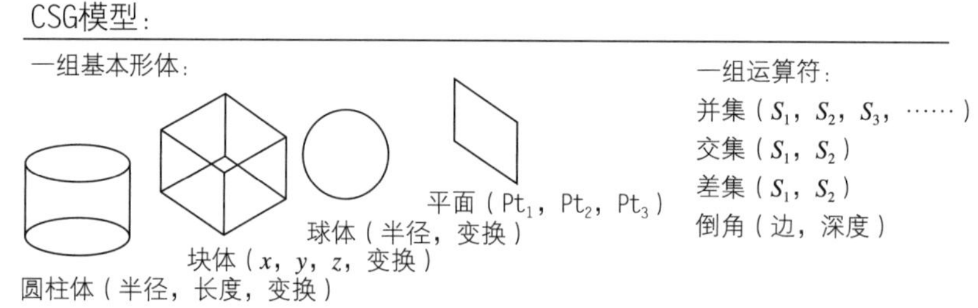

图 2-3 用于 CSG 的一组基本形体和运算符。每个形体的参数由定义形体及为形体定位的参数组成

最初，两种方法竞争，都想力拔头筹。但很快人们就认识到，应该将两者结合起来，允许在 CSG 树（有时称作“求值前形体”）中编辑形体。通过使用 B-rep 的显示和交互功能编辑形体，可以生成组合形体。B-rep 被称为“求值后形体”。如今，所有参数化建模工具和所有建筑模型都结合了这两种表达方法，用类似 CSG 方法实现编辑功能，用 B-rep 实现可视化、测量、冲突检测和其他非编辑类功能。第一代工具支持具有属性的三维面对象和圆柱体对象建模，并允许将对象组装为实体，如发动机、加工厂或建筑等（Eastman，1975；Requicha，1980）。这种合二为一的组合建模方法是现代参数化建模的一个重要前身。

这些早期系统很快就发现了将材料和其他属性与形体联系在一起的价值。这可用于结构分析的准备工作或用于确定体积、静荷载和材料用量。具有材料属性的对象会导致出现这样一种情况，即由一种材料构成的形体会通过布尔运算与另一种材料构成的形体相结合。对此，我们将如何恰当地解释呢？虽然差集有明确的直观含义（有窗的墙或有孔的钢板），但是不同材料形体的交集和并集并没有明确的直观含义。

建筑体量：= BLOCK(35.0,20.0,25.0,(0,0,0,0,0,0,)) 36
空间：= BLOCK(34.0,19.0,8.0,(0.5,0.5,0,1.0,0,0))
门：= BLOCK(4.0,3.0,7.0,(33.0,6.0,1.0,1.0,0,0))
屋面1：= PLANE((0.0,0.0,18.0).(35.0,0.0,18.0),(35.0,10.0,25.0))
屋面2：= PLANE((35.0,10.0,25.0),(35.0,20.0,18.0),(0.0,20.0,18.0))
建筑：=（（（建筑体量 - 空间）- 门）-屋面1）- 屋面2

求值后模型：

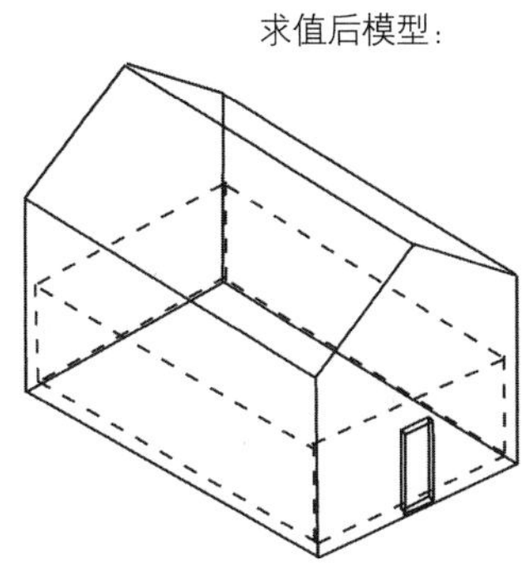

求值前模型：
（显示基本形体）：

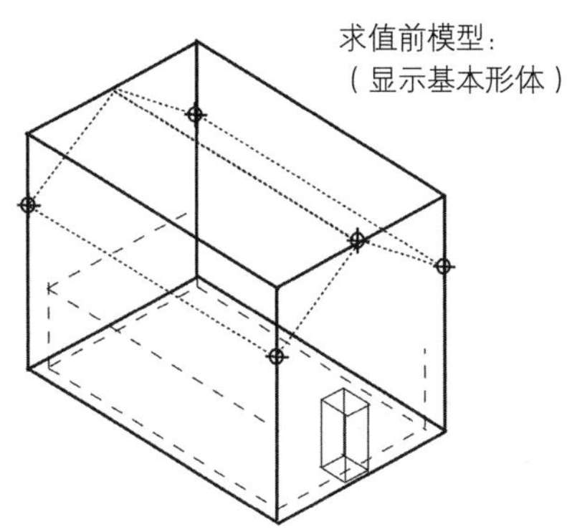

空间：= BLOCK(34.0,19.0,14.0,(0.5,0.5,0,1.0,0,0))
门：= BLOCK(4.0,3.0,7.0,(33.0,6.0,1.0,1.0,0,0))

求值后模型：

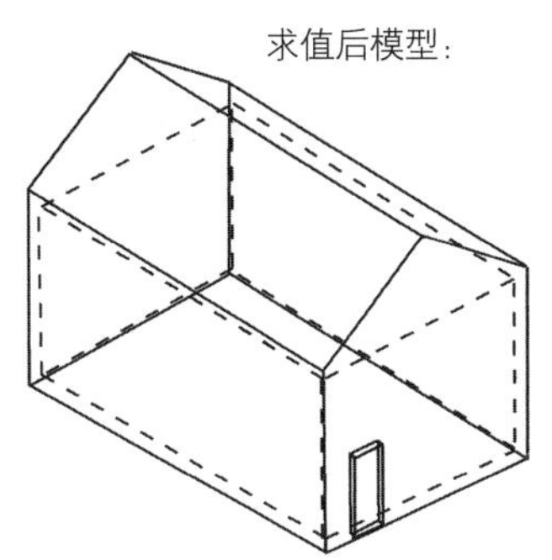

求值前模型：
（显示基本形体）：

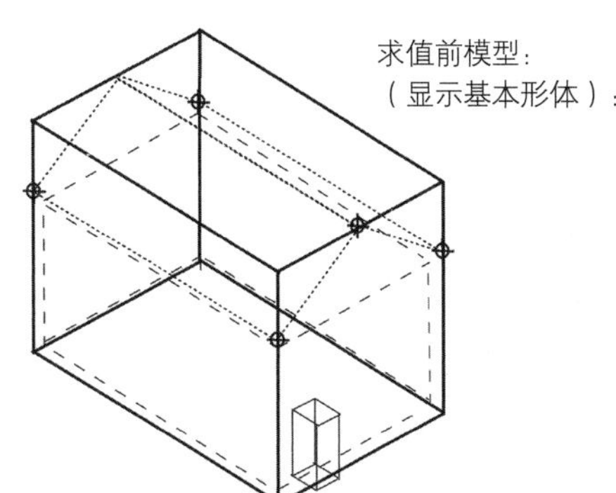

图 2-4 一组基本形体定义和由它们构成的一栋简单建筑。可对建筑进行编辑

这在概念上出现了问题，因为两个对象都被作为独立的对象，它们拥有相同的地位。这些难题使人们认识到，布尔运算的一个主要用途是将"特征体"嵌入一个主形体中，例如将连接件嵌入预制构件、将浮雕或外圆角嵌入混凝土（一些为增加操作，一些为减少操作）。如果一个特征体对象要与主对象结合，那么该对象应该相对于主对象布置，并允许以后对其进行命名、引用和编辑。不管主对象形体如何变化，其材质都不改变。基于特征体的设计成为参数化建模的一个主要子领域（Shah 和 Mantyla，1995），是现代参数化设计工具发展过程中的另一个重要进展。包含填充物的门、窗洞口是墙的特征体的直观例子。

基于三维实体建模的建筑建模最早出现在20世纪70年代末和80年代初。一些CAD系统， 38
如 RUCAPS（后来发展成"Sonata"）、TriCAD、Calma、GDS（Day，2002），以及卡内基梅隆大学和密歇根大学的大学研究系统，开发了这些基本功能（有关CAD技术发展的详细历史，请参见相关网站）。这项工作由不同的机械、航空航天、建筑和电气产品设计研发团队并行推进，彼此分享产品建模以及整合分析与仿真的概念和技术。

实体建模CAD系统功能强大，但常常受制于可用的计算能力。有些功能，如生成图纸和报表，还不成熟，从而限制了它们在生产中的使用。此外，从概念上讲，设计三维对象对于大多数设计师来说比较陌生，他们更愿意在二维环境中工作。这些系统还很昂贵，在20世纪80年代，每套系统（包括硬件）的价格高达3.5万美元，相当于当时一辆昂贵的跑车。然而，制造和航空航天行业看到了它们在整合分析、减少错误和实现工厂自动化方面能够带来巨大好处。他们与CAD公司合作，在解决缺陷的同时不断开发新功能。但建筑业的大多数人并没有发现这些优点。相反，他们采用了诸如AutoCAD、Microstation和MiniCAD等图形编辑软件，这些软件改进了当时的工作方法，并支持以数字格式生成二维设计图和施工图。

从CAD向参数化建模进化的另一个步骤是认识到多个形体可以共享参数。例如，墙的边界是由包围它的楼板上表面、墙的竖向表面和顶棚下表面定义的。对象之间的连接方式部分地决定了其在布局中的形状。如果移动了一面墙，那么与之相邻的所有其他墙也应该更新。也就是说，变更会根据其连接性接续进行。在有些情况下，对象布局不是由相关对象的形状定义，而是由全局参数定义。例如，长期以来一直使用网格定义结构框架。网格交点提供了放置形体和确定形体方向的参数。如果移动了一条网格线，那么该网格线所有网格点上定义的形体也必须更新。全局参数和公式也可以在局部使用。图2-6所示的部分建筑表皮提供了使用这种参数化规则的示例。

最初，楼梯或墙的这些功能被集成到了对象生成函数里，例如，定义了楼梯参数，即给出楼梯位置以及踏步数、踏步宽和踏步高后，楼梯梯段就在计算机里构建出来。这类功能允许用AutoCAD三维功能开发创建对象集合操作，在AutoCAD Architecture和早期3D CAD工具中布置楼梯。但是这还不是完全的参数化建模。

在后来的三维建模发展过程中，定义形体的参数取值可以根据用户需要加以调整，然后再依照新值重建形体。软件能够自动标记需要修改的内容，只有修改的部分才会自动重建。
39 因为对一个对象进行更新可以导致其他对象的接续更新，所以研制具有复杂交互功能的程序需要开发一个“解析器”，用于更新路径的分析，以选择最优的顺序进行对象更新。支持这种自动更新的能力是BIM和参数化建模的进一步的发展。

通常，在参数化建模系统中定义的对象实例的内部结构是有向图，图中的节点代表用于构建或修改对象实例的具有参数或方法的对象类，图中的连接表示节点之间的关系。有些系统提供了使有向图具有可见性的选项，从而可以对其编辑，如图2-5所示。现代参数化对象建模系统对编辑过的地方做了内部标记，只重新生成有向图中受影响的部分，从而实现了更新对象数量的最小化和更新速度的最大化。

嵌入参数化图形的规则决定了系统的通用性。参数化对象族是通过参数以及参数之间的

39

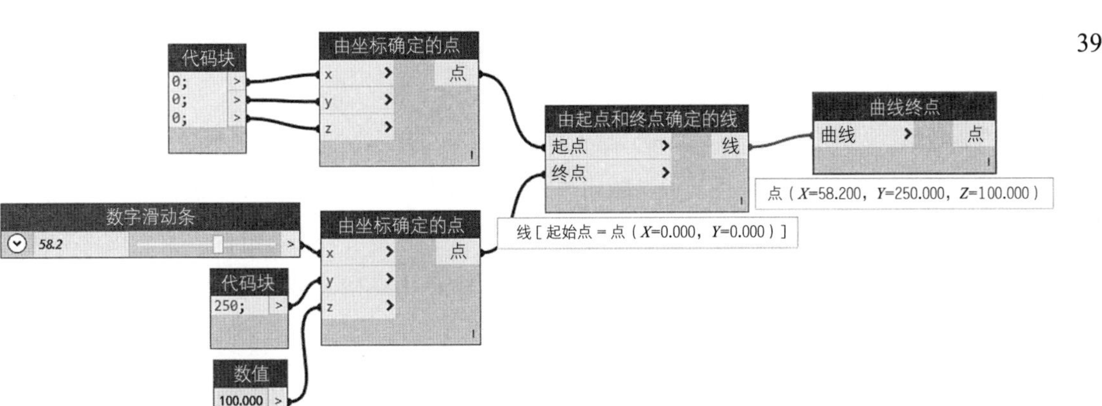

图 2–5 一些 BIM 应用程序中的参数化关系示意图

关系定义的。由于关系约束了参数化模型的设计行为，因此参数化建模也称为“约束建模”。通常存在三种参数化关系：几何关系（例如，距离和角度）、描述关系（例如，重合、平行和垂直）和等式关系（例如，参数 * 2）。当前工具允许使用“如果 – 那么”条件语句。对象类的定义是一项复杂工作，需要嵌入关于在不同环境中对象应该如何表现的知识。“如果 – 那么”条件语句可以基于测试结果或某些条件将一个特征对象替换为另一个特征对象。比如说，在结构详图中，连接类型的选择取决于荷载大小和所连接构件的类别。第 5 章以及萨克斯（Sacks）等人（2004）提供了这方面的示例。另外，有关参数化建模简史和参数化约束的更多细节，请参见李刚（Lee）等人的论文（2006）。

几种 BIM 设计应用程序支持复杂曲线和复杂表面的参数化关系，如样条和非均匀有理 40
B 样条曲线（NURBS）和曲面。这些工具可以像创建一般几何体那样定义和控制复杂的曲面形体。

参数化对象定义还为以后在图纸中标注对象提供了准则。如果依据从墙端到窗户中心的偏移量将窗户插在墙中，则图纸的尺寸标注也会依此对窗户定位。

总之，有一些重要的各种各样的参数化功能（其中的一些功能并不是所有 BIM 设计工具都支持的）。它们包括：

- 参数化关系的公式表达，在理想情况下支持完整的代数和三角函数公式；
- 支持条件分支语句和编写可以将不同属性关联到对象实例的规则；
- 提供对象之间的连接，并能够自由地制作附件，如位于板、坡道或楼梯上的墙；
- 使用全局或外部参数控制对象的布局或选择；
- 能够使用子类型扩展现有的参数化对象类，以便现有的对象类能够提供原来没有的新结构和设计行为。

参数化对象建模为创建和编辑几何体提供了一种强大的方法。机械工程界在实体建模得到初步发展后认识到，如果没有参数化对象建模，模型的生成和设计将非常麻烦和容易出错。

如果没有一个底层有效的自动化设计编辑系统，将无法设计出一个包含十万个或更多对象的建筑。

图 2-6 是一个使用 Bentley 公司 GenerativeComponents 开发的自定义参数化幕墙的例子。该幕墙模型的主要几何属性是采用参数化方式定义和控制的。模型由一个依赖于控制点的中心线网格定义。不同层级的构件沿着中心线布置，以适应幕墙外形、分区以及连接点方向改变带来的全局影响。设计参数化模型时可允许定义参数化模型人员定义一系列衍生模型。这就可以以接近实时的速度生成不同的替代方案。

当前一代的 BIM 设计平台，包括 Revit、AECOsim Building Designer、ArchiCAD、Digital Project、Allplan 和 Vectorworks，以及制作级的 BIM 设计平台，比如 Tekla Structures 和 Structureworks，都源于起初为开发机械设计系统而产生的基于对象的参数化建模思想。特别要提到的是参数化技术公司（PTC）。在 20 世纪 80 年代，PTC 致力于定义二维、三维形体实例和属性，这些属性是根据对象集合和单个对象参数的层级体系定义和控制的。

41

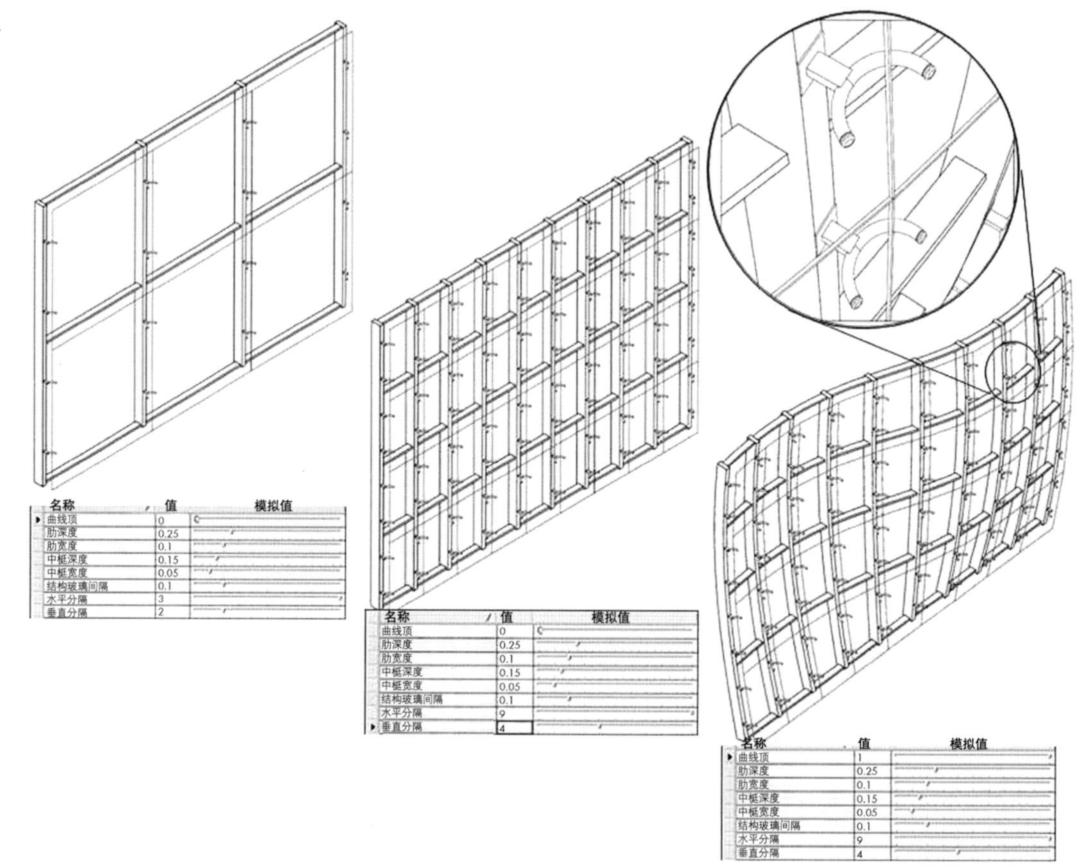

图 2-6 由部件集合生成的自由造型表皮。参数表中的数据定义了幕墙的分格和尺寸，曲率由幕墙所在的曲面定义。曲面驱动分格、玻璃面板和支架角度自动调整。单块玻璃刻面由支架连接，如放大图所示。幕墙及其衍生模型是由 Andres Cavieres 使用 GenerativeComponents 生成的

从这个意义上说，一个对象会使用定义它的规则，对自身进行编辑。图 2–7 给出了一个墙类示例，其中包括几何属性和关系。箭头表示与相邻对象的关系。图 2–7 定义的是一个墙族或墙类，它能够在不同的位置以不同的参数取值生成不同的实例。墙族可以在几何形体、内部组成结构以及如何将墙与建筑的其他部分连接等方面存在很大差异。有些 BIM 设计应用程序整合了不同的墙类，称为“墙库”，以便于创建各种各样的实例。

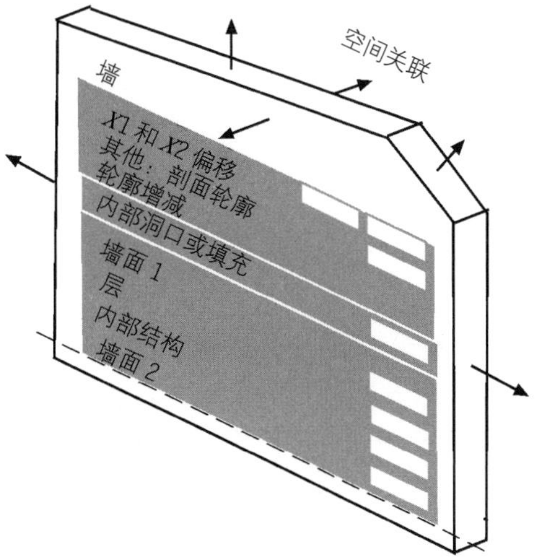

图 2–7 具有各种边界表面的墙对象族的概念结构 42

利用 BIM 建模器的参数化功能，用户可以将领域知识嵌入模型之中。但即使是定义一面普通的墙，也必须非常小心。一个参数化建筑元素类通常需要 50 多个底层定义规则和一组可扩展属性。这些情况显示了建筑设计是如何在 BIM 对象类建模器（定义 BIM 元素的行为系统）和用户（依据产品规则集生成设计）之间进行协作的。它还解释了为什么用户在布置非规则墙体时可能会遇到问题——因为既有内置规则没有考虑它们。举个一面设置天窗的墙（简称“天窗墙”）作为例子（图 2–8）。在这种情况下，天窗墙要布置在非水平的坡屋面上。此外，用于修剪天窗墙两端的墙与被修剪的天窗墙不在同一基准面上。一些 BIM 建模工具在同时遇到这些问题时无法处理，需要采用变通办法。

在图 2–9 中，我们展示了一个小型剧院半自动化设计的一系列编辑操作。设计师明确
定义了墙体的边界关系，包括端墙对接和地板连接，以便于后期编辑。如果设置得当，从 44
图 2–9（A）到图 2–9（H）所示的过程将变得简单，并且可以快速编辑和更新。可以看到，这些参数化建模功能远远超出了以前基于 CSG 的 CAD 系统所提供的功能。它们支持布局的自动更新并保留设计师设置的关系。这些工具可以极大地提高设计师的工作效率。

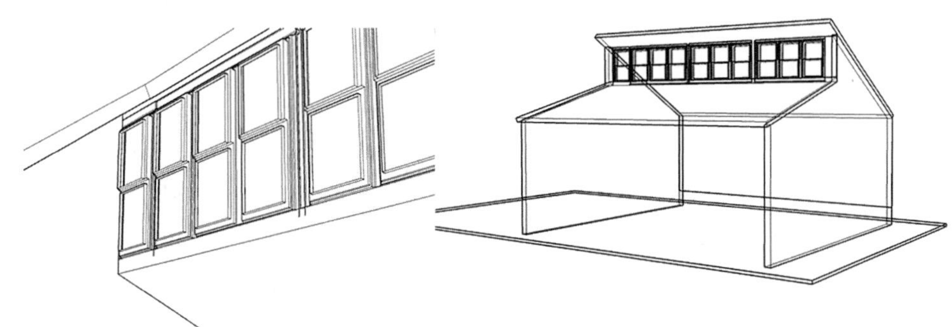

图 2–8 屋顶上的天窗墙，相较于其他大多数墙体，参数化建模需求有所不同

43

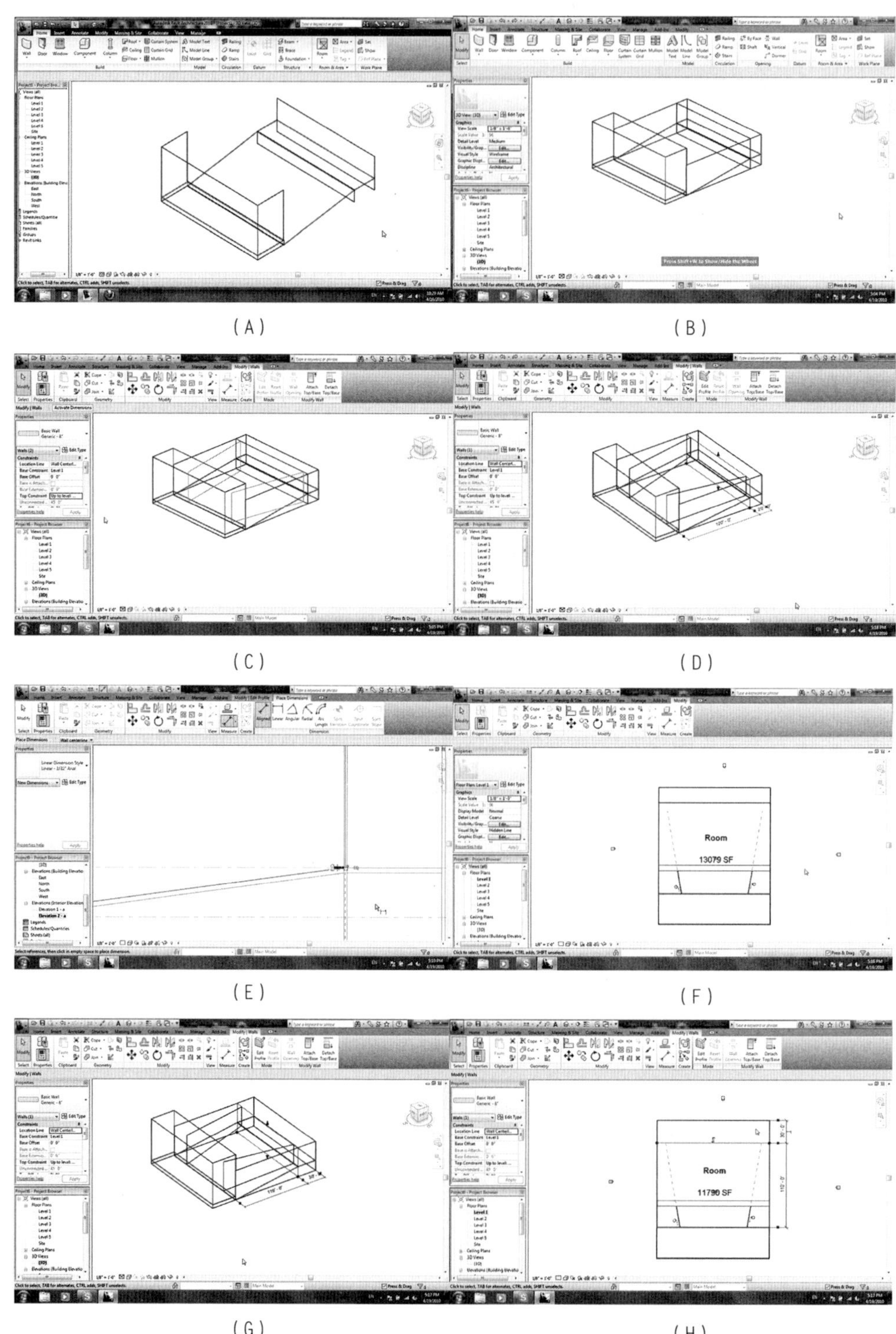

图 2–9　参数化建模的一个例子：剧院设计起步于（A）后部升高的大厅，倾斜的地板，前部凸起的舞台；（B）增加围墙和屋顶；（C）增加倾斜的侧墙，但不会自动与倾斜的地板建立连接；（D）将侧墙与倾斜地板对齐；（E）增加规则，使倾斜的墙体与大厅地板对齐；（F）基于房屋面积快速估算座位数；（G）增加大厅深度，提供更多空间，自动改变房屋地板坡度和侧墙底面；（H）计算房屋面积，检查是否满足座位设置需求

2.1.2 参数化建模分级 44

BIM 使用的面向不同专业领域的参数化建模工具与其他行业使用的参数化建模工具之间存在许多差异。不同类型的 BIM 设计应用程序，也会使用不同的对象类处理不同的建筑系统。建筑由大量相对简单的部件组成。每个建筑系统都有典型的建筑规则和比一般制造对象更可预见的关系。然而，即使一个中型建筑施工模型的信息量，也有可能导致最高端个人工作站出现性能问题。另一个不同之处是可以通过嵌入大量标准做法和建筑规范定义设计行为。此外，BIM 设计应用程序需要绘制符合建筑制图规范的视图。相比而言，机械系统通常不支持绘图，或者采用相对简单的正投影法绘图。这些差异导致了只有少数几个通用参数化建模工具修改后能用于建筑信息建模。

几种不同技术的组合产生了现代参数化建模系统。

1. 简单的级别是复杂的形体或对象集合由几个参数定义。这通常称为“参数化实体建模”。编辑工作包括对参数进行更改，以及自动或在用户调用时重新生成对象或布局。更新顺序由一个树状结构（通常称为“特征树”）指定。为了降低系统的复杂性，大多数建筑参数化建模器会隐藏特征树，但是大多数机械或初级参数化建模器允许用户访问和编辑特征树。

2. 渐进式改进的是对参数化对象集合建模的定义，它允许用户通过调用不同参数化对象实例并指定它们之间的参数化关系创建由这些参数化对象构成的对象集合。当任一对象的参数改变时，参数化对象集合模型会自动更新。

3. 另一个改进是允许用户通过添加基于拓扑的参数化对象或基于脚本的规则将复杂的智能嵌入参数化模型中。例如，如果屋面是由不同尺寸的四边形面板组成的，那么就可以创建一个基于拓扑的参数化屋面板对象，并使屋面板对象不同实例的形状自动与屋面网格的形状 45
一一对应。如今大多数复杂建筑，包括第 10 章介绍的法国巴黎路易威登基金会艺术中心和韩国首尔东大门设计广场，都是使用这些技术进行设计和建造的。有关更多技术细节，请参阅格林福（Glymph）等人的论文（2004）。

2.1.3 预定义与用户定义的参数化对象和库

借助上述参数化功能，可以定义对象类。一组对象类称为“BIM 对象库”，或者简称为“库”或“族”。每个 BIM 应用程序都提供了一组为其目标功能服务的“预定义（或系统）的参数化对象类”，并且大多数程序都允许用户创建自己的“用户定义的参数化对象类”。

每个 BIM 建模应用程序及其附带的预定义对象都是为了满足建筑领域标准实践的 BIM 应用需求而开发的。大多数设计和工程领域都有标准实践手册。在建筑学领域，一直使用的都是拉姆齐（Ramsey）和斯利珀（Sleeper）所著的《建筑标准图集》（*Architectural Graphic Standards*, Ramsey 和 Sleeper，2000）。在其他领域，标准实践也可从手册中找到，如 AISC《钢结构深化设计》（*Detailing for Steel Construction*）手册（AISC，2017）或《PCI 设计手册》（*PCI*

Design Handbook，PCI，2014）等。标准实践反映了行业惯例，即如何基于当前实践设计建筑部件和系统，通常用于解决安全性、结构性能、材料特性和使用性能等方面的问题。另一方面，由于没有针对设计行为制定统一标准，导致每个 BIM 设计工具内置的设计行为不尽相同。正如来自这些软件公司的软件开发人员所解释的那样，每个不同的 BIM 设计工具的基础对象都是根据行业团体和专家提供的信息对标准实践的归纳与升华。

然而实际使用时，由于各种各样的原因，这些预定义对象及其内置行为在设计和制作阶段会受到限制，下面列举一些原因：

- 出于施工、分析或美学方面的原因，需要不同的部件配置。这方面的例子包括：带有弗兰克·劳埃德·赖特（Frank Lloyd Wright）风格斜接玻璃角的窗子；带有模制隔热条的定制窗框；定制连接件，比如用于玻璃或塑料的连接件；为钢结构、装配式混凝土结构或木结构开发的成组连接件等。
- 基础部件不能解决在设计或实际环境中遇到的特定条件下的问题。例如，位于阶梯式楼板上的墙体、变坡度的螺旋坡道以及具有拱形顶棚的房间。
- 软件或建筑系统供应商不提供某些建筑系统的结构和行为。例如，幕墙和建筑表皮系统、基于专业知识布局的复杂空间，以及实验室和医疗空间。

46
- 有些对象不是由 BIM 设计应用程序提供的。例如可再生能源对象（如光伏系统和蓄热水箱）。
- 在公司最佳实践中应用改进的对象。这些可能包括在对基础对象、特定属性和相关详图加以扩展的基础上生成的详图。

如果 BIM 工具中没有创建某一参数化对象的功能，则设计和工程团队有以下选项：

1. 在另一个系统中创建一个对象，并将其作为“参考对象”导入 BIM 工具（在此工具中没有编辑功能）。

2. 将对象实例作为非参数化对象，手动布置，手动设置属性，并记住在需要时手动更新对象细节。

3. 定义一个新的参数化对象族，该对象族包含适当的外部参数和设计规则，支持自动更新，但是这种更新不涉及提供参数的其他对象类。

4. 定义一个现有参数化对象族的扩展，对原有形体、行为和参数进行修改，生成的对象能够充分整合现有基础对象和扩展对象。

5. 定义一个能够完全融入所处环境并做出响应的新对象类。

上面列出的前两种方法没有涉及对象的参数化表示，将部件编辑能力降低到了纯三维实体对象级别。所有 BIM 模型生成工具都支持定制对象族（方法 3—5）。这样用户就可以定义根据内置条件进行更新的对象类。更具挑战性的是将新的定制对象与 BIM 工具提供的现有预定义对象（如门、墙、板和屋顶）集成在一起。新的对象需要适应 BIM 平台已经定义的更新结构；否则，必须手动编辑这些对象与其他对象的接口。例如，这种扩展对象可以是一个保留符合规范要求踏步参数的特定风格的楼梯。这些对象和规则一旦创建，就可以在任何希望嵌入它们的项目中使用。同样重要的是，对象需要携带对象族实例必须支持的各种计算（例如成本预算和结构与能耗分析）所需的属性。由于 BIM 应用程序很少记录更新结构，在这个层级上集成比较困难。只有少数几个 BIM 设计工具支持该层级的定制对象。在确定使用哪一种选项之前，需要把因定制对象族而增加的软件维护工作量考虑进去。

如果一个公司经常设计一些使用特殊对象族的建筑类型或系统，那么很容易知道定义这些参数化对象需要多少工作量。它们促进了公司最佳实践在不同项目的应用以及在公司内部 47
的应用。这可使设计或者深化设计和制作处于一个比较高的水平。这些定制参数化对象的例子包括图 2–10 中的定制砌体墙（Cavieres 等，2009）和第 5 章中描述的建筑核心筒对象。这种做法可使参数化建模从几何设计工具提升为内置知识工具。任何认为自己拥有 BIM 能力的公司，都应该有能力开发嵌入公司专业技能和知识并用于日常应用的自定义参数化对象族库。

虽然 BIM 设计工具已经不是一种新兴的工具，但是它们仍在不断地演进和成熟。下力气最大的是解决建筑设计意图表达问题，其次是处理一些施工和制作层面的对象和行为。本书第 5 章对现有的 BIM 结构设计工具做了介绍。第 5—7 章提供了其他细节。伴随对可再生能源、可持续性和控制系统议题的不断重视，对 BIM 可持续性设计工具的需求也在增加。然而，相对 BIM 用户维持的控制程度而言，缘于定义对象规则和行为所产生的智力影响尚未得到深入探索。

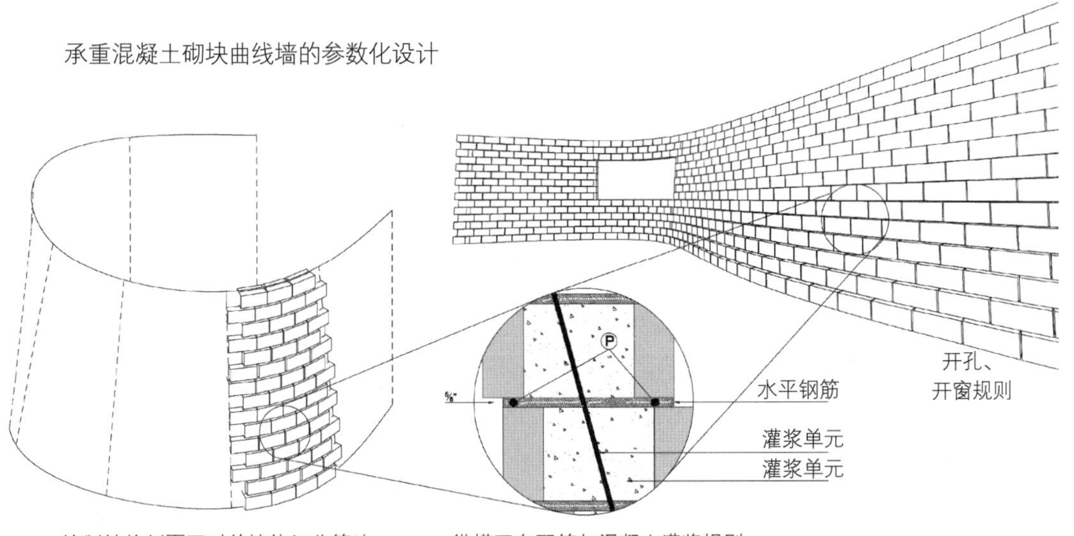

图 2–10 一个砌体（砖或砌块）自由曲面（双向弯曲）的定制参数化模型。对象包括砌块的修剪管理和是否需要配筋的自动评估（Cavieres，2009）

48 2.2 由参数化实体引出的其他议题

在本节中，我们将重点讨论几个参数化几何建模之外的议题。

2.2.1 属性和属性处理

基于对象的参数化建模解决了几何和拓扑问题，但如果需要使用其他应用程序对对象进行解释、分析、定价和采购，则对象还需要携带各种属性。

属性在建筑生命期的不同阶段都扮演着重要角色，例如，设计属性（如空间和区域名称等）、空间属性（如居住空间、活动空间等），以及能耗分析所需的设备性能。区域（空间的集合）是由热负荷及热控制属性定义的。不同的系统元素都有相应的结构、热力、机械、电气和给排水行为属性。属性还涉及指导采购的材料及有关质量要求的技术规格说明。在制作阶段，材料技术规格说明能够进一步细化，可以包括螺栓连接、焊接和其他连接技术说明。在施工结束时，将与运维相关的属性信息（包括链接）传递给运维系统。

BIM 提供了在项目全生命期管理和集成属性的环境。然而，用于创建和管理属性的工具才刚刚开始开发并与 BIM 环境集成。

一般属性都是成组使用，很少有只用单一属性的时候。照明分析不只需要材料颜色、反射系数和镜面反射指数，而且还可能需要纹理和凹凸信息。为了进行准确的能耗分析，需要墙体提供不同的属性集合。因此，可将属性组织成与某些功能关联的多种集合。开发基于不同对象和材料的属性集库是建设成熟 BIM 环境的重要内容。属性集并不总是可以从产品供应商处获得，通常必须由用户或用户所在公司确定，或者从美国材料与试验协会（ASTM）相关标准获取。虽然各种标准化组织正在解决这些问题，但是各种仿真和分析工具所需的属性集尚未以通用的标准化方式提供；目前，这些属性集由用户自行设置。

即使看似简单的属性也可能是复杂的。以空间名称为例，这些名称用于空间规划检查、功能分析、设施管理和运行，有时也用于早期成本预算和能源负荷分配。空间命名与建筑类型相关。一些组织尝试制定空间名称标准以便实现自动化空间命名。例如，美国总务管理局（U. S. General Services Administration，GSA）对法院建筑有三种不同的空间名称分类：一种是用于建筑空间类型验证，另一种用于租赁计算，还有一种供《美国法院设计指南》使用。在
49 部门和个人使用的空间中，佐治亚理工学院估计有大约 445 个不同的有效空间名称（Lee 等，2010）。因此，它们应该在项目 BIM 执行计划中明确定义。

现有的各种 BIM 平台都为大多数对象类型默认设置了最小属性集，并提供了扩展属性集的功能。应用程序用户必须向每个相关对象添加属性，才能将其用于相关模拟、成本预算或分析，并且还必须管理属性在各项任务中的适用性。由于不同应用程序可能要求同一功能系统提供不同的属性及属性单位，例如能耗分析和照明分析，这给属性集的管理带来困难。

至少可用三种不同方法管理属性实例值：

- 在对象库中预先定义它们，以便在创建对象实例时将它们添加到设计模型中；
- 用户根据需要从存储的属性集库中添加它们；
- 当对象导出到分析或模拟应用程序时，根据唯一标识符或唯一键从数据库中自动分配属性。

第一种方法适用于标准构件的创建工作，但是需要用户认真定义自定义对象。每个对象包含所有相关应用程序需要的大量属性数据，但实际上只有一部分会在给定的项目中用到。设置过多的属性会降低建模软件的性能，并导致项目模型过大。第二种方法允许用户选择一组属性集导出到应用程序中。这将会是一个耗时的导出过程。在迭次仿真时，每次运行应用程序可能都需要添加属性。例如，检查窗、墙系统比选方案的能效时就需要这样做。第三种方法使设计应用程序保持轻便，但是需要开发一个完整的材料标记系统，以便导出数据时能将不同属性集与应用程序的不同对象逐一关联起来。作者认为，第三种方法是适用于属性处理的理想的长期“解决方案”。这种方法所需的全球对象分类和名称标记系统仍有待开发。现阶段，必须开发多个对象标记，每个标记对应一个应用程序。

开发对象属性集和实用的对象分类库以支持不同类型的应用程序是北美建筑规范协会和其他国家规范组织正在考虑的一个牵涉面比较广的议题。存储建筑产品对象及属性的建筑对象模型（BOM）库，可用于管理对象属性，有可能成为 BIM 环境的重要组成部分。第 5 章第 5.4 节将对建筑对象模型库的开发进行探讨。

2.2.2 图纸生成 50

尽管建筑模型具有建筑、结构及设备系统的完整几何布局，而且模型对象具有属性，甚至还可有规范信息，模型携带的信息比图纸多很多，但在现阶段乃至未来一段时间内，图纸作为从模型中提取的报告或作为模型的专门视图仍然需要。现有的合同内容和工作文化虽然在变，但仍然以图纸为中心，无论是纸质图纸还是电子图纸。图纸是在合同中规定的空间表达的载体。如果 BIM 工具不支持有效的图纸提取，并且用户必须进行大量的手工编辑才能由剖面生成图纸，那么 BIM 的好处就会大打折扣。

在 BIM 模型中，每个建筑对象实例（其形体、属性以及在模型中的位置）只创建一次。基于建筑对象实例的布局，可以提取所需的图纸、报告和数据集；如果是来自同一个版本的建筑模型，那么所有的图纸、报告和分析数据集都是一致的。仅此功能就可避免许多图纸错误。在使用传统二维图纸的情况下，在任何一张图上进行更改或者编辑，都必须由设计人员手动更新受影响的其他视图，这可能会由于没有正确地更新所有图纸而导致人为错误。在装配式混凝土建筑施工中，已经证明，这种二维方法引发错误所造成的损失大约为建造成本的 1%（Sacks 等人，2003）。

目前，BIM设计工具能以接近自动提取图纸的方式生成图纸。

生成剖面图时，会在平面图或立面图的剖切位置自动设置一个剖切符号作为交叉引用的标识，如果需要，还可以对剖面位置进行移动。图2-11给出了一个示例，左图是从模型提取的剖面图，右图是在左图基础上手工添加注释后的详细剖面图。在大多数系统中，完成的详细剖面图与作为其基础的剖面图相关联。当剖面图中的三维元素发生变化时，会在剖面图中自动更新，但是剖面图中的手绘部分必须手动更新。

出图时，每张平面图、剖面图和立面图都是基于上述规则，分别由一个三维剖切视图和在其基础上手工添加的元素组合生成。图纸生成后，再对图纸进行分组并在每张图纸上加上图框和标题栏。图纸布局需要与图纸一道维护。

使用详细三维模型生成图纸的过程经历了一系列的改进，现在已经变得比较高效和简单。下面依据生成图纸的质量，列出目前技术可支持的3个图纸生成级别。不过请注意，目前大多数系统尚不具备最高级别图纸生成功能。我们从最低级别开始介绍。

1. 在最低级别的图纸生成中，先从三维模型中切出正投影剖面图，然后用户手动编辑线
51 型格式，并添加尺寸标注、细节和注释。这些细节是关联在一起的。也就是说，只要剖面存在于模型中，就会在各个图纸版本中对图纸内容进行维护。这种关联能力对于有效生成不同图纸版本是必不可少的。在这种情况下，图纸是从模型生成的详细报告。图纸生成可以在外部绘图系统中或者在BIM工具内完成。

2. 该级别的一个改进是定义和使用与由投影方向（平面图、剖面图、立面图）确定的元素相关联的图纸模板。使用模板能够自动生成元素的尺寸标注，设定线宽，并根据定义的属性生成注释。这大大加快了初始绘图设置并提高了工作效率，尽管每个对象族的初始设置都很烦琐。可以覆盖不同视图图纸模板布局的缺省值，并添加自定义注释。对二维图纸的编辑不能传递给模型，只能在模型视图中进行对应的修改。在上述两种情况下，会有报告告知用户模型已经更改，但是图纸在重新生成之前不能自动更新反映这些更改。

3. 当前顶级的图纸生成功能支持模型和图纸之间的双向编辑。对模型注释的更改与前面描述的相同。但是，在图纸视图中支持对模型进行编辑，并将编辑内容传递到模型中。如果将三维模型不同视图窗口一起显示，则任一视图中的更新都可获得其他视图的立即引用。双向视图编辑和强大的模板生成能力进一步减少了生成绘图所需的时间和精力。

52 门、窗和五金件明细表的定义方式与上述三个级别图纸生成方式类似。也就是说，它们可以生成为报告，并且只在能在报告中编辑。明细表也可以作为模型视图，在某些系统中可以通过直接更新明细表修改模型。直接生成静态报告的方法最弱，强大的双向编辑方法最强。这种双向互动有许多益处，例如，可直接将一组门上的五金件换为明细表中推荐的五金件，而不必操作模型。但是，从明细表中对模型进行编辑需要谨慎，由于这种类型的编辑，经常会引发模型损坏的情况。

51

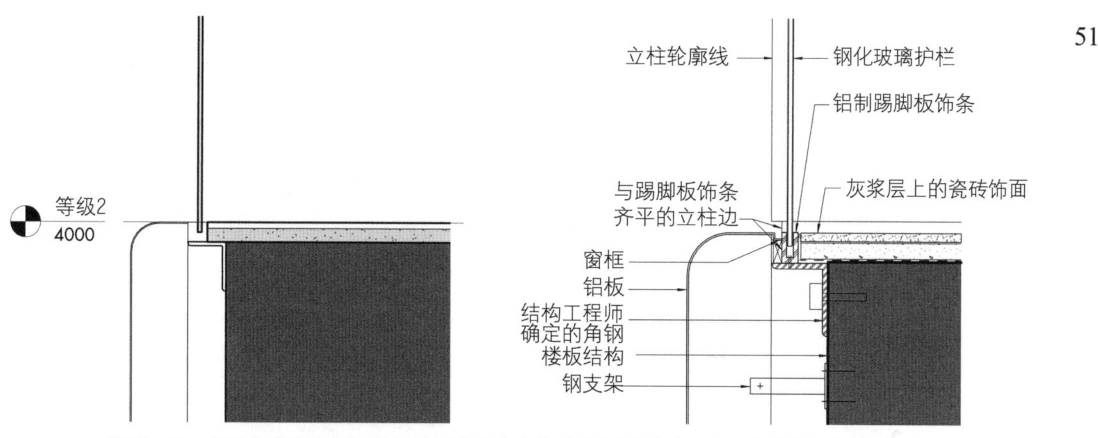

图 2–11 从建筑模型中提取的初始剖面（左）和在此剖面基础上手工完成的剖面详图（右）图片由金允熙（Yunhee Kim）提供。

在制作级 BIM 建模软件中，大大减少了这种自动三维切图辅以手动完成二维详图的做法， 52
设计图纸主要由三维模型生成。在这些情况下，如图 2–11 所示的托梁、螺柱、板、胶合板窗台和其他部件将以三维方式布置。

当前一个明显的目标是尽可能实现图纸生成过程的自动化，因为大多数设计团队的收益（和成本）将取决于自动生成的程度。在未来的某个时间点，大多数项目参与方将适应 BIM 技术；他们将不再需要图纸，而是直接基于建筑模型开展工作。我们正在徐徐走向一个无纸化的世界（参见第 9 章的讨论）。在可预见的未来，图纸仍将继续使用，但建筑工人和其他用户会越来越多地把其当作一种示意图，用完就扔。随着这些变化的发生，有关建筑图纸的约定很可能会演进，会允许在特定任务中进行定制（第 5 章给出了一些例子）。尽管在图纸自动化生成方面取得了进展，但自动化不可能达到 100%，因为根据设计或图纸约定，生成图纸的方式五花八门。

当前的 BIM 工具提供了一些技术用于纾解现存问题。BIM 应用程序通常允许设计人员选择基于三维模型切图、在二维剖面图中填充缺失信息的图纸生成方法。仅在二维剖面图中定义的元素，无法在数据交换、材料清单、冲突检测、详细成本预算等方面获得 BIM 带来的益处。虽然可以说，在任何情况下都不能保证完整的三维对象建模，但是 BIM 高级用户正朝着 100% 建模的方向发展（例如，参见第 10 章中有关伦敦地铁维多利亚站、麦地那穆罕默德・本・阿卜杜勒 – 阿齐兹亲王国际机场、科罗拉多州丹佛圣约瑟夫医院和都柏林国家儿童医院的案例研究），即使受到了那些不能提供三维模型进行协作的设计顾问和制作商的阻碍。

2.2.3 可扩展性

许多 BIM 用户都会遇到的一个问题是模型的可扩展性。当项目模型太大而无法进行审查或编辑时，就会遇到模型可扩展性问题。操作变得缓慢，以至于简单的操作也很费力。建立

模型需要大量的计算机内存空间。大型建筑可以包含数百万个对象，每个对象都有不同的形
53 体。可扩展性同时受到建筑大小（比如建筑面积）、模型细化程度以及建模范围的影响。如果每个钉子和螺丝都一个不剩地建模的话，那么即使是一栋简单建筑的模型也会遇到可扩展性问题。

参数化建模包含了将某一对象的几何参数或非几何参数与其他对象的几何参数或非几何参数关联起来的设计规则。它们有一个层级关系：对象与其内置对象的参数化关系和与平级对象之间的关系。因此，根据一个对象的变化能够自动调整另一个对象的形体；依据控制网格和曲面之间的层级关系能够确定一组相关对象的形体和位置参数。在依据对象与其内置对象关系和平级对象关系进行局部更新时，能够通过层级关系使更新在整个建筑接续进行。依据局部参数化规则进行模型接续更新是顺理成章的，而一些 BIM 系统平台却限制了依据层级规则进行大规模接续更新的能力。此外，很难将项目拆分为多个部分单独建模但要仍然管理一系列层级规则。

问题在于内存的大小，对对象几何形体的所有操作都必须在内存中进行。管理参数化对象更新的一个简单解决方案是将模型存储在内存中。这就对可扩展性提出了挑战，并对可进行有效编辑的项目模型的大小设置了限制。但是，如果参数化规则可以跨文件传播，对某一文件中的某个对象更新能引发其他文件对象的自动更新，那么对项目模型大小的限制就会消失。只有少数几个专门为建筑专业开发的 BIM 软件具有某一参数化对象变更可引发多个文件自动变更的功能。我们把在对象更新过程中必须将所有更新对象同时调入内存的系统称为“基于内存的系统”。当模型太大而不能保存在内存中时，就会使用虚拟内存交换，这会导致软件性能的显著下降。基于内存系统以外的其他系统也有跨文件传播参数化对象关系和更新对象的功能，它们可以在编辑操作过程中打开、更新和关闭多个文件。这些系统被称为“基于文件的系统”。对于小型项目，基于文件的系统通常会有点慢，但随着项目模型的增大，它们速度降低得不是很大。

用户将项目模型拆分为若干分区子模型是一种经过时间检验的模型共享和限制自动更新规模的方法。通常还使用引用文件限制模型的可编辑内容。如果模型中的层级关系不引发整体模型更新，那么这些方法会很有效。一些 BIM 工具施加了这些限制。

随着计算机运行速度的加快，内存不够用问题和处理速度过慢问题自然会减少。云计算也可以减少应用大型 BIM 模型的性能问题。64 位处理器和操作系统也提供了很大的帮助。然而，工程实践总是要求模型越来越精细，模型内置参数化规则集越来越多。可扩展性问题还将持续存在一段时间。

2.2.4 对象管理和链接

对象管理。BIM 模型变得越来越庞大，越来越复杂。超过数千兆字节的模型越来越多。

在这种情况下，数据的协调和管理（在第 3 章中称为“同步”）成为一项大型数据管理任务，54
需要格外关注。使用模型文件进行版本更新的传统方法会导致两类问题：

1. 文件变得很大，必须以某种方式对项目分区，设计才能进行；模型很大，反应很慢，而且很笨重。

2. 确定文件中的变更仍然是一项手工管理工作，只不过是现在可以直接在 3D PDF 或类似检查文件中添加注释，而不用像以前那样在图纸中做红色标记。传统上，考虑到对造价控制的影响，一般不鼓励在施工图设计阶段再做重大变更。对 BIM 模型进行有效管理应该能够消除或大大减少这类问题。虽然参数化对象更新解决了局部变更的问题，但是如何协调不同专业模型及其导出的明细表、分析和报告数据仍然是一个重要的项目管理议题。

在生产环境中，特别是在 Graphisoft BIM 服务器中，可以使用讨论已久但最近才实现的仅更换文件中新的、修改的或删除的对象实例的功能，消除来自未修改对象的干扰（第 3 章中的第 3.5.3 节进行了更全面的说明）。仅传输并导入改变的对象（称为“增量更新”）极大地减少了数据交换量，并可以立即识别需要更改的对象并进行更改。此功能需要在对象层级上进行对象标识和版本控制，这通常由时间戳实现。随着 BIM 模型变得越来越大，这种功能将变得越来越重要。它将成为所有跨平台 BIM 协调系统未来版本的“必备”功能。它也是基于云的 BIM 系统的基本功能。

外部参数管理。在许多创新项目中探索的一个功能是，根据电子表格生成和定义的控制参数（通常是三维网格）控制设计的几何布局。第 5 章的建筑核心筒模型创建和英杰华体育场（Aviva Stadium）项目（见《BIM 手册》配套网站）是两个使用电子表格控制和协调几何布局的应用示例。

对于某些类型的项目来说，通过读写电子表格可以实现不同设计工具之间的数据互用。假设使用相同的几何控制参数，在不同的建模软件中建立相同的参数化模型，比如在 Rhino 和 Bentley 软件中，这样就可先在用户界面友好但信息量受限的 Rhino 中进行设计探索，然后在 Bentley Architecture 中进行参数更新，并将更改内容整合进具有成本或能耗分析功能的 BIM 工具中。借助电子表格，能够实现较高水平的几何互操作性。

外部电子表格存储参数列表的另一个用途是通过引用而不是显式地交换参数化对象。最 55
著名的例子是钢结构设计。我们知道，型钢手册现在采用了数字形式，载有不同断面的型材，如 W18X35、L4X4 等。这些型材名称可用于在型钢手册中检索型材断面尺寸以及重量和质量特性。同理，预制混凝土构件、钢筋以及窗户的产品目录与型钢手册具有同样的功能。如果发送方和接收方都可以访问相同的目录，那么他们就可以通过引用（名称）的方式发送和检索相关信息，并用检索到的信息生成部件的参数化模型。在许多生产领域里，这是一项非常重要的功能。

与外部文件的链接。另一个重要功能是提供外部文件的链接。目前这种功能的主要用途

是将产品跟与其相关的运维手册联系起来，以便以后与设施运维（O&M）系统连接。一些 BIM 工具提供了这种功能，可对运维系统提供支持，这使工具自身的价值得到提升。

本节概述的软件功能对于评估和选择 BIM 平台都很重要。当我们在本章后面评介主要的 BIM 设计工具时，会用到它们。

2.2.5 几个常见问题

与 BIM 和参数化计算机辅助设计系统相关的问题很多。本节试图回答最常见的问题。

基于对象的参数化建模的优点和局限是什么？ 参数化建模的一个主要优点是对象的智能设计行为，底层内置自动编辑功能，几乎能像设计助理一样工作。然而，这种智能是有代价的。每种类型系统的对象都有自己的行为和关联对象。因此，BIM 设计应用程序本质上是复杂的。组成每种类型建筑系统不同对象的创建和编辑方式都有不同，尽管创建和编辑它们的用户界面风格相同。掌握 BIM 设计应用程序需要花费一些时间，通常投入几个月才能精通一个设计领域。

一些用户喜欢的建模软件，特别是设计前期的方案设计软件，如 SketchUp 和 Rhino，并不是基于参数化建模的工具。相反，它们有一个固定的编辑对象几何方法，这种方法仅依据所创建的曲面类型不同而有所不同。此功能可用于所有对象类型，使它们更易于创建。因此，当把应用于墙的编辑操作应用于板时将产生相同的行为。在这些系统中，如果需要定义对象类型及其功用属性，可在用户选择对象时添加，而不是在对象创建时添加。

56 所有这些系统都允许对曲面分组，给组命名，并分配属性。如果仔细创建这些对象并有一个匹配的界面，则可以将其导出用于其他应用程序，比如太阳能增益研究。这类似于在 BIM 普及之前，人们采用变通方法，使用诸如 AutoCAD 等三维几何建模工具创建三维可视化模型一样。但是，人们不会将这种建模应用到设计开发中，因为这些对象不与其他对象连接，必须逐一进行空间定位管理。同时，采用这种方法进行方案设计，一些特定对象的行为并不总能得到保证。该话题将在第 5 章进一步探讨。

为什么不同的参数化建模师不能交换它们的模型？ 经常有人问，为什么企业不能直接用 Bentley AECOsim 导入来自 Revit 的模型，或者不能用 Digital Project 打开 ArchiCAD 模型。从前面的讨论可以看出，这种缺乏互操作性的明显原因是不同的 BIM 设计应用程序对基础对象及其行为有着不同的定义。Bentley 墙的行为与 Vectorworks 墙或 Tekla 墙不同。这是由于不同 BIM 工具处理各种类型规则的能力不同，以及不同 BIM 工具用于定义特定对象族的规则不同。这个问题只在参数化对象中存在，而在固定几何形体的对象中不存在。如果接受当前形体为固定形体，并去除其行为规则，那么 ArchiCAD 对象可以在 Digital Project 中使用，Bentley 对象也可以在 Revit 中使用。交换问题是可以解决的。IFC 作为交换 BIM 数据和支持参数化定义的开放标准，是另一种解决方案。问题是对象行为的交换（这通常不是必需的）。如果用户所

在组织坚持按照一个标准定义普通建筑对象，且该标准不仅包括几何，还包括行为，那么行为也是可以交换的。在此之前，某些对象的交换将受限或完全无法进行。伴随 BIM 实施不断对解决这些问题提出需求，以及多个相关问题得到解决，渐进式的改进将不断出现。同样的问题在制造业中也存在，至今尚未解决。

施工、制作和建筑 BIM 设计应用程序之间有内在的区别吗? 同一个 BIM 平台能同时支持设计和制作详图吗？因为所有这些系统的基础技术具有很多共同点，所以没有什么技术原因可以阻止建筑 BIM 设计和制作 BIM 深化设计应用程序提供对方领域的产品。目前，Revit 平台以及一些制作级 BIM 设计应用平台都在不同程度上验证了这一点。

另一方面，在某些情况下，原本主要用于结构设计和生成制作详图的 Tekla 软件，正被用于房屋设计和建造。然而，创建丰富信息的设计是否能够提供整个生产过程所需的专门知识将取决于所需对象行为的前端设置，这些对象行为对于不同的建筑系统及其生命期需求有明显的不同。用于构建特定建筑系统对象行为的专家知识在程序编码时更容易嵌入，例如，在 57
设计结构软件的时候。接口、报告和其他系统问题可能有所不同，但我们很可能会在相当长的一段时间内看到中间地带发生小的冲突，因为每个产品都在试图扩大其市场领域。

面向制造的参数化建模工具和 BIM 设计应用程序之间有显著的区别吗? 用于机械设计的参数化建模系统可以适用于 BIM 吗？第 2.1.2 节指出了系统架构中的一些差异。机械参数化建模工具已经被应用于 AEC 市场。基于 CATIA 的 Digital Project 就是一个明显的例子。Structureworks 是一个基于 Solidworks 平台的预制混凝土构件深化设计和制作产品。这些改造后的工具内置了目标系统专业领域所需的对象和行为。建筑建模器的组织结构是一个自上而下的系统，而制造业参数化工具最初的组织结构是一个自下而上的系统。在制造系统的模型结构中，不同的部件最初来源于不同的“项目”，所以它们已经解决了跨文件接续变更的挑战，从而使其更具可扩展性。在其他领域，如给水排水设计、幕墙制作和管道设计，我们可以看到机械参数化建模工具与建筑和制作级的 BIM 设计应用程序正在相互争夺市场。它们能为每一市场提供什么功能还在探究之中。市场就是战场。

本节，我们试图阐明以下几个问题：

- 之前的 CAD 系统和 BIM 设计应用程序之间的差异；
- 建筑和工程设计使用的 BIM 设计应用程序与制作使用的 BIM 设计应用程序之间的差异；
- BIM 设计应用程序与其他行业使用的更通用的基于对象的参数化建模系统之间的异同。

2.3 BIM 环境、平台和工具

到目前为止，本章已经概述了以基于对象的参数化设计工具为基础开发的 BIM 设计应用程序的基本功能。现在我们来回顾一下主要的 BIM 设计应用程序及其功能差异。到目前为止，我们已经仔细审视了参数化建模应用程序，认为其是生成设计信息的工具，并且可用于设计信息的结构化存储和管理。当更详细地考虑它们的用途时，我们注意到，大多数 BIM 设计应用程序都不仅只是一个设计工具。大多数 BIM 设计应用程序还具有与其他应用程序的接口，
58 为渲染、能耗分析、预算等提供支持。有些设计应用程序还提供了多用户功能，从而可使多个用户实现协同工作。

当组织规划和拓展 BIM 应用时，借用系统架构的一些术语是很有帮助的。在大多数组织中，实施 BIM 将涉及用于不同用途的多个应用程序。如何有条不紊地组织这些不同应用程序才能使其形成整体解决方案？大公司通常会在某种程度上支持集成数十个不同的应用程序供员工使用。

我们把“应用程序”一词作为表示软件的通用术语。我们使用一些长期以来非正式使用的术语命名以下层次结构中的 BIM 应用程序：

- **BIM 工具**：与 BIM 平台相关联的 BIM 流程中使用的 BIM 信息发送器、接收器和处理器。请注意，许多工具通常不会被视为 BIM 工具，除非这些工具是在实施 BIM 流程的相关环境中使用。BIM 工具示例包括技术规格书生成工具、成本预算工具、进度计划工具和基于 Excel 的工程设计工具等应用程序，这些工具不包括几何定义，而且都是基于文本的。用于出图的 AutoCAD 或其他基于 AutoCAD 的应用程序，只要它们是在实施 BIM 流程的环境中使用，也可以视为 BIM 工具。其他一些示例包括用于模型质量检查、渲染、导航、可视化、设施管理、前期概念设计、项目管理以及各种工程计算和模拟的工具。还包括第三方应用程序。
- **BIM 平台**：最重要的 BIM 信息生成器，具有基于参数化对象建模维持模型完整性的功能。它提供了一个主数据模型，用于承载来自各种 BIM 应用程序的信息。它还具有强大的互操作能力，并且通常包含与许多工具不同程度整合的接口。众所周知的基于对象的参数化 BIM 应用程序，诸如 Revit、ArchiCAD、Tekla Structures、Vectorworks、Bentley AECOsim 和 Digital Project 都属于这一类。大多数 BIM 平台内部都包含了一些 BIM 工具具有的功能，如渲染、出图和冲突检测。大多数平台都为不同领域和专业提供不同的接口、库和函数集，例如 Revit Structure、ArchiCAD MEP 以及 Digital Project 中的不同工作台。
- **BIM 环境**：一组相互连接的 BIM 应用程序，为项目、组织或地方建筑部门的各种各样的信息管理和业务流程提供支持。BIM 环境包括项目或组织内的各种 BIM 工具、平台、服务器、库和工作流。参见图 2-12。

当使用多个平台因而有多种数据模型时，就需要更多层级的数据管理和协调。这些解决
59 方案可以追踪和协调人与人之间以及多个平台之间的沟通。BIM 环境可以承载多种类型的信息，比如视频、图像、音频、电子邮件以及用于管理项目的许多其他类型的信息，而不仅仅

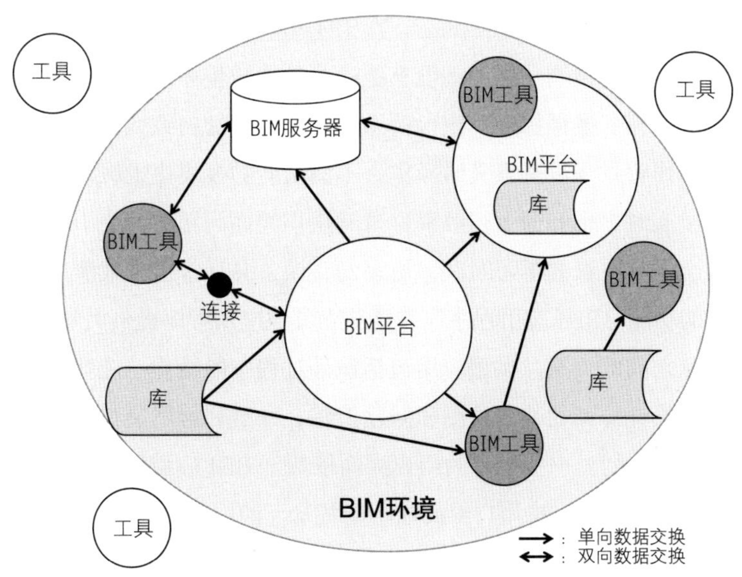

图 2-12 BIM 环境、平台和工具

是模型数据。BIM 平台并不是什么样的信息都能管理。在第 3 章第 3.5 节中所述的 BIM 服务器是用于支持 BIM 环境的新产品。此外，BIM 环境还包括可复用的部件与模块库、组织支持的应用程序的接口以及与公司管理和会计系统的连接。

选用作为 BIM 环境中的工具和 / 或平台的 BIM 设计应用程序是一项重要的工作。后面章节将对 BIM 设计应用程序的选用进行讨论，特别是第 5 章讨论了其在设计和工程分析中的使用，第 6 章讨论了其在承包商施工管理中的使用，第 7 章讨论了其在制作中的使用。它们与 BIM 环境的集成方法是一个必不可少的话题（见第 3 章）。选取应用程序的决策涉及对新技术和组织所需的新技能的理解，以及学习和管理这些技能的难度。由于围绕 BIM 应用的实践逐渐增多会产生学习曲线效应，这些挑战将随着时间的推移而逐渐消失。然而，BIM 设计应用程序的功能变化很快，所以重要的一点是要参考《AECBytes》《Cadalyst》《BIM 中心》（*the BIM Hub*）或者其他 AEC 计算机辅助设计期刊以及协作网站（如 LinkedIn）上的特别兴趣小组对当前版本的评论。在基于对象的参数化建模的通用框架下，BIM 设计应用程序可以有许多不同的功能。下述章节将对 BIM 设计应用程序和 BIM 环境做一简要介绍。

2.3.1 BIM 设计应用程序 60

接下来，我们大致按照重要性排序介绍设计应用程序功能。我们以参数化模型的生成和编辑为基础，并假设模型定义和图纸生成是当前建筑建模系统的主要用途。我们将分别从用户界面、自定义对象和复杂曲面建模等不同维度介绍模型生成和编辑功能。

- **用户界面：**BIM 设计应用程序非常复杂，并且具有比早期 CAD 工具更强的功能。有些

BIM 设计应用程序具有相对直观和易于学习的用户界面，其功能菜单采用模块化结构；而有些应用程序特别强调功能，却没有把这些功能与整体系统很好地整合。这里要考虑的界面标准包括：遵循标准约定保持系统功能菜单的一致性；隐藏无关菜单项，以消除在当前操作背景下没有意义的操作；不同功能的模块化组织；对操作和输入通过在线帮助提供实时提示和命令行解释。虽然用户界面问题看起来不大，但是一个糟糕的用户界面会导致更长的学习时间、更多的错误，并且常常导致用户不能充分利用应用程序内置的功能。BIM 应用程序应该能够为其他应用程序提供大量信息：几何形体、属性及其相互之间的关系。典型应用包括设计过程中的结构、能耗、照明、成本和其他分析；用于设计协调的冲突检测和问题追踪；采购和材料追踪，以及制定施工任务和设备安装进度计划。一些重要的用户界面依赖于 BIM 应用程序的预期用途，由特定的工作流模式定义。在讨论用户界面在不同背景下的用途的章节（第 5—7 章）中，我们评估了用户界面在工具和工作流中的适用性。在平台层面上整合一些应用程序的用户界面也很重要，我们将在下一节中讨论。

- **图纸生成**：生成图纸和图纸集并在多次更新和多个版本中维护它们是不是方便？评估应包括模型更改对图纸影响的快速可视化；模型更改触发图纸同步更改（反之亦然）的强关联，以及允许图纸类型自动设置格式的模板生成。第 2.2.2 节对这一功能进行了更为全面的评述。
- **易于开发自定义参数化对象**：这是一个复杂的功能，可以在三个不同的层面定义。这个议题已在第 2.1.3 节做了详细解释。
- **复杂曲面建模**：支持创建和编辑基于二次曲面、样条曲线和非均匀 B 样条曲线的复杂
61 曲面模型，对于那些目前正在做这类工程或计划在未来做这类工程的公司非常重要。BIM 应用程序中的这些几何建模功能属于基础功能，而且以后很难添加。
- **BIM 对象库**：每个 BIM 平台都带有各种预定义对象库，可以根据应用需要导入平台。其益处在于不需要用户定义这些库。一般来说，预定义对象越多，用户的工作效率就越高。但需要弄清这些对象对不同用途的适用性。在设计期间，BIM 对象可以是通用的，而不是特定的。在施工中，产品可能具有特定的产品编号。目前，对象的非几何信息的标准化工作还比较匮乏。这里非几何信息指的是用于选择产品的属性、用于分析的属性、服务手册、用于渲染的材料属性以及其他类似用途的信息。在考查不同的平台时，要看一下所需的预定义建筑对象是否可在平台上使用。有关组织正逐渐意识到基于对象库开发设计或制作 / 深化设计标准的价值。
- **可扩展性**：可扩展能力是基于 BIM 平台是否提供脚本支持（一种可以添加功能或自动执行底层任务的交互式语言，类似于 AutoCAD 中的 AutoLISP）、Excel 格式双向接口以及具有详细描述文档的应用程序编程接口（API）评估的。脚本语言和 Excel 接口通常

供最终用户使用，而 API 则供软件开发人员使用。是否需要这些功能将取决于公司对自定义功能的期望程度，如是否需要自定义参数化对象、专门的函数或者与其他应用程序的接口等。

- **互操作性：**生成模型数据的部分目的是为了与其他应用程序共享，以便进行项目早期的可行性研究、建筑师与工程师和其他顾问的协作，以及稍后的施工。协作取决于 BIM 应用程序与其他特定产品之间接口的完善程度，更通用地，取决于其对基于开放数据交换标准的导入、导出的支持。这两种类型的接口将在第 3 章详细介绍。开放的交换标准正变得越来越详尽，并开始支持工作流层级的交换。这需要不同的导入、导出转化。提供一个易于定制且同时考虑工具接口和互操作性通用需求的导入、导出工具是非常有益的。
- **多用户环境：**越来越多的系统支持设计团队在基于云的工作环境里协作。这些系统允许多个用户直接从单个项目文件中创建和编辑同一项目的不同部分，并管理用户对各种信息的访问。随着云服务的发展，相关议题将受到更多关注。
- **对属性管理的有效支持：**属性是大多数 BIM 工具需要的不可或缺的数据。属性集应
易于设置并与它们描述的对象实例相关联。属性因其用途而异，如用于制作、对象性 62
能分析、物流等方面的属性均有不同。因此，分配和管理属性集是系统工作流程的一部分。
- **其他功能：**超越基础功能的设计应用程序功能包括冲突检测、工程量计算、问题追踪以及生成产品和施工技术规格书。它们适合于不同的用途和工作流，将在第 5—7 章中进行更详细的讨论。

在下面第 2.5 节中，我们将对一些主要 BIM 平台的当前功能进行介绍。其中一些平台只支持建筑设计；一些平台只支持各种类型建筑系统的深化设计；一些平台则两者都支持。对每个平台的评估都是针对指定版本；以后的版本可能具有更好或更差的功能。我们将根据前面开发的标准审视这些功能。

2.3.2 BIM 环境

在进入 BIM 时代的初期，人们认为单个应用程序可以满足所有三个层级的需求：作为工具、平台以及环境。随着人们 BIM 项目经验的积累和对支持 BIM 项目系统的了解加深，这种想法正在慢慢消退。要在全球范围内支持技术先进的 BIM 项目，所需的一个重要能力是能够支持在多平台和多展示环境中工作。BIM 环境需要具备为不同工具与平台生成和存储对象实例的能力，并能有效管理这些数据，包括对象层级上的变更管理。这个问题将在第 3 章进行更深入的讨论。这可以通过变更标志和 / 或时间戳（每当修改对象时自动更新）处理。其目标是交换和管理对象和对象集，而不是文件。

2.4 BIM 模型质量与模型检查

随着 BIM 使用范围的扩大，模型质量迅速成为首要问题。BIM 应用程序获取数据越来越自动化，因为消除手工输入可以节省时间，而且可能不会出错。但当一些组织积极投身于自动化时，却对在 BIM 实施过程中取消了一些审核人员对数据流的审核这一事实视而不见。虽然手动用户界面效率低且容易出错，但它却强制进行一轮可视化检查，而自动化和集成取消了这一轮可视化检查。此外，为了将 BIM 信息用于下游应用程序，例如功能仿真、合规性检查、自动化许可证审批等，其必须符合为接收应用程序定义的语义内容和语法要求。因此，如果要实现 BIM 的质量目标，使用自动化规则检查至关重要。

63 自动化检查明显优于手动检查。通过将同一模型的自动化检查结果与手动检查结果进行比较，能够检查规则集是否正确。类似的测试也可以在不同的检查应用程序上运行，以便进行比较。如果规则测试软件本身存在错误，有一些错误就可能检查不出来。规则检查软件需要仔细测试软件嵌入的验证规则是否有误。

模型的检查内容可从建筑布局和材料的正确性开始一直到规范定义的性能需求结束。正确性涉及物理上不能出现的实体在同一空间和时间上的重叠、位于不同系统的对象在系统连接时的对齐（Belsky 等，2016）、满足施工所需空间以及其他可能没有明文规定的有关安全、用户行为、装配、施工和维护实践的规则。规范要求定义了建筑的结构、传热等物理行为。能够应用规则进行检查的问题列表是不受限制的。

随着 BIM 技术的逐渐成熟，检查规则的定义和检查的实施有望成为 BIM 流程各参与方都应具备的能力：设计方和业主需要验证规划需求是否得到满足；子系统承包商和制作商需要检查系统接口构造（如连接）是否满足要求；设施经理需要站在运维角度进行检查；等等。在可期待的未来，规则检查将不再要求检查人员具备高超的编程技能，应该能够易于被广大用户所掌握。

规则测试分为两类：（1）规则的意图；（2）规则检查实施的流程。一般来说，这种分类是互不交叉的。规则的意图来自用户，其定义了测试的目的。规则的实施涉及描述项目的数据和检查流程。有多种将规则意图映射到检查流程的方法，其中一些包括从粗略近似（比如用边界框是否重叠解释空间关系）到更精确的测试。它们可对影响意图的多个方面进行检查。例如，对于火灾情况下的快速疏散，可对疏散通道、安全空间的封闭性、自动喷淋灭火装置等进行检查，每一种检查都使用不同的描述项目的数据和规则检查算法。有些描述项目的数据可能很琐碎，例如最大值、允许的对象类型或时间点等；有些可能比较复杂，例如隐含表示的几何关系：为维护设备（例如空调过滤器）留出的空间等。通常根据不同的计算复杂度选择不同的描述方式。有一些规则检查用于临时对象，包括临时结构（模板、支撑以及维护需要的通道等）。

因此，必须先看一下建筑模型是否已经具备检查的前置条件，验证它是否能够有效地支持测试目标。所谓具备检查的前置条件，是指建筑模型必须预先满足一些规则，才能进行进一步的测试。检查建筑模型是否已经具备检查的前置条件，是进行规则检查之前必须通过的 64
检查。例如，在几乎所有的建筑中，每一房间的围墙都必须至少开一扇用于进出的门。另一组更基本的测试是由语言编译器 / 解释器执行的对测试语言的语法规则测试。所有的前置条件测试都需要有易于理解且方便使用的文档。

模型质量检查工具要求建筑模型中的信息是完整的、正确的和显式的。不幸的是，用户经常留下许多隐式信息。例如，对于查看模型的人来说，房间边界是显而易见的，因此可能没有显式定义。还可能出现不遵从标准任意使用空间标签导致模型检查系统出错的情况。从提供规则检查软件供应商的角度来看，获得测试所需信息的最简单方式是让用户在建筑模型中输入所需的信息。事实上，当前所有的规则检查系统都需要对模型预处理或使模型标准化，即在检查模型之前用语义信息对模型加以补充。

通道分析测试是如何通过扩展 BIM 模型处理未显式表示隐式规则的一个例子。这通常是通过自动生成一个通道比例图实现，其预先计算通道之间的距离以及各相邻出口的距离。该图是对用于检查通道距离的模型视图的扩展。还有一些规则检查适用于建筑设计或模型未表示的对象。例如，巡检有维护需求的设备、脚手架和其他临时结构，需要有行走空间以及允许进出和作业的空间。另外，许多建筑行为的分析依赖于从几何和材料属性中自动推导出的行为（Belsky 等，2016；Lee 等，2016；Solihin 和 Eastman，2015）。这些将在第 3 章（第 3.6.2 节）分别讨论。

规则检查的另一个重要内容是遍历检查测试前置条件的逻辑树。这个规则适用于每个实体吗？如果不是，它适用于哪个实体？这实际上是一棵决策树，用于预先检查测试所需的条件是否满足。有效的规则检查允许应用规则轻松地描述和引用被检查模型的特定部分，并能给出检查不合格的原因。

虽然该领域仍然需要投入大量研发工作，然而，目前已有许多模型检查系统在用。下面的第 2.6.3 节将对这些系统进行介绍。

2.5 BIM 平台

BIM 平台可有多种方式在建筑工程中使用：建筑师可以用其进行设计建模和图纸生成；工程师可以用其进行结构或能耗数据管理；承包商可以用其开发施工协调模型、生成制作详图或者为设施管理提供数据。它们包含了不同类型工具的某些功能。有些平台是面向多种类 65
型用户的。由于市场定位不同，不同 BIM 平台具有不同的功能集合。在本节中，我们并不讨论这些不同的用途，而是把平台作为主要产品，同时考虑在同一平台上可运行的其他产品，对一些主要 BIM 平台进行整体介绍。在面向不同类型 BIM 用户的章节中，将更明确地讨论它们的使用和局限。我们将依据第 2.3 节概述的三个层级探讨每个平台：作为工具、作为平台以及作为环境。

众所周知，软件包的采购不同于我们进行的大多数其他采购。物理工具的购买是基于非常具体的产品和一组特性，而软件包的购买则需要同时考虑当前具备的功能及其升级开发路径，这些升级版本由供应商或第三方定期（至少一年一次）发布。正如有些公司预期的那样，他们购买的不仅是当前产品，还有其未来的演进。同时还购买了一套支持系统，一个企业至少有一位员工要与之打交道。支持系统是对 BIM 工具为用户提供的文档查阅和在线支持功能的增强。除了供应商的支持网络之外，使用平台级软件的组织也是用户社区的一员。另外，有不少网站通过博客交流提供点对点的帮助，并设有交换对象族的开放门户。这些服务可能是免费的，也可能收取少量费用。BIM 平台是否具有可用的产品库是另一个需要考虑的关键因素。当然，许多系统带有非常庞大的产品库集。例如，在撰写本书时，BIMobject 网站具有来自 967 家公司的大约 1925 万种不同产品的信息。这些产品定义保存在 49 种文件格式的文件中，如：RVG、DWG、DWF、DGN、GSM、SKP、IES、TXT 文件，等等。在采购 BIM 平台时，应该考虑对象库。

下面根据应用程序名称按字母顺序（注意：不代表按优先顺序或时间顺序）逐一介绍 BIM 平台。我们感谢梅尔·卡茨（Meir Katz）、希贝尼克·戈兰（Sibenik Goran）和许多其他研究生在完成评介各个 BIM 平台工作中所提供的协助。

2.5.1 Allplan

Allplan 的第一个版本出现在 1984 年，从那时起，它就一直是内梅切克集团（Nemetschek Group）的一个品牌产品。它是一个系列产品，拥有用于建筑、工程和设施管理的软件模块。它是一个基于参数化的设计软件，具有很多自动化功能。当在不同的视图之间进行更改时，模型完整性仍然很高。Allplan 是一款轻量化软件，能很好地处理大型项目，但是用户通常会将大型项目拆分成几部分以便更轻松地管理海量信息。

其建模方法与其他 BIM 平台有很大的不同，使用二维图纸、三维模型，并将二维和三维元素组合在一个独特的项目结构中，以便于创建组合的二维和三维信息。Allplan 在很大程度
66 上依赖于表示水平面的图层的使用。使用图层允许快速轻松地指定标高、楼层高度和间距，并通过开关图层的可见性轻松展示所需元素。创建布局时，可以精准选择要展现的图层，以便导出或打印。然而，熟悉其他 BIM 软件的用户发现要花很多时间才能习惯这种结构。

从 2016 版开始，Allplan 集成了 Parasolid 三维建模内核。Parasolid 允许使用贝塞尔（Bezier）曲面和 NURBS（非均匀有理 B 样条曲面）进行复杂建模。由于使用了 Parasolid 建模内核，用户可以创建复杂的自由形体。

参数化对象在 Allplan 中被称为“智能部件”。该软件内置一个大型的标准智能部件库，

用户也可以创建自定义智能部件。智能部件是参数化的，允许定制，但是要想深入应用，需要编程技巧：Allplan 有基于 python 的 API，允许在更深层级定制，包括访问 Parasolid 三维建模函数。

该软件有一个清晰的可视化界面，可以在二维、三维或混合视图中工作。结构元素的创建，例如钢筋，非常直观。但是，有时操作起来会很复杂，因为只有用户掌握了所有快捷键才能熟练地使用它。

Allplan 通常与其他软件结合使用。它能导入、导出多种格式的二维与三维文件。

Allplan 的优势：Allplan 是一个完全基于参数化规则的建模软件，可以处理复杂的几何形体。报告、工程量和明细表很容易以可读格式导出，几乎不需要定制。工作界面允许人们以各种方式使元素易于可视化。基于云的 BIM 工具允许共享原生格式和 IFC 格式的模型和元素。Allplan 可以有效、高效地支持欧洲的规划实践，例如创建建筑的结构详图（如模板和配筋平面图）。可以很容易在平面图中布置二维、三维元素。它对结构深化设计提供了特别强的支持，可进行工程量和成本计算。

Allplan 的劣势：界面复杂。虽然它提供了许多选项和可能性，并且能定义大多数属性，但是要正确地生成元素还需要大量的手工设置。二维图纸和三维建模的混合使用会使用户在切换到 BIM 模式时仍只使用二维图纸。与其他软件相比，Allplan 模型元素的关联性较低。例如，如果宿主元素被删除或移动，不会引发置于其中的元素做出相应变更（例如，排列在钢筋混凝土墙中的钢筋）。Allplan 依靠第三方应用程序对 MEP 系统建模。

2.5.2 ArchiCAD

ArchiCAD 是最古老的一直持续销售的建筑设计 BIM 应用程序。Graphisoft 在 20 世纪 80 年代初就开始销售 ArchiCAD。Graphisoft 总部位于匈牙利的布达佩斯，2007 年被德国的 CAD 公司——内梅切克集团收购。除了 Windows 外，ArchiCAD 还支持 Mac 平台。

ArchiCAD 的用户界面友好，具有智能光标、拖曳操作提示和背景感应操作菜单。它的模 67
型生成方法和易用性深受忠实用户的喜爱。ArchiCAD 中的图纸生成由系统自动管理；对模型的每次编辑都自动记录在文档中；详图、剖面图和三维图像均可以很容易插入图纸布局中。所有的剖面图、立面图、平面图和三维文档都是可双向编辑的。作为一种参数化建模工具，ArchiCAD 内置了非常广泛的预定义参数化对象。它有场地规划和室内设计建模功能，还提供了强大的空间规划功能。此外，有大量的外部网站为 ArchiCAD 定义静态对象和参数化对象（大多数来自欧洲）。

它支持通过几何描述语言（GDL）（一种脚本语言）生成自定义参数化对象，该脚本语言依赖于 CSG 类型结构和类似于 Visual Basic 的语法。它包含丰富的按系统组织的对象库：预制混凝土、砌体、金属、木材、保温隔湿、给水排水、暖通空调和电气等产品。其提供的用户自定义参数化建模功能有一定的局限性；其草图工具和参数化规则定义不支持使用代数表达式或条件语句。可以使用 GDL 扩展和定制现有的对象类。它还有一个开放数据库连接（ODBC）接口。全局网格或控件是可能的，但是很复杂。它可以使用 Shell 工具、Morph 工具或其他外部插件绘制和引用复杂曲面构成的形体。当内梅切克集团收购 ArchiCAD 时，其已聚焦于设计功能，放弃了早期与 Vico 合作研发的施工管理功能。

ArchiCAD 可以与不同领域的多个工具连接，包括结构、机械、能源和环境工程分析工具以及可视化工具和设施管理工具。一些是通过 GDL 直接连接，而另一些是通过 IFC 连接。ArchiCAD 支持的兼容软件和文件格式的最新列表可以在 Graphisoft 官方网站的“Import/Export File Formats in ArchiCAD”页面找到。其他工具包括 BIMx（之前称为“Virtual Building Explorer”)，它是一个导航工具。

ArchiCAD 不断加强与 IFC 的互动，并提供良好的双向交换。它的 IFC 交换功能包括对象分类、按对象类型过滤和对象层级的版本管理。ArchiCAD 有一个 Graphisoft BIM Server 后端存储库，与 ArchiCAD 平台一起提供。有关 Graphisoft BIM Server 的更多细节，请参阅第 3 章。

ArchiCAD 的优势： ArchiCAD 具有直观的界面，并且使用相对简单。它拥有大型对象库和支持设计、建筑系统分析及设施管理的大量应用程序。除了制作详图之外，它支持所有阶段的设计工作。

ArchiCAD 的劣势： 其在自定义参数化建模方面受到些许限制。

68 2.5.3 Bentley 系统

Bentley 系统为建筑、工程、基础设施和施工提供了广泛的相关产品。Bentley AECOsim 是早期产品 Triforma 的升级版。Bentley 是土木工程、基础设施和工厂设计市场的主要软件供应商之一。

作为建筑建模和图纸生成工具，Bentley 提供一套标准的预定义参数化对象。这些预定义参数化对象彼此之间存在关联。GenerativeComponents 支持全局或部件集合的参数化建模。Bentley 提供良好的自由 B 样条曲面和实体建模功能。它的渲染引擎速度很快，能够生成高质量的渲染图和动画。其基于三维模型剖面图的二维详图绘制和注释功能可以很好地支持图纸生成。在图纸生成中，预定义对象的编辑是双向的，但其他对象必须在模型中编辑之后才能更新。它具有很强的绘图能力，可以按实际比例显示线宽和文本。它能很容易地为对象类添加属性。Bentley AECOsim 具有各种模块，是一个具有许多功能的大型系统，但不容易入门，更不容易精通。Bentley AECOsim 支持外部对象的导入和冲突检测。

Bentley AECOsim 平台应用程序是基于文件的系统，这意味着所有操作都立即写入文件，可使内存的负载降低。系统可扩展性良好。

除了基本的设计建模工具之外，Bentley 还拥有大量附加系统（大约 40 个应用程序），其中许多系统都是为了支持其土木工程产品而收购的。有关 Bentley 软件产品的完整列表可在 Bentley 官方网站上找到。

由于一些产品是通过收购小型第三方公司获得的，其在 Bentley 环境中与其他产品的兼容性受到限制。因此，当某一应用程序需要调用不同应用程序的模型时，用户可能必须预先转换模型格式。同样，用户的操作思路有时必须改变，因为用户界面约定会有所不同。

可以导入由 Primavera 等进度计划系统生成的进度计划并与 Bentley 对象关联进行 4D 模拟。Bentley AECOsim 的接口包括：DWG、DXF、PDF、U3D、3DS、Rhino 3DM、IGES、CGM、STEP AP203/AP214、STL、OBJ、VRML、Google Earth KML、SketchUp、COLLADA 和 ESRI SHP。其支持的公共标准包括 IFC、CIS/2、STEP 和 SDNF。Bentley 产品是可扩展的。它支持用户使用 Microsoft VBA、VB.NET、C++、C# 和 Bentley MDL 定义宏。Bentley 还提供一个先进且受欢迎的多项目服务器，称为“ProjectWise”（参见第 3 章）。它支持将文件复制到预先配置的一组本地网站上，从而管理所有文件使其保持一致性。它支持管理 DGN、DWG、PDF 和 Microsoft Office 文档之间关系的链接。Bentley 支持设置对象 ID 和时间戳以及对它们进行闭环管理。

Bentley 系统的优势：Bentley 提供了非常广泛的建筑工程建模工具，几乎涉及 AEC 行业的所有方面。它支持用复杂曲面建模，包括贝塞尔曲面和 B 样条曲面。它可以为自定义参数化对象的开发提供多层级支持，包括 Parametric Cell Studio 和 GenerativeComponents。它的参数化建模插件 GenerativeComponents 能够定义复杂的参数化部件集合，并且已经在许多获奖建筑 69
项目中使用。Bentley 可为具有许多对象的大型项目提供可扩展支持。它还提供多平台和服务器功能。

Bentley 系统的劣势：大多数 Bentley 产品在保持数据一致性方面和用户界面方面进行了部分整合。因此，需要更多的时间学习和掌握。其各种各样的功能模块涵盖不同的对象行为，进一步增加了学习难度。其对各种应用程序整合的不足，消减了这些系统所能提供的价值及支持范围。

2.5.4 DESTINI Profiler

DESTINI Profiler（Design ESTImating INtegration Initiative）是贝克技术（Beck Technology）有限公司的一款产品。它是在 PTC（参数化技术公司）决定不进入 AEC 市场后，贝克技术有限公司于 20 世纪 90 年代末收购该公司的一款参数化建模平台。现在，DESTINI Profiler 已经发展为一款应用程序，兼有平台功能，它是由从 PTC 收购的软件演进而来的。DESTINI Profiler 功能独特；它以建造成本和某种程度的运行成本为基础进行概念设计。它能基于房间类型、建筑结构和场地参数，快速定义给定建筑类型的概念设计。一个项目的高层级部件是场地和体量：场地由土壤、停车场和滞留池构成；体量用于描述维护结构、特征体、机械设备、楼板和房间。其建筑模型对象包含了与成本定义的链接。可以通过使用直观的编辑操作，以一种简单的三维草图方式设计概念级模型。一栋建筑可由一组空间生成（一层一层地组合）；或者先生成外壳，然后按楼层拆分为若干空间；或者由这两种方式混合生成。场地平面图可以是导入的地形模型或相应的谷歌地图，其中的每一个都可以通过使用默认值或在需要的情况下覆盖默认值进行粗略或非常详细的定义。

通过使用美国 RS Means 工程造价数据库中的 Masterformat 16 个分区，或者进一步向下至分项详细类别，或者使用 Timberline 的更详细类别，可以为不同类型的建筑设置默认值。每个对象，例如墙或板，都与装配成本类相关联。对象可以从一种部件类型更改为另一种部件类型，而不必更改几何形状。这意味着通过定义楼板类型以及维护结构和建造细节，造价工程师几乎可以完全把控工程造价。它有越来越详细的场地开发定义和成本计算。当建筑几何形状定义空间之后，有些成本参数依据建筑类型或建筑位置取定值，有些成本参数则由用户明确控制（例如玻璃上的薄膜类型或实验室中的通风柜数量）。从成本的角度看，设计意图是由相关的成本类别定义的，因而设计模型可以是简单的，也可以是复杂的。因此，系统的优势在于能够按照部件、集合、装配式系统和清单项的层级结构生成成本预算。如果需要，承包商或其他用户可以将这些多层级结构的成本数据映射到自己的成本数据库里。

70 基于预算开始时统计的准确材料用量，做出的成本预算非常精细，而且随着项目设计的细化和进入施工，可以顺流而下进行追踪，以便与实际材料用量和成本进行比较，确保造价的准确性。此外，它还为项目提供了完整的用于财务分析的现金流预测报表，既可考虑建筑自用也可考虑运营。DESTINI Profiler 使用的成本预算数据库位于达拉斯办公室并由其维护。

DESTINI Profiler 支持一系列图形文件（包括 DWG、DXF、PDF、JPG 和其他格式的图形文件）的输入，用作建模的二维底图。它可以将 SketchUp 的几何元素作为特征体对象导入；还能借助定制的 Revit 插件，将 Revit 中的板、维护结构和体量对象作为原生几何对象导入。它能将模型导出给 eQuest 用于能耗分析，以便预算运行成本并以 XLS 电子表格和各种图形格式输出预算结果。

贝克技术有限公司还提供了 DESTINI Estimator 和 DESTINI Optioneer 软件。后一个应用程序的独特功能在于，它能够帮助用户优化早期的设计决策，例如确定建筑的最佳位置和配置。系统通过穷举一系列设计参数取值，生成并评估大量可能的项目方案，允许用户追踪趋势并发现他们可能没有考虑过的设计场景。希尔伍德 - 贝克（Hillwood-Beck）多用途建筑案例研究 [在《BIM 手册》（原著第二版）第 9 章中进行了讨论，可在《BIM 手册》配套网站上找到] 给出了 DESTINI Profiler 的应用示例。

DESTINI Profiler 的优势：基于部件集合和清单项的成本预算，使 DESTINI Profiler 可以轻松地用于几乎任何类型的建筑。它的优势在于能够基于施工技术规格书和相关成本预算对替代概念设计方案进行价值分析。一些案例研究表明，一个良好应用 DESTINI Profiler 的项目能把施工成本的偏差控制在预算成本的 5% 以内，其所支持的项目模型的成本不超过项目成本的 1%。DESTINI Profiler 对概念方案的详细经济评估和 DESTINI Optioneer 的模型穷举，不仅强大而且独一无二。

DESTINI Profiler 的劣势： DESTINI Profiler 不是一个通用的 BIM 工具。它的主要目的是通过对饰面和系统备选方案（通常不需要对这些元素建模）进行财务探索而对建设项目进行财务评估。其与其他软件交换模型的能力不强，模型完成后，目前仅能导给 Revit。

2.5.5 Digital Project

Digital Project（DP）是由盖里技术公司（Gehry Technologies）基于达索 CATIA V5 定制的一款建筑设计与建造软件，CATIA 是一款为航空航天和汽车工业大型系统开发的强大的参数化建模平台。天宝公司（Trimble）于 2014 年收购了盖里技术公司。Digital Project 需要在强大的工作站上运行，但它可以用于规模最大的项目。

Digital Project 是一个复杂的工具，可以通过循序渐进的方式学习。它的智能光标能呈现 71
选择选项。在线文档随时可用。菜单是可定制的。作为一个参数化建模工具，Digital Project 同时支持定义对象类和部件集合的全局参数以及要在对象之间维护的局部规则和关系。其定义对象的规则完整而通用。它在创建复杂参数化部件集合方面十分出色，并在处理制作问题时利用了这一优势。可以生成对象类的子类型并详细说明它们的结构或规则。它的曲面建模很出色，这一点使它不比汽车设计师使用的工具差。直到发布第三版，Digital Project 才内置了用于建筑的基本对象。用户可以重用其他平台开发的对象，但是 Digital Project 本身并不支持这一点。Digital Project 比较复杂，需要一个艰难的学习过程。它为使用电子表格和 XML 导入、导出对象数据提供了良好接口，并会继续扩展 IFC 方面的功能。与大多数应用程序一样，Digital Project 中的注释只与图纸视图关联，不能与模型双向编辑；图纸被视为带注释的报告。Digital Project 支持冲突检测。Digital Project 的 Knowledge Expert 提供基于规则的检查，可使定义形体的规则更加完善，也可应用于不同参数树中的对象检查。

Digital Project 是基于文件的，可扩展性很好。第 10 章中的韩国首尔东大门设计广场（DDP）和法国巴黎路易威登基金会艺术中心案例研究展示了 Digital Project 有能力对非常复杂的建筑进行几何建模和功能模拟。CATIA 的逻辑结构涉及了名为“工作台”（workbenches）的工具模块。除了建筑和结构工作台之外，Digital Project 还提供几个其他工作台。Imagine & Shape 是一款基于 CATIA 的充分整合的自由式草图设计工具；Knowledgeware 支持基于规则的设计检查；Project Engineering Optimizer 允许基于任何定义清晰的目标函数轻松优化参数化设计；Project Manager 追踪模型的各个组成部分并管理它们的发布。这些都是具有很大潜在优势的尖端工具，但只有具有丰富技术知识的人员才能有效使用它们。它在其 MEP Systems Routing 中包含了机械、电气和给排水设计功能。它还能轻松整合 CATIA 提供的其他工作台，其中有名的是 Delmia，一个可以对装配和制作进行建模与评估的蒙特卡罗仿真系统（Monte Carlo simulation system）。其各个工作台的用户界面具有一致性。除了整合的工作台之外，Digital Project 还有与 Ecotect 的接口（以便进行能耗研究）、与 3DVia Composer 的接口（用于文档制作）以及与 3DXML 的接口（用于轻量级浏览）。它可以与 Microsoft Project 和 Primavera Project Planner 相连，以规划进度；与 ENOVIA 相连，以进行项目生命期管理。Digital Project 支持定义新对象和族类。它支持 Visual BASIC 脚本语言，具有强大的 API，可以使用 .NET 开发插件。它内嵌 Uniformat 和 Masterformat 分类，有力促进了与编制技术规格书和成本预算软件的集成。它支持以下交换格式：CIS/2、IFC 2×3、SDNF、STEP AP203 与 AP214、DWG、DXF、VRML、TP、STL、CGR、3DMAP、SAT、3DXML、IGES、STL 和 HCG。

Digital Project 作为一个平台，包含了一套专门用于整合制作级产品设计和工程分析的工具。借助于开源的 SVN 版本控制管理工具，它能同时支持多个用户。它还具有在环境层面进
72 行整合的功能。ENOVIA 是达索公司（Dassault）的一款主要 PLM（产品生命周期管理）产品（见第 3 章）。Digital Project 在对象层级上设置了多个时间戳和对象 ID，以支持对象层级的版本管理。

Digital Project 的优势：它有非常强大且完整的参数化建模功能。它能直接创建大型复杂的部件集合用于形成曲面、特征体以及装配式系统。它也支持制作。依赖于三维参数化建模，Digital Project 可完成大部分深化设计。在平台层面上，它是一个完整的解决方案。它有一套整合的功能强大的工作台。

Digital Project 的劣势：学习 Digital Project 具有一定难度，且其用户界面复杂，采用初始成本较高。其建筑预定义对象库中的对象数量不多，可用的外部第三方对象库中的对象数量也很有限。对于建筑设计而言，其绘图功能还没有像其他 AECO 平台那样完善。Digital Project 仍然是基于 CATIA V5 的，并不是基于 CATIA 的最新版本。它还没有从 CATIA 的最新功能中获益。

2.5.6 Revit

Revit 是一款著名、流行的 BIM 平台，它是欧特克公司（Autodesk）收购一家初创公司的 Revit 软件之后，于 2002 年投入市场的。

Revit 拥有一个易于使用的界面，具有智能光标和拖曳操作提示。它基于工作流把菜单组织得很好，可以根据系统呈现的环境灰显当前不可执行的菜单命令。它为图纸生成提供了很好的支持；它生成的图纸具有很强的关联性，因此很容易对发布的图纸进行管理。它提供了图纸与模型之间和门、门五金件等明细表与模型之间的双向编辑功能。Revit 支持开发新的自定义参数化对象以及对预定义对象的定制。其定义对象的规则集随着每次版本升级都得到了改进，并可使用三角函数。它可以在阵列中约束距离、角度和对象数量。它还支持参数之间

的层级关系。因此，通过使用参数化关系，一个对象可以用一组子对象定义。设置能够约束对象集合的布局和尺寸的全局参数是很困难的。最新 API 的发布为外部应用程序开发提供了有力支持。

Revit 是一款强大的平台，尤其是它对各种应用程序提供了广泛支持。Revit 拥有最大的关联应用程序集。有些通过 Revit 的 Open API 直接连接，有些则通过 IFC 或其他交换格式文件建立连接。

Revit 与 AutoCAD Civil 3D（用于场地分析）、Autodesk Inventor（用于制造部件）和 LANDCADD（用于场地规划）软件之间均有接口。它还可与 US Cost、Nomitech 的 Cost OS、Innovaya、Sage Timberline 以及 Tocoman iLink 连接，用于工程量计算和成本预算。Innovaya 提供了与进度计划软件 Primavera 和 MS Project 的连接，用于 4D 模拟。Revit 还支持与 Autodesk Navisworks 的连接。它还通过 BSD Linkman 映射工具实现与编写技术规格书软件 e-SPECS 和 BSD SpecLink 的连接。

Revit 能够导入 SketchUp、AutoDesSys form · Z、McNeel Rhinoceros、Google Earth 等概念设 73
计工具以及其他能够导出 DXF 文件软件生成的模型。以前，这些模型是可见的，但是无法引用。然而，自 2011 版起，Revit 可以引用（“引用”在这里指的是用户可以选择对象上的点，从而允许对尺寸的精确引用，而不是靠视觉对尺寸调准）这些模型了。

Revit 支持各种文件格式，包括 DWG、DXF、DGN、SAT、IFC（用于建筑部件）、gbXML 和 ODBC（Open DataBase Connectivity，开放数据库连接）。有关 Revit 支持的文件格式的最新信息可在欧特克知识网络（Autodesk Knowledge Network）网站上找到。

Revit 设置对象 ID。但是，版本控制和更改在文件层级进行，而不是在对象层级进行。这限制了位于不同文件不同视图中的对象的同步。

Revit 的优势和劣势如下：

Revit 的优势：作为一个设计工具，Revit 2018 具有强大的功能；它有直观的界面；并有出色的制图工具。然而，许多设计师希望突破其内置对象的限制，先使用其他工具以更自由的方式设计，然后再将结果导入 Revit 构建模型。Revit 易于学习，功能菜单设计良好，用户界面友好。它拥有一组非常丰富的对象库，这些对象库是由软件开发人员和第三方共同开发的。由于占据市场主导地位，它是其他 BIM 工具想要设置直接连接接口的首选平台。它的双向图纸支持功能允许从图纸、模型和明细表视图进行信息更新和管理。它支持对同一项目的并发操作。Revit 包含一个优秀的对象库（bimobject 网站）。

Revit 的劣势：Revit 是一个基于内存的系统，对于大于约 100—300MB 的项目，当使用 Revit 2018，内存大小为 4GB 时，其速度会显著降低。它对参数化规则有些许限制，对复杂曲面的支持也有限。由于缺少对象层级的时间戳，Revit 还不能为 BIM 环境中的全方位对象管理提供所需的支持。有关更多信息，请参阅第 3 章。

2.5.7 Tekla Structures

Tekla Structures 是由 Tekla 公司提供的。Tekla 公司是一家芬兰公司，成立于 1966 年，在全球设有办事处。2012 年，天宝公司收购了 Tekla 公司。Tekla 公司有多个部门：建筑与施工、基础设施和能源。公司最初的建设类产品是 Xsteel，其于 20 世纪 90 年代中期推出，并很快发展成为一款在全球范围内使用的钢结构深化设计应用程序。Tekla Structures 主要是基于文件的，并具有良好的可扩展性。它支持多用户在服务器上同时处理同一项目模型。但它目前还不支持 B 样条曲面或 NURBS 曲面建模。

在 21 世纪初，Tekla 公司为促进结构和建筑预制，在软件中增加了木结构和预制混凝土结构的设计及深化设计功能。2004 年，功能扩展后的软件更名为“Tekla Structures”，以反映扩展后的支持内容，包括对钢结构、预制混凝土结构、木结构、钢筋混凝土结构深化设计及
74 结构分析的支持。最近，该产品增加了施工管理功能和结构设计应用程序。它是一款支持越来越多产品的平台。除了提供全功能详图编辑模块使用许可，Tekla 公司还提供工程、项目管理和查看模块的使用许可。所有这些工具都提供了制作和自动化制作所需的功能。它具有定制现有参数化对象或创建新的参数化对象的良好功能。然而，它是一个功能丰富的复杂系统，需要花时间学习和保持对其不断推出的新功能的了解。

Tekla Structures 为许多应用程序提供了接口，并且具有开放的应用程序编程接口。它还支持非常广泛的交换格式。最新的可支持文件格式列表可以在 Tekla 公司官网的“兼容格式”（Compatible Formats）网页上找到。Tekla Structures 支持对同一项目的并发访问，允许在对象层级或更高的对象聚合层级上加锁。它设置对象标识和时间戳，并支持基于对象层级的管理。

Tekla Structures 的优势：它具有多种多样的功能，包括对使用各种材料结构的建模以及深化设计，支持超大型模型以及多用户同时在同一个项目上并发操作。它支持用户自定义参数化部件库，包括对其提供的对象的定制。

Tekla Structures 的劣势：尽管它是一款功能强大的工具，但其所有的功能学习起来相当复杂也很难充分利用。其参数化部件的强大功能令人印象深刻，虽然是一种优势，但需要具有高水平技能的专业操作人员操作。它能够从外部应用程序导入具有复杂多曲面表面的对象，这些对象可以引用但不可编辑。

2.5.8 Vectorworks

Vectorworks 最初名为“MiniCAD”，它是由 Diehl Graphsoft 公司 1985 年开发的基于苹果电脑的 CAD 系统。到了 1996 年，它推出了 Windows 版。Diehl Graphsoft 公司于 2000 年被内梅切克集团收购。它一直注重强大的客户支持和面向小企业的强大全球用户群。2009 年，其核心几何建模平台采用了 Parasolid 几何引擎；Vectorworks 以前具有类似 AutoCAD Architecture 的参数化功能。现在，它的参数化建模与其他工具类似，但是其易用性、体贴入微的用户友好

性以及丰富的展示功能广受赞誉。

Vectorworks 2018 提供了用于不同领域的多个产品，包括：

- Architect：用于建筑设计、室内设计和相关 BIM 应用；
- Landmark：用于景观、场地设计和城市设计，具有植物库和灌溉设计、数字地形及 GIS 功能；
- Spotlight：用于剧院观众厅和舞台的照明及制作设计。Spotlight 有两个配套产品：Vision（用于灯光控制接口仿真）和 Braceworks（用于临时结构的静力分析）；
- Fundamentals：通用的二维 / 三维建模和整合渲染。

这些不同的产品提供了各种各样的功能，且有一致的用户界面和软件风格，并有拖曳操 75
作提示、智能光标、预选亮显、内容感应操作显示以及可定制的菜单和工具栏。Vectorworks 的绘图功能可将绘制的剖面标注与模型视图关联起来。Vectorworks 有一组数量合理的可以导入和使用的对象库。它的 NURBS 曲面建模效果非常好。它支持定制预定义的对象类，同时也支持用以下四种 API 中的任何一种定义新对象：

- SDK，基于 C++ 的 API；
- Python/VectorScript：分别使用 Python 和 Pascal 语法的脚本语言；
- Marionette：一种图形算法编程工具。

它内置西门子产品生命期管理（Product Lifecycle Management，PLM）系统的设计约束管理器（Design Constraint Manager），提供了交互式动态管理形体尺寸功能。属性存储在项目数据库中，并与对象关联以便随时使用。Vectorworks 是一个同时支持 Mac 和 PC 的 64 位系统。其交换格式包括 DXF/DWG、Rhino 3DM、IGS、SAT、STL、Parasolid X_T、3DS、OBJ、COLLADA、FBX、KML 等。其支持的最新文件格式列表可以在“Vectorworks 导入 / 导出文件格式”（Vectorworks Import/Export File Format）网页上找到。

Vectorworks 加强了与 IFC 的互动功能并能很好地双向转换，同时支持 IFC2×3 和 IFC4。其 IFC 功能包括对象分类、属性集分配、为 COBie 提供支持和管理对象拥有者更改对象的历史数据。其 IFC 交换能力已通过 ArchiCAD、Bentley Microstation、AutoCAD Architecture、Revit、Solibri Model Checker 和 Navisworks 的测试。Vectorworks 支持云服务和免费的模型查看器。Vectorworks 还全面支持 BCF（BIM 协作格式）。

2.5.9 基于 AutoCAD 的应用程序

目前对基于 AutoCAD 的应用程序是否可以归类为 BIM 平台存有疑问。虽然 AutoCAD 可以使用“块”进行对象的建模，但它不能像真正的 BIM 平台那样维护对象之间的参数化关系和整体协调。不过，鉴于其使用范围很广，我们在这里也简要提一下。在欧特克公司收购 Revit 之前，AutoCAD 软件成为二维和三维建筑设计的中流砥柱。虽然早期已有成熟的三维参数化建筑建模应用程序，但是欧特克公司在 AutoCAD 平台上开发的建筑应用程序——Autodesk Architecture，一直是最流行的建筑建模软件，因为它基于 AutoCAD 几何平台，而 AutoCAD 几何平台广泛用于二维制图。在某种程度上，可以认为 Autodesk Architecture 为用户提供了从二维绘图到 BIM 的舒适过渡。

AutoCAD 具有实体和曲面建模的扩展包，并且支持三维元素的“块”定义。AutoCAD 提
76 供了一些参数化工具具有的功能，包括使自定义对象具有自适应行为的功能。

第三方应用程序开发人员可以在此基础上，先添加预定义对象集，然后再添加用于这些对象的有限规则集，从而使定义的对象或对象集合（如楼梯或屋顶）具有参数化对象行为。然而，要想实现作为 BIM 建模软件特征的呈现设计意图行为的全部功能是非常困难的。迄今为止，AutoCAD 仍然是一款有用的传统 BIM 平台，因为它依然是许多建立在其上的 BIM 工具的核心。

AutoCAD 中的图纸空间是与三维模型的模型空间相连的，目前的表现方式是建立了从模型到带注释图纸的单向连接。模型视图是简单的正交投影，视图管理能力不强。接口文件格式包括 DGN、DWG、DWF™、DXF™ 和 IFC。

欧特克公司通过提供强大的应用程序编程接口 [包括 AutoLISP、Visual Basic、VB 脚本和 ARX（C++）接口]，鼓励第三方将 AutoCAD 作为平台，在不同的 AEC 领域开发新的对象集。这导致了拥有大量独立公司的全球开发者社区的发展，其先后提供了结构设计和分析、管道和工厂设计及控制系统、电气系统、钢结构、消防喷淋系统、管道工程和木框架设计软件包，以及许多其他应用程序。

基于 AutoCAD 的应用程序的优势：因其用户界面与 AutoCAD 的一致性，便于 AutoCAD 用户使用；因其建立在 AutoCAD 广为人知的二维绘图功能和界面之上而易于使用。有大量的各种编程语言的 API 用于开发新的应用程序，适宜的软件开发工具包（SDK）为研发提供了有力支持。

基于 AutoCAD 的应用程序的劣势：根本局限在于不能参数化建模，非编程人员（不用 API 编程）不能定义新对象、对象规则以及约束；与其他应用程序的接口有限；使用外部参照（XREF）（具有自身固有的集成限制）管理项目；是基于内存的系统，如果不依赖 XREF，便会有可扩展性方面的问题；需要在图纸集中手动进行接续变更。

2.6 设计审查应用程序

使用 BIM 进行设计检查是设计检查的一种最常见方式（Kreider 等，2010）。与一般常识相反，即使是经验丰富的从业人员也不能轻易地从图中发现错误（Lee 等，2003；Lee 等，2016）。然而，BIM 可以帮助项目团队以虚拟方式检查建筑，甚至可以实现设计审查过程的自

动化。本节介绍能够帮助用户有效、高效地审查设计的方法和应用程序，包括部分自动化模
型查看和导航应用程序（模型查看工具）、模型整合和审查应用程序（模型整合工具）以及模 77
型检查应用程序（模型检查工具）。

注意：在本节中，像介绍 BIM 平台那样，应用程序出现的顺序是按其名称的字母顺序排列的，该顺序并不代表任何优先顺序或时间顺序。

2.6.1 模型查看工具

许多模型查看工具可用于 BIM 模型的可视化和导航。使用模型查看工具查找问题已经是单用户或团队进行设计审查的主要方法。目前，一些模型查看工具仍然是具有简单注释功能的纯模型查看器，而另外一些已经发展成为具有高级功能的应用程序，例如冲突检测。另一个趋势是使用游戏引擎开发模型查看器，以实现快速高质的渲染，并方便大型和复杂 BIM 模型的导航。大多数模型查看器还可在移动端上运行，允许设计人员和现场工程师快速检查或提交设计。

Adobe Acrobat 3D：是一个 3D PDF（便携式文档格式）查看工具。3D PDF 格式是 Adobe 开发的一种轻量级的三维格式，它不是用于创建建筑模型信息的，而是用于“发布”信息的，用于对各种工作流的支持。Adobe Acrobat 3D 支持嵌入在文档中的动态、可视的三维对象或动画。它支持模型比较。

Allplan BIM +：支持合并来自不同专业和不同 BIM 平台的子模型。它具有冲突检测和设计任务管理功能。

Autodesk BIM 360 Glue：是一个基于云的 BIM 协作应用程序，它具有自己的轻量级几何查看器，可以读入多个 BIM 平台生成的模型，支持大部分主要的三维文件格式。这极大地促进了协作。它支持对 IFC 和原生文件的管理以及 Navisworks 的冲突检测，它自己也有冲突检测功能；其独特的优势是提供开放的通信连接和变更记录追踪。

Autodesk Design Review：是一个可免费下载的查看工具，支持评审、检查和其他形式的协作。该产品是由欧特克公司开发的，它支持将二维图纸和三维模型转换为 DWF（设计网页格式）。可以定点或者通过在模型中行走或飞行对模型进行空间查看；可以展示对各种表面正交投影生成的视图，也可以展示通过剖切模型生成的视图。可以测量不同对象表面之间的距离和夹角。还支持使用对象名称的查询，并返回对象名，选中后，对象名代表的对象将在视图中高亮显示。二维图纸可以旋转，可以在图纸表面的任何一点施加标记，记录审查意见。很容易生成带有标记的报告。提供了数字签名，用户可以检查签名之后是否对文件进行了更改。

Autodesk Navisworks Freedom：是一款免费的模型查看工具，于 2007 年被欧特克公司
收购。它最初名为“Navisworks Jetstream”，作为一款 BIM 工具曾经非常流行，因为它支持各 78

种三维文件格式，并能对模型文件进行整合。

BIMx（以前的 Building Model Explorer）：是由 Graphisoft 开发的模型查看工具。它支持二维和三维视图之间的交叉引用，并且像许多其他模型查看工具一样，允许用户测量位于模型中的两点之间的距离。它还可以显示用于 Google Cardboard 和类似立体查看工具的三维立体图像。

Fuzor：是一款基于专有游戏引擎的 BIM 渲染和导航工具。与其他 BIM 查看工具不同的是，它能基于预设的渲染选项提供简单快速的渲染功能和轻量化可视化功能。它还具有维护 BIM 建模工具与 Fuzor 之间连接的功能。这就是说，Fuzor 模型能够反映 BIM 模型的任何更改。Fuzor 提供了与 Revit 和 ArchiCAD 的直接连接，可以在保留 Fuzor 模型设置的情况下，读入各种文件，如 Rhinoceros 3D、SketchUp、Navisworks、FBS 和 3DS。其另一个优点是支持具有音频效果的虚拟现实（VR）。

Kubity：能够通过使用 SketchUp 文件格式，以标准的或者沉浸式的虚拟现实方式将三维模型发布或分发到任何设备（桌面或移动端）。它能简单直观地让三维模型共享，为那些非建筑业专业人员提供了方便的模型查看途径。但是，BIM 文件，如 Revit 文件，必须转换为 SketchUp 文件格式，这意味着所有非图形信息都会丢失。

Oracle AutoVue：是一个轻量级的二维绘图和三维模型查看工具，用于审查、漫游、精确的空间测量以及三维冲突检测。它支持 3D PDF。

ProjectWise Navigator：提供了覆盖显示功能，用于处理异源项目文件。它能处理 DGN、i-Model、PDF 和 DWG 的覆盖显示，还可设置关键文件的用户索引，以便访问和查看；内置了用于多种产品冲突检测的应用程序；允许对模型对象分组以便于管理产品数据、采购、审查等。它支持 4D 模拟、渲染以及审查批注，但其编辑功能有限。尽管 Bentley 已经有了能进行对象层级数据管理的产品，但是 ProjectWise 产品尚不能提供这一功能。

Solibri Model Viewer：是 Solibri 开发的一款免费模型查看工具，使用 IFC 作为原生数据格式。它可以在 Windows 和 Mac 操作系统上运行。它是 Solibri 系列产品中具有高级功能的 BIM 工具。这些功能包括：模型实时剖切、使所选对象透明以便更好地查看；测量导入模型点与点之间的距离和倾角。Solibri 产品还有压缩 IFC 模型功能。具有基于规则进行模型检查功能的 Solibri 产品被称为“Solibri Model Checker”。下面章节将详细介绍 Solibri Model Checker。

Tekla BIMSight：是一款由 Tekla 公司（隶属于天宝公司）开发的免费轻量级模型查看工具，主要用于模型整合、冲突检测和生成问题报告。它支持 IFC(.ifc)、IFC XML(.ifcxml)、IFC ZIP（.ifczip）、DWG（.dwg）、DGN（.dgn）、XML（Tekla 网页浏览器文件）、IGES（*.igs、*.iges）、STEP（*.stp、*.step）和 SketchUp（*.skp）等文件类型。

79 **VIMTREK**：是一款基于云的内置 Unity 游戏引擎的模型查看工具，可以直接导入 Revit 模型。它管理 Revit 支持的所有元素、纹理和光照。它有一个相关的家具库和房屋使用人员库。

虽然是一个普通的查看工具，但它擅长让客户或用户漫游，让人有种身临其境的感觉。除了家具、五金和窗户等装饰对象之外，它还提供天空背景和地平线背景。VIMTREK 支持 VR 硬件，包括 Oculus Rift 和 Gear VR。实际上，家具库不仅提供了展现视觉效果所需的材料，还包括产品规格、碳计数和其他可持续方面的数据。这是 SMARTbim 产品库，将在第 5.4 节详细介绍。

xBIM Xplorer：是一个开源的 IFC 模型查看应用程序。它是众多使用 xBIM Toolkit 的应用程序之一，xBIM Toolkit 是应用 IFC 文件的开源代码资源库（参见 openbim 网站）。通过使用 GitHub 上提供的 xBIM 代码，软件开发人员可以快速构建应用程序。xBIM 本身只是免费提供的各种开源 IFC 资源之一。

2.6.2　模型整合工具

模型整合工具不仅为用户提供了合并多个模型以形成联合模型和冲突检测的能力，就像一些成熟的查看工具一样，还提供了在整合模型上进行施工管理的功能。常见的功能有施工规划和工作分区定义；制定进度计划和 4D 模拟；工程量计算和预算，以及生产监测和控制。

Digital Project Manager（Digital Project 公司，隶属天宝公司）：Digital Project Manager 提供了项目协作、工程量计算、4D 模拟以及与进度计划整合功能。它没有成本预算功能。主要优点是能够处理非常大的、几何复杂的建筑模型，因为它可以直接在 CATIA 3D 平台上使用 Digital Project 生成的 BIM 模型。第二个优点是，对模型的更改不需要导出模型，也不需要重新建立进度计划与模型的关联关系，因为它是在 BIM 平台中运行的。

Navisworks Manage（欧特克公司）：Navisworks 是一款多用途的施工管理工具，具有模型审查、冲突检测、4D 仿真与动画、五维工程量计算、渲染等功能。Navisworks 最初之所以流行，是因为它能够导入各种格式的 BIM 模型和三维几何元素；时至今日，这仍然是它的一个主要优点。Navisworks 还可以导入和查看来自激光扫描或摄影测量的点云数据。

iTWO（RIB 公司）：iTWO 平台在基于数据库的一体化解决方案环境中，使用专有的 SQL 数据库存储模型对象、预算数据和进度计划资源数据。可以从不同 BIM 平台导入一个或多个模型，使用其 BIM 管理器进行协调。iTWO 支持预算、投标、分包、成本控制和支付流程管理。BIM 模型可与历史成本和价格数据或其他内部数据关联，从而提升预算质量。它的开放接口支持 XML 数据交换，包括 ifcXML，从而支持与 BIM 和 ERP 系统的集成。它还提供了管理招 80
标和分包合同授予流程的功能。在 iTWO 中，可以并行开发一个或多个详细的进度计划，允许在分包商之间直接调整成本、工程量和任务分派。可以在 iTWO 中直接创建和维护进度计划，也可导入 Microsoft Project、Oracle Primavera P6 等商业进度计划应用程序中生成的进度计划。由于进度计划与成本、工程量和模型挂钩，可以在 iTWO 内分析多个完整的 5D 模拟，从而进行详细的虚拟规划和方案比选。随着模型的成熟，会对映射进行维护，不断将新版模型集成到项目中，并清晰显示变更及其对成本和进度的影响。最后，它支持从项目开始就监控部件安装数量和安装进度，具有成本控制和预测功能。

Vico Office（天宝公司）：可以说 Vico 是用于建筑管理的最全面、最复杂的 BIM 工具。之所以说它全面，是因为它涵盖了模型审查、工程量计算与预算、进度计划和项目控制等众多功能。之所以复杂，是因为它包含了一些高级功能，例如，用于定义工作包的区域定义、整合的工程量计算、预算、使用定义施工产品（由模型对象表示）工作内容的工法制定四维进度计划、用于成本和进度计划风险分析的蒙特卡罗仿真、基于位置的进度计划、平衡线图和进度分析、具有四维视图的计划进度与实际进度对比。也许并不奇怪，Vico Office 也比其他工具更难学习和操作。

2.6.3 模型检查工具

下面介绍的所有规则检查系统都采用以下步骤进行规则检查：

1. 确定要应用的规则集；
2. 确定要对模型进行哪些方面的检查，以便为测试规则提供数据，通常用模型视图定义；
3. 使用各种方法在建筑模型里选择要进行检查的部分；
4. 将规则或规则集应用于建筑对象模型；
5. 找到所有未通过检查的模型对象。

正如第 2.4 节所讨论的那样，所有工具的一个共同要求是被检查的建筑模型中的信息必须完整、正确和明确。因此，它们都需要用户对模型进行预处理，以确保所提供的信息能供规则集使用。

BIM Assure：因维卡拉（Invicara）公司是 21 世纪 10 年代初在新加坡成立的一家 BIM 应用程序开发公司，得益于新加坡建设局（Building Construction Authority，BCA）多年的自动化
81 规范检查经验。因维卡拉公司 2016 年推出了第一款产品 BIM Assure。BIM Assure 是一款基于云的规则检查应用程序，能承担许多烦琐但重要的规则检查工作，尤其是设计过程中的规则检查。它与建模软件 Revit 双向连接，以便纠正模型错误。BIM Assure 在保证数据质量的前提下为工作流提供支持，从而减少模型错误和返工。和大多数规则检查程序一样，BIM Assure 采用以下流程：

- 准备用于检查的 BIM 模型；
- 确定检查类型；
- 确定要检查的项目部分（如果不是整个项目）；
- 报告错误和缺陷，用于修改模型错误。

BIM Assure 使用分类策略组织检查规则。为此，它基于规则集建立 Revit 对象和对象类之间的映射关系，这个过程称为“规范化”。在规范化之初，不需要根据预定义对象类输入对象

信息，但是必须在规范化过程的某个稍后时间点完成此项输入。BIM Assure 与 Revit 可以相互访问对方模型的非几何属性。BIM Assure 用于医疗设施特别有优势。

Solibri Model Checker：20 世纪 90 年代末，Solibri Model Checker（SMC）的创始人意识到 BIM 模型的质量至关重要，于是在 1999 年推出 SMC 开始解决这一问题。SMC 可对模型的所有对象或部分对象进行检查。

为了支持市场上的各种 BIM 平台，SMC 能对基于 IFC 的项目模型进行检查。不管什么平台创建的模型，都可以应用相同的规则集。如果使用不同平台对同一个项目正确建模，SMC 的测试结果是相同的，SMC 将报告相同的测试结果。默认情况下，SMC 将 IFC 协作视图（IFC Coordination View）作为默认的模型子集，但它也有其他预定义视图，可为不同专业（建筑、结构、机械等）的设计审查提供方便。高级用户能够修改模型视图并开发新的检查规则。

SMC 假设用户已为不同项目类型、空间类型、材料和特殊功能检查建立了检查规则库。精选的规则集在云中的 Solibri 解决方案中心（Solibri Solution Center，SSC）存储和管理。每个规则或规则集都包含了有关其定义和使用、执行检查所需的模型实体和属性以及示例模型的文档。SSC 的建立是为了支持用户团队共享规则集。SMC 支持多种建筑信息分类方案：Omniclass、Uniclass、Masterformat、Uniformat 和 DSTV 等。

所提供的一般检查包括空间冲突、所需属性、重复对象、空间规划验证 [可选择应用美国国家标准协会 - 国际建筑业主与管理者协会（ANSI-BOMA）规定的算法进行面积计算，如图 5-15 所示]、区域边界闭合等。SMC 在项目层级使用建筑协作格式（Building Coordination Format，BCF）追踪发现的错误。错误报告可以亮显，并可按功能、用户角色、楼层等设置格式。SMC 还支持对数据进一步挖掘：可以根据任务、实施者、环境设置和其他分类对发现的 82
错误进行分组，并导出数据用于分析。

Autodesk Revit Model Review：它是 Revit 的一个插件，可用于检查模型对象、模型数据对能耗或其他分析的适用性、MEP 系统的连接性、建模或几何的一致性、对象可见性和图形标记的正确性。用户可通过界面菜单编制检查规则，并将基于规则集的评估结果收集和保存在检查文件中（带有 BCF 扩展名）。举例来说，可基于模型对象规则检查特定对象是否存在，以及对象参数是否具有需要的特定值，因此，可以使用 Revit Model Review 编制检查模型视图正确性的规则集。在某些情况下，一旦发现错误，它会将出错的对象或对象集呈现在用户面前，让用户更改。Revit Model Review 不仅支持自动化的也支持交互式的规则检查。

SmartReview APR：它是一款新的规则检查产品，用于检查建筑模型与施工规范的符合性。它直接将国际建筑规范（International Building Code，IBC）的规则用于 Revit 建筑模型。IBC 定义了许多建筑的基本要求供美国和许多国际公共组织使用。IBC 由建筑所在地规范检查机构解释，以满足当地条件。目前，该软件可以检查 IBC 第 5—8 章和第 10 章中针对建筑布局和施工的特别重要的规范条款，包括建筑面积、建筑高度、层数、不同部件集合的防火等级、火焰蔓延分级、居住荷载、出口通道、普通走道、疏散出口位置等。它可以直接检查Revit 模型，收集数据并发送到云端进行分析。通过将规则存储在云服务器上，可以将数据处理卸载给云端，同时，能够轻松维护规则，并使新规则迅速在用户群中共享。SmartReview APR 与 Revit 模型具有双向接口，并使用 Revit 用户界面，便于新用户学习。双向接口允许既可以在 Revit 用户界面上也可以在 SmartReview APR 用户界面上更新非几何属性，简化了模型更新。通过 SmartReview APR 与 Revit 接口可以将检查结果反馈给 Revit 模型，以便用户确定哪些对象不符合要求。建筑规范信息在设计模型中"随时可用"，辅助用户加深对设计所用规范条款的理解。规范检查引擎需要的建筑模型相当简单。SmartReview APR 提供了用于内墙和外墙、内门和外门、窗户、楼板、屋顶、房间、建筑红线、标高和区域等的内置 Revit 族。此外，墙类型具有描述防火等级的内置参数，使用的值是 0、1、2、3 和 4。SmartReview APR 搜索上述实体类型，并依赖它们进行检查。它可以标记丢失的数据；跳过不需要的额外对象数据。

2.7 结论

基于对象的参数化建模是建筑行业的一个重大变革，它促进了从基于绘图和手工技术到
83 基于数字可读模型的转变，而且这种模型可以生成与其一致的图纸、明细表以及与应用程序（用于处理设计性能、施工和设施运维信息的软件）之间的数据接口。参数化建模有助于大型复杂建筑的三维设计。这些好处的代价是大多数用户需要熟悉以前并不掌握的 BIM 建模方式及其实施规划方法。与 CADD 一样，它更多的是直接作为独立于设计的文档工具使用。然而，越来越多的公司将其直接用于设计以产生令人兴奋的结果。第 5 章介绍了一些这方面的应用。第 10 章中的案例研究提供了进一步的例子。

从建筑模型中提取几何和属性信息并将其用于设计、分析、施工规划、制作或运行，对 AEC 行业的各个方面都产生了很大的影响；其中的许多影响将在后续章节中讨论。这种使能能力的全部潜力至少在未来 10 年内不会完全为人所知，因为它的影响和新用途正在逐步被发现。目前已知的是，基于对象的参数化建模解决了设计和施工几何建模中的许多基础表达问题，并且允许那些转型使用它的人快速获得回报，即使只是部分实施。这些早期的回报包括由于图模一致性减少图纸错误、提高工程分析效率以及消除因空间冲突导致的设计错误。因为模型是三维的，所呈视图与人们对建筑的日常观察非常相似，极大促进了项目参与者（业主、建筑师及其顾问、承包商、制作商以及设施经理和运行商）之间的交流。

虽然基于对象的参数化建模对 BIM 的出现和采用产生了催化作用，但它并不等同于 BIM 设计或建筑模型生成工具。还有许多其他设计、分析、检查、显示和报告工具在 BIM 平台中扮演着重要角色。为了设计和建造一座建筑，需要许多信息部件和信息类型。必须看到，诸

如处理关系和属性这类数据类型的基础还没有像几何部件那样扎实，也没有标准化。多种类型的软件应用可以促进建筑信息建模的发展和成熟。这里所考虑的 BIM 设计工具和平台，以及下一章讨论的 BIM 环境，都是几经升级的最新版本的工具，业已证明其具有革命性的影响力。

第 2 章　问题讨论

1. 概述 BIM 设计工具和 3D CAD 建模工具的主要功能区别。

2. 大多数 BIM 设计工具都支持三维对象模型和二维切图。在决定转换 LOD 时需要考虑什么？例如，何时停止三维建模并在二维中完成绘图？ 84

3. 为什么一个单一的集成系统不太可能整合所有的建筑系统，使之成为一个一体化的参数化模型？另一方面，如果可以实现，会有什么好处？

4. 一些流行的设计工具（SketchUp、3D Max Viz、form · Z、Rhino）在哪些方面不是 BIM 平台？

5. 与 BIM 对象相关联的参数化规则如何改进设计和施工流程？

6. BIM 系统附带的通用对象库会有哪些限制？

7. 制造业参数化建模工具（如 Autodesk Inventor）与 BIM 设计工具（如 Revit）之间的本质区别是什么？

8. 您认为是否还有其他面向制造业的参数化建模工具可以作为开发 BIM 应用程序的平台？营销成本和收益如何？有哪些技术难题？

9. 假如您是一个小团队的一员，决定成立一个由小型商业承包商和两位建筑师组成的整合设计 - 建造公司。请制定一个选择一个或多个 BIM 建模工具的计划，并为整体系统环境制定一个通用标准。

10. 检查 BIM 模型，必须检查哪些方面？模型检查的自动化怎样改进设计和施工流程？

第 3 章 85

协同与互操作性

3.0 执行摘要

AECO 需要协同工作。各参与方部署具有交叉数据需求的不同应用程序完成各种设计、施工、运行和维护任务。为此，要使设计和施工管理迈上新的台阶就需要改进协同工作流程，即让项目参与方之间能够顺利地共享和交换信息。互操作性是指不同应用程序之间实现数据交换的能力，它使工作流之间的衔接顺畅无阻，有时还能促进工作流的自动化。共享和交换数据的方法各种各样，为实现有效的工作流程管理，BIM 经理、用户以及软件开发人员必须清楚地了解每种方法的优点和局限性。

传统上，互操作性依赖于基于文件、仅限于几何图形信息的交换格式，如 DXF（Drawing eXchange Format）和 IGES（Initial Graphic Exchange Specification）。基于应用程序编程接口（API）的直接连接是实现互操作性的最古老且依然非常重要的一条途径。在国际标准 ISO-STEP（ISO 10303）的引领下，从 20 世纪 80 年代末开始，开发了支持不同行业产品和对象模型交换的数据模型或模式。

有两个主要建筑产品数据模型，一个是用于建筑规划、设计、施工和管理的工业基础类 86
（Industry Foundation Classes，IFC），即国际标准模型 ISO 16739；另一个是用于钢结构设计和制作的 CIS/2（CIMsteel Integration Standard Version 2）。除了 IFC 和 CIS/2 之外，还有许多基于 XML 的数据模型正在使用，如 gbXML（Green Building XML）和 OpenGIS 等。

不同产品数据模型表达不同专业领域所需的几何形体、关系、流程与材料、性能、制作和其他相关属性。然而，它们对同一对象的表达存在重复定义或定义不同的情况。为了解决这些问题，美国《建筑信息建模国家标准》（*National BIM Standard*，NBIMS）编制组和 buildingSMART 国际总部（bSI）正在努力协调不同的产品数据模型。其方法是用一种结构化的方式 [称为“信息交付手册”（Information Delivery Manual，IDM）] 为特定的信息用例指定信息需求，并将称为“模型视图定义”（Model View Definitions，MVD）的产品数据模型的预定义子集用于特定信息用例。COBie（Construction Operations Building Information Exchange）是聚焦于设施和资产运维的数据模型子集的一个示例。

虽然基于文件和 XML 的交换促进了每对应用程序之间的数据交换，但越来越需要通过 BIM 数据库管理系统——BIM 服务器（共用数据环境、建筑模型存储库或 BIM 存储库）协调多个应用程序中的数据。BIM 服务器的一个卓越优点是允许在对象层级而非文件层级进行项目协同管理。BIM 服务器的一个主要目的是使表达同一个项目的多个模型同步。BIM 服务器正在慢慢地与传统的基于文件的项目管理信息系统（Project Management Information Systems，PMIS）整合，并将成为管理 BIM 项目的通用技术。

3.1 引言

20 世纪 70 年代，美国空军（the United States Air Force，USAF）启动了集成计算机辅助制造（Integrated Computer Aided Manufacturing，ICAM）项目，开发能够实现设计、工程和生产过程的整合与自动化并降低成本的航空航天制造技术。然而，由于零件是由不同 CAD 系统设计的，项目组很快就遇到了数据交换问题。为解决这个问题，开发了 IGES（Initial Graphics Exchange Specification）文件格式。BIM 流程中也存在类似的互操作性问题，甚至在 BIM 发展早期认为它是阻碍数据共享的主要障碍（Young 等，2007）。互操作性是应用程序之间交换数据的能力，它能使工作流之间的衔接顺畅无阻，有时还可以促进工作流的自动化。

建筑设计和施工是一项团队活动。越来越多的情况是，每项业务活动和每种专业工作的
87 出色完成都离不开本领域计算机应用程序的支持。这些应用程序除了支持几何和材料布局的平台外，还有依赖建筑表达的结构和能耗分析工具。施工过程的进度计划是与设计密切相关的项目非几何表达；用于各个子系统（钢、混凝土、管道、电气）的制作模型则是本专业深化设计的另一种表达。互操作性是在不同应用程序之间传递数据并使多个应用程序协同工作的能力。互操作性至少消除了手工复制其他应用程序生成的数据的需要。手工复制部分项目数据极大地阻碍了寻找结构、能耗等最佳方案的设计迭代。同时，手工复制会不可避免地导致某种程度的数据不一致，从而产生错误。这是对业务流程自动化的一个极大限制。

多年来，人们已经习惯于在不同应用程序之间使用 DXF、IGES 或者 SAT 等 CAD 文件格式进行几何数据交换。BIM 模型交换有何不同？虽然几何图形一直是计算机绘图和 CAD 系统的主要关注点，但是 BIM 不仅表达几何形体，还表达关系、属性和行为，如第 2 章所述。项

目整合模型一定比项目 CAD 文件携带更多的信息。这是一个重大的变化，但支撑 BIM 模型交换的信息技术和标准仅仅是在逐步到位。

那么，为什么建筑师、承包商、工程师和制作商应该关注互操作性问题以及与之相关的标准和技术呢？这些技术问题不是计算机科学家和软件公司要解决的吗？为什么阅读和理解本章很重要？

第一点，要找到任何问题的有效解决方案，关键是要先吃透问题并发现可能的解决方案。例如，了解 2G、3G 和 LTE 电信技术之间的差异听起来很有技术含量，但对于个人来说，重要的是找到最合适的手机。互操作性技术与此类似。BIM 作为一个流程和协同平台，能够实现信息交换和信息重用。项目参与方之间的有效协作是 BIM 项目成功的关键因素之一（Won 等，2013b）。许多研究发现，互操作性差是建立协同 BIM 环境的一个主要障碍。一旦团队成员之间开始交换数据，互操作性问题就会发生。解决不同类型的互操作性问题需要不同的数据交换方法。如果不清楚每种互操作性方法的优点和局限性，就很难为不同的互操作性问题选择正确的方法。

第二点，标准在 AEC 行业实践中已经发挥并将继续发挥重要作用，如：材料性能标准、图形标准、产品标准、专业制图标准、分类标准、图层设置标准等。建筑师、工程师、承包商和制作商都是知识专家，他们知道需要交换的信息内容及相应的标准应该是什么。在 AEC 88
行业，没有任何一个组织具有为整个行业定义有效互操作性的经济实力或知识。用户定义交换标准势在必行。交换信息之前，需要弄清“R 值”“流明”“隔热条”和“多页墙”（wythes）[1] 等术语的含义是什么。不同建设领域定义了本领域不可或缺的术语。从某种意义上讲，建筑模型交换处理的是某一领域使用的各种各样的建筑信息。建筑师、工程师、承包商和制作商要想开发标准或者为开发标准提供信息，必须理解相关标准为什么重要、它们如何工作，以及它们的当前状态。

第三点，应用程序以及数据模型和互操作性解决方案都是基于用例场景开发的。用例场景是由建筑师、工程师、制作商和业主定义的，而不是由计算机科学家或程序员定义的。

本章第一部分重点介绍不同类型的交换方法，第二部分重点介绍同步和管理建筑项目多种表达以及管理异构表达的问题和方法。

3.2 不同类型的数据交换方法

早在 20 世纪 70 年代末和 80 年代初的 2D CAD 早期，不同应用程序之间数据交换的需求就已经出现了。当时 AEC 领域应用最广泛的 CAD 系统是 Intergraph。有些企业通过编写软件，

1 墙按厚度方向单元数分为单页墙和多页墙，各页之间可有中空层或保温层。

将 Intergraph 的项目文件转换为其他系统（例如，工厂设计软件）的可读文件，实现管道设计软件与管道材料清单或管道流量分析应用程序之间的数据交换。

后来，在后人造卫星时代，美国国家航空航天局（NASA）发现他们为了在不同 CAD 软件中实现数据互用花费了大量费用。美国国家航空航天局代表罗伯特·富尔顿（Robert Fulton）把所有的 CAD 软件公司召集到一起，要求其就公共领域数据交换格式达成一致。美国国家航空航天局资助的两家公司，即波音公司和通用电气公司，提交了他们各自研发的初步成果。由此产生的数据交换标准经过审查、扩展后，命名为“IGES”（Initial Graphics Exchange Specification）。通过使用 IGES，每个软件公司只需要开发导入、导出数据的两个数据转换工具（当时是这么认为的），而不是为每对应用程序的数据交换都开发数据转换工具。IGES 是一个早期的成功案例，至今仍在许多设计和工程领域广泛使用。

89 麦格劳－希尔公司（McGraw-Hill）和道奇数据与分析公司（Dodge Data & Analytics）对 BIM 应用的调查发现，互操作性是 BIM 高级用户需要解决的关键问题（Jones 和 Laquidara-Carr，2015；Young 等，2007）。互操作性（尤其是数据丢失）问题的产生主要是以下四个技术原因造成的（Lee，2011）。

1. *数据模型的覆盖范围有限：*需要的数据不在数据模型或交换文件内。例如，IGES 支持的复杂双曲面类型有限，因此，某些类型的双曲面几何数据就得不到支持。同样，IFC 也不能支持不在 IFC 数据范围内的数据交换。

2. *转换器问题：*转换器不支持对某些数据进行交换，尽管数据模型包括这些数据。

3. *软件缺陷或实现问题：*数据已成功交换并读入应用程序，但是由于应用程序存在缺陷或其他实现问题，在加载或可视化数据时遇到障碍。

4. *软件专业领域问题：*执行应用程序不生成需要的数据。例如，执行通用的成本预算应用程序需要从三维模型中提取长度、面积和体积数据，但并不存储三维模型数据。

除了前面的技术因素外，程序性因素也是引起互操作性问题的常见原因，尤其是当多人在项目不同阶段使用多个 BIM 模型进行协同时。

5. *版本控制和并行工程问题：*如果建筑师在结构工程师基于当前设计版本分析结构稳定性时更新设计，那么结构分析结果将毫无用处。

6. *发展程度（Level of Development，LOD）问题：*理想的做法是渐进开发单一 BIM 模型支持项目生命期内所有不同类型的 BIM 用途。然而，实际上不可能在单个模型中包含项目不同阶段不同模型应用所需的所有细节。最近已有针对不同用途 BIM 模型应当匹配何级 LOD 方面的指南。不同 LOD 的 BIM 模型不仅几何表达详细程度不同，而且包含的信息内容也有所不同。目前正在探讨如何使 LOD 与性能和经济评估协调一致，以实现进一步的工作流整合。因此，需要对不同 LOD 的模型数据进行调整。有关更多 LOD（也有称为“LOx”的）的讨论和历史回顾请见第 8.4.2 节。

虽然解决所有这些技术和程序性问题并不容易，但只要项目参与者同意与团队其他成员 90
共享信息，通过采用不同的数据交换策略或适当的工作流程，许多问题就可以迎刃而解。然而，在实践中，不愿与团队其他成员共享信息的项目参与者并不少见。这一人为因素是最难克服的障碍之一。

7. *不愿共享信息*：由于知识产权、安全或合同问题，一些团队成员不愿意与团队其他成员共享信息。他们有时甚至没有一个合理的理由。世界各地的 BIM 专家认为，项目参与者愿意分享信息是 BIM 项目取得成功的关键因素之一（Won 等，2013b）。然而，这意味着这种依赖于参与者是否愿意共享信息的问题并不容易解决。由于此类问题不是技术问题，因此由其和其他人为因素造成的互操作性问题只能通过协商或制定强制性合同条款解决。

我们应该如何实现互操作性，即轻松、可靠地交换项目数据呢？首先，必须定义数据模型或模式。数据模型或模式在概念上定义了目标领域所需的元素以及元素之间的关系。通常，应用程序之间的数据模型有三个层级的定义，如图 3-1 所示（ANSI/X3/SPARC，1975）。这个三层定义通常被称为“ANSI/SPARC 体系结构”（用于数据库）。

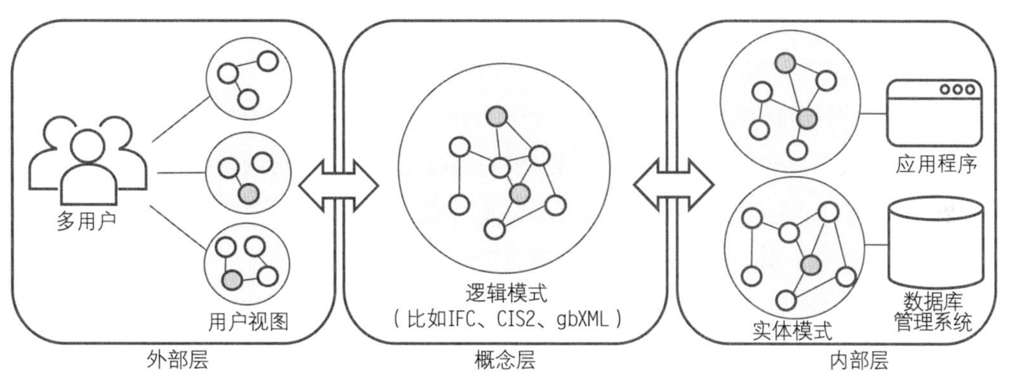

图 3-1 定义信息交换需求的三个层级

第一层是定义信息交换需求的用户视图。这个层被称为“外部层”。每个用户都会使用一组信息处理自己的工作。站在特定用户角度定义的数据模型称为“子集”“视图”“模型视图”“视图定义”“模型视图定义”（MVD）或者“一致性类”。数据建模的第一步和最后一步是定义和生成这些视图。第一步称为“需求收集和建模”阶段，即收集和定义用户信息需求阶段。定义此流程和 BIM 文档格式的国际标准是 ISO 29481 信息交付手册（Information 91
Delivery Manual，IDM）（ISO TC 59/SC 13，2010）。最后一步是在应用程序中开发一个导出模块，或者是基于视图定义在数据库管理系统中开发一个视图规范。

第二层是“概念层”，它独立于实现方法或应用程序。在此层级定义的数据模型称为“逻辑模式”。逻辑模式可以看作是通过合并多个用户视图生成的数据模型。逻辑模式的示例包括

IFC（bSI，2017）和CIS/2（Crowley，2003 a）。本章将在第3.3节对IFC进行详细讨论。

第三层是“内部层”。第二层的逻辑模式可以通过各种方式生成，例如开发一种两个不同系统之间的转换器或一个数据库管理系统。每个应用程序都有自己的数据结构。为使应用程序能够使用逻辑模式，需要在逻辑模式和应用程序内部数据结构之间建立映射关系。内部数据结构或内部层数据模型称为“实体模式”。

依据不同维度的模式定义，可以基于产生互操作性问题的原因选取不同的数据交换方法。数据交换方法主要分为以下三种类型：

- **直接连接**。当没有一个成熟的数据模型能够支持两个应用程序之间的数据交换时，可以通过任一个应用程序的API直接连接两个应用程序。有些可以通过生成一个临时文件实现两个独立应用程序之间的数据交换；另一些可以从一个应用程序调用另一个应用程序，实现两个独立应用程序之间的实时数据交换。有些应用程序提供专有接口，如ArchiCAD的GDL、Revit的Open API或Bentley的MDL。直接连接属于编程级接口，通常依赖于C++、C#或Visual Basic语言。有的接口可以访问应用程序建筑模型并可创建、导出、修改、检查或删除部分模型；有的接口提供了导入和修改其他应用程序数据的功能。许多这样的接口通常存在于某个公司自己的系列软件产品里，有时候也存在于有业务合作的两个或多个公司的系列软件产品里。

  软件公司通常更喜欢提供与特定软件的直接连接或专有的数据交换接口，并为它们提供很好的支持。接口也可以与直接嵌入设计应用程序中的分析工具紧密耦合。通过这些接口，可以实现当前公共数据交换不易支持的功能。数据交换需求是由两家公司（或同一公司的不同部门）通过创建设计-建造生命期中不同数据用例确定的。有时候会将支撑开发数据交换接口的用例写在开发文档里面，但是通常情况下不写，因此不太容易对用例进行评估。有关BIM标准对用例的定义使人们认识到，开发依赖于
  92 用例的建筑模型交换接口需要有一个用例规范。因为直接连接是由两个相关公司开发、调试和维护的，对于开发基于的软件版本和相应的用例及LOD的支持通常是稳健的。因为没有一个书面的一致用例，许多数据交换接口开发都失败了。只要业务关系保持不变，就要对接口进行维护。

- **基于文件的数据交换**。这是一种通过使用专有交换格式或开放标准格式模型文件进行数据交换的方法。专有交换格式是由某一商业组织开发的用于本组织不同应用程序数据交换的数据模式。模式规范可以公开或保密。

  在AEC领域，著名的专有交换格式有欧特克公司（Autodesk）定义的DXF和RVT、图软公司（Graphisoft）定义的PLN以及奔特力公司（Bentley）定义的DGN。其他专有交换格式包括SAT[由ACIS几何建模软件内核开发公司——空间技术（Spatial Technology）公司定义]以及3D-Studio的3DS。每种格式都有自己的用途，并能处理

不同类型的几何体。采用标准交换格式进行数据交换需要使用一个开放、公众管理的模式。IFC 和 CIS/2 是 AEC 领域标准交换格式的示例。稍后将更详细地描述这些内容。

- **基于模型服务器的数据交换**。这是一种通过数据库管理系统（DBMS）交换数据的方法。用于BIM模型的DBMS有时称为“模型服务器”“BIM服务器”“IFC服务器”“数据存储库”“产品数据存储库”或“共用数据环境”（CDE）。BIM 服务器通常基于 IFC 或 CIS/2 等标准数据模型开发，以提供一个通用的数据环境。模型服务器的例子包括：芬兰国家技术研究中心（VTT）开发的 IFC 模型服务器——IMSvr（Adachi，2002）、美国佐治亚理工学院（Georgia Tech）开发的 CIS2SQL（You 等，2004）、Eurostep 公司开发的 EMS（Eurostep Model Server）（Jørgensen 等，2008）、芬兰佐敦 EPM 技术公司（Jotne EPM Technology）开发的 EDMServer（Express Data Manager Server）（Jotne EPM Technology，2013）、荷兰国家应用科学研究院（TNO）开发的开源 BIMserver（BIMserver.org，2012）以及韩国延世大学（Yonsei）开发的 OR-IFC 服务器（Lee 等，2014）。

  与基于文件的数据交换方法相比，基于模型服务器的数据交换方法有一个优点：它可以消除版本控制和并行工程方面的问题。此外，基于模型服务器的数据交换方法有可能通过为模型服务器增加人工智能功能，以及自动分析数据状态和质量并根据分析结果补充丢失信息和修改冲突信息，从而减少许多互操作性问题。

表 3-1 汇总了 AEC 领域最常见的交换格式，并按主要用途进行了分组。其中包括用于基 93
于像素图像交换的二维光栅图像格式、用于线条图交换的二维矢量格式、用于三维形体交换的三维曲面和形体格式。基于对象的三维格式对于 BIM 应用尤其重要，已根据其应用领域做了分组。这里有基于 ISO-STEP 的交换格式，包含三维形体信息以及连接关系和属性，其中的 IFC 建筑数据模型最为重要。还列出了支持静态形体、光照、纹理、人员和动态与移动形体的各种游戏格式，以及用于三维地形、土地利用和基础设施的 GIS 公共交换格式。

AEC 领域应用程序常用的数据交换格式　　表 3-1

图像（光栅）格式	
JPG，GIF，TIF，BMP，PNG，RAW，RLE	不同的光栅格式在紧凑性、每个像素可能的颜色数、透明度和压缩保真（有或无数据丢失）方面有所不同
2D 矢量格式	
DXF，DWG，AI，CGM，EMF，IGS，WMF，DGN，PDF，ODF，SVG，SWF	不同的矢量格式在紧凑性、线型、颜色、图层设置和支持的曲线类型等方面各不相同；有些是基于文件的，另一些则使用 XML
3D 曲面和形体格式	
3DS，WRL，STL，IGS，SAT，DXF，DWG，OBJ，DGN，U3D PDF（3D），PTS，DWF	不同的三维曲面和形体格式根据所表达的曲面和边的类型以及是否表达曲面和/或实体、形体的材质属性（颜色、图像位图和纹理贴图）或视点信息而有所不同。有些同时具有 ASCII 和二进制编码；有些包括灯光、相机和其他视图控件；有些是文本格式；有些是 XML 格式

续表

3D 对象交换格式	
STP，EXP，CIS/2，IFC	产品数据模型格式按照所表达的二维或三维类型表达几何形体；它们还携带对象类型数据以及相关属性和对象之间的关系。它们的信息内容最丰富
AecXML，Obix，AEX，bcXML，AGCxml	为交换建筑数据而开发的 XML 模式，它们根据交换的信息内容和支持的工作流类型而有所不同
V3D，X，U，GOF，FACT，COLLADA	各种各样的游戏文件格式；根据支持的曲面类型以及是否具有层级结构、材质属性类型、纹理和凹凸贴图参数、动画和蒙皮而有所不同
SHP，SHX，DBF，TIGER，JSON，GML	不同的地理信息系统格式；在二维或三维表达、支持的数据链接、XML 格式方面有所不同

94 随着计算机辅助设计从二维发展到三维，一些对象形体和对象集合更加复杂，数据类型数量急剧增长。图 3–2 给出了这种现象的排序图。伴随对象集合三维布局的日益复杂，需要增加更多的属性、对象类型和关系，从而导致信息类型大量增加。因此，数据交换议题越来越受到关注和重视，并成为 BIM 高级用户最重要的议题也就不足为奇了。随着建筑相关数据的日益增长，数据交换议题已从准确数据交换转变为仅仅过滤所需要的信息并确保信息质量（例如，数据是估计的形体或属性，还是名义形体或属性，或者是某一特定产品的形体或属性）的数据交换。

人们自然期望能够混合使用不同软件厂商开发的软件工具，以使用超出任何单一软件平台所能提供的功能。当不同组织组成一个团队在一个项目上协同时，这一点尤其明显。让团队使用的不同系统能够数据互用要比强制组成团队的所有公司使用同一平台容易得多。公共部门也希望避免使用有可能让任何一个软件平台垄断的专有解决方案。IFC 和 CIS/2（用于钢结构）是国际公认的开放标准。因此，它们很可能成为建筑业数据交换和整合的国际标准。

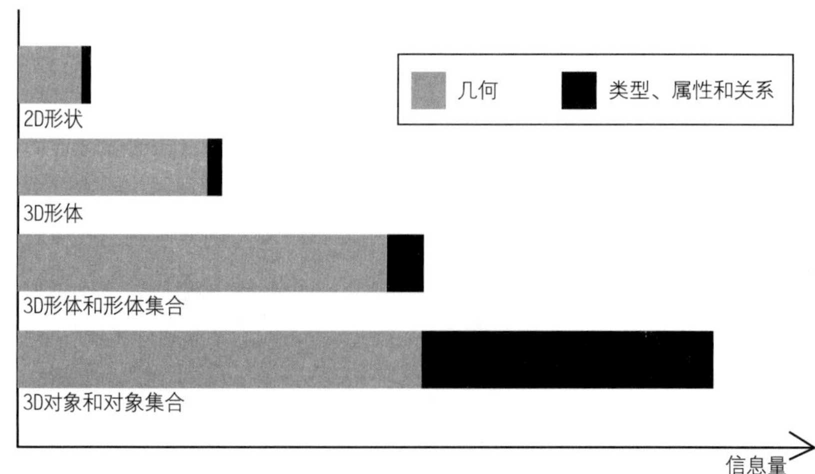

图 3–2 不同数据交换类型的数据复杂度。水平轴是模式中对象类的近似数量

3.3 产品数据模型的技术背景 95

随着 BIM 的引入，在 AEC 领域，面向设计、制作、施工和建筑运行的 BIM 应用程序数量正在迅速增多。对互操作性的需求只增不减。直到 20 世纪 80 年代中期，几乎所有设计和工程领域的所有数据交换都是基于各种固定模式文件格式的。DXF 和 IGES 是众所周知的例子。它们为二维和三维几何图形提供了有效的交换格式。然而，当时在开发管道、机械、电气和其他系统对象模型时发现，如果采用固定文件交换格式进行具有几何形体、属性和关系的复杂对象模型的数据交换，交换文件会变得非常庞大和复杂，以至于难以解读。这些问题在欧洲和美国同时出现。经过反复讨论，位于瑞士日内瓦的国际标准化组织在 ISO/TC184 技术委员会下成立了一个小组委员会，负责开发一个编号为 ISO-10303、名为“STEP”（STandard for the Exchange of Product model data，产品模型数据交换标准）的标准，以解决面临的问题。为了解决复杂数据交换问题，他们开发了一个新方法和一系列新技术。

为了支持 STEP 标准实施，一些软件公司提供了用于开发和测试基于 EXPRESS 软件的工具包。其与模型查看器、导航器和其他软件开发工具一道，为读写文本文件和 XML 文件提供广泛支持。有的 BIM 应用程序使用 IFC 作为原生数据模型，也就是说，它们将 IFC 作为系统读、写和保存数据的内部数据结构。本章以下几节将更详细地介绍这些建模语言、数据模型和 BIM 服务器。

3.3.1 建模语言

模式是用图形数据建模语言 [如 EXPRESS-G、实体关系图（ERD）或 UML 类图] 或文本数据建模语言 [如 EXPRESS 或 XSD（XML 模式定义）] 定义的。

ISO-STEP 的一个主要产品是道格拉斯 · 申克（Douglas Schenk）开发的 EXPRESS 语言。彼得 · 威尔逊（Peter Wilson）也为该产品的后续开发做出了许多贡献（Schenk 和 Wilson，1994）。EXPRESS 语言已经成为支持跨行业产品建模（包括机电系统、流程型工厂、船舶、家具、有限元模型，以及建筑和桥梁等的建模）的中枢。它为产品数据建模提供了通用基础，拥有大量函数库，包括特征、几何、分类、度量等内容。同时支持公制和英制，并可混合使用。作为一种机器可读语言，它非常适合计算机使用，但人类用户很难使用。因此，后续推出了一个称为“EXPRESS-G”的可视化版本，如今广泛使用的就是这个版本。所有 ISO-STEP 信息都在公共域中。

可扩展标记语言（eXtensible Markup Language，XML）是 ISO 8879：1986 标准通用标记语 96
言（Generalized Markup Language，SGML）的一个子集，与 HTML（web 的基础语言）有些类似。XML 既可以用作模式语言，也可以用作实例数据表达语言。用 XML 定义的模式称为“XSD 模式”或“XML 模式”。有些 XML 模式是公开发布的，而另一些是专有的。用于 AEC 领域的

XML 模式包括：BACnet（楼宇自动控制网络数据通信协议；BACnet，无日期）—— 一个用于建筑机械控制的标准协议；AEX（自动化设备信息交换标准；FIATECH，无日期）—— 一个用于自动化交换工程设备设计、采购、交付、运维数据的标准；AECxml——IFC 模式的 XML 版本（bSI，2017），以及 cityGML（城市地理标记语言；CityGML，无日期）——用于城市规划、应急服务和基础设施规划采用 GIS 数据格式表达建筑的信息交换标准。

可以根据 XML 模式生成 XML 实例文件。实例文件或实例数据是基于模式定义的一组数据。例如，“建筑档案”模式可以包括建筑类型、建筑名称和竣工年份等实体，实例数据可以是医疗设施（建筑类型）、约翰霍普金斯医院（John Hopkins Hospital）（建筑名称）和 1989 年（竣工年份）。XML 实例文件的扩展名为“.xml”，XML 模式文件的扩展名为“.xsd”。

随着万维网的盛行，人们开发了几种新的模式语言。它们利用信息包的流传输，可以在接收时对信息包进行处理。与之不同的是，文件传输则需要完成整体数据的传输之后才能处理文件。虽然基于文件的数据传输仍然很常见，但 XML 提供的基于数据包的流传输对很多应用更有吸引力。随着手机等移动设备的发展，有望将 GSM（Groupe Spécial Mobile，全球移动通信系统）、GPRS（General Packet Radio Service，通用分组无线服务技术）、WAP（Wireless Application Protocol，无线应用协议）等技术用于建筑数据的传输。

3.3.2 建筑业的 ISO-STEP 标准

一些 AEC 组织参加了开发 ISO-STEP 的最初会议，并发起创建早期的 STEP 交换模型。同时，一些非 STEP 开发成员组织也使用 STEP 技术开发行业产品数据模型，目前已有两项这种类型的成果。迄今为止，已经开发了以下与建筑相关的产品模型，它们均基于 ISO-STEP 技术，并使用 EXPRESS 语言定义（表 3-2）：

- ISO 10303 AP 225（使用显式形体表达建筑元素）：由 ISO-STEP 小组委员会开发、批准的唯一完全面向建筑的使用显式形体表达建筑元素的产品数据模型。该模型用于建筑几何数据交换。AP 225 已在欧洲（主要是德国）用作 DXF 的替代品，但只有少数 CAD 应用程序支持它。
- IFC（工业基础类）：一个面向建筑的产品数据模型，用于设施的全生命期表达，由 buildingSMART 支持。该模型得到了大多数软件公司的广泛支持，但由于存在各种各
97 样的不一致实现方式，影响了它的使用。IFC 是一个 ISO 标准（ISO 16739），是根据 ISO-STEP 技术制定的，但不是 ISO-STEP 的一部分。目前，国际社会正在努力将 IFC 扩展到道路、公路、桥梁和铁路等基础设施领域。参与这项工作的主要国家有法国、日本、韩国、中国、荷兰、德国等。这些工作被称为“基础设施 IFC（IFC Infra）项目”，包括 IFC 线形、IFC 桥梁和 IFC 道路。

ISO/TC 59/SC 13 技术委员会（建筑工程信息组织）制定的标准　　　表 3-2

标准编号	名称	状态	领域
ISO 12006-2：2015	建筑施工，施工作业的信息组织；第 2 部分：分类框架	已发布	建筑业
ISO 12006-3：2007	建筑施工，施工作业的信息组织；第 3 部分：面向对象的信息框架	已发布	建筑业
ISO 16354：2013	知识库和对象库指南	已发布	建筑业
ISO 16757-1：2015	楼宇设备电子产品目录数据结构；第 1 部分：概念、架构和模型	已发布	建筑业
ISO 16757-2：2016	楼宇设备电子产品目录数据结构；第 2 部分：几何	已发布	建筑业
ISO 22263：2008	施工作业的信息组织；项目信息管理框架	已发布	建筑业
ISO 29481-1：2016	建筑信息模型，信息交付手册；第 1 部分：方法论和格式	已发布	建筑业
ISO 29481-2：2012	建筑信息模型，信息交付手册；第 2 部分：交互框架	已发布	建筑业
ISO/DIS 19650-1.2	施工作业的信息组织，使用 BIM 的信息管理；第 1 部分：概念和原则	开发中	信息技术在建筑业的应用
ISO/DIS 19650-2.2	施工作业的信息组织，使用 BIM 的信息管理；第 2 部分：资产交付阶段	开发中	信息技术在建筑业的应用
ISO/NP 16739-1	用于建造和设施管理数据共享的 IFC；第 1 部分：使用 EXPRESS 模式定义数据模式	新项目	工业流程测量与控制
ISO/NP 21597	用于存储关联交付文档的信息容器（ICDD）	新项目	未指定
ISO/TS 12911：2012	建筑信息建模（BIM）指南框架	已发布	建筑业

- **CIS/2**（计算机集成制造钢结构集成标准，第二版）：由美国钢结构协会和英国钢结
构协会支持的钢结构设计、分析和制作标准，在北美钢结构设计和制作中得到广泛 98
应用。
- **ISO 10303 AP 241**（支持工业设施全生命期通用模型）：由 buildingSMART 韩国分部（bSK）于 2006 年提出的一个工业设施生命期通用模型，与 IFC 功能重叠。AP 241 的目标是为工厂及其部件开发一个与 ISO-STEP 格式完全兼容的产品数据模型。在 buildingSMART 国际总部将注意力转向“基础设施 IFC 项目”后，该项目停止。
- **ISO 15926**（面向工业自动化系统及其集成的 STEP 标准）：集成包括油气生产设施在内的流程型工厂的生命期数据。它涉及规划、设计、维护、运行全生命期。因为流程型工厂需要持续维护，其对象自然是四维的。ISO 15926 是从一个早期欧共体 EPISTLE 项目演变而来，并得到挪威船级社（Det Norske Veritas，DNV）的大力支持。它将各种 ISO-STEP 部件模型用于二维工厂方案设计、工厂物理布局和工厂流程建模。ISO 15926 已被 FIATECH 联盟的一个企业联合体采用，其修订版在北美也有应用。该模式支持与模型视图类似的“立面”概念。ISO 15926 依赖于 EXPRESS 和其他 ISO-STEP 格式。

  ISO 15926 有 7 个部分：

  – *第 1 部分*：简介。生产设施的工程、建造和运行信息由许多组织在设施生命期

内创建、使用和修改。ISO 15926 的目的是促进数据集成，以支持生产设施全生命期的各种活动和流程。

- *第 2 部分*：数据模型。一个支持所有专业、各类供应链公司和生命期不同阶段的通用四维模型，包含功能需求、物理解决方案、对象类型、不同对象和活动等相关信息。
- *第 3 部分*：几何与拓扑。采用 OWL 语言定义 ISO-STEP 的几何和拓扑库。
- *第 4、5、6 部分*：参考数据，以及用于流程型工业设施的相关术语。
- *第 7 部分*：分布式系统集成的实施方法。定义了基于 W3C 语义网络标准的实施架构。

ISO 15926 的一个重要部分是它提供的大量的库，包括流体、电气和机械部件。

- ISO 29481 [建筑信息模型：信息交付手册（IDM）]：已有的数据模型或模式，通常
99 无所不包，以便有尽可能多的用途。然而，在实践中，数据交换只用到数据模型的一小部分。ISO 29481 指定了定义特定场景信息交换需求的方法和格式。IDM 的另一个目的是允许用户独立于任何特定数据模型（如 IFC 或 CIS/2）定义信息需求。

  ISO 29481 目前由两部分组成，预计还会扩展：

  第 1 部分　方法和格式：IDM 主要由三部分组成，即流程图（PM）、交换需求（ER）和模型视图定义（MVD）。PM 根据流程模型用图形描述数据交换场景。对于 PM 中用到的符号，建议使用业务流程建模符号 BPMN（Business Process Modeling Notation），但不强制。ER 是 PM 所需的一组特定信息项，以及关于这些信息项的自然语言描述。MVD 是 ER 到特定数据模型的转换。可以将 MVD 视为 IDM 的一部分，但通常把它们分开。MVD 又称“子集模型”，通常是指其为 IFC 的子集模型。

  第 2 部分　互动框架：数据交换场景也可以表示为参与者之间的互动，而不必使用 PM。ISO 29481 第 2 部分定义了如何将数据交换场景表示为参与者之间的互动。

- ISO 12006-3（建筑工程，施工作业信息组织，第 3 部分：面向对象信息框架）：数据字典是用于开发数据模型的术语和定义的集合。ISO 12006-3 源自 buildingSMART 数据字典（bSDD）项目。它规定了 AEC 行业定义数据字典的框架。
- ISO/DIS 19650（施工作业信息组织：使用 BIM 的信息管理）：规定了建筑资产全生命期生成、管理和移交信息的概念和原则。第 1 部分描述一般概念和原则，第 2 部分规定竣工资产交付期间信息管理的具体要求。第 2 部分的很多内容都来源于 COBie。

有多个使用 EXPRESS 语言表达的产品数据模型，它们所表达的 AEC 信息以及预期用途各不相同，但一些产品数据模型有功能重叠的地方。IFC 可以表达建筑几何形体，AP 225 和 ISO 15926 也同样可以。在钢结构设计领域，CIS/2 与 IFC 存在重叠。在管道和机械设备设计领域，ISO 15926 与 IFC 存在重叠。这些独立开发的成果需要协调。目前正在讨论 ISO 15926

和 IFC 之间的协调，特别是机械设备设计领域和钢结构设计领域的协调。

3.3.3 buildingSMART 与 IFC 100

IFC 是 AEC 行业最常用的数据模型，已有很长历史。1994 年底，欧特克公司（Autodesk）发起成立了一个行业联盟，为公司开发一组可以支持应用程序集成的 C++ 类提供咨询，有 12 家美国公司加入。该联盟最初称为“工业互操作性联盟”（Industry Alliance for Interoperability），1995 年 9 月允许所有感兴趣的团体加入，1997 年更名为“国际互操作性联盟”（International Alliance for Interoperability，IAI）。更名后的联盟重组为一个引领行业的非营利国际组织，其目标是使工业基础类（IFC）成为适于建筑全生命期的中性的 AEC 产品数据模型。IFC 以 ISO-STEP 技术为基础，但 IAI 独立于 ISO-STEP 开发组织。2005 年，人们认为 IAI 全称过长，容易混淆（例如与 AIA 易混）且难以理解，在挪威举行的 IAI 执委会会议上，为了反映联盟的最终目标，将 IAI 更名为“buildingSMART”。联盟总部称为“buildingSMART 国际总部”，分支机构叫“buildingSMART 分部”。buildingSMART 网站提供了有关 buildingSMART 和 IFC 的历史回顾。

截至 2017 年，buildingSMART 已在 22 个国家设立了 17 个分部。buildingSMART 成员每年举行两次会议，讨论制定或更新国际标准，并分享和总结 BIM 最佳实践。正在进行的一个国际协作项目是将 IFC 扩展到公路、桥梁、隧道和铁路项目。创建的用于交换设计审查和协调数据的数据格式——BIM 协同格式（BIM Collaboration Format，BCF），是此类国际协作项目取得的另一个成果。下设的建筑工作组、基础设施工作组、产品工作组、监管工作组（政府代表）、施工工作组和机场工作组通过国际协作分享和总结了许多 BIM 最佳实践。

3.3.4 什么是 IFC?

工业基础类（Industry Foundation Classes，IFC）是为了定义建筑信息可扩展的一致性数据表达而开发的一种模式，适用于 AEC 软件之间的信息交换。其定义依赖于 ISO-STEP EXPRESS 语言和概念，但对 EXPRESS 语言做了些许限制。虽然大多数其他 ISO-STEP 标准都聚焦在各个特定工程领域的软件数据交换上，但人们认为，在建筑业，这种方法将导致产生一套碎片化、不兼容的标准。因此，IFC 被设计成一个可扩展的“框架模型”。也就是说，开发人员希望它能够提供广泛、通用的对象和数据定义，以便定义更加详细和针对具体任务的模型支持特定交换。为此，IFC 被设计成能够处理整个建筑生命期内 [从可行性研究到规划、设计（包括分析和模拟）、施工，再到入住和运行] 的所有建筑信息（Khemlani，2004）。由于其在 AEC 互操作性中的核心作用，我们在此做一详细介绍。

在本书出版之前，IFC 的最新版本（即 IFC 4 附录 2）于 2016 年发布。此版本的 IFC 有 101
776 个实体（数据对象）、413 个属性集和 130 个数据类型。这组数字既表明了 IFC 的复杂性，也反映了建筑信息语义的丰富性。IFC 涉及多个专业系统，可满足从能耗分析、成本预算到材料追踪及明细表生成等不同应用程序的需求。所有开发 BIM 设计工具和平台的主要软件公司都为此版本提供了接口。IFC 4 附录 2 可在 buildingSMART 网站上查阅。

IFC 的组织方案可以从几个方面描述。图 3-3 是某一 IFC 项目模型在特定领域应用的示例。图 3-4 给出了系统架构图。图的底部是 26 组 EXPRESS 基础定义，定义了几何、拓

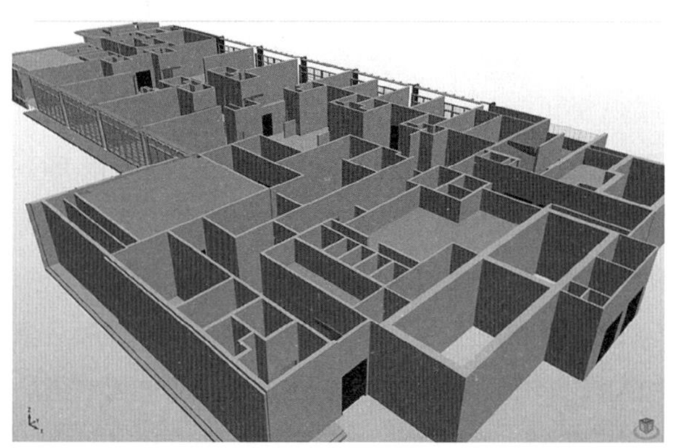

（A）建筑视图

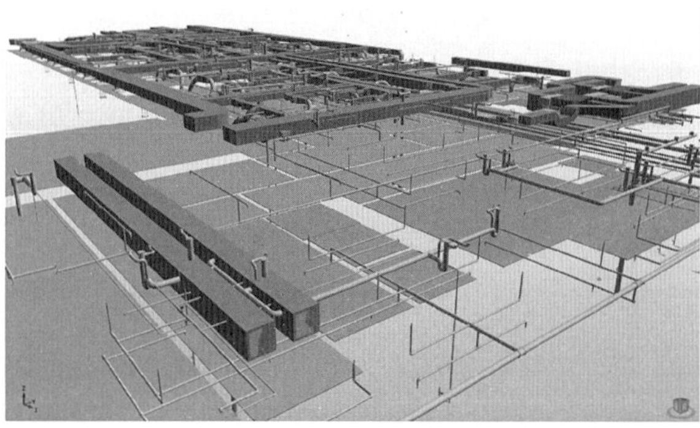

（B）机械系统视图

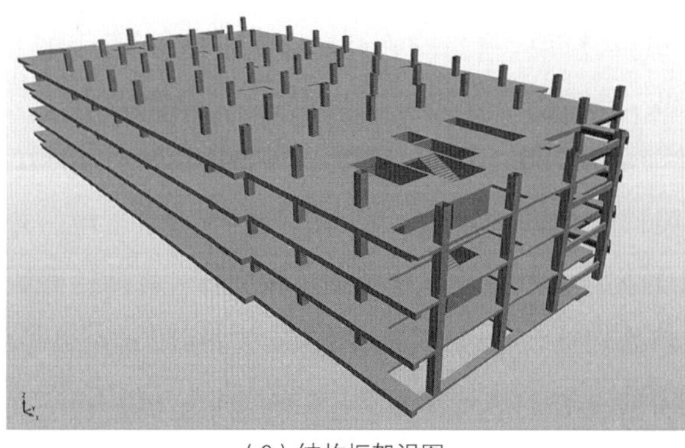

（C）结构框架视图

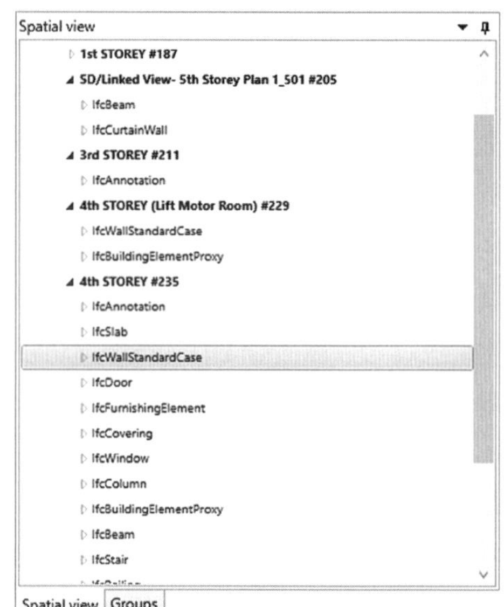

（D）某一视图的 IFC 实体和属性值

图 3-3 IFC 由对象库和属性定义组成，可用于表达建筑项目，并支持将项目的建筑信息用于特定用途。本图显示了某一 IFC 项目模型在三个具体领域的应用：（A）建筑视图；（B）机械系统视图；（C）结构视图。图中还给出了（D）：一个 IFC 对象（实体）及其属性名与属性值示例

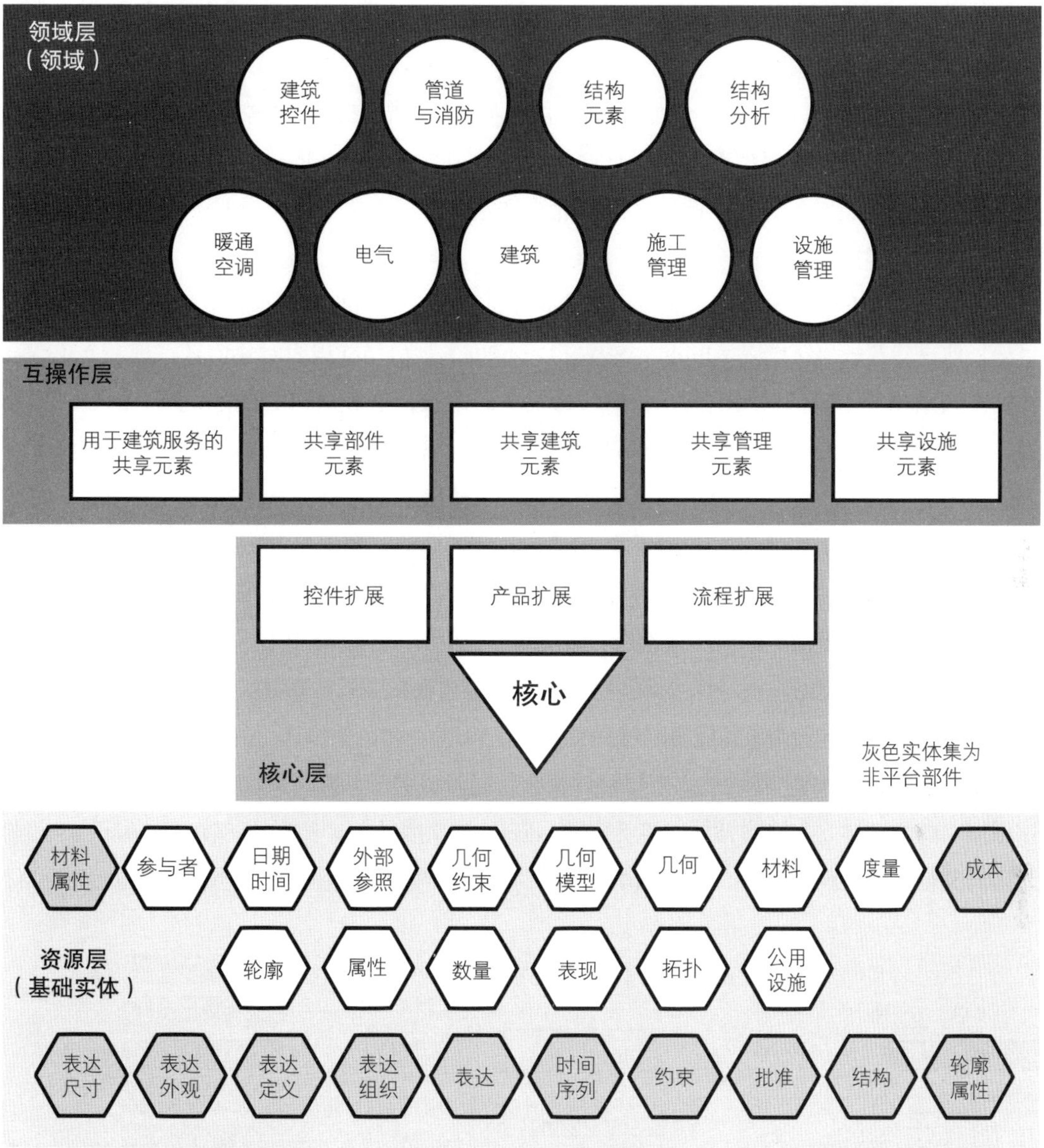

102

图 3-4 IFC 子模式系统架构。每个位于资源层和核心层的子模式都有一个用于定义模型的实体结构，并在互操作层和领域层中指定
改编自 buildingSMART 网站。

扑、材料、度量、参与者、角色、表达和属性等方面的可重用基础结构。它们对所有类型的产品都是通用的，并且在很大程度上与 ISO-STEP 共享库资源保持一致，只是略有些许扩展。 103

通过组合基础实体可以定义 AEC 中常用的对象，即 IFC 中的共享对象，包括建筑元素（如通用墙和楼板）、结构元素、建筑服务元素、流程元素、管理元素和一般特征。由于 IFC

103 是一个面向对象的可扩展数据模型，因此可以通过创建子类型[1]将基础实体细化为满足专业需求的任意数量的子实体。

从概念上讲，IFC 由对象（例如，IfcObjectDefinition）及其关系（名称以“IfcRel”开头的实体）构成。在 IFC 数据模型的顶层是这些对象和关系实体面向特定领域的扩展。它们处理用于特定用途的特定实体。因此，有结构元素和结构分析扩展，以及建筑、电气、暖通空调和建筑控件元素扩展。

所有 IFC 模型都为建筑元素的布局和访问提供了一个通用的建筑空间结构。IFC 按照“项目→场地→建筑→建筑楼层（BuildingStorey）→空间”层级结构组织对象信息。每一个较高层级的空间结构等于较低层级空间结构的集合加上跨越较低层级结构的任何元素。例如，楼梯通常跨越所有建筑楼层，因此是建筑集合的一部分。墙通常在一个或多个楼层上围合两个或多个空间。如果它们在一个楼层内，则通常是建筑楼层的一部分；如果跨越多个楼层，则是建筑聚合的一部分。由于 IFC 各级子类型对象的分层结构，数据交换中的对象位于一棵很大的子实体定义树上。所有物理对象、过程对象、参与者和其他基础结构都以类似的抽象方式表达。例如，每一个简单的墙实体都有一个如图 3-5 所示的可追溯树。

在图 3-5 中，树的每一层都为墙实体引入不同的属性和关系。“IfcRoot”是 IFC 最高层级的抽象实体，它为创建的对象指定全局唯一标识符（GUID）和其他信息，例如创建对象的人和时间。“IfcObjectDefinition”将墙放入楼层部件聚合，同时识别门、窗、洞口等墙部件。“IfcObject”层根据墙的类型建立与墙属性的链接。“IfcProduct”定义墙的位置和形体。“IfcElement”定义本元素与其他元素之间的关系，例如墙的围合关系以及墙分隔的空间等。它还定义墙上的洞口，

104

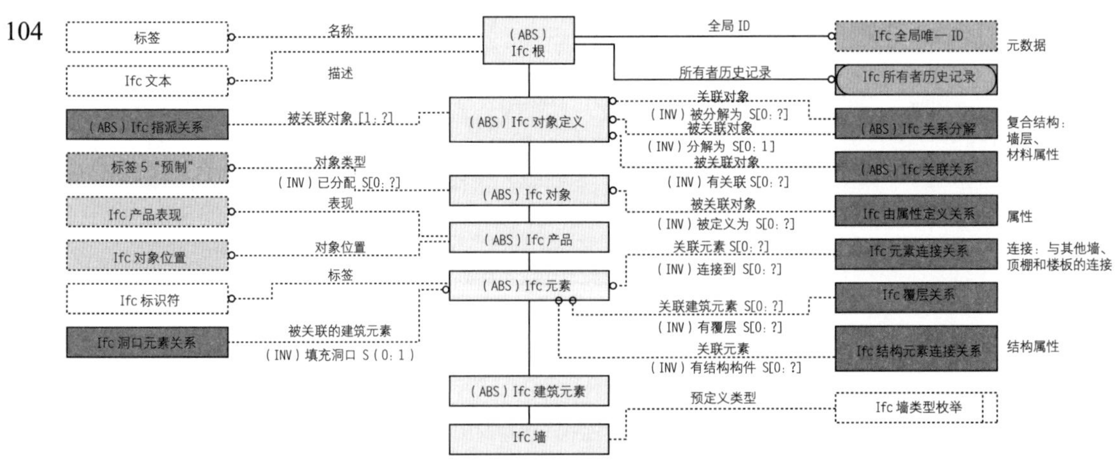

图 3-5 定义墙的 IFC 结构

1 子类型用于定义建筑对象新类，新类“继承”其“父”类属性并可添加新的属性，与父类和其他“兄弟”类不同。IFC 超类、子类和继承行为符合公认的面向对象建模原则。有关更多面向对象建模信息，请参阅布奇（Booch）1993 年发表的专著。

并可在洞口安装门或窗。如果是结构墙，则将表现墙的结构元素与之关联。

墙可以是以下类型的一种。“Standard”（标准墙）：沿控制线垂直拉伸，墙厚固定；“Polygonal”（多边形截面墙）：垂直拉伸，墙厚非等厚；“Shear”（倾斜墙）：非垂直拉伸；“ElementWall”（元素墙）：由骨架和面板等元素组成的墙；“PlumbingWall”（管道墙）：内嵌管线孔道的墙；“Userdefined”（用户自定义墙）：所有其他类型的墙；“Undefined”（未定义墙）。许多属性值和关系都是通过下拉列表选取，允许从生成下拉列表的子程序中排除一些不必要的信息。并非所有 BIM 设计工具都可以创建或表达以上所有类型的墙。

属性值存储在可自由选择的属性集（P-set）里。“PSetWallCommon”提供了需要定义的字段：Identifier（标识符）、AcousticRating（声学等级）、FireRating（防火等级）、Combustibility（可燃性）、SurfaceSpreadOfFlame（火焰表面蔓延）、ThermalTransmittance（传热系数）、IsExterior（是否为外墙）、ExtendToStructure（延伸到楼板顶部）、LoadBearing（是否承重）、Compartmentation（防火墙）。如果需要，还可定义更详细的属性集。墙可带洞口、凹槽、门套、窗套、墙柱、扶壁柱，还可由不规则的顶棚截断。

通过这个墙的例子，可以了解 IFC 是如何定义建筑元素的。IFC 提供许多类型的部件集合、属性集和特征用于支持结构、机械和其他系统元素的定义。在某些领域，还可以对分析模型、荷载数据和产品性能参数进行表达。也可以使用 IFC 模式对对象的几何形体进行参数化表达，但这种用法还不普遍。

许多国家都为 IFC 的应用付出了巨大努力，包括美国、英国、挪威、芬兰、丹麦、德国、韩国、日本、中国、新加坡等国。美国、挪威、韩国和新加坡已着手开发基于 IFC 的电子交付与自动化合规性检查系统。此外，成功应用 BIM 和 IFC 的项目数量每年都在增加。获奖的基于 IFC 的 BIM 项目可以在 buildingSMART 网站 BIM Awards 网页上找到。

3.3.5 IDM 和 MVD 105

随着 AEC 领域互操作性技术的不断成熟，互操作性议题的焦点已从两个 BIM 应用程序之间的数据交换转移到支持由工作流定义的用例上来。实现互操作性的主要好处不仅只是自动化数据交换（尽管在一个应用程序中复制另一个应用程序数据肯定是冗余操作），而且还可以优化工作流、减少工作步骤和改进流程。新的说法是，实现互操作性可以更好地“管理精益工作流”。

一般认为，弄清工作任务和工作流的信息需求是成功进行数据交换的关键。IFC 是为响应设计师、承包商、建筑产品供应商、制作商、政府官员和其他人的各种各样的需求而开发的，其规模庞大且复杂，无法通过简单点击“IFC 导出”和“IFC 导入”用户界面按钮获取感兴趣的数据集。所需要的是面向具体任务的基于 IFC 模式子集的数据交换，例如，“用于初步结构分析的建筑模型的数据导出”或者“将制作商的幕墙详图导出给施工经理，用于制作级的协调”。这种交换称为“模型视图”（源自数据库视图的概念），由“MVD”（Model View

Definitions）定义。这需要先确定支持何种交换，然后指定交换所需信息的 IFC 模型视图。

信息需求规范称为“信息交付手册”（Information Delivery Manual，IDM），它由目标工作流程定义（流程图，PM）和实现目标工作流程所需的信息规范（交换需求）（ISO TC 59/SC 13，2010）组成。MVD 是基于 IFC 模式的另一层级的规范。美国国家建筑科学研究院（National Institute of Building Science，NIBS）建立了制定 MVD 应遵循的流程（NIBS，2012），如图 3–6 所示。

IDM/MVD 规范既是数据建模的起点，也是终点。IFC 欠缺的信息可由 IDM/MVD 规定并添加到 IFC 中。还可使用 IDM/MVD 指定某一特定数据交换场景的 IFC 子集，指导软件开发人员开发支持这一数据交换场景的 IFC 导出 / 导入功能。如今，人们更多地关注后者，而不是前

106

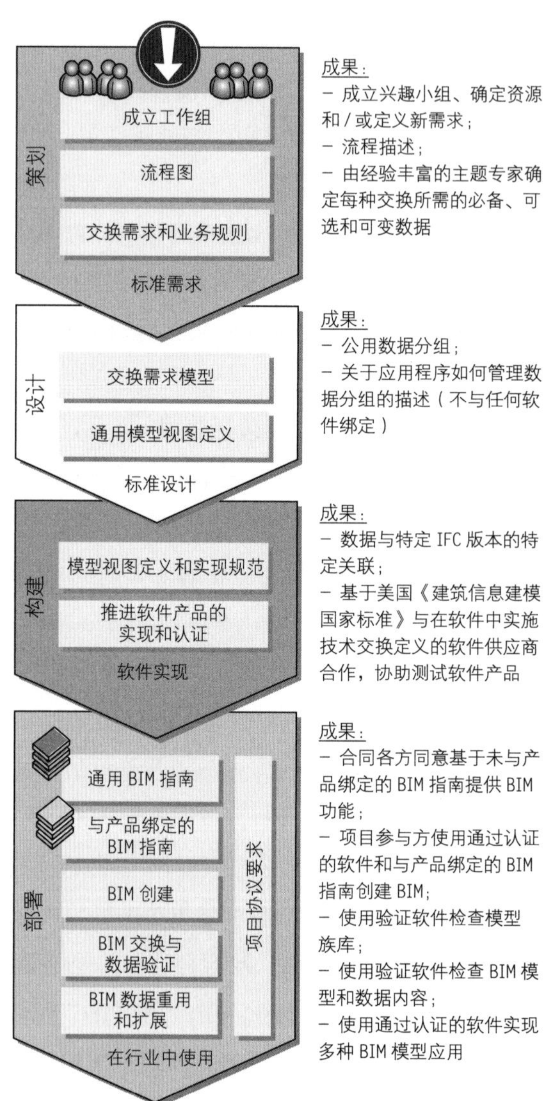

图 3–6 美国《建筑信息建模国家标准》定义和实施 MVD 的四个主要步骤（策划、设计、构建、部署）（NIBS，2012）

者，但 IDM/MVD 的作用正在扩大。例如，可用 IDM/MVD 定义项目不同阶段（例如，从设计到施工，以及从施工到运行）的交付规范（比如 COBie），请见第 3.4.3 节。另一个例子是英国政府要求的雇主信息需求（Employers Information Requirements，EIR）。EIR 是必须提交的作为交付成果一部分的 BIM 信息。这些都是项目范围内的工作，一般会在合同中对里程碑节点的移交内容以及是采用应用程序之间的直接交换还是采用公共数据模式交换做出明确规定。关键是，IDM/MVD 可以响应许多非常重要的项目需求，其作用远远超出 IFC 的互操作性。

3.4 支持标准化的其他工作 107

IFC 只是建筑业标准化海量工作的一项成果。当 IFC 处理涉及几何、关系和属性的数据结构时，如何命名和使用属性是一个难题。不使用罗马字母的中国人和其他人如何与那些使用罗马字母的人合作？互操作性问题要比 IFC 或任何当前 XML 模式所涉及的问题更为广泛。行业管理建筑材料分类和检测信息的能力已经日渐成熟，现在同样需要对其他类型的建设信息进行标准化管理。下面，我们对其他 BIM 相关标准化工作做一扼要介绍。

3.4.1 buildingSMART 数据字典

欧洲共同体很早就发现属性和对象类的命名是一个问题。中文的“门”，在英语里是“door”，在法语里是“porte”，在德语里是“Tür”。它的每个属性也有不同的名称。IFC 定义的对象可以使用不同语言命名名称和属性，因此需要正确解释它们的含义。幸运的是，IFC 能够很好地处理不同单位制（国际单位制和英制）之间的转换。此外，人们可能会同时使用不同的标准，例如 CIS/2 和 IFC，它们具有重叠的对象和属性，即使使用同一种语言描述，处理方式也会有所不同。buildingSMART 数据字典（buildingSMART Data Dictionary，bSDD；也称为“国际字典框架”，IFD）团队是专为解决这些问题而组建的，有关团队情况请见 bSDD 网站。他们正在建立不同语言术语的映射关系，以期能在建筑模型和接口中广泛应用。bSDD 正在进行的另一项重要工作是制定建筑产品规格标准，尤其是数据规格，以使产品数据能够用于不同应用程序，如能耗分析、碳足迹分析和成本预算等。

美国建筑规范研究所（Construction Specifications Institute，CSI）、加拿大建筑规范研究所（Construction Specifications Canada，CSC）、buildingSMART 挪威分部和荷兰 STABU 基金会正在致力于 bSDD 的开发工作。

3.4.2 OmniClass

为了更好地对 BIM 模型中的信息进行分类，需要审查和替换已有相关建筑分类系统。Masterformat 和 Uniformat 均是 CSI 监制的在美国施工技术规格书编制和成本预算中广泛使用的建筑元素和对象集合分类模式。Masterformat 和 Uniformat 都是大纲式文档结构，非常适合从项目图纸收集信息，但并不总能很好地与建筑模型中的每个对象一一对应（尽管它们可以对应）。第 5.4.2 节介绍了它们的局限性。为此，欧洲人和美国人着手建立一套新的大纲式分类表，称为“OmniClass”。ISO 和国际施工信息协会（International Construction Information Society，ICIS）下设的小组委员会与工作组从 20 世纪 90 年代初至今一直都在开发 OmniClass。
108 然而，英国使用的是 Uniclass（由 NBC 管理）而不是 OmniClass。目前，OmniClass 由 15 个表组成。

表 11　按功能划分建筑实体
表 12　按形态划分施工实体
表 13　按功能划分空间
表 14　按形态划分空间
表 21　元素
表 22　工作成果
表 23　产品
表 31　项目阶段
表 32　服务
表 33　专业
表 34　组织角色
表 35　工具
表 36　信息
表 41　材料
表 49　属性

这些分类表是由一些行业组织志愿定义和构建的。为了满足 BIM 应用需求，它们仍处在快速发展阶段。有关 OmniClass 与 BIM 的更多讨论，请参见第 5.4.2 节。

3.4.3 COBie

建造与运行建筑信息交换（Construction Operations Building information exchange，COBie）标准解决施工团队和业主之间的信息移交问题。它处理运行和维护（Operations and Maintenance，O&M）以及其他常规的设施管理信息。传统上，运行和维护信息是在施工结束时以一种特定结构移交的。COBie 规定了在整个设计和施工过程中收集所需信息，并将其作为调试和移交期间交付成果一部分的标准方法。COBie 从收集设计数据开始，然后由承包商收集施工数据。COBie 以一种切实可行且易于实现的方式组织分类信息。

COBie 的具体目标如下（East，2012）：

- 为合同规定的设计和施工交付成果的实时交换提供一种简单的格式；
- 明确业务流程的需求和任务；
- 提供一个便于交换 / 检索的信息存储框架；
- 不增加运行和维护成本；
- 允许直接导入业主的维护管理系统。

COBie 指定了下述每一设计、施工阶段的具体交付成果：

- 建筑策划阶段

- 建筑设计阶段
- 协同设计阶段
- 施工图设计阶段
- 施工动员阶段 109
- 施工完成 60% 阶段
- 提前使用阶段
- 结算阶段
- 改善维护阶段

COBie 于 2010 年初进行了升级，现在称为“COBie2”。它具有人、机可读格式。COBie2 信息的人可读格式是一种传统的电子表格，在 WBDG COBie 网站上以 Microsoft Excel 电子表格格式提供。也可使用 buildingSMART 工业基础类（IFC）开放标准（或与其等效的 ifcXML 模式）实施 COBie2 设施管理数据交换。在 NIBS COBie 网页上，提供了免费的 IFC Express 和 ifcXML 与 COBie2 电子表格之间的双向转换器，但不提供技术支持。

COBie 解决项目施工结束时的资料移交问题，且这些资料以结构化形式组织，便于计算机管理。COBie 包括表 3-3 中所列数据。

COBie2 支持将初始数据导入计算机化维护和管理系统（Computerized Maintenance and Management Systems，CMMS）之中。Maximo、TOKMO、Onuma、Archibus 以及欧洲的几个 FM 和设计应用程序都支持 COBie2。美国退伍军人医院（VA hospitals）、美国陆军工程兵团（U.S. Army Corps of Engineers）、美国国家航空航天局（NASA）以及几所大学系统都将 COBie2 列为不可或缺的交付成果。COBie2 也被挪威、芬兰和英国政府稍作修改加以采用。将 COBie 转为国际标准的 ISO/DIS 19650 第 2 部分正在开发之中。

COBie2 数据　　表 3-3

对象类型	定义
Meta Data（元数据）	交换文件
Project（项目）	特性、单元、分解
Site（场地）	特性、地址、分类、基本量、属性
Building（建筑）	特性、地址、分类、基本量、属性
Story（楼层）	特性、基本量、分类、属性
Spatial Container（空间容器）	特性、分类、数量、属性、空间边界
Space Boundary（空间边界）	门、窗、围合空间
Covering（覆层）	特性、类型、覆层材料、分类、基本量
Window（窗）	特性、类型、分类、材料、基本量、属性
Door（门）	特性、类型、分类、材料、基本量、属性

续表

对象类型	定义
Furnishing（装饰）	特性、类型、材料、分类、属性
MEP Elements（MEP 元素）	特性、类型、材料、分类、属性
Proxy Furniture，Fixture，Equipment（代理家具、固定装置、设备）	特性、类型、材料、分类、属性
Zone（区域）	特性、分类、属性、空间分配
System（系统）	特性、分类、属性、部件分配、接受系统服务的建筑

注："特性""类型""分类"的特性类型因对象类型而异。

110 ### 3.4.4 基于 XML 的模式

可扩展标记语言（Extensible Markup Language，XML）是另一种模式语言和传输机制，特别适合 web 使用。像某些交换格式必须基于文件那样，一些新的交换格式必须基于 XML。XML 允许用户定义标记，并为其赋予特定含义，以便在数据传输中使用。如今，XML 已是 web 应用程序之间非常流行的信息交换模式，并在电子商务交易和数据收集领域得到广泛应用。

有多种方法定义自定义标记，包括为定义 XML 文档结构和元素开发的文档类型定义（Document Type Definitions，DTD）方法。同样，定义 XML 模式的方法也有多种，包括 XML Schema、RDF（Resource Description Framework，资源描述框架）和 OWL（Web Ontology Language，网络本体语言）。目前，一些研究工作正在基于称为"本体论"（ontology）的精确语义定义，围绕 XML 开发更强大的工具和更强大的模式。然而，迄今为止，这些更先进的方法尚未取得明显成效。

通过使用当前现成的模式定义语言，人们为 AEC 领域开发了一些有效的 XML 模式和处理方法。下面专栏描述了其中的 7 个。

AEC 领域的 XML 模式

OpenGIS 标准和 OpenGIS 实施标准均是开放地理空间联盟（Open Geospatial Consortium，OGC）制定的。OpenGIS 定义了一组开放、通用、与语言无关的抽象概念，用于在应用程序编程环境中描述、管理、渲染、操作几何和地理对象（参见 OGC 网站上的 OGC 标准列表）。

gbXML（Green Building XML）是一种传输初步能耗模拟所需信息的模式，可用于建筑外壳、指定区域和机械设备的初步能耗模拟（gbXML，无日期）。多个平台都有 gbXML 接口。

ifcXML 是一个映射为 XML 的 IFC 模式子集，由 buildingSMART 维护。它依赖于 XSD（从 IFC EXPRESS 模式派生的 XML 模式）进行映射。例如，其语言绑定，即将 IFC EXPRESS 模型转换为 ifcXML XSD 模型，需要遵从国际标准 ISO 10303-28ed2"EXPRESS 模式和数据的 XML 表示"。ISO/CD 10303-28ed2 的 05-042004 版可用于语言绑定。

aecXML 由 FIATECH（一家支持建筑业 AEC 研究的主要联盟）和 buildingSMART 管理。它最初开发了一个集成框架，尝试协调 ifcXML 和 aecXML，采用的集成模式能够支持多个子模式。aecXML 依赖于联合国贸易便利化和电子商务中心开发的 XML 商业技术。集成模式也叫“公共对象模式”（Common Object Schema，COS），由表达名称、地址、数量和其他基础信息的一系列 XML 结构组成。aecXML 最初用于表达合同等项目文件资源 [招标书（RFP）、报价书（RFQ）、信息请求书（RFI）、技术规格书、附录、变更单、合同、采购订单]、特性、材料和零件、产品、设备，以及组织、专业人员、参与者等元数据；或者投标、规划、设计、预算、制定进度计划、施工等活动。它有建筑及组成部件的描述和说明，但不建立几何或分析模型。Bentley 是 aecXML 的早期实施者。

agcXML 是总承包商协会（Associated General Contractors，AGC）于 2007 年基于 111
aecXML 的 COS 主模式开发的一款支持施工业务流程的模式。该模式可用于以下文档类型的信息交换：

- 信息请求书
- 招标 / 询价书
- 业主 / 承包商协议
- 工程分项价值表
- 变更单
- 付款申请
- 补充说明
- 变更指令
- 投标保函、付款保函、履约保证金和质保金
- 送审记录

已有一些公司使用 agcXML，包括 VICO 公司和 Newforma 公司。

BIM 协同格式（BIM Collaboration Format，BCF）是一种为在 BIM 协同过程中交换设计评审数据提供支持的 XML 格式。完成设计评审需要的所有行动项，项目团队成员都要一个不落地执行。然而，这些行动项应该如何传递呢？冲突检测工具给出了答案：当在三维协调中发现了一个冲突后，关联一个显示冲突状况的相机视图，然后附加由相关方确定的需要执行的行动项。最初，仅冲突检测应用程序具有此功能，比如 Navisworks。然而，通过 XML 传输，可以将行动项导入任何 BIM 平台，并展示给用户让其执行。这就扩展了使用范围，可以用于任何类型的审查，无论是自动化审查（例如使用 Solibri Model Checker 软件），还是线下、线上会议的人工审查。使用 BCF 的好处在于，它能直接在生成部件的 BIM 设计平台上加载和运行。BCF 最初是由 Tekla 和 Solibri 于 2010 年提出和定义的，并已收到来自欧特克、

DDS、Eurostep、盖里技术、Kymdata、Map、Progman 和 QuickPen 国际等公司的支持承诺。现在，它已纳入 buildingSMART 标准体系。BCF 第二版，bcfXML v2 已于 2014 年发布。

CityGML 是一种表达三维城市对象的通用信息模型。它定义了城市和区域模型相关地形对象的类和相互关系，以及类的几何、拓扑、语义和外观属性，其中包括主题类之间的泛化层级结构、聚合、对象之间的关系以及空间属性。主题信息可不依赖图形交换格式，为使用虚拟三维城市模型完成模拟、城市数据挖掘、设施管理和主题查询等不同应用领域的复杂分析任务提供支持。基础模型的细化程度（LOD）分为五级。CityGML 文件可以（但不是必须）同时包含每个对象不同 LOD 级别的多个表达。欲知更多信息，请参见 CityGML 网站。

112 这些不同的 XML 模式定义了自己的实体、特性、关系和规则。它们可以很好地支持采用一个模式并围绕该模式开发应用程序的一组协作公司的产品。但是，每个 XML 模式都是不同的，并且彼此互不兼容。ifcXML 提供了对 IFC 建筑数据模型的整体映射，二者可以交叉引用。目前正在协调 OpenGIS 模式与 IFC。已有将 IFC 模型映射到 CityGML 的转换器。通常存储相同数据的 XML 文件比纯文本文件大 2—6 倍。但是，处理 XML 文件的速度要比处理纯文本文件快得多，因此在大多数情况下 XML 文件交换比纯文本文件交换更有效。促进各种 XML 模式协调一致是一项长期工作，可借助各模式之间的等效映射和数据模型表达实现。现状就像美国在全国修建了许多铁路，但各条铁路轨距不同；每条铁路独自运行良好，但无法将所有铁路连接起来。

用于发布建筑模型数据的两种重要 XML 格式是 DWF 和 3D PDF。这些格式提供了有限用途的建筑模型轻量化映射。

3.5 从基于文件的交换向 BIM 服务器的演变

本章回顾了支持将某一应用程序创建的信息在其他应用程序中重用的已经开发和正在开发的技术。本章引言提出了一个基本观点，即从设计、工程到施工需要多个建筑模型。现在我们一起检视这一观点的内涵。

基于 IFC 或 XML 文件的交换以及其他基于 XML 的电子商务交换在实践中的应用均起步于应用程序之间的数据交换。通常，每个部门或咨询团队都由一个人负责项目模型的版本管理；当建筑师或工程师发布设计更新时，会将更新模型传递给咨询组织，由其完成模型的协
113 调和同步。随着项目的增多和项目文件结构越来越复杂，这种协调方式也变得日益复杂。在需要快速处理数据交换时，这种传统项目管理方法并不理想。如果将文件管理升级为对象管

理，管理任务会爆炸式增长。

可用于解决此类数据管理问题的技术是“BIM 服务器（建筑模型存储库、IFC 服务器或 BIM 存储库）”。BIM 服务器是一种服务器或数据库系统，它可以将所有与项目相关的数据汇集在一起，便于管理和协调。BIM 服务器是对现有项目数据管理（PDM）系统和基于 web 的项目管理系统的升级和扩展。传统上，PDM 系统通过管理一组文件管理项目，包括 CAD 和分析文件。BIM 服务器因有基于对象的管理功能而独树一帜，它可以查询、传输、更新和管理以各种方式分区和分组的模型数据，能够支持各种应用程序协同工作。在 AEC 领域，从管理文件到管理对象的演进才刚刚开始。

BIM 服务器技术是一种新技术，与为制造业开发的同类系统相比，它有许多不同需求。直到最近才刚梳理完其功能需求。基于目前的理解，我们先概述其所能提供的功能，然后，在本节末尾对当前的主要产品作一介绍。

3.5.1 项目事务与同步

数据库的一个重要概念是对“事务”（transaction）的定义。“事务”是一个读、写和创建数据的整体单元，要么全部执行，要么全部不执行。单用户应用程序和非并发更新很容易处理事务。对于单用户应用程序或非并发更新来说，传统的文件级数据管理和版本控制就足够了，因为整个文件或模型可以用保存为一个新版本进行管理。“文件级事务或数据管理”（file-level transaction or data management）是将整个模型文件当作一条信息的处理方法。文件级数据管理系统的一个例子是目前的项目管理系统，其将整个模型作为一个文件（例如，*.rvt、*.dgn、*.pln 和 *.ifc）存储在数据库中，同时，还将一些提交信息（提交日期、提交用户和注释）一并存在同一数据库里。

目前，大多数协同项目管理系统都是基于 web 或云的文件级管理系统。许多已从基于 web 的系统转为基于云的 SaaS（software as a service）系统，并同时支持 web 和云环境。虽然功能强弱因系统而异，但功能是相似的。

通常支持的功能包括文档（模型文件和相关项目文件）管理；合同跟踪；版本控制；搜索；设计问题管理；用户管理；有关工单、设计问题和信息请求书（RFI）的通知；文件签收记录单、会议纪要、工单、变更单和其他报告的生成和管理；工作流管理，以及项目管理看板等。项目管理看板是项目进展的图表展示，它可帮助项目参与者一目了然地了解项目状态 114
或自己下一步要做的工作。

有些工具具有成本管理功能，包括预算、支出追踪和支出预测；还可通过与会计系统进行数据交换实现对项目的财务追踪；同时提供进度管理功能。表 3-4 列出了市面上几种常见的文件级协同项目管理工具。

基于文件的协同项目管理系统　　表 3–4

主要功能＼应用程序	Aconex	Procore	Vault	ConstructWare	Projectwise	FINALCAD	BIM 360 Field
支持云和移动设备	○	○			○	○	○
文件管理	○	○	○	○	○	○	
项目管理	○	○		○	○	○	
项目摘要（看板）	○	○		○	○	○	○
工作流管理	○	○	○				
信息请求书（RFI）、邮件和表单管理	○	○			○		
模型查看器 /BIM 集成	○					○	
竣工查核事项表管理	○	○			○	○	○
版本控制	○		○		○		
成本预算		○		○			
会计核算		○		○			
向运维移交信息	○						○
质量与安全管理	○	○				○	

与文件级事务管理竞争的方法是“对象级事务或数据管理”（object-level transaction or data managemen）。对象级事务或数据管理是在对象层级（例如，柱、梁和板）上拆分和保存模型的方法。与对象级事务或数据管理相比，文件级数据管理有几个缺点（Lee 等，2014）:

1. 系统无法判断模型的哪些部分被谁修改过。

2. 用户不能直接从数据库中的模型查询数据。例如，用户无法通过存储在数据库中的模型知道某一楼层有多少根柱子。

3. 无法从模型文件提取模型子集。

4. 用户不能与数据库中的模型直接交互，也不能进行诸如向有问题的柱添加注释之类的操作。

5. 不能按数据类型为不同用户分配不同的访问权限。

6. 当多个用户同时设计同一建筑时，会出现同步问题。文件级数据管理没有解决同步问题的机制。

115 同步也叫“并行工程”（concurrent engineering），是解决产品设计同时更新出现冲突的一种方法。项目同步的目的是让不同的异构项目模型保持一致。保存变更记录和维护需要同步模型的过程称为“变更管理”；管理对象或模型变更历史的方法称为“版本控制”。

可从在线机票或电影票的预订系统中发现常见的同步例子。通用的预订步骤是：启动预订流程，选择座位，支付票款。这个过程可能需要一段时间，因为您可能需要想想预订哪个座位更好，并且还需要一些时间填写信用卡卡号。与此同时，如果数百万系统用户中的某一个用户登录到系统并在您付款之前支付了座位费，您可能会得不到所选的座位。为了防止此类问题发生，在线预订系统通常有一个锁定系统，可以在有限的时间（比如 15 分钟）内锁定您的座位。

这种类型事务称为“长事务”（long transaction，Gray 和 Reuter，1992）。与上述在线预订系统相比,BIM 中的长事务处理更加棘手，因为 BIM 模型的体量非常大，事务时间（transaction time）更长。通常，使用并发长事务确保设计、工程和施工事务的完整性是建筑或产品模型服务器的必备功能。事务功能属于基础功能，可在单个、并行和云服务器上配置。

事务既是变更的基本单元，也是一致性管理（或同步）的基本单元。应用程序的事务管理系统确定如何实施和管理并发工作，例如，根据并发需求对建筑模型进行不同粒度层级 [模型（文件）层级、楼层层级、对象集合层级或对象层级] 的拆分。信息颗粒可能会被锁定，只允许单个用户写入；或允许多个用户共享和写入数据，但会自动通知更新。还可支持其他并发管理策略。随着我们转向对象层级的数据管理，这些将变得更加重要，使得更高层级的并发成为可能。今天，大多数事务都是由用户直接发起的，并且只能在模型（文件）层级控制。然而，许多工程设计数据库事务却很活跃，因为它们会自动触发，例如，当发现其他人对只读对象进行更改，或者更新所依据的数据已经更改的报告时，都会自动发起事务。

BIM 服务器的一个重要目标是项目同步。虽然从单个参数化模型平台生成二维工程视图和明细表可以解决来自同一模型图纸之间的同步问题，但是，不同专业模型的同步问题仍未解决。更不容易同步的是不同平台的模型，例如，在同一项目不同制作流程中使用的模型。在此，同步是指解决不同系统之间的所有协调问题，包括空间冲突、系统之间的连接和系统之间的负载（能量负载、电力负载）或荷载（结构荷载、流体流动荷载）传输。 116

异构模型之间的同步目前仍然主要是在 BIM 服务器上手动完成，这也是一个有效 BIM 服务器的主要优势之一。手动完成数据一致性管理，任务艰巨，因为只有在知道一个文件中的信息依赖于另一个文件的内容的情况下，才能手动实现同步。基于对象（装在人的大脑中）的人工管理具有更好的效果。但是，如果要在对象层级实现数百万个对象的同步，人工维护是不现实的，必须依赖自动化方法。应当注意的是，与同步相关的更新是不能完全自动化的，因为为了达到一致性而做出的许多修改涉及设计决策；某些方面的同步需要人们面对面地协同。因此，目前只能在一定程度上实现自动化同步。

通过比较模型中每个对象的几何形体和属性值，可以实现自动化同步，但是执行比较任务需要占用很多资源和时间。允许在异构项目模型之间进行对象层级有效协调的一个实用解决方案是使用全局唯一标识符（Globally Unique Identifier，GUID）。GUID 是所有软件应用程序和硬件系统中独一无二的标识符。它也被称为“UUID”（Universally Unique ID，通用唯一标识符），通常由时间戳和系统标识符组成。目前，它是一个 128 位（16 字节，十六进制）的整数，人类不可读。BIM 模型中的每个对象都有一个 GUID。

因为 GUID 不依赖任何系统，所以无论使用什么应用程序，都可以通过 GUID 识别对象并可靠地追踪和管理变更。时间戳是另一种可以追踪最新变更时间的元数据。元数据是描述数据的数据，能为系统管理数据提供支持。

基于表 3–5 描述的逻辑，可以使用 GUID 确定对象的状态（Lee 等，2011）。如果新模型中某一对象（如梁或柱）的 GUID 与既有模型中某一对象的 GUID 相同，并且最近一次更新的时间戳相同，则确定该对象的状态为“维持不变（原状）”。如果两个模型中存在 GUID 相同，但最近一次更新时间戳不同的对象，则确定该对象为“已修改”。如果某一 GUID 标识的对象只存在于新模型中，则不必考虑时间戳的影响，该对象被确定为“新增”。如果某一 GUID 标识的对象只存在于既有模型中，也不必考虑时间戳的影响，该对象被确定为“已删除”。

通过 GUID 确定对象的状态（改编自 Lee 等，2011） 表 3–5

新模型中的 GUID	既有模型中的 GUID	最近一次更新的时间戳	状态
存在	存在	相同	维持不变（原状）
存在	存在	不同	已修改
存在	不存在	无	新增
不存在	存在	无	已删除

117 使用这种逻辑可以通过比较系统的输入模型和输出模型（输入模型相当于既有模型，输出模型相当于新模型）确定在设计过程中是否有对象更改。

要想基于 GUID 和时间戳检查对象状态，任何可以创建、修改或删除设计数据的应用程序都必须支持：

- 在创建（或存储）或导出新对象时，创建新的 GUID 和时间戳；
- 读取导入对象的 GUID 和时间戳，并存储起来以备后续导出；
- 与其他要导出的数据和要导出的已创建、修改或删除的对象一起，导出时间戳和 GUID 数据。

可以通过闭环测试（一种测试应用程序互操作性的方法）轻松检验应用程序的 GUID 功能，即在不进行任何修改的情况下将模型导出、导入应用程序，然后分析模型的任何变更。根据 GUID 分析结果，可以通过两种方式更新（同步）模型：

- **完全更新**：更新整个模型并保存为新模型；
- **部分更新**：只更新确实修改的对象和关联实体；
- **逻辑更新**：当某一设计推理因当前设计操作不符合逻辑，反向回退至推理之前的状态。这个概念称为“逻辑修补”（logical patching）（Eastman 等，1997）。

部分更新可以细分为自动化更新和指定更新：

- **自动化部分更新：** 许多源自模型的对象视图比较简单，可以自动化更新。此类同步事务会自动更新那些视图与 BIM 服务器数据不一致的对象。这可用于 B-rep 形状的几何更改、建筑对象模型（Building Object Models，BOM）的生成以及明细表和属性的更改。对象更新时其时间戳也一同更新，这可能引发额外的自动化更新或手动更新。
- **手动部分更新：** 如果自动化更新具有不确定性，则需要手动更新事务，例如某些类型的冲突检测。在这里，每个用户都会收到一个由其负责的对象列表，这些对象因在冲突检测中发现问题需要检查，并且可能需要更新。在相关责任方做出更正并与其他责 118
任方达成一致后，事务被视作完成。这是实施同步的最低级别。

起初，同步主要是手动完成，但随着时间的推移，将开发出可以自动生成已更改对象更新视图的方法。可以对同步进行扩展，例如，为了检测位于某一明确主对象和附属对象之间的冲突，可以将自动化冲突检测纳入其中。这是自动化同步事务有望最先实现的。

同步可以保证最近时间戳之前的所有数据都已通过一致性检查。在某些设计活动的中间（例如晚餐前临时保存一下当前文件），不会解决同步问题。只有在完成一定范围变更后，提交给外部共享和审查时，才进行同步。不应将不是当前模型的、未同步的对象数据导出给其他系统。因为这可能导致传播错误数据；只有完全同步的对象才能作为数据交换的基础。为了将临时更新与完整事务以及尚未同步的对象区分开来，状态标志通常设置在对象层级。基于这些状态信息，后台事务会标识哪些对象已被创建、修改或删除，并标识还有哪些文件包含这些对象。可以使用其他机制标记不同应用程序数据集中受影响的对象。当发现存在不一致后，可依据同步事务类型确定哪些同步可自动化实施，哪些同步需要手动实施。

3.5.2 BIM 服务器功能

BIM 服务器的功能需求并不复杂。有些是大多数数据库管理系统所共有的，有些是 AEC 行业中的基本需求。所有 BIM 服务器都应对访问控制和信息所有权管理提供支持。它们还应支持其应用领域使用的所有信息。现将 BIM 服务器的基本需求汇总如下：

- 管理与项目相关的用户，以便追踪他们的参与、访问和操作情况，并对工作流进行协调。在用户访问控制方面应提供访问和读 / 写 / 创建不同层级模型粒度的功能。模型的访问粒度很重要，因为它决定用户修改模型时必须检出多少模型数据。
- 能导入专有数据格式（如 *.rvt 或 *.dgn）或开放标准格式（如 *.ifc）的 BIM 模型并将其拆分为对象层级的数据实例。还可将导入的文件以原生文件格式保存，并与项目数据关联。
- 查询并导出 BIM 服务器中的对象层级数据实例，使之形成专有数据格式（如 *.rvt 或 119
*.dgn）或开放标准格式（如 *.ifc）的独立 BIM 模型文件。

- 管理对象实例，并根据更新事务协议读取、写入和删除它们。
- 存储数据的版本控制。版本控制——保存和管理事务记录和数据更改的功能是并发管理的关键需求，尤其是在多用户环境中。

BIM 服务器还应支持以下功能：

- BIM 数据可视化。
- 支持 BIM 数据的可视化查询，允许用户直接从存储在 BIM 服务器中的可视化三维模型中可视化查询、查看和选择所需的信息。
- 支持基于 web 或云的功能，安全性高，可保护数据免受黑客和病毒攻击。
- 支持产品库，以便在设计或深化设计期间将产品实体纳入 BIM 模型。
- 支持存储产品规格书以及其他产品维护和服务信息，并将其链接到竣工模型，以便向业主移交。
- 存储价格、供应商名称、采购运输清单和发票等电子商务数据，以便链接到应用程序中。
- 管理非结构化通信和多媒体数据：包括电子邮件、电话记录、会议记录、日程安排表、照片、传真和视频。

以上是 BIM 服务器的基本功能和附加功能。但是，管理具有复杂对象的模型及其所有附属数据需要更多的功能。

BIM 服务器的功能需求因市场需求而异。我们认为，基于不同的功能，BIM 服务器至少有三个市场：

1. 设计 - 工程 - 施工市场。这是核心市场，下面将详细介绍。它是面向项目的，需要支持众多应用程序，并支持变更管理和同步。

2. 照单生产市场，即按订单制作产品。例如，成套设备、钢结构构件、幕墙、自动扶梯
120 以及针对具体项目的其他预制和模块化单元制作。要求 BIM 服务器必须跟踪多个项目，并支持它们之间的生产协调。该市场类似于面向小型企业的产品生命期管理（Product Lifecycle Management，PLM）系统市场。

3. 设施运行和管理市场。需要监控设施运行和从一个或多个设施获取传感器数据，要求 BIM 服务器具有实时监控和设施调适功能。

这些市场中的每一个市场都将在未来 10 年走向成熟。不同市场的 BIM 服务器具有不同的用途和功能，其负责管理的数据类型也不尽相同。

在此，我们说一下上面列出的三种用途中的第一种用途的需求：以项目为中心的设计、工程和施工服务器。该用途是最具挑战性的，涉及各种各样的应用程序。在实践中，每个设计参与者和应用程序都只参与建筑设计和施工工作的一部分。每个参与者只对作为建筑模型特定视图的某一建筑信息模型子集感兴趣。同样，协调也不必涉及每一位参与者，例如，只有少数用户需要知道混凝土构件的钢筋排布或钢筋焊接规范。图纸按专业分组，模型服务器

仍将遵循将保持同步的模型视图作为施工依据的传统。

理想的 BIM 服务器的通用系统架构和数据交换流程如图 3-7 所示。为了存档和重建各种 BIM 建模软件和用户工具生成的原生格式项目文件，以什么格式存储数据是 BIM 服务器的一个难题。除了少数有限的情况之外，不宜使用中性数据格式重建应用程序的原生数据格式文件。由于为不同参数化建模设计工具提供内置行为的规则不同，只能使用应用程序原生数据集本身重建原生数据格式文件。因此，任何中性格式的交换信息，如 IFC 模型数据，都必须使用 BIM 建模工具生成的原生项目文件进行补充，或与原生项目文件建立关联关系。图 3-7 所示的需求和数据交换反映了管理混合格式的必要性。

未来，BIM 服务器有望在需要提供自动化同步服务的重要领域得到应用，包括多种分析的数据准备和检查，如建筑外壳能耗分析、室内能耗分析和机械设备模拟的数据准备和检查；材料清单和采购追踪；施工管理；建筑调试；设施管理和运行。此外，BIM 服务器还应能够通过检查项目模型确定其是否满足各种里程碑节点对信息的需求，如施工投标或竣工后的业主验收。

虽然可以比照上述所列功能评估 BIM 服务器的优劣，但是，是否具有较强的应用程序集成能力以及供应商能够提供哪些培训与后续支持都是计算投资回报率（return on investment，ROI）需要考虑的因素。

121

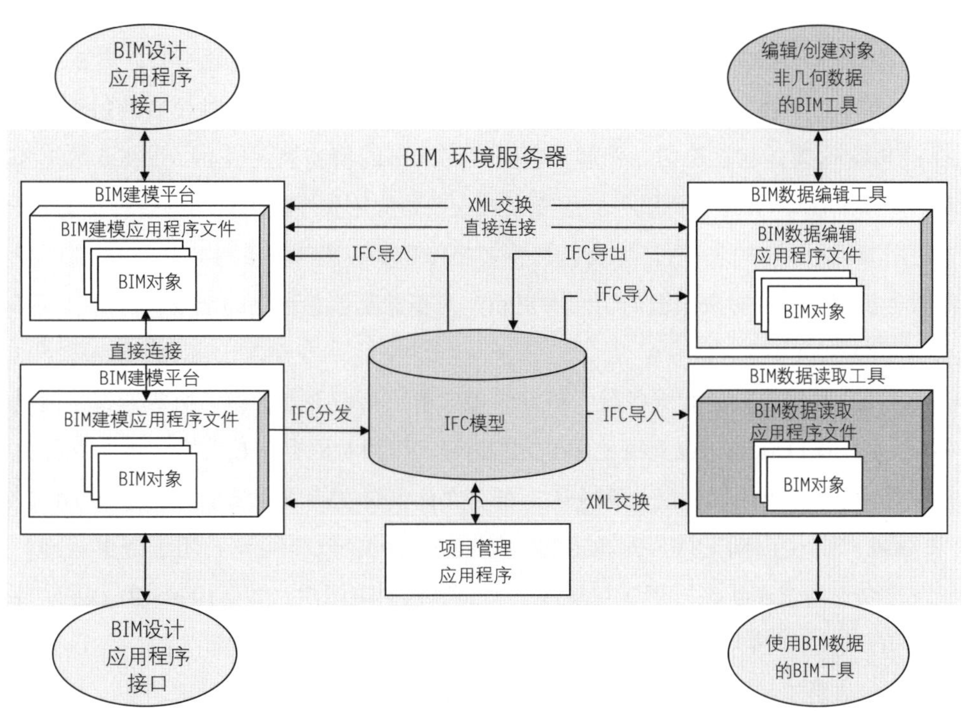

图 3-7 BIM 服务器内部数据交换结构示例。为了支持同步，所有 BIM 工具必须能够访问和核查服务器。激活的事务通过不同应用程序之间的通信定义项目 / 用户行动项。在某些情况下，激活的事务可能会发起更新。同步管理系统由 BIM 管理员控制

3.5.3 BIM服务器概览

BIM服务器的历史比较短，因为开发BIM服务器所需的数据模型，如IFC和CIS/2，分别在1997年和1999年才有。IFC模型服务器（IFC Model Server，IMSvr）—— 一个最早的BIM服务器，是由芬兰国家技术研究中心（VTT）和日本西科姆公司（SECOM）于2002年开发的（Adachi，2002）。与此同时，美国佐治亚理工学院（Georgia Tech）开发了基于CIS/2的BIM服务器（You等，2004）。这些BIM服务器都是基于关系型数据库（Relational Database，RDB）管理系统开发的，由于IFC和CIS/2的基于对象的结构与RDB结构互转需要大量时间，因此遭受长事务困扰。为了解决基于RDB的BIM服务器的长事务问题，人们利用面向对象数据
122 库（Object-Oriented Database，OODB）、NoSQL数据库和对象关系数据库（Object-Relational Database，ORDB）开发了多个BIM服务器。这类服务器的例子包括Express Data Manager（EDM）（Jotne EPM Technology，2013）、Open BIMserver（BIMserver.org，2012）和OR-IFC服务器（Lee等，2014）。这些都是基于IFC的BIM服务器，但其他使用专有数据模型作为数据库的BIM服务器也已开发出来或正在开发之中。这方面的例子包括Dassault的3D Experience、Bentley的i-Model、Graphisoft的BIMcloud和BIM Sever以及Tekla的BIMSight。

许多现有的BIM服务器产品尚不成熟，其系统架构和功能仍在不断演进。因此，它们的功能随着版本升级而变化。下面对行业的一些主要产品做一概要介绍。

Express Data Manager（EDM）：由Jotne IT公司开发。支持所有EXPRESS语言模式，且可全面实施EXPRESS和所有EXPRESS模式，如IFC和CIS/2。它通过IFD支持多种语言（包括口头语言），而且还支持EXPRESS-X。EXPRESS-X是ISO的一种模型映射语言，允许不同的EXPRESS模式相互映射。例如，它可以用于不同模型视图或ISO-15926数据模型之间的映射。EXPRESS-X还支持服务器的规则检查及与应用程序的接口。在多种查询/访问模式中，使用MVD是其中的一种。它支持在直接接口和web接口中使用TCP和HTTP。它具有有限的版本控制，允许对象层级的访问和更新；更新总是覆盖存储的记录。检出的选择有限（Jørgensen等，2008）。

EuroSTEP共享空间模型服务器：最初为航空航天行业开发的模型服务器，目前已引入AEC领域。它使用Oracle（也支持使用SQL Server）作为对象存储数据库。该服务器是一个对象模型服务器，在内部表达上依赖IFC，可在文件层级支持原生模型；它将ISO10303-239 STEP和OGC产品生命期支持（Product Life Cycle Support，PLCS）模式用于变更管理、版本控制以及整合、需求和状态管理。它集成一个web客户端门户，并使用MS Biztalk实现基于XML的通信。它具有强大的业务流程管理功能，能协调业务流程中的部件与产品实体、测试、需求、状态和人员追踪。它提供电子邮件服务，并具有有趣的工作流管理功能；它包括一个用XML和C#开发的Mapper函数，可实现对象不同视图的转换；它导入的数据可以与实施自动化、部分自动化或手动变更更新的规则关联。它包含Solibri模型检查器，可用于应用程序

和需求检查；它还使用 VRML 进行可视化。该 PLM 型系统正在适应 AEC 应用。

Open BIMserver（开源 BIM 服务器）：最早由荷兰国家应用科学研究院（Netherlands Organisation for Applied Science Research，TNO）和艾恩德霍芬理工大学（TU Eindhoven，又译“埃因霍芬理工大学”）开发，支持 IFC 的导入 / 导出，并将 IFC 作为系统的基础数据结构。它具有增量更新和变更管理功能。它通过 IFC 浏览器提供一个易于使用的（web）用户界面。它提供 IFC 版本控制，可以追溯谁在什么时候做了什么变更。它使用“Objectlinks”命令实现诸如“从模型中提取所有窗户”或“提取一面特定墙”的过滤和查询。它有一个访问 BIMserver 的 web 服务客户端，支持基于 SOAP（Simple Object Access Protocol，简单对象访问协议）和基于 REST（支 123
持基于 URL 的对象访问）的 web 服务。BIMserver 主要用 Java 开发，目前运行在 Berkeley 数据库上。它使用 RSS 订阅实现变更实时提醒，同时还对 bSDD 提供一些支持，目前正在开发一个内置的冲突检测应用程序。它支持将 IFC 模型导出为 CityGML，包括 BIM/IFC 扩展。目前，已有的基于 BIMserver 的客户端应用程序涵盖了冲突检测、渲染、gbXML 能耗分析接口、将 KML 与 SketchUp 文件导出给 Google Earth、XML 导出和竣工移交的 COBie 导出等领域。如今，Open BIMserver 是一个可访问源代码且拥有用户开发团队的共享软件系统。

Bentley i-Model：Bentley 开发的一款 BIM 服务器，采用可扩展 XML 格式，具有自己的模式，用于发布 DGN 和其他 Bentley 数据。它还提供了一个从 Revit 文件生成 i-Model 数据的插件。i-Model 数据也可以由 STEP 模型（包括 CIS/2、IFC 和 ISO 15926 数据模型）以及 DWG 和 DGN 格式文件生成。它为标记、审查模型以及整合 Bentley 公司内部的应用程序提供了一个平台。

Graphisoft BIM Server 和 BIMcloud：Graphisoft 为基于 ArchiCAD 和 IFC 的项目提供了基于 web 和云的具有简单项目访问控制、版本和变更管理功能的项目管理系统。基于 web 的工具称为“Graphisoft BIM Server”，基于云的工具称为“Graphisoft BIMcloud”。这两个系统有相似的模型管理基础功能。区别在于 BIMcloud 的多用户环境和管理功能比 BIM Sever 更强。Graphisoft BIM Server 是首批推出的 BIM 设计平台之一，其后端数据库管理的是对象而不是文件。这允许选择并操作对象，BIM 服务器会管理访问和访问锁。在大多数情况下，结合语境的对象读取和引用对象的使用大大减少了每个事务的范围。因此，可只对实际修改的对象进行更新，从而减少了需要传输的数据和更新所需的时间。所有用户都可以以图形方式查看其他用户检出的内容。更新不考虑未更改对象，称为“增量更新”。当对一个对象的更改涉及其他对象的更改，而这些对象可能没有检出，如何同步是一个重要问题。ArchiCAD 提供了三个选项：在选择操作对象时实时自动化同步，不需检出对象；必要时检出对象进行半自动化同步；或根据具体情况自动化、半自动化或手动同步。它支持使用 2D DXF 文件进行协同。

Dassault 3D Experience：其他行业对使用产品模型服务器的必要性早有认识。它们在电子、制造和航空航天等一些大型行业的实施，促成了有重要影响的 PLM 产业的形成。这些系统一般通过定制满足用户的个性化需求，通常涉及一组工具（包括产品模型管理、库存管理、材料和资源追踪、进度计划等）的系统集成。它们用一种专有的原生格式支持模型数据，或
124 许能够基于 ISO-STEP 进行数据交换。Dassault 3D Experience 就是一个这样的例子。Dassault 3D Experience 为包括 Dassault CATIA 和 Enovia SmartTeam 在内的多个 PLM 解决方案提供了一个基于云的平台。其不适宜中小型组织应用一直是个局限，但是通过降低价格壁垒，这个局限正在逐渐被打破。

BIM 360 Design：一款由欧特克公司提供的基于云的协同设计环境，允许多用户同时对同一设计进行审查和批注。欧特克公司还提供了其他 BIM 360 产品，适用于项目的不同阶段。例如，BIM 360 Field 是一个基于云的施工现场管理平台；而 BIM 360 Glue 是一个基于云的协同工具，用于不同专业模型的集成、可视化和审查。在撰写本书时，BIM 360 系列产品还没有完全集成，一些 BIM 360 产品还不是基于对象的管理系统，但下一步显然是朝着集成这些工具的方向发展。

Konstru：这是一个基于 web 的协同设计环境，是为了支持迭代设计和结构分析流程而专门开发的。用户可以使用通用的 BIM 设计和工程工具创建、编辑和分析 BIM 模型，还可使用嵌入在每个工具中的 Konstru 插件将最新模型上传到 Konstru 服务器。Konstru 管理变更的历史记录，允许用户回退到特定历史版本。Konstru 支持 Tekla Structures、Revit、Rhino、Grasshopper、Bentley Ram、SAP2000、ETABS 和 Excel。

除了上述工具之外，还有许多其他基于对象的协同项目管理系统。这方面的例子包括项目需求管理系统，比如 dRofus 和 Onuma 系统。第 5 章“建筑师和工程师的 BIM”将介绍这些工具。最近，一些基于文件的协同管理工具正致力于提供允许用户查看和操作对象层数据的模块，以便将其数据管理功能扩展到对象层。如欲深入了解 BIM 协同工具及其功能，请见沙菲克（Shafiq）等人的论文（2013）。

3.6 接口技术

开始引入 BIM 时，经常提到 BIM 模型作为“单一信息源”是 BIM 的主要优点之一。但很快就发现，用于不同用途和不同项目阶段的 BIM 模型需要不同的配置和信息。因此，提出了用于区分不同用途 BIM 模型的术语。这些术语的示例包括设计 BIM 模型、施工 BIM 模型、FM BIM 模型、记录 BIM 模型、四维 BIM 模型（用于进度计划和管理的 BIM）以及五维 BIM（用于成本预算的 BIM）模型。

另一个教训是，BIM 模型不能通过简单的模型“交换”流程重新调整用途，而是需要一个模型“转换”流程。不同之处在于，模型的每个预期用途（分析、模拟等）都需要新信息。在模型转换过程中，信息丢失在许多情况下是不可避免的（图 3-8）。接口技术是一种填补不

125

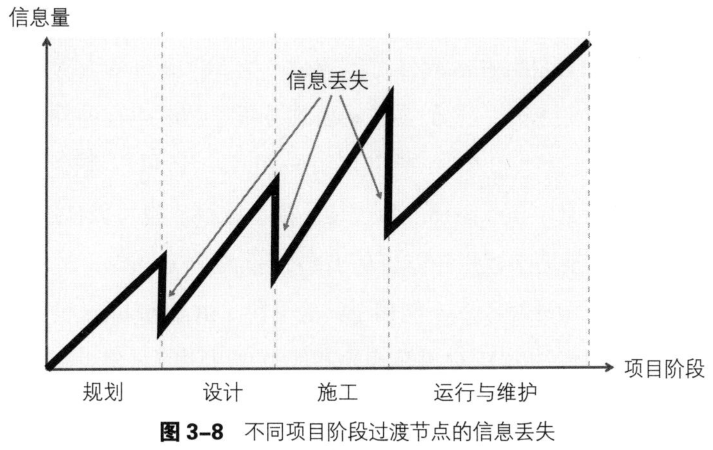

图 3–8 不同项目阶段过渡节点的信息丢失
改编自 Teicholz，2013。

同用途和不同项目阶段 BIM 模型之间信息缺口的软件工具或软件功能。本节简要介绍实现接口技术的两种方法：半自动化方法和语义方法。

3.6.1 半自动化方法

理想情况下，当有人想要将一个 BIM 模型重新用于一个不同于其创建目的的其他用途时，可以自动添加缺失的或新需要的信息。尽管这种完全自动化的接口技术仍处于早期开发阶段，但市场上有相当多的半自动化方法能够填充缺失或新需要的信息。例如，许多工程分析工具支持从设计模型到分析模型（比如能耗分析模型或结构分析模型）的半自动化或分步转换。一些结构深化设计工具，如 Tekla Structures、SDS/2 和 RAM Steel 等，也支持类似的转换。

有一些工具，如 CATIA（Digital Project）、GenerativeComponents 和 Grasshopper，使用基于拓扑的库对象自动生成和更新建筑元素。CATIA 里的 Knowledge Templates（知识模板）、Power Copies（超级副本）和 User Features（用户特征）都是基于拓扑的库。

在项目的早期阶段和后期阶段，对设计工具的功能需求有很大的不同，工作流程也不尽相同。早期阶段需要使用快速和易于操作的几何创建工具，而后期阶段则需要使用精确的基于对象的建模工具。早期设计工具的例子包括 SketchUp 和 Rhino；后期设计工具的例子包括 Revit、ArchiCAD、AllPlan、Vectorworks 和 Digital Project，以及在项目施工阶段使用的大量深
化设计工具。早期设计工具和后期设计工具之间的模型同步和转换一直是个难题 [例如，第 126
10.4 节中的韩国首尔东大门设计广场（DDP）案例研究]。目前，已开发出了几种将早期模型转换为详细模型的方法。例如，可以通过 Flux.io 和 Dynamo 实现 SketchUp 模型和 Revit 模型的同步。另一种方法是使用 Grevit。SketchUp 和 Rhino–Grasshopper 模型可以通过 Grevit 同时导入 Revit。另一种可能的方法是使用云服务进行数据交换，如第 3.5.3 节和第 5.3.3 节介绍的 Konstru。

另一个例子是将二维图纸转为 BIM 模型的工具。在许多项目中，设计只交付二维图纸的情况仍然很常见。广联达和 BuilderHub 软件可以通过一个循序渐进的流程用二维结构施工图生成框架 BIM 模型。在转换过程中，它们会自动发现并报告图纸存在的冲突。自动生成的模型可以导出给其他 BIM 工具，比如 Revit 或 Tekla Structures；还可以连接到结构分析工具进行结构优化；并可生成工程量。BuilderHub 报告说，模型转换流程可以从三个月减少到一天，并且在他们的案例研究中，钢筋工程量误差也从 10% 降低到 1%。

通常，某一平台创建的 BIM 对象库不能用于其他平台。由 BIMobject 公司开发的 BIMscript 和 LENA 可以将某一平台创建的 BIM 对象转换为其他平台可用的对象。BIMscript 和 LENA 还支持 IFC、3DS 和 DWG 格式。

这类自动化和半自动化的模型转换技术正在迅速发展，因为它们减少了填补不同用途和不同项目阶段 BIM 模型之间信息缺口所需的时间和精力。

3.6.2 语义方法

当在电脑屏幕上查看或漫游一个 BIM 模型时，您会看到什么？这在很大程度上取决于您的专业知识和经验。但无论您的专业水平如何，您通常可以从模型推断出模型明确表达以外的更多建筑信息。例如，当一个建筑师看到一个狭长空间，且有许多进出房间的门，那么即使没有标记或者没有定义空间和空间边界对象，他也会明白这是一个走廊。当结构工程师看到柱顶有穿越柱子的梁顶纵筋时，他就知道梁柱连接条件是固接的。模型包含线索，比如几何、拓扑等，人们可以通过解释这些线索洞察模型。

BIM 模型的语义丰富化是指使用人工智能技术为模型补充信息和以人类专家的方式解读
127 模型内容，并将推断的、隐含的信息写入模型。缺乏显式信息是模型不能直接用于自动化合规性审查和其他需要明确信息的应用程序的原因之一。

在缺乏定制的数据交换程序、中性交换文件（如 IFC 文件）力不胜任或源文件仅包含三维几何图形的情况下，使用特定用例所需的信息补充模型可以有所裨益。工业互操作性联盟（Industry Alliance for Interoperability，IAI，后来更名为“buildingSMART”）创始人的初衷是使 IFC 标准成为所有 BIM 交换的通用语言。不幸的是，在 AEC 行业的不同领域，人们在理解建筑、模拟建筑行为以及对表达建筑的数据进行概念建模的方式上存在显著差异，因此，IFC 标准必须非常通用。然而，现实是，用 IFC 表达建筑的方法很多，但它们并不统一（这就是为什么需要 MVD，正如第 3.3.5 节所述）。

要想快速、轻松地理解这一限制，请在您熟悉的软件中打开一个 BIM 模型，将模型导出为 IFC 文件；关闭模型，打开一个空白模型，最后导入 IFC 文件。模型是否与您导出的原始模型相似？它看起来几何是相同的，但当尝试基于导入的对象使用系统标准功能时——比如插入一扇窗、连接一个梁等，您可能会发现，您现在拥有的模型的功能明显低于您开始时的模型。这个练习称为 BIM“闭环”(round trip)。除了最简单的模型之外，到撰写本书时，还不能用已有的互操作性技术实现 BIM“闭环”。

BIM 模型的语义丰富化为克服这些问题提供了可能，因为它能使用 BIM 工具基于隐式信息推断出需要的信息。可推断和添加到 BIM 模型中的信息有以下几种：

1. 对象分类（类型）
2. 对象标识
3. 属性和属性值
4. 参数化几何
5. 聚合关系（……的一部分）
6. 功能关系（连接到……）
7. 关联关系
8. 参数化约束

在机械工程领域，当数据从一个工具传输到另一个工具时，语义丰富化在传递设计意图、基于对象之间的参数化约束（例如，轴直径与轴承直径之间的关系）建模等方面得到了应用。这类信息通常不在标准产品数据模型中；它需要基于接收的 CAD 信息进行语义丰富化。创新 128
的 PLM 技术可以从几何和空间拓扑推断出这种关系。例如，诸如西门子同步技术（Siemens Synchronous Technology）(Siemens，2014）等工具可以使用来自多个 CAD 系统的数据。给定一个 B-rep 模型，该工具可以将其处理为基于特征的 CSG 表达，并在此过程中推断出用于对象定位、尺寸调整和形体控制的参数化尺寸和约束。

在建筑设计和施工领域，已有语义和拓扑推理技术在模型查询和从模型中提取信息子集等方面的应用（例如，Won 等，2013a，以及 Borrmann 和 Rank，2009）。也有基于规则推理的语义丰富化在预制混凝土成本预算和基于点云数据生成的 CAD 文件重建桥梁 BIM 模型等方面的成功应用。还有基于人工神经网络的机器学习方法在公寓空间用途分类审查方面的成功应用（Bloch 和 Sacks，2018）。然而，语义方法仍然是研究和开发的主题，我们将在第 9 章进一步讨论。

第 3 章　问题讨论

1. DXF 交换格式与基于对象模式（如 IFC）之间的主要区别是什么？

2. 选择一个与您使用的 BIM 设计工具没有有效接口的设计或分析应用程序。确定 BIM 设计工具需要传送给这个应用程序的信息类型。

3. 接上题。考虑运行此应用程序可能会给 BIM 设计工具返回哪些信息？

4. 考虑一些简单对象的简单设计，比如乐高积木。使用 IFC，定义表达设计所需的 IFC 实体。使用 EXPRESS 解析器检查描述是否正确。

5. 对以下一项或多项协调活动，确定需要双向交换的信息：

a. 考虑建筑外壳能耗的建筑设计；

b. 考虑结构性能的建筑设计；

c. 与制作进度计划和材料追踪应用程序相协调的钢结构深化设计模型；

d. 考虑模块化模板系统模数限制的现浇混凝土结构设计。

6. 与基于文件的系统相比，BIM 服务器提供的功能有哪些不同？

7. 解释为什么基于 IFC 的设计系统之间的文件交换会导致错误。如何检查这些错误？

129 8. 假设您是管理项目 BIM 服务器的经理，该服务器存有结构分析模型和能耗分析模型。如果对物理（建筑意图）模型做了一处更改，如何同步才能使服务器里的各个模型保持一致？

9. 定义将在您项目中出现的所有应用程序之间的数据交换场景。这将成为您的 BIM 执行计划的一部分。

第 4 章 130

业主和设施经理的 BIM

4.0 执行摘要

业主可以通过使用 BIM 流程和工具实现更高质量、更好性能建筑的高效交付，从而从项目中获得显著效益。BIM 有助于项目参与者之间的协作，减少错误和现场变更，并使交付过程更加高效和可靠，从而减少项目时间和成本。有许多可发挥 BIM 作用的潜在领域。业主使用 BIM 模型和相关流程，可以做到：

- **提高建筑性能和可持续性**：通过基于 BIM 的能耗和照明分析与设计，可以提高整体建筑性能。
- **降低财务风险**：使用设计和 / 或施工 BIM 模型可以获得更早、更可靠的成本预算，并可改进项目团队协作，从而降低项目财务风险。
- **缩短项目时间**：通过使用 BIM 模型协调项目预制构件，减少现场施工时间，从而缩短项目时间。
- **支持精益施工实践**：通过目标价值设计（Target Value Design）和集成项目交付 131
（Integrated Project Delivery，IPD），专注于为业主创造价值。
- **确保项目合规**：通过对 BIM 模型的持续分析，使项目满足业主和项目所在地规范要求，确保项目的合规性。
- **优化设施管理和维护**：通过将相关竣工 BIM 模型和设备信息导出或集成到将在设施生命期内使用的系统，为设施管理提供支持。
- **支持 BIM 模型的全生命期应用**：当建筑在使用期间翻新和扩建时，通过保持竣工模型的准确性，支持 BIM 模型在建筑全生命期发挥作用。

几乎所有类型项目的业主都可以获得这些好处，但是大多数业主还没有认识到采用全生命期 BIM 应用方法或使用本书讨论的所有工具和流程所能带来的好处。为了充分实现 BIM 的好处，有必要对交付流程、服务供应商选择策略以及项目的 BIM 使用方法做出重大改变。不少业主正在重写合同条款、施工技术规格书和 BIM 执行计划（BIM Execution Plans，BEP），并尽可能将基于 BIM 的协作流程和技术应用到项目中。大多数发起和 / 或参与 BIM 应用的业主通过更快、更可靠地交付更高价值的设施和降低运维成本，在市场上获得了优势。面对这些变化，一些业主正在积极引领在其项目中使用 BIM 工具，并为设施开发和设施管理员工接受 BIM 教育提供便利和支持。

4.1 引言：业主为什么要关注 BIM

精益流程和数字建模为制造业和航空航天业带来了革命性的变革。这些生产流程和工具的早期采用者，如丰田公司和波音公司，在提高制造效率的同时，也取得了商业上的成功（Laurenzo，2005）。后期采用者必须迎头赶上才有竞争力，尽管他们可能没有遇到早期采用者遇到的技术障碍，但他们仍然必须应对工作流程的重大变革。

AEC 行业也面临一场类似的革命，需要同时进行流程变革和实现从基于二维施工图的分阶段交付流程转向基于数字建模的协作工作流程的转型升级。BIM 的基础是一个充分协调且信息丰富的 BIM 模型，可用于项目的原型设计、分析和虚拟建造。这些工具广泛地增强了 3D CAD 和曲面建模能力，提高了连接设计信息与业务流程（如预算、销售预测和运维）的能力。
132 这些工具支持协作的而不是碎片化的项目实施。这种协作建立了团队成员的互信以及为业主服务的共同目标，而不是建立竞争关系，让每个团队成员都努力最大程度地实现各自的目标。相反，基于图纸的流程，分析软件不能直接读取建筑设计信息，通常需要重复、冗长和容易出错的数据输入，其结果是导致不同阶段过渡节点的信息资产价值损失，有更多的机会出现错误和遗漏，以及为了生成准确项目信息的更大投入，如图 4–1 所示。因此，这样的分析可能与设计信息不同步，并出现错误。使用基于 BIM 的流程，业主可以通过整合设计和施工流程实现更高的投资回报，从而增加每个阶段项目信息的价值，提高项目团队效率。同时，业主还可在项目质量、成本和设施未来运行方面获得回报。

传统上，业主并不是建筑业变革的推动者。长期以来，他们一直被典型的施工问题所困扰，如成本超支、进度延误和质量问题（Jackson，2002）。与生命期成本或长年累月的运行成本相比，许多业主将建造成本视为相对较小的资本支出。

为业主提供服务的公司（AEC 专业公司）常常对业主的短视和频繁要求的最终影响设计质量、施工成本和进度的变更指指点点。而这些变更通常是由于工程设计阶段分析和模拟不

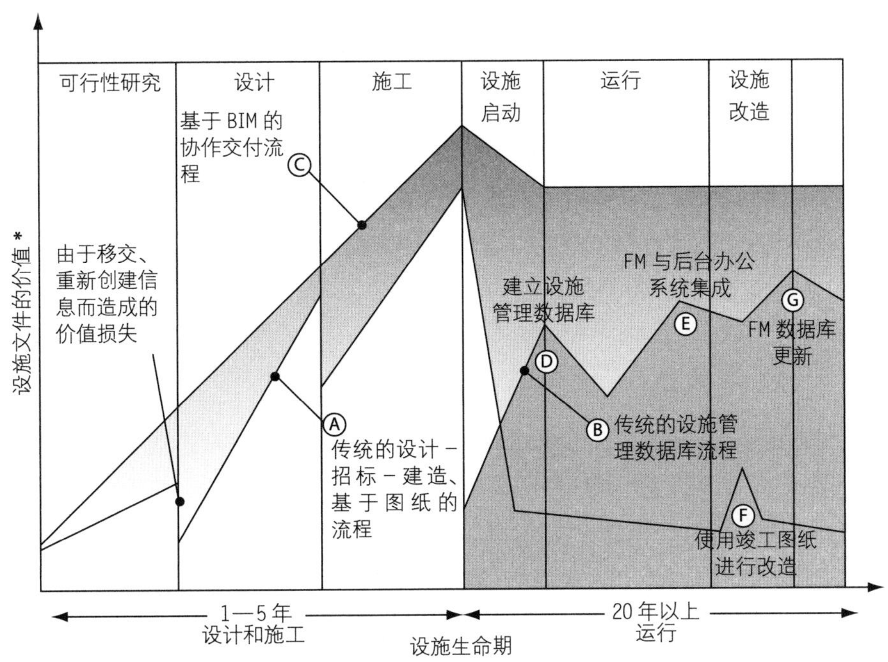

图 4–1 图纸与基于 BIM 流程之间的建筑生命期信息质量比较

足，以及专业设计人员经常使用基于信息孤岛的业务流程造成的。变更带来的负面影响与图 133
纸的使用有关，因为其在发生变更时很难保持一致。

由于 BIM 具有解决这些问题的巨大潜力，业主可以从它的使用中获得最多好处。因此，各种类型的业主都必须了解为什么应用 BIM 能够带来竞争优势，并应支持组织更好地响应市场需求，以获得更好的投资回报。由服务供应商领导 BIM 实施，一方面，有利于供应商寻求自身的竞争优势；另一方面，内行的业主也可以更好地利用设计和施工团队的专业知识和技能。

表 4-1 是从业主视角汇集的本章所述的 BIM 应用，以及这些应用分别带来的好处。本章所述的许多 BIM 应用将在第 5—7 章以及第 10 章中的案例研究中进行更详细的阐述。

业主、业主－运行商和业主－开发商的 BIM 应用领域和潜在好处汇总表　　表 4–1 134

服务供应商（相关章节）	业主的特定 BIM 应用领域	市场驱动力	对业主的好处	第 10 章和《BIM 手册》配套网站中的相关案例研究
设计师和工程师（第 5 章）	空间规划和策划合规性	成本管理；市场复杂性	确保满足项目需求	伦敦地铁维多利亚站、新加坡南洋理工大学北山学生宿舍
	能耗（环境）分析	可持续性	改善可持续性和减少能耗	俄勒冈州波特兰万豪酒店改造 *、芬兰赫尔辛基音乐厅 *

续表

服务供应商（相关章节）	业主的特定 BIM 应用领域	市场驱动力	对业主的好处	第 10 章和《BIM 手册》配套网站中的相关案例研究
设计师和工程师（第 5 章）	设计配置 / 情景规划	成本管理；建筑和基础设施的复杂性	设计质量沟通	爱尔兰都柏林国家儿童医院
	建筑系统分析 / 模拟	可持续性	建筑性能和质量	法国巴黎路易威登基金会艺术中心
	设计沟通与审查	市场复杂性和语言障碍	沟通	所有案例研究
设计师、工程师和承包商（第 5 章和第 6 章）	工程量计算和成本预算	成本管理	设计过程中更可靠和更早的预算	科罗拉多州丹佛圣约瑟夫医院
	设计协调（冲突检测）	成本管理和基础设施复杂性	减少现场错误，降低施工成本	韩国高阳现代汽车文化中心
承包商和制作商（第 6 章和第 7 章）	进度模拟和 4D	入市时间、劳动力短缺和语言障碍	可视化进度沟通	爱尔兰都柏林国家儿童医院
	项目控制	项目控制	追踪项目活动	新加坡南洋理工大学北山学生宿舍
	预制	预制	减少现场人员，提高设计质量	韩国高阳现代汽车文化中心、新加坡南洋理工大学北山学生宿舍、科罗拉多州丹佛圣约瑟夫医院
业主（第 4 章）	财务预算	成本管理	提高成本可靠性	得克萨斯州达拉斯希尔伍德商业项目 *
	运行模拟	可持续性；成本管理	建筑性能和可维护性	伦敦地铁维多利亚站
	调试和资产管理	资产管理	设施和资产管理	加利福尼亚州帕洛阿尔托斯坦福神经康复中心
	建筑升级改造	更快的评估	更快进入市场	加利福尼亚州帕洛阿尔托斯坦福神经康复中心

* 这些案例研究可在《BIM 手册》配套网站上找到。

133 4.2　业主在 BIM 项目中的角色

在下面的章节中，我们概述推动各类业主采用 BIM 技术的驱动因素，并描述当前可用的不同类型的 BIM 应用。这些驱动因素包括：

- 早期和经常性的设计评估；
- 设施的复杂性；
- 上市时间；
- 成本的可靠性及其管理；
- 出现渗漏、故障、不当维护等质量问题；

- 可持续性；
- 资产管理；
- 设施在其生命期内的改造。

4.2.1 设计评估

业主必须能够根据自己的需求在设计的每个阶段管理和评估设计范围。在方案设计阶段，通常涉及空间分析。随后，需要评估设计是否满足功能需求。过去，这仅限于使用二维介质，并仅限于手动流程，业主依赖设计师绘制图纸和制作图像或渲染动画完成设计。然而，即使一开始有明确的需求，但需求也会经常发生变化，业主很难确保所有需求都能得到满足。

此外，越来越多的项目涉及既有设施改造或在城市环境中建造建筑。这些项目常常影响到周围社区或当前设施用户。当所有项目利益相关者不能充分理解项目图纸和进度时，就很难获得他们的意见。以下段落介绍业主为了获得期望的结果应该如何与他们的设计团队 135
合作：

- **策划需求的整合开发**：在策划和可行性研究阶段，业主与顾问合作开发项目策划和需求。通常，在此过程中，他们几乎收不到有关各种策划专题或项目需求的可行性和成本的任何反馈。有望改变这一现状的工具是 BIMStorm，一个由 Onuma 系统公司开发的环境和流程，它允许业主、多参与方和利益相关者共同构思项目，多渠道征求意见，并从成本、时间和可持续性角度对各种设计选项进行实时评估。图 4-2 展示了使用 BIMStorm 的一次会议。图中，团队正在基于一个方案模型，实时开发真实策划。

图 4-2 使用 Onuma 系统开展 BIMStorm 活动的团队协作照片
照片由 Onuma 系统公司和宾夕法尼亚州立大学计算机整合建设研究项目组提供。

- **通过 BIM 空间分析提高策划与实际需求的符合性：**美国海岸警卫队等业主能够使用 BIM 建模工具进行快速空间分析，详见《BIM 手册》配套网站中的海岸警卫队设施规划案例研究。该案例研究包括了一组展示如何使用模型（空间和数据两种方式）实时检查策划与实际需求是否符合的照片。房间可根据尺寸和功能自动配置不同颜色。在某些情况下，颜色编码可以提醒设计人员或房间所有者（业主），房间面积是否超过或
136 不满足实际需求。这种视觉反馈在概念和方案设计阶段是非常宝贵的。因此，业主可以在确保组织需求得到满足的情况下实现项目的高效策划。
- **通过可视化模拟从项目利益相关者那里获得更有价值的输入：**业主通常需要收集来自项目利益相关者的足够的反馈，但这些利益相关者要么没有时间，要么对提供的项目信息不太理解。图 4–3 是法官评审法庭规划的照片。图 4–8 展示了某医院所有楼层的 4D 进度，用于与每个科室沟通施工顺序，以收集施工对医院运营影响的反馈。在这两个项目中，基于 BIM 模型的快速场景比较极大地加快了评审过程。传统上使用的实时和高精度渲染的漫游技术只适于探索某一设计方案，而 BIM 和 4D 工具使探索多个假设设计方案更加容易和经济可行。
- **快速调整配置，探索设计场景：**可以在模型生成工具或专用配置工具中对房间进行实时配置。图 4–4 是使用 Aditazz 软件进行自动化空间规划的一个示例，该软件将医院的客户房间需求与患者的交通模式相结合，基于给定的平面布局创建优化的房间配置并给出交通模拟结果。另一个旨在帮助业主快速评估备选设计方案可行性的工具是由贝克技术有限公司（Beck Technology，Ltd.）开发的 DESTINI Profiler 系统。该系统可基于

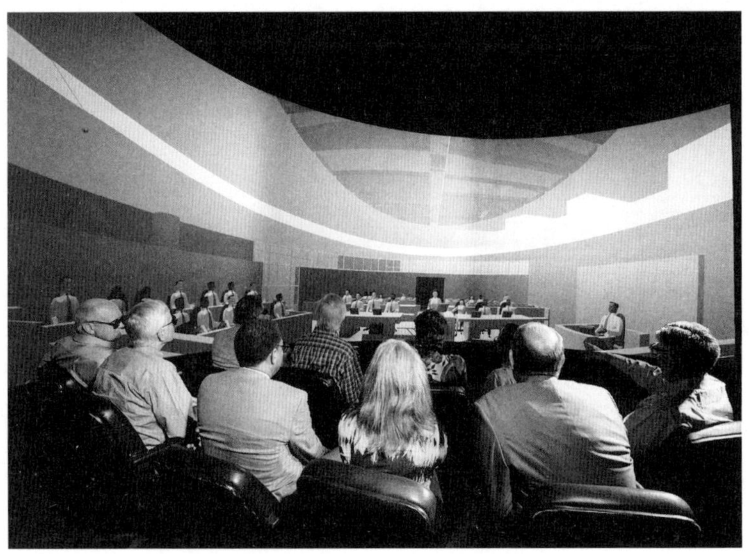

图 4–3 在虚拟现实环境中业主（GSA）和法官进行交互式设计评审的照片
照片由华特·迪士尼影像工程公司提供。

1. 定义功能和空间需求　　2. 用室内对象布置房间　　3. 在建筑里布置房间 137

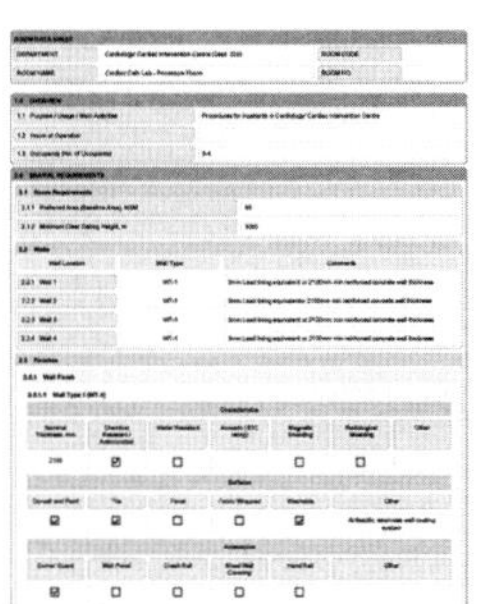

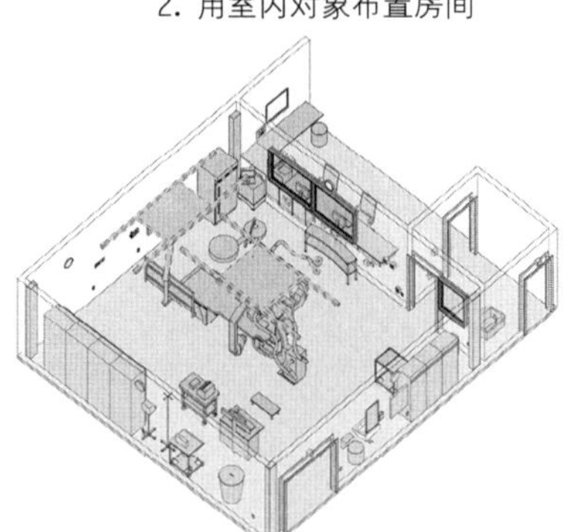

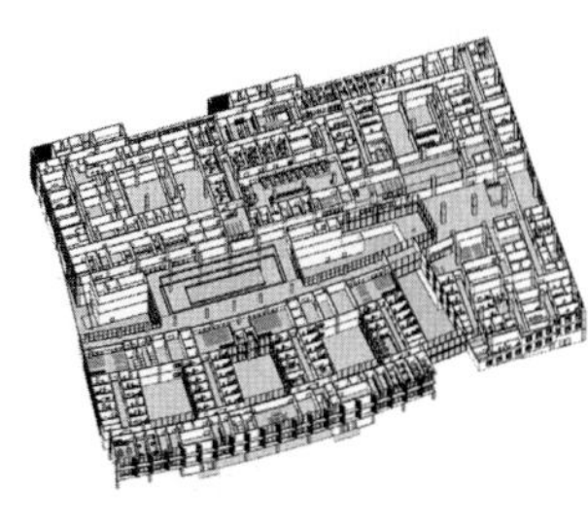

4. 识别和测量房间之间的交通模式　　5. 测量空间（房间）利用率

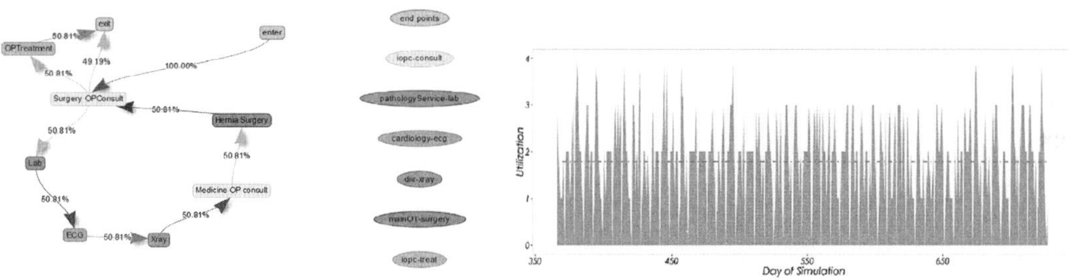

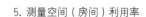

图 4-4 从概念需求到人流模拟的自动化空间规划示例（见书后彩图）
图片由 Aditazz 公司提供。

一个简略的三维模型，对包含业主成本数据和功能需求的备选方案进行快速评估。本章后面的例子会详细讨论这款软件。

- **在设计阶段对预制构件和模块化部件的使用进行评估**：为了应用预制模块替代工地现场建造，最好能在设计阶段早期对该选项进行评估。这允许项目团队将预制部件纳入设计 BIM 模型，从而考虑使用它们能为设计、工期和成本带来哪些机会。到了深化设计阶段再这么做就很难了。第 10 章的南洋理工大学北山学生宿舍案例研究对此进行了说明。
- **模拟设施运行**：为了评估设计质量，除了漫游或可视化模拟之外，业主还需要进行其他类型的模拟。这些模拟可以包括群体行为或应急疏散场景。图 4-5 展示了某一地铁站典型一天的人群模拟以及相关分析。模拟场景是基于 BIM 模型生成的。此类模拟不 138
仅需要大量人力，并且需要使用专用的工具和系统。然而，对于那些必须进行此类模拟的设施，由于这些专用工具需要精确的三维模型输入，而 BIM 模型恰好满足这一需求，因而，创建 BIM 模型的初始投资在这里得到了回报。第 10 章的伦敦地铁维多利亚站案例研究对这些模拟进行了说明。

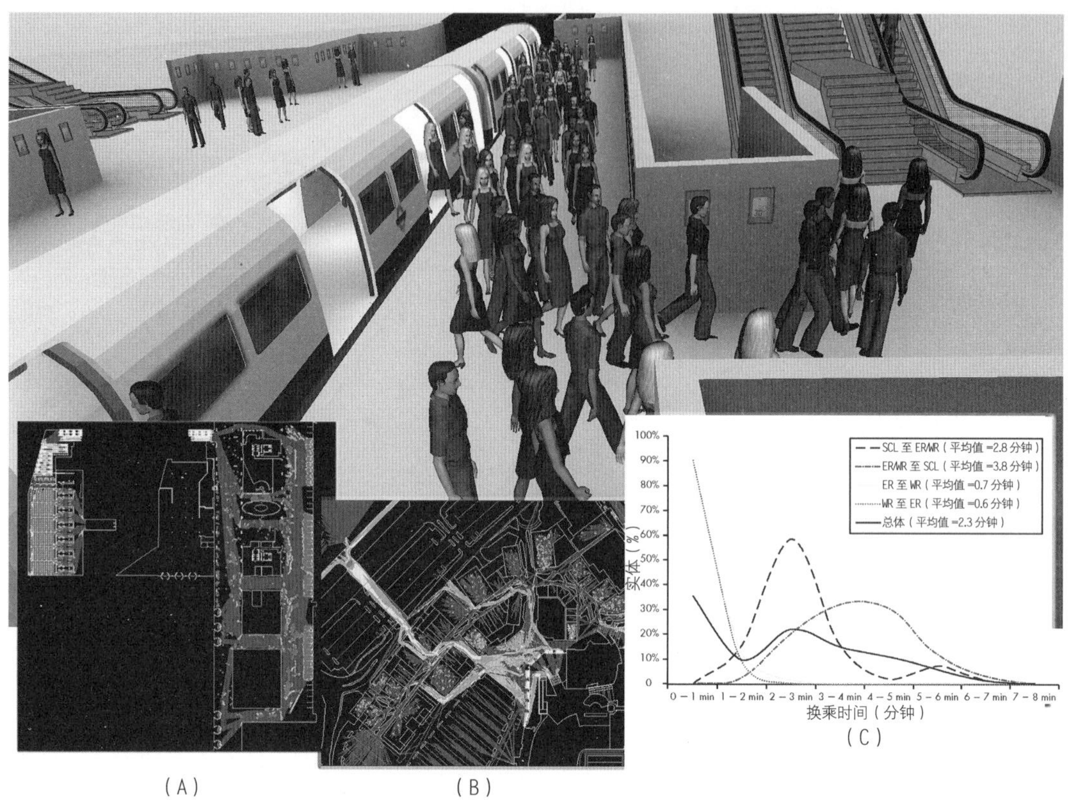

图 4–5 由军团（Legion）工作室完成的基于二维和三维建筑信息的可视化和分析输出示例。三维渲染展示了某一地铁站某一工作日早高峰的模拟。（A）用颜色表示平均速度的机场地图，其中红色表示缓慢移动，蓝色表示自由移动；（B）体育场地图，包括通道和相邻零售设施，用颜色显示平均密度，红色和黄色表示最高密度的位置；（C）乘客换乘不同起点 – 终点列车的换乘时间比较图（见书后彩图）

图片由军团（Legion）有限公司提供。

139 4.2.2 建筑基础设施和建筑环境的复杂性

现代建筑的基础设施以及交付建筑涉及的组织、财务和法律体系都很复杂。项目会不可避免地遇到晦涩的建筑规范、法律规定和责任问题，而且它们往往会成为项目团队完成项目的瓶颈或严重障碍。通常，业主必须同时协调设计和报审工作。然而，现代建筑的基础设施正在变得越来越复杂。传统的 MEP 系统正在与数据 / 电信系统、建筑传感器或仪表以及某些情况下的精密或电气设备集成。业主可以基于 BIM 工具和流程通过以下方法协调日益复杂的建筑基础设施和监管流程：

- **通过将 MEP、建筑和结构系统完全整合进三维模型协调基础设施：**BIM 模型允许对各专业基础设施进行虚拟协调。设施业主可以和来自运维团队的代表一道提出协调意见并进行模型审查。这可避免因设计缺陷造成返工。第 10 章中的法国巴黎路易威登基金会艺术中心、韩国高阳现代汽车文化中心和伦敦地铁维多利亚站项目案例研究（及其他案例研究）展示了业主是如何与施工团队合作，使用数字化三维模型协调复杂的混凝土结构、钢结构和 MEP 系统的。

- **通过对协调模型的交互式审查，为建造高质量和可维护的基础设施奠定基础**：许多业主需要在常规的 MEP 协调基础之上做更多的事，以确保在对 MEP、数据 / 电信系统和设备维护时能有进出通道和足够的维护空间。这对于严重依赖这些系统的公司尤其重要，例如需要提供 7 天 24 小时可靠服务的生物科技和技术公司。通过对一个集成的 BIM–FM 系统进行交互式审查，业主可以虚拟地查看和模拟维护程序。第 10 章的马里兰州切维蔡斯霍华德 · 休斯医学研究所案例研究对此进行了详细讨论。
- **通过协作，创建、验收信息模型，防止诉讼**：今天，许多项目通过诉讼解决变更引起的费用问题。这些问题包括设计方推责，认为变更是业主发起的；业主方推责，认为设计方没按合同要求做；承包商就工作范围、信息缺乏或不准确的项目文件进行争论。以 BIM 模型为中心的流程可以减少这种情况的发生，因为创建的模型具有高度的准确性和精细度。创建模型的协同工作通常会培养项目参与人员树立更强的责任意识。

4.2.3　可持续性 140

绿色建筑的发展趋势促使许多业主考虑其设施的用能效率和项目对整体环境的影响。建造可持续建筑是一种良好的建筑实践，可使设施具有更强的市场竞争力。BIM 模型胜过传统二维设计的优势在于其能提供进行能耗或其他环境分析所需的丰富信息。具体的 BIM 分析工具在第 2 章和第 5 章都有详细讨论。从业主的角度来看，BIM 流程有助于实现以下目标：

- **通过能耗分析降低能源消耗**：在美国，建筑物的照明、供暖和制冷大约占总能源消耗的 40%。它是业主运行成本中非常重要的一部分。因此，对建筑系统进行节能改造，比如增强隔热性能或改进控制系统，往往能够获得可观的效益。进行这种效益评估的挑战在于确定某一具体设计可实现的实际能耗减少量。目前，业主可使用很多工具计算节能投资的收益和回报，包括全生命期分析，这些将在第 5 章中讨论。虽然这些分析工具并不完全需要从 BIM 模型输入信息，但是模型可提供极大的方便。第 10 章中的新加坡南洋理工大学北山学生宿舍案例研究和《BIM 手册》配套网站中的芬兰赫尔辛基音乐厅案例研究展示了节能分析工具可以和 BIM 工具进行整合。
- **使用模型创建和模拟工具提高运营效率**：可持续设计可以极大地影响整个工作场所的生产力。运营成本的 92% 花在了在设施中工作的员工身上（Romm，1994）。研究表明，零售店和办公室的自然采光可以提高生产力并减少缺勤（Roodman 和 Lenssen，1995）。BIM 技术为业主提供了在考虑项目成本和总体需求情况下，解决采用自然采光与减少眩光和太阳热增益矛盾所需的工具。为了最大程度发挥玻璃系统的潜在优势，芬兰赫尔辛基音乐厅设计师比较了不同的设计方案。设施建成后，业主可以使用 BIM 模型监测能耗并用设计数据与实时使用情况进行比较。

4.2.4 公共建设机构：BIM 采用指南

许多政府机构发布了针对其负责的设计和施工项目的规章制度和指南，对供应商在设计、施工和移交每一阶段的流程、程序和交付成果做出规定。欲见其中一些指南［尤其是美国总务
141 管理局（General Services Administration，GSA）］的全面介绍，请参见《设施管理应用 BIM 指南》（*BIM for Facility Managers*）* 第 3 章（Teicholz 等，2013）。萨克斯（Sacks）等人（2016）也对一些业主 BIM 指南文件进行了深刻解读。以下是众多公共机构已发指南中涉及最多的主题：

1. **互操作性**（开放式体系架构、数据管理）：规定服务供应商如何提供 BIM 模型数据，特别是以何种格式提供，以便在项目供应商之间以及项目和下游信息用户（如设施维护和运行）之间进行信息交换。

2. **BIM 经理（项目协调经理、项目模型经理、BIM 模型经理、DB 团队 BIM 协调员）的作用**：负责管理项目 BIM 模型人员的职责和作用是什么？

3. **协同模式**（协调、冲突检测）：许多指南规定了项目伙伴如何协同，有些给出了技术信息共享协议，还有一些甚至定义了需要采用的合同形式（例如 IPD）。

4. **设计师资格预审**（BIM 熟练程度）：对参与建设项目的设计师和其他合作伙伴的 BIM 技能与经验的最低要求是什么？以及判断他们是否具有所需 BIM 技能与经验的方法是什么？

5. **BIM 在项目各阶段的作用**（各个设计阶段）：项目的主要阶段是什么？每个阶段的交付成果是什么？

6. **发展程度 / 细化程度**（成熟程度、建模需求、模型定义级别）：大多数指南都对不同设计专业模型在不同项目阶段的详细程度作了规定。

7. **运行和维护需求**［建造与运行建筑信息交换（COBie）］：移交给运维方的建筑信息的内容和格式是什么？

8. **BIM 执行计划**［项目 BIM 工作计划、BIM 管理计划、BIM 数据采集指南、资产信息模型（AIM）维护］：许多指南要求项目团队制定一份将 BIM 纳入项目信息流的正式且具体的计划并付诸实行。

9. **模拟**（分析、模拟、能耗建模）：BIM 的许多价值在于能够在设计过程中运行软件模拟建筑行为，检查是否符合规范。有些指南要求使用指定工具进行特定模拟和分析。

142 10. **付款时间表**（设计费用支付时间的变革）：与使用传统设计工具相比，使用 BIM 通常可在项目早期生成非常细致的设计成果。一些指南规定，将一部分设计费用提到项目生命期的早期支付。

第 8.4 节讨论了来自世界各地公共和私营机构的 BIM 指南。

---

* 此书中文版由中国建筑工业出版社于 2017 年 5 月出版。——译者注

4.3 成本和时间管理

4.3.1 成本管理

每当业主必须面对成本超支或意外成本情况时，他们要么基于价值分析允许超过预算，要么取消项目。为了降低超支和不可靠预算带来的风险，业主和服务供应商在预算或“为应对施工不确定性的提留预算”中增加了不可预见费（Touran，2003）。图 4–6 显示了业主及其服务供应商用于预算的不可预见费占比。根据项目阶段的不同，这些费用的占比从 50% 到 5% 不等。不可靠预算会使业主面临重大风险，人为增加项目成本。

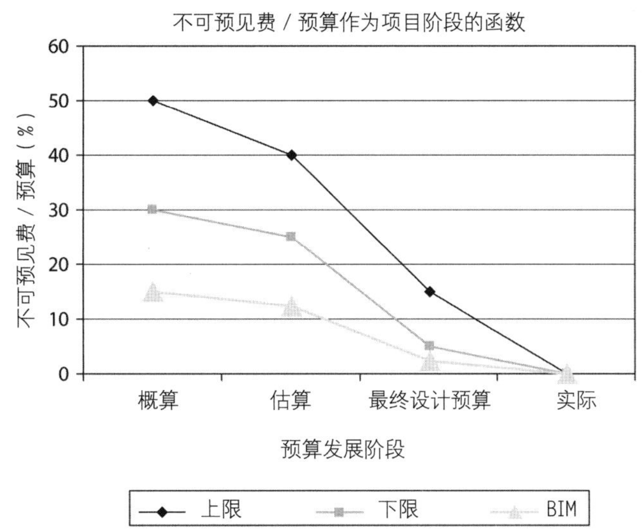

图 4–6 业主在项目不同阶段通常增加的不可预见费在预算中的占比上限和下限以及应用 BIM 预算对预算可靠性的提升

数据来自 Munroe（2007）以及 Oberlender 和 Trost（2001）。

成本预算的可靠性受许多因素影响，包括随时间变化的市场条件、预算编制时间与执行 143
之间的时间间隔、设计变更和质量问题（Jackson，2002）。BIM 模型的精确性和可计算性为业主进行工程量计算与预算以及快速反馈设计变更产生的成本提供了可靠的数据来源。了解这一点很重要，因为概念规划和可行性研究阶段的早期对成本的影响最大，如图 4–7 所示。预算人员指出，时间不足、设计文件不完善、项目参与者之间的沟通不畅，特别是业主与预算人员之间的沟通不畅，是造成预算结果不佳的主要原因（Akintoye 和 Fitzgerald，2000）。

业主可以通过应用 BIM 管理成本，从而实现：

- **使用概念规划 BIM 模型在项目早期提供更可靠的概算：** 使用包含历史成本信息、生产力信息和其他概算信息部件生成的概念规划 BIM 模型，可以为业主提供各种设计方案的快速概算反馈。在项目的早期，准确的概算是非常有价值的，对评估项目预留的现

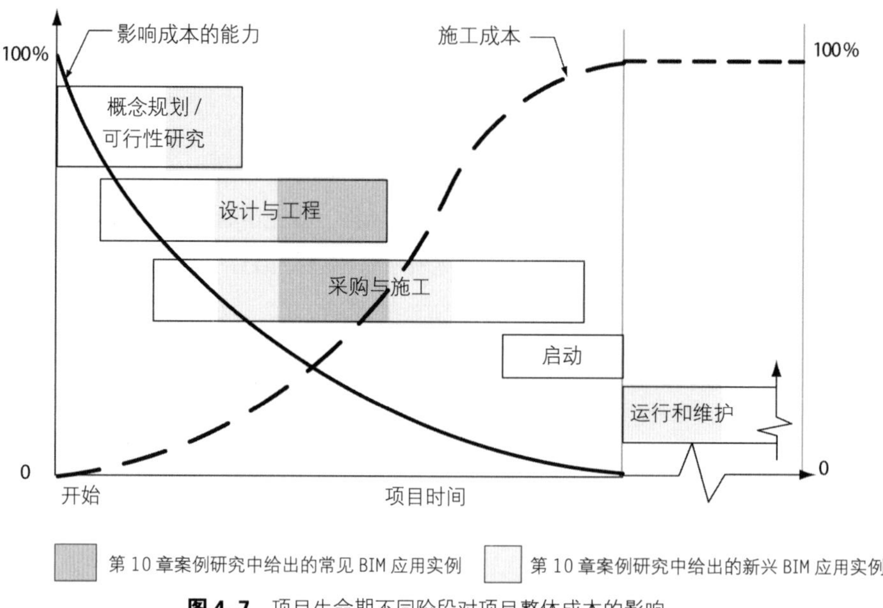

图 4–7 项目生命期不同阶段对项目整体成本的影响

金流和采购资金是否到位非常有用。《BIM 手册》配套网站上讨论的得克萨斯州达拉斯希尔伍德商业项目案例研究说明了这种 BIM 应用的好处。

- **使用 BIM 工程量计算工具提高预算速度和精细度**：业主和预算师都在努力提高应对设计和需求变更，以及了解这些变更对整体项目预算影响的能力。通过将设计模型与预
144 算流程连接起来，项目团队可以加快工程量计算和整体预算流程，快速获得对拟订设计变更的成本反馈（见第 5 章和第 6 章）。《BIM 手册》配套网站讨论的得克萨斯州达拉斯希尔伍德商业项目案例表明，经验丰富的预算师在设计早期使用与 BIM 模型连接的概念规划预算软件可以显著缩短时间，并可获得与手工计算差异很小的结果。它还提供了一个可视化模型，展示了预算中所用工程量的来源。《BIM 手册》配套网站讨论的中国香港港岛东中心案例研究表明，基于更加可靠和精确的 BIM 设计生成的预算，业主能够设定较低的不可预见费。在科罗拉多州丹佛圣约瑟夫医院和爱尔兰都柏林国家儿童医院案例研究（第 10 章）中，团队经常进行基于模型的成本预算，以确保设计在预算内。然而，业主必须认识到，基于 BIM 的工程量计算及预算只是整个预算流程中的第一步；它并没有彻底解决遗漏问题。此外，基于 BIM 部件的工程量计算没有考虑场地条件或设施的复杂性，这些因素需要预算人员额外考虑。基于 BIM 的成本预算有助于经验丰富的成本预算师提高生产效率和准确性，但并不能取代他们。

4.3.2 加快上市时间：进度管理

所有行业都关注产品上市时间，设施建设往往是一个瓶颈。制造企业有明确的产品上市

时间要求，必须探索更快、更好、更经济交付设施的方法和技术。BIM 为业主及其项目团队提供了部分自动化设计、施工模拟和实现场外制作的工具。这些最初用于制造与流程型设施的创新现在可用于一般商业设施。接下来讨论的创新可为业主提供多种满足时间要求的 BIM 应用：

- **使用参数化模型和目标价值设计缩短入市时间**：较长的建设周期会增加市场风险。经济繁荣时投资的项目可能会在经济低迷时进入市场，这将极大地影响项目的投资回报率（Return On Investment，ROI）。采用 BIM 流程，例如基于 BIM 的设计和预制，可以大大缩短项目从批准立项到设施竣工的时间。BIM 模型部件的参数化特性使设计变更 145
更容易，并可自动化更新施工图。当参数化设计与基于 BIM 模型部件的成本模型相结合时，可以对设计进行迭代并快速评估项目成本。特别是，使用 BIM 进行工程量计算和成本预算，有助于实现目标价值设计，正如下面“从预算倒推”专栏和蒂梅丘拉山谷医院项目（Temecula Valley Hospital project，Do 等，2015）展示的那样。

从预算倒推 146

如果有一句话是预算师很少听到的，那就是“金钱不是问题”。很少遇到设计决策不太受预算影响的项目。如果建筑公司能够帮助业主从每一美元的投资中获得最大回报，他们将不仅赢得工作，还将赢得终生客户。

不能让设计驱动预算（因为这经常需要在流程的后期进行价值分析），而应采用目标价值设计方法，在施工前期的早期让预算驱动设计。这个概念允许整个施工前期团队基于经过验证的预算成本反向工作，从而最大程度地利用业主的预算。

贝克技术有限公司（Beck Technology，Ltd.）的 DESTINI Profiler 软件允许在三维建模过程中将每个设计元素与成本绑定在一起，可作为预算人员评估各种设计和材料选项对成本影响的工具，以帮助业主做出最实惠的选择。

实时做出明智的设计决策 147

在叶茨建设公司（Yates Construction），DESTINI Profiler 软件在目标价值设计中起着至关重要的作用。预算人员经常在概念开发的早期阶段使用它，向业主展示在既定预算范围内的各种可能性。

“我们可以让建筑师、施工经理和业主在同一个房间里举行圆桌会议，碰撞出一堆想法，并迅速对设计进行变更，”叶茨公司预算师斯坦利·韦尔戈斯（Stanley Wielgosz）说。“如果业主说，‘如果我们这样做了会怎么样？把这部分建筑推进去如何？增加这么多房间？它看起来怎么样？费用是多少？’，我们就可以在会议期间使用 DESTINI Profiler 展示变更效果。”

例如，在最近承接的一个学校项目中，叶茨公司将方案图纸导入 DESTINI Profiler，创建了一个三维模型，然后将模型与公司的成本数据库关联。

“我们在地区主管和注册会计师面前展示这个模型，”韦尔戈斯说。“可视化模型及其包含的成本信息给他们留下了非常深刻的印象。如果他们需要更改，我们可以在这个项目早期阶段基于设计模型以透明的方式即时给出计价。”

目标价值设计概况

“倒推确保我们与预算一致，同时让我们有机会为客户提供明智、具有成本意识的设计选项。”

在一次向学校董事会的汇报中，叶茨团队对 DESTINI Profiler 模型进行了动态修改，尝试各种选择，展示该地区可以如何灵活利用建设资金。例如，预算师能够可视化展示，如何通过选择不同的教室顶棚材料实现每平方英尺节省 5 美元。他们能够从预算倒推，并通过提出具有成本意识的设计方案，确保学区建设符合预算。

跨部门协作

贝克集团的施工前期总监杰夫 · 拉特克利夫（Jeff Ratcliff）指出，施工前期团队和建筑师 / 设计团队必须协调一致，沟通顺畅，共同致力于达到同一目标。尽管施工前期团队偏好成本驱动，建筑师团队偏好美学驱动，但从一开始就对所用元素达成一致对于保持项目按预定方向进行至关重要。拉特克利夫说，最关键的是要让所有参与人员都专注于为业主创造价值。使用 DESTINI Profiler 软件可以做到这一点，它允许施工前期团队和设计团队共同探索不同选项，并将这些选项呈现给业主，以使他们做出明智的决策。

由于 DESTINI Profiler 包含历史成本数据，包括各种类型房间的设计模块，因此施工前期团队可以根据各种假设快速创建模型，并向设计团队提供基于模型的房间表。在成本
148 数据中单独列出各个元素的投标价格，各个元素（如屋顶、外装、内装或场地工程）具有各自的预算值。同时，为每个元素分配一组人员，由其决策如何满足预算值。

“我们让建筑师专注于创作，而我们可以轻松地为他们的创作计价。”拉特克利夫说。“使用每个元素的投标价格，可将投标重点放在总价是否与目标价相符上。”跨部门团队可以原始预算为准绳持续追踪项目进展，并在此过程中不断更新数据，以了解每次更改对成本产生的影响。

145 ● **通过三维协调和预制缩短工期**：所有业主都要为施工延期或超长的项目工期付出代价，包括贷款利息支付、损失的租金收入或其他商品或产品的销售收入。在新加坡南洋理

工大学北山学生宿舍项目（参见第 10 章案例研究）中，南洋理工大学（由南洋理工大学发展与设施管理办公室作代表）必须在 26 个月的极短时间内提供一栋学生住宿设施。他们决定采用 PPVC（Prefinished Prefabricated Volumetric Construction，预制预装修模块）技术开发一个拥有 1660 个单元的新学生宿舍。将 BIM 技术用于早期协调、可施工性分析（包括制作和运输）以及现场安装，提高了设计、制作和现场生产力，从而为准时交付提供了可靠支撑。需要指出的是，如果不在设计过程早期进行规划和协调，使用模块化解决方案会出现一些重大失误。

- **基于 BIM 制定进度计划降低与进度相关的风险：**施工进度经常受到高风险作业、依赖其他因素、多组织参与和复杂工序等方面的影响。这些活动经常发生在既有设施改造等项目中。在这些项目中，施工必须与正在进行的运营相协调。例如，代表业主的施工经理可以使用四维模型（见图 4–8 和第 6 章）与医院员工沟通进度计划，以减轻施工活动对医院运营的影响（Roe，2002）。此外，在项目规划阶段使用 4D，便于理解不同设计决策对成本、利润和施工方案产生的影响。
- **使用四维 BIM 模型快速响应不可预见现场状况：**业主及其服务供应商经常遇到即使用最好的数字模型也无法预测的状况。使用数字模型的团队通常能够更好地应对不可预见状况并按时完成任务。例如，一个零售项目计划在感恩节前（赶上假日购物季）开

146

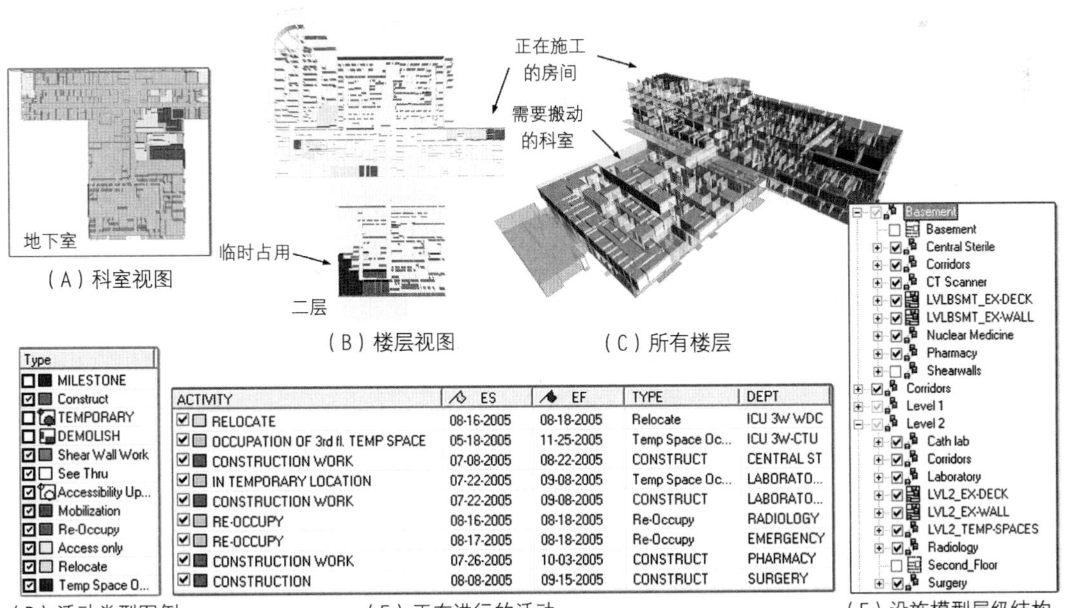

ACTIVITY	ES	EF	TYPE	DEPT
RELOCATE	08-16-2005	08-18-2005	Relocate	ICU 3W WDC
OCCUPATION OF 3rd fl. TEMP SPACE	05-18-2005	11-25-2005	Temp Space Oc...	ICU 3W-CTU
CONSTRUCTION WORK	07-08-2005	08-22-2005	CONSTRUCT	CENTRAL ST
IN TEMPORARY LOCATION	07-22-2005	09-08-2005	Temp Space Oc...	LABORATO...
CONSTRUCTION WORK	07-22-2005	09-08-2005	CONSTRUCT	LABORATO...
RE-OCCUPY	08-16-2005	08-18-2005	Re-Occupy	RADIOLOGY
RE-OCCUPY	08-17-2005	08-18-2005	Re-Occupy	EMERGENCY
CONSTRUCTION WORK	07-26-2005	10-03-2005	CONSTRUCT	PHARMACY
CONSTRUCTION	08-08-2005	09-15-2005	CONSTRUCT	SURGERY

图 4–8 展示跨科室、跨楼层同步翻新活动的 9 层医院设施四维模型视图：(A) 某科室四维视图；(B) 二层四维视图；(C) 所有楼层四维视图；(D) 施工管理团队与业主基于四维模型沟通时使用的表示活动类型的图例；(E) 正在进行的活动；(F) 设施模型层级结构

图片来自 URS。

业。项目进行了 3 个月后，不可预见的状况迫使项目停工三个月。承包商使用四维模型（见第 6 章）抢回了进度并使设施按时开业（Roe，2002）。

148 4.3.3 设施与信息资产管理

现在，每个行业都面临着如何将信息作为资产加以利用的问题，设施业主也不例外。今天，信息是在项目各个阶段生成的，在不同阶段和不同组织之间的移交过程中通常需要重新输入或生成，如图 4–1 所示。在大多数项目结束时，这些信息的价值急剧下降，因为通常会停止更新，其不再反映设施的最新状况，或者难以访问和管理。图 4–1 表明，采用协同工作方式创建和更新 BIM 模型会减少出现重复录入或丢失信息的情况。关注项目全生命期的业主可以使用 BIM 模型开展以下工作：

- **更有效地调试建筑**：根据建筑调试协会（Building Commissioning Association）的说法，“建筑调试提供‘根据项目文件设定的标准，建筑系统能满足业主运行需求’的书面证明。”不幸的是，采用二维记录的调试过程既耗时又容易出错。收集所有需要的设备数据并确保其为最新版本（反映所有变更）可能需要几个月时间。在此期间，设施管理系统中的数据不能用于建筑管理。这是一个严重且代价高昂的问题。此外，二维数据存储在成卷的图纸和相关的纸质文件中。这些数据很难访问，通常无法反映设施的当前状况（尤其是经过一段时间后）。即使将二维数据用 PDF 文件存储在计算机存储器里，也是如此。幸运的是，有很多使用 BIM 数据的更有效的方法，这些数据在设计和施工过程中输入，然后要么传输给设施管理系统（使用 COBie 或其他格式），要么在项目竣工后直接与设施管理系统集成。第 10 章的加利福尼亚州帕洛阿尔托斯坦福神经康复中心案例研究展示了通过研究二维流程可以得出“BIM–FM 集成系统能为医院提供许多优势”这一结论。这些优势包括降低设施维护成本、提高可用性以及为客户提供更好的服务。霍华德 · 休斯医学研究所案例研究（也见第 10 章）也对 BIM–FM 集成系统带来的优势作了描述。

149 - **快速评估维护工作对设施的影响**：另一个例子是使用可视化智能模型帮助设施经理评估系统故障对设施的影响。马里兰州切维蔡斯霍华德 · 休斯医学研究所的维护团队使用一个 BIM–FM 集成系统可视化地评估了当某个特定空调机组断电时哪些区域会受到影响，如图 4–9 所示。它还展示了哪些设施（实验室和其他空间）会受到影响，以及如何快速修复故障。这在第 10 章的案例研究中进行了详细的描述。陈等（Chan 等，2016）描述了中国香港研发的一种用于简化故障定位的新系统。该系统集成了 BIM、系统拓扑结构、RFID 技术、实时数据采集接口 [包括楼宇自动化系统（Building Automation System，BAS）、无线传感器、闭路电视（Closed Circuit Television，CCTV）] 和实时定位系统。使用该系统确定典型空调系统的故障位置，可以节省大量的时间（两小时或更长时间）。如将该系统用于应对中国香港特别行政区 8000 栋建筑每年出现

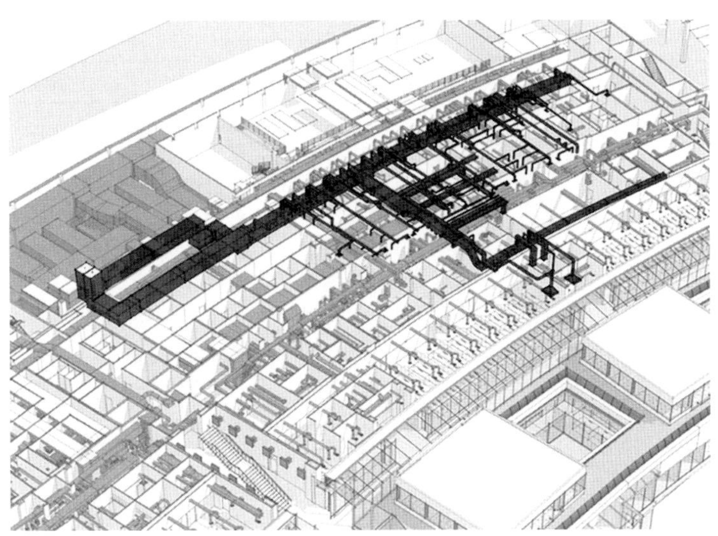

图 4–9 使用 BIM 模型管理 MEP 系统等设施资产的示例。如果 MEP 系统断电，设施管理工作人员可以使用所示视图快速展示受此故障影响的所有区域
图片由霍华德·休斯医学研究所提供。

的 80 次故障，则至少平均每年节省 160 小时。目前，该系统仍处于早期阶段，尚未完全实施，但它的出现确实表明，集成若干不同系统对高可用性复杂设施是有帮助的。

4.3.4 业主 BIM 工具概览

在前面几节，我们介绍了业主及其服务供应商正在采用的几种 BIM 技术。下面将概述旨在满足业主需求和特定 BIM 应用的 BIM 工具或这些工具的功能。第 3 章讨论了模型服务器， 150
第 5 章至第 7 章将讨论具体的 BIM 设计和施工技术，如模型生成工具、能耗分析、4D 和设计协调。这里讨论的是面向业主的特定工具。表 4–2 包含了一些业主使用的 BIM 工具的信息，其中的一些工具将在以下各节中进行介绍。

对业主有用的 BIM 工具 表 4–2 151

主要用途	工具	公司	主要功能
资产管理	Maximo	IBM	资产管理 工作管理 采购和材料管理 服务管理 合同管理
	EcoDomus FM	EcoDomus，Inc.	按地点和专业筛选信息 在线三维导航 产品文件审查 激光扫描接口 BIM 和楼宇自动化系统（BAS） 装饰查询

续表

主要用途	工具	公司	主要功能
资产管理	ARCHIBUS	ARCHIBUS	空间管理 搬迁管理 项目管理 维护 房地产和租赁管理 资产管理
	FM：Systems	FM：Systems Group，LLC	空间管理 搬迁管理 项目管理 维护 空间组合战略规划 用能或用水监测 房地产和租赁管理 资产管理 移动工具
	AssetWORKS Solutions	AssetWORKS	空间管理 搬迁管理 项目管理 维护 用能管理 投资计划 运行和维护 房地产管理
	FAMIS	Accruent	房地产收购 租赁 项目管理 运行和维护 设施管理 资产管理 库存控制 空间管理
152	WebTMA	TMA Systems	客户请求管理 物资管理 项目管理 时间管理 合同管理 领导层看板 投资计划 保管管理 一般巡检 房间巡检 公用事业服务管理 IT 服务管理 知识库 设施空间规划 钥匙管理

续表

主要用途	工具	公司	主要功能
资产管理	WebTMA	TMA Systems	事件规划 车队管理 地理信息系统解决方案 BIM 接口
	Corrigo	Corrigo Inc.	基于云的设施管理解决方案
	Building Operations	Autodesk	用于承包商和业主设施资产维护管理的移动优先软件
早期成本估算	DESTINI Profiler	Beck Technologies	概念方案成本估算 三维建模 设计评价
基于 4D 的早期时间管理	Synchro	Synchro Software	通过将进度计划与概念 BIM 模型关联制定四维规划，从而加深对项目进度的理解。也可扩展为使用精细 BIM 模型制定四维规划
	Assemble linked to P6 schedule	Assemble Systems + Oracle, Inc.	如上所述的四维规划，但重点放在施工阶段
BIM 执行计划	LOD Planner	LOD Planner	制定 BIM 执行计划，规定 BIM 模型在每一个设计和施工阶段的细化程度、遵循的标准等
基于物联网的设施管理	BIM Watson IoT for FM	IBM	建筑传感器（物联网）分析
基于明智决策的智慧城市	Virtual Singapore Platform	新加坡国家研究基金会	虚拟试验与测试 基于具有语义信息的三维城市模型进行规划、决策、研究和开发 153
	The City of Seoul, Big Data Platform	韩国首尔市	使用大数据分析交通、项目最佳位置等 为制定旅游营销政策、老年人福利政策以及其他政策提供支持 分析和完善城市管理流程

4.3.5 BIM 成本预算工具 150

业主将预算当作项目成本的基准并依其进行财务预测或预测分析。通常，这些预算是在设计早期——在项目团队创建详细的 BIM 模型之前完成的。业主代表或预算顾问使用平方英尺或单位成本法进行预算。前面讨论的 DESTINI Profiler 软件使用概念建筑模型进行成本预算和预测分析。预算依据的单位成本可来自先前项目或贝克技术有限公司的数据。该模型可以快速修改，以便对不同设计方案进行评估。

然而，最常用的预算软件是微软公司的 Excel。从 BIM 模型中导出数据而不是从图纸中提取工程量是延续使用现有预算流程的一种简单方法。提供此类功能的软件产品很多。2007 年，U. S. Cost 公司的预算软件为客户提供了从 Revit 模型提取工程量的功能。另一个面向业主的产品是 Exactal 公司的 CostX 产品，它可以导入 BIM 模型，允许用户采用自动或手动方式获取工程量。第 6 章将对基于 BIM 的预算工具进行更详细的介绍。

4.3.6 设施和资产管理工具

大多数现有设施管理工具要么依赖于基于二维多边形表达的空间信息，要么依赖于电子表格输入的数字数据。虽然对大多数设施经理而言，管理空间及其相关设备和设施资产不需要三维信息，但基于部件的三维模型可以为设施管理增加额外的价值。

BIM 模型为初始录入和后续使用信息提供了便利。有了 BIM，业主可以利用三维“空间”部件定义空间边界，从而大大减少创建设施数据库所需的时间，因为采用传统方法需要在项目完工后手动创建空间。这对第 10 章介绍的沙特麦地那穆罕默德·本·阿卜杜勒－阿齐兹亲王国际机场项目非常有用，因为机场中的空间既复杂又难以描述。使用 BIM 模型定义空间，然后将其连接到资产管理系统，会给业主带来很多益处。图 4–10 是在手持式计算机（即平板电脑）上显示机场 BIM 模型空间数据的一个示例。

153

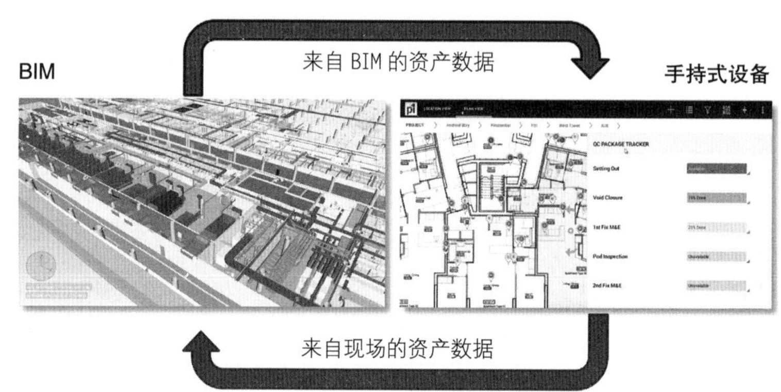

图 4–10 展示如何在手持式计算机上显示沙特麦地那穆罕默德·本·阿卜杜勒－阿齐兹亲王国际机场 BIM 模型的空间数据
图片由 TAV 建设公司提供。

《工程新闻记录》（*Engineering News-Record*, ENR）2015 年 5 月的一篇文章写道，“在美国，建筑业主在设施管理中利用 BIM 的平均能力至少处于中等水平。然而，建筑师和承包商在其现有项目中使用 BIM 的比例较高，平均约有 55% 的项目使用 BIM；而 BIM 能力较低的建筑业主在设施管理中使用 BIM 的比例较低，平均约有 37% 的项目使用 BIM。”（Jones 和 Laquidara–Carr，2015）因此，业主的 BIM 能力对其设施的管理越来越重要。

利用 BIM 模型进行设施管理可能需要使用特定的设施管理 BIM 工具，或者第三方 BIM 插件，类似沙特麦地那穆罕默德·本·阿卜杜勒－阿齐兹亲王国际机场案例那样。该案例描述了业主维护团队与施工团队合作，通过使用 EcoDomus–FM 中间件实现 Revit 模型与 IFS 公司研发的计算机化维护管理系统（Computerized Maintenance Management System，CMMS）工具的集成。

从 BIM 向 CMMS 移交数据的挑战之一是 CMMS 工具并不总是能够接受 BIM 工具常用的标
154 准和文件格式。目前，COBie 标准（见第 3 章）正在尝试传递维护信息。

BIM 在设施管理中的应用还处在起步阶段，相关工具也是最近才推向市场。业主应与其设施管理组织一道，确认当前设施管理工具是否支持 BIM 数据，或者是否需要制定一份迁移到支持 BIM 的设施管理工具的过渡计划。

4.3.7 运行模拟工具

运行模拟工具是业主利用 BIM 模型数据的另一类新兴软件。这些工具可用于群体行为模拟，如 Legion Studio、ViCrowd eRena 和 Crowd Behavior；医院程序模拟；紧急疏散或应急响应模拟，如 IES Simulex 或 EXODUS。许多提供这类工具的公司还承接相关模拟和数据输入服务。在所有情况下，使用这些工具进行模拟都需要输入额外的信息；在某些情况下，它们仅从 BIM 模型中提取几何数据。第 10 章的伦敦地铁维多利亚站案例研究讨论了一个有趣的人群模拟示例，对车站在升级改造阶段如何容纳不同数量人群作了分析。

4.4 业主和设施经理的 BIM 模型

4.4.1 BIM-FM 模型的信息内容

业主不仅需要熟悉可用的 BIM 工具，还必须了解能够满足设施管理需求的 BIM 模型的建模范围和细化程度。图 4-11 展示了建筑生命期各阶段模型的用途。

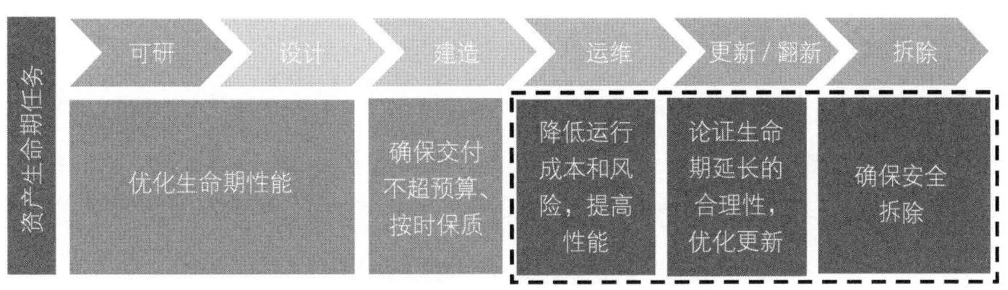

图 4-11 用于运维的模型和其与生命期使用的其他模型的关系
图片由 EcoDomus 提供。

重要的是，要知道为设计、施工和移交而创建的模型通常不适合设施管理，原因如下：

- 设计模型缺乏建筑系统和设备的足够细节和信息，许多设施元素由于建模过程的复杂性或者认为其对设计图纸和可视化并不重要而没有建模。
- 施工模型通常包含太多与设施管理无关的施工细节，没有空间管理需要的空间定义， 155
缺乏设施管理所需的系统连通信息和设备数据。
- 竣工 BIM 模型（如果业主要求）由总承包商、分包商和供应商创建。传统上，这些信息是以一组反映变更单和现场变更内容的施工图纸附带设备手册和深化图纸的形式提供的。竣工模型是查询竣工建筑的可信数据源。

为引领 BIM 与 FM 更好地集成，BIM–FM 联盟（BIM–FM Consortium）于 2015 年成立。作为一个行业学术团体，该联盟希望从与 FM：Systems 公司和佐治亚理工学院（Kathy Roper）合作的行业领先公司的经验获益，以提供全面的监督和指导。他们对 BIM–FM 模型的建议如下：

- BIM–FM 模型可在原有竣工 BIM 模型基础上，经过以下修改得到。
- 删除无关信息，包括施工详图和施工图纸，以使 BIM–FM 模型免受拖累。当有需要时，可从竣工模型获取这些信息。
- 当使用不同链接模型表达建筑核心、建筑外壳和改进租户需求时，将它们合并成一个模型。
- 如果可行，将表达建筑、机械、电气、消防和专用设备的链接模型合并在一起。对于大型建筑来说，采用目前技术合并多个链接模型可能并不实用，因此可能需要维护多个链接模型。
- 入住房间编号根据施工房间编号得出且与建筑标识相匹配。
- 办公空间里的工作站和办公室应与房间分开定义，并使用入住编号系统进行编号。这是为办公人员配置办公桌、隔间或办公室的关键，对工单管理非常重要。
- 所有建筑设备具有唯一的资产 ID。
- BIM–FM 模型与具有工单管理、运行维护、空间管理、设备和材料库存管理等功能的设施管理系统连接。

4.4.2 创建 BIM–FM 模型的其他方法

关于设计、施工、运行不同阶段之间的信息“移交”已有很多论述。将信息从施工传递
156 给设施管理系统或者设施管理系统直接与这些信息集成的基本方法有四个：

1. 将图纸、设备手册等相关文件中的数据手工录入 CMMS 系统。这种手工录入数据方式单调乏味，容易出错，且通常在建筑移交之后 CMMS 系统迟迟不能使用。对于中、大型现代建筑，建议不要采用这种方式。

2. 使用一些标准格式（如 COBie）将 BIM 模型数据导入 CMMS 系统。

3. BIM 与设施管理系统直接集成。

4. 使用可同时与 BIM 建模软件和 CMMS 集成的中间件系统。

自 COBie 标准开发和成熟以来，向 CMMS 系统单向传输数据已有很多年了。COBie 最早由美国陆军工程兵团（USACE）开发，目前由 buildingSMART 联盟进一步开发和维护，为主要建筑系统需要的属性信息提供了一个框架。许多 BIM 和设施管理软件开发人员开发了 COBie 数据导入、导出接口。然而，当将 COBie 数据导入独立的 CMMS 系统时，用户应该知道，由于目标系统数据不是直接来自源系统，导入后需要对数据进行验证。也可使用 COBie 数据查询各类建筑设备的属性值。用户应该通过判断确定哪些属性值是准确的。应采用“精

益”方法追踪 BIM 数据，其理念是，追踪对持续维护至关重要的信息，比追踪所有设备的每一个属性要好。有关 COBie 的进一步讨论，请见伊斯特（East，2007）和泰肖尔兹（Teicholz，2013）的论文。

BIM 模型与设施管理系统直接集成具有显著优势，包括：

- **更好地保证数据质量**：BIM 和设施管理系统建立连接，由于数据在输入时已经过验证，不需对移交数据进行擦洗。
- **更好地访问 BIM 数据**：提供建筑平面图和模型查看功能的设施管理系统允许任何使用网络浏览器的人访问 BIM 模型。这大大减少了设施管理人员从图纸和其他文件查找数据的需要。
- **更好地对建筑进行更新**：通过在整个建筑使用过程中维护一个工作 BIM 模型，让业主拥有准确的建筑信息，为未来改造和扩建打下基础。

使用中间件的优势在于，它可灵活支持 CMMS 数据的各种视图，例如暖通空调系统的可视化以及展示哪些系统影响哪些空间等。另一个潜在的优势是，它可以通过 API 编程建立与各种 BIM 和 CMMS 软件的接口，而不是只支持一个直接连接。这在满足已在使用 BIM 和 / 或 157
CMMS 系统业主的需求时具有更大的灵活性。这种类型的集成如图 4-12 所示。

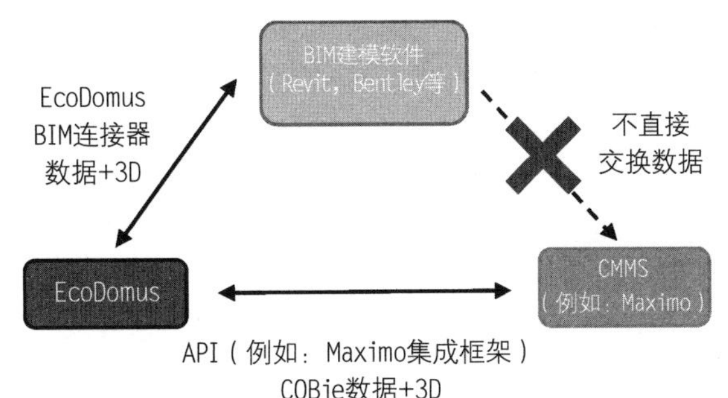

图 4-12 利用 EcoDomus 中间件系统实现 BIM 与 CMMS 系统的集成
图片由 EcoDomus 提供。

在 BIM 建模软件和 CMMS 之间的连接中有一个大“×”，这反映了这种连接难以建立和维护，原因包括：

- BIM 建模软件中的数据几乎从来没有好到可以直接推送给 CMMS；它需要大量的准备和“清洗”。例如，由于没有在 BIM 模型中实施设备命名标准，在 CMMS 使用设备名称之前需要输入或修改设备名称。
- 由于非维护资产不进入 CMMS，因此设施管理人员无法通过易于使用的接口访问它们。
- CMMS 不能同时支持多个模型版本，因此，当模型版本升级时，经常需要复杂的变更。

当 BIM 和 FM 系统集成时，设施数据可以位于其中任何一个系统，但不能同时位于两个系统。确定每组数据的来源是至关重要的。BIM-FM 联盟关于数据来源的指南如表 4-3 所示（Schley 等，2016）。

158 BIM-FM 集成系统设施信息来源指南 表 4-3

BIM-FM 模型是可靠来源	设施管理系统是可靠来源
建筑结构和基础建筑部件，包括结构、墙、门、楼梯、电梯和建筑核心区域	房地产信息，包括物业记录和租赁信息
室内设计，包括墙、门、楼板和顶棚	无
编号与建筑标识一致的各个房间。每个建筑的房间号都应该是独一无二的	无
具有封闭式办公室和开放式工作站的工作区。区域应有与入住管理系统相一致的空间 ID 号，以便为入住者分配工作空间。每个建筑的工作空间编号都应该是独一无二的	具有唯一入住者 ID 和工作空间编号的入住者。搬迁管理信息，包括从哪里搬、搬到哪里、搬迁日期、搬迁项目和搬迁细节。部门或成本中心编码
按类型和尺寸分类、具有唯一资产 ID 号供其他系统引用的建筑设备。BIM 模型还应包含主要设备的型号、制造商和序列号。通常使用 BIM 模型判断设备是否存在具有权威性。换句话说，设备首先布置在 BIM 模型中，如果从建筑中移除，也应从 BIM 模型中删除	设备保修信息、投入使用日期、置换成本、资产价值、折旧明细表和服务合同。设备预防性维护计划和巡检结果。工作需求申请单和工单。不同服务内容的服务等级协议
家具板件、书桌和工作台面（不包括配件）、部件、书架或抽屉	无
带有电路信息的电源插座和开关	无
带有电路信息的灯具	无
卫生洁具和管道	无
消防喷淋装置和消防系统	无
特殊设备，如食品服务设备和实验室设备	无
无	系统用户信息，包括系统权限
无	项目管理计划和成本
无	可持续性信息，包括认证和资源倡议
无	战略规划
无	生命期管理信息，包括各系统使用寿命、更换成本、年度维护费用和资金预算

157 4.4.3 模型数据分类及标准

无论 BIM 中的数据与 FM 系统中的数据如何连接，都需要有一个标准规范集成系统中的数据命名。现有的命名标准称为“OmniClass”，对命名集成系统中的数据很有用（图 4-13 中的表 21 和图 4-14 中的表 23）。许多业主已经为其遗留的 FM 系统（未与 BIM 集成）建立了命名标准，但是，使用 OmniClass 标准更有益处，因为它可使业主与采用行业命名标准的外部顾问、供应商和供货商之间的合作更容易。强烈建议每个组织强制实施明确定义命名规则、格式和分类的标准。BIM-FM 联盟指南包含了有关 OmniClass 标准的如下信息：

表 21 元素 159

OmniClass 编码	1 级标题	2 级标题	3 级标题	4 级标题	表 22 引用
21-04 40 30	70			灭火器配件	22-10 44 43
21-04 50		电气			22-26 00 00
21-04 50 10			发电设备		
21-04 50 10	10			成套发电机部件集合	22-26 32 00
21-04 50 10	20			电池设备	22-26 33 00
21-04 50 10	30			光伏集热器	22-26 31 00
21-04 50 10	40			燃料电池	22-48 18 00
21-04 50 10	60			电源滤波和调节装置	22-26 35 00
21-04 50 10	70			转换开关	22-26 36 00
21-04 50 10	90			发电设备辅助部件	
21-04 50 20			供电和配电		
21-04 50 20	10			供电	22-26 21 00
21-04 50 20	30			配电	22-26 20 00
21-04 50 20	70			接地装置	22-26 05 26
21-04 50 20	90			供电和配电辅助部件	
21-04 50 30			通用电源		
21-04 50 30	10			分支接线系统	
21-04 50 30	50			接线装置	22-26 27 26
21-04 50 30	90			通用电源辅助部件	
21-04 50 40			照明		22-26 50 00
21-04 50 40	10			照明控制	22-26 09 23
21-04 50 40	20			照明分支接线	
21-04 50 40	50			灯具	22-26 50 00
21-04 50 40	90			照明辅助部件	

图 4-13 OmniClass 表 21 中的一部分
图片由 OmniClass 开发委员会提供。

表 23 产品 160

OmniClass 编码	1 级标题	2 级标题	3 级标题	4 级标题	5 级标题	6 级标题	7 级标题	同义词
23-25 69 13			**实验室和科学设备**					
23-25 69 13 11				显微镜				
23-25 69 13 11 11					超声波扫描显微镜			
23-25 69 13 11 13					双目显微镜			
23-25 69 13 11 13 11						双目相衬显微镜		
23-25 69 13 11 13 13						双目复合光学显微镜		
23-25 69 13 11 15					孔探检查设备			
23-25 69 13 11 17					电子和光学组合显微镜			
23-25 69 13 11 19					暗场显微镜			
23-25 69 13 11 21					数字图像分型显微镜			

图 4-14 OmniClass 表 23 的一部分
图片由 OmniClass 开发委员会提供。有关 OmniClass 表的其他信息，请访问相关网站。

- OmniClass 建筑信息分类系统是建筑行业公认的信息分类权威标准。OmniClass 表 21 和表 23 对建筑业主大有裨益，但可能需要两个表同时使用，因为它们各自有不同的用途。
- 建议将 OmniClass 表 21——元素，作为 BIM 信息的通用框架。这些元素是系统或主要的组件集合，可在从概念设计到施工和运行的信息迁移中使用。表 21 是在 20 世纪 80 年代为概念成本估算开发的 Uniformat 系统基础之上开发的。

表 23——产品，还与最终采用的建筑设备和制作产品的分类相关。现在，制作商开始提供能下载的可供表 23 引用的 BIM 部件。建造与运行建筑信息交换（COBie）标准也使用这些表。

4.5 领导项目的 BIM 实施

业主控制设计服务供应商的选择、采购类型和交付流程以及设施的整体规格和需求。不
161 幸的是，许多业主安于现状，没有意识到他们有能力改变或控制建筑的交付方式。他们甚至
可能没有意识到 BIM 流程能够带来的好处。

业主在更改美国建筑师协会（American Institute of Architects，AIA）或总承包商协会（Association of General Contractors，AGC）等管理协会制定的标准设计或施工合同方面面临挑战。例如，即使联邦政府想要更改合同也有许多障碍，因为这些合同是由相关机构和立法机关管理的。这些挑战是真实存在的，AIA、AGC 和联邦机构 [如美国总务管理局（GSA）和陆军工程兵团]，正致力于建立必要的合同条款，以支持更加注重协作和集成的采购方法（有关这些工作的讨论，请参阅第 5 章和第 6 章）。然而，本书引用的案例研究和各类项目表明，业主可以以各种方式按照当前合同约定克服第 4.6 节所述的障碍。业主的领导和参与是 BIM 在项目中得到最佳应用的先决条件。

采购建设项目的集成项目交付（IPD）方法（参见第 1.2.4 节）旨在实现项目团队所有成员之间的密切协作。事实证明，BIM 是 IPD 团队的关键使能技术。从第一个项目合同（有时称为“集成式精益项目交付协议”）开始，业主在每一个 IPD 项目的启动和推进中一直起着中流砥柱的作用（IFOA；Mauck 等，2009）。AIA 和 ConsensusDocs（ConsensusDocs 300 系列）也发布了最具权威性的 IPD 合同。在一篇由拥有丰富 IPD 项目经验的律师团队撰写的文章里，通过分析合同要点对 IPD 如何支持业主需求进行了出色探讨（Thomsen 等，2007）。由金伯利·阿古拉（Kimberly Agular）和霍华德·阿什克拉夫特（Howard Ashcraft）撰写的《设施管理应用 BIM 指南》* 第 4 章，详细讨论了与 BIM 相关的法律问题，特别是 IPD 合同的使用（Teicholz 等，2013）。这些作者解决了以下与业主相关的问题：

* 此书中文版由中国建筑工业出版社于 2017 年 5 月出版。——译者注

1. 模型的法律地位（包括 BIM 执行计划的作用）是什么？

2. 谁拥有模型信息（在移交期间和之后）？

3. 谁拥有设计过程中产生的知识产权？

4. 使用 BIM 会增加项目参与方（包括业主）的风险吗？如何降低风险？

IPD 合同通常规定各个团队成员应使用什么 BIM 软件工具，以及为了维护团队整体利益，项目应支持何种信息共享服务器解决方案。根据 IPD 合同，业主应在项目整个生命期中发挥积极作用，参与各级决策。BIM 工具对于业主了解 IPD 团队设计师和建造商的意图和考量至关重要。有关 IPD 的进一步讨论，请见第 1.2.4 节、第 5.2.1 节和第 6.5 节。

业主可以通过审查和制定 BIM 指南、提升自身领导水平和知识水平、选择具有 BIM 技能 162
和经验的服务供应商、加强对服务供应商的培训和改变合同要求，为其组织创造最大价值。
幸运的是，越来越多的 BIM 应用，以及需要密切合作的集成项目合同的使用和集成项目团队
的实践，使得这一目标变得更加平常和容易实现。

4.5.1 制定项目 BIM 应用指南

许多组织，特别是建造和管理多个设施的业主，都已制定了包含以下关键内容的 BIM 指南：

- 与组织目标保持一致的 BIM 应用目标；
- 项目各阶段 BIM 应用范围（例如，BIM 应用清单，如使用 BIM 进行能耗分析或冲突检测）；
- 与 BIM 和 BIM 数据交换相关的标准或格式；
- BIM 流程参与者的职责，以及在项目每个重要节点哪些参与者负责哪些数据。这个详细说明被称为 BIM 执行计划（BIM Execution Plan，BEP），它确保团队的每一个成员知道怎样才能实现 BIM 数据的成功流转，并将其用于设施管理和其他用途；
- 业主应从审查这些指南起步，假以时日制定出符合自身项目目标的指南。图 4–15 为
  BEP 开发准则。BEP 可由业主制定，或联合具有专业知识的顾问共同制定。第 10 章加 163
  利福尼亚州帕洛阿尔托斯坦福神经康复中心案例研究里有一个 BEP 的简要示例。LOD Planner 是一个可以辅助业主开发 BEP 的软件工具，它提供了一种方法，用于指定设计和施工每个阶段 BIM 模型应有的细化程度、由谁提供模型信息以及使用什么标准创建设计中的对象。业主还可与项目团队一起对 BEP 进行改进，以确保 BIM 在项目中的精益使用。

罗伯特·卡西迪（Robert Cassidy，2017）在一篇论文里讨论了为华盛顿特区科克伦美术馆（Corcoran Gallery of Art）全面翻新而开发的 BEP，该美术馆目前由乔治·华盛顿大学（George Washington University，GWU）管理。现将该文的一部分抄录在以下专栏中，从中可以看到项目使用 BIM 的目标和方法。

162 BIM 执行计划

清晰

要求应该明确：所有数据和几何需求都要明确定义，并提供示例

关注全生命期

考虑设施生命期所有阶段的 BIM 实施：不仅设计和施工，还有运维和 FM

采用开放标准

尽可能采用开放标准，但不要因为它是免费的而盲目采用：要计算总体投资回报率

图 4–15 项目 BIM 执行计划开发准则
图片由 EcoDomus 公司提供。

163 ## 原文摘录

所有工作都是根据 GWU 的《设施信息管理程序手册》要求开展的，该手册长达 86 页，用于管理 43 英亩（约 17.4 公顷）雾谷校园（Foggy Bottom campus）的所有建设项目。GWU 的规划、开发和施工部门于 2014 年完成了这本手册。

“BIM 项目执行计划”是其中的一个关键组成部分，它定义了项目团队的各种角色及其职责，并对 BIM 目标、项目交付成果、电子通信、协作程序（如 BIM 协调会议）和 BIM 模型内容做出详细规定。

该 BIM 执行计划还定义了从外墙、窗户和屋顶到室内隔断、输送系统、MEP/LS 系统、设备和家具以及场地工程等项目交付成果包含元素所需的细化程度（LOD）。例如，室内门在方案设计阶段必须达到 LOD 100，在扩初设计阶段必须达到 LOD 200，在施工图设计阶段必须达到 LOD 300，在竣工移交时必须达到 LOD 500。

安德鲁·格雷厄姆 [Andrew Graham，美国建筑师协会会员，美国注册建筑师，德理公司（Leo A Daly）在华盛顿特区办公室的助理建筑师]，对 GWU 的 BIM 流程印象深刻。他说：“他们提前把未来运行和维护的所有需求都说得一清二楚。他们的运维人员使用一套系统有条不紊地获取他们需要的数据。”

格雷厄姆说，GWU 对 BIM 的认识让人大开眼界。他说：“我们建筑师倾向于将 BIM 视为模型，但站在设施管理角度，它更多的是数据库。”事实上，只有一名 GWU 设施工作人员拥有 Revit 许可证。

“太多的建筑师只关注 BIM 模型。他们更应该关注建筑和设备是如何运行的，”德理公司数字实践主管道格·威廉姆斯（Doug Williams）说。他指出，GWU 的 BIM 执行计划侧重于收集建筑设备数据，每台设备多达 16 个数据项：型号、寿命、保修信息、安装说明等。收集的大部分数据都录入 Revit 模型，但有些数据是为满足 FIM 需求单独收集的。 164

在今年晚些时候移交时，德理公司和怀廷－特纳公司（Whiting-Turner）将负责把竣工信息和其他诸如设备运维手册等资料录入移交的 Revit 模型（怀廷－特纳公司正在使用 Excel 收集一些 FIM 需要的数据，如果能够得到数据，对大学来说是很有用的）。随后，GWU 将把所有数据转换成 AssetWorks 格式，以便将来使用。

威廉姆斯去年 7 月从帕金斯威尔（Perkins+Will）公司加入德理公司，他说没有多少机构业主像 GWU 那样拥有一份周密的 BIM 执行计划。他把这一切归功于宾夕法尼亚州立大学的早期倡导。他在帕金斯威尔工作时，曾与得克萨斯大学西南医学中心合作，该中心高度关注对医疗设备的追踪。威廉姆斯说，“为了应用 CMMS，必须对设备进行条形码编码。”他说，得克萨斯大学西南医学中心还希望对 MEP 系统进行详细建模，让模型包括截止阀门等部件和服务区域定义。

另一所高等教育机构，杨百翰大学（Brigham Young University），要求提供所有材料的详细清单，用于全生命期预算。他说：“他们知道地毯有一个七年的更换周期，因此他们执行的预算不仅包括每七年左右购买和安装新地毯的成本，还包括购买清洁材料和日常维护人工成本。”

威廉姆斯说，设施管理人员应该参与重大项目前期的 BIM 建模。“他们必须在未来 30 到 50 年内管理这座大楼，”他说。“他们不得不问：作为客户，什么对我来说很重要？”格雷厄姆在这一点上很赞同他的同事。他说：“您不能让设施管理人员在项目进行一半了才参与进来，您必须在一开始就让他们参与进来。”

4.5.2 培养领导力和构建企业知识

第 10 章介绍的业主领导的 BIM 工作（加利福尼亚州帕洛阿尔托斯坦福神经康复中心、马里兰州切维蔡斯霍华德·休斯医学研究所、伦敦地铁维多利亚站案例研究）有两个关键步骤：（1）业主首先构建企业 BIM 知识；（2）业主委派关键人员领导工作。例如，在斯坦福神经康复中心项目中，业主在深入检查组织内部工作流程的基础上，选定了能高效支持 FM 的工具。他们聘请顾问帮助在一组典型和关键任务上实施这些系统。然后，他们比较如何使用新的 BIM-FM 集成系统支持这些任务。使用 BIM-FM 集成系统允许直接访问数据，不需查阅纸质文档。通过比较得出了一个强有力的结论，即正确的选择是：采用 BIM-FM 集成系统，并培训所有业主管理人员和员工使用和支持新流程。这需要花费大量的时间和精力，却带来了非常可观的成本和客户支持收益。

165 霍华德·休斯医学研究所案例研究表明，已在使用 BIM-FM 集成系统的业主，仍然希望深入了解系统管理位于不同位置多个设施的能力，尤其是在出现停机和故障的情况下。他们探索了将企业 BIM 知识整合到系统中的不同方法，并仔细研究了如何缩短响应时间，以更好地为客户服务。案例研究描述了他们的方法和结果。

这些案例研究表明，业主通过探索组织内部业务模式以及与交付和运行设施相关的工作流程构建了企业 BIM 知识。他们理解当前工作流程低效的内在原因及其对最终营利的影响。在此过程中，主要工作人员掌握了领导 BIM-FM 集成工作的知识和技能。

4.5.3 服务供应商的选择

与汽车或半导体等全球制造业不同，没有任何一个业主组织能够主宰建筑市场。即使最大业主组织（通常是政府机构）的业务，也只占本国和全球设施市场的一小部分。因此，AEC 行业的流程、技术和行业规范的标准化工作远比有明确市场领导者的行业更具挑战性。在没有市场领导者的情况下，业主通常会观察竞争对手在做什么，或者依赖行业组织提供最佳实践或最新技术趋势的指导。此外，许多项目是某些业主建设的第一个项目，这些业主没有领导项目的经验。但是，无论如何，所有业主都面临相同的问题，即如何把控服务供应商和项目成果交付格式的选择。

麦格劳 - 希尔公司（McGraw-Hill）2014 年的《智慧市场报告》，包含了许多业主通过 BIM 应用能够获得何种收益以及如何最好地实现这些收益的有用信息。以下专栏给出了由 KFA BIM 咨询公司克里斯汀·法伦（Kristine Fallon）汇总的来自这份报告的建议。

BIM 顾问可以在以下三个方面为业主创造价值

1. BIM 策略：顾问能够提出业主和设计师 / 承包商的需求，包括目标和指标，以及实现这些目标和指标的计划。业主应当聘请熟知各参与方（包括设计师、承包商、CM 和业主）BIM 实施方法以及了解项目交付、合同、许可、法律责任、业务流程和文化的顾问。业主还应要求制定一份包含里程碑节点和成本预算的 BIM 实施计划。

2. 实施指导：例如，从 BIM 软件中输出 COBie 数据可能是一个不太容易理解的难点，BIM 顾问可以为业主和项目团队提供此方面的培训、视频、文档、模板和对象库等。业主
166 应寻求具有必备软件技能的顾问，与其讨论预期结果，就交付成果达成一致，并让最终用户审查交付成果，确保质量。

3. 做 BIM：顾问可以从项目团队外包建模、模型和 COBie 数据检查、将 COBie 数据导入业主系统或者维护 BIM 模型等工作。业主应该寻找了解行业工作流程且能通过流程自动化节省时间的顾问。

制定服务供应商选择指南。业主可采用多种方法确保承接项目的服务供应商熟悉 BIM 及其相关流程：

- **修改工作技能要求，将 BIM 相关技能和专业知识包括在内**：招聘员工时，业主可以要求应聘人员掌握特定技能，如 3D 和 BIM 或基于部件的设计知识。许多组织现在都在招聘具有特定 BIM 头衔的员工，如 BIM 专家、BIM 冠军、BIM 管理员、4D 专家以及虚拟设计和施工经理等。业主可以雇用具有这些头衔的员工，或者聘用具有类似头衔的服务供应商。
- **制定 BIM 资格预审标准**：许多业主的招标书（Requests for Proposals，RFP）都包括一套挑选潜在投标人的资格预审标准。对于公共工程项目，这些通常是所有潜在投标人必须填写的标准表格。对于商业项目，业主可以制定自己的资格预审标准。《BIM 手册》配套网站医疗建筑案例研究介绍的加利福尼亚州卡斯特罗谷萨特医疗中心业主制定的资格要求是一个很好的例子。其中包括对三维建模经验和能力的明确要求。
- **面试潜在服务提供商**：在资格预审过程中，业主应与设计师进行面对面的交流，因为潜在服务供应商在填写资格预审表时，即使没有项目经验也可能填写有使用特定工具的经验。有的业主甚至更喜欢到设计师办公室面谈，顺便看看他们的工作环境以及他们工作场所配备的工具和流程。面试可以提问以下类型的问题：
  - 贵公司使用哪些 BIM 技术，在以前的项目中是如何使用的？
  - 在 BIM 模型的创建、修改和更新过程中，哪些组织与贵公司合作过？（如果该问题是问建筑师的，则应了解结构工程师、承包商或预制商是否对模型做出了贡献，以及不同组织是如何协同工作的。）
  - 在模型和 BIM 工具使用方面，从以往项目中得出了什么经验教训？建立了哪些衡量指标？这些是如何融入公司的？（这有助于了解组织内部的学习和变革情况。）
  - 贵公司有多少人熟悉 BIM 工具，您如何为员工提供 BIM 教育和培训？ 167
  - 贵公司是否有与 BIM 相关的岗位名称和职能部门（如之前列出的那些，这反映了公司是否已在使用 BIM 并认可 BIM 的使用）？
  - 在没有业主指定的 BEP 情况下，您如何移交项目 BIM 模型，以及如何传递设施管理系统所需的信息？贵公司在满足业主 BIM-FM 需求方面有哪些经验？

工作技能要求示例

- 至少 3—4 年商业建筑设计和 / 或施工经验；
- 施工管理、工程或建筑学学士学位（或同等学力）；
- 具备建筑信息建模方面的知识；
- 至少精通一种主要的 BIM 应用程序并熟悉审查工具；

- 精通以下任何一款软件并有实战经验：Revit，ArchiCAD，Navisworks，SketchUp（或组织使用的其他特定 BIM 应用程序）；
- 对设计、施工图和施工流程有深刻的理解，并具有与现场人员沟通的能力。

4.5.4 为设计和施工人员提供“大办公室”

业主有权要求项目团队重要成员在设计阶段早期使用一个“大办公室”密切协作。这可使业主、建筑师、工程师和设施管理人员更好地理解项目需求，并对不同的设计方案进行比选。它还允许在设计阶段早期轻松考虑场外预制和模块化建造选项。《BIM 手册》配套网站上的萨特医疗中心案例研究对“大办公室”在 IPD 项目中的使用进行了深入讨论。第 6.5.2 节进一步讨论了施工期间“大办公室”的使用。第 7 章讨论了各种预制选项及其最佳实施方式（见第 7.2 节）。

4.6 实施 BIM 的障碍：风险与常见误区

任何工作流程的变革都会遇到障碍。因 BIM 实施引发的流程变革也同样会遇到障碍。这
168 些障碍分为两类：业务流程障碍，包括阻碍 BIM 实施的法律和组织模式问题，以及与前期准备和实施相关的技术障碍。下面讲述这些问题。

市场还没有准备好，仍处于创新阶段。一些业主认为，如果他们改变合同，要求交付新型的交付成果，特别是要求使用 BIM，他们将收不到有竞争力的标书，从而限制潜在的投标数量，最终抬高项目价格。幸运的是，随着 BIM 在一定程度上被美国和其他发达国家的大多数建筑师、工程师和承包商所采用，这通常不是一个问题。事实上，很多业主已经不允许不会使用 BIM 的专业人士参与项目，特别是大型项目。

2014 年 2 月，《工程新闻记录》杂志分析了一份《智慧市场报告》（Jones 和 Bernstein，2012），称“BIM 正在加快世界各地不同类型、不同规模承包商积极变革的步伐”。2012 年对西欧、亚洲和北美的九个全球主要市场进行了抽样调查，结果如下：

投资回报率（ROI）

- 三分之二回答问卷的施工公司认为其 BIM 项目的投资回报率为正值，他们对如何进一步改进有明确的想法（图 4-16）。
- 回答问卷的日本、德国和法国公司是 BIM 应用领先企业。超过 95% 的受访者认为投资回报率为正值。
- 投资回报率随着承包商 BIM 参与度的提高而增加，即随着承包商 BIM 经验的积累以及技能水平和使用 BIM 完成工作百分比的提高而增加。

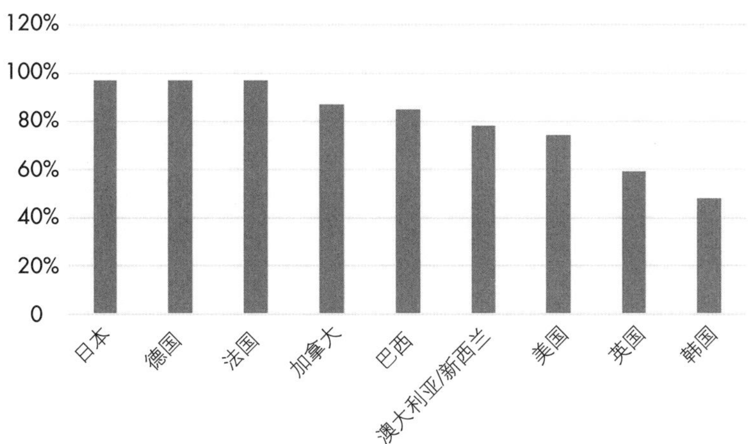

图 4-16 认为 BIM 投资回报率为正值的承包商比例（按国家统计）（Jones 和 Bernstein，2012）
图片由麦格劳 - 希尔公司提供。

使用 BIM 的好处 169

- 承包商列举的使用 BIM 给项目带来的显著好处有：减少错误和遗漏、减少返工和降低施工成本。
- 更好的成本控制 / 可预测性、缩短项目工期和减少审批时间也被认为是使用 BIM 流程带来的好处。
- 可以利用 BIM 能力赢得新项目、维持老客户、提供新服务，为组织创造可观收入。

BIM 投资

- 承包商越来越多地在 BIM 项目中扮演核心角色。因此，大量的资金投在了支持存储和共享模型以及公司间协作流程的 IT 基础设施上。
- 虽然不太成熟的 BIM 用户仍然专注于基础软件和硬件的投资，但更为成熟的 BIM 用户正计划对移动技术进行大量投资，以推进 BIM 在施工现场的应用。

BIM 应用的普及。从 2013 年到 2015 年，承包商使用 BIM 的工作占比平均增长 50%。在巴西等成长型市场，高水平使用 BIM 的公司数量增加了两倍。见图 4-17。

项目融资和设计均已完成，实施 BIM 不划算。快到施工节点了，业主和项目团队确实错过了一些 BIM 应用的宝贵机会，比如方案概算和策划合规性检查。然而，在设计后期和施工 170
前期阶段，仍有充足的时间和机会实施 BIM。例如，沙特麦地那穆罕默德・本・阿卜杜勒 - 阿齐兹亲王国际机场案例研究（见第 10 章）中的 BIM 实施始于施工图设计开始之后。承包商可以使用 BIM 提高协作的准确性和透明度。当竣工 BIM 模型成为 BIM-FM 集成系统的基础时，移交模型带来的好处立竿见影。

培训成本和学习难度太大。实施 BIM 等新技术需要在培训和变革工作流程和工作流上

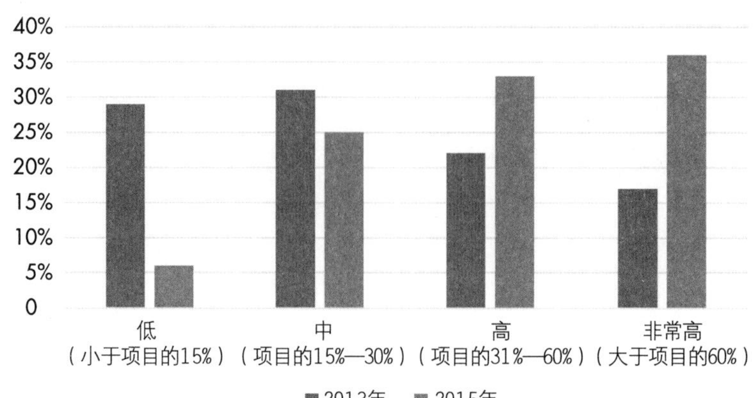

图 4-17 各区域承包商 BIM 实施平均水平
图片由麦格劳 - 希尔公司提供。

有较大的投入。培训成本和实施新技术引发的初始生产力损失通常比软硬件的投入还高。《工程新闻记录》一篇题为“BIM 在 MEP 领域的采用”（BIM Adoption in the MEP World）的文章（Grose，2016）描述了所谓“技能缺口”（skills gap）问题：“对于试图从 AutoCAD 等二维程序过渡到三维 BIM 的 MEP 设计公司来说，最大的障碍是人员匮乏。老一代工程师使用二维软件已有 20 年或更长时间了，他们对学习新程序有抵触是可以理解的。但是，令人惊讶的是，年轻一代 MEP 工程师也没在学校学过使用 BIM 软件。”幸运的是，正如在第 8 章中讨论的那样，面向建筑师、工程师和建造师的教育已经尝试转向使用数字协同技术。

每个团队成员都应用 BIM 才能实现 BIM 带来的好处。通常很难确保所有项目参与者都有参与创建或使用BIM模型的专门知识和意愿。第10章的许多案例研究表明，即使在项目开始，不是所有参与方都参与进来，实施 BIM 也有许多好处。然而，这么做有一个弊端，即不参与建模工作的组织需要重新创建信息。业主可将所有项目参与方或至少主要项目参与方是否具有 BIM 能力作为参与项目的先决条件，从而避免这一问题出现。

存在太多的法律障碍，而克服它们的成本太高。为了便于 BIM 应用和项目团队的深度协作，需要在多个方面对合同和法律进行修改。目前，即使项目信息的数字化交换有时也很困难，团队经常被迫只交换特定格式的纸质图纸，并依赖老式合同。公共机构面临着更大的挑战，因为它们经常受到相当长时间才修改一次法律的制约。尽管如此，政府机构和私营公司已经克服障碍并准备了新的合同条款，这些合同条款不仅对项目团队内部的信息交换方式进行了变革，还对与深度协作相关的法律责任和风险分配进行了变革。目前，除了特别小的项目以外，中大型政府项目要求使用 BIM 已很普遍（参见第 4.2.4 节中的政府需求和第 8.2 节中的政府发布的 BIM 强制令）。

171 主要的挑战是责任和风险分配。BIM 实施将“可供众多利益相关方访问”的信息集中在一起，需要对模型不断更新，增加了设计师承担潜在法律责任的风险（Ashcraft，2006）。法律界承认这是一个障碍并认为有必要进行风险分配变革。这是一个真正的障碍，它将继续存在，只有在专业机构修改了标准合同条款和/或业主修改了自己的合同条款后才会消失。

模型所有权和管理问题对业主资源要求太高。使用 BIM 需要对多参与方和项目的方方面面了如指掌。通常，施工经理（Construction Manager，CM）通过查看项目沟通记录和审查项目文档管理项目。施工经理还监控交付流程是否与特定的交付成果和里程碑节点保持一致。使用 BIM，可以更早地不断识别和发现问题，因而团队可以更早地解决问题，这通常需要业主的输入，但这应该被视为一种优点而不是缺点。目前，在业主的直接参与下，交付流程中出现的拖沓现象明显减少，整个流程更加顺畅和协调。管理好流程和模型对于项目是至关重要的。在制定 BIM 执行计划时，业主应该建立清晰的角色－责任矩阵，确立项目团队沟通方法，并确保业主代表在需要时到场。

4.7　业主在采用 BIM 时需要考虑的问题

仅采用 BIM 并不一定能使项目取得成功。BIM 是一组技术和不断演进的工作流程，离不开团队、管理层以及富有合作精神和学识渊博的业主的支持。BIM 不会取代优秀的管理、高素质的项目团队或令人尊重的职场文化。以下是业主在采用 BIM 时应考虑的一些关键因素。

在短时间内用一个小型的合格团队完成一个目标明确的试点项目。开局工作应由内部资源或曾经与组织合作过的可信服务供应商承担。业主在实施 BIM 方面积累的知识越多，识别和选择合格服务供应商以及打造协作团队的核心能力越强，未来的工作就越有可能成功。

做一次原型预演。在做试点项目时，最好先进行一场预演，以确保工具和流程符合要求。这可能是给设计师一个小的设计任务，让他们在设计过程中展示所需的 BIM 应用。例如，业 172
主可以让设计团队设计一个可容纳 20 人的会议室，并设定具体的预算和能耗目标。交付成果应包括 BIM 模型（或反映两个或三个方案的模型）以及相关的能耗和成本分析。这是一个可以在一两天内完成的设计任务的例子。建筑师可以先创建原型，然后与 MEP 工程师和预算人员合作生成一组分析结果。这要求项目参与者解决流程中的问题，当然也需要业主对相关信息类型和演示格式进行指导，以便获得清晰、有价值和快速的反馈。

聚焦于清晰的业务目标。虽然本章列举了使用 BIM 的许多好处，但几乎没有项目已经获得全部好处。在很多情况下，业主起步于解决一个具体问题或实现一个具体目标，并取得成功。例如，美国总务管理局（GSA）有九个试点项目（Daken，2006），每个项目只涉及一种类型的 BIM 应用。应用类型包括能耗分析、空间规划、用激光扫描收集精确的竣工数据和四维

仿真。在实现重点明确且易于管理的目标取得成功之后，就可以在项目中扩展 BIM 应用，像沙特麦地那穆罕默德·本·阿卜杜勒 – 阿齐兹亲王国际机场案例研究（第 10 章）所描述的不断扩展 BIM 应用范围那样。

选择一支具有 BIM 实战经验的项目团队。随着 BIM 的日益普及，应该能够找到能在协作团队中成功使用 BIM 的供应商。同时，应该采用确保在整个设计和施工期间最大程度实现协作的合同方法。还应确保设施管理工作人员从流程开始就参与进来，并将移交需求纳入 BIM 执行计划。

建立评估改进的指标。指标对于评估新流程和技术的实施至关重要。第 10 章的案例研究包括了若干项目指标，例如减少变更单或返工、与基线进度或基线成本的差异以及单位面积造价减少等（有关更多 BIM 指标和度量的讨论，请参见第 8.3 节）。有些业主组织或研究项目为建立相关指标或目标提供了很好的来源，例如：

- **建筑业用户圆桌会议**（Construction Users Roundtable，CURT）。这个由业主领导的团体举办研讨会和会议，并在网站介绍一些重要项目和绩效指标。

173
- **斯坦福大学集成设施工程中心（Center for Integrated Facility Engineering，CIFE）关于虚拟设计和建造的研究报告**（Kunz 和 Fischer，2007；Kunz，2012）。这些报告在进行案例研究的同时给出了一些具体指标和目标。

参与 BIM 工作。业主的参与是项目成功的关键因素，因为业主最有资格领导项目团队以发挥 BIM 最大价值方式进行协作。业主担任领导角色的所有案例研究都展现了业主积极参与领导 BIM 实施的价值。它们还强调了业主持续参与这一流程的好处。BIM 应用，例如 BIM 设计评审，可以让业主更好地参与且更容易提供必要的反馈。业主的参与和领导对应用 BIM 的项目团队的成功至关重要。

第 4 章 问题讨论

1. 列出三种项目采购方法，并解释这些方法支持或不支持使用 BIM 技术和流程。讨论如何在不同采购方法中实现 BIM 价值最大化。

2. 假设您是一位正在着手建设一个新项目的业主，并且参加了几个讨论 BIM 好处和局限性的研讨会。在决定是否支持和推动在项目中使用 BIM 时，您会考虑哪些问题？为什么这些问题对项目的成功至关重要？

3. 如果业主决定在建筑全生命期应用 BIM，为了确保项目团队在建筑全生命期的每个阶段都成功使用 BIM，需要进行何种类型的评估？需要创建何种类型的文档？预测会有哪些风险以及如何降低这些风险？

4. 假设您是一位业主，正在制订一份采购项目的合同，要求项目使用基于 BIM 的协作方法。为了促进团队协作、BIM 的使用和项目的成功，合同应该包括哪些关键条款？

5. 列出项目开始制定 BIM 执行计划（BEP）需要涵盖的主题。

6. 可以使用什么方法将建筑的设施管理数据（设备、管道、阀门、电气等）传给业主， 174
以便用于建筑管理？这些数据有哪些标准？业主如何确保所获数据符合相关数据和命名标准？当用于设施管理时，竣工模型通常有哪些缺陷？

7. 在项目的早期设计阶段需要设施管理知识，业主如何确保在需要时可以获得这些知识？

第 5 章 175

建筑师和工程师的 BIM

5.0 执行摘要

建筑信息建模（BIM）是设计领域一个划时代的变革。与实现传统制图自动化的计算机辅助设计与制图（CADD）不同，BIM 是一种模式变革。通过从施工图模型部分自动化地生成设计文件，BIM 调整了不同设计阶段的工作量分配，并更加注重概念设计（在此阶段通常会做出绝大多数具有影响力的决策）。

BIM 的其他好处包括：更易于保证所有图纸和报告的一致性，空间冲突和其他类型模型检查的自动化，为分析 / 仿真 / 成本等软件提供强有力的接口，以及提升项目各层面、各阶段的可视化和沟通能力。

如果没有“标准”的设计流程，会导致并行作业人员使用看似整合实则复杂无序的流程。我们并不想描述设计中的所有事项，只是给出一些不同的可以并行和整合的子流程。本章将 176
从四个方面分析 BIM 应用对设计的影响：

1. 概念设计解决了项目的概念和空间组织问题。BIM 能更方便地生成复杂的建筑外壳，并支持对概念设计进行更为全面的探索和评估，但是目前支持对概念设计进行全面评估的工作流尚不完善。

2. 工程设计服务集成。BIM 支持新的信息流，并将其与设计、施工过程中顾问使用的模拟和分析工具紧密集成在一起。BIM 支持顾问对有关可持续性的成本和收益、生命期成本、维护成本和其他需要权衡的因素（包括涉及分包商的内容）进行整体评估。鼓励分包商使用自主选择的深化设计和部件制作 BIM 工具开展各种类型的深化设计、制作、交付和安装工作，并与其他部件与系统承包商进行协调。BIM 通过这些工具与工作台整合解决工程集成问题，还支持单个系统内以及共享设备、时间和进度计划的多个系统间的流程简化。

3. 施工建模将最佳实践应用于深化设计、生成技术规格书、制作和安装以及基于施工过程可视化管控的成本预算。这是 BIM 的一项主要优势。这一阶段还可实现使用协同设计 – 建造流程 [例如采用设计 – 建造和集成项目交付（IPD）模式] 带来的潜在好处。

4. 面向特定类型建筑的专业化解决方案解决特定类型建筑的特殊需求。医院、机场、体育场馆、购物中心和教堂都有独特的使用需求、隐含功能和建筑风格，需要专门考虑。独特的需求通常会导致适合特定类型建筑的专门工作流。

围绕这些问题，提供设计服务的合同条款正在发生变化。新的建造模式，例如设计 – 建造和集成项目交付，会影响沟通和协作，从而改变设计流程。不同的设计项目可以根据实现它们所需信息的开发工作量的大小进行分类，如：可预测的特许经营型建筑、实验建筑等。使用信息开发概念有助于区分各类建筑设计与施工所需的各种流程和工具。

本章还讨论如何在实践中采用 BIM 的问题，例如用三维数字模型代替二维图纸的演进步
177 骤、图纸和文档生成的自动化、细化程度（level of detail，LOD）管理、零部件库的开发和管理，以及整合技术规格书和成本预算的新方法。本章最后讲述设计公司在尝试实施 BIM 时面临的实际问题，包括：BIM 建模工具的选择和评估、培训、办公室准备，启动第一个 BIM 项目，以及提前规划基于 BIM 的设计公司需要开发的新角色和新服务。

5.1 引言

1452 年，文艺复兴时期的建筑师莱昂・巴蒂斯塔・阿尔伯蒂（Leon Battista Alberti）在他的《建筑论——阿尔伯蒂建筑十书》*（*On the Art of Building*）中将建筑“设计”与“施工”区别开来，认为设计的本质是与图纸线条表达相关的思考过程（Alberti，1988）。他的目的是将设计的智力工作与施工技能加以区分。在阿尔伯蒂之前，公元前 1 世纪的维特鲁威（Vitruvius）在他的《建筑十书》（*Ten Books of Architecture*）中讨论了使用平面、立面和透视图表达设计意图的内在价值。在整个建筑史中，图纸一直是表达的主要形式以及认知建筑的基础。即使到了今天，人们仍在评论不同的建筑师如何用图纸和草图提升他们的思维和创作（Robbins，1994; Scheer，2014）。这一悠久的历史传统可以在建筑设计最早引入计算机的方式上看到，即 CADD——计算机辅助设计与制图。

在这种历史背景下，建筑信息建模是改变建筑表达的一次革命。它用三维虚拟建筑模型取代图纸，可能会将被阿尔伯蒂切割的设计与施工重新整合起来。BIM 改变了人们解读

* 此书中文版由中国建筑工业出版社于 2016 年 5 月出版。——译者注

和运用表达的方式，颠覆了过去的线条布置以及与之相联的思考方法。学习 BIM 工具只是第一步，重要的是，它将引领生成、优化及评估设计概念采用新方法。这些变化意味着需要对设计进行重新思考：在多大程度上设计是设计师头脑中先有概念然后外化为记录的？或者是从设计师与外化表达之间的对话产生的？或者是出自支持不同专业人士思维过程的共享设计文件？还是三者的某种组合？其关键在于当前的智力工作正在因为新的表达方式转型。

归根到底，表达方式的变革只是为开发和完成建筑设计项目并通过多种设计意图进行方案优化提供一种工具。BIM 是否有助于可持续性设计？它是否能带来更高效率的施工方法？它是否会支持更高质量的设计？这些是本章将要讨论的有价值的问题。设计是一项团队工作（尽管在学校教学中缺乏这方面的训练），它涉及业主 / 客户、建筑师、专业设计师、工程师以 178
及越来越受重视的深化设计、制作和安装人员。项目的实施需要海量的协调与协作。

本章还讨论有利于 AEC 项目团队协作的不断变化的合同结构。协调与协作包括多个层面的沟通。在一个层面上，它需要人们在价值观、意向、背景和程序上进行沟通。在另一个层面上，它涉及不同工具的文件格式以及成本预算和各种设施性能分析工具之间的数据交换需求。项目团队中的不同成员可以使用不同的数字工具支持其特定工作。作为 BIM 基础的三维模型，为改进人们沟通空间布局的方式提供了条件。非正交平面上的三维布局，采用二维平面投影表达只是一种近似方法。而采用这种表达则需要在现场对布局进行校正，因为基于图纸的表达从根本上说是不完善的。通过建立项目系统布局的虚拟三维模型，这些问题可迎刃而解。每个人都能可视化地看到他的工作与其他人工作的空间联系。在数据交换层面，建筑模型能凭借机器可读性与明确的编码支持模型数据的自动转换，可提高设计信息在整个设计过程和后续施工过程中其他应用程序的可用性。正如第 3 章所述，虽然目前实现这一目标还有困难，但该目标将会通过 BIM 模型视图得以实现。

传统建筑设计服务概览

可行性研究（Feasibility Study）

与空间无关的定量及文字项目说明，包括现金流、功能、收入来源、面积与所需设备的关联关系以及初步成本估算等，会与设计前期以及生产或经济策划交叉和迭代。

设计前期（Predesign）

确定空间和功能需求、阶段划分、预计可能的扩展需求；处理场地和环境问题；明确采用的建筑规范和需遵守的区域约束规定；也可基于新增信息更新成本估算。

初步设计（Schematic Design，SD）

出具包含建筑平面图的初步项目设计，展示设计前期策划的实施；生成建筑造型体量模型及初步方案渲染图；确定候选材料和饰面；按系统类型确定所有建筑子系统。

179 **扩初设计（Design Development，DD）**

详细的楼层平面图，包括所有的主要建筑系统（墙体、表皮、楼板以及结构、基础、照明、机械、电气、通信、安全与声效系统等）及常规大样、材料及其饰面、场地排水、场地系统及景观。

施工图设计（Construction Detailing，CD）

详细的拆迁规划、场地准备、找坡、系统及材料规格说明；确定各个系统的部件尺寸和连接方式；建立主要系统的测试和验收标准；确定整合不同系统所需的节点构造。

设计审查（Construction Review）

协调细部，检查布局，材料选择及审查；当建设条件不同于预期或出现错误时要求变更。

这种新的沟通能力为改善设计服务带来了新机遇。BIM 为扩初设计阶段使用的分析和仿真程序提供了半自动接口。另外，通过使用建筑模型与制作商协调，正在加深设计与施工的协调深度。这些变革最终将影响设计师的思维方式和工作流程。目前，这些变革只是初露端倪。然而，即便是在初期阶段，BIM 也重新分配了设计师在各个设计阶段上花费的时间和精力。

本章讲述 BIM 对从项目开发最初阶段的可行性研究和初步设计到扩初设计和施工图设计整个设计阶段产生的影响。狭义地讲，它讲述不同类型组织如何使用 BIM 提供建筑设计服务：不管是独立的建筑 / 工程设计公司，还是作为大型综合建筑 / 工程（AE）设计公司的一部分，或是具有内部设计服务部门的开发公司。在这些不同的组织中，会出现各种各样的合同形式和组织架构。本章还将介绍伴随这种技术应用而出现的新职位，并考查 BIM 能够支持的新需求和新实践。

5.2 设计服务范围

设计是定义项目主要信息的活动。各个传统设计阶段提供的常见服务对成本和功能的影响及其变更成本如图 5-1 所示。反托拉斯法禁止美国建筑师协会（AIA）发布标准取费结构，
180 但早期传统建筑服务合同中有付款时间表（由此可以发现工作量占比）：初步设计 15%，扩初

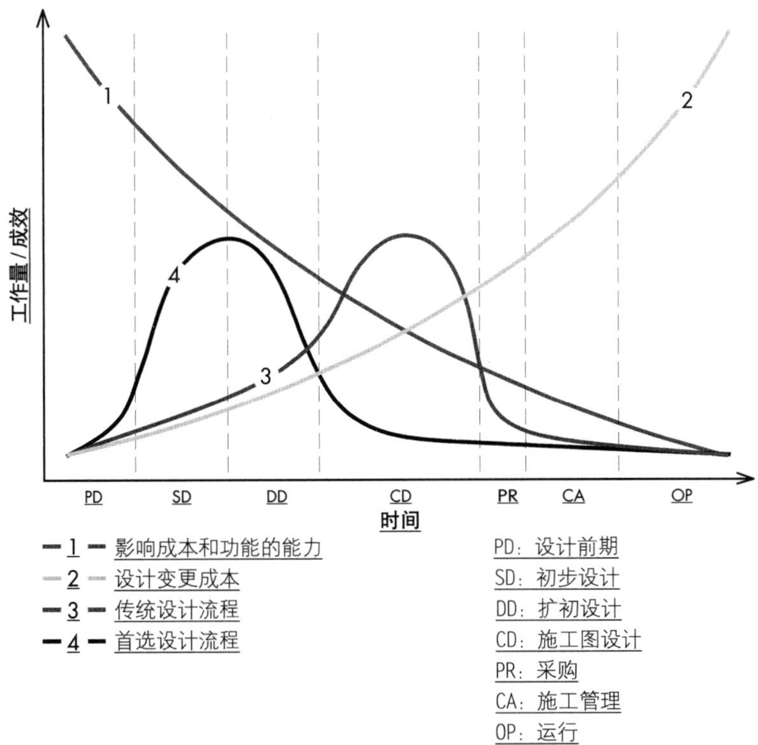

图 5-1 设计服务的增值、变更成本及取酬分布

图片源自帕特里克·麦克利米（Patrick MacLeamy）2004 年在建筑用户圆桌会议（CURT）上发表的论文。

设计 30%，施工图设计和项目指导监督 55%（AIA，1994）。这种分布反映了传统上不同设计阶段绘制图纸的工作量占比。

由于能按标准形式自动完成构造设计，BIM 会大幅缩短施工图设计所需的时间。图 5-1 展示了设计工作量与时间之间的大体关系，并给出了采用传统方法的工作量分布（3 号线）和应用 BIM 的工作量分布（4 号线）。这一调整使设计服务的决策价值得到提高 [参见设计与施工过程中的决策价值曲线（1 号线）]，并使变更成本得到降低 [参见项目生命期变更成本曲线（2 号线）]。本图强调早期设计决策对建筑项目整体功能、成本和收益具有重要影响。目前，一些使用 BIM 项目的付费结构已发生变化，以体现初步设计期间的决策价值和施工图设计工作量的减少。工作量分布的变化还对交付方式及合同结构产生影响。下面，我们对其中一些内容进行探讨。

5.2.1 项目交付的协作方式

传统项目的采购流程分为三个阶段，即设计 – 招标 – 建造。这种项目通常需要先完成设计，然后通过公开招标选定承包商，经常是最低价中标。有关设计 – 招标 – 建造的更全面讨 181
论，请见第 1 章、第 4 章和第 6 章。

从设计的角度看，设计 – 招标 – 建造采购流程是建立在以下不再成立的假定之上：

1. 采用建筑师和承包商都很熟悉的标准施工方式建造建筑，建筑师和工程师熟知施工方法，能够以成本和施工工期为目标优化设计。

2. 施工主要取决于管理，而不受设计细节的影响。

3. 施工中的设计变更对施工过程有明确、独立和可度量的影响。

4. 设计 – 招标 – 建造交付方式能以可靠的最低中标价完成建造，使项目建造成本最低。

在最终施工文件中集成建筑和工程设计专业知识及施工专业知识的内在需求，导致了所提供服务的扭曲。当前的做法是规定设计师的图纸仅限于表达“设计意图”，而施工协调和深化设计的各个方面都在额外的图纸 [即施工协调文件（用于管理建筑系统协调）和用于实际建筑部件制作和安装的深化设计图纸] 中解决。在实践中，“设计意图”图纸的存在将建筑师和工程师的智力贡献与制作商和建造商的智力贡献隔离开来，并保护设计师免于承担设计协调及其他相关问题带来的法律责任。

使用这种存在分割和冗余的流程，很难高效利用时间和资金，还会给施工项目带来大量法律纠纷。一方面，为了回避纠纷，建筑师不愿提供对承包商有用的信息，并减少沟通与协作，因为建筑师的责任保险承保范围并不包含提供这些信息。另一方面，承包商可以利用设计文件存在的错误，通过收取由变更单产生的额外费用增加项目收益。由此可见，这种流程是畸形的，它既不符合业主利益，也不利于项目的成功。

设计 – 建造合同使业主 / 客户与执行项目设计和施工的单一法人实体建立商业关系。这种方法的劣势在于：建筑设计公司由于资本量小，总是在项目中处于次要地位，而处于项目主导地位的则是资本雄厚的承包商。由此产生一种相关现象：中小型设计服务企业不断并入诸如 AECOM、WSP、Stantec、Gensler 和 HOK 这样的大型企业。这种演变的原因之一是为了突破资本限制，使设计团队在大型项目中处于主导地位。

182 集成项目交付（IPD）是一种新的选择，既不同于设计 – 招标 – 建造，也不同于设计 – 建造。在 IPD 项目中，业主、设计师、主要承包商和供应商会签订一份协作合同。IPD 的主要目标是，通过明确共同和相互依存的商业利益以及沟通与协作的技术和社交手段，形成有凝聚力的团队。IPD 的另一个重要方面是其指定了风险、时间和成本的分配方式（参见《BIM 手册》配套网站上的萨特医疗中心案例研究）。在 IPD 合同中，建筑师与工程师是全面合作的伙伴关系，在项目中共同承担成本、共享收益（Fischer 等，2017）。这是一项重大的变革，因为它给设计师提供了通过优化设计提升施工绩效从而获得收益的财务机制。如果项目提前完成或低于目标成本，设计师将与协作团队中的其他成员一起受益。这些通过施工收益考核设计绩效的方法也为考核其他方面的设计绩效开辟了道路，比如能耗、设施系统性能以及可持续性。建筑性能指标的一个例子是风管单位面积最大漏风量。基于性能指标衡量项目有望在未来变得更加普遍，并成为设计服务的核心。IPD 项目通常在施工现场设置一个大办公室，供所有团队成员办公和开会使用。一些承包商已有使用大办公室协调、解决问题的经验。在非 IPD 项目中，设计团队有时也用大办公室促进团队协作。有关设计如何使用大办公室的介绍，请参阅萨克斯（Sacks）等人的书（第 14 章，2017）。

以一个协作单体与业主订立合同为制定服务合同提供了新基准。这些设计实践、项目合同、交付方式以及职责的变化，从根本上改变了设计。设计服务不但不会消失，反而服务内容会变得愈加清晰，前景会更加明朗。

5.2.2 信息开发的概念

设计项目需要进行不同程度的信息开发，包括定义建筑功能、风格及施工方式的信息开发。信息开发工作量最小的项目是具有明确功能属性和固定建筑特征的特许经营建筑，包括通常称为“方盒子”的仓库、路边服务站以及其他类似建筑。有时建筑甚至是预先设计好的，只要根据特定场地条件做些适应性调整即可。因此，这类项目只需开发最少的信息，因为对预期的结果都有明确的规定（包括设计细节、施工方法和环境性能分析），客户提前就知道即将交付的成果是什么样子。

信息开发工作量最大的项目，通常是有兴趣开发新社会功能或试图改造既有设施功能的业主的项目，如机场与码头组合、水下酒店、试验性多媒体演出剧场或者标志性景观大厦。
其他信息开发工作量较大的例子包括业主与设计师签署“共同探索采用非标准材料、结构体 183
系或环境控制”协议的项目。第 10 章中的案例研究——路易威登基金会艺术中心，就是信息开发工作量较大的优秀项目之一。该项目由弗兰克·盖里（Frank Gehry）设计，采用了基于第一原理分析得出的未曾尝试过的新系统。一段时间以来，在弗兰克·盖里、诺曼·福斯特爵士（Sir Norman Foster）、扎哈·哈迪德（Zaha Hadid）等人的启发下，开明的建筑设计公司和学生对采用非标材料和外形建造建筑表现出浓厚的兴趣。这些项目在其建筑外壳或施工方法成为标准实践之前信息开发工作量较大。至于复制已建成建筑的项目，如连锁店的某些建筑，其原始设计也通常是从一个包括大量信息的原型开始的。

在实践中，大部分建筑的功能和风格都是人们熟知的不同建筑的功能和风格的组合，只是在具体做法、建造程序、风格和外观装饰上有一些改变。站在施工角度，大多数建筑设计都符合人们熟知的施工做法，只是偶尔会在材料、制作以及现场或场外组装上有所创新。也就是说，这些基本上都是常规项目，只有很少的地方需要开发新的信息，而这通常又是反映现场条件的信息。业主才刚刚开始了解设计服务合同涉及信息开发工作量问题。在已有数据对功能和施工做出明确定义的项目中，最初的几个设计阶段是可以缩短或省略的，而扩初设计（DD）和施工图设计（CD）则成为主要任务。在其他情况下，可行性研究、设计前期和初步设计（SD）是至关重要的，它们将确定主要的成本和功能。信息开发工作量的大小决定了设计取酬的多少。

从信息开发的工作量大小考虑，设计服务范围既可以非常简单也可以非常详细，这取决于业主的需求和意向。传统上，对于项目的信息开发要求是在定义建筑设计服务的合同范围（见下面的专栏“常用设计技术服务范围”）或特殊服务范围（某些已在前面列出）中提出的。虽然专栏列出的一些服务主要由牵头设计公司负责，但有时也由外部顾问负责。在与亚特兰大约翰·波特曼（John Portman）事务所进行的一项关于通过合作提供建筑设计服务的研究中发现（Eastman 等，1998），仅上海某一大型建筑项目就有多达 28 种以上不同类型的顾问参与。

综上所述，建筑设计是一项需要广泛合作的工作，涉及大量议题，需要精湛的技术和深厚的专业知识。正是在这种大背景下，必须使用 BIM，才能支持人类 / 社会维度和计算 / 模型层面的协作。我们还可从参与方的多样性上看到，应用 BIM 技术的主要挑战在于让设计项目的所有参与方在设计、工程、制作、安装和其他相关工作中都能采用新的图纸生成和工作沟
184 通方式。最终，所有人都必须适应这种新的工作方式，因为它正在成为新的实践标准。第 10 章的案例研究对这一点做了明确和隐含的强调。

常用设计技术服务范围

财务和现金流分析；

医院、疗养院、机场、餐厅、会议中心、停车库、剧场综合体等建筑的主要功能分析；

场地规划，包括停车、排水、道路；

各种建筑系统的设计和分析 / 仿真，包括：

— 结构

— 机械和空气处理系统

— 应急报警 / 控制系统 / 传感器

— 照明

— 声效

— 幕墙系统

— 节能、节水和空气质量

— 垂直和水平交通

— 安保

— 成本预算

— 无障碍评估

— 景观、喷泉和种植

— 建筑外表清洁与维护

— 外部照明和标识

5.2.3 土木和基础设施设计

BIM 的基本范式——面向对象的建筑数字建模，能够对设计、施工和运行进行仿真和分析，这同样适用于道路、高速公路、铁路、地铁系统、机场、港口、桥梁、水坝、管网和发电站等基础设施项目。因此，基础设施工程有望从源自建筑项目的 BIM 流程的应用中获得同样的好处。

从 BIM 软件平台的角度来看，基础设施工程与建筑工程的不同之处在于，基础设施工程中的变截面和非线性路径拉伸几何形体，要比建筑工程多得多且大得多。公路、铁路、桥梁和隧道线形的几何形体几乎都属于这种类型（如图 5–2 展示的芬兰赫尔辛基克鲁塞尔大桥曲线线形）。传统的需要进行不同布尔运算的空间对象表达已经演化为可以使用不同类型对象直 185
接建模。基于以上原因，大多数 BIM 软件供应商都提供专门针对基础设施设计的 BIM 软件，例如 Autodesk Infraworks、Autodesk Civil 3D、Bentley OpenRoads 和 Bentley OpenRail。这些应用程序具有生成和编辑纵向线形的专门功能，拥有适于设计的参数化对象库，方便通过数字地形建模（digital terrain modeling，DTM）将设计对象与既有地形集成，还有土方挖填优化等分析功能。当然，它们也提供了标准的土木和基础设施图纸输出模板，还使用 LandXML 或其他接口提供了土方工程设备作业所需的数字数据。

需要注意的是，有的土木工程工具（例如 Autodesk Civil 3D）仍然使用 CAD 软件作为其核心几何引擎。正如我们在第 2.5.9 节所述，这种工具反映对象行为和设计意图的能力是受限的，而这正是 BIM 平台胜于它们的关键特征之一。

基础设施项目中常见的纵向对象，除了可用参数化几何形体表达外，还可使用参数化线形曲线和参数化横截面表达。某些基础设施 BIM 工具提供了这些参数化表达的内置功能。具有可视化编程的参数化建模工具，在对基于曲线线形几何形体的参数化处理方面具有强大功能，如 Dynamo、Grasshopper 等（参见第 5.3.3 节）。

图 5–2 芬兰赫尔辛基克鲁塞尔大桥结构 BIM 模型。桥的纵向线形具有弯曲曲率
图片由赫尔辛基 WSP 集团提供。

由数字地形建模方法创建的地形网格模型，每个网格（通常是正交的）节点都有表面高程值。事实上，这些天然不规则表面并不适合参数化建模，但由工程设计生成的人工表面，
186 如道路表面、景观或建筑地表都可以进行参数化建模。因此，通常将从自然地形表面减去设计曲面的布尔运算生成的体积表达为具有参数控制的体积。这样可以应用优化算法，为填挖、视线分析和其他应用寻找最佳解决方案（用参数取值表达）。

对于使用公里而不是米（或英里而不是码）测量距离的项目的 BIM 模型，必须考虑由于地球曲率的影响使用笛卡儿坐标系测量距离准确度不够的问题。如果基于平面测量距离，尺寸误差就会很大。因此，大多数 BIM 平台使用的正交坐标系并不适合此类项目。对于此类项目，必须使用曲线坐标系。伦敦交通项目，例如伦敦地铁维多利亚站项目（参见第 10 章第 10.6 节案例研究），使用的是伦敦测量网格坐标系。Bentley 基础设施软件，例如 OpenRoads 和 OpenRail，提供了管理不同曲线坐标系以及它们相互之间和它们与建筑使用的正交坐标系之间进行变换的工具。

用于土木和基础设施项目的 BIM 模型，不仅必须与作为其一部分或与之相互作用的不同结构的模型连接，例如隧道沿线的地铁站或道路沿线的桥梁，还要与管理地理空间信息的地理信息系统（GIS）连接。工业基础类（IFC）标准可让使用不同 BIM 平台设计的建筑模型实现互操作性，但当前模式（撰写本书时为 IFC4 Add 2）需要使用变通方法才能表达线形和基础设施对象。BuildingSMART 一直致力于对 IFC 进行扩展，例如 IFC 桥梁（IFC Bridge）、IFC 线形（IFC Alignment 和 IFC Road），甚至还设置了一个“机场”小组探索机场相关需求。实现互操作性的另一条途径是，通过 cityGML 提供 BIM 与 GIS 平台交换数据的工具。BIM 和 GIS 模型之间的完全集成仍然是研发的主题（Liu 等，2017），研究人员正在开展数据交换、实时数据连接、同时使用 cityGML 和 IFC 查询模型等方面的研究（Daum 等，2017）。

5.3 设计过程中的 BIM 应用

第 2 章和第 3 章介绍的两个建筑信息建模技术基础——面向对象的参数化设计和互操作性，与越来越多的具有特定功能的 BIM 工具一起，使传统设计实践在许多方面实现了流程改进和信息增强。这些益处贯穿于整个设计过程。尽管 BIM 的一些新应用以及能够带来的益处还在探索中，但是现有应用的发展轨迹已经足以证明它们可以得到显著的回报。为了代替传统设计合同中的通用阶段划分，我们现在考虑四个重要的示例性子流程，它们是完成整体设
187 计的子设计任务。由于关注点的潜在独特组合，解决组合问题的挑战要求当前的设计开发能在面向独特目标的新环境中进行。本章我们考虑概念设计、预制、分析整合以及特殊类型的建筑。我们还讨论一些实践问题：基于模型的出图和施工文件准备、BIM 对象库的开发和管理、技术规格书与成本预算的整合。有关设计实践的具体问题，例如选择 BIM 平台和工具、

培训和人员配置问题，分别在第 2 章和第 8 章中介绍。

5.3.1 概念设计

概念设计（在 AIA 合同中有时称为初步设计）是设计的重中之重。图 5-1 的麦克利米（MacLeamy）曲线清楚地表达了概念设计的重要性并唤起对它的重新关注。图中的概念设计，即初步设计，对减少设计错误和项目后期的设计变更具有举足轻重的作用。概念设计决定了后面设计的基本框架，包括体量、结构、总体空间布局、环境调节方法以及对场地和其他当地条件的响应。它是整个设计过程中最具创造力的阶段。它规划了项目的所有方面，包括建筑功能、成本、施工方法、材料、环境影响、建造实践、文化及美学等。该阶段提早梳理并考虑了需要设计团队所有专家探究的问题。

概念设计通常涉及建筑策划的开发和完善——空间区域、功能、材料类型和施工方面的项目说明，以及对功能和经济可行性的基本评估。它还可以评估项目与历史、视觉和文化的相关性。概念设计决定了后期设计开发的基本框架，包括体量、结构、总体空间布局、环境调节方法，以及对场地和其他当地条件的响应。建筑师通常是建设策划的领导者，有时建设策划由业主或顾问提供。有时业主提供初始的具有详细说明的策划，但往往前后表达不一致，需要识别存在冲突的地方。这可能需要先从分区规划或整体规划开始，或认识到项目存在某些风险后提出制定应对风险解决方案计划，并就业主的相关需求和意愿进行协商。在建筑策划完善后，便可开展概念设计的核心工作，包括在楼层平面图生成基本建筑布局，确定体量和整体外形、建筑在场地中的位置和朝向、结构和内部环境质量以及在考虑四邻和场地环境的同时项目如何实现基本的建筑策划。

如图 5-1 所示，建筑策划和概念设计形成的初步项目决策对整个项目至关重要，通常认 188
为它们是设计过程中最具创造性的工作。建筑策划在很大程度上决定了项目成本、利用率、施工的复杂程度、交付时间和其他关键事项。建筑策划已被认为是整个项目的基础，这种观点直接向概念设计使用的传统流程提出了挑战。在过去，概念设计几乎完全依赖于首席设计师或设计团队的经验和专业知识，他们基于自身知识、直觉以及来自设计团队其他成员的反馈开展工作。

因为需要快速生成和评估草图级的备选方案，所以评估主要是凭直观感知。由于需要快速探索方案和对所用工具用户界面的认知需求偏低，使铅笔（或其他纸面书写工具）成为概念设计的主要工具。而手绘草图则成了记录设计方案和内部交流的常用文件。同样，鉴于 BIM 的复杂性和给使用者带来的认知负担，一些建筑师认为 BIM 工具不适合概念设计。他们的评判有一部分是对的。目前大多数的 BIM 设计软件需要太长的学习时间，有许多依赖状态的操作，并需关注与对象相关的行为。对软件操作和用户界面的认知分散了使用者的注意力，几乎阻碍了“创造性探索”。

然而，像 SketchUp、Rhinoceros 和 form · Z pro 这样的轻量级工具，已经作为概念设计工具得到了广泛应用。这些工具专注于快速三维草绘和形体生成，使设计团队对空间和视觉的感知交流变得容易。它们没有建筑对象类型，没有对象类型的特定行为，所以它们对几何形体的操作适用于所有形体，降低了用户使用的复杂性。有一些用户将他们的曲面限制在 NURBS（非均匀有理 B 样条曲面），这是一种自由曲面类型，可以生成多种曲面，包括简单的平面和球面。这些工具支持生成合理的复杂对象和快速反馈，允许用户通过直观感知进行评估。反复使用这些工具可以熟练掌握各种操作命令，从而可将操作流程“隐形”融进设计师的创作过程。作为独立工具，它们不能完成概念设计的全部工作，只能在提高决策质量方面发挥作用。然而，这些限制正在发生改变。自本书第二版发行以来，这些工具已经有了显著进步，其功能在不断增多。

有一些软件工具基于特定开发方法（如空间规划、能耗分析、财务可行性等）支持概念设计。提供 BIM 平台的公司已意识到他们工具的局限性，为一些工具增加了概念设计功能，并使其在市场上与草绘工具进行竞争。本节介绍各种用于概念设计的产品，并考查其在概念设计中所起的作用。

3D 概念设计草绘工具。下面，我们扼要介绍 SketchUp、Rhinoceros 和 form · Z pro，主要关注这些软件支持 BIM 的工作流程。

189 **SketchUp**。天宝 SketchUp 是许多建筑师喜欢的草绘和方案探索软件。它最初是一个具有非常直观的用户界面的曲面建模器。其专业版具有越来越强大的功能。这里，我们重点介绍 Pro 版。

SketchUp 的基本功能是轻松定义三维线并借助其他空间定位点将线拉伸成面，同时支持易于使用的直接操作。可以用线在形体表面上定义多边形，通过推 / 拉工具挖出凹洞或形成新的形体。尺寸标注可以清晰显示，也可以通过隐藏图层隐藏起来。SketchUp 允许用户在极少甚至没有培训的情况下，非常轻松地定义三维形体和建筑（如图 5–3 所示）。天宝 3D Warehouse 和 FormFonts 提供了大量预定义形体库。SketchUp 支持使用 Ruby 脚本和 SketchUp 系统开发工具包（SDK）开发插件。目前大概有数百个插件，它们极大地扩展了 SketchUp 功能，且大多数同时与 SketchUp 和 SketchUp Pro 兼容。具有三维照片级真实感纹理的建筑模型可以轻松上传到谷歌地球（Google Earth）。

SketchUp Pro 既能从模型中生成二维图纸，又提供了与其他应用程序的接口（通过文件交换实现）。免费的 Layout 3 插件支持从 SketchUp 三维模型中生成带有尺寸标注的图纸，而 Style Builder 插件则提供过滤器，并根据绘图样式对渲染模型的线条风格进行处理。它支持允许将属性与实体关联的通用部件。它还可以将面集合定义为“对象”。在 2017 年的版本中，正确构成的面集合可以转化成实体，并且可以赋予相关的属性。这些实体对象的使用和将它们导出给其他工具的功能肯定会在后续版本中得到扩展。

(A)　　　　(B)

图 5–3 (A)特拉维夫大学波特环境科学研究大楼 Sketchup 模型(这张图片曾在此栋 LEED 白金大楼的设计投标中使用);(B)竣工后的波特大楼

图片由阿克塞尔罗德·格罗布曼(Axelrod Grobman)建筑师事务所、陈建筑师事务所、Geotectura 建筑师事务所和沙伊·爱泼斯坦(Shai Epstein)建筑师事务所提供。

SketchUp 的一个重要插件是为建筑性能仿真软件 IES 提供分析模型的插件 IES VE。IES 190
内部基于一个高效、简化的建筑模型进行可持续性能评估。IES VE 通过在楼板上简单布置单线或双线墙(热区分区)生成用于能耗分析和碳评估的模型。它还能设置传热系数等属性信息及位置和朝向信息。IES 导入 SketchUp 模型后,即可使用 APACHE-Sim 快速计算供暖和制冷的能源绩效指标。IES 还可分析太阳能增益、遮阳以及水和碳的使用情况。另一个类似的插件是 OpenStudio,其通过生成 IDF 文件为 EnergyPlus 提供分析模型。最新的 OpenStudio 1.0.5 版增加了支持分区边界、内部空间负载智能匹配和其他增强功能。第三个插件是由英国高地与群岛大学绿色空间研究所(Greenspace Research)开发的 Demeter 插件,它是为英国能耗模拟软件 gEnergyEPC 提供分析模型而开发的。与 Revit、ArchiCAD 和基于 Microstation 的奔特力 BIM 软件一样,它通过生成 gbXML 格式文件实现互操作性。不难发现,这里介绍的三款插件都是在 SketchUp 里开发定制模型以支持能耗分析建模和手动输入能耗模拟所需的属性。

SketchUp Pro 可以从作为背景的 DXF、DWG 和 IGES 图形读取几何信息。它也可以导入某些对象类型的 IFC 几何形体。SketchUp Pro 也支持导出 3DS、AutoCAD DWG、AutoCAD DXF、FBX、OBJ、XSI 和 VRML(有关这些文件格式的用途请见第 3 章)格式文件。一些 BIM 平台可以读取 SketchUp Pro 导出的某种格式的文件,并可依据导入的背景图形重新创建几何形体。

如今,围绕 SketchUp 的工作流还不够宽泛,用户界面还不够友好,仅限于为能耗分析输入几何信息,且每一步都需要输入数据和手动操作。但是这些一步一步的工作表明,它们正在为建立进行概念设计评估和将模型导入 BIM 平台的工作流铺平道路。

Rhinoceros。Rhinoceros(简称 Rhino)是由员工控股的麦克尼尔(McNeel)公司开发的

一款流行的非均匀有理 B 样条曲面（NURBS）建模工具。Rhino 系统对建筑师、工业设计师、动画师、珠宝制作商和其他三维自由曲面造型爱好者非常有吸引力。Rhino 具有许多曲面建模功能，比如简单或复杂曲面形状的生成、编辑、查看、合并和分析等（如图 5-4 所示）。Rhino 还支持创建和编辑曲线以及合并曲面的操作。Rhino 可用于许多复杂形体的设计，包括建筑表皮、现浇混凝土模板、各种室内空间造型和固定装置设计。此外，Rhino 可以生成实体图元和将面集合转换为实体。这些实体可以通过布尔运算和点取表面进行编辑。可以将面转换为网格，可以分析、标注形体。Rhino 也支持将形体投影到平面上，并添加绘图注释。因此，用户可以用其设计大型复杂的建筑造型。

Rhino 是一个非常开放的系统，允许用户使用 Rhinoscript（一种 Visual Basic 脚本语言）
191 和 Grasshopper（Rhino 特有的脚本语言，允许用户有较少或没有计算机背景）轻松开发定制功
能。开始编写脚本的一个窍门是从执行操作命令的历史文件中识别操作，然后模仿编写脚本。除了允许制作自己的脚本之外，软件还有由几百个插件组成的插件库，其中许多插件都可在

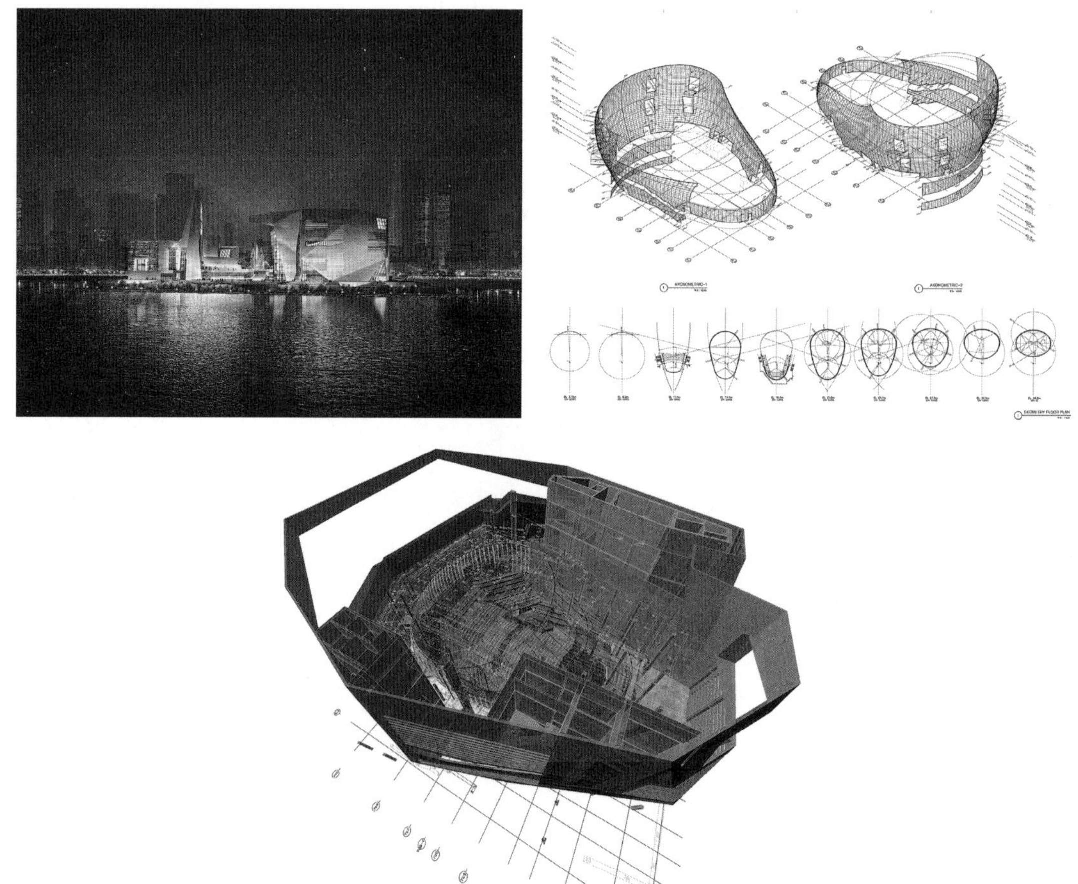

图 5-4 韩国仁川艺术中心音乐厅。Rhino 既可以创建自由曲面造型，也可以创建结构化曲面造型（见书后彩图）图片由位于韩国首尔的 DMP 综合建筑事务所提供。

设计中使用。插件库包括 Paracloud Modeler 和 Paracloud Gem 插件，它们能够基于衍生式设计工作流以参数化方式管理对象阵列。Savannah3D 提供了用于室内空间设计的对象库。Rhino 还支持将一些渲染引擎作为插件使用，包括 V-ray、Lightworks 和 Maxwell 等。Geometry Gym 提供了与结构建模软件的接口，可用的分析模型文件格式包括 OasysGSA、Robot、SAP2000、Sofistik、SpaceGASS 和 Strand7。随着 CIS/2 和 IFC 的发展（欲了解这些文件格式的用途，请见第 3 章），使得适于钢结构深化设计的中性数据交换格式 SDNF 也随之可用。Rhino 到 Revit 和 192
Revit 到 Rhino 的数据转换都是可行的。

VisualARQ 是一个特别有趣的工具。它支持将 Rhino 中的对象转化为以下类别的 BIM 对象：墙、楼板、屋顶、柱、门窗和空间。它能以表格形式生成空间报告，用于检查空间布局与空间策划的符合性。VisualARQ 还可通过预置参数为上述各种对象提供参数化对象类。目前发布的 β 版具有 IFC 导出功能。它支持将 VisualARQ 的六种对象类转化成 IFC 模型，以便导入项目使用的 BIM 工具和接受 IFC 输入的分析应用软件。

借助这些插件，Rhino 似乎有了探索设计的能力，其可先将 Rhino 模型表面对象逐步转换为实体，然后转换为 VisualARQ 的建筑元素和 Geometry Gym 的结构元素，进一步再将这些元素导出为 IFC 文件用于生产作业。这是一个潜在的、非常有吸引力的工作流。

IFC 接口支持以下概念设计阶段使用的设计软件：用于成本估算的 Timberline、U.S. Costs 和 Innovaya；用于空间策划验证的 Solibri Model Checker 和 Trelligence。虽然网上罗列了一些这类接口，但不清楚现有软件版本是否与其兼容。

form · Z pro。 form · Z pro 是由 AutoDesSys（开发 form · Z 和 Bonzai 的公司）开发的一款非均匀有理 B 样条曲面（NURBS）与分面草绘建模软件。实际上，它也是一款实体建模草图软件，它的操作非常简单，就像 SketchUp 一样。事实上，许多有关 form · Z pro 的信息都讨论了它的操作风格，认为它与 SketchUp 类似。然而，作为一款实体建模工具，它的许多操作变得更加简单，例如可以自动基于围合曲面生成厚墙。同时，由于它是基于 NURBS 的建模工具，所以支持许多与 Rhino 类似的操作，尽管它们的操作方法有所不同。form · Z pro 为建筑师定义了几个参数化部件：楼梯、门窗和屋顶。它还可借助 Renderzone 插件进行快速渲染，并能以文件形式实现与 Lightworks、Maxwell 和其他软件的互操作性。这些文件的格式可以是 DWG、DXF、FACT、OBJ、SAT、STL、3DS 和 COLLADA。form · Z pro 还提供了脚本语言供二次开发使用。

使用 BIM 软件进行草图概念设计。 BIM 软件厂商已经意识到 BIM 软件表达方案构思的局限性，有些产商开发了基于通用类型对象（称为“体量”或“代理”对象）的概念设计探索工具。这些自定义参数化形体，填补了 BIM 在自由造型方面的空白，特别是可以生成建筑外壳（然后在下游设计中细化）或者生成格栅和其他类型的复杂几何形体。这些自由造型工具还支持将形体分割成楼层和“外壳”面板。例如，Revit 在体量建模工具中增加了一些新功能，允许更大范围地编辑自由曲面，以及在曲面上设置网格并将参数化对象或形体赋

予网格（参见图 5-5）。ArchiCAD 和 Vectorworks 也利用 Cinema 3D 提供了相似功能。使用 Vectorworks 体量建模工具创建的方案如图 5-6（A）所示，使用 Bonzai 体量建模工具创建的建筑方案如图 5-6（B）所示。Bentley Architecture 软件的 Generative Components 模块是另一款功能强大的方案设计工具，已成功用于英杰华体育场（Aviva Stadium）项目（参见《BIM 手册》配套网站）。

193

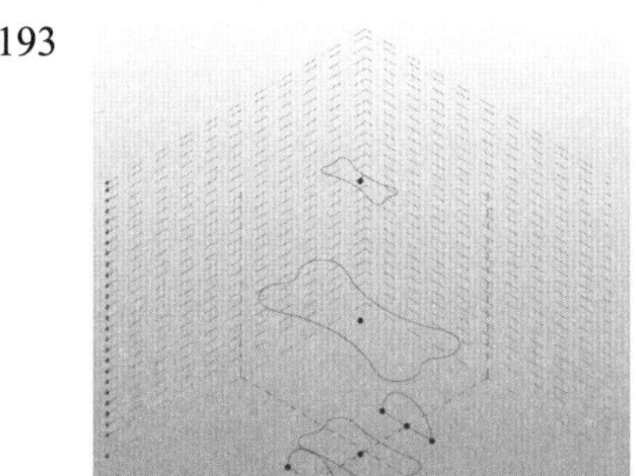
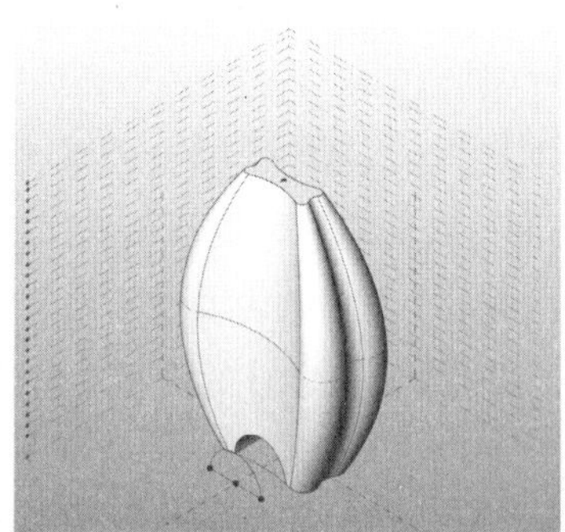
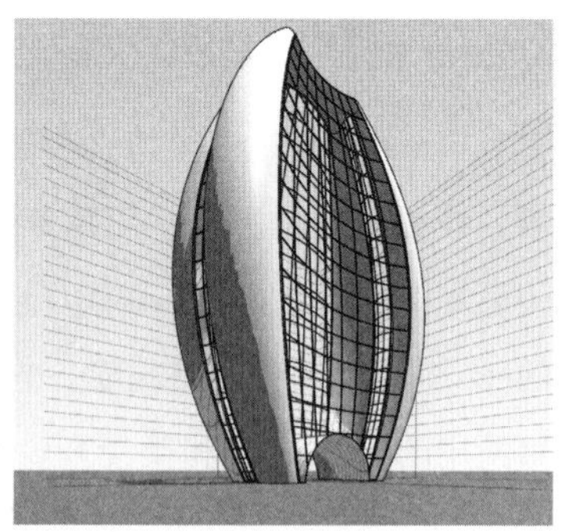

图 5-5 Revit 体量对象的自由造型，随着表面网格添加对象的增加不断细化
模型图片由伦敦 HOK 建筑设计咨询公司的 Revit 专家戴维·莱特（David Light）提供。

（A）

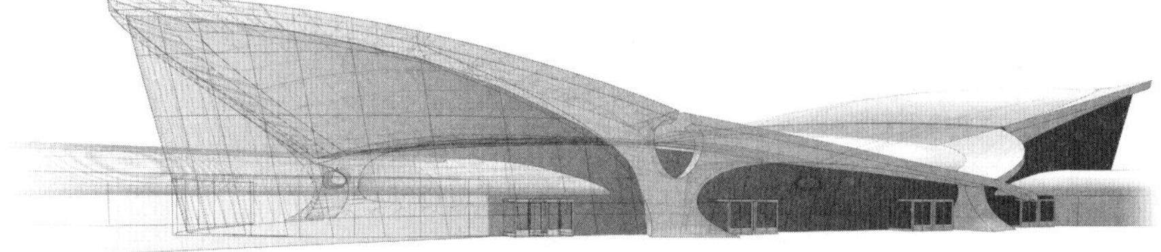

（B）

图 5-6 （A）Vectorworks 软件生成的体量造型和曲面；（B）Bonzai 软件可以通过自由体量造型或平面图表达设计意图

这些草图绘制工具也有与能耗分析软件的接口，例如，Revit 可为 Green Building Studio 提 194
供数据。同样，ArchiCAD 也可为概念设计使用的能耗分析和碳利用软件 EcoDesigner 提供支持。Bentley 还支持基于 gbXML 格式进行在线能耗评估。草图模型支持的环境分析软件如表 5-1 所示。

草图模型支持的环境分析软件 表 5-1

IES——自有建筑模型及与 Autodesk Revit 的直接连接	
ApacheCalc	热量损耗与增益
ApacheLoads	供热和制冷负荷
ApacheSim	动态热仿真
ApacheHVAC	暖通空调设备仿真
SunCast	遮阳
MacroFlo	自然通风和混合模式系统仿真
MicroFlo	室内计算流体力学分析
Deft	价值工程
CostPlan	资本成本预算
LifeCycle	寿命期运行成本预算
IndusPro	管道布局和管径尺寸
PiscesPro	管路系统
Simulex	安全疏散
Lisi	电梯模拟
gbXML——通过 XML 与 Autodesk Revit、Bentley Architecture 和 ArchiCAD 连接	
DOE-2	能耗仿真
Energy	能耗仿真
Trane2000	设备仿真 建筑产品信息

具有特定功能的草图绘制软件。一些早期设计软件侧重特定功能的工作流。Trelligence Affinity 具有空间布局功能，并可反馈空间布局与空间策划的符合性指标。Trelligence Affinity 支持模型导出和与 Revit 及 ArchiCAD 之间的双向连接，其模型能被 SketchUp 导入。与 Revit
一样，Vectorworks 也有自己的空间布局工具。Visio 也在其 Space Planner 模块中提供了空间布 195
局功能。IES 有自己独立、简单的建筑模型，允许快速建模，可进行能耗、太阳能增益、照明等分析。它还支持使用 EnergyPlus 进行多区域分析。gbXML 可为单区供热能耗评估提供信息。概念设计的另外一个重要的领域是成本估算，DESTINI Profiler（见第 2.5.4 节）和 RIB iTWO（见第 2.6.2 节）提供了这方面的功能。

不幸的是，上述软件没有一款能够提供概念设计所需要的所有功能，而且它们的现有工作流并不十分顺畅，需要遵循严格的建模约定或者重新建模。目前，建立一个包含所有上述软件的顺畅工作流并不现实。事实上，大多数的使用者仅依赖于以上提到的某一款软件。但是，仅有少数软件能与现有的 BIM 建模软件轻松有效地对接。环境分析工具需要输入许多项目模型没有的信息，包括可能影响日照的细节和可能遮挡阳光或视线的任何物体及因素，例如地理位置、气候条件、其他建筑或地形等。BIM 设计工具一般不含这些信息，但性能分析工具需要使用这些信息。这些分散的数据集通常会引发管理上的问题，例如经常弄不清某个分析结果是哪款软件基于哪个设计版本得出的。在这方面，BIM 服务器存储库可以发挥重要作用（见第 3 章）。

既有条件：实景建模。理解项目环境的另一做法是获取当前既有建筑的状况，这对翻新和改建项目非常重要。可用激光扫描和摄影测量技术快速生成点云数据（point cloud data, PCD），获取有价值的既有建筑状况信息。一旦现场收集的点云文件已经相互结合并可通过项目坐标系统定位，那么基于既有建筑点云实景模型布置新建筑，对于新建筑的设计非常有用。Autodesk RECAP、Trimble RealWorks、Leica Cloudworx 和 Bentley Descartes 等软件都支持生成点云数据，而且一些 BIM 平台允许用户直接将点云加载为可捕捉的参考模型。

但是，如果需要生成整栋既有建筑或整体基础设施的 BIM 模型，点云数据就不再那么好用，BIM 建模人员需要基于现有条件付出巨大努力才能生成原生格式的 BIM 模型。实质上，建模人员需要根据他们对点云数据的观察和测量，从头开始重建每个对象。当现实世界中的物体遮挡某些建筑部件时，他们还需要使用替代数据源和 / 或凭专业直觉重建对象。

已有大量研究人员致力于“通过激光扫描自动生成 BIM 模型”的研究，并且在一些非
196 常具体且定义清晰的领域取得了良好的成果。例如，欧盟基础设施（Infravation）基金项目“SeeBridge”，在重建混凝土公路桥的 BIM 模型方面取得了进展（图 5-7; Sacks 等，2017）。通用的“通过激光扫描自动生成 BIM 模型”流程可能需要应用人工智能技术。我们将在第 9 章讨论它们的未来发展。

概念设计总结。概念设计工具必须同时支持直觉思维和创造性思维的设计表达，具有基于各种仿真和分析工具提供快速评估和反馈的功能，从而实现更加明智的设计。遗憾的是，每种商用工具都只能完成整体任务的一部分，因此，它们之间以及它们与第 2 章讨论的主要 BIM 工具之间需要进行数据转换。然而，我们正在开启一个评估的新时代。当有机会在草图阶段获得方案设计的能耗、成本和某些功能方面的技术评估时，设计生成和评估之间的互动不仅更加方便而且目标更加清晰。通过近乎实时的反馈，目前基于记忆和直觉的认知资源，将扩展到包括计算评估和解释。这种变化将影响方案开发的方向和质量以及支持方案开发的认知过程。新一代建筑设计师正在从熟练利用这种“近乎实时”的反馈中受益。

(A)

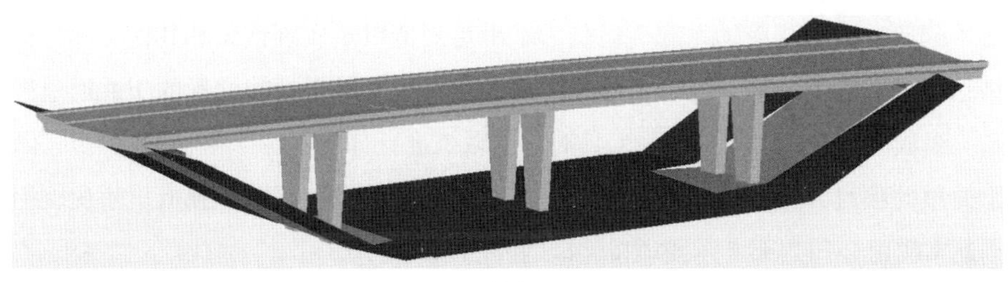

(B)

图 5-7 (A)英国剑桥一座混凝土公路桥的点云数据;(B)重建的同一座桥的 BIM 模型
图片由剑桥大学莱因·奥洛克(Laing O'Rourke)建筑工程与技术中心的约阿尼斯·布里拉基斯(Ioannis Brilakis)博士提供。

5.3.2 预制 197

施工制作是指在施工现场就地进行的施工作业。预制是指在车间或工厂进行模块装配的施工作业。尽管预制有时是由现场条件受限且模块多变驱使，但同种模块几无二致更有助于预制的采用。三维建模促进了预制技术的发展和应用。预制的管理成本由预制模块的物流成本以及所需的额外协调成本构成。预制的好处是：在受控环境下提高作业安全性，工人在工厂环境下工作；减少现场作业；基于适宜的作业流程改进质量控制；减少工人现场拥挤以及提高生产力。

预制和模块化建造在第 6.11 节、第 7.2.3 节和第 7.2.5 节均有详细介绍，但我们在此强调，对建筑师和工程师而言，在设计阶段尽早考虑应用预制效果最好。由于预制模块之间的连接是预制设计的重点，所以预制自然解决了不同系统的集成问题。

5.3.3 分析、仿真和优化

概念设计完成后，需要确定系统的详细规格。机械系统需要确定尺寸和连接，结构系统必须进行工程计算。这些任务通常需由设计组织内部或外部的工程专家协作完成。可以根据这些活动之间的不同协作方式对该领域市场进行细分。

本节我们介绍有关设计应用分析和仿真软件的常见问题。首先，我们集中讨论在扩初设计系统细化阶段，这些软件的应用是常规性能评估流程不可或缺的一部分。与之前的软件不同，这个阶段的软件是特定的、复杂的，通常由技术领域的专家使用。正如第 2 章所提到的，它们大多是工具，不是平台；它们支持将模型转换为分析模型并从模型中提取输入参数。其次，我们讨论现有软件工具的应用领域、工具的使用及其与建模软件之间的数据交换，以及协作方面的问题。最后，我们介绍用于探究新技术、新材料、新控制系统或其他系统创新应用的分析和仿真方法。值得注意的是，实验性建筑设计通常需要专门的软件或软件配置。

分析和仿真。伴随扩初设计的进展，必须确定建筑各个系统的相关细节，以验证早期估算，并指定需要提前招标、制作和安装的系统。这些细节涉及广泛的技术要求。所有建筑必
198 须满足结构、环境调节、给排水、消防、电气或配电、通信等基本功能要求。虽然早期可能已经确定了建筑功能和相应的系统，但是为了满足规范以及实现认证和其他客户目标，需要更加详细地定义它们的规格。此外，建筑内部的空间也由基于空间配置的交通通道系统和组织职能系统组成。此时，也需要使用工具对这些系统进行分析。

对于简单的项目，设计这些系统涉及的专业问题可由设计团队主要成员解决，但若项目复杂，则通常需由公司内部专家或项目聘请的外部顾问处理。

在过去的 40 年里，早在 BIM 出现之前，就开发了大量的具有分析功能的软件工具。其中有一大批是基于建筑物理学的，包括结构静力学与动力学、流体力学、热力学和声学。其中，许多软件需要建立三维建筑模型。例如，自 1975 年起，结构工程师就可使用 GT-STRUDL 等结构分析软件建立三维框架模型并进行结构分析。虽然早期用户必须通过数据文件定义三维结构的坐标、节点和杆件，但是一旦具备了必要的电脑硬件，核心结构分析工具就会通过图形用户界面添加参数化前处理功能。因此，结构工程师很早便熟悉了三维参数化建模，包括参数化约束和用参数化截面定义构件。在这一点上，BIM 的三维参数化建模对他们来说似乎并不新奇，因此，人们会认为他们会自然而然地快速采用 BIM。

然而，情况并非如此，结构专业的 BIM 采用率比其他建筑专业要低（Young 等，2007；Young 等，2009；Bernstein 等，2012）。这一问题源于理论与现实的分离将专注于建筑物理学的工程设计师和分析师与跟现实世界打交道的施工工程师和建造师分离开来。这种分离表现在理想化的分析模型与实际物理结构之间存在很大差异（例如，理想化的“铰接”和“固接”节点与介于其之间的现实节点之间的差异）。传统上，结构设计师以适于结构分析的方式建立结构模型，但那些模型不能直接转化为施工模型，因为它们在概念上有所不同。这种概念差异在许多国家普遍存在，比如美国，他们通常将面向制作的结构深化设计交给施工团队完成。一些专业组织则倾向于通过对其成员专业服务范围做出明确定义来强化这一做法。

然而，除了通过支持多专业协作给设计全过程带来益处之外，BIM 还可以通过减少返工
199 和提升设计效率给工程师带来直接和局部的经济利益。几乎所有的现有分析软件在使用 BIM 模型之前都需要对其加以修改，并为其添加材料属性和施加荷载。但如果有一个合适的 BIM

接口，就可用一个表达真实结构的模型生成分析模型和图纸，从而消除或高度简化为分析软件输入数据的大量工作。

BIM 平台和分析工具之间的有效接口应至少满足以下三点要求：

1. BIM 平台中设置的属性和关系与分析软件的需求一致。

2. 具有生成分析数据模型的功能，包括从建筑模型提取特定分析软件需要的有效、准确的建筑表达。对于每一类分析，从物理 BIM 模型提取的分析模型都是不同的。

3. 采用相互支持的交换格式传输数据。这种数据传输必须保持提取的分析模型和物理 BIM 模型之间的关联，并且包括 ID 信息，以支持交换双方的增量更新。

当 BIM 工具包含上述三种功能时，则可直接从通用模型导出几何信息；还可为每种分析自动匹配材料属性；并可存储、编辑和施加用于分析的荷载工况。这些都是 BIM 承诺的核心内容，即不再需要为不同的分析应用程序多次重复输入数据，并在非常短的时间内直接生成用于分析的数据模型。有的主要 BIM 软件供应商，通过编程将工程分析软件（结构、能源等）与其软件套件集成并提供这些功能。一些 BIM 平台在内部维护双重表达。例如，欧特克公司的 Revit 软件使用自动生成的理想化的“杆件 – 节点”表达，补充结构工程师常用的基本对象（如柱、梁、墙、板等）的物理表达。Tekla Structures 允许用户指定对象上的连接节点（包括自由度的定义）、结构载荷和载荷工况。这些功能为工程师提供了运行结构分析应用程序的直接接口，因为它们便于与结构分析软件包进行数据交换。图 5-8 所示为一个 BIM 工具中的剪力墙模型及该墙的平面内侧向荷载作用下的分析结果。

200

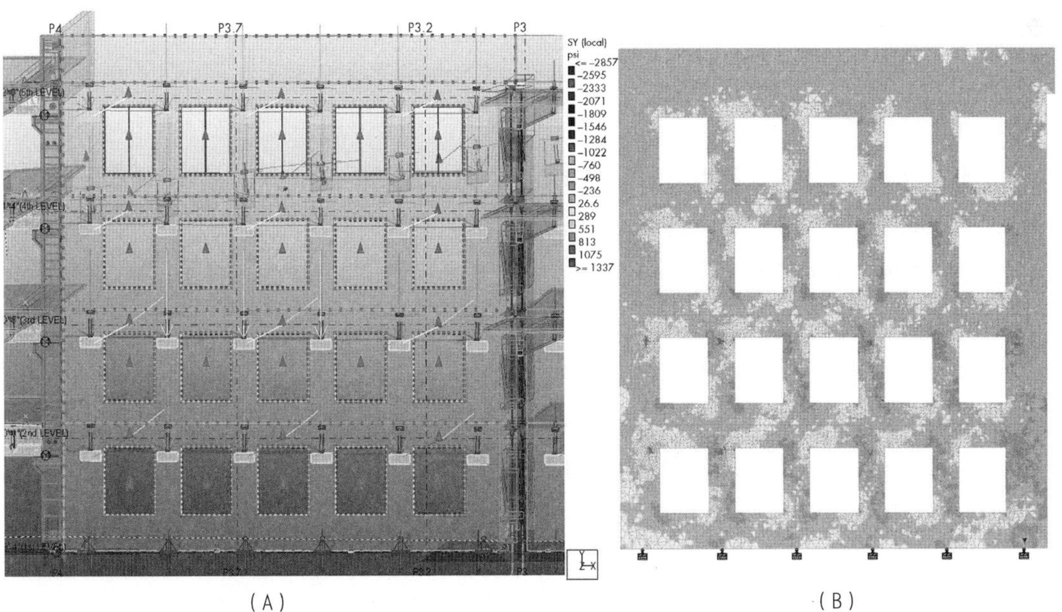

图 5-8 （A）Tekla Structures 中由预制轻质墙体模块组成的墙体模型及其载荷定义；（B）STAAD PRO 有限元分析软件展示的墙体应力（见书后彩图）

然而，在跨平台工作时问题仍然存在，必须通过文件进行数据交换。可以使用专用的双向插件（如 Revit 的 CSiXRevit 插件能够与 SAP2000 和 ETABS 交换数据），也可使用 OpenBIM [如使用 IFC 或 CIS/2（用于钢结构）] 生成交换文件，这些在第 3 章均有详细讨论。云服务，例如 Flux 或 Konstru，提供了另一条途径。Konstru 维护一个中心结构模型，允许用户从中心模型上传或下载文件，用于各种 BIM 建模平台和结构工程分析应用程序。每个工具的原生模型和 Konstru 的中心模型之间的转换是由 Konstru 为每个工具提供的转换插件完成的。因此，Konstru 能够管理跨工具的模型转换和变更传播。它还可以维护设计版本，允许在设计迭代过程中查看任何历史版本。

能耗分析有其特殊需求，需要几组数据：第一组数据描述需要进行太阳辐射分析的外壳；第二组数据描述内部分区和生热用途；第三组数据描述暖通空调机械设备。另外，还需要用户（通常是能源专家）准备其他数据。然而，在默认情况下，典型的 BIM 设计工具只有第一组数据。

照明仿真、声学分析和基于计算流体动力学（Computational Fluid Dynamics，CFD）的气流仿真都有独特的数据需求。虽然工程师对如何生成结构分析所需数据很容易理解，且大多
201 数设计师对照明仿真富有经验（通过使用渲染软件包），但对其他类型分析的数据输入需求了解不多，真实情况是准备这类分析的数据输入需要大量的参数设置和专业知识。

如第 5.3.1 节和表 5-1 所述，以适于环境分析为目标的建筑模型为准备这些特定数据提供了接口。未来可能会出现一组嵌入在 BIM 环境和平台中为各种分析准备数据的工具。这些嵌入式的接口便于每个应用程序的数据准备和校核，正如在上述初步设计中所做的那样。这种为分析软件提取数据的接口需具备以下功能：（1）检查最少能从 BIM 模型获取哪些几何数据；（2）从模型中提取所需的几何信息；（3）为对象指定必要的材料或其他属性；（4）提醒用户更改分析所需的参数。

上述讨论侧重于建筑物理行为的定量分析。还必须进行不甚复杂但很烦琐的标准符合性评估，例如消防安全规范、无障碍通道规范和其他建筑规范的符合性评估。中立格式（IFC）建筑模型的可用性促进了多种基于规则的模型检查产品的出现。第 2 章（第 2.4 节）概述了检查 BIM 模型的原则，第 2.6.3 节介绍了一些常用的模型检查工具。

建筑为人们生活、生产或开展其他活动提供场所，如医疗保健、商业、交通和教育等。除了仿真建筑外壳的物理性能以实现建筑预期功能之外，还可使用计算机仿真工具预测所建空间在多大程度上能满足运营需求。这在制造设施中尤为重要，大量文献认为空间布局会对生产效率产生影响（Francis，1992）。同样的逻辑也适用于医院，因为医生和护士每天都将大量时间花在路上（Yeh，2006）。最近，还有人开发能够支持创伤急诊室和重症监护病房各种应急程序的空间布局工具。

机场安检的处理时间或长或短是所有旅客都要经历的，并且与机场规划密切相关。可用

四方石参数公司（Quadstone Parametrics）的 Legion Studio、Simwalk 和 Pedestrian Simulation 等软件仿真通过设施的人流。随着人们越来越倾向于创造性生产，硅谷般开放、友好的工作环境已在各地司空见惯。用于医疗保健的国内生产总值（GDP）的百分比不断增加表明，如何通过改进实现新工作流程的设计以更好地实现以人为本是一个值得深入分析和研究的领域。将建筑设计与组织流程、人类交通行为和其他相关因素的仿真进行整合，将成为设计分析的一个重要领域。这些问题通常由业主对需求的认同驱动，这在第 4.2 节已进行了讨论。

成本预算。已有分析和仿真程序能够预测各种类型的建筑行为，但成本预算涉及不同类 202
型的分析和预测。与先前的分析一样，它需要在不同的设计阶段充分利用已有的信息，并对缺失的信息做出规范性的假设，从而做出成本预测。由于成本预算涉及的问题与业主、承包商和制作商相关，所以第 4 章、第 6 章和第 7 章分别站在他们的角度进行了讨论。

直到近期，一个项目的产品或材料用量还是通过手工计数和面积计算得出的。像所有人类活动一样，这些活动也会出错且耗时较多。然而，现在的建筑信息模型有很容易计数的建筑对象，并能即时自动计算材料的体积和面积。因此，这种由 BIM 设计工具提供的特定数据，可以为成本预算提供建筑产品和材料的准确数据。第 2 章提到的 DESTINI Profiler 系统，提供了一个将 BIM 应用程序统计的材料用量映射到预算系统的很有说服力的例子。快速计算目标成本是基于 BIM 成本预算软件支持目标价值设计的一个强大功能，已在采用集成项目交付（IPD）模式的项目中应用，如卡斯特罗谷萨特医疗中心项目（参见《BIM 手册》配套网站）。在整个项目流程中成本预算一直引领设计师的设计工作。

虽然大多数 BIM 平台能够快速提取许多部件的计数和材料的面积、体积，但欲基于模型进行更精确的工程量计算还需使用专门软件，例如欧特克公司的 QTO（工程量计算）或 Vico Takeoff Manager。这些工具允许预算人员将建筑模型中的对象直接与预算软件包中的部件、工法和预算科目关联起来，或者与外部成本数据库（如 R. S. Means）关联。第 6.9 节对成本预算软件进行了全面回顾。同大多数仿真和分析软件一样，有两种方法能实现 BIM 平台与成本预算工具的信息交换：

- 通过各种 BIM 平台的专用插件。例如，Innovaya Visual Estimating、RIB iTWO 和 Vico Takeoff Manager 均提供插件。
- 通过 OpenBIM 流程的 IFC 文件交换。例如，Nomitech CostOS、Exactal CostX 和 Vico Takeoff Manager 均可读取 IFC 文件。

成本预算的重要性在于，它允许设计师在目标价值设计（target value design，TVD；P2SL，2017）过程中，通过多方案比选最终找到满足客户需求的最优方案。消除传统成本或价值工程在项目收尾时剔除成本项目（cost items）的做法，这是 BIM 与精益建造相结合的一个显著优势。在项目开发过程中进行渐进式目标价值设计，允许在整个设计过程中对方案进行成本评估。

设计优化。随着 BIM 技术的发展，数据驱动的设计和优化成为可能。数据驱动的设计是
203 在设计工具与大数据集成基础上的一种生成和优化设计方法。参数化建模通过布局建筑部件和空间创建建筑模型，图 5-9 所示即为一组结构备选方案模型。可以编写插件，以不同的组合探索设计空间，并保留那些能够最好实现某些目标的参数设置，这些目标可以用效用函数表示。因此，执行二次优化的组件是一个设置优化目标并根据目标使用最佳参数配置进行优化的软件模块。制造业一些高端参数化建模工具包括有助于这种优化的模块。目前，建筑业的优化应用主要是使用各种 AEC 软件进行探索的研究课题（Gerber，2014）。

优化的应用示例包括考虑自然通风、太阳能增益、能耗、气流和采光的建筑表皮设计生成；考虑施工成本和方法以及结构安全的结构优化；基于施工成本和制作技术的表皮设计合理化；基于潜在能源消耗的城市规划；最优形状探索等。各种多目标优化方法，包括帕累托
204 优化（pareto optimization）和机器学习方法，均支持目标定义（其中目标不需要相称）和搜索，并提供允许不同目标存在冲突的多目标优化的搜索和反馈（Gero，2012）。

一些具有可视化编程功能的参数化建模软件是实现数据驱动设计的关键工具。GenerativeComponents 是一个开创性的应用程序，现在仍在使用。用于 Rhinoceros 的 Grasshopper 和用于 Revit 的 Dynamo 是较新且更为常用的具有可视化编程环境的参数化工具。许多设计公司利用这些专有工具，开发组织内部使用的设计生成或设计优化解决方案。例如，一家位于硅谷的医院设计和建造公司——阿迪塔兹公司（Aditazz），采用的就是自主开发的基于制作的设计、仿真和模块化建造方法。在中国东南部的一座大学医学院附属肿瘤医院项目

203

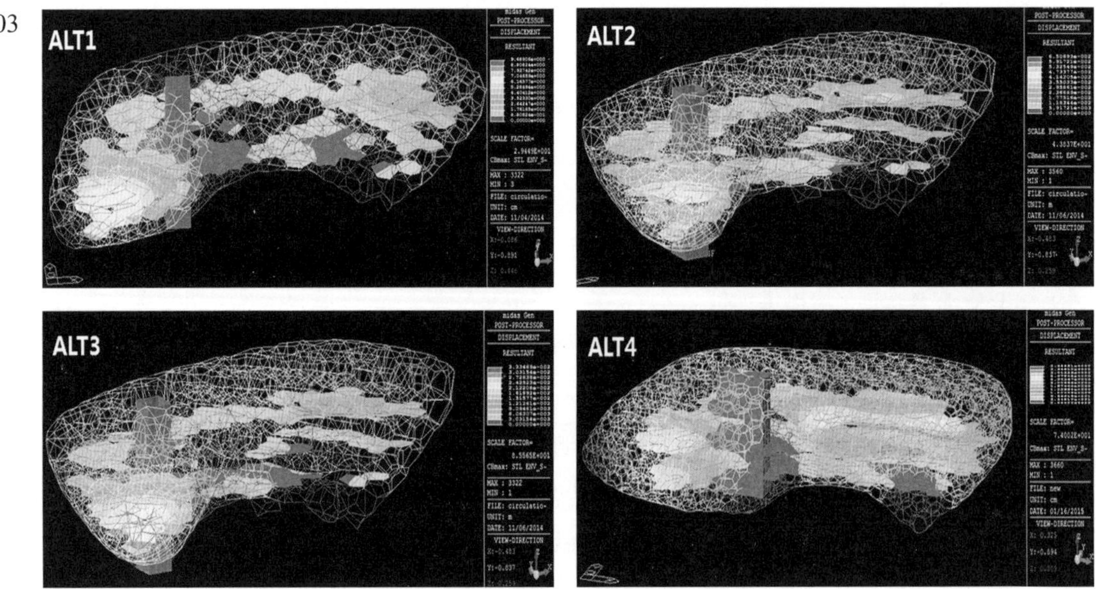

图 5-9　建筑结构设计优化（见书后彩图）

图片由韩国 ChangSoft I & I 公司提供。

中，阿迪塔兹公司利用一所癌症医院的行人流量和最佳实践，在不影响病人护理的情况下找到最佳和最少数量的临床诊室，从而减少了资本支出和运行费用（欲了解该项目的更多信息，请参阅 Aditazz 网站）。 204

5.3.4 施工图设计模型

设计师可通过至少三种不同的方式开发施工图设计模型：

1. 按照传统观念，设计师的设计模型是表达设计师和客户意图的详细设计。从这一角度来看，承包商需基于自身的施工知识和经验，从头开始创建自己独立的施工模型和施工文件。

2. 或者，将设计模型看作是一个部分深化的模型，需要在施工、制作等阶段进一步深化。从这一角度看，设计模型是施工团队开展深化工作的起点。

3. 设计团队从一开始就与承包商和制作商合作，在建模过程中将制作知识融入其中。之后，他们提供一个将设计意图和制作知识融为一体的模型。

建筑师和工程师传统上采用第一种方法的主要原因是，通过采取不提供施工信息而仅提供设计意图的方法消除承担施工问题的法律责任。这一点在图纸上常见的免责声明中表现得非常明显，其将尺寸的准确性和正确性责任转移给了承包商。从技术上讲，这意味着承包商或制造商需从头开发既反映设计意图又满足自身需求的模型，当然，在此过程中需要反复向设计团队提交模型以便其审查和修改。

笔者认为这种严格坚守设计意图的做法本质上是低效且对客户不负责任的。我们鼓励设计师采用第二或第三种做法，向制作商和深化设计人员提供设计模型，并允许他们在保持设 205
计意图不变的前提下基于设计模型生成用于制作的深化设计模型。设计师与建造商密切合作开发和共享模型所带来的好处是采用集成项目交付（IPD；详见第 1 章和第 6 章以及第 5.2 节）等类似新采购方法的主要推动力。同时，BIM 更是 IPD 实施的重要推进器。

南加利福尼亚大学电影艺术学院的结构模型为应用这种方法提供了一个极好的例子。如图 5-10 所示，结构工程师提供了具有现浇混凝土配筋和钢结构节点的模型。不同的制作商可以使用相同的模型进行深化设计，确保了不同系统之间的协调。克鲁塞尔大桥案例研究（参见《BIM 手册》配套网站中的案例研究）清楚地展示了设计模型是如何直接用于深化设计、制作和现场安装的。

几乎所有的现有建筑模型生成平台都同时支持三维部件表达、二维剖面表达，以及二维或三维符号的示意表达（如中心线布局）。管线布置可以按物理布局定义，也可以用带有管径尺寸标注的中心线逻辑图定义。同样，电线导管既可用三维对象定义，也可用虚线逻辑图定义。如第 2 章所述，这种基于混合表达生成的建筑模型只能部分机器可读。模型细化程度决定了模型的机器可读程度和模型可以实现的功能。自动冲突检测仅能在三维实体间进行。随着施工图设计模型的进展，必须确定模型或模型元素三维几何形体的细度。

图 5-10 由 Tekla Structures 生成的南加利福尼亚大学电影艺术学院结构模型视图。该模型包含三个分包商（钢结构、钢筋制作和现浇混凝土）所需信息，可使工程师在深化设计过程中确保不同系统之间的协调
图片由格雷戈里·P.卢斯合伙人公司（Gregory P. Luth & Associates）提供。

206 如今，由产品供应商提供的施工详图还不能以通用的方式纳入参数化三维模型，这是因为不同的参数化建模器内置了不同底层规则系统（如第 2.2 节所述）。施工详图仍是最容易以传统方式提供，如剖面图。提供参数化三维构造以加强供应商对其产品的安装和节点构造的控制，对于压实法律责任和质量担保都有重要意义。这个问题在第 8 章有所阐述。然而，站在设计师的角度看，目前依赖于二维剖面图的合理性在于，一方面是三维建模不必考虑太多细节，另一方面是便于质量控制。

建筑系统布局。不同类型的建筑系统涉及不同种类的细节设计及布局的专门知识（见表 5-2）。幕墙，特别是定制设计的系统，需要运用专门知识进行布局和工程分析。预制混凝土、钢结构和管道系统也需要基于专门的知识进行设计、分析和制作。机械、电气和管道（MEP）系统需要在有限的空间里确定尺寸和布局。在这些情况下，参与设计的专业人员需要使用特定的设计对象和参数化建模规则布局系统、调整尺寸，并生成设计说明。

然而，为了实现高效施工，专业化设计必须采取谨慎的集成方法。每个系统的设计人员和制作人员 / 施工人员通常隶属于不同的组织。虽然在设计阶段进行三维布局有很多好处，但如果过早进行，可能会导致浪费的迭代。在选择制作商之前，建筑师和 MEP 工程师只应生成“建议布局”，理想情况下还应征求担任“辅助设计”角色的制作商的意见。选择制作商后，可对生产对象进行深化设计和布局，由于生产偏好或制作商独有的其他优势，该布局可能与原始布局有所不同。这时设计师和建造师开始考虑 BIM 建模的细化程度问题。早期的例子是“模型进展规范”，它明确定义了设计师和制作商对各个项目阶段不同类型对象的细化程度要求（Bedrick，2008）。第 8.4.2 节详细介绍了各种类型的细化程度定义。

当设计师和制作商尽可能无缝并行使用 BIM 工具设计系统时，BIM 工具将变得最为有效。
在建筑系统的设计 - 建造或集成项目交付合同实施过程中应用 BIM 具有强大的优势。将施工 207
图设计模型直接用于面向制作的深化设计，由于成本和时间的节省，将会变得非常普遍。

很多应用程序可提高设计公司或顾问使用的主要 BIM 设计平台的操作方便性或与这些平台协作。具有代表性的应用程序如表 5-2 所示，其中包括机械与暖通空调、电气、管道、电梯以及路径分析和场地规划等专业的应用程序。这些应用程序正在专业建筑系统软件开发商的努力下快速提升。目前，开发中的软件正在与主要的 BIM 设计平台集成。因此，BIM 供应商将会提供不断完善的建筑系统设计软件包。

建筑系统布局应用程序 表 5-2

建筑系统	应用程序
机械和暖通空调	Carrier E20-II HVAC System Design
	Vectorworks Architect
	AutoCad MEP
	Autodesk Revit MEP
	CAD-DUCT
	CAD-MEP
	CAD-MECH
电气	Bentley Building
	Vectorworks Architect
	Autodesk Revit
	MEP CADPIPE Electrical
管道	Bentley Building
	Vectorworks Architect
	ProCAD 3D
	Smart Quickpen Pipedesigner 3D
	Autodesk Revit MEP
	AutoCad MEP
	CADPIPE
电梯 / 自动扶梯	Elevate 6.0
场地规划	Autodesk Civil 3D
	Bentley PowerCivil
	Eagle Point’s Landscape & Irrigation Design
结构	Tekla Structures
	Autodesk Revit Structures
	Bentley Structural

对 BIM 在制作中的作用感兴趣的读者可参阅重点讨论这些问题的第 7 章。

208 ***图纸和文档生成***。生成图纸是 BIM 的一个重要功能，而且会在接下来的一段时间里持续使用这个功能。可能某个时候，图纸将不再作为记录设计信息的法律认可的设计文件，取而代之的是模型将成为法律和合同规定的主要建筑信息的来源。美国钢结构协会（American Institute of Steel Construction）在其标准实践规范中已经明确规定，如果一个项目的钢结构由模型和图纸同时表达，那么记录设计的是模型。然而，现阶段，即使这种变化变得普遍，设计公司仍要绘制各种各样的图纸，以满足合同需要；满足有关承包商 / 制作商编制预算的建筑规范需求，以及作为设计师和承包商的沟通文件。另外，在施工过程中指导布局和现场工作的时候需要使用图纸。第 2 章第 2.2.2 节介绍了基于 BIM 工具生成图纸的总体需求。

实际上，基于 BIM 模型生成施工图和其他类型的图纸，都是从 BIM 模型中筛选和提取的报告。图纸的生成和使用涉及两个方面：

- 正确使用各种制图格式：包括线宽、剖面线、注释、尺寸标注、图形间距等。这些技术是在 20 世纪 80 年代发展起来的。理论上 100% 自动生成图纸是可能的，但具有挑战性。连续尺寸标注的重建需要重构尺寸链；将距离转换为所需的比例以及随意进行尺寸标注都具有挑战性。编辑剖面线需要重新定义剖面线填充区域；尺寸标注可能会相互叠加，需要移开。大多数这些异常都可以通过简单的手工编辑纠正。所有自动生成的图纸都需要一定工作量的手工清理。所有 BIM 工具都提供了图纸自动生成功能，图纸准确率大约在 90% 至 98%。
- 编辑和更改图纸。在编辑时，什么格式需要重新设置？什么需要重生成？是编辑模型还是编辑图纸？图模联动是通过图纸中的标记和模型元素之间的关联实现的。在报告中，数据源自模型，更新通常通过与修改过的模型对象有关联的图纸标记实现。这些都是自动重绘，可以手工输入清理命令清理图纸，以便再次编辑。某些 BIM 环境支持双向更新，还支持将图纸的更新传播给模型。

随着 BIM 的发展及其报告生成功能的增强，一旦消除对出图内容的法律限定，就会出现可以进一步提高设计和施工生产力的新选项。现在已经采用 BIM 工具的制作商，正在开发新
209 的图纸和报告布局，以更好地服务特定目标。这些不仅适用于生成包括弯曲钢筋的材料清单，还适用于在图纸上对 BIM 建模工具生成的三维视图进行布局。BIM 研究的一个方向就是为不同的制作商和安装人员提供专业化的图纸。图 5-11 是一个很好的示例。建立便于理解设计成
210 果的新表达方式是增强 BIM 功能的另一个研究领域。

中期目标是通过预定义图纸布局模板，实现模型出图的全面自动化。然而，通过仔细分析出现的特殊情况可知，大多数项目都会出现特殊情况，且每一种特殊情况都是非常罕见的，不值得为其制定应对策略和模板规则。因此，在可预见的将来，在发布之前对所有图纸报告的完整性和布局进行审查，仍是一项需要人工完成的任务。

高级分析示例 1：由 BIM 模型提取的礼堂施工图设计文件 209

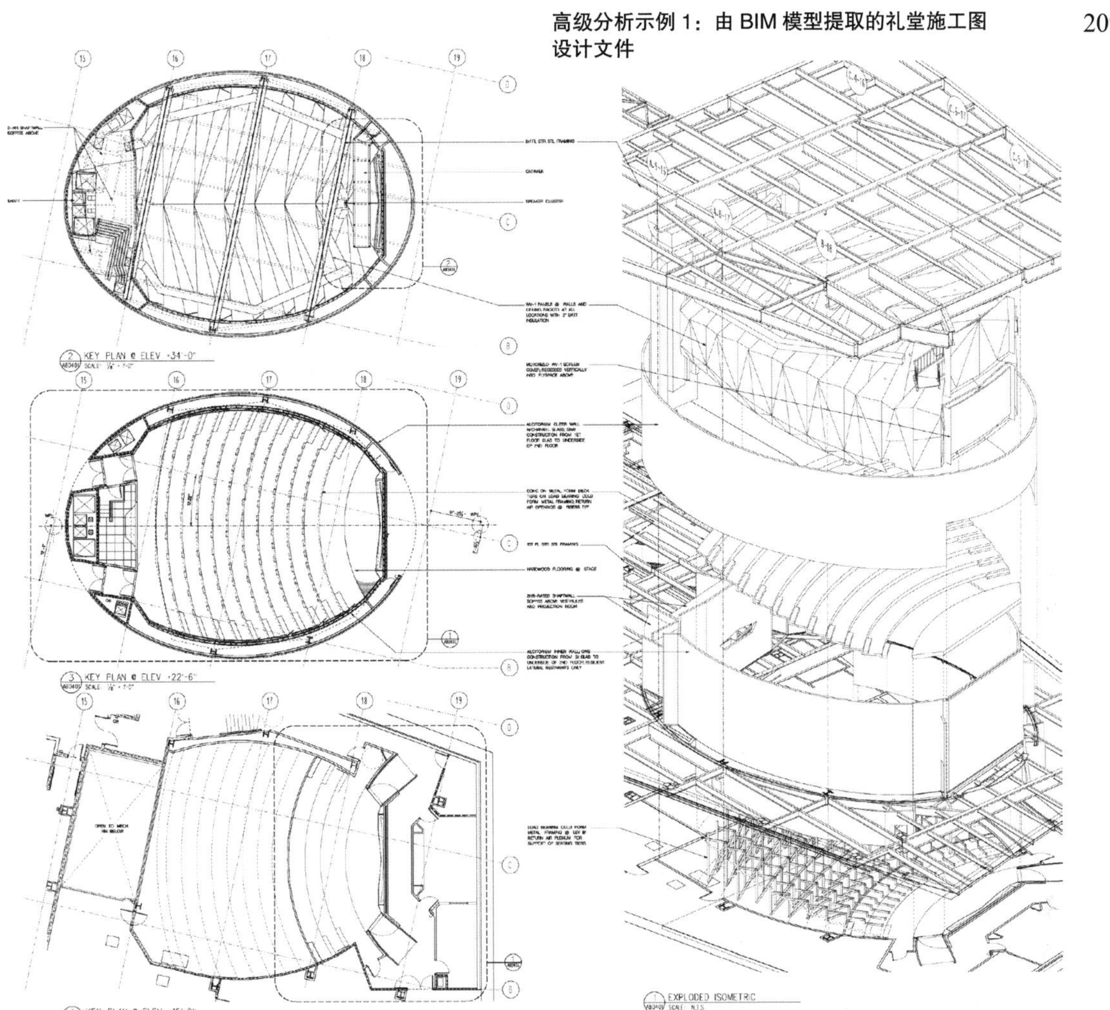

图 5-11 波士顿的默克（Merck）研究实验室礼堂的详细布局。相关图纸包括面板制作布局。由于结构基于斜交网格布置，设计特别复杂

图片由克林·斯塔宾斯（Kling Stubbins）提供。

技术规格书。一个详细的三维模型或施工图设计模型还不能为建筑施工提供足够明确的信息。模型（或历史上对应的图集）省略了材料、饰面、质量等级和工序的技术规格说明以及其他施工所需的信息。这些额外的信息被打包成项目技术规格书。技术规格书按照项目的材料类型和 / 或工种分别组织信息。标准的技术规格书依据 UniFormat（有两种稍微不同的版本）或 MasterFormat 对材料类型和工种进行分类。对于每种材料、产品或工种，技术规格书都明确定义了产品或材料的品质，并确定了后续需要遵循的特定工作流程。 210

有许多 IT 应用程序可用于选择和编辑与给定项目相关的技术规格说明，在某些情况下，还可将其与模型中的相关部件交叉链接。e-Specs 是最早与 BIM 设计模型交叉引用的技术规格书编制系统之一，它与 Revit 中的对象交叉链接。e-Specs 保持引用对象和技术规格书之间的

一致性。如果引用对象发生更改，则通知用户必须更新技术规格书的相关内容。技术规格书还可以与库对象关联，以便模型纳入库对象后自动生成与其相关的技术规格说明。另一个应用程序是 linkman · e，它是在 Revit 模型和使用配套工具 Speclink · e 编写的技术规格书之间进行协调的工具。

UniFormat 定义了一种与整套施工图匹配的文档结构。UniFormat 的一个局限是，技术规格书的结构涵盖广泛的领域，在一个给定建筑项目中可能有多种应用。从逻辑上讲，这限制了一些单向链接功能，因为技术规格书中的单个条款规定适用于多个但略有不同的设计对象。因此，不能直接访问某些技术规格书整段规定都适用的对象。此局限限制了技术规格书的质量管理。施工规范协会（UniFormat 的所有者）正在分解 UniFormat 结构，以支持在建筑对象与技术规格书之间建立双向链接。这种分类称为 OmniClass，其为管理模型对象的技术规格信息提供了更好的结构（OmniClass，2017）。

211 5.3.5 设计施工一体化

建筑建模软件内置图样布置和组合规则以加速生成标准或预定义施工文件。这既加快了施工文件生成又提高了生成的施工文件的质量。施工建模是当前 BIM 建模工具的一个基本优势。如今，这一阶段的主要产品是施工文件。但这种情况正在改变。未来，建筑模型本身将作为施工文件的法律基础。这一观点涉及设计施工一体化。显而易见，这种观点适用于整合良好的设计 – 建造流程，有助于在设计后或与设计并行快速、高效地建造建筑。该阶段还涉及为制作级建模提供输入。该观点更大的目标是，基于支持机械设计师所称的“面向制作的设计”，即建筑领域的深化设计模型，制定非标准制作程序。

在历史上，设计与施工的分离在中世纪并不存在，直到文艺复兴时期才出现。在悠久的历史长河里，这种分离产生的影响通过施工工匠之间的密切合作降到了最低程度，因为他们会在职业生涯后期到建筑师事务所以绘图员的身份从事“白领工作”（Johnston，2006）。但是近些年，这种联系被削弱了。如今，绘图员主要是初级建筑师，现场施工人员与设计人员的沟通渠道不再通畅。取而代之的是一种对立关系，这在很大程度上与出现重大问题时存在承担法律责任的风险相关。

更糟糕的是，现代建筑的复杂性使得即使使用计算机绘图和文件控制系统，要想保持日益庞大的图纸集的一致性也极具挑战性。当提供更详细的信息时，由于粗心大意或者图纸不一致，导致出现错误的概率会急剧上升。质量控制程序很难找出所有错误，但最终，所有错误都会在施工或设施运行期间暴露出来。

一个建筑项目不仅要设计建筑，还要设计施工流程。这种认知是设计施工一体化的核心。它意味着设计期间需要弄清将不同建筑系统组合在一起的内在技术和组织含义以及建成建筑的美学和功能品质。从实践角度看，一个建筑项目的成功依赖于拥有不同施工知识的专家之间的紧密协作以及设计团队与承包商、制作商的特别紧密协作。期望的结果是在完成建筑设计的同时设计一个条理清晰、整合所有相关知识的流程。

第 1 章和第 4 章对不同形式的采购合同进行了介绍。第 6 章给出了承包商关于设计施工 212
一体化的观点，下面我们从设计师的角度考虑设计施工一体化能够带来的好处：

- 提前识别采购前置期长的产品，缩短采购时间（见《BIM 手册》配套网站上的萨特医疗中心案例研究）。
- 在设计阶段实施价值工程，并持续进行成本预算和制定进度计划，以便在设计中充分权衡各种因素，而不是通过事后“削减”方式实现预期目标。
- 尽早探索和设置与施工问题相关的设计约束。通过交流获得承包商和制作商的真知灼见，使设计满足施工要求并反映最佳实践，而不是之后被迫变更（增加成本）或接受低劣的深化设计。通过在设计之初考虑最佳制作实践，可使总体施工工期缩短。
- 便于基于设计详图考虑安装工序，尽早消除安装问题。
- 减小设计师提供的施工模型与制作商需要的制作模型之间的差异，从而消除不必要的步骤，缩短整个设计 / 生产流程。
- 大幅缩短深化设计时间，减少设计意图审查与修改不一致差错所需的工作量。
- 极大减少施工期间出现系统协调问题。

设计 – 施工协作需要确定何时引入施工人员。他们可以从项目开始就参与进来，以便从一开始就考虑施工对项目的影响。当项目遵循久经验证的施工实践，或虽然项目前期策划很重要但不需要承包商或制造商的专业知识时，后期参与也是合理的。总的趋势是，承包商和制造商越来越早地参与进来，这通常会获得传统设计 – 招标 – 建造方法无法达到的效率。

5.3.6 设计审查

整个设计是由建筑、工程设计团队及专家顾问协作完成的。咨询工作包括向专家提供适当的项目技术信息以及项目用途和背景信息，专家审查材料后反馈咨询意见（建议、修改等）。协作过程中通常由团队解决问题，每个参与者只了解整体问题的一部分。

传统上，这种协作依赖于图纸、传真、电话和面对面的会议。使用电子图纸和模型为电 213
子传送、邮件交流及召开模型和图纸审查线上会议创造了机遇。所有参与项目的设计和施工人员，可以通过线上会议对三维 BIM 模型进行定期审查。参会人员可以来自世界各地，会议可在考虑时差和不影响其工作 / 睡眠的时间段举行。最新的工具，如蓝光公司（Bluebeam）PDF Revu 软件的工作室（Studio）功能，允许对设计文件进行在线但非同步的评审和批注，这在团队跨时区分布的情况下尤其有用。借助语音和桌面图形共享工具，除了能够共享建筑模型之外，还可以解决许多协调和协作问题。

参与项目的所有专业设计师和深化设计人员在同一个办公室集中办公是一种新的协作模

式，这种协作在大型复杂项目中越来越普遍。这是采用集成项目交付模式项目的一个共同特征。项目团队的办公空间通常包括一个“大办公室”，不同的小组可以在这里进行有计划的或临时起意的面对面的工作协调，在大屏幕上审查和讨论设计进展中的各种问题。大多数主要的 BIM 系统都支持对模型和图纸进行审查并允许在线批注。一些展示轻量级视图的应用程序，依靠与制图系统中使用外部参照文件的类似方法，功能不断增强。中性格式（如 VRML、IFC、DWF 或 Adobe3D）的共享建筑模型易于生成、格式紧凑、便于传输、允许批注和修改，并支持通过网络会议进行协调。一些模型浏览器具有管理对象可见性和检查对象属性的功能。其他工具（如 Navisworks 和 Solibri）允许将不同建模工具生成的多个模型整合在一起，进行冲突检测和版本比较。第 2 章对上述一些应用程序做了介绍。协作至少在两个层面上进行：一个层面是参与方之间的协作，可以像刚才描述的那样通过网络会议实现；另一个层面的协作涉及项目信息共享。为了解决发现的设计问题，需要相关人员按下列步骤互动：

1. 识别设计存在的问题，目前是通过在能够观察问题的地方设置一个照相机拍摄三维视图实现。

2. 对发现的问题进行注释或提供数据加以说明。

3. 轻松地将问题反馈给出现问题的用户。

4. 跟踪问题直至解决。

Navisworks 和 Solibri Model Checker 等工具已经提供了这方面的功能。BIM 协作格式（BCF）
214 是一种提供这种服务的开源协作工具，大多数 BIM 建模平台已将其嵌入平台之中。我们在第 3 章介绍了 BCF。当将 BIM 服务器作为工作平台时，这些协作服务将以新的形式出现。

模型间的双向数据交换已通过一些建模软件与分析软件的接口得以实现。IFC 和 CIS/2 建筑数据模型都支持全局唯一标识符（globally unique ID，GUID）的使用。关于 GUID 的更多讨论请见第 3.5.1 节。ArchiCAD 等 BIM 平台，允许用户筛选、选择承重对象，然后使用 IFC 进行双向交换，并且当这些对象从结构分析软件返回后，平台还能筛选显示被修改过的对象，如图 5-12 所示。

通常可在 BIM 设计应用程序和结构分析软件之间实现基于双向工作流的有效协作。但大多数其他分析领域仍需建立有效的双向工作流。有关模型交换、互操作性和模型同步的详细讨论，请参阅第 3 章。

215 在设计和施工阶段，使用虚拟现实（VR）、增强现实（AR）、混合现实（MR）、3D 打印和数字原型（数字模型）进行设计审查也越来越普遍（参见第 10 章爱尔兰都柏林国家儿童医院和韩国高阳现代汽车文化中心案例研究）。VR、AR 和 MR 技术通过 VR 渲染软件和各种硬件 [包括头戴式显示器（HMD）、计算机辅助虚拟环境（CAVE）和沉浸式弧面大屏] 实现（Whyte 和 Nikolic，2018）。可用于常用 BIM 工具的 VR 渲染软件包括 Enscape、V-Ray 和 Autodesk 360 Rendering。

214

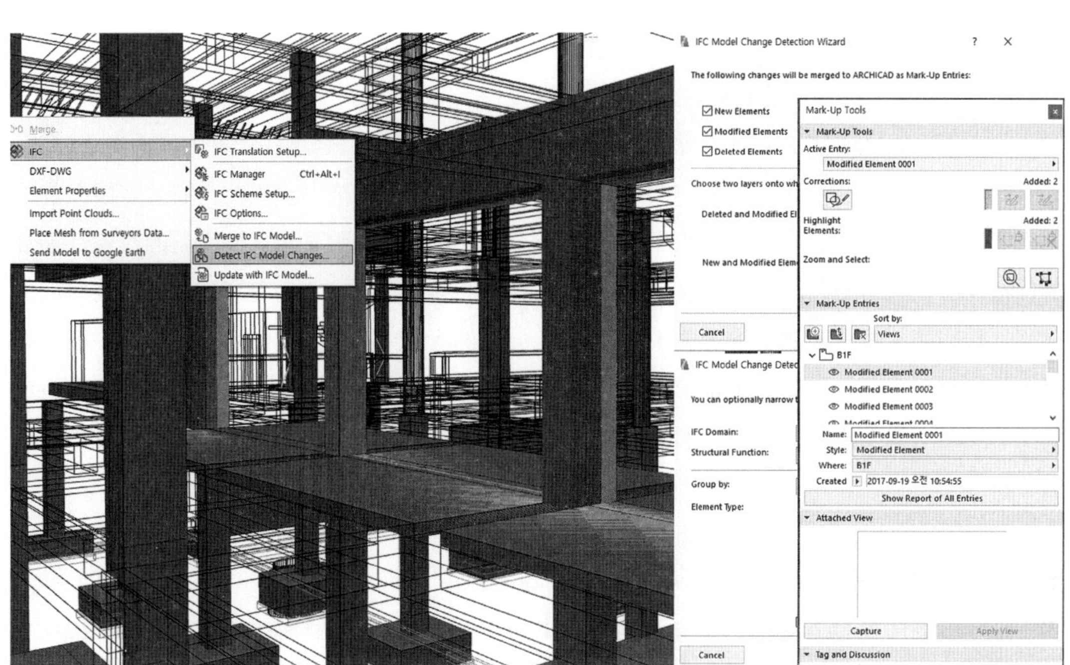

图 5-12 使用 IFC 模型变更检测向导（IFC Model Change Detection Wizard）显示在结构分析软件中修改、添加或删除的 ArchiCAD 对象。数据交换是基于所筛选的结构承重族的 IFC 文件进行的
图片由 ARCHITOP KL 公司提供。

缩短设计师和顾问解决问题的起止时间间隔是精益设计理念的一部分。解决问题起止时 215
间间隔过长会导致双方不再聚焦一项任务，而会同时处理多个项目的多个任务。多任务处理导致每次返回项目时都因回忆产生设计问题的来龙去脉而损失时间，并且更容易造成人为错误。较短的解决问题起止时间间隔允许在一个项目上连续工作。结果是减少时间浪费，并使每项设计任务取得更好进展。

5.4 对象模型和对象库

在 BIM 中，建筑被定义为一个对象集。每个 BIM 设计工具都提供不同的包含固定几何形体及参数化对象的预定义库。这些一般都是基于标准现场施工实践创建的通用对象，适用于设计的早期阶段。随着设计的推进，建筑师和工程师赋予对象预期的或目标性能（如能耗、照明、声效、成本等），对象定义变得更加具体。设计师还可以添加视觉特征以支持渲染。通过归纳技术和性能需求，可用对象定义确定最终建造或购买的产品应达到的要求。如此形成的产品技术规格书会成为选择或建造最终对象的指南。

此前，人们没有统筹考虑针对不同的应用目标创建不同的对象模型或数据集。现在，人们追求对象模型只创建一次，但可用于多种目的。这类对象可以是：

1. 产品对象，可以是通用的和部分指定的产品，也可以是具体的产品。

2. 工作中重复使用的建筑部件。

目前的挑战是创建一个易于使用且一致的方法，用于定义适合某一设计阶段的对象模型，并支持该阶段的各种用途。稍后，用产品模型取代产品技术规格书。因此，需要多层级的对
216 象定义和产品规格书。在整个过程中，支持分析、模拟、成本预算和其他用途的对象性能和属性将经历一系列的升华。有关如何管理对象属性的问题在第 2.3.2 节有所讨论。随着时间的推移，我们期望将这个过程划分为不同的阶段，且不同于初步设计、扩初设计和施工图设计三个阶段划分，使阶段划分更加合理并成为常规做法。在施工结束时，建筑模型将由数百或数千个建筑对象组成，其中许多对象可以传递给设施管理组织，以支持下游的运行管理（见第 4 章）。

5.4.1　将专业知识嵌入建筑部件 [1]

设计事务所通过开发智力资本为项目带来知识。有时，这种专业知识仅由少数人掌握。嵌入这种专业知识的参数化部件的开发，是一个将个人专业知识转化为组织知识的重要手段，并允许其在无须频繁咨询专家的情况下得到更广泛的应用。

在一个高层建筑的核心筒设计中，需要解决许多策划、建筑系统和合规性要求等问题。只有提高核心筒空间利用效率才能满足运行效率和投资回报要求。目前，核心筒的设计需要具有丰富设计经验的资深建筑师和工程师的大量参与。

核心筒设计可以通过对在不同项目中重复使用的基本布局模式的修改完成。图 5–13 是这些基本布局模式的示例。使用基于经验总结的设计规则，只需对这些基本模式进行少量的参数化修改，即可解决塔楼楼板的使用载荷及尺寸协调问题。图 5–14 是一个详细的平面布局示例。

盖里技术公司（Gehry Technologies，GT）和 SOM 建筑设计事务所合作就开发建筑核心筒自动化布局参数化设计工具的可行性进行了研究，并在 Digital Project 软件中进行了初步尝试，有关成果已在《BIM 手册》（原著第二版）第 5 章中做了详细介绍。较新的参数化建模可视化编程工具，能够支持快速开发强大的参数化设计工具。Grasshopper 在路易威登基金会艺术中心案例研究中得到了应用（见第 10.3 节），Generative Components 也用于英杰华体育场案例研究（参见《BIM 手册》配套网站），这两个案例都是可视化编程工具应用的优秀范例。

1　本节介绍在纽约 SOM 建筑设计事务所的构思和指导下以及在盖里技术公司的支持下，丹尼斯 · 谢尔顿（Dennis Shelden）开发的成果。目前，所介绍的成果和技术正在申请专利。

217

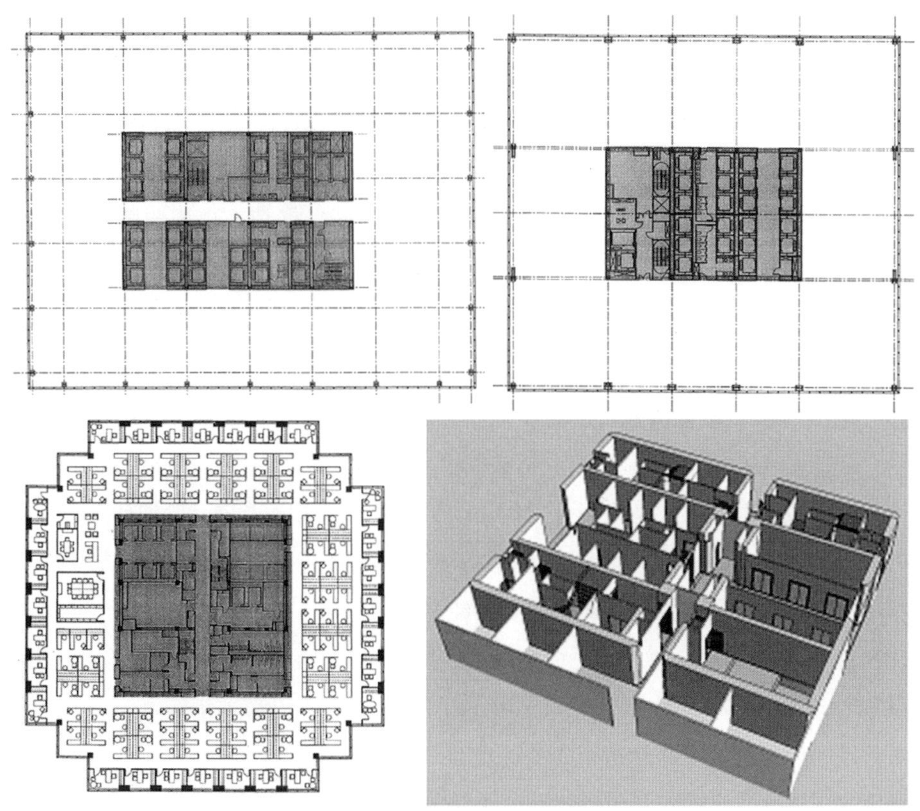

图 5–13 用于不同高层建筑的四个核心筒示例

图片由丹尼斯·谢尔顿（Dennis Shelden）提供。

218

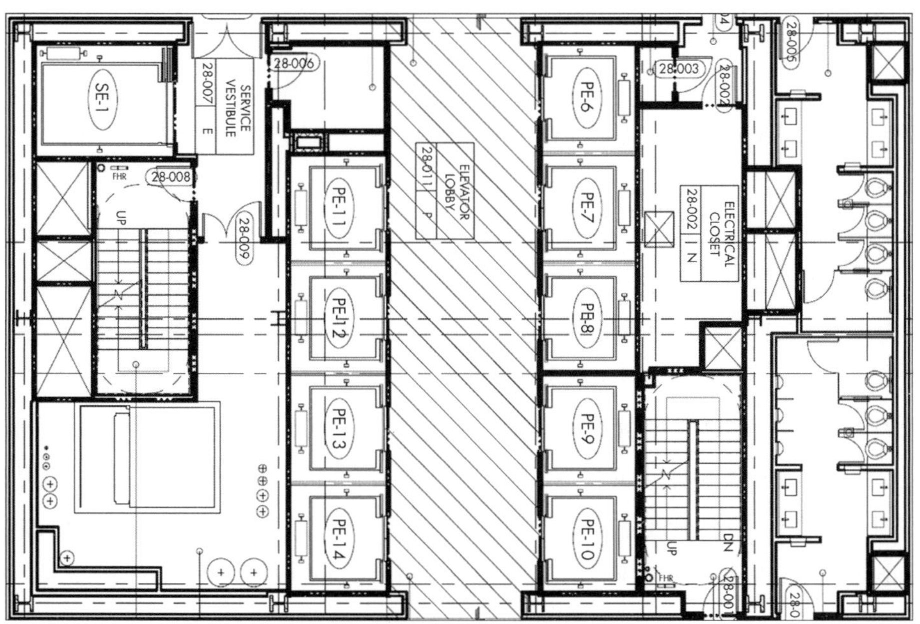

图 5–14 基于基本模式开发的建筑核心筒详细布局示例

图片由丹尼斯·谢尔顿提供。

217 5.4.2 对象库[1]

在北美有超过 10000 家建筑产品生产商。每家生产商生产的产品数量多少不等，多的成千上万，总体上有超过 2000 万种产品和相应的应用程序供设计和运维管理使用。

建筑对象模型（Building Object Model，BOM）是物理产品（例如门、窗、设备、家具、
218 固定装置，以及设计和施工过程需要的各种细化程度的墙、屋顶、顶棚和楼板的组件，包括具体产品）的二维和三维几何表达。对于从事特定类型建筑设计的公司来说，也可将表达不同类型空间的参数化模型放在库中，以便在不同的工程中重复使用，如医院的手术室、放射治疗室等。也可将这些空间模型视作 BOM。随着时间的推移，模型库包含的知识将成为一种战略资产。它们代表了最佳实践，因为设计和工程公司会根据项目使用经验逐步对其改进并添加注释。建筑业主也可开发植入企业标准的产品库供安装产品和部件的承包商使用。他们还可将这些库分发给建筑设计 / 工程公司用于项目开发，并用其检查 / 验证建筑设计 / 工程公司完成的设计 BIM 模型。这些产品库的使用将减少出现错误和遗漏的风险，尤其是当企业具有成功利用以前项目使用的高质量对象模型的经验时。

219 预计 BOM 库将为项目交付和全生命期设施维护提供背景和应用方面的有价值的参考信息。

开发和管理 BOM 为 AEC 公司带来了新的挑战，因为公司必须组织和分发大量的对象、部件和对象族，还可能需要跨越多个办公地点。

对象定义。现有先进的对象模型规范要求对象模型应包括以下主要内容：

- 二维或三维几何形体（二维可表达地毯或膜状饰面）；
- 材料表达，包括名称和模型的图形饰面（纹理贴图）；
- 参数化几何形体（如果几何形体不是固定的）；
- 与其他系统（包括电气、管道、通信、结构、空调等系统）连接的位置和要求；
- 性能规格、运行寿命、维护周期、透光率和其他选择产品需要参考的指标（因设备类型而异）；
- 光强分布曲线（灯具）；
- 产品分销渠道网址的链接。

可以先将符合上述要求的对象嵌入开发 BIM 模型的应用程序里，之后再基于这些属性选择具体产品。

组织和访问。通过对当前 BIM 设计平台的比较、归纳可以发现，它们各自使用自己的对象族定义并创建各种各样的对象类型，其中一些具有预定义的属性字段。通过使用 BIM 平台定义的标准术语，可在项目建模过程中访问库对象，并将其纳入项目模型。全面的集成包括对象分类、命名规则、属性结构，以及与其他对象的拓扑接口设计（体现在定义参数化

---

1 本节改编自詹姆斯·安德鲁·阿诺德（James Andrew Arnold）的研究报告，由 SmartBIM 公司提供。

对象的规则中）。这可使导入的对象支持互操作性，并与成本预算、系统分析、建筑合规性审查和建筑策划符合性评估等应用程序交流互动。这可能涉及用通用结构表达对象，或者定义一个动态映射功能，允许它们在保持“原生”术语的同时，也能够使用同义词和下义词（hyponym）解释术语。

开发 BOM 族库任务艰巨，投资很大，因此需要认真规划，并依靠具有对象管理和分发功能的库管理工具，以便用户组织、管理、查找、可视化浏览和轻松使用 BOM 族。

信息分类编码标准，如 CIS MasterFormat 和 UniFormat，是在项目模型中组织和分组 BOM 的指南。例如，将 CSI MasterFormat 代码分配给项目模型中的 BOM，可以组织它们生成项目技术规格书。同样，将 UniFormat 代码和工作分解结构（WBS）分配给 BOM，可以组织它们 220
进行工程量计算、成本预算和施工规划。然而，在描述一些具体项目的产品 / 部件配置或应用时，使用这些标准的分类层级结构往往存在缺陷（有关 OmniClass 的更多信息请见第 3.4.2 节）。

由美国施工规范协会（CSI）开发的 OmniClass 分类方法，有望提供更详细的面向具体对象的分类和属性定义结构（OmniClass，2007）。CSI 与加拿大施工规范协会（CSC）、buildingSMART 挪威分部和荷兰 STABU 基金会合作，正在 buildingSMART 数据字典（buildingSMART Data Dictionary，bSDD）项目实施 OmniClass 术语，以建立 OmniClass 产品和属性定义的计算机可解读表达，并作为项目模型引用和验证 BIM 对象的工具。有了对对象名称和属性标准化术语进行索引和分类的新工具，就可将世界范围的产品组织在一起供项目访问和使用。一个精心设计的库管理系统应支持通过多个分类查找对象模型，并具有管理 BOM 的功能，包括能够为了特定的项目或建筑类型创建对象目录（库视图）的功能，以及解决不同对象目录中对象名称和属性集不一致的功能。

5.4.3 BOM 门户网站

BOM 门户网站是通过网络访问建筑对象的切入点，市场上已有公共和私有的门户网站。公共门户网站提供族，并通过论坛、资源索引和博客等促进相关社区的发展。其族工具主要支持按层级导航、搜索、下载，以及在某些情况下上传 BOM 文件。本节将对比几个大型门户网站。私有门户网站允许企业和签署联合共享协议的伙伴企业之间通过服务器授权共享对象。理解 BOM 族的价值以及不同应用领域价值 - 成本关系的企业或企业集团，可以共享 BOM 或者共同支持开发 BOM。私有门户网站能使公司在共享通用族的同时，保护嵌入特定专有设计知识的族。公共门户网站可为不同的市场用途提供多种服务。

BIMobject 是一个著名的门户网站，它汇聚了来自合作伙伴 [如里德建设数据公司（Reed Construction Data）、麦格劳 - 希尔公司（McGraw-Hill）、ArCAT 公司和 CADdetails 网站] 和最终用户的多种格式的族。BIMobject 已导入来自 Autodesk Seek（一个公共库）的数据并取代了 Autodesk Seek，同时将其改编为一个私有云门户。它为 Revit 提供具有拓扑连接的参数化对象。

221 BIMobject 还提供帮助建筑产品公司开发兼容不同 BIM 格式建筑对象的库。BIMobject 应用程序目前可在 SketchUp、Revit、ArchiCAD、Vectorworks 和 AutoCAD 中使用，并且可以免费下载。所有应用程序都将 BIMobject Cloud 直接集成到用户使用的 BIM 程序中，这样用户就可以浏览、筛选和下载BIM对象，而无须在不同的窗口之间切换。我们认为，随着BIMobject的不断成熟，它提供的产品模型会迅速增加。

表单字体公司（Form Fonts）的 EdgeServer 是一款支持伙伴公司之间可控共享对象的服务器产品。它支持共享 SketchUp 对象。ArchiBase 是一个具有几千个 ArchiCAD 对象和 ArchiCAD 相关产品的 ArchiCAD 网站。这些对象的大多数仅对可视化有用，没有产品规格或质量控制信息。CadCells 是一个 Microstation、Bentley Architecture 对象和 AutoCAD 图块库网站。其对象仅是几何形体，没有材料和其他属性信息。

3D Warehouse 是一个用于 SketchUp 的建筑产品和整栋建筑的公共存储库。它允许任何人创建库分区、模式和分类层级供库检索使用。它提供了免费存储空间和其他后端服务，开发者可以从网页链接 3D Warehouse 中的模型，从而允许建立将 3D Warehouse 作为后端的展示窗口。它还与谷歌地球（Google Earth）软件集成，使谷歌地球软件成为基于位置的搜索工具，用于搜索上传给 3D Warehouse 的建筑模型。提供这些功能旨在创造新的商业机会。例如，隶属于麦格劳－希尔公司的 Sweets 公司早期通过在 3D Warehouse 创建麦格劳－希尔公司 Sweets 组，并将通过 Sweets 认证的制作商创建的 SketchUp 格式 BOM 放置在 3D Warehouse 中，对使用 3D Warehouse 的效果进行了试验。毋庸置疑，将谷歌公司分布式服务、搜索、语义建模、存储技术与包含 AEC 专业知识的产品实体相结合，具有巨大的潜力；然而，重点工作尚需突破。

提供 BOM 的网站还有：RevitCity、ArchiBase Planet、cad-blocks、CadCells 和 SmartBIM Library。这些网站主要提供美国厂商的产品模型。

BIMobject 还是一个学习和使用 BOM 库和门户的好网站。它为 BOM 对象用户提供各种应用程序，允许用户、制作商和产品供应商下载并嵌入自己的应用程序中。此外，BIMobject 还为将产品上传给项目模型提供管理支持，并支持通过制作商 / 分销商购买产品。BIMobject 应用程序目前可用于 SketchUp、Revit、ArchiCAD、Vectorworks 和 AutoCAD，并且可以免费下载。所有应用程序都将 BIMobject Cloud 直接集成到用户使用的 BIM 程序中，这样用户就可以浏览、筛选和下载 BIM 对象，而无须在不同的窗口之间切换。

5.4.4 桌面 / 局域网库

私有库是一个桌面软件包，用于分发和管理建筑对象族，与用户的文件系统紧密整合。它们能自动将 BOM 从 BIM 工具，如 Revit，或从用户的文件系统，或从公司网络加载到库管理系统的独立目录中。它们提供了一个模式，用于对象分类和在对象入库时定义属性集，并

可用于库对象的搜索、检查和检索。它们还能协助搜索 CAD 系统以外的三维可视化对象，并 222
检查类别、类型和属性集。提供此类工具的公司还计划建立公共门户网站，用于 BOM 在公司间的共享（文件上传和下载、社区工具等）和分发制作商的产品 BOM。

这些产品的一个例子是 SmartBIM Library（SBL），如图 5-15 所示。它将各种 Revit 族表达的产品对象放在一个目录里，用户可从文件系统或 Revit 项目文件夹创建该目录。SBL 可显示多个对象目录，支持按对象的名称、属性、用户定义的标签，以及 CSI MasterFormat、UniFormat 和 OmniClass 代码进行跨目录筛选，并允许用户在目录之间复制和移动对象。它还包括一本 Revit 平台 BOM 建模最佳实践指南。类似的产品包括 CAD 增强公司（CAD Enhancement Inc.）的 FAR Manager 和 BIM Manager。

如前所示，BOM 门户网站具有不同的功能：在概念设计中，呈现标准的产品描述，供设计人员和业主讨论；在扩初设计阶段，呈现中等细度的产品，用于产品性价比的评判；在施工图设计阶段，详细的产品比对，以便比较产品性能，以及将公司部件和节点构造作为组织知识进行管理等。这些不同的用途具有不同的需求，我们已做区分。随着云服务的风生水起，我们预计 BOM 库和门户网站提供的产品模型近期将持续增长。

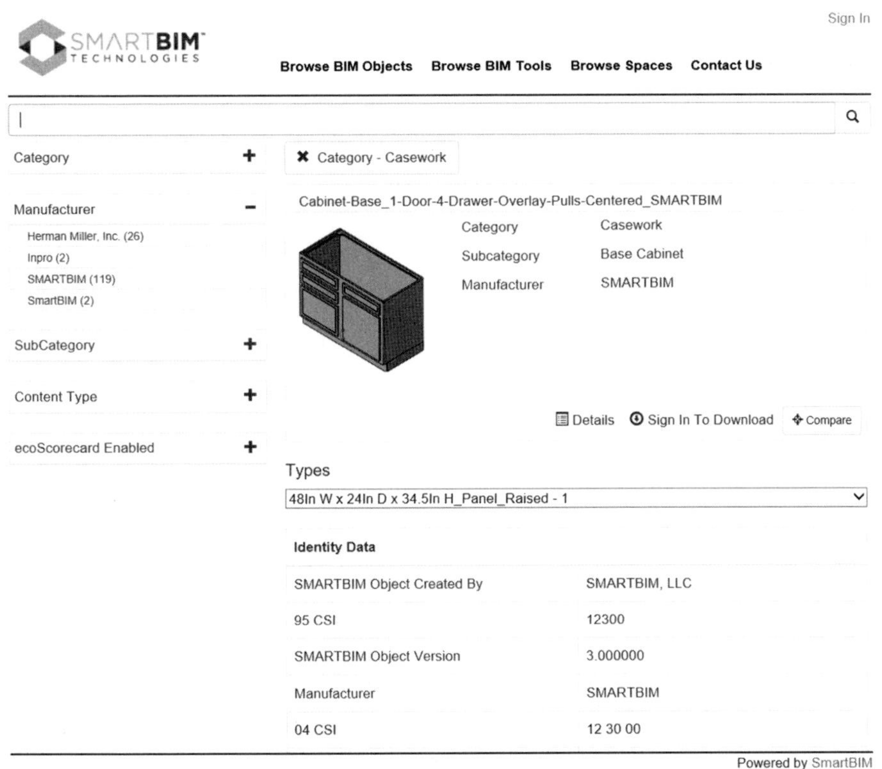

图 5-15 SmartBIM Library 界面的屏幕截图
图片由 SmartBIM 公司提供。

223

5.5 设计公司采用 BIM 的考虑因素

将建筑设计的基本表达形式从一套设计图纸（即使以数字方式制作）转变为一个建筑模型，不仅对设计师，而且对所有参与建筑和基础设施施工、运行和维护的人员，都有许多潜在的直接好处。然而，此举需要设计公司投入大量的时间和金钱。在此，我们为那些正在转型的公司提一些建议。

5.5.1 采用 BIM 的理由和平台选择

虽然 BIM 提供了获得新好处的潜力，但这不是免费的。三维模型的开发，特别是包括支持分析和制作信息的模型，比当前生产一套施工文件需要更多的决策和更多的工作。考虑到用于购买新系统、培训员工、开发新流程的不可避免的额外费用，很容易使人们理所当然地认为它所带来的回报并不值得。然而，大多数采取 BIM 的公司已经发现，与转型关联的大量初始投入会提高施工文件的生成效率并由此获益。即使是根据模型生成满足一致性要求图纸的初步变革，也让转型变得值得。

在建筑业的现有收费结构中，通常是按建造成本的百分之几的比例支付设计师的费用。一个项目的成功在很多方面是不易量化的，涉及更顺利的实施和更少的问题、设计意图的实现，并最终获得收益。随着人们对 BIM 技术和实践能够取得卓越成效的认识不断提高，业主和承包商都在探索新的商业机会（见第 4 章和第 6 章），设计师也可以在以下两个领域提供新的有偿服务：

1. 概念设计服务扩展：使用分析软件和仿真工具，进行基于性能的设计，以解决以下问题：
   - 可持续和能源效率；
   - 在设计过程中完成项目成本和价值评估；
   - 基于运营仿真评估设计方案，例如对医疗保健或以人流为中心的设施方案的评估。
2. 设计与施工集成：
   - 改进项目团队的协作：包括结构、机电、顾问等不同团队之间的协作，以及分包商、
224 制作商和供应商之间的协作。在项目团队中使用 BIM 改进设计审查反馈速度和质量，减少错误和不可预见问题的发生，加快施工进度；
   - 促进部件的厂外制作，减少现场工作，提高生产安全性；
   - 采购、制作、装配以及提前预订长前置时间部品的自动化。

提升功能设计有什么价值？比较初始成本与运行成本是非常困难的，因为折现率和维护计划变数很大，且有的成本难以追踪。然而，美国退伍军人管理局（Veterans Administration，VA）通过对下属医院的调研发现，有一所医院在不到 18 个月里的功能运行成本就相当于它的建造成本（图 5–16），这意味着通过减少医院运行成本可以带来巨大收益，即使初始投入较

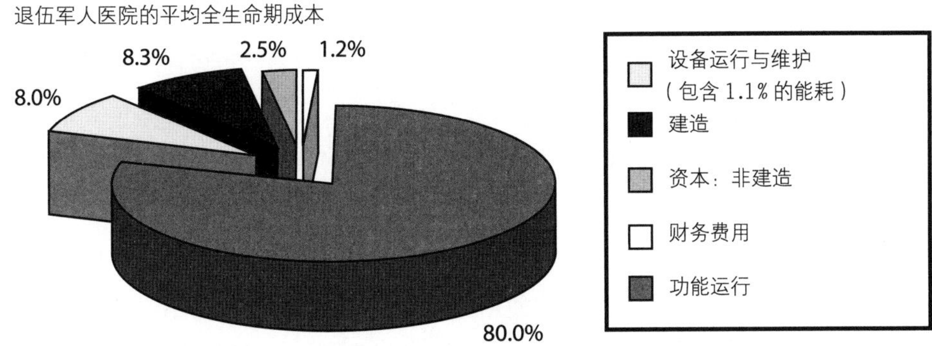

图 5-16 一所退伍军人医院全生命期的资金投入和运行成本构成
图片由退伍军人管理局提供（Smoot，2007）。

高。退伍军人管理局还发现建筑全生命期用能的摊余成本仅相当于建造成本的八分之一，而且这一比例可能会增加。全折现的设施运行成本（包括能耗和建筑安全）与建造成本大致相当。这些例子表明业主 / 运营商将寻求降低运行成本和提高性能。

可以使用考虑建筑项目对财务、社会和环境影响的三重底线法（triple bottom line，TBL）对功能设计进行评估。自动化建筑实例咨询（Autocase for Buildings）等 web 服务使设计人员能够进行 TBL 分析（包含 LEED 评估）。这意味着设计人员可以使用 BIM 迭代改进设计，优化三重底线。

BIM 设计与施工、制作整合的优点已在第 5.3.4 节、第 6 章和第 7 章做了清晰阐述，此不赘述。

BIM 设计的生产力增益。间接评估 BIM 等技术能否产生效益的一个方法是看其能否减少错误发生率。这很容易从项目的信息请求书（RFI）和变更单（CO）数量的多少看出。变更通常包括因业主想法改变而导致的变更和因外部条件变化而导致的变更。然而，可将因内部一致性和正确性问题导致的变更区分开来，单独统计。来自不同项目的统计数据表明 BIM 具有减少设计变更的显著好处，这在第 10 章的几个案例研究中做了介绍。 225

设计公司往往不熟悉评估生产力增益的方法。进行这种评估的第一步是建立一个比较基准。很少有企业记录与扩初设计和施工图设计相关的不同类型建筑的单位建筑面积成本或单位表皮面积成本。但这些却是评估向新设计技术过渡花费的成本或取得的收益的基准指标（Thomas 等人，于 1999 年描述了这种评估方法）。

第二步是评估新技术（这里为 BIM）带来的生产力增益。除了各种 BIM 供应商提供的生产力提升数据之外，几乎所有已经采用 BIM 的设计公司，甚至研究文献都没有这方面的可用数据。研究表明，绘制包含钢筋详图的结构工程图的生产率提高了 21% 至 59%（取决于结构大小、复杂程度和构件重复使用数量）（Sacks 和 Barak，2007）。第 10 章的几个案例研究提供了一些这方面的数据。当然，在实际项目落成之前，对特定设计公司所获得的收益都仅是推测而已。评估应该根据从事某项工作人员的平均工资，及其占公司的年度人力成本的百分比区分节省的时间，并进行加权。这将提供一个加权的生产力增益。可以使用得出的百分比乘以企业设计活动的年度直接人力成本计算年度收益。

第三步是评估通过营销公司 BIM 能力为公司带来的业务增量。这会因市场而异，但在一些国家的某些地区可能会效果显著。

最后一步是计算采用 BIM 的投入成本。最大的成本是人工成本，其中包括培训期间脱产学习的直接人工成本，也包括员工因学习使用新工具而造成初始生产力下降产生的成本。硬件和软件成本可以与 BIM 供应商协商估算。最后，通过年度总收益除以总成本，可以快速得出年度投资回报率和收回成本所需的时间。

平台选择。第 2.3.1 节概述了 BIM 平台的评估标准，并对主要平台做了简要介绍。然而，选择建模工具不仅要考虑组织内部需求，还要考虑经常一起合作的设计公司的需求，以及特定项目的需求。实际上，不必限于选择单个平台。有些公司更愿意支持多个 BIM 平台和工具，因为他们意识到一些平台和工具有不可替代的独特优点。

5.5.2 阶段性应用

除了提供上面讨论的新服务外，设计企业还可将以下服务逐步引入企业的 BIM 实践中：

- 与成本预算整合，在项目开发过程中持续追踪项目成本；
226
- 与编制技术规格书整合，实现更好的信息管理；
- 设计流程与能耗、气流、照明等性能分析整合，以取代迄今为止仍然仅凭直觉做出的决策；
- 开发公司专有的节点构造、房间配置和其他设计资料库，嵌入专业人员知识，将个人知识转化成组织知识。

每种类型的整合都涉及工作流和实施方法的规划与开发。采取循序渐进的方法，可以在无不当风险的情况下进行增量培训和逐步采用先进技术，从而在整个设计公司内部建立全新的能力。

第 5 章 问题讨论

1. 成本预算、进度计划和采购需要何种信息深度等级？概述您对扩初设计模型的细化程度建议。它与概念设计有何不同？考虑并建议设计师在这些活动中应该扮演什么角色。

2. 剖析第 10.1—10.3 节、第 10.5 节和第 10.11 节的案例研究，它们展示了建筑师和工程师的工作。然后，找出一个广泛应用 BIM 设计的建筑，准备一个您自己的简单案例研究。综述并介绍设计是如何进行的，设计师之间和设计程序与分析程序之间是如何共享信息的，以及创建了哪些可以传给制作和施工的信息。在主要的 BIM 软件供应商和许多设计公司的网站上，可以找到许多使用 BIM 建造的建筑案例。

3. 考虑任何特定类型的建筑系统，如吊顶系统或者预制幕墙系统。自动化工具如何通过自定义功能适应这些特定系统？哪种库对象可以加快设计？如何通过参数化对象支持设计？在设计的每一阶段，什么样的细化程度是合适的？

4. 获取门、窗或天窗的安装详图。使用纸和铅笔检查并识别某一详图可用变量表示的尺寸。列出这些变量并将其作为参数化详图设计的技术参数，然后设计一个图形用户界面对话框输入该详图的参数。

5. 基于设计公司的 BIM 能力，对其准备提供的一项新服务提出建议。描述这个服务如何为业主带来价值。同时概述一个收费结构及其背后的逻辑。

6. 概念设计往往用 SketchUp 或 Maya 等非传统 BIM 工具完成。基于这些工具中的一种工 227
具，制定一个设计开发流程，并与基于一种 BIM 平台（从第 2.5 节所列的 BIM 平台中选取）所用的设计开发流程进行对比。选择一种类型或另一种类型的初步设计工具需要考虑哪些因素？评估两条开发路径的成本和收益。

第 6 章 228

承包商的 BIM

6.0 执行摘要

施工应用 BIM 技术的主要优势在于能够缩短工期、节省成本。一个精确的建筑模型可以使项目团队所有成员受益，不仅能够使施工流程变得更加流畅、易规划，还能够减少潜在的错误和冲突。建立总承包商的建筑模型是对施工流程进行虚拟的“首轮研究”，在 BIM 出现之前，这是无法实现的。本章讲述承包商如何从 BIM 中受益以及需要对施工流程进行哪些变革。

即使设计师没有建模，承包商建模也能产生巨大价值，承包商参与项目越早，与设计师的协作越紧密，利用 BIM 优化施工流程的潜力就越大。那些推动尽早参与建设项目并喜欢业主要求尽早参与的承包商，将发现自身处于优势。在没有业主或设计人员推动 BIM 应用的情况下，如果承包商希望为自己的组织获得优势并且更好地自我定位，以获得全行业应用 BIM 所带来的收益，那么确立他们在整个 BIM 流程中的领导地位是至关重要的。

承包商和业主还应让分包商和制作商参与其 BIM 工作。传统的设计 – 招标 – 建造（DBB） 229
方法限制了承包商在设计阶段为项目贡献知识使项目增值的能力。集成项目交付（IPD）通过各参与方联合签订的合同要求业主、建筑师、设计师、总承包商和主要专业分包商从项目伊始就一道工作，并将 BIM 作为协作工具。如果无法签订 IPD 合同，可以使用以 BIM 执行计划为重点的正式协议，如科罗拉多州丹佛圣约瑟夫医院项目团队采用的协议（参见第 10.5 节案例研究）。

在设计阶段完成后，无论是否已经实现承包商知识的潜在价值，利用建筑模型支持各类施工活动都能够为承包商和项目团队带来显著的效益。通过分包商和制作商的协作，利用自身力量创建模型可以很好地实现这些价值。建筑模型中信息的详细程度取决于模型的功能需求。例如，对于精确的成本预算，模型必须足够精细以便为成本计算提供所需的材料用量。而对于四维进度计划分析，细化程度要求则相对较低，但是模型必须包含临时工程（脚手架、土方开挖），同时能够模拟施工段划分（取决于如何浇筑楼层混凝土、墙板安装顺序、塔吊的范围等）。当所有主要分包商都利用建筑模型完成各自的深化设计工作，最重要的好处之一是可实现承包商主导的不同专业的密切协调。在最好的情况下，合作伙伴将在深化设计之前使用模型协调建筑系统的总体路线和空间。即使协调经验较少，仍能使用 BIM 模型进行精确的冲突检测，以便在冲突成为现场问题之前有效地解决它们。同样，审查模型也能够发现施工潜在问题并以最快的方式解决。使用 BIM 的另一个主要好处是其能有效支持部件的非现场预制，从而减少现场制作的成本和时间，并提高准确性。科罗拉多州丹佛圣约瑟夫医院和新加坡南洋理工大学北山学生宿舍（参见第 10.5 节和第 10.7 节）是运用 BIM 实现这些好处的优秀案例（详见第 7 章）。

在现场，BIM 可通过使用各种移动设备直接向班组人员提供设计信息。其优势在于不仅提供了访问最新信息的直接渠道，还提供了将工作信息反馈回模型的有效通道。这些工具还可以提供流程信息，让承包商通过 BIM 与精益建造的协同效应获益。

BIM 能够提高调试和移交的效率，如果项目数据管理得当，它甚至可以提供支持设施运维所需的信息。承包商应了解信息资产对业主的巨大价值，并将其视为所提供的产品和服务的组成部分。第 4 章详细描述了 BIM 在设施管理中的使用，包括信息移交规范。

230 任何考虑采用 BIM 技术的承包商都应该意识到应用 BIM 需要一个学习过程。从图纸到建筑信息模型的转变并非易事，这是因为，为了有效利用 BIM 的价值，几乎所有工作流程和业务关系都需做出相应的变革。显然，仔细地规划这些变革并得到顾问的指导是非常重要的。

BIM 在建筑公司和建筑工地上的普及应用促进了建筑技术创新人员数量的稳步增长。许多初创公司正致力于将遥感、通信、监控、数据挖掘、机器视觉、增强现实以及许多其他先进技术应用于建筑施工。离开 BIM 提供的信息，这些技术都用不起来。综上，BIM 是一个期待已久的推动施工变革的重要工具。

6.1 引言

本章从讨论承包商的分类以及 BIM 如何为承包商的特定需求带来价值开始，然后逐步深入地探讨适用于大多数承包商的 BIM 的重要应用领域。这些领域包括：

- BIM 支持的流程变革，包括精益建造（Lean Construction）
- 可施工性分析（Constructability Analysis）和冲突检测（Clash Detection）
- 工程量计算（Quantity Takeoff）和成本预算（Cost Estimating）

- 施工分析和计划（Construction Analysis & Planning）
- 成本、进度、质量和安全控制一体化
- 非现场制作（Offsite Fabrication）
- 现场 BIM 使用
- 项目移交

之后将讨论合同和组织结构的变革，这些变革对于充分挖掘 BIM 的价值是非常必要的；最后对施工企业如何实施 BIM 提出了一些思考。

随着 BIM 的实践和使用的增加，新的业务流程和工程流程也在不断发展。第 10 章中的案例研究凸显了承包商利用 BIM 调整其工作流程的各种方式。丰树商业城、圣约瑟夫医院和维多利亚站升级项目实施了本章后续各节中描述的许多做法，证明了承包商应用 BIM 的效果很好。

BIM 还能实现全新的商业模式：允许承包商提供综合的施工采购服务，为客户创造新的价值。其中一些内容将在第 9 章讨论。

6.2 施工企业的类型 231

施工企业种类繁多，从提供广泛服务的大型跨国公司到一次只能为一个项目提供高度专业化服务的小公司，不一而足。后者不仅数量上远远多于前者，其所承接的施工任务在整个施工行业的占比也十分惊人。图 6-1 展示了 2012 年的数据。

如图所示，由 1—19 人组成的公司占据着较大比例（90.9%），但大多数建筑施工人员集中在总人数多于 19 人的公司中（60.9%）。员工人数超过 500 人的建筑公司只占很小比例（0.07%），却雇用了 9.1% 的劳动力。施工公司的平均规模是 9.5 个人。

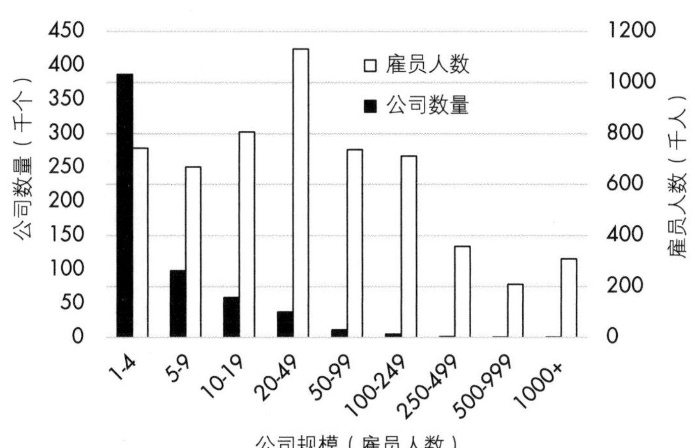

图 6-1 2012 年度根据企业规模划分的 598066 个企业的分布及其员工数量
资料来源：美国人口普查局，NAICS 23- 施工公司，2016b。

根据所提供的服务，承包商分为不同类型。行业中大部分的承包商开展业务的模式是，先成功中标或通过谈判确定最高价格和费用，自己完成部分工程，并将其中的专业工程分包给各专业分包商。一些承包商只负责施工项目管理工作，所有的施工任务均由分包商完成。设计 – 建造公司负责设计和施工管理，而将大量的施工任务分包出去。几乎所有承包商都在项目竣工时结束工作，但有一些承包商会在完工建筑的移交和管理阶段继续提供服务（建造 – 运行 – 维护）。

预制部件生产商，肩负着制造商和承包商的双重职责。一些生产商，比如预制混凝土部件生产商，生产标准产品系列以及为特定项目设计的定制产品。钢结构制作商也属于此类厂
232 商。第三类则包括提供由钢、玻璃、木材以及其他材料制作的结构或装饰类部件的专业化生产商。

最后，施工行业有很多擅长某个领域或某类工作（比如电气、给水排水、机电深化设计等）的分包商。通常情况下总承包商会基于公开的竞争性招标选择分包商，或者是根据以往的业务关系预先选择已有良好合作经历的分包商。分包商们所具有的专业施工经验对设计工作很有价值，同时他们也提供设计审查（也称为“辅助设计”）和施工服务。分包商们承接的施工任务量差异较大，主要取决于其工作类型和合同关系。大部分施工企业都是专业分包商（主要是小型分包商）。

由于团队可以在设计阶段早期进行整合，集成项目交付（IPD）和设计 – 建造（DB）合同为发挥 BIM 优势提供了绝佳机会。专业知识可用于构建模型并在所有团队成员间共享（设计 – 建造和集成项目交付流程已分别在第 1.2.2 节和第 1.2.4 节详细介绍）。然而，如果不同专业间的传统障碍不消除，如果设计师只是在设计完成后将由 2D 或 3D CAD 设计工具生成的图纸和其他文件移交给施工团队，这种重要优势就无法体现。在这种情况下，或者在标准的设计 – 招标 – 建造流程中，如果建筑模型在设计完成后才创建，就失去了大部分 BIM 技术能够带给项目的价值。虽然它依旧可以带来价值，但丢掉了 BIM 所能带给施工管理团队的一个主要价值，即弥补设计、施工之间缺乏切实整合的能力。而这种整合的缺失正是许多项目的致命弱点。

6.3 承包商所需的 BIM 信息

鉴于上节对于承包商类型多样性的描述，行业中目前存在各式各样的流程和工具也就不足为奇了。大型公司中几乎所有的重要工作都使用计算机系统完成，包括预算、施工进度计划、成本控制、财务、采购、供应商管理、市场营销等。对于未采用 BIM 的传统承包商而言，即使建筑师使用 2D 或 3D CAD 系统进行设计，纸质计划和技术规格书依然是承包商完成与设计相关任务（如预算、协调和制定进度计划等）的典型文件。这需要承包商手动进行工程量

计算以便得到一个准确的成本预算和进度计划，这是一个费时、枯燥、易出错和昂贵的过程。正因如此，成本预算、图纸协调和详细的进度计划制定往往只能等到设计阶段后期才能进行。也许更重要的是，承包商不参与设计，也就无法提出在不影响施工质量和可持续性前提下的降低成本建议。

幸运的是，随着承包商们逐渐认识到 BIM 对于项目团队协作和施工管理的价值，这种方 233
式正在开始改变。通过使用 BIM 工具，建筑师有可能在项目早期便提供了建筑模型，承包商则可以使用建筑模型完成预算、协调、施工计划、制作、采购和其他工作。至少，承包商可以在模型中快速添加详细的信息。为了能够开展这些工作，一个理想的建筑模型将为承包商提供以下信息：

- 能够生成传统施工图表达的各种建筑部件视图的详细建筑信息，并能从中提取数量和部件属性信息。
- 每个建筑部件对应的技术规格书。带有指向承包商必须采购或建造的每一个部件的技术规格书文件链接，而这些信息对于采购、安装和调试是必要的。
- 部件间的连接。包括连接、管道节点、电气系统等的工程细节。越来越多的合同要求总承包商为业主提供可用于设施运行和系统维护的竣工模型。COBie 标准定义了所需的信息。除了各个部件的信息之外，还需要提供将不同建筑系统与相关功能系统绑定的关系信息。此要求不易满足，需要复杂的模型质量控制或后期重建系统连接。例如，在沙特麦地那穆罕默德·本·阿卜杜勒－阿齐兹亲王国际机场项目（参见第 10.9 节）中，所有建筑系统必须由业主再次建模，才能用于设施管理。
- 与建筑性能水平和项目需求相关的分析数据。如结构荷载、节点连接（刚接、铰接）、最大预期弯矩和剪力设计值、HVAC 系统的冷热负荷、目标照明亮度等。这些数据用于暖通、电气和给水排水系统（MEP）的深化设计、制作和采购。
- 每个部件的设计和施工状态信息。用于部件设计、审批、采购、安装和测试（若相关）进度的追踪和验证。
- 表达临时结构、设备、模板和其他可能对施工工序和项目计划有重要影响的主要临时部件。

很少有项目能够在一个单一模型中包含上述所有信息。大多数 BIM 平台能支持上述列表中第一、第二条内容，但即使项目团队在项目伊始就广泛使用 BIM，每个项目参与方仍然有可能使用不同的 BIM 工具。虽然合并不同模型文件用于协调和审查是很简单的一件事，但合并所有模型文件却通常非常困难。因此，需要使用第 3 章中介绍的方法实现互操作性，其中 234
许多方法已用于第 10 章的案例研究。

一个精确、可计算、包含以上建筑信息且相对完善的联合建筑模型，对于支持承包商的主要工作过程（如预算、施工计划、非现场部件预制、不同专业和建筑系统协调以及生产控制）是很必要的。需要着重指出的是，每项新的工作流程往往需要承包商为模型补充信息，因为建筑师和工程师习惯上并不会输入诸如预算、进度计划和采购所需的设备或生产率涉及的手段和方法信息。

此外，如果承包商的工作范围包括设施移交或运行，则BIM部件与业主控制系统（如维护或设施管理系统）的连接，将会加快项目收尾阶段的调试和移交。为此建筑模型需要包含上述所有工作流程中所涉及的信息。

6.4 BIM主导的流程变革

BIM可对总承包商、分包商和制作商提供的主要帮助在于其支持虚拟施工。从建造者角度，无论是在现场还是非现场的设施建造中，BIM不仅是一种改进，更是一种新的工作方式。首次应用时，项目经理和监理可以在真正投入人工和材料前尝试将不同工序整合为一体。他们可以探索不同方案的产品和流程，对局部进行更改，并提前调整施工工序。他们可以在施工过程中，与不同工种持续密切合作开展这些活动，从而应对出现的意料之外的情况。同样的方式也可以用于应对业主和设计师产生的变更。

尽管虚拟施工既不易做，也未普及，但全球领先建筑团队的最佳实践带来了如第6.4.1节中描述的流程变革。一些施工公司有着良好的业绩记录。在这些项目里，他们的制作和安装合作伙伴实现了高度的协调，施工项目团队不断改进所用方法。他们的成功并非因为其是软件操作的专家，而是通过集成方式利用BIM技术实现了虚拟施工和多方协作。

6.4.1 精益建造

在制造业中，精益生产方法不断发展，以满足客户对高度定制化产品的需求，而不会出
235 现传统大规模生产方法所固有的浪费（Womack和Jones，2003）。一般而言，精益原则适用于任何生产系统，但鉴于消费产品和建筑施工产品之间的生产差异，需要调整制造的实施方法。

精益建造关注过程改进，以便在建筑和设施满足客户需求的同时消耗最少的资源。这需要考虑工作流程，重点是识别和消除障碍，并摆脱瓶颈。精益建造特别关注工作流程的稳定性。由于某些工作的不稳定且不可预测，分包商们为了保护自身的生产力引入了较长的缓冲时间，这是导致施工持续时间长的常见原因。这种情况出现的原因是，如果其他分包商未能履行其按时完成前置工作的承诺，或者在所需材料未交付的情况下，或者设计信息和决策延误等等，分包商不愿冒险浪费其工作人员的时间（或降低其生产率）。

减少浪费和改善工作流的主要方法之一是采用拉动式控制，在这种流程控制模式下，只有下游工序需求明确时上游工序才进行生产，由后一工序和客户实际需求拉动前一工序的生产。工作流程进度可用生产每个产品或建造每项分项工程的周期，按计划完成工作的比率或

在制品库存（称为“WIP”）度量。浪费不仅包括材料浪费，还包括过程浪费，如等待输入、返工等[1]所花费的时间。

BIM 有助于精简施工流程，至少可通过以下四种方式[2]对分包商和制作商的工作方式产生直接影响：

1. 更多的预制和预装配：由虚拟施工产生的无差错设计信息（BIM 支持这些优势的方式见第 7.3.6 节）支持更多的预制和预装配，这意味着缩短了现场施工的时间，从业主角度则是缩短了产品周期。更多的预制还可以提高安全性，因为之前的大部分高空作业都从现场转移到工厂进行。

2. 共享模型：共享模型不仅有助于识别物理冲突或其他设计冲突；使用 4D CAD 技术将共享模型连接到进度计划中的安装时序数据，还可以探索施工工序和各工种的相互依赖性。细致规划每周的生产活动并积极主动消除制约是标准的精益建造实践，通常使用末位计划系 236
统（Last Planner System，LPS）（Ballard，2000）实施，在该系统中，负责执行工作的人员会筛选活动，以避免分配那些可能无法正确和完全执行的工作。因此，通过使用 BIM 一步一步地虚拟施工，提前识别空间、逻辑或组织冲突，可以提高工作流的稳定性。

3. 增强团队合作：能在不同工种之间精确协调安装活动，意味着减少了涉及团队之间工作和空间移交的传统衔接问题。当施工由更好的集成团队而不是不相关的团队推进时，则需要的缓冲时间更短。

4. 减少时间：当实际制作和交付所需的总时间由于能够快速生产深化设计图纸而减少时，制作商能够缩短他们的产品生产周期。如果产品生产周期可以减少到足够短，那么制作商可以更容易地重新配置现场供应，以利用改进的拉动式流程。这不仅是准时交付（just-in-time delivery），更是准时制生产（just-in-time production），这种做法大大减少了库存及相关的浪费：存储成本、多重装卸、损坏或丢失部件、运输协调等。此外，由于 BIM 系统可以在最后责任时刻生成可靠和准确的深化设计图纸，即使后期发生变更，制作商也能及时响应客户的需求，因为在该过程中，工件不会过早生产。

6.4.2 施工少纸化

最初采用 CAD 时，电子文件一定程度上替代了纸质图纸。BIM 带来的根本变化则是，无论是纸质还是电子图纸都从信息档案的地位降级到通信媒介的地位。在 BIM 作为建筑信息的唯一可靠档案的情况下，打印的图纸、说明书、工程量计算和其他报告仅用于提供更易读的信息。

---

1 有兴趣了解精益概念的读者，可以参考沃马克（Womack）和琼斯（Jones）（2003）的著作；有关精益建造的大量文献和参考链接，均可以在国际精益建造组的网站上找到。

2 有关 BIM 和精益建造之间的相互作用的详细讨论，请参阅萨克斯（Sacks）等人（2010）的文章。

对于利用自动化生产设备的制作商而言，如第 7.3.5 节所述，对纸质图纸的需求基本上消失了。例如，木桁架杆件使用 CNC 机器切割和钻孔后，通过使用激光技术从上方投影几何形体，可以有效地在台座上组装和连接。当工作人员使用具有颜色编码的三维模型时，用于预制混凝土部件的复杂钢筋笼的组装生产率得到提高，他们可以在大屏幕上随意操作模型，而不必使用纸质图纸查看传统的正交视图。使用平板电脑以图形方式显示钢结构三维模型，向现场的钢结构安装工提供几何形体信息和其他信息也是一个类似的例子。

237 随着来自 BIM 制作模型中的信息直接进入物流、财务和其他管理信息系统，并借助自动化数据收集技术，对纸质报告的需求大大减少。或许，正是由于法律和商业的变革滞后，本节标题才未称为“无纸化施工”。

6.4.3 扩展工作分派渠道

电子建筑模型的使用，意味着远距离沟通不再是工作分派的障碍。从这个意义上讲，BIM 促进了分包商和制作商两类工作的外包，甚至全球化，而这些工作先前主要由本地分包商和制造商承接。

首先，地理和组织上分散的团队可以更容易地进行设计、分析和工程决策。在钢结构行业，拥有强大的三维参数化深化设计软件的个人作为自由职业者为制作商提供服务，大大缩减了制作商内部的工程团队，这已经变得司空见惯。

其次，更好的设计协调和沟通意味着制作本身可以更可靠地外包，包括远距离运输部件。在美国纽约第十一大道 100 号公寓项目的案例研究中（详见《BIM 手册》配套网站），准确的 BIM 信息使得表皮部件可以在中国生产、在纽约市安装。

6.5 创建施工建筑信息模型

有趣的是，许多大中型总承包商一直处于 BIM 应用的最前沿。一是因为承接的项目采用 BIM 势在必行，二是因为这些组织的规模足以支持其井然有序地采用复杂的信息系统。他们能够获得资金，熟悉在设备和流程方面投资的评估和实施，并且可以进行正规培训。无差错的产品信息使施工各方面的浪费减少，节省的费用可以提高承包商的生产率和利润率，使 BIM 成为一项有价值的投资。

鉴于设计师提供的模型质量不同以及承包商信息需求等方面的不同，承包商采用不同的方法利用 BIM。当设计团队没有为项目建立模型时，承包商通常通过制定和实施 BIM 执行计划，掌控设计师和供应商参与的建模流程。即使建筑设计中使用 BIM 变得司空见惯，承包商们仍需在模型中创建额外的部件并输入特定的施工信息，从而使建筑模型更为实用。因此，许多技术领先的承包商从项目一开始就着手创建自己的建筑模型，以支持协调、冲突检测、

238

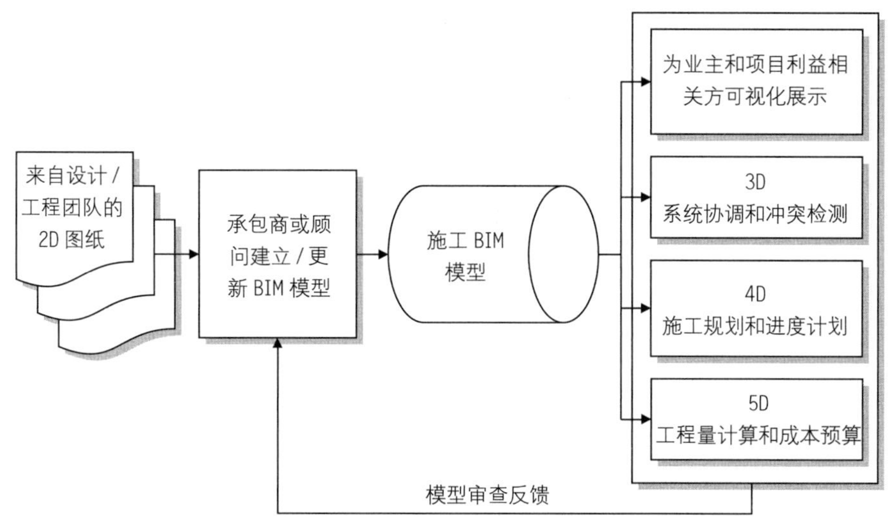

图 6–2 承包商根据二维图纸建立施工模型，然后将模型用于系统协调和冲突检测、制定施工规划和进度计划、工程量计算和预算的项目流程

预算、四维施工进度计划、采购等。[1]

图 6–2 展示了承包商从二维纸质图纸开始创建建筑信息模型的工作流程。但其重大缺陷在于，无论何时更改设计都需要更新施工 BIM 模型，并需要精心管理。

值得注意的是，在某些情况下，承包商使用三维建模软件比如 SketchUp 建立的模型仅仅是项目的可视化表达，并不包含任何参数化部件或者部件间没有任何关联。在这种情况下，模型只能用于冲突检测、可施工性审查、可视化效果展示、进度模拟（如 4D），因为模型未定义分立的可量化部件，以支持工程计量、采购和生产控制。

当设计师提供模型时，所提供的模型可以与承包商的模型集成，如图 6–3 所示。通常，承包商或顾问负责整合由团队不同成员独立完成的各种各样的模型，项目团队使用共享模型进行协调、规划、工程量计算及其他工作。虽然这种方法没有充分利用全功能建筑信息模型能支持的所有工具，但相较于传统方法，它减少了成本和时间。共享的三维模型成为所有施工活动的基础，并且其准确性也远远超过二维图纸。然而，这种方法无法规避的风险是，共享的建筑模型不能把最近发生在模型外（二维图纸或者其他独立的模型）的变更反映在模型 239
中。这就要求仔细检查以避免发生错误、遗漏、甚至返工。

需要注意的是，共享模型可采用以下两种方式建立：

- 作为单一平台模型。在单个 BIM 平台中打开和管理各个专业模型。
- 作为联合模型。将不同建模工具管理的各个专业模型导入 BIM 集成工具（Navisworks Manage、Solibri SMC、RIB iTWO、Vico Office 或类似工具）。

1 在《精益建造，BIM 建造》（*Building Lean, Building BIM*）一书中讲述的位于西雅图的 Lease Crutcher Lewis 公司和位于特拉维夫的 Tidhar 公司的故事，就是这方面很好的例子（Sacks 等，2017）。

单一平台模型的好处是可以在平台内编辑和协调各专业模型，而对于联合模型，必须在每个模型的原始平台中进行编辑，然后再次导入集成工具。单一平台模型方法较少用于大型项目。通常在项目的 BIM 执行计划中会确定使用单一平台模型还是联合模型。需要注意的是，图 6–3 和图 6–4 不区分这两种选项，“施工 BIM 模型”表示单一平台模型或联合模型。

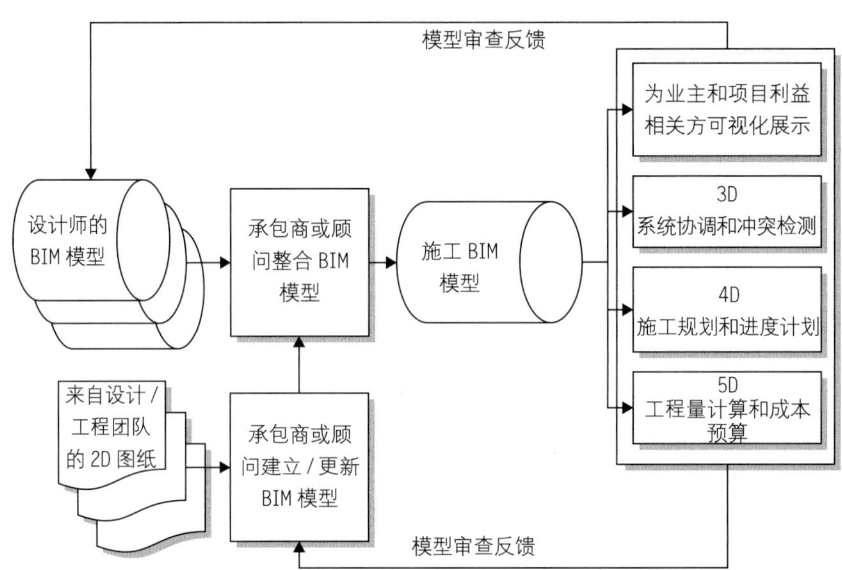

图 6–3 基于建筑师和其他设计师以及分包商利用三维建模工具（或者通过咨询团队）依据二维图纸创建的三维模型构建共享施工模型的项目流程

240

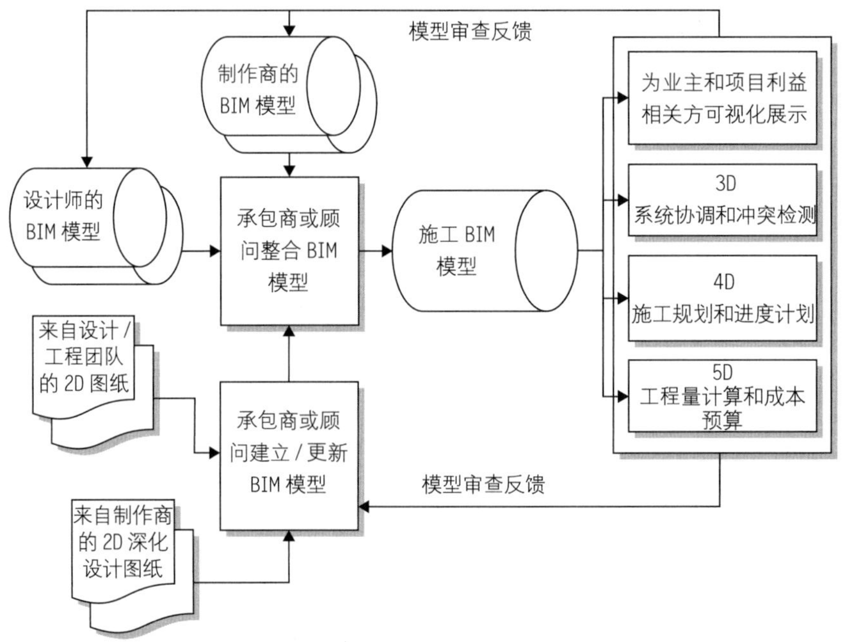

图 6–4 制作商提供有关部件和系统的生产所需信息。当提供模型时，这些部件和系统信息可以直接集成到施工 BIM 模型中。当提供二维深化设计图纸时，必须在整合前对细节进行建模

6.5.1 生产细节

随着项目的进行，各种建筑系统和部件的制作商会增添其负责部分的生产详细信息。理想情况下，在合同允许范围内，制作商可以直接在施工模型中对其负责的部件进行建模。然而，更常见的情况是，各个制作商自行准备自己的专业模型，然后再将其集成到施工模型中。

使用不同的 BIM 平台不易于管理来自各专业分包商的 BIM 部件信息。在这种情况下，信息的有效整合需要仔细规划，这通常通过要求项目所有参与者实施 BIM 执行计划实现。使用设计 – 建造方法或使用从项目一开始就将主要参与者整合在一起的合同（如 IPD）比使用设计 – 招标 – 建造方法更容易实现。再次强调，较早整合和协作是有效使用 BIM 技术的关键所在。总承包商协会（Association of General Contractors，AGC）的《承包商 BIM 指南》（*Contractor's Guide to BIM*）强调了这一观点（AGC，2010）。

和以前一样，不建议使用二维深化设计图纸，因为对比使用模型，使用这种方法进行系统协调更易出错。

6.5.2 在现场大办公室集中办公

将客户代表、设计师、承包商、分包商和制作商聚集在施工现场办公区内的一个“大办公室”一起工作，是实现复杂建设项目密切协作及信息整合的绝佳方式。在施工前期和施工期间使用“大办公室”是很流行的，尽管在非常短的时间内准备高质量的信息需要 241
一定的费用。这样无须像其他项目那样什么事都等到召开协调会议才讨论，而是随时可对不同的设计和制作方案进行讨论和评估，并当场解决问题。由于团队使用共享模型，因此可以全面协调设计与施工。承包商通常维护并持续更新一个包含所有专业模型的整合（联合）模型。

费舍尔（Fischer）等人（2017），在他们的《集成项目交付》（*Integrating Project Delivery*）*一书中描述了现代高性能建筑如何整合建筑系统，以及这些整合建筑系统的建造需要整合施工流程，而整合流程需要整合组织，整合组织需要整合信息。大办公室仅是整合组织的一种表现形式，无论是根据 IPD 合同还是根据各方之间的简单协议设立的，其主要目的都是通过 BIM 生成整合良好的项目信息。

6.6 承包商建筑信息模型

承包商或项目经理使用 BIM 进行制作级设计协调和质量控制，以进行施工规划、制定进

* 此书中文版由中国建筑工业出版社于 2021 年 8 月出版。——译者注

度计划、设计生产系统、计算工程量、成本预算、项目预算、采购、生产控制（生产流程、进度和预算控制）和在移交时向业主提供竣工信息。通常，使用术语 3D BIM、4D BIM 和 5D BIM 代表 BIM 环境下的三维设计可视化与协调、可视化进度和成本预算。

承包商可以使用各种软件工具完成上述所有工作。大多数工具是单一用途工具，它们可以从施工模型中获取信息并经处理后输出必要的信息，但也有一些功能更为全面的工具。图 6-5 描述了承包商提取信息以便在独立工具中使用的情况。这包括将工程量计算信息直接导出到数据文件（如 Excel），以及导出 IFC 文件用于模型协调或四维可视化。图 6-6 描述了集成工具的使用，其中模型作为通用 IFC 文件或特定工具的模型文件导出，然后在集成的施工工具软件中打开（例如 DDP Manager、Navisworks Manage、RIB iTWO 和 Vico Office）。

242

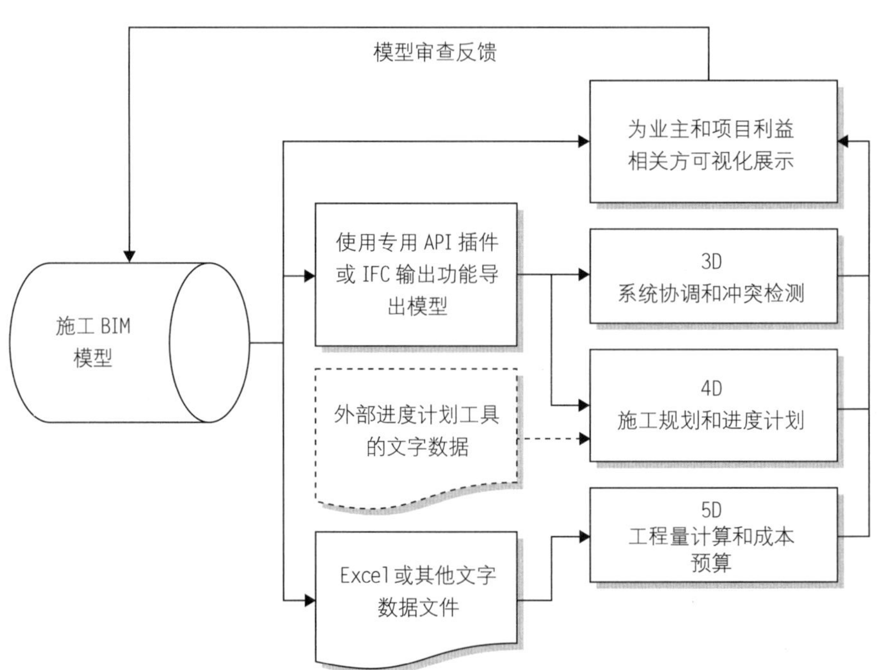

图 6-5　从施工模型到承包商应用的不同独立 BIM 工具的信息流

以下几节概述承包商使用 BIM 模型的三个主要用途：设计协调（3D）、进度规划（4D）以及成本预算和控制（5D）。第 6.8 节将评述为施工而集成的 BIM 工具，而如何向业主传递信息将在第 6.13 节中讨论。

242

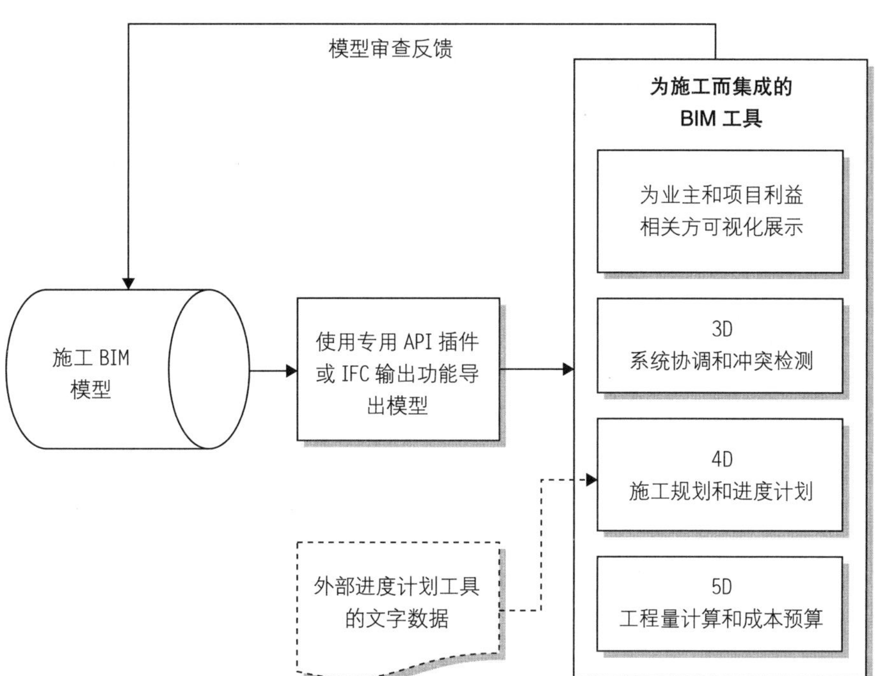

图 6-6 从施工模型到提供大部分所需功能的集成式承包商 BIM 工具的信息流

6.7 3D：可视化和协调 243

进行专业系统协调是所有承包商的首要工作。BIM 既可用于在建立、细化不同系统过程中主动协调各个专业系统，也可通过规划施工流程被动地识别空间和时间上的冲突。

对于承包商而言，自动化冲突检测——通过叠加不同专业的 BIM 模型并应用实体建模算法识别不同系统建筑对象之间的空间冲突——是在 BIM 能够带来的所有好处中最容易实现的。它有效解决了传统施工的一个难题。在 BIM 之前，人们通过在透光台上或在计算机屏幕上叠加二维图纸努力识别空间冲突。由于工具的局限性、人类的认知局限性以及人为错误的可能性，许多冲突直到施工期间才被发现，造成了不菲的返工费用和工期延误。自动化冲突检测是识别设计错误的绝佳方法，可以发现不同对象占据相同的空间（硬冲突）以及对象之间距离太小（软冲突）无法满足过人、隔热、安全、维护需求等。在一些出版物中，使用术语“间隙冲突”（clearance clash）代表“软冲突”（soft clash），这两个术语是同义词。

然而，冲突检测是被动识别冲突。随着 BIM 在承包商中的使用越来越普遍，人们已经意识到在布置建筑系统之前进行空间协调可以避免在执行冲突检测时发生大量的设计返工。在跨专业设计会议中使用共享 BIM 模型，设计师和建造师为每个建筑系统插入具有虚拟体积的“占位符”对象。只要深化设计人员将 HVAC 风管、管道、电缆桥架和其他设备限制在指定的空间内，而这可以通过计算它们是否包含在这些体积中进行检查，则可以将后期需要解决的冲突数量保持在最低限度。

为了有效地检测冲突，承包商必须确保创建的模型具有适当的细化程度。虽然 LOD 200 可能足以满足建筑中的较大部件的细度要求，但管道、风管、钢结构（主要和次要部件）及其配件以及其他部件的建模应至少满足LOD 300的要求（有关LOD的详细信息请参阅第8章）。对于未按 LOD 300 建模的部分配件，例如管道周围的隔热层，可能需要按 LOD 400 建模。应在 BIM 执行计划中预先确定要在 LOD 400 模型中包含或排除的对象，以避免不必要的建模工作。例如，在用于冲突检测的模型中，诸如电缆之类的小、薄或柔性对象没必要建模，因为即使发生冲突，也可以在现场轻松解决。然而，管道和风管支吊架虽然也非常纤细，但必须对其进行建模，以检测它们与其他部件之间的冲突。

建筑系统和部件的供应商，无论是内部供应商还是分包供应商，都应从施工深化设计的
244 最早阶段参与模型开发。理想情况下，设计协调和后续冲突解决应在项目现场的一个公共办公室中进行，这样每个问题都可以展示在大型显示幕布上，每个专业人员都可以为解决方案贡献自己的专业知识。图 6-7 显示了在工作现场的活动板房中，承包商和分包商的两名员工正使用建筑信息模型辅助 MEP 协调。

市场上使用的冲突检测技术主要有两种：（1）在 BIM 设计工具中进行冲突检测；（2）使用独立的用于冲突检测的 BIM 集成工具进行冲突检测。所有主流的 BIM 设计工具都有冲突检测功能，以供设计师在设计阶段检查冲突。但是，承包商往往需要整合各个专业模型，由于互操作性差或者对象的数量太多或过于复杂，能否使用 BIM 建模工具成功完成冲突检测是不确定的。

BIM集成工具是第二类冲突检测技术。这些工具允许用户从各种模型应用程序中导入三维模型，并能可视化浏览集成模型。例如，第 2 章介绍的 Autodesk 的 Navisworks Manage、Solibri Model Checker 和 RIB iTWO。这些工具提供的冲突检测分析往往更精确，并且能够识别更多类型的软冲突和硬冲突。目前，由于集成模型与各个原始模型没有直接关联，因此无法立即解决识别出的冲突。换句话说，信息流是单向的而不是双向的。这倒不是一个关键问题，因为更新模型只不过是花费一些时间罢了。因此，目前的协调流程要求分包商在协调会议后修改自己的模型，并将修改后的

图 6-7 承包商和分包商使用建筑信息模型辅助 MEP 协调
照片由斯温纳顿公司（Swinerton，Inc.）提供。

模型发送给 BIM 协调员（通常是总承包商的工作人员）进行新一轮审查。当然，如果能够在 245
协调会议期间进行微小的调整或变更是更好的，但由于人们使用不同的 BIM 平台，当前还没这么做。

为了改善这个问题，定义了一个公开可用的标准，以便通过原始 BIM 建模软件内嵌的专用冲突检测模块帮助建模人员找到冲突位置。BIM 协作格式（BCF）定义了一种 XML 文件格式，用于保存冲突检测软件的检测结果。在 BIM 建模软件中打开 BCF 文件时，会出现一个问题列表。可以通过设置用户模型视图关注并显示每个问题以及与该问题有关的其他信息。

"使用 BIM 进行施工协调的价值是什么？"这是一个经常被问到，但很少有人能用明确数字回答的问题，特别是在减少由变更产生的成本方面。来自美国西北部的总承包商 Lease Crutcher Lewis 公司仔细记录了他们最近为华盛顿大学建成的科技大楼的变更成本。华盛顿大学保留了所有项目的绩效记录，这使得由 Lewis 公司作为主要承包商通过领导 BIM 全面集成建造的项目，与三个非常相似的早期项目的比较成为可能。对于前三个项目，仅考虑结构变更，平均成本，包括直接材料费、人工费和加班费，为每平方米 20.77 美元（每平方英尺 1.93 美元）。Lewis 公司建造的大楼的结构变更成本为每平方米 3.77 美元（每平方英尺 0.35 美元）。新建筑的建筑面积为 6960 平方米（75000 平方英尺），这意味着预计变更成本为 118500 美元。归功于 BIM 集成应用，实际结构变更成本为 46000 美元。因此，即使这样一个相对较小但有些复杂的项目，也节省了约 72500 美元，或 158%。

鉴于这仅代表结构变更成本，可以有把握地假设，涵盖所有专业的 BIM 协调的实际价值远远大于这个数字。此外，由于 BIM 集成应用的成本包括固定成本和与建筑规模成比例的成本，因此更大规模建筑的投资回报将更高。

Lease Crutcher Lewis 公司的项目数据，由位于华盛顿州西雅图 Lease Crutcher Lewis 公司的拉娜·戈切诺尔（Lana Gochenauer）女士提供

6.8 4D：施工分析与规划

施工进度计划和控制涉及空间和时间上的活动排序，需要考虑采购、资源、空间制约和过程中的其他问题。传统上，一直使用横道图（bar charts）规划项目，但其无法显示某些活动在给定顺序中如何或为何关联；也无法确定完成项目的最长（关键）路径。继 20 世纪 50
年代发明关键路径法（Critical Path Method，CPM）之后，它成了行业制定施工进度计划的标 246
准方法。

最近，研究人员和从业者已经认识到 CPM 不适合更细化的施工生产管理，现在主要应用

于主进度计划。而更细粒度的进度计划和控制，则使用用于生产控制的末位计划系统（LPS）替代（Ballard，2000）。LPS是一种精益建造工具，可实现“拉动式”控制。其指导原则是提前准备和筛选工作包，以确保在将工作包分配给工作人员执行之前满足材料、空间、人员、设备、前置任务、信息和外部条件等约束。在实践中，这通常意味着工作团队只有在满足所有条件时才会进行工作分派，本质上是将执行任务的时间推迟到“最后责任时刻”。这种细粒度进度计划（接下来的1到3周）实际上是生产控制，对此，我们将在第6.10节讨论。

基于位置的进度计划[也称为“线性进度计划”（linear scheduling）或“平衡线法”（line of balance，LOB）]也在建筑施工项目中开始流行，其在使用标准CPM软件制定的主计划和使用LPS制定的生产计划与控制之间架起了桥梁。基于位置的进度计划工具使用CPM算法，但明确引入了空间（位置）约束，从而增加了标准CPM工具使用的技术和资源约束（Kenley和Seppänen，2010）。基于位置的进度计划在计划周期性任务时特别有用，例如高层建筑或公寓综合体的一系列重复的内装工程。

制定项目进度计划人员通常使用CPM软件，如Microsoft Project、Primavera SureTrak或Primavera P6，借助各种报告和图表创建、更新和沟通主计划。这些系统展示了活动如何关联，并允许计算关键路径和浮动时间，以提升进度计划编制水平。基于位置的进度计划软件包，例如Vico Office Schedule Planner，更适合建筑施工，因为它们有助于安排工作人员在多个地点进行重复性工作。一些软件包中还提供了基于资源分析（包括考虑不确定性的资源均衡和进度分析）的高级进度计划方法，例如蒙特卡罗仿真（Monte Carlo simulation）。

6.8.1 支持制定施工进度计划的4D模型

当CPM工具独立于设计模型使用时，生成计划时往往不能通过鼠标捕捉与活动相关的空间部件。因此，制定进度计划是一项手动密集型任务，通常与设计不同步。项目利益相关方很难理解施工进度计划及其对现场物流的影响。图6-8是一张传统的甘特图，可以看出，要想理解此类进度计划所显示的施工含义是很困难的。只有通晓项目及其建造方式的人才能确定此计划是否可行。

247 20世纪80年代，随着大型计算机辅助设计系统中创建3D几何形体模型工具的出现，开发了一种称为4D CAD的方法，用于解决这一问题。4D模型和工具最初是由参与建设复杂基础设施、电力和流程型项目的大型组织开发的，在这些项目中，进度延误或计划错误都会影响成本。随着AEC行业在20世纪80年代后期大量应用3D工具，施工单位通过组合项目每个关键阶段或某一时段的模型快照构建“手动”4D展示。可定制的商业化4D CAD工具出现于20世纪90年代中后期，通过将3D几何形体、实体或实体组与施工进度计划中的施工活动相关联促进了4D模型的应用（图6-9和图6-10）。

随后BIM模型融入了4D工具，由于该做法思路简单、实施便利，目前已有许多4D商业

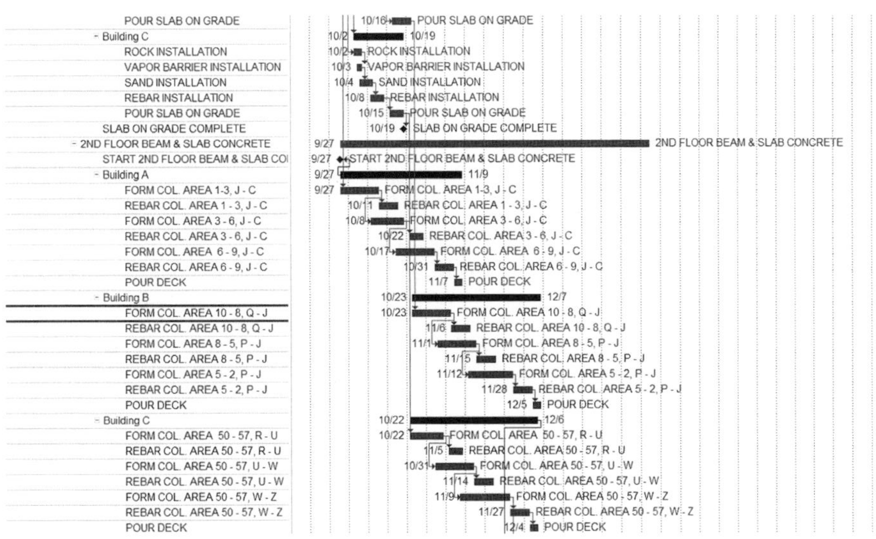

图 6-8 涉及三栋楼多个楼层区域的某建设项目的施工进度甘特图示例。对于多数项目参与者而言，基于甘特图评估计划的可行性或质量通常很困难。同时，因为缺少与图纸或图表参考区域的可见关联，需要手动将每项活动与项目区域或部件关联

248

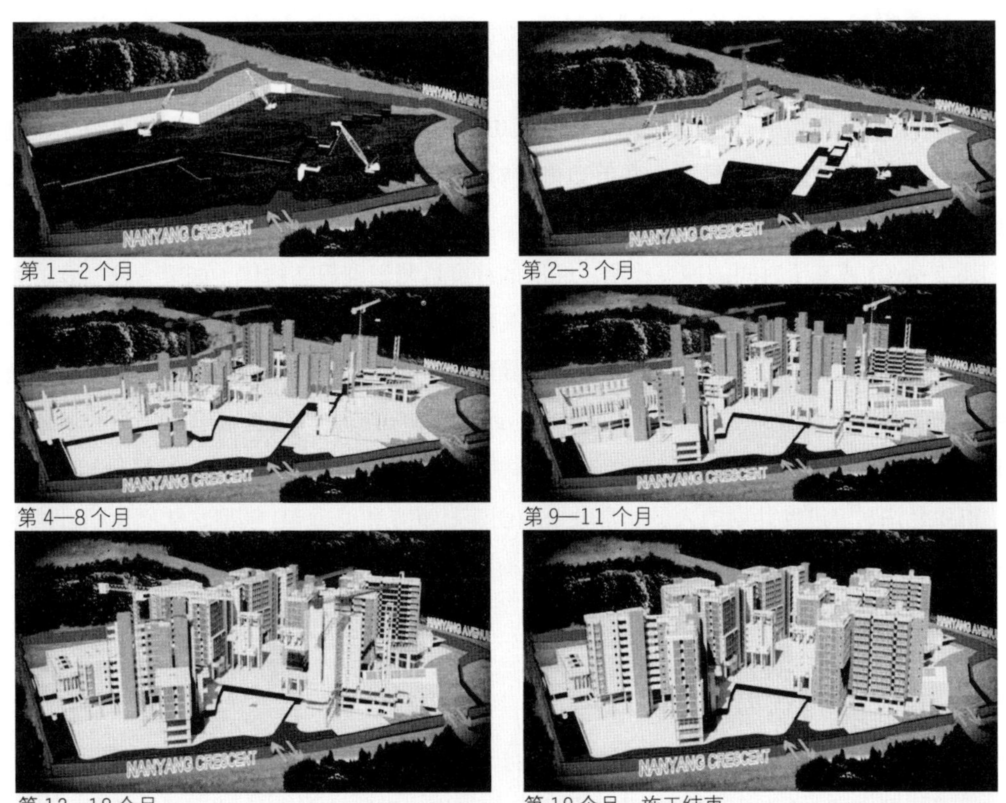

图 6-9 建设南洋理工大学北山学生宿舍的 4D 视图（参见第 10 章第 10.7 节案例研究），展示了混凝土核心筒施工和预制模块单元的安装。模型包含塔吊，以审查塔吊的服务范围、安全间隙是否满足要求以及是否存在冲突
图片由 BBR 集团新加坡桩基与土木工程（Piling & Civil Engineering）有限公司提供。

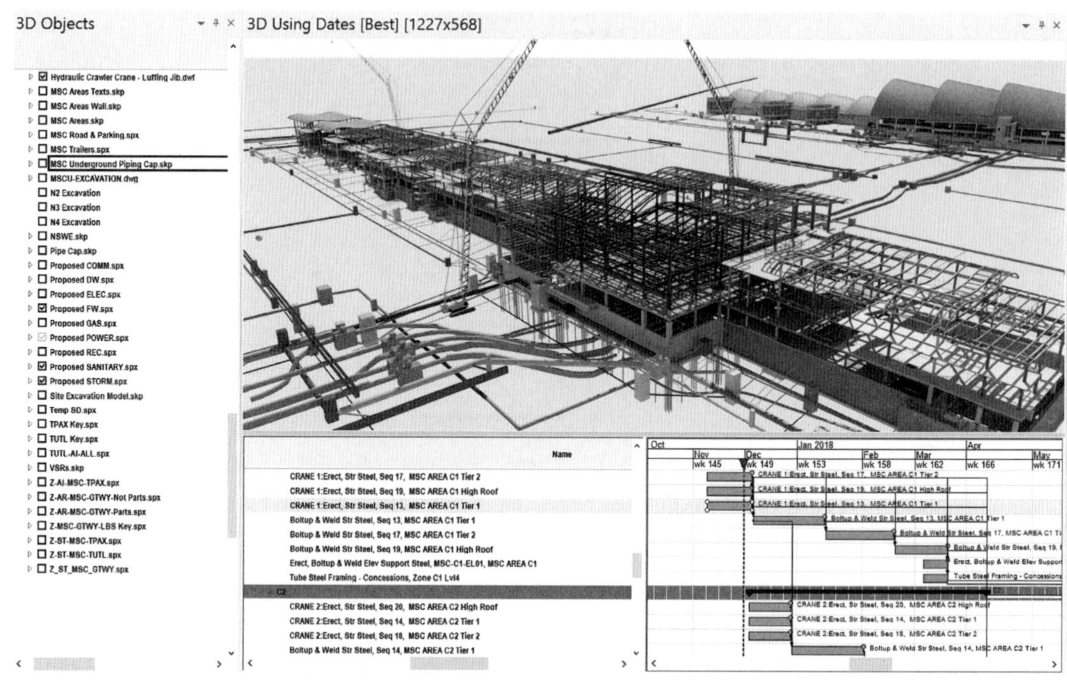

图 6–10 使用 Synchro PRO 4D 进度计划和项目管理软件制定的某机场航站楼的 4D 进度计划
图片由同步软件公司（Synchro Software）提供。

247 软件工具。在 4D 模型中，施工进度计划与以 3D 表达的 BIM 对象相关联，允许可视化建筑的施工顺序。虽然一些 4D 工具只允许手动连接对象和任务，但更高级的工具则包含 BIM 部件和施工方法信息，以优化施工顺序和施工细节。这些工具包含空间、资源利用和生产率信息。它们还支持 4D 或基于时间的冲突检测。标准的冲突检测识别静态物体（如梁、柱、管道和风管）之间的冲突，而 4D 冲突检测可以检测永久物体和静止或移动的临时物体（如塔式起重机和卡车）之间的冲突。先进的 4D 冲突检测工具可以帮助用户检查车辆通行情况，例如，确定停车场坡道是否宽到允许大型公共汽车出入，或者移动式起重机是否可以在狭小的场地上围绕狭窄的结构框架移动。

249 BIM 允许制定进度计划的人员非常频繁地创建、审查和编辑 4D 模型，从而让项目执行更好、更可靠的进度计划。以下几节将讨论 4D 模型的优势以及制定进度计划人员创建 4D 模型可用的各种各样的工具。

6.8.2 4D 模型的优势

4D CAD 工具使得承包商能够模拟和评估计划的施工序列，并与项目团队中的其他人共享。施工模型中的对象应该按施工阶段分组，并与施工进度计划中的相关工作关联。举个例子，如果一块混凝土桥面板分三次浇筑，那么需要将其划分为三个施工段，以便规划和展示施工顺序。这会用到三次浇筑涉及的所有对象：混凝土、钢筋、预埋件等。另外，土石方填挖和临时结构，例如脚手架和堆放区也应该建模[图6-11；也可参见《BIM手册》配套网站上的星域河南（Starfield Hanam）项目4D脚手架动画]。这也是为什么在定义建筑模型时，承包商的知识有所裨益的关键原因。如果建筑师或者承包商在设计阶段建模，那么承包商可以对可施工性、施工顺序及成本预算迅速做出反馈。这种信息的早期整合对建筑师和业主也是非常有利的。

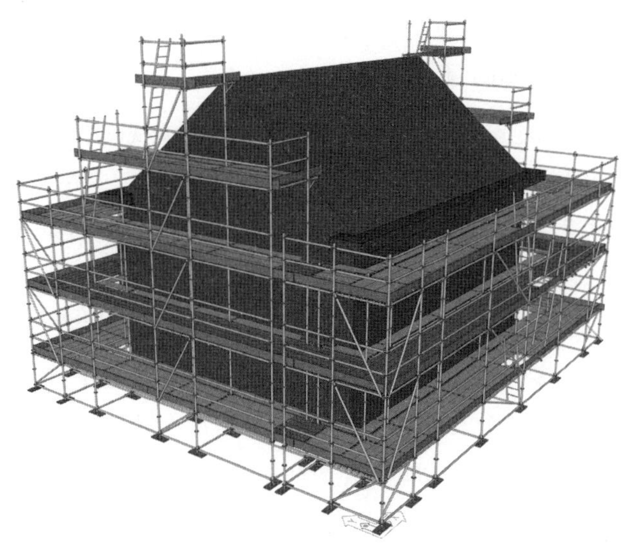

图 6-11 Tekla Structures 中某项目脚手架的4D模型快照。添加临时设备通常对确定进度计划的可行性至关重要；详细的模型允许分包商和制定进度计划人员直观地评估安全性和可施工性问题
模型由斯基庞 BV 公司（Skippon BV）提供；图片由天宝公司（Trimble Inc.）提供。

4D模拟主要作为发现潜在瓶颈的沟通工具和改进协作的方法。承包商可以通过审查4D 250
模拟确保计划的可行性和高效性。使用4D模型的优势如下：

- **交流**：制定计划人员者可以就计划的施工流程，与项目所有利益相关方进行可视化交流。4D模型使用时间和空间两个维度展示项目进度，与传统的甘特图相比，用其交流更为有效。
- **多方输入**：4D模型经常用于在社区论坛向非专业人士展示项目会如何影响交通、医院出入口进出等社区担心的主要问题。
- **现场物流**：制定计划人员可以管理堆放区、进场通道及场内道路、大型设备的定位、活动板房等。
- **采购协调**：制定计划人员可以有效协调在预期的时间与空间内的各工种人员流动，还可协调狭小空间内的施工活动。
- **进度对比及追踪施工进度**：项目经理很容易比较计划进度与实际进度之间的差异，并且可以快速识别项目是在按计划进行还是落后于计划。

这些因素使得4D应用在系统配置和管理上投入较大。为了充分发挥使用4D工具的全部优势，还必须具备生成与模型部件准确链接的进度计划所需的细化程度（LOD）知识和实战经验。然而，如果使用得当，所获的成本和时间收益将远远超过最初的实施成本。《BIM手册》配套网站中的中国香港港岛东中心项目和本书第10.7节中的新加坡南洋理工大学北山学生宿舍项目都是很好的例子。中国香港港岛东中心项目通过对每一个楼层所需的施工步骤进行详细的4D分析，使得承包商能够确保维持四天1层的施工进度。

6.8.3 具有4D功能的BIM工具

一种获得4D快照的方法是基于对象属性和参数自动过滤视图中的对象。举例来说，先对Revit模型每个对象都设置一个用文本填充的“阶段”属性，譬如“6月7日”或者“已建”。然后，用户可以使用过滤器展示指定阶段或者过去某个阶段的所有对象。这种类型的4D功能与阶段划分有关，但未将模型与进度计划数据融合。此外，其也未提供专业4D工具中常见的交互式回放4D模型的功能。然而，Tekla Structures具有内置的进度计划接口，在模型的实体对象和任务之间提供了多个连接。一个给定的实体对象可以连接一个或者多个任务，同样一个给定的任务也可以赋给一个或者多个实体对象。模型可以通过显示或者隐藏临时性设施
251 进行施工工序4D分析。模型对象也可以根据时间相关属性进行颜色编码。这些功能的应用已在《BIM手册》配套网站上的芬兰赫尔辛基克鲁塞尔大桥（Crusell Bridge）案例研究中进行了介绍。

大多数BIM平台没有内置的阶段划分或制定进度规划功能，因此需要独立的4D BIM工具。这些工具有助于生成和编辑4D模型，并为制定进度计划人员提供许多定制和自动生成4D模型的功能。通常来讲，这些工具需要从CAD或者BIM应用程序中导入3D模型。在大多数情况下，可以提取的数据仅限于几何形体信息和最小的实体或者部件属性集，譬如“名称”、“颜色”、所在组或所在层级等。制定进度计划人员将相关数据导入4D模型，然后将这些部件与施工活动连接起来，并将其与活动类型或视觉行为相关联。图6-12展示了4D软件生成4D模型所用的数据集类型。

在评估专业4D工具时，需要考虑以下几点：

- **BIM导入能力**：用户能够导入哪些几何形体和BIM格式文件？4D工具能够导入何种类型的对象数据（例如几何形体信息、名称、唯一标识符等）？大多数情况下，这些工具只导入几何形体、几何形体名称及几何形体的层级结构。这些信息对于基本的4D建模已经够用了，但可能还需要其他数据，因此，用户需要查看对象属性及基于这些数据进行过滤、查询，以便获得所需数据。
- **进度计划导入能力**：4D工具能够导入何种格式的进度计划数据？是导入原生格式文件还是文本文件？一些进度计划编制软件（如Primavera）使用数据库，在这种情况下，

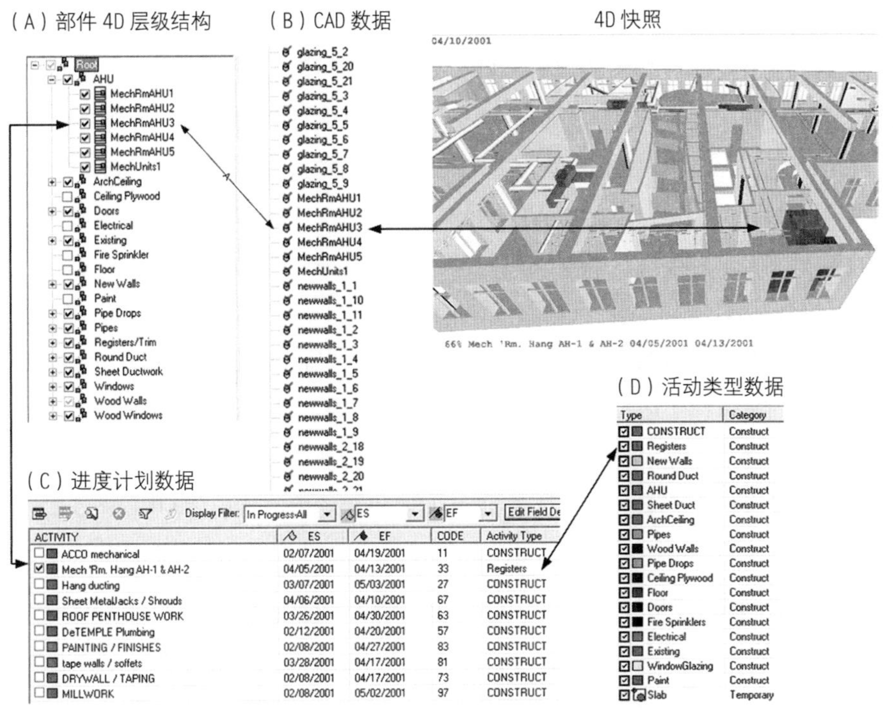

图 6-12 展示 4D 模型关键数据的程序界面。（A）与进度计划活动具有关联关系部件的 4D 层级结构或分组；（B）设计和施工组织提供的几何数据；（C）进度计划数据，能够按层级结构展示，但通常是一组有属性（例如开始和结束日期）的活动；（D）定义 4D 模型视觉行为的活动类型

4D 软件应能建立与数据库的连接并从数据库中提取进度计划数据。 252

- **合并 / 更新三维 /BIM 模型**：用户能否通过合并多个模型文件形成一个模型并对模型进行部分或整体更新？如果一个项目的不同模型由多种工具创建，那么 4D 建模流程需要导入及合并这些模型。4D 工具必须提供这种功能。
- **数据重组**：导入的数据可否重组（参见下节讨论）？支持轻松重组模型部件的工具将会大大加快建模速度。
- **临时部件**：用户是否能在 4D 模型中自由添加或删除临时部件（例如脚手架、填挖区、库存区、起重机等）？在大多数情况下，用户必须创建这些临时部件并导入模型。理想的情况是，4D 软件带一个部件库允许用户添加部件。
- **动画**：能否详细模拟起重机运行，或者其他安装工序？一些 4D 工具允许用户在指定的时间段内为对象设置动画，以实现设备迁移等的可视化。
- **分析**：工具是否支持特定的分析，例如是否可对发生在同一空间的活动进行时空冲突分析？
- **输出**：用户可否轻松输出指定时间段的多个快照，或者使用预定义视图创建预定时长的动画？工具的自定义输出功能有助于项目团队共享模型。

- **自动链接**：用户能否根据字段或规则自动建立建筑部件与进度计划中的活动的关联关系？这对采用标准化命名约定的项目非常有用。

每当模型发生重大变更时，需要修改模型对象与进度计划活动之间的链接，这使得维护 4D 进度计划非常耗时。这往往会减少使用 4D 进度计划进行详细的施工规划，将其使用限定在特定规划问题以及向业主、公共机构等的外部演示上。因此，在频繁更改模型的情况下，具有自动化链接功能尤为重要。Vico Office 套件所提供的分区功能是此功能最复杂的示例。施工规划人员定义表示区域的体积，并根据作业类型和作业对象定义施工活动。然后，软件根据活动类型对每个分区的 BIM 模型对象进行自动分组，从而生成进度计划中的任务。每个任务的预期持续时间是根据工作量除以单人定额劳动生产率和从事此项任务的班组人数计算的，
253 而工作量是根据工作类型定义将模型对象的对应几何特征值（表面积、体积、长度）相加确定的。对模型对象、区域形状、班组人数或单人定额劳动生产率的任何更改都可在生成的进度计划中自动反映，无须用户更新任何链接。

专栏 6–1 简要概述了 4D 建模工具，包括具有 4D 功能（内置或插件）的 BIM 平台和专用的独立 4D BIM 工具。

专栏 6–1 具有 4D 功能的 BIM 平台和专用 4D BIM 工具集萃

Revit（欧特克公司）：每一个对象都包含一个“阶段”参数，并允许用户为指定对象的这一参数赋值。其使用 Revit 视图过滤器显示不同阶段的对象并创建 4D 快照。然而，其不支持模型回放。

Tekla Structures（天宝公司）：完善的甘特图进度计划界面允许定义任务并将模型对象与一个或多个任务关联。模型可以针对不同时间段切换播放，对象也能根据时间相关属性进行颜色编码。

DP Manager（数字项目公司，隶属天宝公司）：Digital Project BIM 平台的一款插件，允许用户链接三维部件到 Delmia 模拟工具、Primavera 或者 MS Project 定义的活动，以便进行 4D 模拟分析。Primavera 或者 MS Project 里进度计划的变更将同步传播到链接的 DP 模型中。

ProjectWise Navigator and ConstructSim Planner（奔特力公司）：这是一款独立软件，能够导入多种二维和三维设计文件。用户可以同时检查二维图纸和三维模型，检测冲突以及查看和分析进度计划模拟。

Visual 4D Simulation [因诺瓦亚公司（Innovaya）]：可建立任何三维设计数据与 Primavera 或者 MS Project 进度计划中任务的链接，并以 4D 方式展示项目，生成施工流程模拟动画。其对存在进度计划问题的对象进行颜色编码，例如与两个并发活动关联的对

象，或者没有与任何活动关联的对象。

Navisworks Manage（欧特克公司）：Navisworks 的 Timeliner 模块，包含 Navisworks 可视化环境的所有功能，支持大量的 BIM 格式，并具有良好的可视化功能。该模块支持自动或手动建立模型部件与从各种进度计划软件导入的进度计划数据的链接。

Synchro PRO [同步软件公司（Synchro Software）]：这是一款精良的独立 4D BIM 工具。为了利用其风险和资源分析功能，用户除了需要具有基本的 4D 动画知识之外，还需要具有更为深入的进度计划和项目管理基础知识。它接受来自各种软件的建筑模型对象和进度计划活动，通过可视化界面建立对象与进度计划活动的链接，并在单机或者服务器上进行管理。Synchro 具有双向更新功能，可使 Synchro 模型中的数据与链接的进度计划数据始终保持同步。

Vico Office Schedule Planner and 4D Manager（天宝公司）：虚拟施工 5D 施工规划系统，由建造、预算、控制及 5D 演示四个模块组成。模型在建造（Constructor）模块中创建或
者从其他 BIM 建模系统导入，每个模型对象均有指定的定义其建造或制作所需作业和资 254
源的工法。工程量和成本用预算模块计算，进度计划活动通过平衡线（LOB，或基于位置）技术在进度计划模块中定义及计划，4D 施工模拟在演示模块中展示。Vico Office 也可从 Primavera 或者 MS Project 中导入进度计划数据，进度计划系统数据的变更会自动反映到 4D 展示中。

6.8.4 基于 BIM 的规划和计划编制问题及准则

由于规划与计划的编制在较大程度上取决于编制人员所使用的工具，故编制人员或 4D 建模团队在准备 4D 模型时应考虑以下问题。

精细度。精细度取决于模型大小、分配的建模时间及需要通过模型沟通的关键事项。虽然建筑师可以将楼板表达为单个实体对象，但是承包商则需要将混凝土板和瓷砖放置在不同的层，因为它们建造于不同的阶段。这种分层法也适用于其他目的，例如材料用量的提取和预算，因为预算所需的细化程度高于建筑设计。但相反的情况也有发生：一个高度详细的装饰表皮可能与制作建筑效果图相关，但要在 4D 中展示其建造时间，用单片墙体建模就足够了。

重组。4D 软件支持编制计划人员重组或者创建自定义的成组部件和几何实体。这是一个十分重要的功能，因为建筑师或工程师组建模型的方式通常不足以支持将部件与施工活动关联起来。举例来说，设计师可以对部件分组，以便于在建模时方便复制，如柱或基础。然而，编制计划人员则按板或者基础区域组织部件。图 6–13 展示了采用两种不同组织方式创建的设计模型层级结构和 4D 模型层级结构。重组能力对建立灵活且精确的 4D 模型有着至关重要的作用。

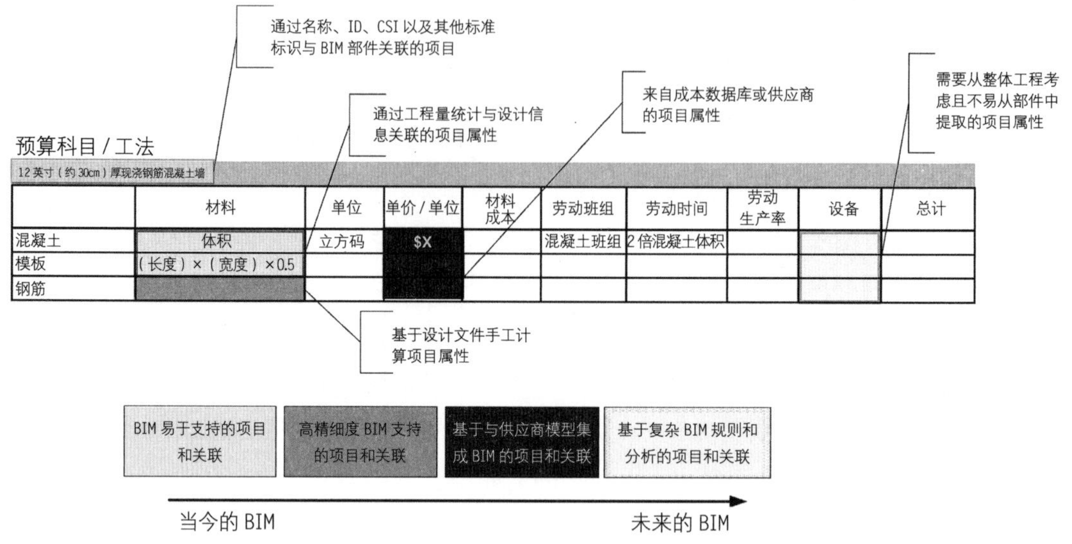

图 6–13 如何将 BIM 部件定义与预算科目和工法关联示例

拆分与组合。以单一实体呈现的对象，比如一块板，可能需要被拆分为不同的部分来显示其建造过程。编制计划人员需要面对的另一个问题是如何拆分特定的部件，例如，设计师在创建模型时通常将墙体或屋面作为一个整体，但编制计划人员往往需要将其拆分成不同的区域。由于大部分专业软件都不具备这种能力，故编制计划人员必须在导入 4D 工具前在 BIM 工具中执行这些“拆分”工作。

255 ***进度计划属性。***4D 模拟中经常用到最早开始和完成时间。然而，可能需要探索其他时间，比如最迟开始或完成时间以及其他开始或完成时间，以在施工流程可视化模拟中观察替代方案产生的影响。另外，其他进度计划属性在 4D 建模过程中也极具价值。

举例来说，在对某个医院改造项目的研究中，项目团队将某些活动与停止使用或正在使用的医院病床相关联，这样他们就可以随时在模型中直观地看到有多少张病床可用，以确保最低数量的病床能够继续使用。还可以对每个活动添加“区域”或“责任”属性，以便模型能够直观地展示某项活动的具体负责人并快速识别附近都有哪些专业施工团队正在施工，从而提高协调能力。

6.9 5D：工程量统计和成本预算

设计过程中可产生各种类型的成本预算，包括设计阶段早期的成本概算到设计完成后更精确的成本预算。很明显，等到设计阶段后期才形成成本预算不是一个理想的方式。伴随着设计进展而即时进行的成本预算（interim estimates）有益于及早发现问题，以便决策者能够

256 提前考虑备选方案。在这种工作流程下，设计师和业主能够做出更有依据的决策，最终提高

施工质量并满足成本要求。BIM 技术极大地方便了这种即时成本预算。应用 BIM 的优势在于，可以在项目早期生成更详细的信息 [如图 5-1 中的麦克利米曲线（MacLeamy curve）所示]，并可将其转化为更早的成本预算。此外，承包商越早参与项目，预算就越准确和可靠；这是强调使用 BIM 模型作为多方协作基础的 IPD 交付方法的优势之一。

在设计早期阶段，可获得的用于预算的量化信息唯有与体积、面积有关的数据，比如空间类型、周长等。这些数据对依托主要建筑参数进行计算的参数化成本概算是足够的。这些参数依赖于建筑的类型，例如停车场的停车位数与楼层数，各类商业空间的数量和面积、楼层数，商业建筑使用的材料质量等级，建筑的地理位置、电梯数、外墙面积、屋顶面积等。不幸的是，在方案设计阶段一般无法获得这些参数，因为所用软件尚未像 BIM 设计系统那样定义对象类型。因此，将早期的设计模型导入 BIM 软件中以提取工程量信息进行成本概算是很重要的。DESTINI Profiler [贝克技术有限公司（Beck Technology，Ltd.）产品] 是一款不错的支持参数化预算的 BIM 平台（具体描述见本书第 2 章第 2.5.4 节）。

随着设计渐趋完善，可以从建筑模型中快速提取更多详细的空间和材料数量信息。所有的 BIM 工具都提供了提取部件数量、空间面积和体积以及材料数量的功能，并可以通过各种报表输出这些数据。这些数量信息对于生成成本概算绰绰有余。但对于承包商所需的更为精确的成本预算，当未正确定义部件（通常是部件集合）且无法提取成本预算所需的数量时，可能会出现问题。比如，BIM 软件可能提供了混凝土地基的体积或尺寸，却没有提供配置在混凝土中的钢筋数量，或者提供了内部隔墙的面积，但没有提供包括在其中的螺栓数量。虽然这些问题都可以解决，但需要特定的 BIM 工具和相应的预算系统。

值得注意的是，尽管建筑模型可以完成准确的工程量统计，但其并不能代替预算。在建造过程中，预算人员扮演着至关重要的角色，其工作不仅仅是工程量统计和测算。成本预算的过程包括评估影响成本的项目条件，如不规则墙体、特殊部件和难以进入现场的条件。如今，还没有能自动识别这些条件的 BIM 工具。预算人员应考虑利用 BIM 技术加快繁重的工程量统计，快速可视化、识别和评估各类条件，为可施工性检查提供更多时间，从而优化分包商和供应商的报价。一个详细的建筑模型将有助于预算人员规避风险，可以显著降低投标报 257
价，因为它降低了与材料用量相关的不准确性。

6.9.1 从 BIM 模型中提取用于预算的工程量

预算人员有多种方式利用 BIM 进行工程量统计并用于预算。目前，没有一个 BIM 工具具有电子表格或预算软件包的全部功能，所以预算人员需要找到一种适合自身预算工作的方法。主要有以下四种选择：

1. 使用 BIM 平台自带的报告功能将建筑对象的工程量导入预算软件。图 6-5 的最下方即为由箭头连接的此方法的路线图。它使用由平台工程量计算功能生成的工程量清单导出文本文件或电子表格式文件，例如可计算文档格式（CDF）文件。信息仅为字母和数字，没有图形或几何形体信息。模型发生任何变更都需要在平台内重新生成工程量清单，再导出到预算软件，并重新进行预算。大部分 BIM 工具都有统计 BIM 部件数值型属性的功能，同时还能将结果数据以不同格式文件导出。有上百个商业预算软件包能够以这种形式导入数据，但许多软件包是针对特定项目类型的。然而，调查表明，微软的 Excel 表格是最常用的预算工具（Sawyer 和 Grogan，2002）。对于大部分预算人员而言，具备使用自定义 Excel 电子表格提取和关联工程量数据的能力已经足够了。

2. 使用必须安装在 BIM 平台内的专有插件工具将建筑对象和 / 或工程量导出到预算软件。许多较大的预算软件包都提供插件，可以使用自己的格式从各种 BIM 工具中导出工程量信息。图 6-5 展示了这种方法的路线图，箭头表示为 5D 工程量清单和预算活动提供输入。插件可帮助用户组织 BIM 平台内的信息以准备导出，或者先导出数据，然后提供一个用于模型展示的用户界面，使用户能够执行更复杂的工程量计算操作。这一路线图允许预算人员使用一款专门定制的预算软件，而不必学习给定 BIM 软件的所有功能。这类软件包括 Innovaya Visual Estimating、Vico Takeoff Manager 和 Assemble 等。这些工具通常包括与部件和部件集合直接关联、对模型“状态”进行注解和生成可视化的工程量图表等特定功能。当建筑模型发生变更时，必须把新的实体与预算任务关联，这样才能在建筑模型内生成准确的成本预算，而这依
258 赖于已完成建筑模型的精度和细度。为了帮助管理这一流程，某些工具提供了从 BIM 模型导入对象的三维视图，并对上次预算后修改的实体进行高亮颜色标记，还能对未包含在成本预算中的实体进行高亮显示。

3. 使用 IFC 或其他模型交换格式导出建筑对象，如图 6-5 所示。此方法的优点是可以使用任何具有 IFC 导出功能的 BIM 平台的模型。其不需要了解 BIM 平台，但是，如果没有正确建立 BIM 模型，输入的数据可能会存在缺陷，从而导致错误的预算。此类工具包括 Nomitech CostOS 和 Exactal CostX。Vico Takeoff Manager 也可以使用 IFC 文件。

4. 将 BIM 模型对象（包括其几何体）导出到多功能一体化施工管理软件工具，如图 6-6 所示，详见专栏 6-2。RIB iTWO 和 Vico Office 就是这种软件。一旦模型导入系统中，可以通过自备的工具查看和操作模型。还可以使用 IFC 开放格式导出 BIM 文件实现交换。但是，实际上，提取数据生成专有格式文件的 BIM 平台专用插件能够提供更全面的数据。

259
专栏 6-2 一体化施工管理 BIM 工具

DP Manager [数字项目公司（Digital Project Inc.），隶属天宝公司]：DP Manager 为项目协作、工程量计算、进度计划整合和 4D 建模提供工具，但其没有成本预算功能。

Navisworks Manage（欧特克公司）：Navisworks 是一款多功能施工管理工具，具有模

型审查、冲突检测、4D 模拟和动画、5D 工程量计算和渲染功能。Navisworks 也可以导入和浏览由激光扫描或摄影测量生成的点云数据。

iTWO（RIB 公司）：iTWO 具有预算、投标、制定进度计划、分包商管理、成本控制和结算功能。此外，其还提供了用于管理招标和分包商合同授予的工具。在 iTWO 内，可以并行开发一个或多个详细的进度计划，并且允许在分包商之间直接调整成本、工程量和活动进度。由于进度计划与成本、工程量和模型协调一致，可在 iTWO 内进行多个完整的 5D 模拟，以便进行详细的虚拟规划，为制定最佳决策提供支持。最后，其支持监控安装工程量和整体施工进度，具有成本控制和预测功能。

Vico Office（天宝公司）：Vico 具有模型审查、工程量统计和预算，进度计划以及项目控制功能。其复杂之处在于内含一些高级功能，如基于区域定义工作包，整合工程量计算，预算，使用工法（定义模型对象表达的施工产品的工作内容）制定 4D 进度计划，成本和进度计划风险分析的蒙特卡罗仿真，基于位置的进度计划，平衡线图和进度计划分析，以及使用 4D 视图比较计划进度与实际进度等。

注：这里列举的工具在第 2 章第 2.6.2 节“模型整合工具”中有更详细的介绍。

6.9.2 有关支持工程量统计和预算的导则及 BIM 实施问题 258

对于如何通过 BIM 支持特定的工程量预算以减少错误、提高准确性和可靠性，预算人员和承包商应该心中有数。更重要的是，关键阶段的变更是预算人员需要面对的不可避免的日常难题，而 BIM 能对变更做出快速反应的能力使其获益。《BIM 手册》配套网站中基于模型预算的加利福尼亚州卡斯特罗谷萨特医疗中心（Sutter Medical Center）案例研究就是一个很典型的例子。案例描述了从不同模型中提取工程量数据进行成本预算的过程。其中，有许多困难需要克服，同时需要专家的帮助才能使之成为可能。下面是一些可参考的导则：

- **对于预算，应用 BIM 仅仅是一个新的起点。**没有任何一个工具可以做到根据一个建筑模型自动完成全部的预算工作。图 6-13 说明了一个建筑模型只能为成本预算提供所需信息的一小部分（材料数量和部件名称），其他信息则需要根据规则（Vico Estimator 中称其为“工法”）生成或由预算人员手动输入。
- **从简单入手。**对于使用传统手工预算方法的预算人员，首先要尝试使用计算机统计工程量，以适应数字化工程量计算方法。当预算人员有了足够信心并可顺畅地使用数字化工程量计算方法后，就可开始使用 BIM 计算工程量了。
- **从计数开始。**最容易入手之处是使用 BIM 统计对象数量，如统计门、窗和卫浴设备等 259
的数量。许多 BIM 工具也提供报表功能以及用于特定部件、模块和其他实体的简单查询和统计功能。预算人员可以对统计结果进行验证。

- **从单一工具开始，然后转向整合流程。**最简单的方法是在 BIM 软件或专门的工程量计算程序中计算工程量。这减少了在不同应用程序之间传递数据可能出现的错误或问题。一旦预算人员认可了单一工程量计算软件输出数据的准确性和可靠性，可将模型数据导入这一工程量计算软件进行工程量验证。
- **明确设定预期的发展程度（LOD）。**用于工程量计算的 BIM 模型细化程度应能体现建
260 筑模型的整体发展程度。如果建筑模型中没有包含钢筋，那么就不会计算出钢筋用量。因此预算人员需要了解模型的建模范围以及所能提供的信息。
- **从某个专业或者部件类型开始**并致力于解决其中的问题。
- **始于标准化的自动化。**为了充分利用 BIM，设计师和预算人员需要相互协调，从而使建筑部件及其与工程量计算的相关属性标准化。此外，为了得出精确的子部件（比如墙体中的螺栓）和部件数量，需要为这些部件制订标准。可能需要修改 BIM 系统中的对象定义，以便准确获得用于成本预算的工程量。比如墙对象可能没提供安装石膏墙板所需胶带的长度。

值得注意的是，BIM 仅提供了计算成本所需的信息子集，而且 BIM 部件虽然提供了工程量信息，但往往缺乏自动计算人工费和临时设施与设备成本的能力。

6.10 生产计划和控制

精益建造的普及提高了人们主动规划和控制工程项目工作、信息、材料、人员和设备流的意识。所谓的“中央指挥与控制”模式，即按计划执行由管理人员和工作人员制定的规划，已被证明不适用于大多数工期短且环境充满不确定性的工程项目。末位计划系统（LPS）（Ballard，2000）是一种流行的生产计划和流程控制方法，可以让各级人员参与规划并监控生产过程。

BIM 可以支持施工团队通过多种方式消除流程限制。详细的 4D 施工模拟可以帮助人们识别可能被忽视的空间和其他约束。例如，最初由鹿岛建设公司（Kajima Construction Company）为 Graphisoft 的 ArchiCAD BIM 平台开发的 smartCON Planner 插件，可以为现场布局和组织规划提供 1 ∶ 1 的详图，以支持在施工 BIM 模型中测试各种建筑设备的效率。

通过使用 BIM 模型可视化施工流程以及每个工作包的约束状态，可以为 LPS 提供更全面的支持。KanBIM 实验原型（Gurevich 和 Sacks，2013；Sacks 等，2013）是此类系统的先驱，而 DPR 建设公司（DPR Construction）的 ourPLAN 则是用于此目的的早期商业软件。随后，许多基于云的“软件即服务”（Software-as-a-Service，SaaS）工具支持 LPS 生产计划。其中一些
261 工具，如 VisiLean（基于 KanBIM）直接使用 BIM 模型，使用户能够将活动和约束与模型对象

关联。其他工具，如 vPlanner、touchplan.io、BIM 360 Plan（ourPLAN 的重组版）和 LeanSight 则提供了可视化的规划工具，但未与模型连接。

芬兰赫尔辛基克鲁塞尔大桥案例研究（见《BIM 手册》配套网站）解释了如何使用由承包商在现场维护并与设计师模型和钢结构制作商模型同步的模型，为钢筋安装工和其他工作人员提供详细的产品视图，从而提高生产效率，以及与 4D 动画一起使用，为末位人员在召开制定计划会议之前和会议之中探索流程计划提供支持。当 BIM 系统与供应链合作伙伴数据库集成时，可以提供一种拉动材料与产品设计信息生产和交付的强大信息传递机制。这已在梅多兰兹（Meadowlands）体育场项目（见《BIM 手册》配套网站）中得到了证明，其对数千个预制混凝土立管的制作、交付和安装进行追踪，并通过对模型对象赋予规定颜色展示立管状态（Sawyer，2008）。现场人员使用耐用型平板电脑读取 RFID 标签（射频识别标签）对约 3200 个预制混凝土部件的制作、运输、安装和质量控制进行追踪。射频识别标签的 ID 与建筑模型中虚拟对象的 ID 一一对应，允许管理人员追踪、报告和可视化所有预制部件的状态。其优势在于能够基于清晰、准确和最新的信息制定对成本具有深远影响的日常运营决策。

6.11 非现场预制和模块化建造

非现场预制需要周密的计划、协调以及精确的设计信息。随着 BIM 能够以所需的细化程度提供更快、更便宜、更准确和可靠的信息，非现场预制越来越普遍，因为它减少了施工工期、人工成本以及现场制作的相关风险。越来越多的不同类型的建筑部件在非现场工厂进行生产或组装，然后运送至现场进行安装。这里将主要从承包商的角度讨论这些好处；第 7 章将主要从制作商的角度讨论 BIM 带来的好处。

承包商主要通过协调分包商的活动和项目设计使项目增值。BIM 使承包商能够高效建模和详细描述建筑部件，包括三维几何形体、材料规格、装修需求、交付顺序、进度计划和供应链控制。能够与制作商交换准确 BIM 信息的承包商，将通过核查与验证模型节约大量时间。使用 BIM 进行虚拟建造，即直接应用“虚拟设计和施工”（VDC），不仅减少了错误，还使制作商能够更早参与前期的规划和施工流程。

上述优势转化为推动施工从现场转移到非现场，并在安全、质量和生产率方面产生效益。 262
科罗拉多州丹佛圣约瑟夫医院项目案例研究（参见第 10.5 节）详细描述了总承包商如何带领团队设计和安装预制整体卫浴、外饰面板、综合支吊架和病房床头设备带。该项目预制件的总体投资回报率为 13%。此外，工厂环境下的 29500 工时取代了约 150500 现场工时。更为重要的是，预制过程没有发生任何安全事故，而根据此类建筑的平均事故率，现场可能发生 8 起事故。

同样，韩国高阳现代汽车文化中心（Hyundai Motor Studio）项目总承包商，在第五层到第

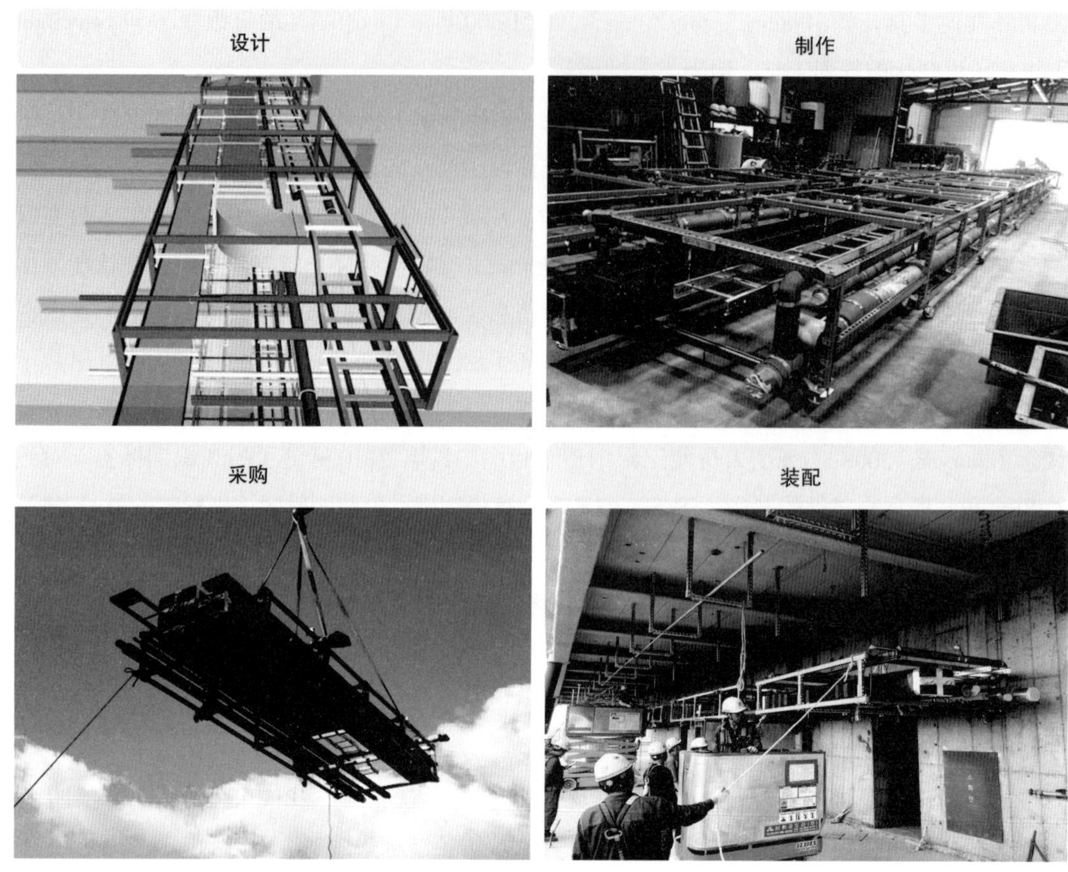

图 6-14 应用于韩国高阳现代汽车文化中心项目 5-8 层的 MEP 预制模块生产周期（有关该项目的更多信息，请参见第 10.2 节）

263 八层的施工中采用 MEP 预制模块（图 6-14），将工期缩短了一个月（这是第 10.2 节案例研究的主题）。虽然第五层 MEP 系统预制和安装所用工时比平时现场流水作业所需工时略多，但到第八层施工时，生产率提高了，所用工时约为现场作业预期工时的 95.6%。具有较大学习空间的项目，如位于赫尔辛基曼斯昆拉斯蒂（Manskun Rasti）的斯堪斯卡芬兰公司（Skanska Finland）总部大楼，已经展现出更大的生产力提升。斯堪斯卡总部大楼约有 96 个 MEP 预制模块，每个模块所需的现场工时从 60 小时减少到 5 小时（Sacks 等，2017，第 5 章）。

模块化建造是非现场制作最综合的应用场景。在模块化建造中，建筑的大部分由箱式模块单元组装而成。每个模块都是预制的，并在现场交付之前完成大部分结构部件、建筑系统的组装以及整体模块的装修。新加坡南洋理工大学北山学生宿舍项目案例研究（参见第 10.7 节）是采用这种方法的一个完整的例子，并诠释了 BIM 在支持模块化建造所需的专业化施工分包商与总承包商之间的高度整合所起的作用。有关 BIM 和模块化建造的详细讨论请见第 7 章第 7.2.3 节“定制型部件制作商”。

6.12 BIM 在施工现场的应用

自 2008 年第一版《BIM 手册》出版以来的十几年中，BIM 在现场的应用急剧增长（Eastman 等，2008）。移动计算设备、平台和通信的技术进步使得手持设备在发达国家中得到推广。相较于笔记本电脑（laptop）和信息亭（information kiosk），平板电脑（tablet computer）和智能手机（smartphone）对于建筑工人来说更方便，这促进了传统 BIM 供应商和众多初创公司对现场 BIM 应用程序的开发。现场 BIM 应用程序主要有三个用途：向现场工作人员提供设计信息，协调所有参建方的施工流程，以及收集有关现场条件的信息。

6.12.1 向现场提供设计信息

- **现场查看和查询模型：**有多种能够帮助建筑工人现场访问模型视图、图纸和其他文档的基于移动平台的应用程序（图 6–15）。这些应用程序的重要功能包括模型导航、过滤对象、生成剖面视图、连接来自数据库的产品信息和供应链信息、访问设计元数据（版本控制、批准状态等），以及测量模型对象和距离。为了实现自动导航，一些应用程序提供了诸如扫描现场二维码标签的功能，读取数据时能够将模型视图更改为本 264
地实景。一些应用程序要求用户在前往现场之前将模型下载到自己的移动设备上，而其他应用程序则可以直接访问云端模型。此类应用程序包括 BIMAnywhere、BlueBeam Revu、Autodesk BIM 360 Field、Graphisoft BIMx、Tekla BIMsight Mobile、Dalux Field、Assemble 和 Bentley Navigator Pano Review。
- **增强现实应用程序：**此技术将模型中的信息叠加到移动设备相机视口的实景上。这意味着施工期间，用户可以查看叠加在当前建筑视图上来自 BIM 模型的与时空匹配的内

图 6–15 在新加坡丰树商业城 II 期项目施工期间，在 iPad 上使用 BIM 360 Glue 应用程序查看 BIM 模型中的 HVAC 风管（有关此项目的更多信息请参阅第 10.8 节案例研究）
图片由清水建设株式会社（Shimizu Corporation）提供。

容，包括图形和文本信息。有许多这方面的应用案例，包括现场建筑工人审查风管和管道安装位置；通过对比竣工建筑和设计模型检查施工质量；通过查看建筑对象获取维护数据；查看隐藏对象，例如混凝土梁中的钢筋或干墙后面的电线导管；接收分步施工方法说明；在准备阶段查看施工工序动画，等等。

一些增强现实应用程序需要将标记放置在实景中，以便应用程序可以依据真实世界确定虚拟信息的显示位置，但更复杂的工具则能够识别实景并借助加速度计、陀螺仪和全球定位系统（GPS）确定设备的位置。这些不同的技术决定了匹配的准确性，应根据实际需求采用适合的技术。带摄像头的移动设备（如智能手机、平板电脑）会
265 产生叠加图像[图 6-16（A）]，但更复杂的头戴式设备，如微软公司的混合现实眼镜（HoloLens）和 DAQRI 公司的智能头盔 / 智能眼镜，则可让工作人员在保持“免持”的状态下使用透明板将虚拟信息直接投射到实景上[图 6-16（B）]。类似的技术也用在掘土设备的驾驶舱，以提供“提示”信息。

- **基于模型的放线：**VDC 的典型流程是先建立一个建筑模型作为原型，然后从虚拟建筑中“消除缺陷”，最后依照模型用混凝土、钢材和木材建造建筑。确保基于模型信息建造实际建筑的一个有效方法是直接根据模型放线。一个典型的例子是，通过全站仪确定点位，为混凝土模板和洞口定位。此类软件众多，Trimble Vico Office Layout Manager 和 Autodesk BIM 360 Layout 是其中的两个，其允许用户在模型中点取需要在现场确定位置的点，并将数据保存到全站仪，然后使用全站仪在现场精确确定这些点，如图 6-17 和图 6-18 所示。
- **机器制导技术：**土方工程承包商可以使用计算机控制挖掘设备，基于从 3D/BIM 模型中提取的尺寸数据，指导并验证挖掘设备爬坡、下坡及开展挖掘作业。而这又依赖于其他技术，包括激光扫描和差分定位系统。

（A）

（B）

图 6-16 （A）在新加坡丰树商业城 II 期商业停车场项目中，使用 iPad 上的竣工模型观察隐藏在假吊顶后面的 HVAC 风管（参见第 10.8 节案例研究）；（B）使用天宝公司的 BIM 软件及微软公司的混合现实眼镜，在实景上叠加干墙模型
图片（A）由清水建设株式会社提供，图片（B）由天宝公司提供。

266

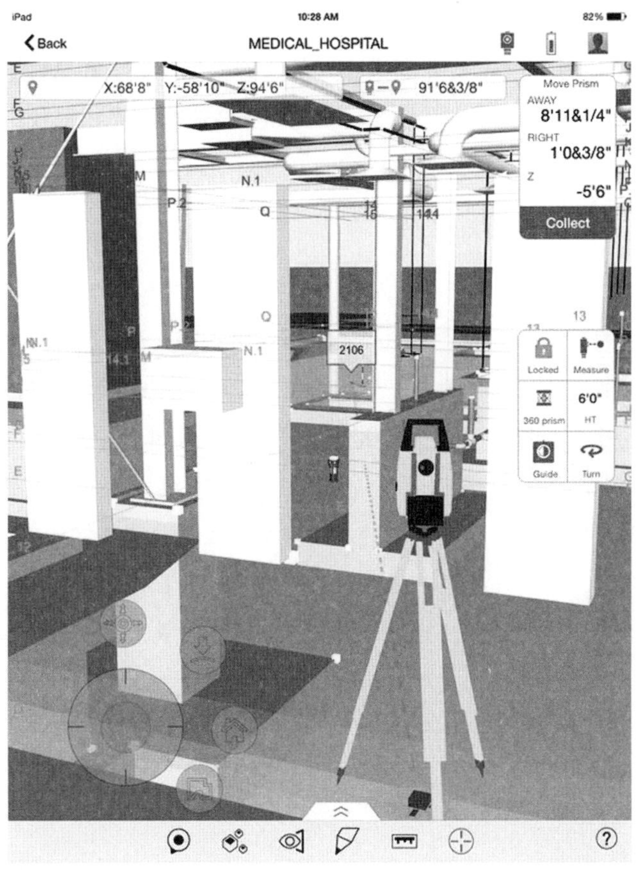

图 6–17 基于平板电脑上的 Autodesk BIM 360 Layout 软件展示用于点放样的 BIM 模型界面
图片由欧特克公司提供。

267

图 6–18 从模型到现场：浇筑混凝土之前，在柔性顶板百叶窗系统中对安装 MEP 的支吊架进行放样
图片由 DPR 建设公司（DPR Construction）提供。

265 - **GPS 技术**：全球定位系统（GPS）技术的快速发展以及移动 GPS 设备的广泛运用，使得承包商可以通过建立建筑模型与 GPS 的连接验证位置。在某些情况下，GPS 是必不可少的。例如，使用一般的测量工具（例如全站仪或激光扫描仪）可能无法测量高层建筑的高度。在这种情况下，可采用 GPS 实时动态定位技术，通过对比设计模型检查建筑高度。

266 在位于旧金山的莱特曼数字艺术中心（Letterman Digital Arts Center，LDAC）建造过程中，项目团队利用他们的“虚拟建造”经验提前识别并纠正错误。以下摘录描述了团队如何利用 BIM 发现一个在后期可能产生巨大返工成本的现场错误（Boryslawski，2006）：

> “在一次日常现场拍照时，通过对比 BIM 模型，我们快速地发现了混凝土模板的一个严重定位错误。错误产生的原因是模板放样人员没有使用轴线到混凝土楼板边缘的距离，而是使用了一根与该轴线有偏心的柱的形心到混凝土楼板边缘的距离。在这种复杂的后张法预应力混凝土楼板中浇筑更多的混凝土不仅会对承包商，而且会对整个项目产生严重影响，因为在该层之上还有 3 层楼要建。幸好在刚开始浇筑混凝土时就发现并解决了这个问题，为项目节省了一大笔开支。”

267 ### 6.12.2　协调生产

为了保持流畅的工作流程，要求人们能够在施工过程中根据现场条件调整计划，而人们调整计划的能力则取决于其掌握的现场条件和供应链的信息质量。BIM 工具可以帮助收集并向班组人员提供项目状态信息。这些应用程序都是基于云的，这意味着所有人都可以实时获取信息。

拍摄场地条件，并将其与模型中的建筑对象相关联，这是收集状态信息最基本的方法之一。许多应用程序还允许用户输入有关现实条件的更多信息（例如信息请求书和质量控制检查清单数据），还有一些应用程序能够报告流程状态。菲拉公司（Fira）的 SiteDrive 和 VisiLean 应用程序为移动设备提供了报告界面，供班组人员报告工作状态（如图 6-19 所示）。能够读取条形码、二维码和射频识别（Radio Frequency Identification，RFID）标签的应用程序，有助于班组人员在生产、交付和安装过程中报告建筑部件的状态，从而帮助相关人员掌握部件的实时状态。《BIM 手册》配套网站的马里兰州巴尔的摩马里兰州总医院（Maryland General Hospital）案例研究是大规模使用此功能的一个典型例子。

将来，可能会增加计算机视觉和人工智能工具，用于提供生产状态的遥感数据；如第 9
268 章所述，这是目前学术研究的课题，许多建筑科技初创公司正在开展这方面的研发工作。

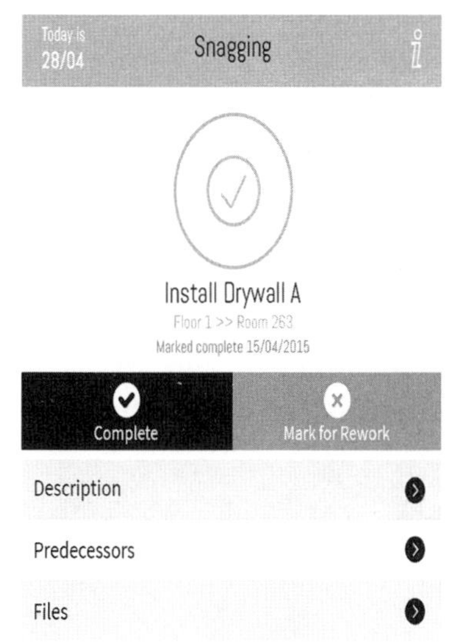

图 6–19 使用 VisiLean 和 Sitedrive 移动应用程序界面报告工作状态
左图由维西里安・奥伊公司（Visilean Oy）提供，中图和右图由菲拉・奥伊公司（Fira Oy）提供。

提供项目流程信息主要是指为班组人员和供应商提供其即将执行任务的现状及约束信息。按照精益建造要求，应根据成熟度过滤任务，以便“末位计划者”（last planner），即班组人员，能够评估其是否可以在下一个计划期间（通常是下周）完成所计划的任务。这需要汇集多源信息，BIM 模型则是在数字“安灯”（ANDON）看板上存储和显示此类信息的便利工具。有的研究工作开发了此类工具的原型（例如，Sacks 等人在 2013 年提到的“KanBIM”系统），随着用于监控和报告的硬软件的研发，此类工具会逐步走向商业应用。

6.12.3 测量现场条件

承包商必须在现场验证建筑部件的安装，以确保满足尺寸和性能规格要求。建筑模型可用于检验实际建造状况是否与模型相符。为工程应用，测量现场条件需要保证其准确性，以前只能由专业测量人员利用经纬仪和其他测量设备实现。激光扫描和摄影测量技术，通过安装在三脚架上的扫描仪或无人机携带的相机，可为许多施工现场的测量提供更具成本优势的替代方案，其输出的点云数据可与 BIM 模型合并，以便快速轻松解读。 269

- 激光扫描技术：承包商可以利用激光扫描技术，如激光测距仪等装置，直接输出数据到 BIM 软件，以验证混凝土浇筑位置是否正确，或者柱子位置是否正确，如图 6–20 所示。激光扫描技术还可以有效地运用在改造项目和获得竣工建筑信息上。激光扫描应用广泛；扫描建筑之后，可以交互式生成表达扫描部件的建筑模型对象。对于基础设施应用，激光扫描仪可以安装在车辆或者空中飞行器上，并将最终的扫描数据导入 BIM 系统。成功应用激光扫描技术的例子详见《BIM 手册》配套网站上的芬兰赫尔辛

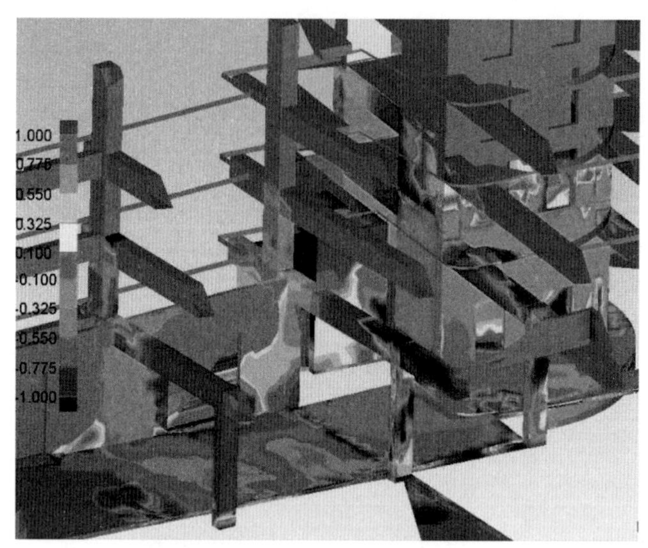

图 6-20 激光扫描的点云数据可以映射到 BIM 对象上，以显示竣工对象与设计对象的几何偏差。图中用颜色（见图左的图例）表示出实际表面与设计表面（灰色）的偏差程度（见书后彩图）
图片由爱思唯尔公司（Elsevier）提供（Akinci 等，2006）。

基克鲁塞尔大桥（Crusell Bridge）和俄勒冈州波特兰万豪酒店（Portland Marriott Hotel）改造案例研究。

- 摄影测量技术：计算机算法可以识别一系列连续图像中的相同锚点，无论是视频帧还是同一实景的多张照片，并使用它们计算每张图像对应的相机姿态和位置，从而得到像点在三维空间中的位置。计算结果为表达实景几何形体的点云，其原理类似于激光扫描。不同之处在于，扫描仪仅记录每个点的位置和颜色，而摄像机能保留摄制的图像，并将其投射到由点生成的网格上。来自摄影测量的点云的密度和准确度通常比来自激光扫描的点云要低，可以通过增加图像的数量和/或分辨率提高摄影测量的准确性。

270 激光扫描技术和摄影测量技术都很先进。激光扫描所需的设备昂贵；而摄影测量则需要先进的软件，在许多情况下，这会涉及专利算法。摄影测量比激光扫描更具优势，原因在于使用多个手机图像就可以创建三维模型，而激光扫描则需要花费更多时间。许多总承包商发现将数据处理转包给专门的服务提供商非常方便，这里提到的所谓服务提供商可以是本地测量人员或者是能够对上传视频或点云数据进行处理的云系统。像 Pix4D、Pointivo 和 Datumate 这样的初创公司，都能够提供基于云的摄影测量和数据处理服务，其通过无人机或安装在建筑工地周围高处（例如塔吊顶部）的摄像机收集数据。Bentley ContextCapture 是另一种功能强大的摄影测量工具，使用图像生成表面模型，并可通过 Bentley Acute3D 查看。Indoor Reality 提供便携式数据收集包，其中包括测距仪、相机、激光扫描仪和其他传感器点云数据，可生成室内实景的三维网格，并在其上映射高分辨率光栅图像，允许工程师查看、测量和标注模型。

但是，如果使用点云数据记录竣工状况并与设计模型对比，有一点需要注意。正如我们在第5.3.1节中讨论的那样，点云数据无法自动转换为BIM数据。虽然已有许多相关研究工作，但它仍然是一个有待解决的问题，我们将在第9章进一步展开讨论。从承包商的角度来看，这意味着通过上述方法收集的数据需要经过工程师的进一步工作才能提取出诸如数量、体积或对象标识等有用信息。

6.13 成本和进度控制等管理功能

在施工过程中，不同组织使用不同的工具和流程以管理和报告项目状态，所用工具范围从进度计划和成本控制系统到会计、采购、工资管理、安全等系统。其中，许多系统报告或依赖于建筑部件信息，但它们通常不与设计图纸或BIM模型链接或关联。这导致了大量手动输入设计信息的冗余工作，以及需要识别多种系统和流程同步相关问题。BIM软件可以为这些任务提供重要支持，因为其内部存储着可以连接到其他应用程序的详细部件信息。此外，承包商和项目利益相关方还可应用可视化模型直观分析项目进度、凸显潜在或现有问题，从而对项目产生新的认识。以下是使用BIM支持这些任务的一些示例。

- **追踪预算和实际成本之间的差异：**使用Vico Cost Planner软件，用户可以将实际成本 271
导入Vico模型，然后使用这个模型，就可以轻松发现实际成本和预算之间存在显著差异的地方。这样可以快速了解项目绩效以及存在的关键问题，如图6–21所示。

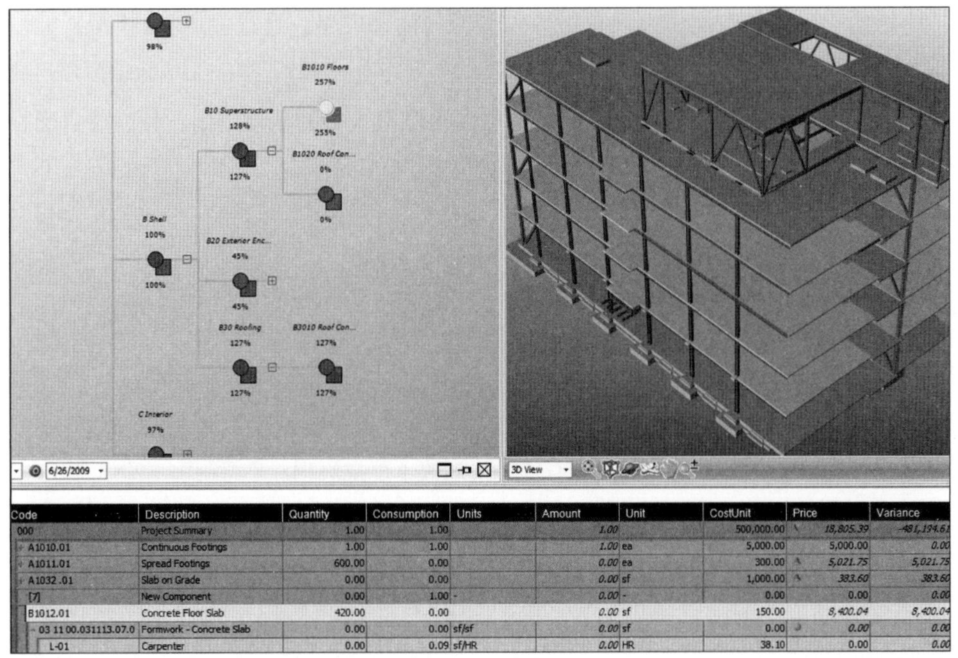

Code	Description	Quantity	Consumption	Units	Amount	Unit	CostUnit	Price	Variance
000	Project Summary	1.00	1.00		1.00		500,000.00	18,805.39	-481,194.61
A1010.01	Continuous Footings	1.00	1.00		1.00	ea	5,000.00	5,000.00	0.00
A1011.01	Spread Footings	600.00	0.00		0.00	ea	300.00	5,021.75	5,021.75
A1032.01	Slab on Grade	0.00	0.00		0.00	sf	1,000.00	383.60	383.60
[7]	New Component	0.00	1.00	-	0.00	-	0.00	0.00	0.00
B1012.01	Concrete Floor Slab	420.00	0.00		0.00	sf	150.00	8,400.04	8,400.04
03 11 00.031113.07.0	Formwork - Concrete Slab	0.00	0.00	sf/sf	0.00	sf	0.00	0.00	0.00
L-01	Carpenter	0.00	0.09	sf/HR	0.00	HR	38.10	0.00	0.00

图6–21 Vico Cost Planner界面。模型中的建筑对象可以根据预算报表中每一行的预算科目进行过滤和着色（见书后彩图）

- **查看项目状态：**每个模型对象属性集里都可以有一个名为“status”的字段，伴随项目进展，其值可以是“设计中”“批准用于施工评审”“制作中”，等等。可将对象状态与颜色关联，以便团队可以快速确定设施状态，识别落后于计划的瓶颈区域。可以将具有竣工进度记录的模型动画与 4D 计划进行比较，以了解工作节奏或对 4D 计划进行事后分析。对于由点云数据逐步生成的系列三维网格模型也可以进行相同的操作。
- **采购：**由于 BIM 对象定义了需要采购的产品，因此可以使用 BIM 工具直接选择产品并进行采购。产品制作商可以在互联网服务器上提供其产品模型。BIMobject 网站的 BIMsupply 服务就是应用 BIM 采购的一个典型例子，用户可以使用该服务创建材料清
272 单，进行招标询价，甚至直接从模型下订单，也可以投标。
- **供应链追踪：**另一个重要问题是服务和材料的采购状态。通常，进度计划包含大量的施工活动，很难与并行的设计和采购活动相关联。通过追踪这些活动的状态，规划人员可以通过查询，轻松识别采购流程与设计和施工是否匹配。通过建立进度计划与建筑信息模型的连接，还可以直观了解采购延迟可能影响到的建筑部位。诸如 ManufactOn 之类的云服务使承包商能够管理从编制技术规格书到采购、深化设计、制作、交付和安装的整个流程。
- **安全管理：**安全是所有施工企业一切工作的重中之重。任何支持安全培训、教育及暴露不安全状况的工具对施工团队都有价值。可视化模型允许施工班组在进入现场前评估现场条件并识别不安全区域。例如，在某主题公园项目中，团队对测试车辆进行包络建模，以确保在测试期间包络内没有任何活动发生。通过使用 4D 模拟，他们提前发现了一个冲突并将其解决。为了建造包络阿布扎比亚斯岛（Yas Island）项目两座建筑的大型钢架，团队使用了圆柱体模拟焊接班组人员的活动空间，然后通过圆柱体之间的冲突检测识别不同团队工人作业时是否会造成危险。

纽约市政府建筑部负责管理全市众多建筑工地的施工，包括现场施工安全。2013 年，该部门率先使用 BIM 模型进行安全审查，允许建筑公司以 BIM 模型提交其现场安全计划。“该方案使建筑部能够通过虚拟模型浏览现场，了解建筑将如何一步一步建造起来，并可视化展示建造的复杂性与面临的挑战。按照该方案，现场安全计划以数字方式提交、修改和审查，从而改进了合规审查流程，并以前所未有的速度加快了审批流程。”（纽约市，2013 年）

6.14 调试和移交

在施工结束时，必须解决两个重要事项。首先是调试，即测试建筑（或其他类型设施）中所安装的系统是否能够正常工作，包括 HVAC、电气、管道等。其次是移交在设计和施工

阶段产生的数据，以便可以将其用于设施管理（FM）。移交数据的种类及其格式至关重要，273
因为这决定数据对业主是否有用。移交业主所需的设施管理信息至少有以下三种方式：

1. 给业主提供纸质图纸（或等效的 pdf 文件）、系统图、工程变更单、日志以及有关所用设备和系统的其他信息。事实证明，这种传统方法成本高昂且无法满足业主对设施管理的需求，不建议采用这种方法。

2. 假设已经使用了 BIM，并且已将恰当的设备和系统数据输入模型中，则可以根据 COBie（East，2007）提取这些数据。成功使用 COBie 的关键是承包商和分包商能够依据命名标准在合适的时间点及时输入相应的数据，以便相关信息能够一同移交。业主或业主代表与项目团队成员制定的 BIM 执行计划（BEP）应该涵盖这一流程（参见第 4 章第 4.5.1 节）。

3. 要获得 BIM 模型对设施管理和建筑更新改造的全生命期支持，可以像 EcoDomus 平台那样将所有系统集成到 BIM 里为设施管理提供服务。这给建筑管理带来许多好处，但要实现这些，前提是模型必须包括所有适当的设备和系统连接信息。可以在类似 I & E 系统公司（I & E Systems）DAD 软件的 BIM 系统中对连接进行有效建模，在设计过程中建立一个“系统信息模型”（Systems Information Model，SIM）（Love 等，2016），并顺理成章地传递给运维使用。应让设施管理人员尽早融入项目团队，以便在建筑设计及与设施管理系统相连的模型中反映他们的需求。

这些议题在第 4.4.2 节和第 10 章的三个案例研究（沙特麦地那穆罕默德·本·阿卜杜勒–阿齐兹亲王国际机场、加利福尼亚州帕洛阿尔托斯坦福神经康复中心和马里兰州切维蔡斯霍华德·休斯医学研究所）以及《BIM 手册》配套网站中的马里兰州巴尔的摩马里兰州总医院案例研究中进行了讨论。此外，还可以参考《设施管理应用 BIM 指南》*（Teicholz 等，2013）一书。

第 6 章 问题讨论

1. 为什么使用 BIM 的项目更倾向于采用设计–建造合同，而不是设计–招标–建造合同？对于公共项目，为什么设计–招标–建造合同通常是首选合同（另见第 1 章第 1.2.1 节）？

2. 集成项目交付（IPD）合同采购的关键创新是什么？他们如何改变施工承包商的商业利
益？与设计–招标–建造合同甚至设计–建造合同相比，IPD 合同能够实现 BIM 的哪些应用？ 274

3. 承包商需要从 BIM 模型中获取哪些信息？对于这些信息，哪些可以由设计师（建筑师和 / 或工程师）提供，哪些无法提供？

4. BIM 和精益建造的协同效应是什么？如何应用 BIM 改进总承包商的生产流程？

* 此书中文版由中国建筑工业出版社于 2017 年 5 月出版。——译者注

5. 有时承包商能够获得 BIM 模型，有时则仅能够获得二维图纸。基于获得的不同信息类型，承包商必须采用不同的方法在项目中实施 BIM。那么，承包商可用的方法有哪些？每种方法的优缺点是什么？

6. 实现有效的冲突检测的细化程度是什么？检测软冲突而非硬冲突的原因是什么？分包商在冲突检测的过程中扮演什么角色？

7. 深化设计团队在一个大办公室内集中办公的主要好处是什么？ BIM 如何支持其合作？

8. 使用 BIM 进行成本预算的主要优点和局限分别是什么？预算人员如何将建筑模型与预算系统相连？为了精确计算工程量，需要模型做出哪些改变？

9. 对施工进度计划进行 4D 分析的基本要求是什么？承包商可以通过哪些选项获取 4D 分析所需的信息？通过 4D 分析可以获得哪些主要好处？

10. 使用建筑模型进行非现场制作有哪些要求？

11. 结合科罗拉多州丹佛圣约瑟夫医院案例研究（参见第 10.5 节），如何应用 BIM 能使项目流程更加精益？承包商未能利用模型实现精益建造的原因是什么？

12. BIM 可以为现场工人提供哪些沟通方式？如何将现场采集的大量且详细的信息为承包商所用？

13. 承包商如何保证移交的模型信息能够用于设施管理？

第 7 章 275

分包商和制作商的 BIM

7.0 执行摘要

作为一种需要多专业协同设计与制作的特殊产品，建筑已变得越发复杂。预制生产行业的专业化和经济性使得在非现场预制或组装建筑部件和系统的比例越来越高。与大规模量产的成品部件不同，复杂的建筑需要定制化设计和定制型部件制作（engineered-to-order, ETO），包括：钢结构、预制混凝土结构部件和建筑表皮、各类幕墙、机电（MEP）系统部件、木屋顶桁架杆件和用于立墙平浇建筑体系的钢筋混凝土面板。

定制型部件本身的特性决定了其需要复杂的工程设计和设计师们之间的细心协作，由此保证其在不影响其他建筑系统的前提下能够准确安装就位，并能正确地与相关系统连接。基于 2D CAD 平台的设计和协同工作容易出现错误，消耗大量人力，而且需要较长的
周期。由于 BIM 允许部件的“虚拟建造”，并在生产每个部件之前进行所有建筑系统之间 276
的协调，从而可以解决 2D CAD 的上述问题。BIM 给分包商和制作商带来的好处包括：通过可视化与自动化预算提升模型表现效果和市场营销能力；缩短深化设计和生产周期；几乎消除所有设计协调错误，同时减少信息请求书（RFI）及随之产生的相关成本和工期延误；降低工程设计和深化设计成本；提供自动化生产所需的数据，以及提升预装配和预制技术水平。

准确、可靠和随手可得的信息对于任何供应链的产品流都是至关重要的。因此，如果在组织内的多个部门甚至整个供应链都应用 BIM，可以实现更精益的建造方式。已有流程变革的广度与深度，同各参与方所创建的 BIM 模型的整合程度息息相关。

为了支持深化设计，BIM 平台至少需要支持参数化和可定制部件及关系，提供与管理信息系统的接口，并能够从设计师使用的 BIM 平台导入建筑模型信息。理想情况下，BIM 平台也应该为增强模型可视化效果提供优质信息，并导出自动化数控生产所需数据。本章将讨论制作商的主要类别及其具体需求。针对每一类制作商，列出了适用的 BIM 软件平台和工具，并对应用最广的平台和工具进行了详细介绍。

最后，本章为计划采用 BIM 的公司提供指导。要想成功地将 BIM 引入一个自身拥有工程设计人员的制作工厂或者一个从事深化设计的服务组织，在采用之前必须设定清晰可达成的目标和可度量的里程碑考核标准。人力资源是首先需要考虑的因素，不仅是因为培训和软件本地化的费用远远超过购买硬件和软件的费用，还因为任何 BIM 的成功采用都要依靠使用人员的技能和意愿。

7.1 引言

设计师与建造师之间的专业鸿沟在欧洲文艺复兴时期开始凸显，并在过去的几个世纪持续扩大，与此同时建筑系统变得愈加复杂，技术也愈发先进。随着时间的推移，建造师越发专业化，并开始在非现场生产建筑部件，起初是在手工作坊中生产，之后逐渐转移到工业设施中生产，以便随后在现场安装。因此，设计师对整体设计的掌控越来越弱，因为各个系统的专家知识都掌握在专业化制作商手里。纸质的技术图纸和技术规格书成为沟通的重要媒介。
277 设计师向建造师阐述他们的设计意图，然后建造师提供详细解决方案。建造师完成的图纸通常被称作“深化设计图纸”，具有两个目标：一是进一步深化和细化设计以用于生产；二是将他们的建造意图反馈给设计师用于协调工作和获得批准。

事实上，这种双向沟通不仅仅是为了校审，而是设计建筑不可或缺的一部分。当同时制作多个系统（除最简单的建筑之外，当今所有建筑都是如此）时，它们在设计上必须始终如一地整合在一起，以正确协调多个建筑系统部件的位置与功能。在传统实践中，制作商为设计师准备的纸质图纸和技术规格书还具有更多的重要目的。一方面，它们是采购制作商产品商业合同的重要组成部分；另一方面，它们可直接用于安装和施工，同时也是储存设计和施工信息的主要媒介。BIM 为分包商和制作商的设计开发、深化设计和设计整合的整体协作流程提供支持。在很多案例记载中，通过利用 BIM 缩短生产周期和增强设计整合，实现了更大程度的预制。正如第 2 章所述，在最早的 BIM 平台面世之前，已经开发出了基于对象的参数化设计平台，并用于支持许多施工工作，如钢结构制作。

除了这些对生产效率与质量产生的局部影响之外，BIM 促成了基本流程的变革，因为它为管理“大规模定制”所需的大量信息提供了有力保障，这是实现精益生产的关键因素

（Womack 和 Jones，2003）。随着 BIM 和精益建造方法（Howell，1999）的广泛应用，分包商和制作商逐渐发现市场正在迫使他们以之前大规模量产重复部件的价格提供定制化的预制建筑部件。在制造业中，这称之为“大规模定制”。韩国首尔东大门设计广场项目（参见第 10.4 节）以及美国纽约第十一大道 100 号公寓项目（参见《BIM 手册》配套网站）的表皮制作就是典型的例子，其中每一块表皮都具有不同的几何形状。发达经济体缺乏熟练劳动力是推动预制和模块化建造的另一个动因。

在定义了我们讨论的背景（第 7.2 节）之后，本章从负责生产和安装建筑部件的分包商和制作商角度出发，描述 BIM 在提升制作流程方面所具有的潜在优势（第 7.3 节）。第 7.4 节列举并介绍制作商建模及深化设计的 BIM 需求。第 7.5 节提供一些专业化施工和模块化建造的细节信息，并列出一些制作商可以使用的重要软件包。最后讨论有关组织采用 BIM 和项目使用 BIM 的相关问题（第 7.6 节）。

7.2 分包商和制作商的类型 278

专业分包商和制作商在施工过程中承担广泛的专业化任务。大部分分包商和制作商是按照他们所完成的工作种类，或者按照他们所制作的部件类型进行分类的。

现场工作的类型从部件加工（即将原材料加工为成品），到预制部件安装，不一而足。对于部分部件来说，在现场完成的工作是其价值增值的主要部分，比如由砌块砌筑的隔墙或石膏板隔墙；相比之下，对于使用机械现场安装的预制预装修箱式模块单元，现场安装只是这些部件价值增值的一小部分。

工程使用的部件类型可按生产部件所需的工程设计深度分类。除了大宗原材料，建筑部件可以分为以下三类。

- **备货型（made-to-stock，MTS）部件**：可批量生产并可立即交付。例如标准化的卫生洁具、石膏板、螺栓、管段等。
- **订货型（made-to-order，MTO）部件**：预先设计好但只有下单后制作。例如预应力空心板[1]，从产品目录中选择的门窗等。
- **定制型（engineered-to-order，ETO）部件**：需要在制作前进行工程设计。例如钢框架构件，预制混凝土构件，各种类型的建筑表皮，定制的厨房、储藏柜，以及其他一些适合于特定场合并满足特定建筑功能的定制部件。采用非现场预制的模块化建造是一种特殊情况，需要全面集成的工程设计。

1 空心板是预先设计的，但可以定制为任意长度。

备货型部件和订货型部件是针对通用使用需求设计的，不是为特定需求定制的。[1] 大多数 BIM 平台允许供应商提供他们产品的电子目录，并允许设计师在模型中嵌入有代表性的对象以及与它们的直接链接。这些部件的供应商很少参与部件的现场安装或组装，同时也很少直接参与设计和施工。因此，本章重点讨论第三类建筑部件——定制型部件，对设计师、协调员、制作商和安装人员的需求。

279 7.2.1 专业分包商

大多数从事现场工作的专业分包商都可以从对总承包商有用的 BIM 功能（如空间协调、进度管理、预算管理、生产计划等）获益。然而，它们也可以通过 BIM 对生产计划和控制的支持从许多方面受益，所有这些都有减少浪费和使流程更精益的理想效果，但这要求模型细度必须达到制作水平（LOD 400）。下面列出专业分包商可以利用 BIM 模型包含信息的具体方法，更多细节可以在萨克斯等人（Sacks 等，2017）的文章中找到。如果分包商自己具有 BIM 能力，可以直接使用这些方法，但是如果分包商自身缺少建模人员，他们应该要求总承包商进行必要的建模。

- **预算和投标**：从 BIM 模型中提取的工程量通常比根据图纸计算的工程量更准确、更可靠。这在一定程度上消除了投标过程中的不确定性，降低了预算中的不可预见费以及工作范围和工作量存在冲突的可能性。
- **优化生产细节**：工作中的小细节有时会对生产力产生重大影响。例如，可以通过优化地板瓷砖、墙面瓷砖或墙体砌块排布，以减少需要切割的瓷砖或砌块的数量。这在 BIM 中很容易完成（如图 7-1 所示），它可以减少现场切割或以其他方式加工原材料所带来的非增值工作量，从而提高生产率。
- 279 **物流**：详细说明为获得精确数量的材料而要完成的工作，并确保在正确的时间将正确数量的材料交付到正确的位置（图 7-2）。这可减少等待欠缺材料入场和移除多余材料的时间。材料欠缺会导致班组人员的等待，直到足够数量的材料入场，从而降低生产力。
- **空间协调**：满足制作需求的深化设计和系统之间的协调可以提前解决许多可能在现场出现的物理冲突。例如，如果墙体模型细化到所有墙层——砌块、隔热层、内部装饰等，则不同墙体的交接部位可以得到正确处理，不需要工人即兴发挥。
- **设计**：如第 6.12.1 节所述，有许多方法可以使用模型直接给现场提供设计信息。这些节省人力的技术，不仅节省了阅读图纸和测量距离的时间，而且还能确保使用正确的信息（即最新的），极大地降低了返工的可能性。

1 它们的区别在于，通常出于商业或技术原因，例如库存成本高或保质期短，订货型部件仅在需要时生产。

280

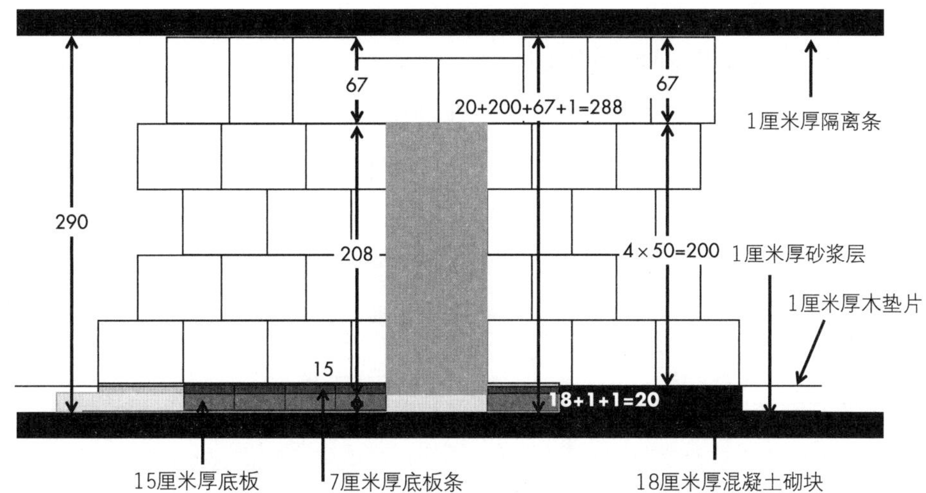

图 7–1 用于制作砌体隔墙的大样图（LOD 400）。这种细化程度允许优化砌块排布，从而将需要切割的砌块数量降至最低，并且还能准确计算各种形状砌块的用量
图片由提德哈尔建设公司（Tidhar Construction）提供。

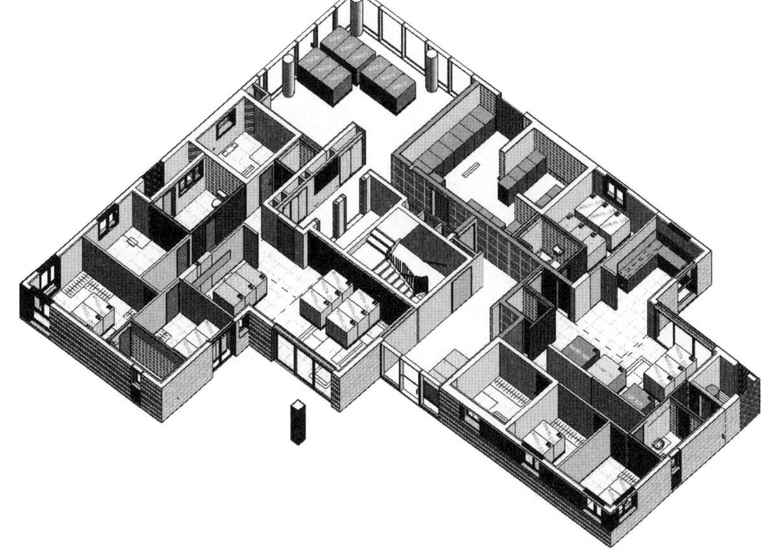

图 7–2 用于在钢筋混凝土住宅建筑的楼层上放置砌筑隔墙砌块托盘的平面布局图的等轴测图，其中显示了每块托盘上的砌块类型以及它们在支撑楼板模板的支柱之间的位置。这些可视化说明会提供给起重机操作员和信号员，以确保将正确的材料运送到砌筑班组人员所在的准确位置
图片由提德哈尔建设公司提供。

- **核查和更新完工状态**：使用模型核查已完成的工作，无论是用于结款还是用于生成竣工文档，都是一种更有效、更准确的方法。同样，模型对于为适应现场条件而进行的预制部件的空间协调也是必不可少的。

280 7.2.2 备货型和订货型部件供应商

备货型和订货型部件均按标准设计生产。制作商提供其产品目录，这些产品目录通常以“BIM 对象模型”（BOM）的形式提供。设计人员和深化设计人员可以从众多在线门户网站中选择产品（本书第 5.4 节给出了一些较为知名的门户网站，在此我们还描述了设计人员是如何
281 使用 BIM 对象库的）。在实践中，承包商经常使用这些网站查找相关对象并将其插入 BIM 模型，因为通常直到深化设计阶段才最终决定在施工中使用哪些特定产品，以及选择哪些特定供应商。

利用将在施工中使用的精准部件建立深化设计模型有许多优势。有的部件可能会产生空间冲突，也可能需要特定的安装间隙。同时也可能对与电气、管道或其他部件的连接有独特的要求。可以自动且准确地计算订货和交货数量，并且在某些情况下，可以对从供应链到现场的交付流程进行追踪，并可使用模型显示这些信息。

7.2.3 定制型部件制作商

定制型部件有各种产品，从基本的预制部件或预制产品到完整的预制预装修箱式模块（Prefinished Prefabricated Volumetric Construction，PPVC），如图 7-3 所示。PPVC 模块是最高级别的定制型部件，吊升就位后，连上水电，基本上就可以直接使用。新加坡建设局（Singapore

281

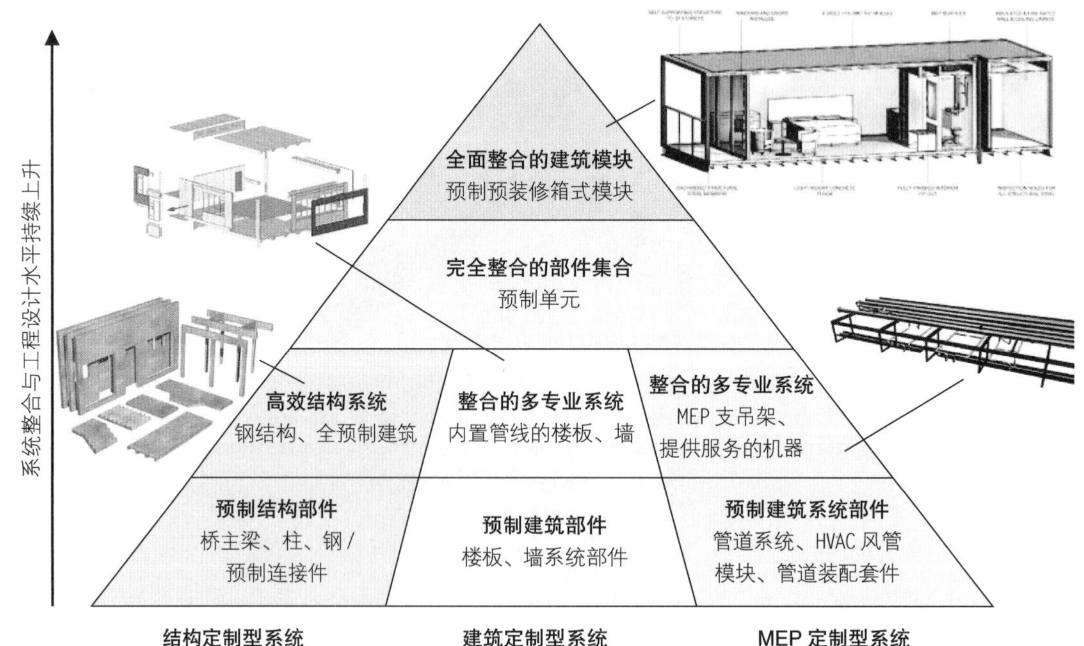

图 7-3 基于新加坡建设局（BCA）在公共建设项目激励计划中所使用的分类系统，根据系统集成和完成程度对部件进行分类，用于政府项目，以促进“制作和装配的设计”（DfMA）推广应用

Building Construction Authority，BCA）将 PPVC 定义为："一种建造方法，其中独立的箱式模块 282
（已完成墙、地板和顶棚的装修）需在经过认可的制作设施内按照任何经过认可的制作方法进行：（a）建造与组装，或（b）制作与组装，然后安装在正在施工的建筑内。"为尽量不使建筑模块的装修等级及系统的集成程度降低，共同的思路是，所有模块在制作之前都需要进行针对项目的工程设计。

定制型部件生产商通常负责生产部件的设施的运营，而部件则需要在实际生产前完成设计。在大多数情况下，部件制作会分包给总包商；或者在由项目管理服务公司负责的项目中，分包给业主。分包合同通常包括产品的深化设计、工程设计、制作和安装等内容。虽然一些公司在内部设有大型工程部，但其核心业务是制作。因此，他们可将全部或部分工程设计外包给独立顾问（专业设计服务提供商，见第 7.2.4 节），还可将产品的现场安装外包给独立公司。

此外，有些建筑分包商不像定制型部件生产商那样提供独立完整的服务，但他们提供组建系统的关键定制型部件，例如，管道暖通和空调系统（HVAC）、垂直电梯、自动扶梯以及木作装修的定制型关键部件等。

7.2.4 设计服务提供商和专业协调员

设计服务提供商为定制型部件生产商提供工程设计服务。他们提供的服务是有偿的，但通常不参与其设计部件的实际制作与现场安装。此类公司所提供的服务包括：钢结构深化设计、预制混凝土构件设计和深化设计、表皮与幕墙设计咨询等等。如图 7–3 所示，定制型部件的分类越往上，多个系统的整合程度就越高，对建筑师、建筑系统设计师和工程顾问之间的协作要求也就越高。

用于立墙平浇建筑体系的钢筋混凝土面板设计是第三类定制型部件设计服务商提供的一个很好的例子。他们提供的工程分析、设计以及深化设计专业知识使总包商或者专业化生产班组能够在现场的水平基座上制作大型钢筋混凝土墙板并把其吊装 / 斜拉到位。有了此类设计服务商的支持，这种现场制作方法可以由相对小型的承包公司实施。

专业协调员通过把设计师、材料供应商和制作商聚集在一个"虚拟"的分包公司下，提供全面的定制型产品供应服务。客户之所以选择他们是因为他们所提供的技术方案具有灵活
性，这缘于他们没有自己的固定生产线。在幕墙和其他建筑表皮的生产中，这类服务很普遍。 283
纽约第十一大道 100 号公寓（参见《BIM 手册》配套网站）、首尔东大门设计广场（参见第 10.4 节）以及巴黎路易威登基金会艺术中心（参见第 10.3 节）这三个案例研究是这方面很好的范例。其表皮系统的设计师们组建了一个由材料供应商、制作商、安装公司和工程管理公司组成的临时虚拟分包商。

7.2.5 为设计 – 建造提供全方位服务的预制和模块化建造应用

充分利用预制和模块化建造经济优势的方法之一是在一个提供全方位服务的纵向整合公司内实现所需的高度集成。在这种情况下，BIM 可以作为促进信息在整个流程中顺利流动的枢纽。设计师可以从方案设计的最初阶段就考虑公司本身具有的制作和施工能力。在整个设计和深化设计过程中，可以通过使用预先配置专有施工方法的 BIM 部件库实施公司标准。

这种商业模式有悖于总承包商的传统做法，因为总承包商通常将内部员工数量减少到最低限度，尽可能多地将工作外包出去，这在传统上是公司对当地建筑工程需求的不确定性和不稳定性的反映。然而，当将生产转移到非现场，并且信息可以通过 BIM 和生产信息系统进行管理，全方位服务模式似乎有了新的价值。位于加利福尼亚州的全方位服务公司卡泰拉（Katerra）采用了这种模式，在相对较短的时间内就取得了引人注目的市值。卡泰拉公司通过大量使用计算机软件提供大规模定制，在公司自己的工厂预制楼板系统、外墙板及内墙板。

7.3 BIM 流程给分包商和制作商带来的益处

图 7–4 展示了定制型部件典型的传统信息流和生产流程，包括三个部分：项目获取（初步设计与投标）、深化设计（工程设计和协调），以及制作（包括运输与安装）。它允许对设计方案进行反复修改。这主要发生在深化设计阶段，因为无论是制作商自己的需求，还是他们的设计方案与其他正在开发的建筑系统的协调，都需要得到设计师的反馈与批准。目前该
284 流程存在较多问题：有许多劳动密集型工作，需要花费大量精力生成和更新文档；成套图纸和其他文档存在很多不准确、不一致的地方，而它们通常直到在现场安装产品时才会被发现；针对不同的用途，需要将相同信息多次输入不同的计算机程序；工作流程有过多的中间检查点，返工很常见，导致生产周期很长。

使用BIM可在多个方面改善这一流程。首先，BIM通过提高生产率和消除手动维持不同专业图纸一致性的需要，可以提高传统 2D CAD 流程中大多数既有步骤的效率。其次，随着实施的深入，BIM 会通过促进预制部件的应用（使用既有信息系统难以协调）改变流程本身。再次，当与精益建造技术一同实施时，例如深化设计、生产和安装的拉动式控制[1]，

1 拉动式控制是一种用于调节生产工作流的方法，其中任何工序的生产仅在从下游工序接收到零件的“订单”时才发出开始的信号。这与传统方法不同，在传统方法中，来自指挥部门的计划指令“推动”生产。在这种情况下，拉动式控制意味着安装在任何特定建筑部位的部件的深化设计和制作仅在该部位具备安装条件之前较短的前置时间内开始。

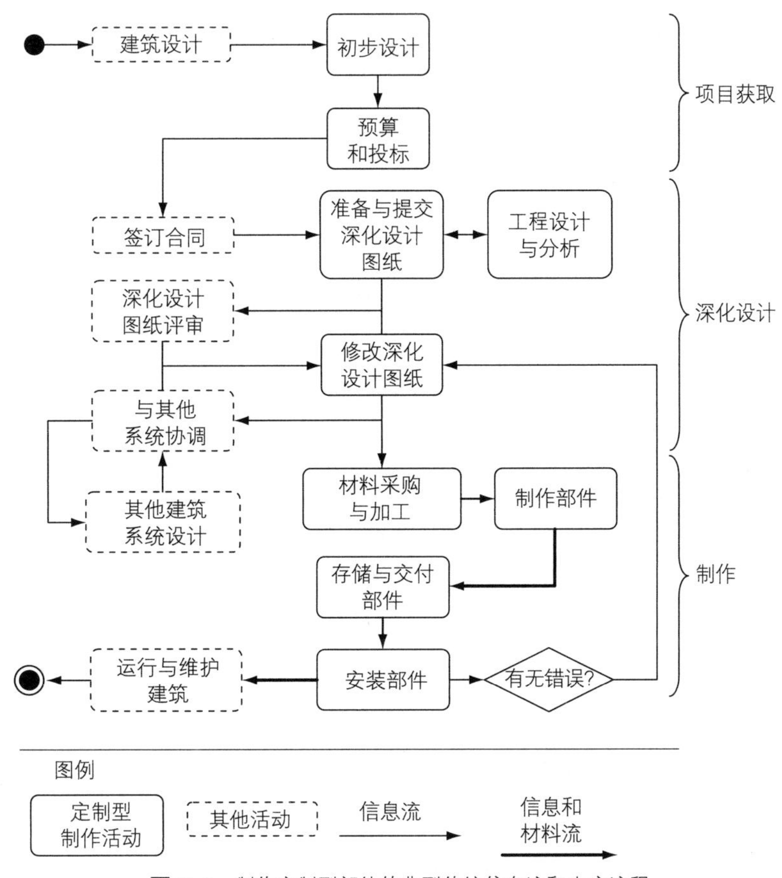

图 7-4 制作定制型部件的典型传统信息流和生产流程

BIM 可以大大缩短订货交付时间，让建造流程更灵活并减少浪费。本节将参照图 7-4 所示的流程图，大体依照时间顺序介绍实施 BIM 能够带来的立竿见影的收益。第 7.4 节将讨论更基础的流程变革。

7.3.1 市场营销和投标 285

初步设计和预算是大多数制作分包商获取业务的关键活动。通过一个有利润的报价中标，需要精确计算工程量、注重细节，并创建一个具有竞争力的技术方案——这些都需要公司内部知识渊博的工程师投入大量时间。通常来讲，不是所有的投标都能成功，公司投标的工程数量多于最终实际实施的工程数量，这使得投标成本在公司开销中占了不小的比例。

BIM 技术可从以下三个方面支持工程师的工作：开发多种备选方案、将方案细化到合理程度和计算工程量。

对于市场营销来说，建筑模型对潜在客户的吸引力不仅限于提供建筑设计方案的三维效果图或逼真的照片。其强大之处在于，能够以参数化方式调整和修改设计，并能很好地利用嵌入式工程知识，通过更快速的设计优化最大程度地满足客户的需求。下面的摘录描述了一个预制混凝土预算员应用 BIM 工具开发并销售一个停车场设计的经历：

"关于这个项目的背景，我们要从一位销售人员接触的设计 - 建造项目说起。比尔用 8 个小时搭建了整个停车场 [240 英尺（约 73 米）宽 ×585 英尺（约 178 米）长 ×5 层] 的模型，不包含节点和钢筋。它包含 1250 个对象。我们很快将 PDF 图像发送给业主、建筑师和工程师。

第二天上午，我们和客户开了一个电话会议，他们提出一些变更要求。到下午 1 ：30，比尔将模型修改完毕。我打印出了平面图、立面图，生成一个可在网上浏览的模型。下午 1 ：50，我把这些成果通过邮件发送给客户。下午 2 ：00 我们召开了另一次电
286 话会议。两天后，我们中标了这个工程。业主看到他们的车库模型时非常惊喜。奇怪的是，业主离我们竞标对手的预制构件制作工厂只有 30 英里（约 48 公里）。而我们要把构件预制外包给他们。

我们估计，如果一开始使用二维方式设计的话，要达到三维设计的深度需要 2 周时间。当召开复审会（会上，我们对从预算到工程设计、从设计制图到具体施工的方方面面进行仔细推敲）时，我们将模型投影到屏幕上审查我们所做的每一项工作。整个过程就像我们想象的那样。看到它真的以这种方式发生是件令人兴奋的事情。"

上面摘录里的项目——宾夕法尼亚国家停车场——在本书第一版（Eastman 等，2008）中有详细介绍，也可从《BIM 手册》配套网站上查到。这个例子重点说明了使用 BIM 可以缩短响应时间，使公司能够更好地为客户的决策流程提供支持。对于考虑的多种结构备选方案，生产商可以自动提取每一方案包含所需预制构件清单的工程量。这些工程量使得为每个方案提供一个成本预算成为可能，可帮助业主和总承包商在选择采用哪一方案时做出明智决策。

7.3.2 缩短生产周期

BIM 的应用显著地缩短了生成深化设计图纸和用于采购的材料清单的时间。可以通过以下三种方式利用这一优势：

- 为业主提供更好的服务。对业主来讲后期变更常常至关重要，而 BIM 相较于标准的 2D CAD 能够更好地进行后期变更。在常规实践中，进行影响到即将进入制作流程部件的

建筑设计变更非常棘手。每一个变更都必须反映至所有可能受影响的装配图和深化设计图，并且必须与那些有与变更部件相邻或相连部件的图纸相协调。当变更影响到不同制作商或者分包商提供的多种建筑系统时，协调变得愈加复杂，且需消耗大量时间。有了 BIM 平台，将变更输入模型，安装图和深化设计图基本可以自动化更新。在减少变更所消耗的时间和精力方面，BIM 的优势是巨大的。

- 使采用“拉动式生产系统”成为可能。在此系统中，下游生产工序推动深化设计图的准备。前置时间的缩短减少了系统设计信息的“库存”，并使部件免受早期变更的影响。一旦大多数变更已经做好，即可生成深化设计图。这样可以减少附加变更的可能性。在这种精益系统中，深化设计图是在最后责任时刻生成的。
- 对从签订合同到开始现场施工之间时间非常短的工程，通常不利于使用预制构件，但 287
BIM 可以为其提供可行的预制解决方案。由于使用 2D CAD 进行生产设计需要较长的前置时间，总承包商经常发现自己承诺的施工开始日期之前的预留时间短于将传统建筑系统设计转换为预制系统所需的时间。比如，一个使用现浇混凝土结构的建筑设计通常平均需要两到三个月转化成使用预制混凝土构件的设计后，才能生产出第一批所需的混凝土构件。相反，BIM 系统缩短了设计时间，使得前置时间较长的预制构件可以提早预制。

这些优势来自 BIM 系统能够实现高度自动化地生成和共享详细的制作与安装信息。BIM 系统之所以具有这些优势是因为它的两个特性：建筑模型的各个对象之间的参数化关系（体现基本的设计知识）以及它们的数据属性（使得系统能够为生产流程计算和提供所需的信息）。本书第 2 章有这些技术的详细介绍。

自动化生成深化设计图，可以减少流程时间。很多研究项目已经在一定程度上探讨了这种优势。在钢结构制作行业，制作商声称在工程深化设计阶段几乎能节约 50% 的时间（Crowley，2003b）。本书第一版介绍的通用汽车生产工厂案例，与传统设计 – 招标 – 建造项目相比节约了 50% 的设计 – 施工时间（虽然一些时间减少要归功于精益管理以及钢结构三维建模以外的其他技术）。在预制混凝土公司联盟发起的研究框架下，对预制混凝土表皮面板前置时间的减少进行了详细评估（Sacks，2004）。图 7–5 中第一个横道图展示的是一栋写字楼建筑表皮面板工程设计的基本流程。对比基准是在工程一直持续进行没有中断的前提下使用 2D CAD 项目的最短理论时间。获得基准的方法是，仅仅考虑实际项目中每个活动的工作时间，即项目团队工作的净小时数。第二个横道图表示对于相同的工程，预估应用三维参数化建模系统所需要的时间。在这个案例中，前置时间从最少 80 个工作日减少到最少 34 个工作日。

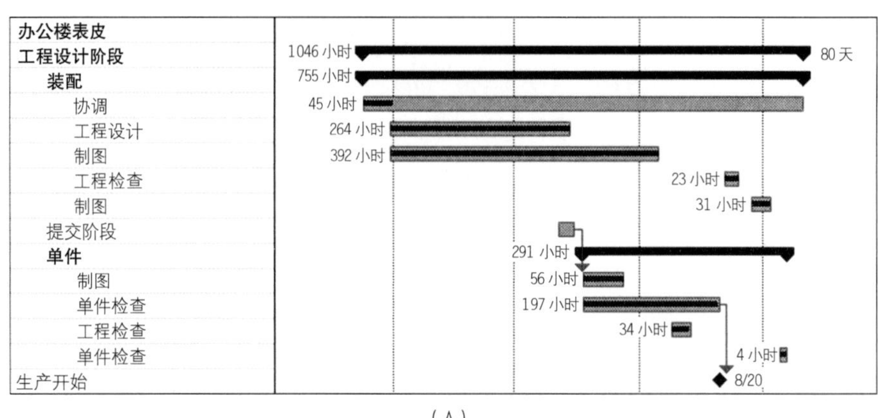

（A）

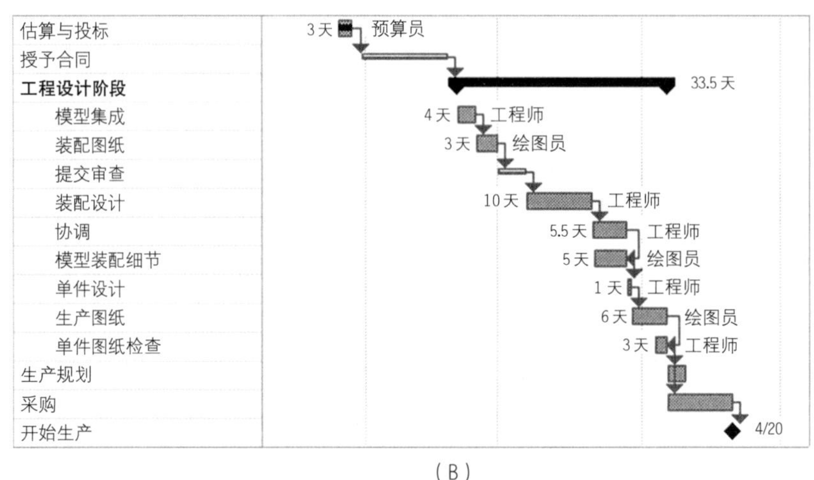

（B）

图 7–5 （A）使用 2D CAD 进行表皮面板工程设计和深化设计的前置时间基准；（B）使用三维参数化建模的前置时间评估（Sacks，2004）

经美国土木工程师学会许可，转载自《土木工程计算杂志》（*Journal of Computing in Civil Engineering*），18（4）。

7.3.3 减少设计协调错误

在本章引言里，我们提到了制作商与设计师交流施工意图的必要性。其中一个原因是在
288 提交和审批流程中获取的信息对整个设计团队至关重要，这有助于设计团队发现设计存在的潜在冲突。最明显的一种问题是，两个部件在设计中处在同一个物理位置，从而会发生物理冲突，我们称之为“硬冲突”。当部件彼此挨得太近（即便它们之间没有物理接触），会发生“软冲突”，例如钢筋间距过小以至于无法浇筑混凝土，或者管道周围没有足够的空间配置保温隔热材料等。我们有时称“软冲突”为“净距冲突”。第三种类型的冲突称为“逻辑冲突”（logical clashes），包括可施工性问题，如某些部件阻碍其他部件的施工和安装；还有通道问题，如某些设备的操作、维护和拆装通道受阻。

如果在设计时没有做好协调工作，一些硬冲突[1]会在现场安装过程中出现。这时，无论谁出面承担由此产生的返工与工期延误的法律、经济责任，制作商都会无可避免地遭受损失。只有在工作是可预测的且不会被轻易打断的情况下，才能实现精益建造。 289

在设计各个阶段，可以利用 BIM 提供的许多技术优势改善设计协调。制作商对能以生产级细化程度建立整合模型进行冲突检测尤其感兴趣。用于模型整合的 BIM 工具，例如 Autodesk Navisworks Manage 和 Tekla BIMsight，可以将各种平台的模型导入用于识别冲突的单一环境中。它们自动进行冲突检测，并将检测出的冲突报告给用户（参见第 6.7 节）。现有技术的局限阻碍了冲突的直接解决，因为无法在集成环境中更改模型，只能将更改信息反馈给原始模型。但是，可以在 BIM 协作格式（BCF）文件中生成问题记录，然后在生成原始 BIM 模型的平台中打开该记录。这允许工程师在 BIM 平台查看问题，并为纠正问题进行更改。不断地将修改后的模型导入审查软件可以实现近乎实时的协调，尤其是当不同专业深化设计师集中办公时。

为了避免设计协调时出现冲突，最优的方法是，让所有相关专业的深化设计在统一的协作工作环境中并行进行。这样就能避免几乎不可避免的深化设计返工，甚至在深化设计阶段就能发现和解决冲突问题。大多数 BIM 执行计划都有有关深化设计之前系统协调的具体规定，以及用于解决冲突的协作流程。在 BIM“大办公室”中，设计师、承包商和专业分包商等合作伙伴集中办公，给水排水、暖通空调、自动喷水灭火系统、电力管线以及其他系统的深化设计师可以坐在一起对各自负责的系统进行深化设计，并可直接答复各系统的现场制作和安装问题。世界各地许多项目的经验一再表明，在上述条件下，施工现场很少出现协调错误。

当制作商自己的图纸集出现不一致时，将带来另一种显著的浪费。传统图纸集，无论通过手工绘制或者使用 2D CAD 绘制，都包含每个单独部件的多个表达。因此，在设计过程中和随后的变更过程中，要求设计师和绘图员保持各张图纸之间的一致性。尽管有各种质量控制体系，但完全没有错误的图纸集很少。一项针对预制混凝土行业图纸错误的详细研究，检查了各种项目和生产商提供的图纸大约 37500 份，研究结果表明因设计协调错误产生的成本约占整体项目成本的 0.46%（Sacks，2004）。

图 7–6 展示了一根预制混凝土梁的两个视图，很好地展示了差错是怎样产生的。图 7–6（A）是建筑外部立面图中的一根混凝土梁；图 7–6（B）是制作同一根梁的深化设计图。这根梁的外部表面有层砖外皮，它是将砖表面向下放置在模具中制作的。深化设计图应是梁的背面在上，即在平面图中清水混凝土面（面向建筑内部）在上。由于制图疏忽没有做反转，使得梁外面（砖外皮面）在上，导致项目中的所有 8 根梁被制作成实际梁的“镜像”。如图 7–6 291
（C）所示，它们无法按计划安装，从而导致了昂贵的返工、质量问题和工期延误。

1 有关冲突类型的更具体定义参见第 6.7 节。

290

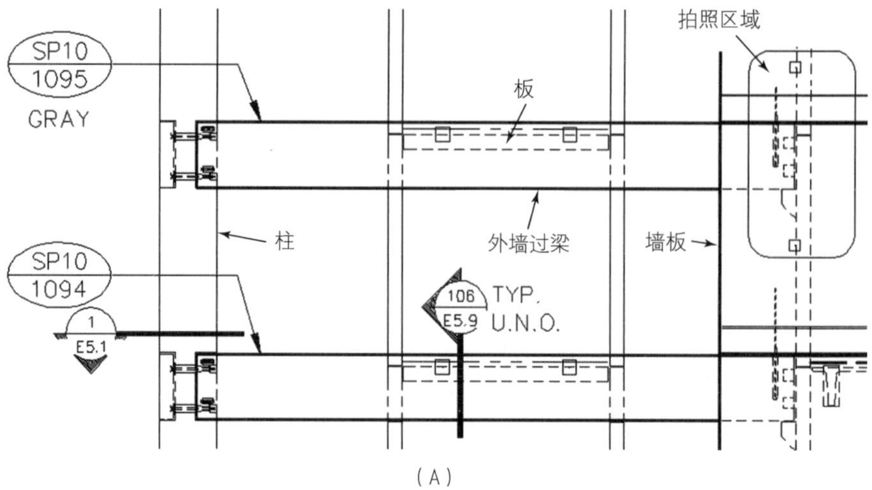

（A）

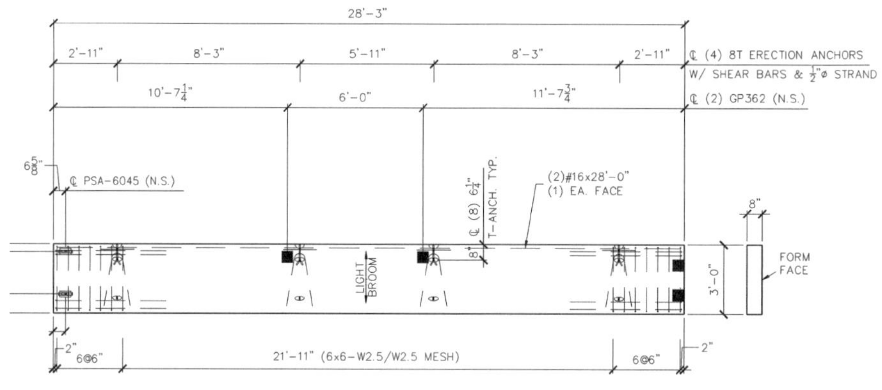

（B）

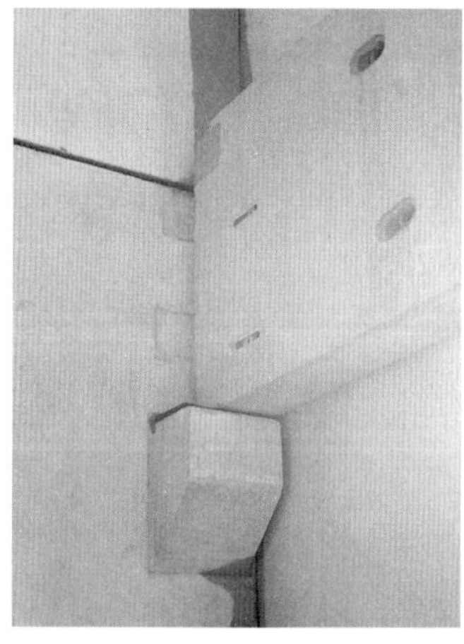

（C）

图 7-6 预制混凝土过梁的图纸不一致：（A）立面图；（B）错误地镜像绘制的深化设计图；（C）具有不匹配端部连接细节的梁（Sacks 等，2003）

经预制 / 预应力混凝土协会许可，转自《预制 / 预应力混凝土协会杂志》（*Journal of the Precast / Prestressed Concrete Institute*），48（3）。

7.3.4 降低工程设计与深化设计成本

BIM 通过以下三种方式降低工程设计直接成本：

- 增加自动化设计和分析软件的使用；
- 几乎完全自动化地生成图纸和材料清单；
- 加强质量控制和设计协调，减少返工。

与 CAD 的一个重要的区别是，BIM 可以通过编程将类似于“智能”的行为赋予模型对象。这意味着可以直接由 BIM 数据或借助 BIM 平台完成从建筑热环境分析、通风分析到结构动力学分析等各种分析软件的数据前处理。例如，结构系统所用的大多数 BIM 平台均允许定义荷载、荷载工况、支座条件、材料属性，以及结构分析（如有限元分析）所需的其他数据。

这也意味着 BIM 系统可以允许设计师采用从上到下的设计开发方法，其中，软件可将较
高层级设计决策的几何含义传播到其组成部分。例如，通过基于自定义部件（族）的自动化 291
程序，可以确定部件在连接节点彼此适应的精细细节。为生产所做的深化设计在很大程度上是自动化的。除了其他好处以外，自动化深化设计直接减少了在细化定制型部件和生成深化设计图纸方面必须投入的工作时间。

大多数 BIM 系统能够高度自动化地生成包括图纸和材料清单在内的报告。一些还能在不需要人员直接操作的前提下，维持模型和图纸集之间的一致性。这将减少制图所需时间，对以前需要将大量精力花在绘制深化设计图纸这一烦琐任务上的制作商尤其重要。

目前已有多种工程设计和制图应用 BIM 对生产率提高的评估发表出来（Autodesk，2004；Sacks，2004）。针对使用 BIM 平台进行现浇钢筋混凝土结构钢筋深化设计并绘制深化设计图纸，进行了一组对照实验，所使用的 BIM 平台具有参数化建模、可定制自动化深化设计和自动化图纸生成功能（Sacks 和 Barak，2007）。之前，这些建筑已经采用 2D CAD 进行过深化设计，并记录了工作时间。如表 7-1 所示，在三个案例中用于工程设计和制图上的工作时间减少了 21% 到 61% 不等（图 7-7 展示了此案例研究中的三个现浇钢筋混凝土结构的轴测图）。

三个钢筋混凝土建筑项目的试验数据　　表 7-1 292

工作时间	项目 A	项目 B	项目 C
建模	131	191	140
钢筋深化设计	444	440	333
图纸生产	89	181	126
采用三维方法总体工作时间	664	812	599
采用二维方法工作时间	1704	1950	760
减少量	61%	58%	21%

293

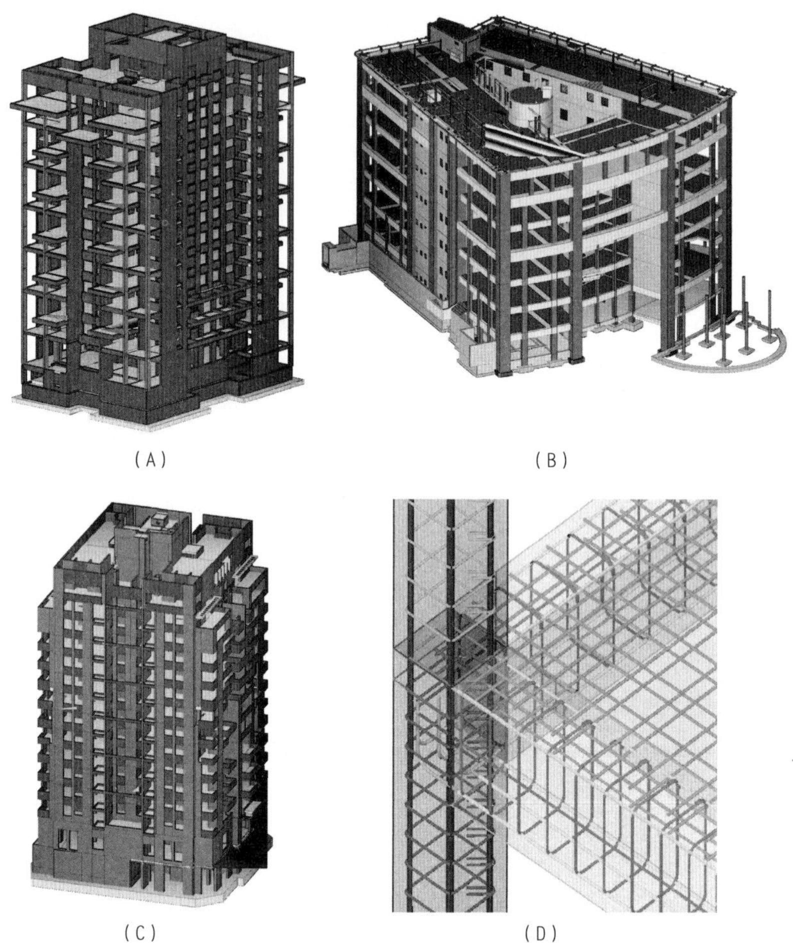

图 7–7 项目 A、B、C 的轴测图。这些模型［（A）–（C）］用于评估三维建模的生产率，内含完整的钢筋深化设计成果。图（D）展现了一块阳台板及其支撑梁的钢筋深化设计成果

7.3.5 增加自动化制作技术的使用

将计算机数字控制（computer numerically controlled，CNC）机床用于制作各种定制型部件，在多年前便已实现。例如，制作钢结构构件所使用的激光切割和钻孔机；制作钢筋混凝土结构钢筋所用的弯曲机和切割机；制作木材桁架所用的锯、钻和激光投影机；制作管道系统金属板的水射流切割机和激光切割机；制作给排水系统管道的切割机和车丝机等。然而，事实表明，编写操作这些机器计算机指令的昂贵的人工费用，成为制约它们应用的一个重大经济障碍。

2D CAD 技术通过允许第三方软件供应商开发图形界面，提供了一个克服数据输入障碍的平台，用户可以绘制产品，而不必编写代码。研发人员发现，几乎所有情况下，都有必要通过创建表示建筑部件的可计算数据对象，为表达待制作部件的图形添加有意义的信息。这可自动生成部件与材料清单。

292 然而，在每一个制作阶段，都需要对部件不断地单独建模。当建筑系统发生变更时，建

模人员不得不修改或者重建部分模型对象以保持一致性。上述过程除了需要花费更多的时间外，还可能因手动修改导致模型不一致。在某些行业，例如钢结构制作行业，软件公司通过开发从上到下的建模系统进行部件和零件的更新，已经解决了上述问题，这样某一变更几乎能自动传播到所有受影响的部件。迄今为止，这些进步只发生在某些行业，例如钢结构行业。在这些行业中，市场规模、使用系统能带来的规模效益以及技术进步使得投资该类软件研发在经济上获益。目前，这些应用程序已经发展成为完全面向对象的三维参数化建模系统。

BIM 平台通过使用具有实际意义且可计算的对象对建筑的每一个部件进行建模，因此从模型数据中提取控制自动化机器所需的数据将变得相对轻松。然而，与早期的 2D CAD 不同， 293
BIM 还提供了存储和显示管理制作流程所需物流信息的简单方法，包括与施工和生产进度计划、产品追踪系统的连接等。

7.3.6 促进预装配、预制和模块化建造

通过消除或大幅降低绘制深化设计图所需的成本，BIM 平台使得任何建筑项目使用更多种类的预制部件在经济上成为可能。自动维持几何完整性意味着变更标准部件、生成深化设计图 294
或者计算机数字控制机床指令集所需的工作量不是很大。建造结构标新立异的独特建筑已成为可能，如洛杉矶沃尔特·迪士尼音乐厅（Post，2002）、都柏林英杰华体育场（参见《BIM 手册》配套网站）、巴黎路易威登基金会艺术中心（参见第 10.3 节案例研究）和韩国高阳现代汽车文化中心（参见第 10.2 节案例研究），此外，越来越多的标准部件可用合理成本预制。

通过降低安装过程中出现部件不适配风险，推动了预制的不断发展。所有系统都以三维格式定义并一起审查，可以确保整体设计风险可控或可靠性增强。不仅预制模块化部件的设计如此，简单线性建筑系统的设计也是这样。因为使用二维图纸进行管线（例如管道和电气托盘）综合排布的深化设计和协调成本太高，以至于常常将这部分工作遗留给承包商，由其到现场排布。这使得后期开展工作的每一个分包商的工作都变得愈发困难，因为顶棚空间已经被前面分包商的布线占用。然而，所有建筑系统的参数化三维建模使团队能够为每个参与排布的系统分配和预留空间，并协调解决出现的任何空间冲突。

除少数例外情况外，2D CAD 并没有产生新的制造方法，它对非现场预制的物流几乎没有帮助。然而，BIM 不仅已经促成了比没有 BIM 时更大程度的预制，而且使得建筑中一些原本需要现场组装的部件可以预制。由于 BIM 对不同建筑系统之间密切协调的支持，使得包含多个建筑系统部件的集成化建筑模块预制成为可能。例如，英国 MEP 承包商皇冠房屋技术公司（Crown House Technologies），为医院项目开发了一个复杂的系统，其中大部分管道和卫浴装置都提前安装在轻钢框架上，然后整体进入施工现场就位。英国斯塔福德郡医院（Staffordshire Hospital）的建设又是一个出色的例子（Court 等，2006；Pasquire 等，2006）。世界上许多项目都采用这种方法取得了巨大成功；科罗拉多州丹佛圣约瑟夫医院项目（参见第 10.5 节案例研

究）是另一个很好的例子。图 6-14 取自韩国高阳现代汽车文化中心项目（参见第 10.2 节案例研究），展示了如何将暖通空调、给水排水、消防喷淋、电力和通信系统部件组装在一个模块中，以便于在施工现场将其安装在走廊顶棚之上。

同样，模块化建造在很大程度上取决于设计和施工团队是否对设计、信息、生产和控制流程具有高度整合的能力。只有在 BIM 给出丰富且可靠的信息的前提下，施工进度与物流的协调才有可能达到预期效果。模块化建造所需的信息将在第 7.5.2 节中讨论。

295 BIM 还用于辅助专有预制建筑系统的设计、深化设计、制作和安装。已经开发了专有（或拥有专利）建筑系统的公司发现，他们可以使用专用的参数化 BIM 设计工具快速配置、细化和制作结构系统。例如，先导公司（Prescient Co. Inc.）开发的如图 7-8 所示的结构系统就是使用具有设计、制作和安装功能的 Revit 插件设计和配置的。DIRTT 公司的案例研究（参见《BIM 手册》配套网站）在室内装修或改造项目中展示了相同的实践。

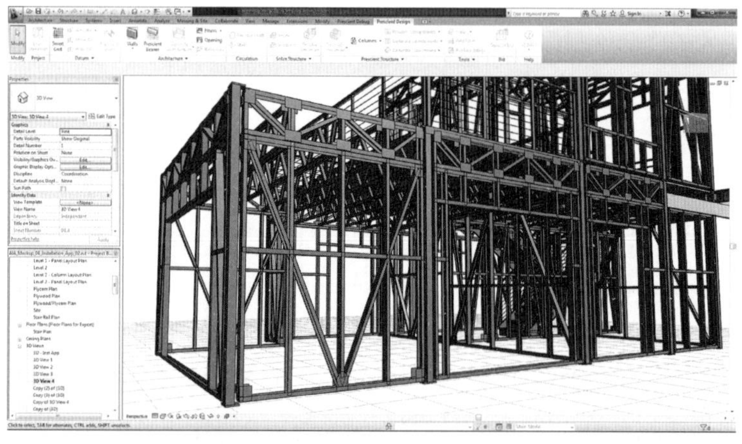

图 7-8 上图，先导公司专有的用于 BIM 设计的 Revit 插件界面；下图，制作的建筑框架
图片由先导公司提供。

DIRTT 是一家加拿大公司，其业务包括设计、制作和安装内部隔断，主要面向但不局 296
限于办公空间。DIRTT 是“Doing It Right This Time”的首字母缩写，其寓意为“面向制作和装配的设计”（DfMA）方法与端到端 BIM 软件解决方案的完美集成，可以超越传统的室内设计和施工方法。他们施工采用的即插即用部件是在北美各地的工厂生产的。预制墙模块一旦到达现场就立即安装，并像往货箱装商品那样，往模块里添加即插即用电气设备。为了避免在建筑翻新时被丢弃到垃圾场填埋，DIRTT 公司的产品被设计成可以在新的墙体配置里完全重复使用。为了实现这一目标，所有安装的部件都记录在数据库中，一旦有部件拆卸，即可将其重新配置在新的解决方案里。

为了使供应链中的所有产品变得可持续，并能为每个客户量身定制，且足够灵活以实现预期的重新使用，DIRTT 公司需要一个综合的设计、制作、交付和追踪软件平台，但目前市场上还没有。为了实现这些目标，软件应具有高度可配置性，且软件功能应能满足产品设计需求。这只能通过创建一个全新的、面向产品设计的软件平台实现。DIRTT 公司的 ICE 软件就是一款这样的软件平台。有关 DIRTT 公司的 ICE 系统功能的详细信息，请参阅《BIM 手册》配套网站。

7.3.7 质量控制、供应链管理和全生命期维护

许多研究项目提出并探索了在施工中应用追踪和监控技术，包括：在物流中使用射频识别（RFID）标签；利用激光扫描（LIDAR）对比竣工结构和设计模型；用图像处理技术监控质量，以及读取设备“黑匣子”监控信息评估材料消耗。在 FIATECH 设计的“资本项目的技术路线图”中对更多的技术做了描述（FIATECH，2010）。

定制型部件的 RFID 追踪已经从研究迈向应用，并在大量项目中都取得了成功。斯堪斯卡公司（Skanska）在新泽西建设的梅多兰兹体育场（Meadowlands Stadium）项目是一个非常好的案例（Sawyer，2008）。现场员工通过使用耐用型平板电脑读取 RFID 标签，对大约 3200 个预制混凝土部件的制作、运输、安装和质量控制进行追踪（图 7–9 上图）。用于 RFID 标签的 ID 与建筑模型中的虚拟对象一一对应，从而可以清晰地可视化和报告所有预制部件的状态。
图 7–9 下图是某一网络浏览器显示的 Tekla 模型的屏幕截图，其中使用维拉系统公司提供的软 297
硬件记录了部件的颜色编码。使用 RFID 追踪的主要好处是，可以基于清晰、准确和最新的信息做出对成本具有深远影响的日常运营决策。

《BIM 手册》配套网站上介绍的马里兰州总医院项目，展示了如何在施工过程中使用具有 298
管理条码标签功能的信息系统追踪主要机电设备，同时该信息系统最终成为项目全生命期维护的重要支撑。对于生产施工所用的定制型部件制作商，使用追踪系统的三个主要领域是：

297

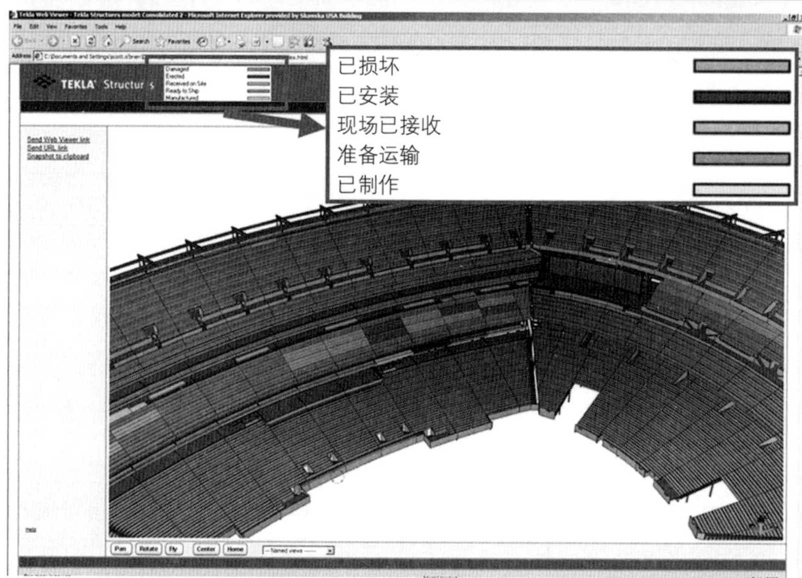

图 7-9 上图，现场人员使用耐用型平板电脑从具有颜色编码的体育场模型中查询有关预制部件及其生产、交付、安装和核准状态；下图，PC 配备有读卡器，用于捕获植入预制混凝土部件的 RFID 标签信息
照片由维拉系统公司（Vela Systems，Inc）提供，版权由其所有。

298 ● 通过使用 GPS 和 RFID 系统对定制型部件的生产、储存、现场交付、安装定位和质量控制进行监控；

● 通过使用激光扫描和其他测量技术支持部件的安装以及质量控制；

● 通过使用 RFID 标签和传感器提供有关部件及其性能的全生命期信息。

这些追踪系统的共性思路是将建筑模型包含的信息与监控所得到的信息进行对比。一般而言，这些自动监控技术采集的数据需要功能强大的软件解读。为了正确解读，建筑产品的设计状态和制作进展（包括几何信息以及其他产品和流程信息）都必须用计算机可读的数据格式描述。

7.4　制作商的通用 BIM 系统需求

在本节和下节中，我们将阐明定制型部件制作商、设计服务提供商和咨询公司选择软件平台的系统需求。本节将定义面向各种制作商的通用需求，并特别强调，作为协作团队的成员单位，制作商需主动参与整体建筑信息模型的建立。下一节将扩展需求清单，以将各种特定类型制作商的特殊需求纳入其中。

需要说明的是，我们没有列出对 BIM 平台的最基本需求，比如对实体建模的支持，这是因为它们不但对所有用户都是必不可少的，而且几乎所有 BIM 平台都已满足这些需求。例如，所有 BIM 软件都提供了支持冲突检测和实体体积计算的实体建模功能，因为没有它们就无法自动生成剖面图。

7.4.1　参数化、自定义部件及其关系

高度自动化完成深化设计并在模型操作中依然保持一致性、语义正确性和精确性，是制
作商受益于 BIM 的基础。创建模型是非常耗费时间的，要求建模人员逐一创建每一个对象是 299
不切实际的。如果要求操作人员主动将所有变更从部件集合传播到组成集合的所有部件，不仅耗时而且非常容易出错。

由于以上原因，制作商必须使用支持参数化对象和管理所有层级对象关系的软件系统（第 2 章中定义了参数化对象和关系）。图 7-10 所示的钢结构节点说明了这一需求。软件根据预定义规则，选择并使用合适的节点。工程师或制作商根据常规需求建立和选择项目规则，可以建立也可以不建立适应荷载变化的规则。如果任何一个与节点相连杆件的截面形状或者

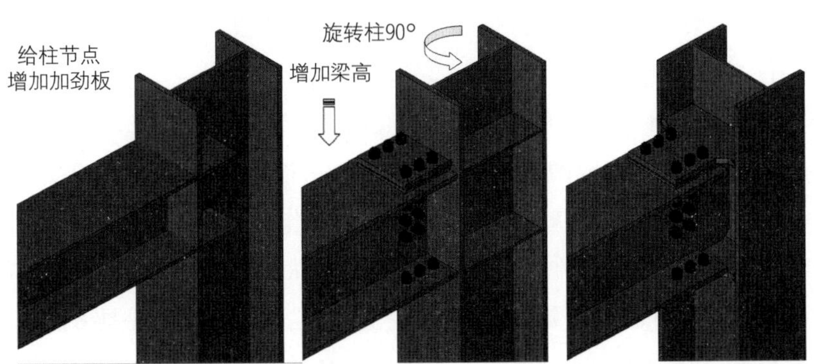

图 7-10　Tekla Structures 中的钢结构节点。软件把选择的左边节点（左图）应用到中间节点（中图）；增加梁高、旋转柱子后，节点自动化更新（从中图到右图）

参数发生变化，节点的几何形体和逻辑关系都会自动化更新。

评价系统的一个重要指标是，自定义部件、细部构造和节点是否能够被添加到系统中。一个强大的系统将支持相互嵌套的参数化部件；有几何约束的部件，如“平行于……”“与……有固定距离……”，以及应用衍生式规则按给定语境生成部件。

当 BIM 方案设计软件允许用户根据二维剖面将墙厚划分为不同厚度的墙层时，建筑 BIM 设计软件可在一个墙层内对嵌套对象集合（例如轻钢龙骨框架）进行参数化布局。这能够顺利生成龙骨框架材料表，从而减少浪费并能更快地安装木质或轻钢龙骨框架。在大型结构中，类似的框架创建和结构布置在制作过程中是必不可少的。在这些情况下，对象是组成结构、
300 电气、管道等系统的部件，规则决定了部件的组织方式。这些部件通常具有定制设计的用于制作的详图，例如连接节点。在更复杂的情况下，系统的每个部件由其内部的组件组成，例如混凝土中的钢筋或大跨度钢结构的复杂组件。

针对更精细的满足制作要求的建模工作，软件厂商开发了一组独特的 BIM 设计程序。这些工具提供了不同的对象族，以嵌入不同类型的专业知识（参见表 7–2）。它们还与不同的模型用途相关联，例如材料追踪和订购、工厂管理和自动化制作。钢结构制作是开发此类工具的最早领域之一。最初，这些是简单的三维设计系统，具有预定义的参数对象族，用于节点设计和修剪与节点相连构件的编辑操作（例如 Tekla Structures，最初是一个名为“XSteel”的钢结构深化设计软件）。随后这些功能得到了升级，它们可支持基于荷载和杆件尺寸的自动化节点设计。通过与数控切割和钻孔机器关联，这些系统已成为自动化钢材制作系统的一个组成部分。通过类似的方式，软件厂商还开发了用于预制混凝土、钢筋混凝土、金属风管、管道和其他建筑系统的应用程序。

在面向制作的建模中，为了尽量减少工时、获得特定的视觉外观、减少不同工种班组的混合作业、实现最少的材料类型或数量，深化设计人员对参数化对象进行优化。实施标准化设计指南，通常可从多个可接受的深化设计方法里选择一种方法。在某些情况下，可以通过使用标准化深化设计实践实现多种目标；然而，在一些情况下，这些深化设计实践却完全没有可取之处。因此，公司可能需要进一步定制针对特定制作设备的最佳实践或标准接口。在未来的几十年中，设计手册将成为参数化模型和规则的补充。

自 2008 年《BIM 手册》英文版第一版出版以来的 10 多年里，BIM 软件的整合已经取得了重大进展，几家主要供应商收购了许多较小的面向特定领域的软件。目前，他们已有收购了许多面向钢结构、钢筋混凝土以及 MEP 深化设计和制作的软件。其中有些软件已被市场淘汰，而有些软件仍在作为软件套件的一部分广泛使用。大多数被淘汰的软件属于面向制作的 CAD 系统这一类，它们不是真正的参数化对象建模工具。相反，它们是具有供应商提供的对象类库的传统 B–rep 建模器，并且许多是基于 AutoCAD 平台开发的。在这些传统的 CAD 平台中，用户可以选择、布置具有相关属性的三维对象，并可调整参数值。还可导出对象实例和

分包商和制作商的 BIM 软件 表 7–2 301

BIM 软件	可考虑的建筑系统									功能	供应商
	钢结构	预制混凝土	现浇混凝土	机械 / HVAC	电力	给水排水 / 消防	幕墙	木材 / 金属框架	太阳能		
Tekla Structures	√	√	√				√	√	√	建模、深化、协调	天宝
Revit	√	√	√	√	√	√	√	√	√	建模	欧特克
AECOsim	√	√	√	√	√	√	√	√		建模	奔特力
Allplan Engineering	√	√	√							建模、深化	内梅切克
Allplan Architecture	√	√	√							建模	内梅切克
SDS/2 Design Data	√									制作深化	内梅切克
ProSteel	√									建模、深化	奔特力
Structureworks		√								建模、深化、布局、生产追踪	Structureworks LLC
ProConcrete			√							建模、深化	奔特力
aSa Rebar Software			√							预算、深化、生产追踪	Applied Systems Associates, Inc.
DDS-CAD				√	√	√		√	√	建模、深化、分析	内梅切克
Field Link for MEP				√	√	√				现场布局	天宝 MEP
Graphisoft MEP Modeler				√	√	√				建模	内梅切克
Fabrication CADmep, ESTmep, CAMduct				√	√	√				建模、深化	欧特克
DuctDesigner				√						建模、制作深化	天宝 MEP
CADPIPE HVAC and Hanger				√						建模、制作深化	Orange Technologies Inc.
CADPIPE Electrical and Hanger					√					建模、制作深化	Orange Technologies Inc.
CADPIPE Commercial Pipe						√				建模、制作深化	Orange Technologies Inc.
PipeDesigner						√				建模、制作深化	天宝 MEP
SprinkCAD						√				建模、深化	Tyco Fire Protection Products
Graphisoft ArchiGlazing							√			建模	内梅切克
SoftTech V6							√			建模、预算、深化	Softtech
Framewright Pro								√		建模、深化	Cadimage
MWF—Metal Wood Framer								√		建模、深化、协调、制作	StrucSoft Solutions

属性用于其他应用程序，例如材料清单、工单和制作软件。当有一组固定的对象类使用固定
302 规则进行组合时，这些系统可以很好地工作。适用的应用领域包括管道、风管和电缆桥架系统的制作。目前，仍然可用的这类工具包括天宝 MEP 的 DuctDesigner 和 PipeDesigner，泰科公司（Tyco）的 SprinkCAD，以及橘色科技公司（Orange Technologies）的 CADPIPE 套件。

更现代的基于 BIM 的制作工具的优势在于，用户可以定义比 3D CAD 更加复杂的对象族及其之间的关系，而无须进行编程。使用 BIM，不懂编程的专业人员也可以定义幕墙系统与柱和楼板的连接。当然，要使专业人员具有这样的能力需要对原有应用程序加以扩展。

7.4.2 生成部件制作报告

对所有类型的制作商而言，具有自动生成每一个建筑定制型部件生产报告的能力是非常必要的。报告可包含：深化设计图纸；数控加工说明；需要采购的零件和材料清单；指定的表面处理方式和材料；现场安装所需的五金器具清单，等等。

在任何定制型部件的预制中，能够按不同的方式对部件分组以管理生产（例如零件采购、模板和工具准备、储存、运输和安装）非常重要。预制混凝土部件和现浇混凝土组合模板依据模具进行分组，因为一块模具只需在具体应用时稍作改变，就能应用于多个部件。钢筋依据在建筑部件中的配置位置分组，以便加工和绑扎。

为了支持这些需求，BIM 应用程序应该能够根据操作人员指定的基于几何形体信息、组装顺序、供应商等的分类规则以及元数据（用于定义数据、状态和 ID 信息的来源和归属权）对部件进行分组。就几何形体来说，软件应该能够判断两个部件是否相似。以木桁架为例，可用一个主标识符标识那些总体形状和结构布局差不多的桁架分组，而用辅助标识符标识与主分组有微小差异的由一个或多个桁架组成的子分组。如果一个通用桁架族有一个类型标识符“101”，那么在这个通用的“101”族下的由几榀桁架构成的子分组中包含一根截面尺寸比“101”大的杆件，但其他杆件截面均与“101”相同，则这个子分组可被命名为子族“101-A”。

在某些应用程序中，预制定制型部件的某些组成部分需要先送到施工现场，如需要嵌入钢筋混凝土部件的焊接板。这些定制型部件的组成部分必须正确分组并标记，以确保在正确的时间送到正确的地点。当部件需要浇筑或者用螺栓固定在结构上时，它们可能需要提前运送到其他分包商或制作商处。所有这些信息最好能在 BIM 平台内自动生成并与对象绑定。

303 ### 7.4.3 与管理信息系统的接口

如欲充分利用第 7.3 节详述的 BIM 潜在优势，有必要使用一个连接 BIM 平台与采购、生产控制、运输和会计信息系统的双向接口。这可能是一个独立的程序或者是一个综合的企业资源计划（ERP）系统的一部分，或者是面向建筑供应链管理的“软件即服务”（SaaS）解决方案，例如 *ManufactOn*。其目标是监控定制型部件的设计、订购、制作、运输、安装、质量

控制和周转。基于云的系统的主要优势在于，可以让多个独立公司在项目上进行协作，从而所有公司都能了解材料和产品的状态。这减少了不确定性并提高了生产计划的可预测性，从而使建造更加精益。数据采集可以采用手工方式，也可以使用条形码和二维码读取器，还可以采用更强大的 RFID 技术。业已证明，RFID 标签不仅用于预制混凝土部件是可行的（Ergen 等，2007），而且在整体项目的应用也取得了成功，如梅多兰兹体育场项目以及第 7.3.7 节中讨论的其他项目。

为了保证数据的一致性，建筑模型应是部件清单和部件加工图的唯一数据源。部件制作不会一蹴而就，在此期间设计可能会不断变更。为了避免错误，公司每个部门都应随时获取模型中变更部件的最新信息。理想的情况是，各部门通过一个在线数据库共享信息，而不是用文件的导入、导出交换信息。至少，软件应该提供一个应用程序编程接口，让有编程能力的企业可以实现 BIM 平台与企业现有系统的数据互用。

7.4.4 互操作性

每一分包商和制作商仅负责某一建筑系统的一部分建造工作。所以，他们所用的 BIM 平台与设计师、总承包商和制作商所用的 BIM 平台之间的信息交换是非常重要的。确实，即使没有一个统一的数据库，人们仍希望能有一个由来自不同 BIM 平台的各专业系统模型组成的联合建筑模型。今天，没有任何一个单一的制作平台可以解决建筑施工制作的所有问题，我们也不奢望这个局面有所改变。

互操作性的技术问题已经在第 3 章全面讨论过，包括其优势与局限性。毋庸置疑，分包商和制作商在选择 BIM 平台时，必须考虑平台是否具有依照特定行业数据交换标准导入、导出模型的能力。使用什么数据交换标准与行业领域有关：钢结构通常采用 CIS/2 标准，其他大部分领域更多采用 IFC 标准。

7.4.5 信息可视化 304

三维建筑模型浏览器是一个非常有效的输入信息和可视化管理信息的平台，对制作商组织以外的安装工和总承包商员工更是如此。依据不同的生产状态数据形成不同颜色的模型，这样的可定制功能非常有用。

下面两个成功的例子分别是应用 4D CAD 技术制定施工作业生产计划和利用模型以准时制生产方式将预制部件配送到施工现场。第一个例子，使用了一个包含结构部件、资源（塔吊）和施工活动的建筑模型，按部就班地规划和模拟伦敦某地铁车站屋顶钢部件和预制混凝土部件的安装工序（Koerckel 和 Ballard，2005）。必须要有十分详尽的施工规划，才能使项目团队在火车停驶的 48 小时内完成安装。要了解 4D CAD 技术及其带来的益处，请参见第 6 章第 6.8 节。

第二个例子为第 7.3.7 节描述的梅多兰兹体育场项目，图 7–9 上图是项目现场工作人员正在查看 BIM 模型的情景。项目经理通过使用 BIM 模型而非通过查看通常未包括最新变更信息的图纸和技术报告，选择需要生产和交付的部件，可以制定出更加可靠的施工计划。这样一来，图纸、报表的一致性检查工作就可省略，从而消除了由一致性检查引起的人为错误。事实上，这种信息可视化可通过工地施工主管轻松选取彩色模型中的部件自动生成交付清单（如图 7–9 下图所示），非常有利于实现精益建造所倡导的拉动式控制。

各种定制型部件制作商也可以利用 BIM 模型，制作可在手持设备上运行的三维演示动画，以指导工人制作和安装产品。Structureworks XceleRAYtor 应用程序自动编制了一系列详细的、具有颜色编码且标明尺寸的指导工作图形界面，以引导工人在浇筑混凝土之前在模具中安装预埋件和钢筋，如图 7–11 所示。它可以与顶置激光器一起使用，将每个步骤所需的部件直接投射到台座上，以便为部件定位。在浇筑混凝土之前，还可以利用设置在台座上方的摄像机的机器视觉技术检查每个预埋件和钢筋的位置是否正确。此外，还可以使用同样的工具编制指导现场工人的安装工序，包括自动准备安装部件清单。除了大幅提高制作工厂产品质量和生产率之外，该流程完全不需要深化设计图纸，从而消除了许多非增值时间。

305

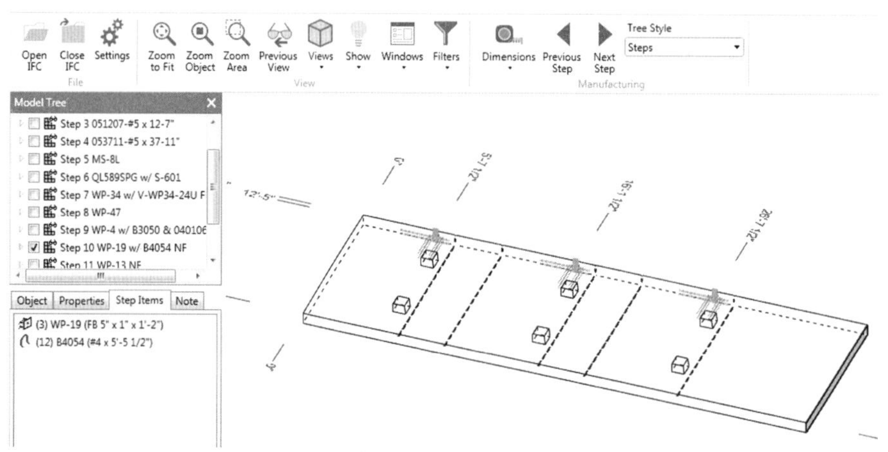

图 7–11 制作工厂在浇筑混凝土之前，在模具中安装各种预埋件和钢筋的一系列步骤的第 10 步。三维视图仅显示此步骤安装的部件，欲看其他部件可点击左侧的步骤列表
图片由结构工程有限公司（Structureworks LLC）提供。

7.4.6 制作任务的自动化

选择 BIM 平台应考虑其是否支持部件的自动化制作，这会因建筑系统不同而异。某些公司已经有了不同种类的数控机械，如钢筋弯曲机、切割机，型钢 / 钢板激光切割机，或者用于预制混凝土部件制作的精密输送带和浇筑系统。对于已有制作设备的制作商，已有的制作设备会促使他们采用 BIM。对于没有制作设备的制作商，则面临是否购买制作设备的选择，但应用 BIM 可以促使他们引进制作设备，这就是基于三维建模的 3D 打印和各类机器人在施工中得以推广的原因。

不管是何种情况，考虑信息需求和 BIM 软件所支持的设备接口都是非常重要的。二维激光切割机和钢筋弯曲机需要生成数控指令的驱动程序；3D 打印需要基于完全闭合的 BREP 实体生成打印指令。用于施工的机器人，例如快速砌砖机器人公司（Fastbrick Robotics）研发的自动砌砖机，不仅需要三维几何形体信息，还需要砌砖所需的相关材料和建筑系统信息。这需要将 BIM 模型信息处理成为机器可读的数据格式。

7.5 面向制作的具体 BIM 需求

有许多方法可以减少建筑施工所需的人工工作量，例如预制、模块化建造、机器人和 3D 打印。所有这些方法的共同点是需要详细、精确和完整的产品和流程信息。BIM 能够提供这类信息，因此其在促进施工自动化方面起着关键作用。然而，所需的信息类型因方法不同而异。因对几何形体、制作流程和其他因素的信息需求各不相同，不同方法对 BIM 工具都有独特的需求。

7.5.1 传统定制型部件制作商 306

本节描述针对更常见的定制型部件制作商的特定 BIM 需求，表 7–2 列出了适合每类制作商的软件包（本书出版时在售）。该表还列出了每个软件包的应用领域及相应功能。虽然尚不详尽或完整，但它提供了可用系统的概况。

钢结构：钢结构由不同的部件组成，在结构工程师定义的荷载约束条件下，这些部件可以使用最少的材料数量和工时轻松制作，并运输到现场进行安装和连接。只对螺栓、铆钉、焊缝以及钢构件进行三维建模是不够的，以下是钢结构深化设计软件应满足的其他需求：

- **可定制及自动化生成节点详图：**该功能必须包含定义规则集的能力。这些规则集控制节点类型的选择以及通过调整参数，使节点与所连构件相匹配。
- **具有包括有限元分析在内的内置结构分析功能：**或者，软件至少应该能够描述并导出结构模型，包括以外部结构分析软件可读格式定义的荷载。在这种情况下，它还应该能够将外部结构分析软件输出的荷载和构件内力导入三维模型。
- **直接向计算机数字控制机床输出切割、焊接和钻孔指令：**此功能正在向自动装配方向发展。自动装配需要更广泛的几何和流程信息。

预制混凝土：预制混凝土的信息模型比钢结构建模更加复杂。因为预制混凝土构件内部包含钢筋、预应力钢绞线和钢制预埋件（图 7–12），实体造型随意性大、表面处理变化多端。这也是为什么面向预制混凝土制作的 BIM 软件投入市场的时间要比面向钢结构制作的 BIM 软件投入市场的时间晚得多的一个原因。

307

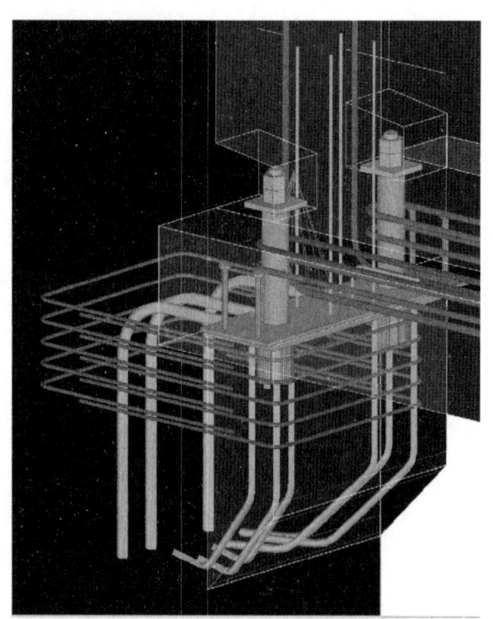

图 7–12 由 Tekla Structures 软件建立的参数化柱 – 牛腿 – 梁连接节点里的钢筋和其他预埋件。可以调整节点布局以与梁、柱截面尺寸及布局相匹配。参数化建模操作可以包括不同形状实体的加减（布尔运算），以便创建与其他部件连接所需的开口、槽口、外圆角和切口

306 对钢结构深化设计软件的前两项需求——可定制及自动化生成节点详图和具有内置结构分析功能——同样适用于预制混凝土深化设计软件。另外，预制混凝土深化设计软件还应满足以下特定需求：

- 在建筑模型中，能用与深化设计图纸表达的几何形体不同的实体对部件建模。所有预制部件都有收缩和徐变，这意味着它们最终的尺寸与制作时的尺寸是不同的。施加偏
307 心预应力的预制部件是弧形的。最复杂的情况出现在大跨度预应力部件的刻意扭曲或翘曲。这通常是一根大跨度双 T 梁用在需要提供排水斜坡的停车库或者其他结构的场景（通过设置部件一端截面相对另一端截面的倾角实现）。在模型中，部件以扭曲形状出现，但它们的制作是在水平预应力台座上完成的，因此在深化设计图纸中要用直梁表示。对于任何刻意变形的部件，都需要在安装后的形体和深化设计图纸表达的形体之间进行复杂的几何变换。
- 混凝土部件表面不是简单处理一下即可，它们通常有自身的几何形体，需要占据部件的一部分体积。石材饰面、砖饰面、隔热保温层等都是常见的例子。可以使用能够提供定制颜色和表面效果的特种混凝土，但有时由于成本太高不容许用其浇筑整个部件。因此，部件可能由一种或多种混凝土浇筑，软件应能提供不同类别混凝土的体积。
- 需要对每个部件进行专门的结构分析，以检查其在拆模、吊装、储存、运输和安装过

程中的受力状态。部件在这些过程中的受力状态与在建筑使用荷载作用下的受力状态是不同的。这需要与外部分析软件集成并具有开放的编程接口。

- 组成预制部件的组件必须根据安装时间进行分组：制作时浇筑到部件中的组件、浇筑 308
或者是焊接至建筑基础或结构的组件、打包运送（与部件捆绑在一起）到安装现场的组件。
- 能以与制作控制软件和自动弯曲、切割机床驱动程序兼容的数据格式输出钢筋加工数据。

现浇钢筋混凝土的钢筋和模板：与预制混凝土一样，现浇混凝土也有必须详细建模的内部部件。对预制混凝土软件的有关结构分析、生成钢筋加工数据（用于钢筋制作与绑扎）和测量混凝土体积的需求同样适用于现浇混凝土软件。

然而，现浇混凝土是整体浇筑，与钢结构和预制混凝土结构有很大不同，其梁、柱、板部件之间没有明显的物理边界。节点处混凝土体积隶属于哪类部件应根据实际情况确定。使用 Autodesk Revit 的节点修剪功能，通过设置节点参数可使某类部件优先占据节点位置（如设置当梁遇到柱时，节点由柱贯通，梁不进入节点区域）。此外，同一钢筋可能在部件中发挥一种特定作用，而在节点中发挥另一个不同的作用，比如连续梁的顶筋在跨内是用来抗剪和抗裂的，但是在支座处却是用来抗弯的。

另外一个不同就是现浇混凝土能够浇筑单曲或双曲且厚度可变的复杂几何曲面。虽然可变厚度且多重曲面的情况十分稀少，穹顶却是经常见到的一种。当建造项目遇到曲面混凝土时，应确保所用的 BIM 建模软件的几何引擎能够正确绘制工程曲面并求出对应混凝土体积。第三点不同就是，不像钢结构和预制混凝土结构，现浇混凝土分析、设计模型的分区与施工模型的分区是不同的。施工缝的位置通常是由现场情况决定的，并非完全采用设计师的方案。所以，如果某些部件既用于设计又用于施工管理，则必须在设计 BIM 模型和施工 BIM 模型中分别建模（Barak 等，2009）。

最后，无论是采用标准模板还是定制设计模板，现浇混凝土都需要模板布置图和模板详图。某些模板公司提供了模板布置和模板详图设计软件，允许用户在三维环境中将标准模板铺设到现浇混凝土位置。软件还能自动生成详细的材料清单和模板安装图。此外，佩里公司（PERI），作为一家大型的模板和脚手架制作商和供应商，还为 Tekla Structures 提供了其产品的参数化对象库。图 7-13 是为德国某铁路桥的混凝土桥塔施工设计的模板的 BIM 模型。

幕墙和窗户：幕墙包括所有没有结构功能的封闭墙体系统，它不将重力荷载传递给建筑 309
基础。在定制设计、制作的幕墙中（本质上为定制型部件），铝和玻璃幕墙最为典型。幕墙又分为构件式幕墙、单元式幕墙和复合式幕墙三种类型。定制型窗户包括为某一特定建筑定制设计的由钢、铝、木材、塑料（PVC）或其他材料制作的所有窗户单元。

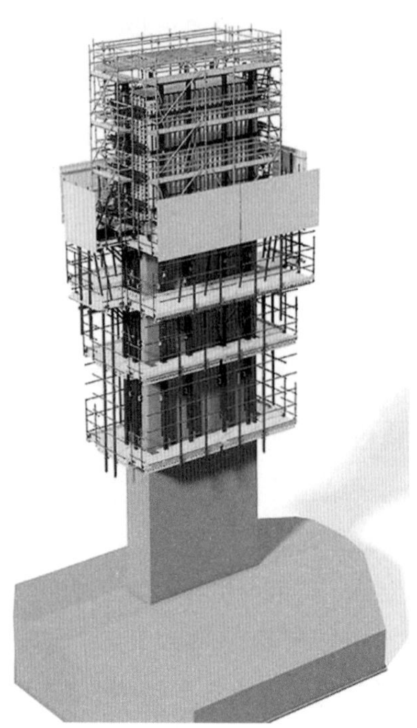

图 7–13 用于建造某铁路桥高桥塔的模板布置渲染图（见书后彩图）
图片由位于德国魏森霍恩的佩里公司提供。

构件式幕墙安装在附属于建筑框架的金属（通常是铝）结构上。它们和钢结构框架类似，由挤压型材杆件组成（竖直的竖梃和水平的横梃），并在相交处形成节点。和预制表皮面板一样，它们与结构框架的连接节点必须十分清晰、详细。因为易受温度影响从而产生热胀冷缩，构件式幕墙系统对建模软件提出了独特要求，即允许幕墙节点在不影响隔离和美学功能的前提下自由移动。通常的做法是在有位移的节点处放一个套筒，以调节、隐藏纵向位移。构件
310 式幕墙系统只需要建立装配模型和绘制最少的制作详图（仅需支持型材在车间加工出正确长度）。规划安装顺序以适应公差的能力是很重要的。

单元式幕墙系统由直接安装到建筑框架上的预制件构成。建模的一个关键特点是要满足高精度施工的需要，这意味着模型应能明确反映结构框架的尺寸公差。

复合式幕墙系统包括单元式竖梃系统、柱套和连梁系统以及面板（强支撑）系统。其不仅需要安装详图和元件加工详图，而且还需要与其他系统密切协调。

幕墙是建筑模型的重要组成部分，因为除了整体结构分析之外，其在所有其他建筑性能（如保温隔热、声学环境和采光）分析中都很重要。任何基于模型的计算机模拟不仅需要幕墙系统及其部件的几何数据，还需要它们的相关物理属性信息。模型也应该能够支持对系统部件进行局部风荷载和静荷载作用下的结构分析。

大部分采用常规方法建立的幕墙模型仅可用于初步设计，不能用于深化设计和制作。组

约第十一大道 100 号公寓项目（参见《BIM 手册》配套网站），是将 BIM 用于复杂幕墙设计和制作的优秀案例。另外，也可使用专有软件做幕墙和窗户系统的深化设计和预算。这些软件能够单独建立窗户和幕墙模型，而无须将其汇入总体建筑模型。因为大部分幕墙系统采用钢、铝型材，有些公司发现制造业的参数化建模平台，如 Solidworks 和 Autodesk Inventor，也可用于幕墙深化设计。

机电管线（MEP）：此领域涉及三种不同类型的定制型部件：暖通空调系统的风管和设备；用于液体、气体供应和排泄的管道；用于电气和通信系统的电缆桥架和控制箱。这三种系统无论在性质上还是在占用建筑空间上都是相似的，但是它们对详图设计和制作软件的要求是不一样的。

暖通空调系统风管的制作与安装必须先将切割的金属薄板制成方便运输的单元运送到现场，然后在施工现场组装和安装就位。风管单元是三维对象，通常有着复杂的几何形体。冷却塔、水泵、散流器和其他设备都对空间和间隙有着严格要求，并与电气和管道系统有接口。所以，这些设备的位置和方向需要与相关系统仔细协调。

用于供应、排泄各种液体和气体的管道是由挤压型材制作的，其与阀门、弯头和相关设
备组成管道系统。虽然不是所有管道都是定制型部件，但是那些需要交付之前在工厂完成切 311
割、打孔或其他处理的管道应该视作定制型部件。另外，即使大部分组件是现成的，在交付或 / 和安装前需要预先组装为整体单元的管道也应视为定制型部件。

虽然电气和通信电缆比较柔软，但承载它们的导管和桥架并不是这样的，这意味着它们的布置必须同其他系统协调。

这些系统对 BIM 的首要需求就是对设备的位置、方向和管线空间排布进行协调。管线排布要有易辨识或者彩色标识的视觉效果，以便发现不同系统的冲突。图 7–14 是由总承包商 [莫特森公司（Mortenson Company）] 提供的用于协调的模型，是一个建立、检查 MEP 系统 BIM 模型并将其用于制作、生产和安装的优秀例子。虽然物理冲突检测在大部分管道、风管软件中都是可行的，很多情况下还需要软冲突检测。软冲突检测是指检查不同系统之间必须保留的最小净距（如一根热水管和电缆之间的最小净距）是否满足要求。同样，有的设备可能需要卸下检查或者维修，这就需要留有足够的拆卸和维修空间。软件在进行冲突检测时应允许用户设定规则，定义任何两个不同系统之间的可核查的空间限制。

第二个通用需求是根据生产和安装物流将对象分组。部件编号或者标记需分三个层级： 312
部件唯一 ID；用于安装的分组 ID；系统为制作或采购相同或大致相似部件集合分配的生产分组 ID。工地上，把属于风管和管道的不同部件分组交付是非常重要的。如果任何部件丢失或者因为尺寸不对、制作错误而导致部件不能就位，生产率就会降低，工作流程也会中断。为了避免这些问题，BIM 系统必须提供材料清单并将其无缝整合到物流软件中，对部件进行标记，以确保将完整、正确的部件集合及时送到工作场地。

311

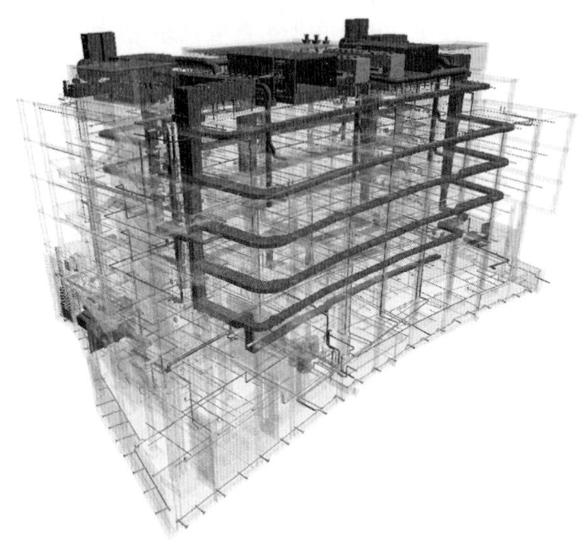

图 7-14 由总承包商（莫特森公司）为施工协调创建的展示 MEP 系统以及透明结构部件的模型视图（见书后彩图）
图片由莫特森公司（Mortenson）提供。

312 各系统对 BIM 的特殊需求如下：

- 大部分风管都是由金属板材剪裁制作的。软件应能生成由三维模型展开的平面形状，并将数据转换为等离子切割机或其他机床的可读格式。软件还应提供最佳剪裁方案，最大程度减少边角料。
- 管线一般用正等轴测图绘制。软件应提供多种表达方式，包括全三维表达、单线表达、符号表达以及二维平面、剖面、轴测图等表达方式。
- 风管、管道和模块化 MEP 支吊架非常适合预制。软件应提供自动生成装配、制作、安装说明以及材料清单的工具。例如，荷兰 Stabiplan 公司的 STABICAD 软件提供了一个用于生成零件清单和预制说明的 Revit 插件和对象库（访问 mepcontent 网站，可见以 LOD 400 建模的 MEP 部件）（图 7-15）。在有了模型生成的预制板型和切割清单后，则无须在现场测量、切割或制作管道，自然也无须清运边角料等废物。

MEP 系统应用软件生成模型和制作信息比其他建筑系统要早。这主要是因为风管、管道是由具有标准几何形体的部件组成的，不需要单独考虑部件之间的接口。可以利用编好的例程插入独立的参数化部件，而无须使用实体建模或布尔运算。因此，基于参数化和约束建模功能欠佳的普通 CAD 平台之上建立满足制作需求的信息模型是可行的。

正如我们在第 7.4.1 节结尾所讨论的，与 BIM 软件比较，CAD 软件的缺点是变更发生后
313 不能维持部件之间逻辑关系的完整性。当某一风管截面或某段风管截面发生变化时，与其相邻风管的截面也应调整。当一根穿过楼板或者墙体的风管或管道移动时，楼板或者墙体上的洞口也应该一同移动或者当不再需要时能够将其填平。另外，某些 MEP 应用程序缺少实现互

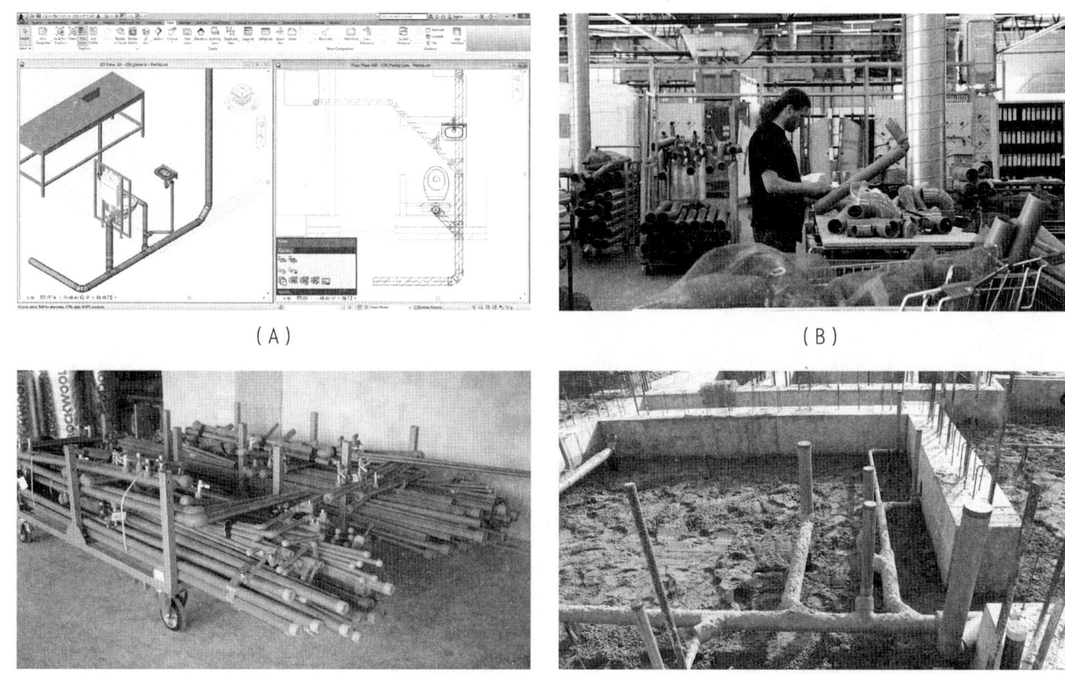

（A） （B） （C） （D）

图 7–15 为安装在住宅项目而设计和预制的 MEP 部件：（A）设计模型；（B）制作；（C）运输到现场；（D）安装后
图片由 Stabiplan 公司提供。

操作性所需要的数据导入、导出接口，尚不支持 IFC 模型。

鉴于一些软件的知名度，分包商和制作商可能会在一段时间内仍继续使用 CAD 工具，包括 Trimble MEP 的 DuctDesigner 和 PipeDesigner，Tyco 的 SprinkCAD 以及 Orange Technologies 的 CADPIPE 套件（参见表 7–2）。由此产生的 BIM 模型与 CAD 工具中 MEP 系统的“混合使用”，在萨特医疗中心案例中得以体现（详见《BIM 手册》配套网站）。因此，重要的是要确保任何基于 CAD 的平台都能够支持可以将文件上传到设计整合软件的文件格式（参见第 2.5.9 节）。

7.5.2 模块化建造 314

包含所有建筑系统的定制型建筑部件是模块化预制单元，它们组装在一起形成整个建筑或建筑的主要部分（参见图 7–3）。在第 10.7 节案例研究中详细介绍的新加坡南洋理工大学北山学生宿舍项目，是使用 PPVC 模块的一个很好的例子。模块的钢框架在中国台湾制作，然后运往新加坡，并在新加坡的工厂完成了建筑系统的安装和装修。

许多人认为模块化建造特别适合品牌酒店、学生住宿、高层住宅建筑和医院病房等的建造，这是因为单元平面布局的一致性。的确，世界上已有许多这种建造的例子，例如，潮汐建设公司（Tide Construction）和瞭望模块系统公司（Vision Modular Systems）建造的位于伦敦北部的29层的巅峰住宅大楼（Apex House）；使用由中国国际海运集装箱集团（CIMC）制作的模块建造的包含592个房间的综合体建筑——“真正的格拉斯哥西区”；第10.5节案例研究中描述的由莫特森公司安装在科罗拉多州丹佛圣约瑟夫医院的模块化房间单元，等等。毋庸置疑，BIM和参数化设计以及深化设计工具可以降低具有不同形体模块化建筑的工程成本。因此，随着建筑模块生产规模的扩大以及DfMA流程BIM的充分整合，各种类型的模块化建筑可能会不断增多。

在英国建设领导委员会（Construction Leadership Council，CLC）发布的一份回顾建筑劳工模型报告（副标题为“现代化或死亡”）中，马克·法尔默（Mark Farmer）呼吁增加模块化建造的使用（Farmer，2016）。该报告为建筑业的现代化提供了依据，并确认了BIM在提供所需信息方面的重要作用：

“**预制作**——在建筑创新领域中使用了许多不同的术语，包括‘非现场制作’‘现代化施工方法’或‘预制’。这里统一采用‘预制作’这一术语，泛指所有降低现场劳动强度和交付风险的流程。这隐含地包括从部件层级的标准化和精益流程到完全预装修箱式模块解决方案的各个层面的‘面向制作和组装的设计’方法。它还包括可降低现场施工风险、提高生产率和可预测性的在现场、邻近现场、‘移动’工厂或固定设施制作的任何部件。‘工业4.0’这个术语通常用于指代以信息物理系统作为‘智能’生产核心技术的第四次工业革命。然而，很明显建筑业在许多方面还没有过渡到大规模使用电子和信息技术的自动化生产的‘工业3.0’阶段。因此，重要的是要将此视为第一目标，并使用反映当前行业现实水平的术语和定义。”

“……建筑信息建模（BIM）……作为推动行业变革的一个关键工具，与上面讨论的转向由制作引领的方法密不可分。”

315 在撰写本书时，还没有面向模块化建造的BIM工具。由于包含许多行业工程知识，一些模块化单元制作商发现某些机械工程CAD软件包非常有用，例如Solidworks或Autodesk Inventor。这些软件可用于制作阶段，但它们没有方案设计和扩初设计必备的建筑设计功能。由于将信息从BIM平台移交到制作平台并非易事，因此，开发专门针对模块化建造的BIM工具似乎还有填补“空白”的机会。

7.5.3 3D打印和机器人施工

3D打印或增材制造（additive manufacturing，AM）是一种快速成型技术，通过逐层添加可粘合材料生产产品。随着BIM数据可用性日益增长，3D打印在施工中的应用取得了显著进步。

21 世纪初开发出价格合理的 3D 打印机后，它在建筑教学中受到了欢迎，但直到 2008 年才提出将其用于建筑的实用方法。目前，AEC 行业可用的 3D 打印技术有三种类型，分别是轮廓工艺（contour crafting）、粘合剂喷射（binder jetting）和熔融沉积成型（fused deposition modeling，FDM）。

轮廓工艺是 3D 建筑打印中最常用和最先进的方法，通过使用打印喷嘴逐层叠加混凝土浆料或类似的快速凝固水泥质材料生产建筑或建筑部件。该方法于 2008 年由南加州大学（USC）工业与系统工程教授比洛克·霍什内维斯（Behrokh Khoshnevis）首次提出。盈创公司（Winsun）是一家中国的预制混凝土生产商，在商业化和推广轮廓工艺技术方面发挥了重要作用。2014 年，该公司在 24 小时内建造了 10 栋房屋，以展示其实力。盈创公司不在现场打印建筑，而是在工厂打印部件，然后采用类似于装配式建筑的方法在现场组装。一家俄罗斯公司 Apis Cor 开发了一种现场 3D 建筑打印系统，该系统具有一个延伸的臂架，可以固定在转盘上旋转。Apis Cor 公司于 2016 年 12 月打印了第一栋 38 平方米的住宅，这个系统可打印面积达 132 平方米（直径 4—8.5 米）的区域。

胶粘剂喷射喷嘴将胶粘剂（胶水）逐层喷涂到 3D 打印材料薄层上，以对产品进行 3D 打印。胶粘剂喷射也称为"粉末床法"，因为它在生产台座上将 3D 打印材料以粉末形式展开，然后将胶粘剂喷射到 3D 打印材料上，之后，再清除掉多余的 3D 打印材料。D-shape 是最著名的使用胶粘剂喷射方法的 AEC 3D 打印公司。D-shape 公司打印的产品表面有类似珊瑚礁的纹理，因为它使用砂子作为主要的 3D 打印材料。

熔融沉积成型通过熔化、粘合 3D 打印材料形成形体。由于混凝土不能熔化和粘合，因此其他类型的材料可以使用熔融沉积成型进行打印，如钢或塑料。一个著名的例子是由荷兰机器人 3D 打印公司 MX3D 制作的 3D 打印钢桥。支系技术公司（Branch Technology）和苏黎世 316
联邦理工学院（ETH Zurich）使用类似的熔融沉积成型方法打印加筋结构。支系技术公司还采用多孔制作（Cellular Fabrication，C-Fab）技术使用碳纤维增强塑料 3D 打印线框结构，并使用喷涂泡沫绝缘材料填充间隙。SHoP 是一家纽约建筑公司，2017 年，在佛罗里达州迈阿密使用 C-Fab 技术打印了世界上最大的 3D 打印展馆。此外，苏黎世联邦理工学院采用网格模具技术（Mesh Mould technology）3D 打印钢线框架，让其同时起到钢筋和混凝土模具的双重作用，并用零坍落度混凝土填补缝隙。

无论使用何种方法，3D 打印建筑都需要四个步骤：

1. 第一步，从 BIM 模型中筛选并选定要打印的对象，然后导出三维几何形体信息并传递给控制 3D 打印机的计算机辅助制造（CAM）程序。每种类型的 3D 打印机都有自己的 CAM 应用程序。

2. 第二步，在 CAM 软件中设置 3D 打印选项，如打印质量和打印路径。

3. 第三步，对大型现场 3D 打印机执行校准流程，确定基点和方向。

4. 第四步，运行 3D 打印机建造建筑或建筑对象。

尽管科研论文和对 3D 打印技术的兴趣在快速增长，但是在 3D 打印能与现有施工方法竞争之前，仍有许多限制和挑战需要克服。问题涉及机器的可扩展性和移动性、对横向荷载（风和地震）的抵抗力不足以及混合材料打印、表面处理质量控制和制作悬臂部件困难等。然而，通过在 BIM 平台对建筑进行建模然后让机器精确、快速地制作建筑，并且无须进一步的人为输入，这种想法令人向往，因此，人们乐意继续探索其可能性。

另一方面，机器人施工在短期内可能具有更大的潜力。由于工业机器人费用昂贵、缺乏成熟的导航工具和视觉工具以及高昂的设置成本（包括由于没有建筑信息模型需要对完成每个任务进行大量编程），20 世纪 80 年代后期行业对机器人施工的研发工作（例如，参见 Warszawski，1990）没有取得成果。如今，这些情况已发生变化——特别是 BIM 很常见。使用模型信息的机器人施工工具，例如快速砌砖机器人公司（Fastbrick Robotics）的 Hadrian X，已可用于商用。Hadrian X 采用的方法类似于使用轮廓工艺的 3D 打印，轮廓工艺 3D 打印逐层铺
317 设材料层形成墙体，而 Hadrian X 则是通过使用实心砖而不是通过管道输送的黏性水泥材料的凝固制作各种墙体。

7.6 制作企业如何采用 BIM?

制定采用 BIM 的稳健策略必须考虑到软件、硬件以及培训工程设计人员以外的内容，因为其对工作流程和人员有着广泛影响。

BIM 是一项精深的技术，影响着制作分包商从市场营销、预算到工程设计、原材料采购、制作、运输至安装现场以及维护等工作的方方面面。对于原来以手工方式或用相对简单的软件完成的工作，BIM 不只是简单地促进工作的自动化，还带来了不同的工作模式和生产流程。

BIM 能直接提高工程设计和制图的生产率。除非一家公司在应用 BIM 过程中承接的项目持续增长，否则这些工作所需的人数将减少。人员精简会对员工造成威胁，而员工的投入和热情是变革工作流程的决定性因素。针对这种影响应制定全面的计划，帮助那些被选中参加培训的人员和将要安排其他任务的人员做好适应性准备。应确保员工在采用 BIM 的早期阶段能够积极参与并投入组织的工作流程变革中。

7.6.1 确定合理的目标

回答以下问题将有助于为制定有效的 BIM 采用规划确定目标，并明确公司内外参与规划的人员。这对自身具有深化设计能力的制作公司以及提供工程深化设计服务的专业公司都是适用的。

- 客户（建筑业主、建筑师、工程顾问和总承包商）如何从制作商熟练使用 BIM 平台中

获益？可以提供哪些今天没有的新服务？哪些服务的生产率能得到提高，以及如何缩短交付周期？

- 建筑模型数据能在多大程度上从上游模型（比如从建筑师或其他设计师的 BIM 模型）导入？
- 最早在流程中的哪个阶段可以建立模型，以及合理的细化程度是什么？有些项目要求制作商在投标阶段就提出总体设计方案，此时一个细化程度较低的模型就可以成为表达公司独特想法的理想工具。其他项目只要求制作商基于设计师的方案投标，所以只 318
有在中标后才启动深化设计模型创建工作。
- 若要为投标准备模型，哪些信息在中标后对工程设计和深化设计是有用的？
- 公司的标准工程设计详图将由谁、以怎样的方式植入软件的定制部件库？部件库是在采用 BIM 时建立，还是自第一个项目起根据建模需要逐渐积累？
- BIM 能否成为公司内部沟通信息的新渠道？这在与不同部门公开讨论之后才能确定实际需求。比如问生产部门负责人"您希望怎么看深化设计图？"可能没有抓住采用 BIM 的要点，因为还可能有其他呈现信息的形式。
- 在提交阶段，如何将信息传达给设计师和顾问？能够使用 BIM 的建筑师和工程顾问很有可能更倾向于接受模型而非图纸。如何将评审意见反馈给公司？
- 在多大程度上能用建筑模型生成或显示管理信息？将 BIM 系统与既有的管理信息系统进行整合，或者让新的管理系统并行运行，还需要什么（软件、硬件、编程）？大多数 BIM 平台厂商不仅提供功能完整的建模软件，还提供模型整合和模型查看软件（参见第 2.6 节），后两种软件可能更适合生产或物流部门人员使用。
- 变革的合理节奏是什么？这取决于参与公司采用 BIM 工作的人员有多少时间。
- 现有 CAD 软件以何种程度逐步退出？在采用 BIM 的过程中应保留多少 CAD 软件过渡？是否有客户或供应商尚未使用 BIM，从而需要保留有限的 CAD 软件？
- 将工程设计外包的供应商的需求和作用是什么？是否期望他们调整？公司是支持他们向 BIM 转型，还是用精通 BIM 的工程设计服务供应商取而代之？

7.6.2　准备工作

一旦选定了软件和硬件配置，第一步就是制定完整的采用计划。确定要实现的目标和挑选率先采用的合适员工，他们既是管理者，也是先学者。在理想情况下，采用计划由公司指 319
定的领导与公司生产和物流部门的关键员工协商制定。这一计划应详细说明开展以下活动的时间和人员安排：

- **培训工程人员使用软件。**注意：三维对象建模在理念上与 CAD 制图是截然不同的，有些 CAD 经验丰富的员工会发现难以"抛弃"CAD 习惯是有效应用 BIM 软件的一大障碍。

与使用大多数复杂软件一样，效率是随时间提高的；只对接受培训后能立即在项目中使用软件的员工进行培训。

- **建立定制部件库、标准节点、设计规则等。**对于大多数系统和公司，这是一项主要任务，也是提高生产率的关键因素。此时有不同的策略可供考虑：定制部件从最初的项目开始根据需要逐步创建和积累；预先创建部件库中的大部分部件；混合使用上述两种方法。大型公司可以挑选经过专门培训的员工建立并维护部件库，因为参数化建模库比 2D CAD 库要复杂得多。
- **使用软件定制功能提供满足公司需求的图纸和报告模板。**培训一旦结束，“先学者”就可以开始一个“秘密”项目：尝试对正在使用标准 CAD 软件进行生产的项目并行建模。这种“秘密”项目能探索实际工程的 BIM 应用范围，而不会承担按进度要求产出结果的责任。它还能发现培训存在的问题以及已有的定制部件是否满足生产需求。
- **组织受影响的非直接用户（公司内的其他部门、原材料和加工产品供应商、外包服务提供商和客户）召开研讨会**，让他们了解 BIM 转型，赢得他们的支持，并为可能实现的信息流改进征求意见。在预制混凝土公司召开的一次研讨会上，要求钢筋笼组装车间经理对深化设计图尺寸标注格式的不同选项发表意见。结果，他反问能否用一台计算机展示以颜色区分不同直径的三维钢筋笼。他认为这样可使他的团队只需用解读二维图纸的一小部分时间就能理解需要绑扎的钢筋笼。

320 7.6.3 把握转型节奏

新 BIM 工作岗位的引入需要分阶段进行。接受培训的人员很可能在培训期间使用 BIM 开展工作的效率不高。在采用 BIM 的初级阶段，使用 BIM 的生产率要比使用 CAD 平台低，这是因为学习需要一个过程。最先接受培训的人员也很可能在长时间内比大多数人生产率低，因为他们要对软件进行定制，以适应公司特定产品和生产工作的需要。换言之，很可能在采用 BIM 的初级阶段需要额外的人员，而后人员数则会锐减。这可以从所需人员的总数上看出，如表 7–3 中每个采用计划的最后一行所示。

表 7–3 展示了一家公司拟用 13 个 BIM 工作岗位分阶段替换现有的 18 个 CAD 工作岗位的实施计划。它列出了引入 BIM 软件后最初四个阶段所需的 CAD 和 BIM 工作岗位的数量。它基于对两个变量的预测：预期的生产率提升程度和预期的业务增长率。后者可用完成业务所需的 CAD 工作岗位数表达（表里给出了两种方案：忽略业务增长和考虑业务增长）。表中生产率的增长是 40%，是基于使用 BIM 得到与 CAD 等量产出节省的小时数得出的。对制图来说，这是目前使用 CAD 所用时间的 60%。这是基于现有研究数据的保守估计，详见第 7.3.4 节。

某制作商工程部门分阶段引入 BIM 工作岗位示例　　表 7–3

采用阶段	开始	阶段一	阶段二	阶段三	阶段四
忽略工作量增长方案					
完全应用 CAD 时需要的 CAD 工作岗位	18	18	18	18	18
在岗的 CAD 工作岗位	18	18	13	3	
裁掉的 CAD 工作岗位			5	15	18
增加的 BIM 工作岗位		3	6	2	
在岗的 BIM 工作岗位		3	9	11	11
工作岗位总数	18	21	22	14	11
考虑工作量增长方案					
完全应用 CAD 时需要的 CAD 工作岗位	18	18	19	20	21
在岗的 CAD 工作岗位	18	18	14	5	
裁掉的 CAD 工作岗位			5	15	21
增加的 BIM 工作岗位		3	6	3	1
在岗的 BIM 工作岗位		3	9	12	13
工作岗位总数	18	21	23	17	13

表 7–3 还考虑了培训停工和学习初期生产率降低的影响。一种简化的假设是：每个阶段 321
引入的 BIM 工作岗位只有在下一阶段才能正常发挥作用。因此，在采用的第一个阶段尽管增加了 3 个 BIM 工作岗位，但不会减少 CAD 工作岗位。在第二阶段，CAD 工作岗位减少了 5 个，等于能正常发挥作用的 BIM 工作岗位数量（即 3 个，前一阶段增加的数量）除以生产率（3 ÷ 60%=5）。

采用 BIM 第一阶段需要增加的人员可以通过外包或加班得到弥补，但这很可能是采用 BIM 需要支出的最主要成本，并且通常会比软件、硬件投资或直接培训成本高得多。公司可针对不同项目错开采用 BIM，以降低不利影响。事实上，随着时间的推移，转型所需时间会比计划的要短（随着越来越多的人员完成转型，BIM 软件与日常工作流程的整合越来越充分，整合新操作人员的过程也会更加顺利）。不管怎样，从管理的角度看，必须明确转型期所需的资源并保证其供应。

7.6.4 人力资源因素

从长远看，制作商组织采用 BIM 会给业务流程和人员带来深远影响。要实现 BIM 带来的全部效益，新项目的第一个模型需要由预算人员（通常是制作商组织内部最有经验的工程师）建立，因为这涉及对概念设计和生产方法进行决策。而这不是可以委托给制图员的任务。当项目进入深化设计和生产阶段时，需要工程师基于模型进行分析，或至少是由工程技术人员确定详图。对于电气、HVAC 和管道、通信等专业，其深化设计应通过与总承包商及其他专业紧密合作完成，以保证可施工性和正确的工序，而这需要根植于对专业领域的深入理解。

与第 5 章针对设计行业的 BIM 讨论相似，BIM 操作员所需的技能组合也会导致传统制图员的减少。公司应在采用计划中对此保持敏感，其中不仅要考虑到所涉及员工的利益，还要认识到错误的使用者会使 BIM 的采用夭折。

322 第 7 章 问题讨论

1. BIM 如何使新的施工方法和新的建筑设计得以实施？使用基于 BIM 建造的现代建筑案例支持您的答案。

2. 选择一种特定的建筑类型和施工方法，编制一个包括 10—12 种可能参与此类项目的分包商列表。按两个维度对分包商（专业施工公司、供应商和制作商）进行分类：根据现场工作量和他们使用的部件类型。这两个分类之间是否存在相关性？

3. 列出三个定制型部件示例。为什么定制型部件的制作商通常需要准备深化设计图？BIM 如何缩短定制型部件的营销、深化设计、制作和安装周期？试找三个定制型部件示例说明您的答案。

4. BIM 如何促进分包商和制作商的工作？精益建造所定义的哪些浪费（浪费可以指返工、非必要的加工步骤、非必要的人员移动，非必要的设备、材料、库存，以及等待和生产过剩）可以减少？

5. 可以通过 BIM 系统的哪些功能“一键”实现第 7.5 节所述的细节？

6. 想象一下，有一家为商业和公共建筑制作和安装 HVAC 管道的公司，而您负责将 BIM 引入其中。该公司雇用了 6 名使用 2D CAD 的深化设计人员。讨论采用 BIM 需要考虑的关键因素，概述一个清晰的采用计划，并列举主要目标和里程碑节点。

7. 什么类型的合同关系最能满足分包商进行预制工作的需求，重点是能否从使用 BIM 中受益？

8. 有哪些技术（施工现场和办公场所）可用于协调分包商、供应商和总承包商在材料流动、部件制作和交付以及部件集合装配方面的信息需求？

9. BIM 如何影响预装配、预制和模块化建造的经济可行性？未来它将如何为 3D 打印和机器人施工提供支持？

第 8 章 323

BIM 采用与实施的助推器

8.0　执行摘要

尽管“信息”在 BIM 中至关重要，但实施 BIM 也必须考虑“流程”“人员”和“政策”等非技术因素。本章重点介绍采用和实施 BIM 的助推器，包括强制令、需求、路线图、成熟度模型、度量、指南、教育和培训、法律、安全和最佳实践等议题。

一些国家颁布强制令，要求公共项目的设计、施工和管理必须使用 BIM，以实现“更好、更快、更便宜、更安全、更环保”的目标，许多国家也纷纷效仿。然而，经验表明，欲使一个国家的建筑业取得 BIM 能够实现的广泛社会效益，必须制定长期战略规划。因此，大多数国家都会结合 BIM 强制令制定 BIM 路线图。每当行业前进到 BIM 路线图中的每一个里程碑节点，都需要制定和更新 BIM 指南。在笔者编写本书时，已有 100 多本 BIM 指南公开发表供用户选择使用。同时，还开发和发布了众多 BIM 成熟度模型，它们有的作为 BIM 指南的一部分，有的则作为一个独立的工具，用于监控和管理不同水平的 BIM 实施。

人才是技术创新的核心。在世界各地，已开发了许多 BIM 培训和认证计划，以培训 BIM
所需的技能。在 BIM 实施过程中，项目参与方之间的协作至关重要，因此，大多数 BIM 路线 324
图都是基于“协作程度”框架开发的。然而，即使协作程度级别很高的项目也不能确保一定不存在法律和安全风险，所以，许多 BIM 指南都给出了应对法律和安全问题的措施。总的来说，积累的知识和经验已形成最佳实践，并写入了 BIM 指南，BIM 实施已进入“项目执行 – 评估 – 提升”的螺旋式上升发展轨道。

8.1 引言

业务流程重建的四个核心要素是技术、人员、流程和政策。第 2 章和第 3 章侧重介绍 BIM 技术，第 4—7 章主要讨论相关专业的技术创新和流程变革。本章将着重介绍促进 BIM 采用和实施的社会、政策、组织和其他因素。本章以下各节讨论的议题包括：

- **BIM 强制令**：本节讨论政府出台 BIM 强制令的重要性，回顾各国 BIM 强制令发布现状，介绍编制政府 BIM 强制令的不同动机、需求、挑战和考虑因素。
- **BIM 路线图、BIM 成熟度模型和 BIM 度量指标**：这些是密切相关的概念。本节介绍不同类型的 BIM 路线图、BIM 成熟度模型和 BIM 度量指标以及它们的示例。
- **BIM 指南**：本节介绍不同地区和组织公开发表的 BIM 指南，并对 BIM LOx、BIM 信息需求和 BIM 执行计划进行详细评述。
- **BIM 教育与培训**：人才是 BIM 实施的核心要素。本节介绍全球范围内行业和大学的 BIM 培训与认证项目。
- **法律、安全和最佳实践议题**：BIM 实施基于项目参与方之间的紧密协作。然而，即便是高度协作的项目，也会出现法律和安全问题。本节讨论 BIM 项目参与方对 BIM 数据的权利和责任，描述不同 BIM 服务收费结构，介绍 BIM 在社交互动中的重要性，阐述通过“项目执行 – 评估 – 提升”实现 BIM 指南、BIM 项目实施和最佳实践的良性循环。

8.2 BIM 强制令

越来越多的公共建筑及私营建筑业主通过发布强制令要求在其项目中使用 BIM。强制令
325 通常由公共或私营建筑业主以备忘录或公告形式向建筑行业发布。这些要求体现在授予服务供应商的合同中。本节重点介绍政府和其他公共建筑业主发布的 BIM 强制令。首先讨论政府出台 BIM 强制令的重要性，然后报告各国发布 BIM 强制令的现状、动机和需求，最后讨论政府发布 BIM 强制令面临的挑战和考虑因素。

8.2.1 政府发布 BIM 强制令的重要性

公共和私营组织都可通过发布强制令要求在其项目中使用 BIM，但是相对公共组织的强制令而言，私营组织的强制令对业界产生的影响要小。为什么政府的 BIM 强制令会得到业界更多的关注呢？

首先，政府出台 BIM 强制令对行业了解 BIM 有很大影响。例如，英国皇家建筑师学会国家建筑规范组（National Building Specification）进行的一系列 BIM 调查显示，在 2011 年首次宣布 BIM 强制令时，43% 的受访者不知道 BIM。2012 年，这一数字降至 21%，2013 年降至 6%。

2012 年道奇数据分析公司主办的《智慧市场报告》(*SmartMarket Report*) 刊发了 “BIM 在韩国的商业价值” 一文，文章指出，韩国 BIM 强制令发布两年后，只有 3% 的韩国受访者不知道 BIM。

其次，很大一部分建设项目，特别是基础设施项目，是公共项目，许多公司都严重依赖这些公共项目。

再次，与私营组织的 BIM 强制令不同，政府的 BIM 强制令与政策、法规和监管系统（如新加坡的电子提交系统）密切关联。当政府颁布 BIM 强制令时，通常还会发布一份改变或改进法规、标准和系统的战略路线图，以为实施 BIM 强制令创造条件。BIM 指南也会根据新的 BIM 需求不断更新。

最后，私营公司有关 BIM 强制令实施的详细计划和指南都是内部资料，不对外发布，公众很难了解详情。

这只是公共部门发布的 BIM 强制令比私人组织发布的 BIM 强制令更有影响力的几个原因，可能还有更多的原因。下面几节详细介绍各国政府颁布的 BIM 强制令。

8.2.2 各国政府发布 BIM 强制令现状

欧洲、美国和亚洲的公共组织在 2010 年之前便开始颁布 BIM 强制令。挪威、丹麦和芬兰于 2007 年发布了全球首个关于公共项目的 BIM 强制令。在美国，总务管理局（GSA）发布的 BIM 强制令要求从 2008 年开始，其所有项目均使用 BIM 技术。在亚洲，韩国发布的 BIM 强制令要求，从 2010 年开始在公共项目上使用 BIM 技术。从 2010 年起，世界上超过 14 个国家已经颁布 BIM 强制令或宣布了一项强制实施 BIM 的计划。表 8–1 是世界各国颁布的 BIM 强制令的汇总。

世界各国颁布的 BIM 强制令（以目标年度为序） 表 8–1 326

国家	州（省）/ 机构	目标年度	要求
挪威	斯坦贝格公司（Statsbygg）	2007—2010 年	“1-5-15- 全部”：2007 年 1 个项目，2008 年 5 个项目，2009 年 15 个项目，自 2010 年起全部公共项目使用 IFC
丹麦	bips/ 莫里奥公司（MOLIO）	2007—2013 年	从 2007 年 1 月起，所有超过 300 万欧元的公共项目都需要在实施 BIM 过程中使用 IFC。2013 年，丹麦政府将范围扩大至超过 70 万欧元的公共项目或超过 270 万欧元且使用政府部门提供贷款或赠款的项目必须强制使用 ICT/BIM 技术
芬兰	参议院不动产公司（Senate Properties）	2007 年	所有公共项目均需使用 IFC/BIM。2012 年 “通用 BIM 需求”（COBIM）发布，参议院房地产公司和主要建筑公司均须在其项目中以 COBIM 为指南强制实施 BIM。芬兰还启动了一个名为 KIRAdigi 的计划，其中一项是在建筑许可审批过程中检查项目是否满足强制实施 BIM 的规定
美国	总务管理局	2008 年	总务局要求所有涉及美国政府拨款的重大项目（约超 3500 万美元）须根据总务局 BIM 指南强制实施 BIM
	威斯康星州	2010 年	威斯康星州宣布：自 2010 年起，所有预算 500 万美元及以上的公共项目和预算 250 万美元及以上的新建项目必须使用 BIM

续表

国家	州（省）/ 机构	目标年度	要求
韩国	土地、基础设施和运输部（MOLIT）/ 公共采购服务部（PPS）	2010—2016 年	2010 年至少有两个项目使用 BIM；2011 年至少有三个项目使用 BIM；2012 年所有超过 500 亿韩元的“全服务”项目均须使用 BIM；从 2016 年开始，所有“全服务”项目均须使用 BIM。“全服务”项目是指由公共采购服务部（PPS）规划和管理整个采购和施工流程的项目
新加坡	建设局（BCA）	2013—2015 年	到 2013 年，所有超过 20000 平方米的新建项目都要使用“建筑 BIM 电子提交系统”； 到 2014 年，所有超过 20000 平方米的新建项目都要使用“工程 BIM 电子提交系统”； 到 2015 年，所有超过 5000 平方米的新建项目都要使用“建筑与工程 BIM 电子提交系统”
英国	英国 BIM 工作组 / 内阁办公室	2016 年	2011 年，英国政府宣布：到 2016 年所有公共项目均须按英国 BIM 2 级水准强制使用 BIM
中国	香港房屋署	2014 年	2014 年，香港房屋署强制要求在其所有项目上使用 BIM
	香港特区政府	2017—2018 年	2017 年 1 月，《香港施政报告》强调，香港特区政府部门应主动要求咨询商和承包商使用 BIM。从 2018 年 1 月起，香港特区政府强制要求超过 3000 万港币的政府项目使用 BIM
	湖南省	2018—2020 年	湖南省计划在 2018 年年底之前，所有超过 6000 万元人民币或 20000 平方米的公共设计和施工项目均须强制使用 BIM；到 2020 年之前，湖南省 90% 的新建建筑必须强制使用 BIM
327	福建省	2017 年	2017 年，福建省选择部分建设成本超过 1 亿元人民币的项目强制实施 BIM
	国家政府	2020 年	根据国家“十二五”规划，到 2020 年底，所有甲类建筑和 90% 的新建项目均须强制使用 BIM
阿联酋	迪拜市政府	2014 年	2014 年，迪拜市政府强制要求以下建设项目使用 BIM：40 层及以上建筑；建筑面积达 30 万平方英尺（约 27871 平方米）及以上的设施和建筑；医院、大学和其他特殊用途建筑，以及由国外公司交付的建筑
意大利		2016 年	2016 年 1 月 27 日，意大利政府宣布：从 2016 年 10 月 18 日起，所有超过 522.5 万欧元的公共项目必须符合英国 BIM 路线图 BIM 2 级水准要求
法国	建筑科学技术中心（CSTB）	2017 年	2014 年，法国宣布：到 2017 年底，将使用 BIM 技术开发 50 万套住房
西班牙	发展部	2018—2019 年	2015 年，西班牙发展部宣布：从 2018 年 3 月开始公共部门强制实施 BIM，从 2018 年 12 月开始公共建设项目强制实施 BIM，从 2019 年 7 月开始基础设施项目强制实施 BIM
	加泰罗尼亚政府	2020 年	2015 年 2 月，加泰罗尼亚政府成立了一个名为“我们建设未来”小组，以制定一项在 2020 年之前强制实施 BIM 的计划
德国	联邦交通和数字基础设施部	2020 年	德国政府计划 2020 年之前所有基础设施项目强制实施 BIM，可能的话，所有建筑项目也强制实施 BIM
以色列	国防部	2016 年	到 2019 年，所有项目必须实施 BIM

8.2.3 动机

政府颁布 BIM 强制令源于多种因素的推动：

- 建筑业是国民经济的支柱行业，但与其他行业相比，生产率较低（Egan，1998；Teicholz，2004）。
- BIM 为改进建筑和基础设施项目全生命期质量和管理提供了机会。
- 政府试图通过重新利用设计和施工阶段产生的 BIM 数据改善公共设施运维管理和资产管理。这一动机自然导致将强制提交 IFC 或包含 COBie 数据的“竣工”模型作为项目 BIM 需求的一部分。
- 渴望基于 BIM 数据做出“明智决策”。这是英国 BIM 工作组最强烈的动机之一。
- 对设计和施工的可持续性和环境友好要求日益增长。在这方面，1997 年的《京都议定 328
  书》和 2015 年的《巴黎协定》具有重大影响。认为 BIM 是实现可持续发展目标的有效工具（Bernstein 等，2010；Krygiel 和 Nies，2008）。
- 希望保持或增强本国建筑业的全球领导地位。

可能还有其他动机。可喜的是，所有这些动机促成了一项政策的诞生，即通过强制实施 BIM 使项目参与方能够“更好、更快、更便宜、更安全、更绿色”地规划、设计、建造、运行和管理他们的建筑和其他设施。

8.2.4 BIM 需求

早期的 BIM 强制令仅要求以 IFC 或其他格式提交设计 BIM 数据。随着对 BIM 了解的深入和经验的增加，需求变得更加复杂而明确。一个典型的例子就是 2009 年开工的韩国电力交易所总部项目。尽管 2010 年韩国强制实施 BIM 的路线图才正式启用，但 2010 年前韩国已有七个公共项目被要求使用 BIM。

第 10.4 节介绍的韩国首尔东大门设计广场项目和韩国电力交易所总部项目便是这七个公共项目中的两个。韩国电力交易所总部项目的 BIM 需求非常具体，并且在设计评估过程中对每个需求的完成情况进行评估和打分。除了以 IFC 格式提交设计 BIM 模型外，还提出了另外三项要求：（1）自动检查空间需求是否得到满足；（2）自动检查基本设计质量；（3）基于 BIM 进行能效评估。每项要求还有细分条目。例如，基本设计质量检查包括检查是否存在软、硬冲突，以及出口与消防设计、无障碍设计和楼梯间设计是否符合相关规范等。每个项目团队都使用 10 多个应用程序，包括 Rhino、Revit、SketchUp、Robot、Midas、Ecotect、IES Virtual Environment 和 Solibri Model Checker 等，并使用 IFC 实现应用程序之间的数据交换。然而，招标后与项目参与人员举行的一次会议表明，当前行业和软件应用程序还没有足够成熟，无法满足全部需求。这推动了表 8-1 所述的渐进式采用 BIM 的韩国强制推广 BIM 路线图的诞生。

2013 年，丹麦政府扩大了 BIM 实施范围，并提出七点要求：(1) 协调使用信息和通信技术；(2) 管理数字化建筑对象；(3) 使用数字通信和项目网站；(4) 使用数字化建筑模型；(5) 数字化工程量计算和招标；(6) 项目文档的数字化交付；(7) 数字化检查。

2011 年 5 月 31 日，英国内阁办公室宣布，自 2016 年 4 月起，政府项目须依据 BIM 2 级水准强制实施 BIM。随后，发布了一系列 BIM 指南。PAS 1192-2（BSI 2013）是第一本指南，
329 于 2013 年发布，其规定了“建设项目从投资可行性研究至交付阶段应用 BIM 的信息管理要求”，要求提交三份文件：主信息交付计划（MIDP）、BIM 执行计划（BEP）和业主信息需求（EIR）。PAS 1192-3 是第二本指南，其规定了“资产运行阶段应用 BIM 的信息管理要求”，并根据 COBie-UK-2012，对资产信息需求和资产信息提交做出明确规定。PAS 1192-4 是第三本指南，其详细规定了生成 COBie-UK 数据的协同工作。PAS 1192-5 是第四本指南，阐明了与安全性相关的一些要求。还有一些强制实施 BIM 的指南，预计数量将不断增加。有些指南将成为合同要求，有些则还仅是指南。

国家颁布的 BIM 指南只规定了实施 BIM 的最低需求。每个项目都可以扩展需求列表，并根据项目需要添加新的或更详细的需求。例如，某些项目可能会对实施 BIM 的具体方法、一个团队中 BIM 专家（包含经理和协调员）的最少数量以及平台或 BIM 服务器的选择做出规定。

8.2.5 挑战和考虑因素

如前所述，政府颁布 BIM 强制令会大大提高行业对 BIM 的认知。然而，这并不意味着政府推动 BIM 强制令实施会立即为行业带来效益。为使 BIM 强制令对项目产生积极影响，需要考虑以下几点。

- 建筑业主以及行业专业人士需要接受 BIM 培训。如果业主对 BIM 无知且 / 或漠不关心，那么预期回报将会很小。在最坏情况下，可能会使整个项目管理不当，产生较坏的后果。
- 警惕“BIM 洗脑”（BIM wash）—— 一种实施和提供 BIM 服务的肤浅方式。许多早期强制要求实施 BIM 的项目是由咨询机构完成的，从而能够满足最低要求，例如以 IFC 格式提交模型。为了避免“BIM 洗脑”，需要制定一个周密、渐进的让全行业采用 BIM 的策略。
- 对需要移交哪些 BIM 数据做出明确规定。例如，许多业主只是要求提交 IFC 或 COBie 文件，而不考虑设施管理真正需要什么信息。
- 保持耐心。人们需要时间学习如何高效使用 BIM。正如 buildingSMART 北欧分部副主席扬·卡尔绍伊（Jan Karlshoj）在 2016 年接受的一次采访中所解释的那样（Karlshoj, 2016），“颁布 BIM 强制令后，[丹麦] 花了 7—8 年时间，才看到新工作方式的好处……

花了 2—3 年时间才让所有的承包商都参与进来，又花了 3—4 年时间才使 BIM 模型成为项目移交的一部分。总而言之，客户项目实施 BIM 只有几年时间，因此我们还有很多东西需要学习。”

8.3 BIM 路线图、BIM 成熟度模型和 BIM 度量指标 330

BIM 成熟度模型、BIM 度量指标、BIM 路线图、BIM 强制令和 BIM 指南相互之间不可分割、相得益彰（图 8–1）。BIM 成熟度模型是评估项目、组织或地区 BIM 实施水平的基准。BIM 度量指标是 BIM 成熟度模型衡量成熟度的关键绩效指标（KPI）。BIM 采用不能一蹴而就，需要渐进式推广。BIM 路线图是使用 BIM 成熟度模型衡量的达到目标能力水平的计划。BIM 强制令规定 BIM 路线图各阶段实现的目标。BIM 指南是帮助用户按照 BIM 强制令要求实施 BIM 的具体说明。

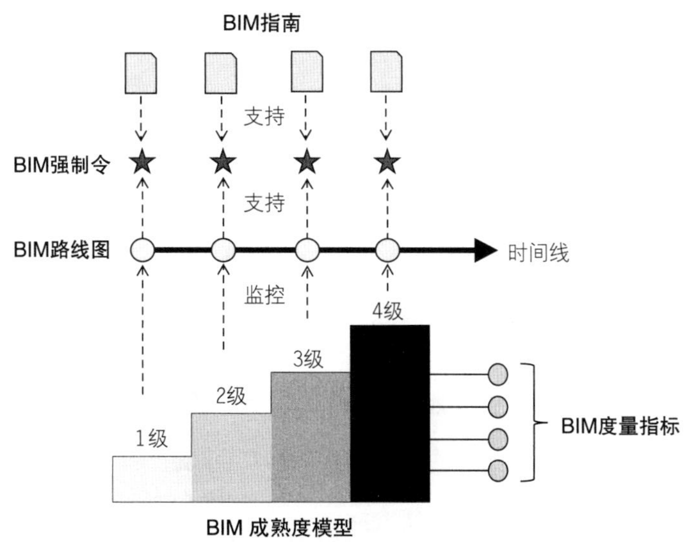

图 8–1 BIM 路线图、BIM 成熟度模型、BIM 强制令、BIM 指南和 BIM 度量指标间的相互关系

8.3.1 BIM 路线图

21 世纪初，BIM 被视为 AEC 行业的未来方向，许多公司制定了采用 BIM 路线图。例如，在斯堪斯卡芬兰公司（Skanska Finland）制定的路线图中，计划 2005 年开始第一个 BIM 项目，2008 年之前将 BIM 采用范围扩展至住宅项目，2009 年之前将 BIM 采用范围扩展至商业地产项目和全球项目，以在 2013 年之前获得明确的商业收益（详见 Sacks 等，2017，第 5 章）。

最早的公共组织开发的 BIM 路线图是美国陆军工程兵团（USACE）的 BIM 路线图。2006 年发布的美国陆军工程兵团 BIM 路线图，根据项目数量和与《建筑信息建模国家标准》

（NBIMS）的符合度（百分比），设置了七个里程碑节点。它有雄心勃勃的目标，即 2010 年前在所有美国陆军工程兵团战区项目中基于 NBIMS 逐步实施 BIM，2012 年前具备 NBIMS 定义
331 的所有生产作业能力，2020 年前实现执行全生命期任务的自动化。2012 年发布的修订路线图将具备 NBIMS 定义的所有生产作业能力的时间推迟至 2020 年，并重新将 BIM 成熟度级别的递进定义为教育、整合、协作、自动化和创新五个步骤的螺旋式上升，而不再是线性增长（图 8–2）。

自从美国陆军工程兵团 BIM 路线图发布以来，已经开发和公开发布了许多 BIM 路线图。每一个 BIM 路线图都反映了不同的理念和策略，但总体上可以大致分为五种类型。

第一种类型根据协作程度定义开发 BIM 路线图。例如，澳大利亚建筑师协会和建设创新协作研究中心（CRC）2009 年发布的 BIM 路线图，将 BIM 的成熟度状态划分三个等级：分离、协作和整合。美国陆军工程兵团的 BIM 路线图与澳大利亚 BIM 路线图相似。2014 年发布的加拿大 BIM 路线图将 BIM 成熟度划分为五个等级：独立、协调、协作、整合和统一 / 优化（图 8–3）。

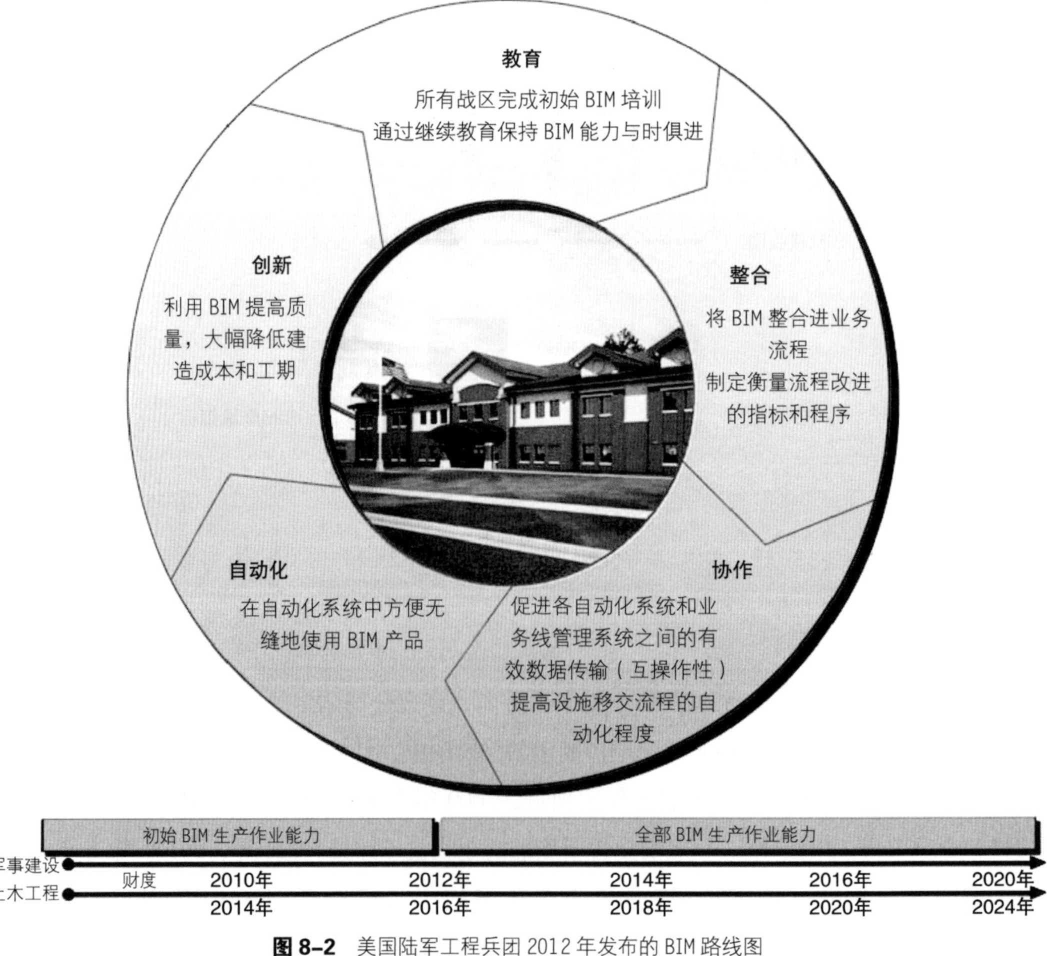

图 8–2 美国陆军工程兵团 2012 年发布的 BIM 路线图

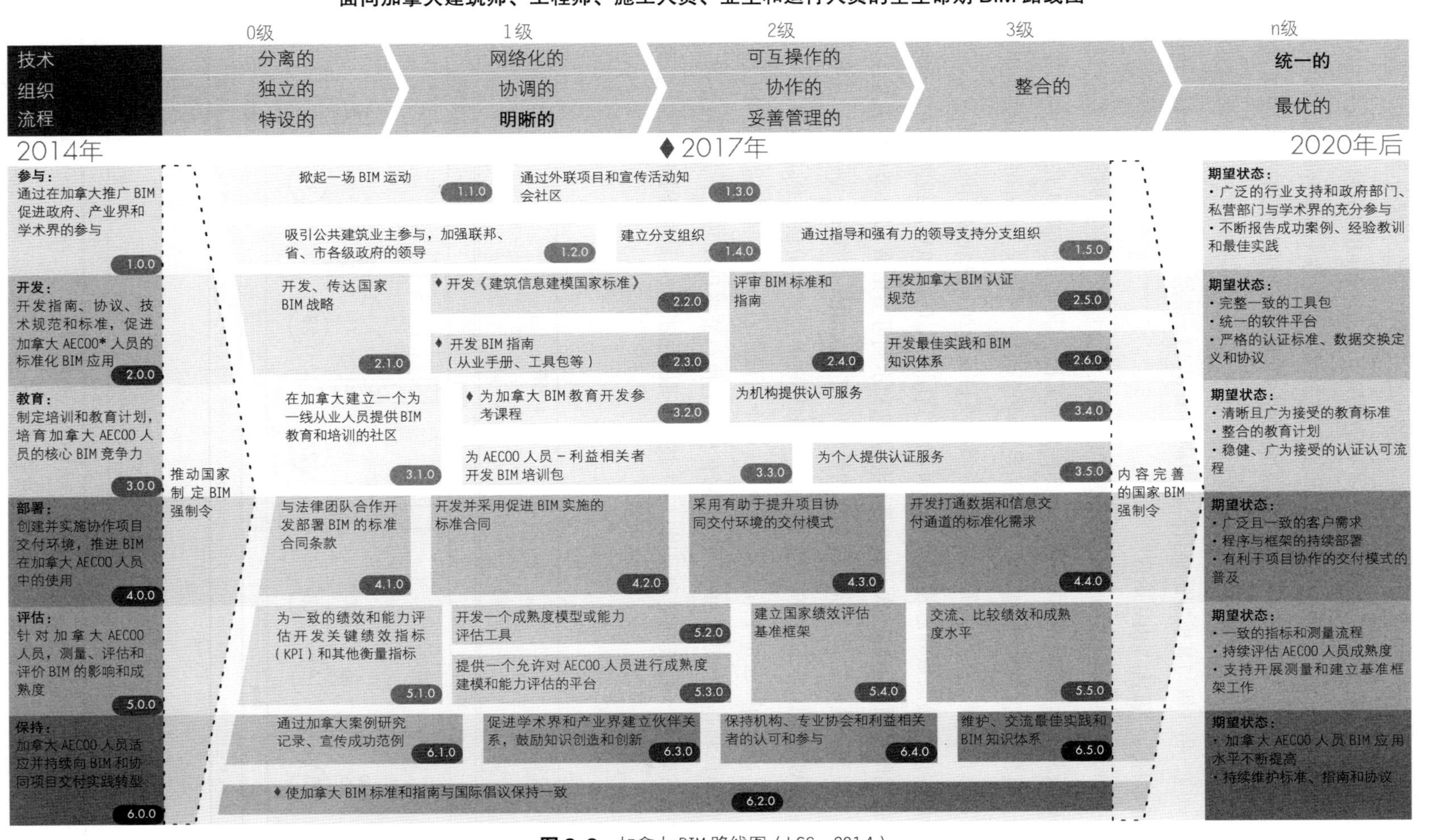

图 8–3 加拿大 BIM 路线图（bSC，2014）

* AECOO，为建筑师、工程师、施工人员、业主和运行人员（Architects，Engineers，Contractor，Owners and Operator）的英文缩写。——译者注

333

332 麦卡勒姆（McCallum）使用非专业术语将不同程度的BIM协作等级分别称为“孤独的BIM”（Lonely BIM）、“害羞的BIM”（Shy BIM）、“友好的BIM”（Friendly BIM）和“社交的BIM”（Social BIM）（McCallum，2011）。英国BIM路线图是在“贝乌－理查兹（Bew-Richards）BIM成熟度模型”基础上开发的，也属于这种类型。buildingSMART澳大拉西亚分部将英国成熟度模型与自己的模型做了比较，并将英国模型的0级和1级与其模型的分离阶段对应，将2级与其模型的协作阶段对应，将3级与其模型的整合阶段对应（图8–4）。果然不出麦卡勒姆所料，英国BIM的1级也通常称为“孤独的BIM阶段”。

第二种类型根据涵盖的项目范围开发BIM路线图。典型例子包括新加坡建设局、韩国土地、基础设施和运输部与公共采购服务部，以及北欧和其他颁布BIM强制令国家发布的BIM路线图。具体而言，新加坡建设局使用的是总建筑面积。丹麦、韩国和美国威斯康星州使用的是项目总投资额；中国使用的是总投资额和项目百分比；法国使用的是建筑单元数；阿联酋迪拜使用的是楼层数和总建筑面积；韩国超高层建筑OpenBIM路线图使用的是项目阶段；西班牙使用的是项目类型。欲了解更多详细信息和示例可参见第8.2.2节中的表8–1。

第三种类型是根据每个阶段要实现的核心价值开发BIM路线图。韩国公共采购服务部和buildingSMART韩国分部2009年发布的BIM路线图分为三个阶段：创立阶段（3年）、实施阶段（3年）以及推进和开拓阶段（4年）。每个阶段都有一个具体目标：分别是提高设计质量、降低预算和业务创新。每一个目标都有相应的执行策略和以下五个方面的分解目标支撑：（1）政策推动；（2）标准制定和采用；（3）技术获取与推广；（4）项目实施；（5）教育与传播。

334

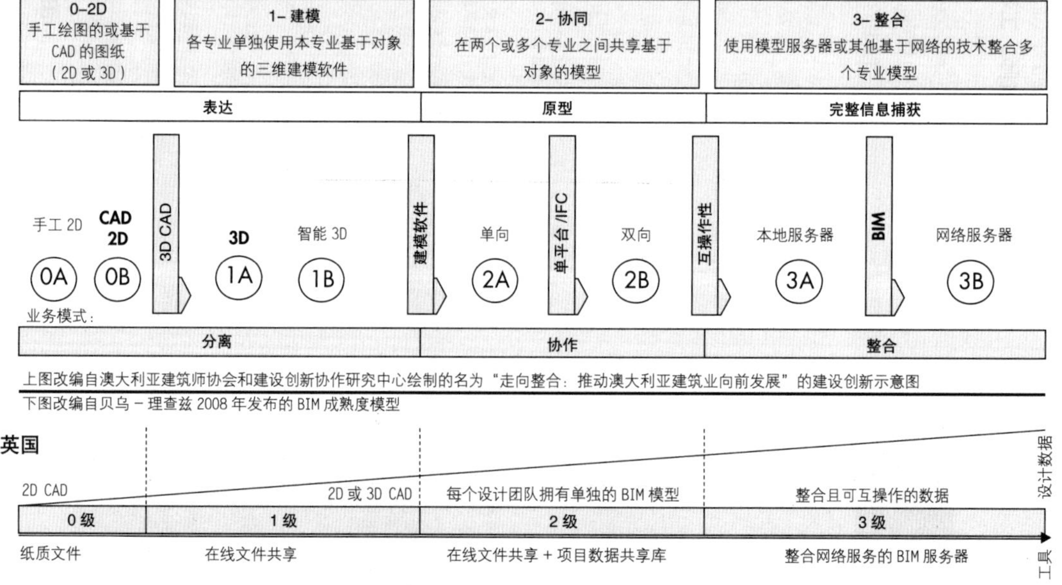

图8–4 澳大利亚与英国的BIM成熟度模型比较（buildingSMART Australasia，2012）

第四种类型是根据 BIM 用途开发 BIM 路线图。例如，第 9 章（第 9.6 节）讨论的 21 世纪 332
00 年代至 30 年代 BIM 发展路线图按照技术难度从低到高的顺序定义了五个等级的 BIM 用途：0 级——营销 BIM、1 级——早期协调 BIM、2 级——双轨 BIM、3 级——全面 BIM、4 级——精益 BIM 和 5 级——人工智能 BIM。公司层级的 BIM 路线图经常使用这种方法开发。

最后一种类型是使用独特方法开发 BIM 路线图。例如，英国 2 号高速（HS2）铁路项目的 BIM 路线图采用描述性方法开发，而不是采用开发典型 BIM 路线图的规定性方法开发。它利用卡通描绘不同时间点要实现的目标（图 8–5）。澳大利亚国家 BIM 蓝图描述了以下 8 个方面之间的关系：（1）采购；（2）BIM 指南；（3）教育；（4）产品数据和库；（5）流程和数据交换；（6）监管框架；（7）国家 BIM 倡议；（8）行业。

这些路线图作为 BIM 强制令实施的基础，通常由 BIM 指南支持，而 BIM 指南在 BIM 路 335
线图的每个阶段都会更新。例如，英国 BIM 路线图及 BIM 强制令是基于 PAS 1192 系列标准和英国国家标准对 2 级 BIM 需求的详细描述之上的。类似地，韩国土地、基础设施和运输部（MOLIT）/ 公共采购服务部（PPS）指南在 MOLIT/PPS BIM 路线图的每个阶段都进行了更新。

BIM 路线图倾向于具体描述短期内（通常为 4—5 年）的目标、行动计划和 BIM 需求，但对短期之后的描述则相对模糊。例如，英国 BIM 路线图为 BIM 2 级提供了明确的指导，但对 BIM 3 级的指导则相对较少。第 9 章将更详细地讨论 BIM 的未来发展方向。

334

图 8–5 英国 2 号高速（HS2）铁路项目 BIM 路线图（HS2，2013）

335 8.3.2 BIM 成熟度模型

名言道:“如果不能度量，就无法管理。”BIM 成熟度模型是量化和管理组织或项目团队 BIM 熟练程度的一个框架。BIM 成熟度模型通常有两个维度，分别是感兴趣的领域（需要评估的领域）和用分数表示的成熟度水平。结合这两个维度，可以计算出每一评估领域的 BIM 成熟度水平和总体成熟度分数。一些 BIM 成熟度模型是在宏观层面上定义的，只有少量的评估领域，但许多成熟度模型是在相对微观层面上定义的，涉及多个评估领域及相应的成熟度水平。可用不同的 BIM 成熟度模型对个人、项目团队、组织、整个行业和 / 或地区进行评估。表 8-2 按评估对象对 BIM 成熟度模型进行了分类汇总。

表 8-2 的前两个模型最为简单。“技能水平”模型只问一个非常简单的问题:“您的 BIM 技能达到了什么水平，初级、中级还是专家级？”这个问题最早是由刊登在 2007 年《智慧市场报告》的“BIM 的价值”系列报告提出的。此后，许多 BIM 调查都问这个问题。个人能力指数（ICI）模型与“技能水平”模型十分近似。它将 BIM 技能水平分为五个等级：外行、初级、中级、高级和专家级。用于个人评估的更复杂的 BIM 成熟度模型大概是第 8.5 节讨论的面向 BIM 专业人员的 BIM 认证标准。

第二组模型旨在评估项目的 BIM 成熟度水平。例如，BIM 卓越项目评估（BIM Excellence Project Assessment，BIMe）由两个模型组成：一个用于评估已完成项目，另一个则用于评估在建项目（Changagents AEC Pty Ltd.，2017）。完成的项目以过去的绩效指标为基准进行评估，而在建项目则使用过程指标进行评估。成熟度评估将成本确定性指数（预算成本与实际成本之差）作为关键指标，应用实例包括冲突检测、结构分析和成本预算。

另一个例子是 BIM 成功度评估模型（Success Level Assessment Model，SLAM），其不度量 BIM 能力成熟度，而是评估 BIM 的成功度。BIM 成功度评估有六个步骤。第一步，
336 核心项目成员像制定 BIM 执行计划那样建立项目 BIM 目标，并为每个目标分配不同的权重。第二步，定义 BIM 应用范围以实现项目目标。第三步，定义与 BIM 目标和 BIM 应用范围相关的 BIM 关键绩效指标（KPI）。BIM 成功度评估模型为不同的 BIM 目标提供了一组常用的关键绩效指标供评估选用。在考虑每个关键绩效指标的可度量性、可收集性和可比性的基础上，选择一组评估使用的关键绩效指标。第四步，定义单元度量数据——确定 KPI 的原子数据项。第五步，创建工作模板，允许项目成员在日常工作中收集单元度量数据，而无须额外工作。最后一步，与过去项目的历史数据或在建项目的目标对比，基于收集的数据进行 BIM 成功度评估，并在项目看板共享项目当前状态，以促进各方协作（Won 和 Lee，2016）。

按评估对象分组的 BIM 成熟度模型一览表　　表 8-2

评估对象	模型	年份	组织
个人	技能水平	2007	麦格劳－希尔建筑信息公司
	个人能力指数（ICI）	2013	推动 AEC 变革公司（ChangeAgents AEC，Pty. Ltd）
	各种各样的 BIM 认证模型	未注明	各类组织
项目团队	卓越 BIM 项目评估（BIMe）	2011	推动 AEC 变革公司
	BIM 成功度评估模型（SLAM）	2014	韩国延世大学
项目团队、组织或行业	NBIMS BIM 能力成熟度模型（BIM CMM）	2007	美国国家建筑科学研究院（NIBS）
	IU BIM 能力矩阵（BPM）	2009	印第安纳大学
	VDC 记分卡 /bimSCORE	2009/2013	斯坦福大学整合设施工程中心 / 建筑创新战略公司
	BIM 成熟度矩阵（BIm^3）	2010	推动 AEC 变革公司
	BIM 快速扫描	2012	荷兰应用科学研究组织（TNO）
	组织 BIM 评估概要（BIM 成熟度度量，BIMmm）	2012	宾夕法尼亚州立大学计算机整合施工研究组
	BIMCAT	2013	佛罗里达大学
宏观评估（地区 / 行业）	创新扩散理论（DoI）	1962	新墨西哥大学
	成熟度曲线模型	1995	加特纳公司
	简约 BIM 图表模型	2012	韩国延世大学
	BIM 参与指数	2013	麦格劳－希尔建筑信息公司
	宏观 BIM 采用模型	2014	推动 AEC 变革公司

第三组模型最为通用，也最为复杂，可以用于评估项目、组织或行业的 BIM 成熟度水平。BIM 能力成熟度模型（BIM CMM）是最早建立的模型之一。它是美国国家建筑科学研究院 2007 年基于软件开发使用的 CMM 概念开发的，它还提供了一款基于 Excel 的 BIM CMM 评估工具——交互式 CMM（I-CMM）。BIM 能力成熟度模型从以下 11 个维度评估 BIM 成熟度： 337
（1）数据丰富性；（2）全生命期应用；（3）变更管理；（4）角色或专业；（5）业务流程；（6）及时性 / 响应；（7）交付模式；（8）图形信息；（9）空间能力；（10）信息准确性；（11）互操作性 /IFC 支持。可以为不同的维度赋予不同的权重值。BIM 专家依据 BIM 能力成熟度模型提供的图表，可将每个维度评为 1—10 级。项目的评级包括铂金级 BIM（90 分及以上）、金级 BIM（80 分及以上）、银级 BIM（70 分及以上）、认证合格级 BIM（50 分及以上）和起步级 BIM（30 分及以上）（McCuen 等，2012）。

印第安纳大学 2009 年开发的 IU BIM 能力矩阵（BPM）与 BIM CMM 类似，同样使用关注的领域和成熟度水平构成的矩阵作为基本框架（Indiana University Architect's Office，2009）。BPM 有八个关注的领域和四个 BIM 成熟度等级。八个关注的领域分别是：（1）模型的物理准确性；（2）IPD 方法；（3）计算能力；（4）定位感知；（5）族创建；（6）施工数据；（7）竣工模型；（8）FM 数据的丰富性。由于每个关注的领域有四个等级，因此，根据 BPM 评估的最高得分为 32 分。

2009 年澳大利亚开发的 BIM 成熟度矩阵（BIm^3）仍然使用的是与 BIM CMM 类似的矩阵结构（Succar，2010）。为了克服 CMM 的缺陷（有重叠和不清晰的关注领域，缺乏与协作和文化问题相关的关注领域），它关注五个评估领域：技术、流程、政策、协作和组织，与业务流程再造基于的人员、流程、技术、政策（PPTP）基本框架相似。BIM 成熟度矩阵的每个领域有五个等级，分别是初始级、已定义级、已管理级、已整合级和优化级，与 CMM 最开始在软件工程的应用类似。

斯坦福大学整合设施工程中心（Center for Integrated Facility Engineering，CIFE）开发了 VDC 计分卡，后来又在此基础上推出了 VDC 计分卡的商用版本——bimSCORE（Kam 等，2016）。起名为"VDC 计分卡"的灵感来自平衡计分卡—— 一种在业务管理中开发的将对项目或组织的评估扩展为考虑非财务信息的工具。VDC 计分卡从规划、采用、技术和业绩四个领域评估项目或组织的 BIM 绩效。根据行业标准对每个领域按百分制打分，形成以下五个等级：（1）传统实践（0—25%）；（2）典型实践（25%—50%）；（3）先进实践（50%—75%）；（4）最佳实践（75%—90%）和（5）创新实践（90%—100%）。将评估领域按照三级深度细分，四个评估领域进一步细分为十个维度，十个维度又分为 56 个测量指标，可以为每个领域和维度指定不同的权重。四层评估系统使 VDC 计分卡 /bimSCORE 的覆盖面比其他任何模型的覆盖
338 面都更加完整，但与此同时，评估花费的时间也更长。目前，它已用于美国、新加坡、中国（内地及香港）和韩国等国家和地区的众多 BIM 项目评估。

荷兰应用科学研究组织（TNO）2012 年开发的"BIM 快速扫描"从四个视角对 BIM 项目进行评估：（1）组织和管理；（2）心理和文化；（3）信息结构和信息流；（4）工具和应用。将四个视角进一步细分为十个领域：战略、组织、资源、合作伙伴、心理、文化、教育、信息流、开放标准和工具。这些领域可以通过最多 50 个关键绩效指标以多选问卷方式进行评估。除"BIM 快速扫描"外，荷兰几家 BIM 咨询公司还开发了另外几个 BIM 成熟度模型，如 BIM 度量指示器、BIM 成功预测器和 BIM 成功预报器（Sebastian 和 van Berlo，2010）。

"组织 BIM 评估概要"或"BIM 成熟度度量 / 测量"（BIMmm）是宾夕法尼亚州立大学（Pennsylvania State University）开发的作为《设施业主 BIM 规划指南》一部分的成熟度模型（CIC，2013）。它是一个由六个评估领域和六个成熟度等级组成的矩阵。六个评估领域是：（1）战略；（2）BIM 用途；（3）流程；（4）信息；（5）基础设施；（6）人员。"BIM 成熟度度量 / 测量"

（BIMmm）是由奥雅纳工程顾问公司（Arup）在基于 Excel 的“组织 BIM 评估概要”评估工具中添加了交互式功能后给出的新名称，这两个工具的底层模型是相同的。尽管从名称上看该模型最初是为评估组织 BIM 成熟度开发的，但奥雅纳工程顾问公司已将其应用于数百个 BIM 项目的 BIM 成熟度评估。

最后一组模型可用于了解某个行业或地区的 BIM 成熟度（更确切地说，是 BIM 采用/实施的成熟度）。它们也通常被称为“宏观 BIM 成熟度模型”。创新扩散（DOI）模型和成熟度曲线模型都是通用的技术成熟度评估模型，而不是 BIM 特有的，分别起始于 20 世纪 60 年代和 1995 年。DOI 模型通过将用户分为几个主要类型确定技术的采用状态。用户有五种类型：开创型、早期采用型、早期随大流型、晚期随大流型和后进型。成熟度曲线模型将技术采用分为五个阶段：技术启动阶段、期望过热阶段、幻灭低谷阶段、爬升光明阶段和生产力高原阶段。2015 年的一项全球调查显示，来自北美、欧洲、大洋洲和亚洲等 BIM 领先地区的大多数受访者认为，他们已进入爬升光明阶段，并正朝着生产力高原阶段前进（Jung 和 Lee，2015b）。

由麦格劳 - 希尔建筑信息公司研究与分析部编制的“BIM 参与指数”可用于量化不同地区的 BIM 参与度。与 2012 年开发的简约 BIM 图表模型类似（Jung 和 Lee，2015a），它基于 BIM 实施深度、BIM 熟练程度和使用 BIM 年数三个维度评估 BIM 参与度。每个维度根据评分分为 3—4 个等级，总分即代表一个地区的 BIM 参与度。自 2013 年以来，《智慧市场报告》一 339
直使用该模型。

受篇幅限制，还有很多可用于评估企业、特定专业和特定地区 BIM 成熟度的模型就不在这里一一介绍了。但对于想要找到适合自己组合或者通过定制适于特定目的的 BIM 成熟度模型的读者来说，了解前面列出的模型无疑是一个良好的开端。

8.3.3 BIM 度量指标

当一家公司开始采用 BIM 时，高管通常会问以下几个问题：它将花费多少成本？多久能够收回投资？如何监控进度？ BIM 度量指标是可以回答上述问题的关键绩效指标。最好使用 BIM 度量指标监测长期效果，但也可在量化案例研究项目收益等一次性度量中使用。实际上，其包括标准的建设项目度量指标，如进度、成本和质量的绩效。

图 8-6 列出了 18 项“BIM 带来的益处”相关研究中使用的 15 个度量指标，包括进度、成本、投资回报率（ROI）、信息请求书（RFI）与变更单（CO）数量、返工工作量和缺陷数量。生产力是另一个传统指标。尽管能耗、风险、安全事故、索赔和浪费在研究中提得不多，但它们也是关键绩效指标（KPI）。除此之外，碳足迹、检查通过率、问题解决时间，以及各种 BIM 成熟度模型定义的众多关键绩效指标和建设项目使用的许多其他指标也是衡量 BIM 成熟度的有效指标。

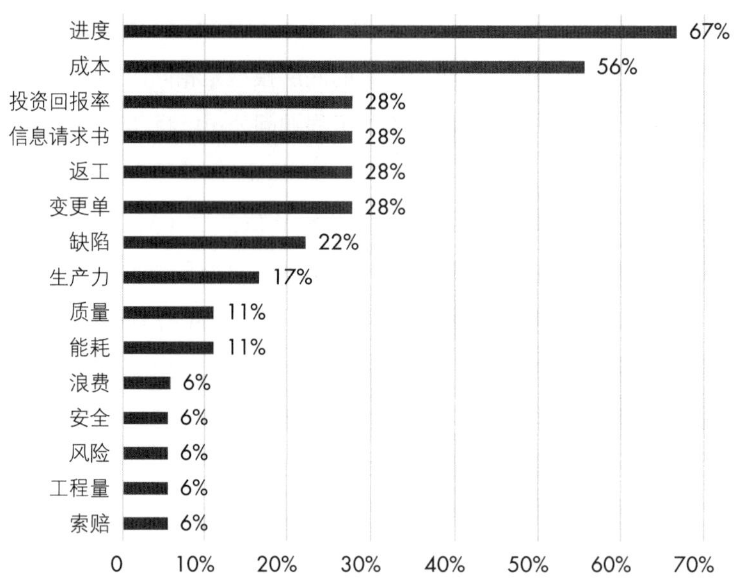

图 8-6 常用的 BIM 度量指标，改编自温（Won）在 2014 年发表的一篇论文（Won，2014）

340 8.4 BIM 指南

BIM 指南是项目实施 BIM 最佳实践的集合。随着人们学习如何有效并高效地使用 BIM，指南也随之不断发展。当前，BIM 指南的数量和涵盖范围正在迅速增加。2015 年，郑和鲁（Cheng 和 Lu，2015）在研究中发现已有 123 本 BIM 指南在 14 个国家出版。当写入施工合同赋予 BIM 指南法律效力时，其将显著影响项目参与人员的行为。

本节分别介绍不同地区和组织编写的 BIM 指南，并设细化程度 / 发展程度（LOx）、信息需求和 BIM 执行计划三个主题讨论指南。

在实践中，当一些术语（如使用手册、手册、协议、导则、需求、项目规格和标准）将 BIM 作为前缀时，它们中的大多数与 BIM 指南是等价的。在本书中，术语“BIM 指南”是指为帮助 BIM 用户有效并高效地实施 BIM 而编制的文档，术语“BIM 标准”表示由国际标准化组织（如 ISO）批准发布的指南、信息需求或协议。有关 BIM 标准的详细介绍请参见第 3.3.2 节。

8.4.1 不同地区和组织编写的 BIM 指南

根据应用范围，BIM 指南分为国际 BIM 指南、国家 BIM 指南、项目 BIM 指南和设施 BIM 指南；而根据发布组织类型，BIM 指南则分为公共组织 BIM 指南、私人组织 BIM 指南和大学 BIM 指南。国际、国家、项目和设施四个层级的 BIM 指南具有继承关系。换言之，可通过细化国家 BIM 指南的规定或在其基础上添加新内容制定特定项目或设施的 BIM 指南。随着应用范围的缩小，指南会更加详细具体。也就是说，项目或设施层级的 BIM 指南比国家层级的指南更详细。也许，可以作为国际 BIM 指南的是 ISO BIM 指南国际框架（ISO/TS 12911，2012）。鉴于现有的指南数量庞大，我们这里只对一些重要的国家级 BIM 指南做一个简要的历史回顾。

最早的 BIM 指南是美国和欧洲发布的。2006 年，美国总承包商协会（AGC）发布了《承包商 BIM 指南》（AGC，2006）。由于当时缺少 BIM 项目相关知识和经验，《承包商 BIM 指南》更多的是对 BIM 和 BIM 流程的介绍，而非指导如何实现最佳实践的规定性技术指南。2007 年，美国总务管理局（GSA）编写的《BIM 指南系列（01—08）》开始发布（GSA，2007）。同年，美国国家建筑科学研究院发布了《建筑信息建模国家标准》（NBIMS-US）的第一部分（NIBS，2007），美国国家标准与技术研究院发布了《通用建筑信息移交指南》（NIST，2007）。由于上述指南侧重于建模和实施问题，美国建筑师协会（AIA）发布了针对合同的 BIM 指南，如《AIA E201 号文件：数字类数据协议附件》（AIA，2007b）和《AIA C106 号文件：数字类数据 341
许可协议》（AIA，2007a）。

在欧洲，丹麦发布了一系列 BIM 指南，如 2006 年发布《3D 工作方法》，并在 2007 年发布了该指南的英文版。丹麦早期的一系列 BIM 指南侧重于基于三维对象的 CAD，而非 BIM，并缺乏与美国《承包商 BIM 指南》类似的技术和程序细节。2007 年，芬兰参议院不动产公司发布了《建筑设计 BIM 需求》，为后来编写一系列（01—13）《通用 BIM 需求》（COBIM）奠定了基础（buildingSMART Finland，2012）。2017 年，欧盟 BIM 工作组发布了面向欧洲公共部门的《欧盟 BIM 指南》。

新加坡 2008 年发布了一份与 BIM 相关的指南，但其范围仅限于电子提交流程（BCA，2008）。涵盖广泛 BIM 相关议题的 BIM 指南分别于 2009 年在中国香港（HKHA，2009）、澳大利亚（CRC，2009），2010 年在韩国（MLTM，2010），2012 年在新加坡（BCA，2012）发布。日本、中国（大陆及台湾地区）也发布了国家或地区级 BIM 指南。

自那时起，BIM 指南数量和涵盖的范围开始呈指数级增长，并相互影响。目前，旧版 BIM 指南已数次更新。在众多 BIM 指南中，芬兰发布的《通用 BIM 需求》（01—13）、美国总务管理局发布的《BIM 指南系列（01—08）》和美国国家建筑科学研究院发布的《建筑信息建模国家标准》是内容最全面的，从而对其他指南产生了很大影响。有关 BIM 指南的详细历史回顾，请参阅郑和鲁的论文（Cheng 和 Lu，2015）。

为了制定 BIM 指南通用框架，buildingSMART 国际总部 BIM 指南项目团队分析了 81 个 BIM 指南。他们发现，大多数 BIM 指南包括下面列出的两个部分：文档概述——预期用途、范围及受众的总体介绍；文档内容——分五部分提供技术细节（bSI，2014a；Keenliside，2015）。

部分 A：文档概述

总体概述，包括对预期用途和受众的描述

部分 B：文档内容

- **项目定义和规划部分**：包括项目阶段划分、BIM 角色、模型元素、BIM 成熟度水平、BIM 功能和用例定义，以及其他与项目定义和规划相关的问题。
- **技术规范部分**：包括 BIM 对象分类系统、建模需求、文件格式、细化程度、信息交换需求（IDM/MVD）和其他技术需求。
- **实施流程部分**：讨论交付成果和项目移交的范围和定义、BIM 管理和规划、协作程序、质量检查 / 质量控制协议流程图和工作流，以及其他与实施相关的问题。
- 342 **支持工具部分**：说明包括 BIM 服务器在内的软硬件选择问题、安全问题、数据交换协议，以及和工具相关的问题。
- **法律问题部分**：包括费用结构、合同问题、采购策略、知识产权规定、法律责任、风险、保险和其他法律问题。

黄和李（Hwang 和 Lee，2016）分析了 40 本国家级 BIM 指南，指出国家级 BIM 指南很少涉及 BIM 成熟度、硬件选择、流程图、费用结构、采购策略（包括 IPD）、法律责任、风险和保险问题。萨克斯等人（Sacks 等，2016）分析了 15 本国家级 BIM 指南，也得出了类似结论。随着设备的计算能力呈指数级增长，硬件选择在不久的将来可能不再是关键问题。但随着我们对上述其他问题的不断探索和经验与知识的积累，BIM 指南中的空缺部分将会得到填补。

8.4.2 针对不同主题的 BIM 指南

良好的 BIM 指南应涵盖 BIM 实施涉及的所有重要问题。许多问题可在通用 BIM 指南中给出规定，但有些问题需在特定 BIM 指南中作为特定主题进行说明。本节阐述与 BIM LOx、信息需求和 BIM 执行规划相关的 BIM 指南问题。

*BIM LOx。*模型是对现实世界的抽象，应该只包含项目所需的基本信息，而非所有信息。否则，生成新模型或为反映新需求和设计变更进行模型更新所需的工作量和耗费的时间将极度不合理。建模工作量和花费时间随着信息量、模型中对象的数量和修改次数的增加而增加。

此外，由于在模型中添加详细信息相对容易，设计人员很容易落入过早输入过多信息的陷阱。例如，项目体量研究早期阶段使用的模型不需要很高级别的细化程度，而施工阶段钢结构制作使用的模型则需要很高级别的细化程度。

因此，采用与模型应用目标相匹配的细化程度，对于项目的有效实施至关重要。自 21 世纪初采用 BIM 的第一天起，人们就认识到了这个问题。主要问题是“为不同目标生成模型的适当细化程度是什么？”以及“如何在合同中对细化程度做出规定？”这些问题最初被称为“细化程度（level of detail，LOD）问题”。这里的“细化程度”（LOD）一词是借用了计算机图形学的术语。在计算机图形学里，细化程度是描述三维对象表达的详细程度随其与观察者距离的变化而变的术语：一个对象离观察者的距离越近，细化程度就越高。然而，术语“细化程度”很快被“发展程度”（level of development，LOD）所取代，以强调即使项目进展到后期

设计阶段，细化程度也可能不会增加。也就是说，高级别发展程度并不一定意味着高级别细
化程度。一个很好的例子是，设施管理使用的 BIM 模型的细化程度比施工阶段使用的 BIM 模 343
型的细化程度更低。

经过几年的讨论，与 LOD 相关的第一份官方文件《3D 工作方法》于 2006 年由丹麦建筑知识中心（bips）发布，并于 2007 年被翻译成英语（bips，2007）。该文件使用术语“信息深度”（Information Level）而不是 LOD，并将“信息深度”分为六级，但“信息深度”与 LOD 的基本内涵相同。

2008 年出版了一份对行业和后续 LOD 指南产生重大影响的出版物：《AIA E202 号文件：建筑信息建模协议附件》（AIA，2008）。与此同时，Webcor 建筑公司、Vico 软件公司和美国总承包商协会也发布了《模型进展规范》（*MPS*）（Vico Software 等，2008）。这两份文件的相似之处在于，LOD 的范围都是 100—500，并都提供了为模型元素指定 LOD 的模板。然而，一个显著的区别是在《模型进展规范》（*MPS*）中 LOD 是“Level of Detail”（细化程度）的缩写，而在 AIAE　E202 号文件中 LOD 是“Level of Development”（发展程度）的缩写。

AIA E202 号文件之所以有如此大的影响力，是因为它是与设计合同一起使用的通用指南，而且在世界各地已有许多 BIM 项目将其作为指定 BIM 模型 LOD 的基础。AIA E202 号文件包括各个层级 LOD 的定义和一个可为不同模型元素指定不同 LOD 的 LOD 模型元素表。图 8-7 是 LOD 模型元素表的一部分。E202 号文件于 2013 年进行了更新（AIA G202-2013：项目 BIM 协议表），增加了一个新等级——LOD 350，并对每个 LOD 给出了更详细的说明和更多的示例。

自从《3D 工作方法》和 AIA E202 号文件发布以后，许多基于它们的 LOD 指南先后发布，有的几乎跟它们一模一样。许多 LOD 指南，如美国纽约市、宾夕法尼亚州立大学、陆军工程兵团，中国的台湾和香港地区，以及新加坡建设局发布的 LOD 指南，均采用 AIA E202 号文件的 LOD 100—LOD 500 定义。新西兰 2014 年发布的指南也使用 LOD 100 至 LOD 500 表示发展程度，但将其分为四个子类：细化程度（Level of detail，LOd）、精确程度（Level of accuracy，LOa）、信息深度（Level of information，LOi）和协调程度（Level of coordination，LOc）。英国采取了一种稍有不同的方法，按照英国对项目生命期的分类，定义了七个等级的细化程度（Levels of Definition）。其将几何数据与非几何数据的详细程度

利用 CSI UniFormat™ 编码的模型元素			LOD
地下工程	A10 基础	A1010 标准基础	
		A1020 特种基础	
		A1030 板式基础	
	A20 地下室施工	A2010 地下室开挖	
		A2020 地下室墙	

图 8-7 LOD 模型元素表示例（AIA，2008）

区分开来，分别称为“模型细化程度”（Level of Model Detail，LOD）和“模型信息深度”
344 （Level of Model Information，LOI）。韩国也基于 AIA LOD 开发了 BIM 信息深度定义（BIL 10—60），但两者的信息深度分级数和各级别所需信息略有不同（bSK，2016）。术语“LOx”用于指代与 LOD 相关的众多术语。

尽管 LOD 指南作为一种简单实用的工具，可通过合同条款指定用其规定 BIM 信息生产者的工作范围，广受欢迎，但它们不能提供信息需求的明确定义，因此容易在项目参与人员之间产生分歧。例如，假设合同规定与基坑工程相关模型（如图 8-7 中的 A2020 地下室墙）以 LOD 300 建模，但地下室墙的某些部分却需要达到 LOD 400。这种需要项目参与人员在项目期间进一步协商的情形在实践中较为常见。因此，认识到 LOD 指南只是通用的建模指南，而非像 MVD 那样具有明确或严格的信息需求定义，对于用好 LOD 指南非常重要。下一节介绍与更具体和明确定义信息需求相关的指南，包括 MVD。

BIM 信息需求。要获取从一个阶段到另一个阶段或从一个应用程序到另一个应用程序所需的所有信息，明确的信息规范是必不可少的。特定流程所需的一组明确信息项在 ISO 29481 信息交付手册（IDM）（ISO TC 59/SC 13，2010）中被称为“信息需求”（IR）或者“模型视图定义”（MVD），在 PAS 1192-2（BSI，2013）中被称为“雇主信息需求”（EIR）。此类信息需求规范的典型例子是美国陆军工程兵团最早开发的建造与运行建筑信息交换（COBie）（Nisbet 和 East，2013），以及英国使用的基于 COBie 改编的 COBie UK（BSI，2014b）。COBie 指定了资产管理所需的信息。使用这样一种具体明确的信息需求规范，可以自动检查是否提交了全部所需的信息。因此，许多项目要求以 COBie 格式提交移交数据。

随着更多像 COBie 这样的 MVD 变得可用，合同将使用它们代替 LOD 规范 规定交付成果应满足的要求。然而，即使使用 MVD 仍然无法检查信息质量（即核查提交的数据是否正确）。为了检查移交信息的质量，可以采用基于规则或语义 / 本体的方法。例如，考虑以下规则：“如果存在一个房间，则其地板到顶棚的净空至少为 3.3 米，必须墙体封闭，并且至少有一扇门。”系统可以检查房间是否满足这些条件。基于房间、楼板、顶棚、墙、门和相关类本体定义的推理规则，可以进行更复杂的规则检查。有关 IDM/MVD 更多的技术细节请参见第 3.3.5 节。

BIM 执行计划。随着 21 世纪第一个 10 年末尾 BIM 项目数量的迅速增加，越来越多的业
345 主要求投标文件包必须包括一份 BIM 执行计划。当时并无标准的 BIM 执行计划编写指南，虽然许多承包商，如 DPR 建设公司、莫特森（Mortenson）建设公司和贝克集团（Beck Group），自己编制了 BIM 执行计划编写指南，但仍需要一种更结构化和普适的 BIM 执行计划编写方法。宾夕法尼亚州立大学（Penn State）于 2010 年开发并发布了第一版 BIM 项目执行计划（BEP）编写指南（CIC，2010），目前，其已成为开发 BIM 执行计划以及其他 BIM 执行计划编写指南最广泛引用的参考文件。宾夕法尼亚州立大学 BEP 编写指南要求编写工作采取四个步骤：

1. 确定 BIM 的目标和用途。

2. 设计 BIM 项目的执行流程。

3. 开发信息交换需求。

4. 确定支持 BIM 实施的基础设施。

通过这四个步骤，预计可获取以下 14 组信息：

- BIM 项目执行计划概述
- 项目信息
- 关键项目联系人信息
- 项目目标与 BIM 用途
- 组织角色和人员配置
- BIM 流程设计
- BIM 信息交换需求
- BIM 和设施数据需求
- 协作程序
- 质量控制
- 技术基础设施需求
- 模型结构
- 项目交付成果
- 交付策略与合同

除了面向建造的 BEP 编写指南，还出现了面向其他特定用途的 BEP 编写指南。2012 年宾夕法尼亚州立大学发布了《用于设施业主的 BEP 编写指南》，2014 年佛罗里达大学提出了针对绿色建筑项目的 BIM 执行计划编写方法（Wu 和 Issa，2014）。

8.5 BIM 教育与培训

采用 BIM 最具挑战性的问题是什么？很多组织的答案通常是“人因问题”。温等人（Won
等，2013b）对影响 BIM 项目成功关键因素的研究也支持这一观点。在 10 个关键成功因素中， 346
9 个因素与人和流程相关而非与技术相关。本节主要讨论人因问题，包括资深职员转型、BIM
角色和职责，以及世界各地行业与大学的 BIM 培训与教育现状。

8.5.1 资深职员转型

在实施新的设计和施工技术时，面临的最大挑战是团队资深领导的思想转型。这些资深职员，通常是企业合伙人，在客户沟通、设计开发程序、设计与施工规划和进度计划、项目管理等方面拥有数十年的经验，毫无疑问，他们的经验是成功公司拥有的核心智力能力的不可或缺的重要组成部分。挑战在于，如何让他们以一种既能发挥自身专长又能接纳 BIM 提供的新功能的方式参与转型。可采用以下方法应对这一挑战：

- 与年轻、精通 BIM 且能将合伙人的知识与新技术融合的员工合作；
- 提供一对一的培训，每周一天或类似的进度计划；
- 在办公地点以外的休闲场所举办一次小型团建活动，将为合伙人提供培训作为活动内容之一；
- 参观已经实现 BIM 转型的公司，参加线下、线上研讨会。

其他资深职员（如项目经理）也存在类似转型问题，也可以使用类似方法促进他们转型。除了软件投资，采用 BIM 技术还有间接成本。很多公司已经意识到，系统管理 [通常是首席信息官（CIO）的管理职责] 已经成为大多数公司支撑业务的重要工作。就像大多数工作无法离开电力一样，对信息技术的依赖会随着其支撑生产力提高的作用加大而增强。采用 BIM 不可避免地增加了对信息技术的依赖。

方法再好也要靠人实施。一个组织的转型很大程度上是文化转型。通过行动上的支持和价值观的表达，资深职员会将他们对新技术的态度传递给组织的初级职员。下面讨论与 BIM 角色及其职责和初级职员转型相关的问题。

8.5.2 BIM 角色及其职责

BIM 还创造了新角色及其职责。巴里松和桑托斯（Barison 和 Santos，2010）梳理了因 BIM 而产生的各种新角色，如 BIM 经理、BIM 建模师、BIM 顾问和 BIM 软件开发人员。在随后的研究中（Barison 和 Santos，2011），他们分析了 22 份 BIM 招聘广告，以了解 BIM 经理所需的技能（能力）。乌姆等人（Uhm 等,2017）扩大了研究范围，分析了全球 242 份 BIM 招聘广告，
347 以分析不同类型 BIM 工作所需的技能。乌姆等人找出了 35 个描述 BIM 工作的术语，并通过社会网络分析，根据角色和关系，将其分为 8 类。例如，在招聘广告中，CAD 经理、Revit 经理和 VDC 经理与 BIM 经理的含义是相同的。因此，CAD、Revit、VDC 和 BIM 经理被归类为
348 相同的角色。表 8-3 改编自乌姆等人的论文（2017），汇总了 BIM 项目经理、BIM 经理、BIM 协调员和 BIM 技术员所需的工作能力。表中“需要的工作能力”一栏的各项能力要素是根据美国职业信息网络（O*NET）中的能力要素分类确定的。

一般而言，按照 BIM 项目经理、BIM 经理、BIM 协调员和 BIM 技术员的顺序，前者比后者需要更长的工作时间、更高的领导技能、更强的语言能力和更高的受教育水平。表 8-3 表明，平均至少从事相关工作时间，BIM 项目经理为 7.3 年，BIM 经理为 5.8 年，BIM 协调员为 4.5 年，BIM 技术员为 2.4 年。另一方面，对低级别 BIM 角色的计算机技能和领域特定知识的要求更高。

主要 BIM 角色需要具备的工作能力（改编自乌姆等人的论文，2017） 表 8-3 347

需要的工作能力		BIM 项目经理	BIM 经理	BIM 协调员	BIM 技术员
a）雇主更重视的高级别 BIM 角色能力要素					
经验	平均至少从事相关工作时间	7.3 年	5.8 年	4.5 年	2.4 年
	相关工作经验	73%	52%	52%	40%
领导技能	领导力	20%	17%	4%	4%
	人力资源管理	27%	15%	—	—
	对小组或部门的掌控能力	20%	17%	4%	—
语言能力	英语	33%	6%	7%	8%
	外语	27%	2%	7%	—
执照、高等教育	执照、证书或注册执业资格证书	33%	6%	4%	4%
	研究生学历	33%	6%	4%	4%
b）雇主更重视的低级别 BIM 角色能力要素					
计算机技能	计算机 / 电子设备	7%	23%	26%	—
	与电脑交互	67%	77%	81%	84%
	规划、布置技术装备、部件和设备，并明确规定使用要求	20%	48%	63%	76%
领域特定知识	机械	—	8%	15%	16%
	对信息进行标准符合性检查	20%	29%	37%	44%
通用技能	合作	13%	38%	43%	60%
	创造性思维	20%	21%	22%	52%
	产出高质量产品	7%	10%	19%	20%

百分比表示发布的要求具有特定能力要素的某个类型职位数除以发布的该类型职位总数。

表 8-3 是对各个 BIM 角色的较高要求。实践中，每个 BIM 角色的具体要求可能因项目或 348
组织而异。下面是 BIM 协调员所需技能的示例。

建筑承包公司的 BIM/VDC 协调员需要哪些技能？需要什么教育背景？

奥拉利娅·克鲁兹（Oralia Cruz）是 Lease Crutcher Lewis 公司的一名 VDC 协调员，该公司是一家建设公司，有超过 130 年的历史，主要在华盛顿州西雅图和俄勒冈州波特兰开展业务。2017 年，在西雅图市中心一家科技巨头公司投资 1200 万美元的厨房改造项目里，她创建了一个 BIM 模型并基于其开展工作。在之前的厨房改造项目中，至少有 1% 成本花在了返工上。而这个项目，返工成本是零。奥拉利娅只花 25000 美元的建模成本就帮助公司节约了列入预算的 12 万美元不可预见费。

奥拉利娅将自己（VDC 协调员）的工作职责定义如下：

- MEP 和设计协调；
- 基于 BIM 软件最新技术创建 3D 模型；
- 4D 工期排序；
- 整合 / 支持设计团队。

她还在清单里列出了 BIM 深化设计师的一般职责：

- 负责创建和维护联合模型，以供项目工程师复审、现场检查、厘清尾项清单背景和现场指导使用；
- 审查、记录设计文件并协调冲突；
- 为项目工程师提供一般性的 BIM 技术支持；
- 为现场施工质量控制提供支持，通过模型验证解决现场纠纷；
- 为现场分包商提供最新协调信息；
- 完成验证变更单、粗数量级（ROM）估算建模工作，当范围发生变化时修改模型，为设计团队提供支持等；
- 349 解读施工文件，建立基础模型；
- 按照安装工作方式划分模型；
- 与现场合作，了解他们的工作方式和他们需要的信息；
- 对可能影响工作范围的对象以很高的细化程度建模；
- 提供准确的材料用量；
- 开发工作包图纸；
- 用模型沟通实际发生的或潜在的冲突；
- 除了开发工作包以外，提供更多对项目团队有帮助的信息和图纸；
- 与没有参与建模工作的分包商沟通模型信息；
- 在项目期间开发竣工模型。

她的教育背景包括北西雅图社区学院建筑工程制图专业学习（2 年制），获应用科学副学士学位；拥有“计算机辅助设计与施工制图”和“设计与施工建筑信息建模”证书，以及华盛顿大学工程管理专业为期八个月的学习证书。

厘清不同 BIM 角色承担的职责和所需的技能很重要，因为它们是规划 BIM 教育和培训项目的基础。下一节将介绍世界各地的 BIM 教育和培训情况。

8.5.3 行业培训与证书

最早的 BIM 指南之一,《承包商 BIM 指南》(AGC，2006)指出，“无论设计是以二维纸质图纸还是三维电子交付，还是以两者的结合交付，项目团队成员的责任都没有改变。重要的是确保项目团队成员透彻了解所传达信息的性质和准确性。”

时至今日，此论断仍然有效。即使 BIM 成为标准实践，人们承担的基本角色也没有改变。设计师仍在设计，承包商仍在建造，等等。然而，尽管从业人员的职责没有改变，但不同从业人员使用的工具却根本不同。因此，需要改变现有针对从业人员的教育和培训。另外，现有从业人员并不是教育和培训的唯一对象。担任上一节列出的 BIM 新角色的人员也需要培训。一些岗位，如 CAD 绘图员，正在消失，这些人也需要培训以获得新技能。

总之，BIM 培训有三个目的:(1)训练现有从业人员使用新工具开展工作;(2)为工作岗位正在消失的从业人员提供新技能;(3)培养新的 BIM 专家。以下是提供此类培训的几个 350
例子。

美国总承包商协会提供了 AGC 建筑信息建模管理证书(CM-BIM)培训。完成下列四门 AGC BIM 教育课程后，考生可以通过参加考试获得 AGC CM-BIM 证书。

- 单元 1：BIM 101：建筑信息建模简介
- 单元 2：BIM 技术
- 单元 3：BIM 合同谈判和风险分配
- 单元 4：BIM 流程、采用和整合

buildingSMART 韩国分部(bSK)自 2013 年起一直为 BIM 技术员和 BIM 施工管理协调员提供证书培训，并计划为 BIM 建模人员和 BIM 经理提供证书培训。bSK 证书与 buildingSMART 国际总部、buildingSMART 新加坡分部和新加坡建设局证书可以互认。考证申报条件为只要满足表 8-4 中的学历、BIM 相关经验和已有证书三项要求的任何一项即可报考。例如，申报 BIM 协调员只需满足拥有学士学位、5 年 BIM 相关经验和获得 BIM 技术员证书 2 年这三项要求中的任何一项即有资格报考。BIM 经理证书要求 BIM 相关经验最多(从事相关工作 10 年)，其余证书要求的经验按照从多到少的顺序依次是 BIM 施工管理协调员证书(从事相关工作 5 年)、BIM 技术员证书(从事相关工作 3 年)和 BIM 建模员证书(无经验要求)。

考试由笔试和实践技能测试两部分组成。表 8-5 列出了考试内容。笔试包括若干科目，如韩国公共采购服务部的 FM BIM 指南和土地、基础设施和运输部的 BIM 指南，以及基本的 351
BIM 概念和方法。实践技能测试考察各种 BIM 应用知识和技巧，如质量保证、建筑设计、中期预算和绿色 BIM。BIM 协调员和 BIM 施工管理协调员的考试是不一样的。与一般的 BIM 协调员相比，BIM 施工管理协调员的考试更侧重于施工和项目管理。bSK 计划在 BIM 经理的考试里增加“政府政策与 BIM”和“BIM 项目采购方法”科目。

350 bSK（buildingSMART 韩国分部）BIM 证书考试申报条件 表 8-4

申报条件（满足下面一项即可）	BIM 建模员	BIM 技术员	BIM 施工管理协调员	BIM 经理
学历		副学士学位	学士学位	副学士学位与 8 年工作经验 或学士学位与 6 年工作经验
BIM 相关经验	无要求	3 年	5 年	10 年
证书		BIM 建模员证书	获得 BIM 技术员证书后 2 年	获得 BIM 协调员证书后 3 年

351 bSK（buildingSMART 韩国分部）BIM 证书考试科目 表 8-5

考试科目		BIM 技术员	BIM 协调员	BIM 施工管理协调员
笔试	基本概念和理论	○	○	○
	互操作性和 IFC	○	○	○
	公共采购服务部 FM BIM 指南	○	○	○
	土地、基础设施和运输部设计 BIM 指南		○	○
	设计 BIM	○	○	
	参数化设计与 BIM	○	○	
	自由造型设计与 BIM	○	○	
	绿色 BIM		○	
	BIM 施工管理流程与任务			○
	BIM 执行计划			○
	BIM 协同与 4D			○
实践技能测试	设计 BIM	○	○	
	绿色 BIM	○	○	
	BIM 质量保证	○	○	○
	基于 BIM 沟通	○	○	
	整合 BIM	○	○	
	基于 BIM 的中期预算	○	○	

新加坡建设局开办的新加坡建设管理学院提供 BIM 规划、BIM 建模（建筑、MEP 和结构）、MEP 协调和 BIM 管理的考试合格证书（Certificate of Successful Completion，CSC）培训。虽然其他国家的证书培训课程是针对不同角色设计的，但新加坡建设管理学院的证书培训课程却是针对不同任务设计的。也就是说，一个人可以通过学习多门课程获取不同领域的证书。BIM 规划课程是为建筑开发商和设施经理设计的，BIM 建模课程是为 BIM 建模员设计的，MEP 协调课程是为 BIM 协调员设计的，BIM 管理课程是为 BIM 经理设计的。表 8-6 列出了新加坡建设管理学院 BIM 证书的考试科目。

新加坡建设管理学院 BIM 证书考试科目 表 8-6 352

考试科目	BIM 规划	BIM 建模	BIM MEP 协调	BIM 管理
BIM 基础知识	○	○		○
BIM 技术				○
BIM 设计流程	○			○
设计协调与文档编制	○		○	○
设计分析				○
施工计划与协调（4D BIM 和 5D BIM）	○			○
企业级 BIM 部署计划				○
BIM 项目执行计划				○
现场 BIM			○	
定制 BIM 工具用户界面		○		
创建项目模型		○	○	
项目文档		○		
创建电子交付项目模板		○		
工作集与工作共享		○		
创建设计对象库		○		
设施管理 BIM 应用	○			
BIM 采用（新加坡 BIM 路线图与指南）	○			
BIM 策略与规划	○			
从开发商 / 业主视角开展 BIM 案例研究	○			

中国香港建造业议会（Construction Industry Council，CIC）提供 BIM 专家认证。BIM 专家分为三级：

- Ⅰ级：基础
- Ⅱ级：建筑、结构、MEP、Revit 族
- Ⅲ级：建筑、结构、MEP、施工管理、成本管理、BIM 管理

在撰写本书时，中国香港建造业议会只提供了“Ⅰ级：基础”的 BIM 培训和认证，但它计划将认证范围扩大到包括土木工程项目的施工管理和成本管理。例如，施工管理 BIM 专家认证的培训课程会包括以下九个科目：

- 专注信息的 BIM
- 专注应用的 BIM
- 专注整合的 BIM 353
- 模型细化程度和发展程度
- BIM 合同条款

- BIM 在预制和制作中的应用
- 材料交付
- 工程量计算与准备工程量清单
- 角色和责任

在英国，英国标准协会（BSI）和建筑研究院（BRE）这两个公共组织提供 BIM 证书培训。英国标准协会提供三种类型的 BIM 证书，分别是“BIM 设计和施工 BSI 风筝标识 * 认证证书”“BIM 资产管理 BSI 风筝标识认证证书”和“BIM 对象 BSI 风筝标识认证证书”。虽然其他证书侧重于个人知识水平，但 BSI 风筝标识认证证书却侧重于公司标准化 BIM 实施流程和程序与英国标准 BIM 指南（如 PAS 1192-2：2013、BS 1192：2007、BS 1192-4：2014、PAS1192-3：2014 和 BS 8541）规定的 BIM 2 级水准的符合性，详见表 8-7。

用于 BSI 风筝标识 BIM 认证考评的 BIM 指南　　表 8-7

证书类型	考评 BIM 指南
BIM 设计和施工 BSI 风筝标识认证证书	PAS 1192-2：2013 基于 BIM 的建设项目从投资可行性研究至交付阶段的信息管理规范； BS 1192：2007 建筑、工程和施工信息协同生产执业守则； BS 1192-4：2014 使用 COBie 满足雇主信息交换需求的信息协同生产执业守则。
BIM 资产管理 BSI 风筝标识认证证书	PAS 1192-3：2014 基于 BIM 的资产运行信息管理规范
BIM 对象 BSI 风筝标识认证证书	BS 8541：用于建筑、工程和施工的对象库 第一部分：标识和分类 第三部分：形体和度量 第四部分：表达规格和度量的属性

英国建筑研究院提供面向个人和公司的 BIM 认证证书。公司 BIM 认证与 BSI 风筝标识认证相似。建筑研究院的“BIM 2 级业务系统认证”评估公司在以下领域的 BIM 能力：

- 公司 BIM 技能和培训记录；
- 软件工具；
354 • IT 战略与基础设施；
- 与 PAS 1192：2 2013 规定方法和流程的符合性；
- 证实上述内容的 CAD/BIM 文档；
- 与 PAS91-2013 第 4.2 节表 8 的符合性；
- 项目案例研究。

* 风筝标识是英国标准协会使用的一个认证标志。产品标上风筝标识表示这一产品是按照有关标准进行生产，而且完成了严格的产品认证。——译者注

作为申请证书的最低要求，建筑研究院对参与认证的三方及其必须具备的能力做出规定：

- 一个任务小组：能够建立和执行 BIM 执行计划、员工培训计划、任务信息交付计划、基于共用数据环境的协作程序以及其他 BIM 相关程序和计划；
- 一个主要供应商：能够建立和执行任务小组评估程序和主信息交付计划；
- 一个雇主：能够提供雇主信息需求、供应链评估和管理项目信息的员工。

建筑研究院为个人提供两种 BIM 证书：

- BIM 知识专家：该证书是为政策制定者、顾问、教育工作者和实施 BIM 流程的施工专业人员设计的。它要求掌握 BIM 和 BIM 流程的详细知识；
- BIM 认证从业人员：该证书是为工程施工专业人员和项目信息经理设计的。它要求掌握 BIM 和 BIM 流程的实践性知识。

在世界各地私营和公共组织（包括东南亚国家和巴西的私营和公共组织）提供的众多培训和认证中，这些只是其中极少数的几个例子。毫无疑问，新证书的培训课程将会更加严谨、合理，因为它们可以借鉴现有证书培训的经验。

除了公共组织提供的培训和认证之外，一些工会，特别是美国和北欧国家的工会，也为现有从业人员提供 BIM 培训。通过接受培训，工人成长为高级 BIM 建模员或 4D 进度计划经理已经不足为奇。

以上，我们回顾了公共组织提供 BIM 培训和认证的总体情况。除了鼓励员工参加这些培训之外，许多大型设计、工程和施工公司也在企业内部开展 BIM 培训。许多公司定期举办研讨会，为员工之间的知识共享提供内部资源（网站、博客等），例如特纳大学（Turner University）和 HOK 建筑师事务所的 BIM 解决方案网站。中小型企业对私营 BIM 服务提供商
和 BIM 平台供应商提供的 BIM 培训依赖较重，但是，这类培训大部分课程都侧重于 BIM 工具 355
操作。然而，预计将会出现越来越多的与规划、协调、项目管理、项目信息管理和流程管理相关的培训课程。

8.5.4 大学教育

本节介绍几种将 BIM 纳入大学教育课程的方法。在讨论不同的方法之前，我们先考虑建立 BIM 学位课程或改变学位课程，以反映 BIM 带来的变化所面临的挑战。

- 第一个挑战是缩小不同教师对 BIM 是否会给传统建筑和土木工程教育带来影响的认识差异。有些人认为没有必要由于 BIM 而变革教育，就像 20 世纪 80 年代和 90 年代的一些教师没有意识到 CAD 对行业和教育的影响一样，有些教师甚至禁止学生在学校使用 CAD。
- 第二个挑战是如何在众多的学习领域之间达到平衡。一个系通常是由几个学习领域组

成的。尽管 BIM 是许多领域的赋能技术，但每个领域都在迅速变化，并不断产生新的需求。因此，很难通过改变整体课程结构向某一学习领域（如 BIM）倾斜。

- 即使一个系的课程结构允许师生相对容易地从现有教学计划转换到新的教学计划，这个转换也需要较长时间，特别是当该系正在执行已通过认证的教学计划时。因此，有必要制定一个针对现有学生的教学计划转换策略。
- 现有教师需要先学习 BIM，然后才能将其纳入课程教授学生。这可能会产生阻力，需要花费时间解决。

解决后三个问题可能不像人们想象的那样难，因为许多课程已经在使用 BIM 工具或 BIM 概念了。例如，结构工程课程正在教授如何使用三维分析工具，施工计划课程正在教授基于精益理念的项目进度计划和 4D 仿真工具，照明设计课程正在教授基于 BIM 的照明模拟。此外，许多学生，不管是上设计课还是上其他课，都在使用 BIM 设计工具。

目前将 BIM 纳入现有本科课程主要有三种模式。第一种模式是已经或将要像前面讨论的那样将 BIM 作为现有课程的一部分讲授。这种模式对本科生的现有课程没有改变或改变很小。然而，通常这一类大学都为高年级本科生提供一个压轴课程—设计 - 工程整合设计，并为研究生提供高等 BIM 课程。许多大学都遵循这种模式，例如美国西雅图华盛顿大学建设管理系、
356 韩国延世大学建筑与建筑工程系和中国香港科技大学土木工程系。

第二种模式采取了一种适中的方法，在现有的本科课程中增加一些 BIM 入门课程。这些 BIM 课程主要关注 BIM 工具和基本 BIM 概念。研究生教育与第一种模式相似。采用这种模式的有以色列理工学院和巴西圣保罗大学理工学院（Escola Politécnica da USP）。

第三个模式采用了一种更激进的方法，将现有的课程体系转变为适于 BIM 的课程体系，或增设全新的 BIM 学位课程。许多本科学位课程采用这种方法以满足行业需求。目前，韩国政府正资助几所大学开发适于 BIM 的课程体系。

许多大学都有精通 BIM 或从事 BIM 相关研究的教师，学校安排他们为研究生讲授 BIM 学位课程。这些课程不仅包括与 BIM 理论、方法、标准和工具直接相关的课程，还包括 BIM 赋能相关技术的课程，如数据挖掘和管理、参数化建模、互操作性、需求工程、计算流动力学、算法设计和施工自动化。

此外，一些大学还将 BIM 培训和 / 或证书课程纳入继续教育或理科硕士项目。例如，佐治亚理工学院（Georgia Tech）、斯坦福大学、华盛顿大学（UW）、爱沙尼亚塔林理工大学和塔林应用科学大学开设的施工管理 BIM 应用课程（表 8–8）。

这些只是几个例子。基于各种教育模式（如远程教育、大型开放式网络课程和翻转式学习）的 BIM 课程，在未来将不断增加。

大学 BIM 证书项目提供的 BIM 课程　　表 8-8 357

主题	佐治亚理工学院	斯坦福大学	华盛顿大学
引言	BIM 简介	VDC 概述	· BIM 简介 · BIM 技术基础
面向设计的 BIM		基于面向对象三维建模的设施设计	
面向工程的 BIM		基于模型的三维模型分析	
面向施工管理的 BIM	· BIM 与施工管理 · BIM 与现场相关技术	· 4D 建模、动画与分析 · 组织建模与分析	· 有规划才成功 · 基于 BIM 的进度计划 · 工程量与部件追踪 · BIM 现场应用
面向制作的 BIM		· 设计和施工过程的生产计划、控制和优化 · 基于 VDC 的供应链配置	
面向设施管理的 BIM	设施管理 BIM 应用		设施与资产管理
面向协作的 BIM		· 过程建模与分析 · 交互式协同设计 · 项目产品、组织和流程的功能意图、设计和性能的整合建模	· 协调与冲突预防 · 项目审查 BIM 应用 · 压轴毕业实习
BIM 标准及未来	BIM 标准及未来	学生可以通过完成指定的课程与实习获得 VDC 认证证书	

8.5.5 培训和转型部署的考量 356

BIM 会带来新的 IT 环境，需要培训、系统配置、设置库和文档模板以及结合新的业务实践对设计审查和批准程序进行调整。这需要逐步过渡，与现有方法并行使用，这样就不会因为学习新方法而对完成当前项目造成不利影响。

我们鼓励考虑 BIM 转型的公司制定详细的部署计划，采用 BIM 不能心血来潮，随心所欲。部署计划与公司战略目标的契合度越高，BIM 采用的成功率就越高。下面介绍培训和转型需要考虑的问题。

培训通常从一个或少数 IT 专家开始，然后由他们规划系统配置并向公司其他人员介绍培训计划。系统配置包括硬件选择（BIM 工具需要强大的工作站）、服务器设置、绘图仪和打印机配置、网络访问、与报告和项目核算系统集成、库设置（如第 5.4.2 节所述）以及与公司其他特定系统的集成。

项目早期应注重建模和出图等基本技能，包括逐步建设模型对象库，并在开展高级的整 357
合工作之前扎实掌握基础知识。在打好项目管理基础之后，再利用 BIM 的多种集成和互操作性优势进行各种扩展。

在采用 BIM 的早期阶段，要避免过早地提供过多的模型细节。这是因为在 BIM 中项目的定义和细化是部分自动化的，如果过早定义细节而不是将重点放在方案上，设计概念可能会被误解。模型细化在方案设计阶段很容易实现，但如果无意中做出了难以回退的过度决策，可能会导致错误和客户误解。BIM 用户应认识到这个问题，并明确管理模型细化程度。同时，
358 有必要向咨询方和协作方提供详尽的项目级 LOD（Level of Details）指南。所有关键项目合作伙伴应尽早参与，但每个合作伙伴开始建模的时间取决于其担任的角色。例如，为了避免多次修改，详细的 MEP 三维布局应在流程的后期完成。另一方面，幕墙顾问和制作商可以提前参与，以帮助规划和协调结构连接节点。

在大型项目中，建筑师只是整个设计团队中的一个合作伙伴。协作需要工程、机械和其他专业顾问的帮助。制定基于模型审查和数据交换的协调程序是必要的，并最好通过编制 BIM 执行计划（BEP，参见第 1.9.1 节、第 4.5.1 节和第 8.4.2 节）使其付诸实施。考虑到设计师之间密切合作的好处和必要性，即使是新接触 BIM 的公司，也应首选在大办公室（大部屋*）集中办公（参见第 4.5.4 节和第 10 章的案例研究）。

8.6 法律、安全和最佳实践问题

BIM 要求并鼓励项目成员之间密切合作。在一个理想的世界里，项目团队成员在一个协作和集成的环境中融洽相处，就不会出现安全漏洞或法律纠纷。不幸的是，现实与理想之间存在差距。因此，本节讨论与 BIM 相关的法律、安全和最佳实践问题。

8.6.1 法律和知识产权问题

出现法律和知识产权问题在设计、工程和施工项目中并不新鲜。然而，在 BIM 项目中，由于模型的数字化和协作性，信息的所有权和使用权是一个关键问题。在 BIM 项目中常见的问题包括：

- 谁拥有信息？
- 谁拥有 BIM 模型的版权？
- 谁有权利使用模型？
- 谁有权利变更模型？
- 谁对错误数字信息导致的问题负责？

前四个问题听起来很相似，因为它们都与 BIM 的数据权利有关，但它们在法律术语上有所不同。一个人可以拥有一个数字模型，但由于版权问题，这并不意味着他可以自由地变更模型（设计）。然而，在 BIM 项目中，如果团队成员被剥夺使用或更改模型的权利，那将是灾

* 大部屋是一种信息呈现和交流的场所，诞生于丰田，是丰田生产方式（TPS）的工具之一。——译者注

难性的。那么谁有权利使用或变更模型呢?

美国、芬兰、韩国和新加坡的 BIM 指南一致认为，客户是数字模型、信息以及其他交付成果的所有者。例如，韩国公共采购服务部 BIM 指南在第 6.12 节“责任和权利”中声称，公共采购服务部有权使用 BIM 数据，承包商应对由 BIM 模型生成的 IFC 模型和图纸中的错误负责（PPS，2016）。 359

美国总务管理局 BIM 指南系列 01 第 2.4.2 节强调，公共建筑服务部（PBS）拥有数字类数据和其他交付成果的所有权和其他权利。

> “对于美国总务管理局的所有项目，公共建筑服务部拥有 A/E（建筑师和 / 或工程师）根据 A/E 合同适用条款开发和提供的所有数据和其他交付成果的所有权和其他权利。这些规则适用于为美国总务管理局项目开发的建筑信息模型和相关数据。”

芬兰 COBIM 系列 11“BIM 项目管理”（buildingSMART Finland，2012）第 4.3 节“建筑信息模型使用权”规定，客户拥有数字类数据的所有权和使用权，并指出任何不想将版权转让给客户的设计师应在投标文件中包括一份关于如何与团队成员合作的方案。

> “客户有权使用模型……如果设计师认为在项目期间将模型中的库和对象的所有权让渡给其他方，或在项目结束时将模型中的库和对象的所有权让渡给客户涉及版权、基于特权的设计师竞争或其他类似法律问题，则设计师应在其投标书中提及这些问题。作为投标书的附录，设计师应提出解决相关问题的方案，以便设计方在项目期间将基于 BIM 合作所需的模型让渡给其他方，以及在项目结束时将可用的模型让渡给客户，供其在建筑运行、维护和维修时使用。……对于可能出售的房产，将模型所有权转让给受让人的条款必须单独列出。”

新加坡 BIM 指南（BCA，2013）将模型所有者与模型作者、模型使用者区分开来。通常，客户是模型所有者。建模员或设计师是模型作者。模型使用者是可以使用或检查模型，但无权更改模型的项目参与者。新加坡 BIM 指南第 3.3 节“BIM 目标和责任矩阵”提供了一个表格，用于指定项目使用的不同模型的模型作者和模型使用者。

> “模型作者是按照‘BIM 目标和责任矩阵’中规定的细化程度负责创建和维护特定模型的一方。在创建和维护模型时，模型作者不让渡模型的任何所有权……雇主[业主]可在主协议中规定模型的所有权……模型使用者是被授权在项目上使用模型的参与方……如果发现模型有不一致的地方，模型使用者应立即通知模型作者进行澄清。模型使用者不得就模型的使用向模型作者提出任何索赔。模型使用者还应保 360
> 护模型作者免受因模型使用者后续使用或修改模型引起的所有索赔。”

因 BIM 责任和权利引发的诉讼比预期的要少。然而，律师建议合同应明确规定项目参与者的责任和权利，以避免项目参与者在项目期间或项目结束后发生任何不必要的纠纷或冲突。

8.6.2 BIM 与网络安全

不幸的是，BIM 的一些显著优势可被不怀好意的人利用。BIM 将有关建筑的所有信息集中在一个易于访问的模型中，并为建筑自动化运行提供了一个平台。但可能会存在安全漏洞导致遭受以下三种攻击：

- 无论是出于勒索还是破坏目的，在设计和施工期间对 BIM 模型进行网络攻击；
- 在设计和施工期间未经授权访问建筑模型，用于军事、犯罪或商业间谍活动；
- 在运行阶段通过基于 BIM 的建筑自动化系统和设施维护系统对建筑进行网络攻击。

BIM 遭受第一种和第二种攻击的漏洞与基于 CAD 的设计和施工软件遭受攻击的漏洞没有区别，因为威胁的来源都是在线数据库。因此，在使用 BIM 时，防御策略保持不变。已有项目协作网站，例如结构共享（structshare），能提供具有多层网络安全的建设项目协同服务，其网络安全架构原本是为军事和政府应用系统设计的。

然而，一旦泄露，BIM 模型相比于二维图纸更容易理解和使用。当威胁来自知识水平不高的组织时，就为犯罪提供了便利。监狱、法院、警察局、军事建筑、银行、桥梁以及其他公共、私人建筑和基础设施，当它们的 BIM 模型被构成威胁的人轻易获取时，就更容易受到攻击。

为应对第二种攻击，英国 BIM 任务组制定了 PAS 1192-5：2015 标准：“考虑数据安全的建筑信息建模、数字建成环境和智慧资产管理规范。”该文件概述了应纳入组织 BIM 指南和 / 或项目 BIM 执行计划的关注点和各种程序。

也许，避免第一种和第二种攻击的最有效方法是采用“大办公室”集中办公，即让所有设计师和模型用户都在同一物理位置办公。除了第 5 章和第 6 章中概述的好处外，这还有一
361 个主要优点，即所使用的计算机系统可以与外界完全隔离，从而将网络遭受攻击或数字信息被盗的威胁降至最低。

在运行阶段，建筑可能遭受的网络攻击是不同的。理论上，攻击者可以通过基于 BIM 模型的在线建筑控制系统控制建筑的运行。隔离系统是一种选择，但如果已将 MEP 系统连接到供应商的控制中心或必须使用移动应用程序控制建筑运行系统，隔离是不切实际的。这种情况下，采取适当的网络保护措施是必要的。

8.6.3 最佳实践和社交互动问题

在社会科学术语中，BIM 模型是一个“边界对象”，它促进了项目参与者之间的讨论和协作（Forgues 等，2009；Neff 等，2010）。项目参与者基于“边界对象”互动的方式不同，结果也将大不相同。帕克和李（Park 和 Lee，2017）以一个项目为例，说明设计协调策略会影响团队成员之间在项目信息控制乃至提高生产效率方面的社交互动。尽管 BIM 已在该项目实施，但仅接受图纸作为合法提交文件。通过改变 MEP 协调顺序，BIM 协调员可以获得更多的信息

访问权和信息控制权。因此，每张图纸的平均协调时间从 59.2 小时减少到 26.4 小时。每张图纸的设计变更次数从 2.13 次下降到 0.42 次。在建设第一座大楼时，BIM 协调员还没有数据访问权，交付延期了 9.3 个月，而在 BIM 协调员拥有数据访问权后，在同一地点的第二座大楼如期完工。与早期关注效益的案例研究相比，对上述最佳实践和社交互动的 BIM 案例研究的兴趣正在增加。欧洲 2013 年发起的年度系列研讨会“当社会科学与精益和 BIM 相遇”即反映了这种兴趣。

通过项目中 BIM 的执行、评估和演进，最佳实践、指南、执行计划和项目实施形成了正反馈关系（图 8-8）。BIM 执行计划是在 BIM 指南的基础上编制的；项目是按照 BIM 执行计划实施的；通过案例研究，得以形成最佳实践；最佳实践反过来又为 BIM 指南编制者修订指南提供第一手素材。随着我们对 BIM 应用的了解越来越多，其带来的收益可能会随之增加。

362

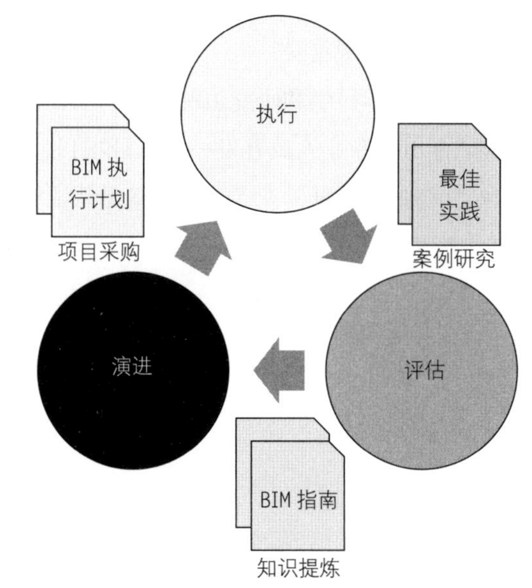

图 8-8 通过 BIM 项目执行、评估和演进形成的 BIM 执行计划、最佳实践和指南之间的正反馈循环

致谢

感谢利物浦大学阿尔托 · 基维涅米（Arto Kiviniemi）、丹麦技术大学扬 · 卡尔绍伊（Jan Karlshoj）、华盛顿大学卡莉 · 多西克（Carrie Dossick）、伦敦帝国理工学院珍妮弗 · 怀特（Jennifer Whyte）、中国香港科技大学郑展鹏（Jack Cheng）、中国清华大学马智亮、爱沙尼亚塔林理工大学埃尔戈 · 皮卡斯（Ergo Pikas）、德国柏林工业大学蒂莫 · 哈特曼（Timo Hartmann）、巴西圣保罗大学爱德华多 · 托莱多 · 桑托斯（Eduardo Toledo Santos）、澳大利亚科廷大学王翔宇和美国密尔沃基工学院郑汉宇（Jeong Han Woo），分享他们所在学校和地区的有关 BIM 强制令、指南、教育和培训的知识和经验。

第 8 章 问题讨论

1. 政府针对公共项目的 BIM 强制令是否有益？它们有什么影响？政府 BIM 强制令的优缺点是什么？

2. 假设有一个尚未采用 BIM 或采用 BIM 很滞后的行业或地区，编制该行业或地区的 BIM 路线图。解释为什么要按照您的方式设置 BIM 路线图。

3. 假设只能使用一个指标监控和管理 BIM 项目，您会使用哪个指标？您为什么认为这个指标很重要？您希望使用这个指标监控哪些内容？

4. 选定一个项目或组织，选择或开发一个最适合该项目或组织的 BIM 成熟度模型。解释为什么该 BIM 成熟度模型最适合该项目或组织。

363 5. 查看三本现有的 BIM 指南。如果要求您制定一本 BIM 指南，您会在现有的 BIM 指南中增加什么内容？为什么您认为这些内容很重要？

6. 您认为建筑学或土木工程专业本科生和研究生的 BIM 课程应讲授什么？为什么？

7. 如果要求您为不同类型的 BIM 专业人员开发一个认证项目，您将如何设计适于他们的认证体系？申报条件是什么？您将如何验证专业人员是否满足认证要求？

8. 使用 BIM 会以何种方式给建成环境带来安全问题？为了确保设施安全可以做些什么？

第 9 章 364

未来：用 BIM 建造

9.0 执行摘要

BIM 既不是一件物品，也不是一种软件，而是一种最终引领建筑业广泛变革的业务信息流程。BIM 代表了一种创建产品和流程信息的新方法。如果项目平面图、投影图、剖面图和大样图等技术图纸的发明是建设信息领域的第一次革命，那么 BIM 就是第二次革命。从纸质绘图到计算机绘图的转变并不是真正意义上的转型升级，BIM 才是。

很多业主都要求在自己的项目中使用 BIM，同时，世界各地的政府部门纷纷颁布 BIM 强制令，要求在公共项目中应用 BIM。标准的 BIM 合同条款、详细的 BIM 指南与相关标准在为 BIM 强制令实施提供支持的同时，也促进了各国建筑业的广泛变革。在此背景下也诞生了新的从业角色和相应的职业技能。几乎所有的设计公司和施工承包商公布的 BIM 投资回报率都是正值，甚至还有些公司声称，他们获得的投资回报已经超出了投入。麦格劳 – 希尔建筑信息公司（McGraw–Hill）在 2007 年初进行的一项调查发现，28% 的美国 AEC 公司正在使用 BIM；而这一数字在 2009 年增长到了 49%，到 2012 年又增长到了 71%。2007 年，只有 14%
的受访用户认为自己使用 BIM 的熟练程度已经达到专家级或高级水平。到 2009 年，这一数字 365
上升到了 42%，而到 2012 年，这一比例又提升到了 54%。另外一些 BIM 调查显示，其他地区的 BIM 用户比例也在快速增长。

来自 BIM 模型的信息不再局限于仅在设计办公室或施工现场办公室使用，也可以在现场通过移动设备随时获取。目前，大多数公司的瓶颈仍然是缺乏经过适当培训的专业人员，而不是 BIM 技术本身。行业最大的需求是同时拥有建模和工程经验的人才。虽然一些勇于开拓的高等院校已经用 BIM 取代了传统制图课程，但刚刚毕业的年轻建筑师和工程师虽然比较精通 BIM，却普遍缺乏工程实践经验。

BIM 技术未来的发展趋势，包括基于建筑信息模型进行合规性和可施工性自动化检查。一些软件供应商已扩大了他们 BIM 工具的适用范围，而其他供应商则更专注于开发某些特定的专业功能，例如施工管理。建筑产品制作商提供三维产品目录变得越来越普遍；BIM 技术的引入也使日益复杂的建筑部件的跨国制作经济可行。

然而，“BIM 革命”目前仍处于上下求索的发展阶段。众所周知，BIM 理念诞生于 1975 年；在 21 世纪初，BIM 开始广泛应用于商业实践，现在已有许多设计与施工最佳实践。未来，随着 BIM 的发展和在各领域的广泛应用，它对建筑建造方式的影响也会越来越显著。凭借过去 40 多年的经验，我们将在本章尝试推测 BIM 在未来十年可望取得的进展。未来几年，基础 BIM 工具的采用将会变得更加广泛。它将有助于提高预制装配率，使建造方法和建筑类型更加灵活多样，减少文档，显著降低错误发生的可能性，减少浪费并提高生产率。通过 BIM 技术所提供的精准分析与多方案对比，建设项目的施工可以更加顺利，投诉会减少，预算超标、工期延误也会减少。同时，利用 BIM 模型为运行和维护提供数据的需求也在与日俱增。以上这些趋势都会推动现有建造流程进一步改进。

BIM 的中期未来（至 2025 年）会受到很多社会、技术和经济驱动因素的影响。本章后半部分列举了 2025 年之前推动 BIM 发展的驱动因素和阻碍 BIM 发展的障碍。我们分析了这些驱动因素对 BIM 技术、设计行业、施工合同以及 BIM 与精益建造的协同增效、教育和就业、法律法规和监管程序等方面可能产生的影响。

预计到 2025 年，BIM 的发展主要表现在以下几个方面：全面实现数字化设计和施工；建造领域创新文化不断发展；各种非现场预制构件得到广泛应用；合规性自动化检查取得重大进展；人工智能应用日益增长；设计及制作的跨国合作不断扩大，以及对可持续建造的强有
366 力支持。2025 年之后，BIM 的发展将主要表现在对精益工作流程改进的有力支持，以及为各类人工智能应用程序提供平台。

总体来说，BIM 促进了设计和施工团队在项目早期的整合，使更紧密的协作成为可能，并促进了非现场预制。这将有助于整个施工交付流程更快、成本更低、更可靠，并且更不容易出现错误和风险。毫无疑问，对于建筑师、工程师和任何其他 AEC 行业的专业人士而言，这是一个激动人心的时代。

9.1 引言

BIM 正在改变建筑的表达、运行和建造方式。在本书中，我们有意且始终如一地使用“BIM”这个术语描述一系列活动 [建筑信息建模（building information modeling）]，而不是一

个对象 [建筑信息模型（building information model）]。这反映了我们的理念，即 BIM 不是一件物品，也不是一种软件，而是一种最终引领建造流程广泛变革的人类活动。本章我们从两个视角展望建筑业应用 BIM 的未来：BIM 将把 AEC 行业带向何方，以及 AEC 行业会在哪些方面改变 BIM。

我们首先简要介绍 BIM 概念的诞生和时至今日（2017 年）的发展现状，然后，我们就未来前景提出自己的观点。预测分为两个时间段：一是对 2025 年之前有把握的中期预测，二是对 2025 年以后基于推断的预测。中期预测是基于当前市场趋势（其中许多内容在本书前几章中讨论过）和当前研究工作做出的。2025 年以后的预测则依赖于对可能的驱动因素的分析和大量的直觉判断。从长远来看，2030 年以后，无论是硬件和软件技术还是商业实践水平都会极大提高，任何预测都可能靠不住，所以我们尽量避免毫无理由的猜测。

2025 年之后，建筑业分析师将以事后的角度深入思考在此之前已经发生的流程变革。他们会发现已很难明确区分 BIM、精益建造和性能导向设计独自产生的影响。从理论上说，这些技术可以各自独立发展不受彼此影响。然而，事实却是，研究人员已经发现，BIM 与精益建造之间至少存在 55 个良性互动（Sacks 等，2010）。我们在第 9.4 节和第 9.6 节对其中的一些协同增效进行了讨论。这些不同技术的作用在很多重要方面是互补的，因此有越来越多的项目同时采用它们。从新加坡丰树商业城Ⅱ期、美国圣约瑟夫医院（详见下一章）以及美国萨特医疗中心和芬兰克鲁塞尔大桥（详见《BIM 手册》配套网站）案例研究中，可以明显看出它们的协同增效。

当今，BIM 技术仍在快速发展。正如之前人们对 BIM 工具应该如何工作的设想推动了技术发展一样，我们现在需要对基于 BIM 建造的未来——侧重于工作流程和建造实践，进行新的展望。正在考虑在实践中采用 BIM 工具的读者和正在为未来建筑师、土木工程师、承包商、 367
建筑业主和专业人士讲授 BIM 的教育工作者，不仅要了解 BIM 的当前功能，还需要了解它未来的发展趋势及对建筑业的潜在影响。

9.2　2000 年前的 BIM：最早的趋势预测

计算机建筑建模的概念，是在开发最早的建筑设计软件产品时首次提出的（Bijl 和 Shawcross，1975；Eastman，1975；Yaski，1981）。但 BIM 的早期发展受到计算机算力成本的限制，后来又受到 CAD 成功广泛采用的影响。然而，学术界和建筑软件行业的理想主义者仍然孜孜不辍，使 BIM 研究不断朝着实用化方向推进。面向对象的建筑产品建模在整个 20 世纪 90 年代奠定了坚实基础（Gielingh，1988；Kalay，1989；Eastman，1992），一些研究机构和软件公司针对特定市场领域（如钢结构）开发了参数化三维建模软件。目前的 BIM 工具实现了许多人至少 30 年以前绘就的愿景。

1975 年，查克・伊斯曼（Chuck Eastman）在《AIA 期刊》（*Journal of the American Institute of Architects*）上发表了一篇文章，介绍了"建筑描述系统"（Building Description System，BDS）。在文章中，他描述了该系统如何生成和使用建筑信息："设计将由交互式定义的元素组成……然后，应该可以从元素的同一描述中导出剖面图、平面图、轴测图或透视图……只需对布局进行一次更改，所有图纸就会更新。从同一元素布局得出的所有图纸将自动保持一致……可从元素的描述中直接获取任何类型定量分析所需的数据。用于分析的所有数据都可以自动准备。可以轻松生成成本预算或材料用量报告。因此，BDS 将充当设计协调员和分析员，为可视化和定量分析、测试空间冲突和出图提供单一的整合数据库。接下来，人们可以设想 BDS 能够支持在市政厅或建筑师办公室进行建筑合规性自动化审查。大型项目承包商可能会发现这种表达方式有利于制定进度计划和材料订购"（Eastman，1975）。这篇文章的标题特别有远见：它没有将愿景局限于"制图的计算机应用"（我们称之为 CAD），而是提出了"非局限于制图的计算机应用"。

在 1989 年发表的另一篇具有先见之明的论文里，保罗・泰肖尔兹（Paul Teicholz）对技术趋势及其对 AEC 行业的影响做了 92 项预测（Teicholz，1989）。他对于当时尚处于起步阶段的个人计算机、局域网、数据库的性质和功能、图形学和计算机通信等领域发展的相关预测，现在几乎都已经变为现实，只是其中几项关于操作系统的预测出现了偏差。表 9-1 列出了 32
370 项关于 AEC 行业的预测。从表中可以看出，大多数预测确实已经变为现实。在施工图设计部分，倒数第二句话非常重要："施工图设计的最终产品将是一个三维图形数据库，其中包含项目的结构对象数据（材料代码、尺寸、重量等）和知识库（规格书）。"这段论述清楚地概述了 BIM 所包含的建筑信息的三个方面：形式、功能和作用。

368 1989 年的预测和 2017 年的实现情况 表 9-1

预测（来自泰肖尔兹，1989 年）	实现情况评估
初步设计	
• 根据用户需求生成初步设计仍将是一项重大挑战；	是
• 对于工厂设计而言，规则可比其他领域（如建筑设计实践）定义得更好，借助专家系统可以快速生成原型设计；	否。实现设计自动化的专家系统尚不普遍
• 使用具有三维空间推理功能的专家系统生成空间布局（体块图）；	通过优化工具可以实现，但并非专家系统
• 为了降低施工成本，设计将反映施工现场使用的工具和（自动化）方法；	已实现
• 所有设计领域都将使用计算机对初步（概念）设计进行模拟，比如模拟设计的实施如何"工作"以及对环境产生的影响；	已成为普遍做法
• 研究建筑对环境的影响，并通过仿真模型呈现出来。这将促进与业主和外部机构（政府许可发放机构、环境影响评估机构、银行贷款机构等）的互动；	已成为普遍做法
• 初步设计阶段产生的数据将用于启动下游工作	已成为普遍做法

续表

预测（来自泰肖尔兹，1989 年）	实现情况评估	
施工图设计		
• CAD/CAB 系统可以自动完成许多简单的设计任务，借助于这些系统，较少的工程师就可以完成施工图设计阶段的工作；	已成为普遍做法	
• 工程分析软件将与设计应用程序完全集成，以便可以交互式地完成分析和设计；	已实现	
• 将专家系统整合到设计应用程序当中，可以进行规范（规则、指南等）和企业标准符合性、可施工性以及设备可操作性和可维护性等方面的检查；	已部分实现且正在开发中	
• 施工图设计的最终产品将是项目的三维图形数据库，其中包含结构对象数据（材料代码、尺寸、重量等）和知识库（规格书）；	已实现——这就是 BIM	
• 根据这些信息，使用为特定结构类型（例如高层办公楼、合成氨厂）定制的专家系统可以制定合理的进度计划和成本预算	已实现，但非专家系统	
招标过程		
• 在施工图设计过程中创建的数据将用于编制成本预算；	已实现	
• 可以提取材料用量并与承包商的施工生产率知识整合；	已实现	
• 可以从公司数据库提取知识，并与专家系统一同应用于某一特定项目；	已实现	
• 预算人员审核预算不必从头再做一遍。这有助于加快标书生成速度，从而可将更多时间用于考虑其他替代方案	已实现	
采购		
• 将从项目数据库提取材料清单（数量、说明、尺寸等）；	已成为普遍做法	
• 材料进场日期将通过工作包与施工进度计划（也在数据库中定义）关联确定。因此，随着设计变更，材料清单及其交货日期也会进行相应的变更；	已实现	369
• 签发申购单和采购单的过程将实现电子化。承包商、业主和供应商将使用“电子市场”，发布和响应申购单与采购单、安排运输，甚至可能进行融资；	已实现，但还未广泛使用	
• 设计数据库将使用标准材料代码，以便材料到达现场后轻松获取材料规格信息并追踪材料（通过条形码）；	已实现	
• 借助于材料管理系统生成的电子信息（除了人工编制的信息外），承包商将能够方便快捷地获取材料；	已实现	
• 供应商将越来越多地使用计算机软件管理项目材料需求，以实现“准时交付”，从而减少材料堆放面积和存货资金占用	已实现	
项目控制		
• 项目设计数据库和知识库将成为成本、进度、材料控制、变更单和其他控制系统的起点。这些系统都有一个共同的起点，并且都需要有一个与设计相关的工作分解结构（WBS）（尽管它们可能不使用相同的 WBS）。因此，对三维模型和相关数据的更改也会对这些控制系统产生相应的影响；	已实现	
• 来自控制系统的反馈将以图形的形式展示出来（例如，显示关键路径上的活动，显示哪些工作包所需材料已经就位，显示哪个领班完成的工作超出预算等）；	已实现	
• 图形输出将取代打印输出，成为首选的交流方式；	进展中	
• 专家系统将被用于制定和审批项目进度计划（进度计划网络图）	未实现	
现场施工（工作方法）		
• 使用三维模型进行漫游分析将成为复杂项目和 / 或快速施工项目的标准做法；	已成为普遍做法	

续表

预测（来自泰肖尔兹，1989 年）	实现情况评估
·相同的数据库将用于控制机器或机器人完成材料移动、管材弯曲成型、制作、涂漆等现场工作。通过输入项目特定数据，实现对这些工具的数字化控制；	有些（弯管、钢筋制作）已实现，其余的在开发中
·将培训工人操控和维修自动化工具。工地对于非技术工人的需求将减少，对于具有机器人技术和计算机技能的工人需求将会增加	未实现
设施管理	
·“竣工”数据库将成为设施管理和维修的起点；	已实现，但还未广泛使用
·设施使用期间的更改将被记录在设施数据库中，以便管理系统持续可用；	已实现，但还未广泛使用
·用于正常维护、维修和收费（账单和租赁）的管理系统都将与设施数据库连接	已实现，但还未广泛使用

370 大约在 2000 年，BIM 实现了从理论研究到商业实践的跨越，主要软件公司（包括 Autodesk、Bentley 和 Graphisoft）21 世纪初发布的 BIM 白皮书证明了这一点。正像以前做设计离不开丁字尺，施工离不开锤子和钉子一样，BIM 技术正在成为建筑设计和施工不可或缺的工具。然而，从计算机辅助绘图（CAD）向 BIM 的过渡并不是一蹴而就的，它涉及从制图到建模的模式转变。建模为我们提供了不同抽象模型的开发过程，孕育了新的设计和建造方法。这些新方法仍然在不断完善当中。BIM 促进了从传统的竞争性项目交付模式向设计、施工和设施管理紧密协作的项目交付模式的转变，而这种转变反过来又促进了 BIM 的发展。

显而易见，BIM 概念的提出，比具备其实施的软硬件条件（约 1990 年）提前了 15 年，比其成为普通商业实践（约 2000 年）提前了 25 年。一旦技术成熟，BIM 的构想就可以变为现实，目前很多预测都已美梦成真。然而，最重要的一点是，如果我们能构想出一种比当前正在使用的方法和正在开发的技术更具优势的新模式，那么我们就可以对未来的实践做出更加明智的推测。

9.3 BIM 的发展和影响：2000 年至 2017 年

自 21 世纪初，BIM 被 AEC 行业视为一种能够彻底改变劳动密集型和低效实践的手段（Laiserin，2008）以来，BIM 对 AEC 行业的所有利益相关者产生了重大影响，包括业主、分包商、设计师、部件供应商等。本节回顾截至 2017 年底 BIM 的发展状况及其对 AEC 各类利益相关者（包括业主、承包商、供应商、教育机构和监管部门）的影响，以及对项目出图和软件应用程序发展的影响。

鉴于建筑业相对保守和过于“碎片化”（见第 1 章），BIM 还远没有发展到全行业采用阶段。纸质图纸——或可通过网络传输的二维电子版图纸——仍然是施工文件的常见形式。事实上，任何一家公司要想以 BIM 完全替代传统方式，都需要经历两到三年的转型期。虽然

目前尚未精准计算出整个建筑业由于 BIM 而获得的生产力水平提升的数据，但该项技术的 371
确帮助很多项目减少了成本并加快了施工进度。有的项目采用 BIM 取得了出人意料的效果：曾经由于技术或预算限制而被认为不切实际的建筑造型设计，由于使用了 BIM 而变得切实可行了。

9.3.1 对业主的影响：方案优化，更可靠的预算和进度计划

一些业主已经体验到，通过采用 BIM，项目质量得到了提升，项目策划全面实现，项目预算、交付进度计划更加可靠。正因如此，一些 BIM 应用领先的业主正在领导他们的项目团队拓展 BIM 应用的广度。第 4 章和几个案例研究，介绍了最早使用 BIM 和对流程和交付成果提出新要求的业主，并讨论了业主沟通需求的方式。设计师和承包商可为业主定期提供建筑信息模型，并提供与分析、查看和管理模型开发等相关的服务。

在项目的早期阶段，业主期望通过可视化三维方案建筑信息模型进行方案分析（关于这些工具的讨论请参阅第 5 章）。随着可用 3D 浏览器数量的增多，业主可以选择不同的浏览器查看项目模型，并将其用于市场营销、销售，以及结合现场环境条件的设计评估。相较于通过 CAD 技术制作的效果图，建筑信息模型更灵活、更直接，包含的信息更多。建筑信息模型也使业主和设计人员在项目早期生成和比选不同的设计方案成为可能，而此时的决策对项目生命期成本产生的影响最大。

BIM 技术的发展对不同商业动机的业主产生了不同的影响。以售房为目的的业主发现，他们可以要求初步设计和施工图设计在很短的时间内完成。与建筑生命期成本和能源效率有利益关系的业主，可以在初步设计阶段深入研究每个备选方案的运行性能。一些知道 BIM 可以快速开发和评估方案设计的精明业主会对设计质量提出更高要求。为了优化建筑设计，他们会要求对更多的比选方案在建筑成本、可持续性、能耗、照明、声效、维护、运行以及其他方面进行深入探索。图 9–1 是一个在设计早期阶段对医院手术室进行优化的示例。

然而，我们应该意识到，像任何其他强大的技术一样，BIM 也存在被滥用的可能。开发第一个（通常是一次性开发）项目的业主可能不熟悉 BIM 及其潜在的用途，因此可能无法充分理解设计团队对项目功能、成本和交付时间等方面的微妙评估。如果设计师不受约束，他们就能在很短的时间内开发出相当详细的设计，并创建出具有说服力和吸引力的建筑模型。然而，如果在方案设计这一关键阶段走了捷径，那么过早的施工建模就可能会导致后期
大量返工。最糟糕的情况是，可能会建造出设计不当且不能满足客户需求的建筑。建议不熟 372
悉 BIM 功能的建筑业主多学一些 BIM 知识，并聘请经验丰富的设计顾问，以获得能通过使用 BIM 实现项目预期目标的专业设计服务。

随着承包商对 4D 和 BIM 协调的使用越来越普遍，业主越来越重视这些工具在改善预算和进度计划可靠性以及整体项目质量方面的作用，更多业主要求在施工阶段使用BIM。经验丰富

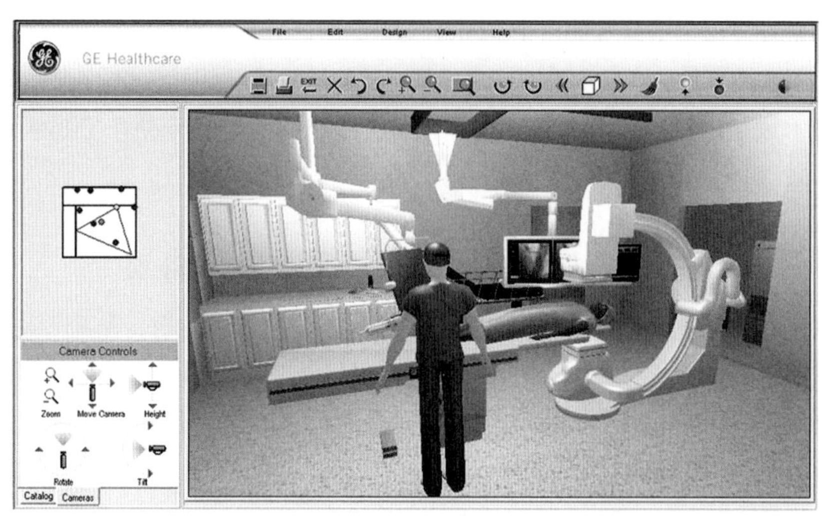

图 9–1 基于部件的手术室仿真，允许业主和设计师比较不同的设备。设备部件的选择需要考虑其参数和行为，以确保间隙和间距满足要求
图片由 View22 和通用电气医疗集团（GE Healthcare）提供。

的业主采用集成项目交付（IPD）模式，鼓励设计师和承包商早期充分参与，通过收益共享、风险同担机制，实现更好的团队协作、设计改进和在生命期每个阶段节省成本，并减少设计和施工时间。如果没有 BIM 工具和流程，这是难以实现的。

完工之后，正如第 4 章所讨论的那样，越来越多的业主意识到 BIM 模型对设施管理的价值。将现场调试过程中的竣工信息直接高效地输入 BIM 模型的通行做法，鼓励业主采用基于 BIM 的设施管理系统。相关的案例研究包括第 10 章的美国斯坦福神经康复中心、霍华德·休斯医学研究所和沙特麦地那国际机场，以及《BIM 手册》配套网站的美国马里兰州总医院。这些都是基于 BIM 的设施管理系统越来越成熟的例子。

373 ### 9.3.2 对设计企业的影响

设计师已在施工图设计阶段提高了生产力，并提供了更高质量的设计服务。促使设计行业广泛采用 BIM 的三个主要驱动因素是：（1）客户要求提高设计服务质量；（2）提高编制施工文件的生产率；（3）承包商要求为虚拟施工提供支持。

建筑师事务所和工程设计公司的工作角色及相应职责不断变化。初级建筑师必须熟练使用 BIM 才有资格就业，这与 20 世纪 90 年代以后要求初级建筑师必须熟练使用 CAD 一样。专门从事施工图绘制的工作人员正在减少。需要同时具备设计和 BIM 知识的新角色已经出现，比如建筑建模师或模型经理。入驻便于设计协作和施工管理的“大办公室”办公（一些 IPD 合同项目要求如此）代表了设计师工作环境的重大变化。在为项目专门设置的办公空间与所有专业设计师一起工作，并经常召开以整合建筑模型为中心的协调会议，与设计师在自己办公室办公的传统工作方式迥然不同。

“利特尔法则”（Little’s Law，Hopp和Spearman，1996；Little和Graves，2008）将生产周期和在制品数量与产能联系起来，解释了对于任何特定的生产量，减少生产周期意味着压缩在制品数量。对设计企业来讲，这意味着应该减少任何特定时间内正在设计的项目数量。这样可以减少由于员工的注意力频繁地从一个项目转移到另一个项目所产生的工时浪费。随着各个工程领域构造大样和施工文件制作变得越来越自动化，设计周期已大幅缩短。这些趋势已经在芬兰克鲁塞尔大桥和美国纽约第十一大道100号公寓的案例研究中得到验证（参见《BIM手册》配套网站）。

9.3.3 对施工公司的影响

为了提高施工现场和办公室工作的竞争优势，施工公司也在培育企业的BIM应用能力。他们将BIM用于4D CAD以及协作、碰撞检测、客户审核、生产管理和采购等很多领域。在许多方面，他们比建筑供应链中的大多数其他参与者处于更加有利的地位，可以利用无处不在的准确信息为施工带来效益。

第6章和第7章解释了如何通过使用BIM提高设计质量（即减少错误）和采用更多预制减少施工预算和工期。在设计流程早期，细化设计的好处是可以消除大部分后期的返工，因为返工通常是由悬而未解的设计细节和施工文件不一致造成的。BIM带来的这些积极影响已经在整个行业中有目共睹，并且在本书第10章的多数案例研究中彰明较著。 374

BIM模型的信息丰富性和随时可用性，除了可用于成本预算和制定进度计划，还使开展创新性现场规划成为可能。安全是施工的永恒主题，可以使用BIM识别施工危险源，如暴露的楼板洞口、无临边防护、危险材料、设备未与现场人员有效隔离等，如图9-2所示。虚拟施工不再只限于学术研究，诸如VDC协调员和BIM深化设计师等角色在施工承包公司已很常见。

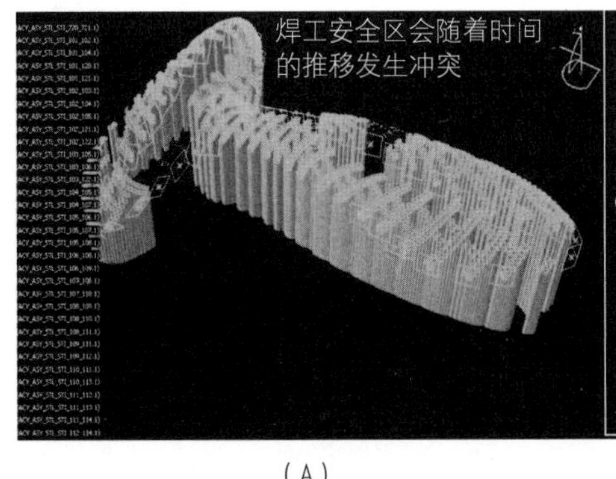

（A）

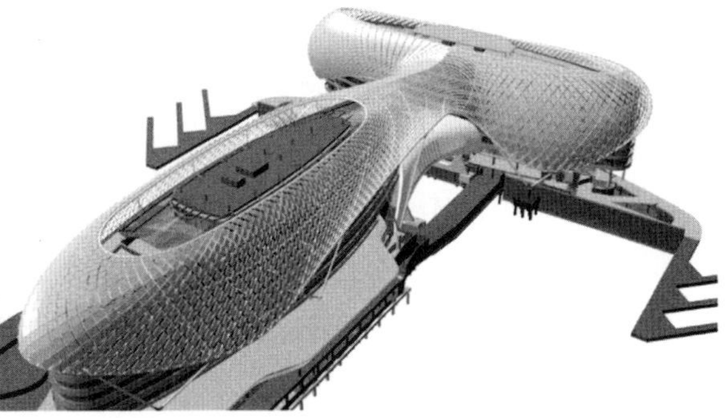

（B）

图9–2 亚斯岛一级方程式赛车大楼。（A）模拟焊接班组工作空间的模型，以发现不安全冲突；（B）整体结构框架
建筑设计：渐近线建筑师事务所（Asymptote Architecture）
图片由盖里技术公司提供。

9.3.4 对建筑材料和部件供应商的影响

建筑产品制造商能够提供 3D 产品目录。诸如 JVI 钢筋机械连接接头、安德森（Andersen）窗户等各种各样的产品都可从多个在线网站下载，作为具有属性信息的参数化 3D 对象插入模型中。BIMObject、SmartBIM、MEPCOntent 等网站和其他类似工具为创建 BIM 模型所需的建筑产品模型提供了大型数据库。通过搜索引擎越来越容易访问各种产品模型。产品库主要是为最常见的 BIM 工具（如 RVT 族）开发的，但也可为其他工具提供不同程度的支持。

9.3.5 对建筑教育的影响：BIM 与现有课程融合

自 2006 年以来，领先的建筑和土木工程学院的本科生从大学一年级开始就接受 BIM 教育，
375 这一趋势与 BIM 在设计领域的采用相互促进（Sacks 和 Barak，2010）。与学习 CAD 工具相比，学生掌握概念并高效使用 BIM 工具所需时间更短。第 8 章描述了大学开设的各种 BIM 课程，并概述了一些 BIM 课程开发工作。buildingSMART 国际总部也参与了有关 BIM 教育的相关工作（Pikas 等，2013；Uhm 等，2017）。

9.3.6 对监管机构的影响：模型访问和审查

尽管有人预测监管机构将在监管流程中使用 BIM 模型，却很少有监管机构接受提交 BIM 模型。新加坡建设局（BCA）允许以原生格式（ArchiCAD、Revit、Tekla Structures 或 Bentley AECOsim）自愿提交建筑模型（自 2016 年 10 月起）以及结构和 MEP 模型（自 2017 年 10 月起）供新加坡建设局监管人员评估使用。纽约市建筑部鼓励施工公司提交 3D 现场安全计划，以便及早识别风险、缩短审批时间和提供更好的监管服务。鉴于 BIM 技术取得的进步，BIM 在这一领域还有很大潜力，然而，这需要监管机构先开发业务流程。第 8 章详细介绍了政府颁布 BIM 强制令强制要求实施 BIM 的情况。

9.3.7 对项目施工文件的影响：按需出图，生成更多的三维视图

在数字显示技术足够灵活适于现场使用之前，图纸是不太可能消失的，而且等轴测图以及具有装配工序和材料清单的三维视图正在被广泛使用，为班组作业带来了便利。第 10 章的新加坡丰树商业城Ⅱ期、伦敦地铁维多利亚站和美国圣约瑟夫医院案例研究都是这种视图应用的例子。在现场使用平板电脑查看模型视图，已经成为领先项目的一种日常做法。

当今，建筑业图纸的一项用途是作为合同附录记载技术细节。然而，已有迹象表明，建筑信息模型可以更好地服务于这一目的，部分原因是非专业人士更容易理解这些模型。但是，目前一个有待解决的技术和法律障碍是数字模型甚至每个模型部件如何署名的问题。另一个问题是，随着应用程序的开发和版本迭代升级，未来是否仍然可以读取旧版本模型。这两个

问题在其他商业领域都已经得到解决，诱人的利益前景足以确保它们在建筑领域同样得到解决。解决方案可以利用先进的加密技术、原始模型文件第三方存档、中立只读格式、区块链和其他技术。实际上，越来越多的项目参与方已经选择根据模型而不是图纸建造项目。有朝一日，法律实践终将会与商业实践同步。

9.3.8 对 BIM 工具的影响：更多整合，更专业化 376

BIM 平台的普及促成了新一轮设计和施工插件程序的诞生。它们包括建筑方案设计工具、新型建筑表皮布局和制作工具、绿色建筑设计和评估工具、室内设计工具以及许多其他工具。

无论是通过收购分析软件公司还是通过与分析软件公司密切合作，几乎所有主要的 BIM 软件供应商都在其开发的建模软件中设置了与分析软件的接口。这在很大程度上是由于互操作性问题仍未得到充分解决，供应商在销售全专业软件套件方面的竞争日趋激烈。这一趋势始于嵌入式结构分析软件，然后是能耗分析软件，接下来，声学分析软件、预算软件，以及建筑标准和规划符合性检查软件也有望紧步后尘。

对对象级 BIM 服务器（相对于文件服务器）的需求，并没有像预测的那样快速增长。鉴于 BIM 项目文件很大且越来越大，以及管理模型交换固有的困难，预计对在对象层级而非文件层级管理项目的 BIM 服务器的需求将会增加。虽然众多像 Aconex、PlanGrid、FinalCAD 和 BIM 360 Field 这样的系统已被广泛使用，但像 BIM 360 Glue 这样的对象级服务器的解决方案仍很少见。第 3 章详细讨论了这类问题，并对一些 BIM 服务器做了详细介绍。那些允许多个用户同时访问模型的 BIM 系统已在使用对象级交换技术，并基于单个对象锁定机制管理更新流程。鉴于事务处理主要是对象及其参数的增量更新（而不是整体模型交换），需要传输的实际数据量相当小，比传输等效文件的数据量要小得多。我们预计，对象级云服务器的使用将逐渐增多。

模型浏览器软件，如 DWF 浏览器、Tekla 和 Bentley 的 web 浏览器、3D PDF 以及第 2 章中介绍的其他浏览器，由于简单易用，已成为重要工具。各种各样的应用程序，包括工程量计算、基本冲突检查，甚至采购计划，都是 BIM 信息的消费者，不需要更新 BIM 模型信息。这大大增加了整个 AEC 行业 BIM 模型的用户数量。

9.4 目前的趋势

市场和技术趋势可以预测相关领域的近期未来，BIM 也不例外。观察到的趋势揭示了
BIM 的潜在发展方向和对建筑业可能产生的影响。以下几节我们展望 BIM 发展的流程趋势和 377
技术趋势。然而，BIM 并非在真空中发展，它是一种以计算机技术为依托的转型升级，因此它的未来也将受到互联网创新以及其他类似的、难以预测的驱动因素的影响。

9.4.1 流程趋势

世界各地，越来越多的公共和私人业主强制要求使用 BIM。BIM 为建筑客户提供的高质量信息的内在价值，可能是采用 BIM 的最重要的经济驱动因素。改进的信息质量、来自厂商的建筑产品模型、可视化、成本预算和分析可以辅助项目设计人员在设计过程中更好地做出决策，减少施工过程中的浪费，从而降低施工成本和全生命期成本。加上建筑模型对维护和运行的价值，这些都是客户要求在其项目中使用 BIM 的强大动力。

当英国政府发布的 BIM 强制法令广为流传时，许多政府和主要的公共和私人业主也发布了在其项目中使用 BIM 的强制令。第 8.2 节介绍了世界范围发布 BIM 强制令的情况并概述了它们产生的显著效果。这些强制令的发布使得对 BIM 投资回报率的讨论显得多余，因为它们反映了一种坚定的信念，即 BIM 可为社会带来显著效益。这似乎是一股“不可抗拒的力量”，将确保 AEC 行业最终用 BIM 取代 CAD。第 10 章的许多案例研究反映了建筑业主在 BIM 应用中所起的关键主导作用，而这些业主使用 BIM 的动力源自他们认为使用 BIM 建造建筑必定会有经济效益。

对新型技术人才的需求。一方面，生成设计文件的生产率提高，意味着对各种建筑设计实践中绘图员的裁减；另一方面，现在需要许多建筑师、工程师和施工专业人员承担建筑信息建模工作。能够高效开发支持不同能源或成本 / 价值评估的建筑模型的建筑设计师十分抢手。能够提取结构或能耗分析所需的分析模型并对建筑设计模型提出改进建议的工程师同样很紧俏。与此同时，对能够利用模型信息计算工程量、生成成本预算、结合仿真规划施工、管理和控制现场生产的施工工程师的需求也非常迫切。

新的管理角色已经形成。在设计公司，模型经理担任两个基本角色。在公司层面，他们提供系统和软件支持服务。在项目层面，他们与项目团队合作更新建筑模型；保证原点、方向、命名和格式的一致性；并协调内部设计团队和外部设计师、工程师相互之间的模型部件交换。第 8.5.2 节讨论了新的角色和职责。

378 **BIM 流程和技术趋势**

流程趋势

- 业主正在强制要求使用 BIM，并更改相应的合同条款以支持 BIM 使用；
- 新的技能和角色正在不断出现；
- 在施工领域的成功实施促使总承包商在全公司广泛采用；
- 整合实践带来的好处受到了广泛关注，正在接受实践的广泛检验；
- 一些国家已建立 BIM 标准，另外一些国家正在逐步开展相关工作；
- 要求建造绿色建筑的客户越来越多；

- BIM 和 4D CAD 软件已成为施工现场大办公室的常用工具软件。

技术趋势

- 随着人工智能技术的发展，正在深入研究基于建筑信息模型进行合规性检查和可施工性检查；
- 主要 BIM 平台供应商正不断开发新功能并整合设计评估功能，以提供功能更丰富的平台；
- 建筑产品制造商开始提供参数化 3D 产品目录；
- 具有施工管理功能的 BIM 工具越来越多；
- BIM 使预制日益复杂的建筑部件成为可能，并支持在全球范围内采购。

建筑师、工程师和承包商使用 BIM 已成为一种主流趋势。2007 年，美国 AEC 行业只有 28%的企业使用 BIM，但到 2009 年这个数字增长到 49%，到 2012 年增长到 71%。2007 年，只有 14%的 BIM 用户认为自己是专家用户或高级用户，但这个数字迅速增长：到 2009 年为 42%，到 2012 年为 54%（图 9-3）(Young 等，2007；Young 等，2009；Bernstein 等，2012)。因为调查的问题每年都会略有变化，而且受访人对“专家用户”等术语的理解也不尽相同，所以这些关于 BIM 采用的数据不好确切解释。然而，有一点是明确的，即 BIM 采用的总体趋势在逐年上升。而且，这种趋势不局限于美国，许多调查显示，这种增长是全球性的。

379

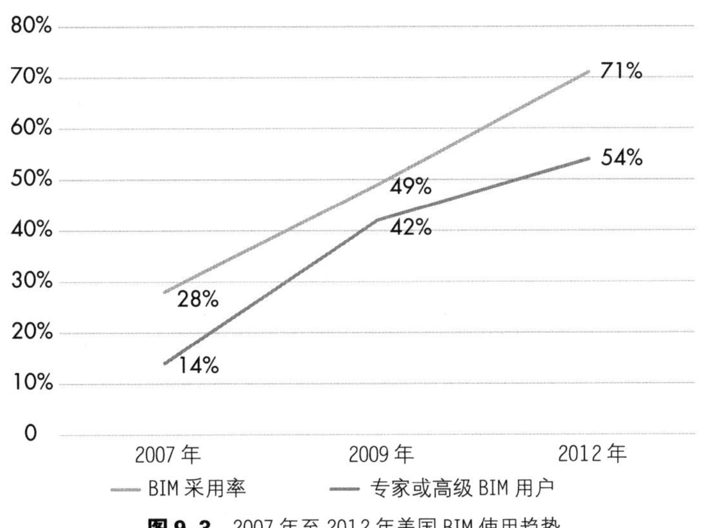

图 9-3 2007 年至 2012 年美国 BIM 使用趋势

数据来源：《智慧市场报告》(*SmartMarket Report*)。

BIM在施工领域的成功实施促使承包商重新设计他们的流程，以便全公司都能充分利用这项技术的优势。在《BIM手册》的前两版中，大多数案例研究都是BIM在设计中的应用。而在此版中，第10章的新加坡丰树商业城II期、美国圣约瑟夫医院、新加坡南洋理工大学北山学生宿舍以及韩国现代汽车文化中心案例研究，则侧重于施工承包商的BIM使用。在《BIM手册》配套网站的案例研究中，美国萨特医疗中心项目展示了BIM在支持集成项目交付模式紧密协作中所起的重要作用，包括对MEP系统深化设计的精益拉流控制（lean pull flow control），从而实现了高预制率的非现场预制装配。

业主越来越意识到BIM对设施运行和维护的价值。第10章的三个案例研究（沙特麦地那国际机场、美国斯坦福神经康复中心和霍华德·休斯医学研究所）着重介绍了业主从直接将BIM模型数据用于运行和维护的设施管理系统获益的方式。用于移交设备清单、产品数据表、维保协议书和其他竣工信息的COBie（建造与运行建筑信息交换）标准（BSI 2014a）已被广泛采用。

建造项目中各方协作的价值得到了更广泛的认可。领先的AEC公司和业主越来越认识到，未来的工程项目将需要整个建造团队协同作业，并通过BIM实现。建造团队的所有成员，不仅是工程顾问，还有承包商和制造商，都可以为设计提供重要输入。这导致了新的合作形式的采用：越来越多的项目采用设计－建造模式，越来越多的施工公司组建自己的设计工作室，以及更多新型的团队协作形式出现。尽管集成项目交付模式的推广不如预期的那么迅速，但合作、联盟和IPD比过去更广为人知。例如，目前，联盟模式是澳大利亚采购大型基础设施项目的首选模式（Morwood等，2008）。越来越多的协作要求基于明确定义的工作流程完成项
380 目开发和交付。许多大型项目都通过制定BIM执行计划（BEP）规划工作流程，将所有涉及模型部件信息深度或细化程度切换的节点作为新的“里程碑”节点。

大办公室协作办公。越来越多的项目设立专用办公室安排设计师和承包商集中办公，这是深化企业间合作的一种实践。随着电子信息量的增加以及建筑信息模型包含的流程信息的增加，信息可视化在整个工作流程中越发重要。多屏显示环境使项目团队能够与建筑信息模型的所有信息进行交互。团队成员可以同时查看模型视图、进度计划视图、技术规格书视图和当前任务视图以及这些视图之间的关系。

标准化工作成果蓓蕾初绽。在2006年，美国钢结构协会修订了标准实践规范，明确规定3D模型（如果有）是设计信息的记录表达。美国国家建筑科学研究院（NIBS）持续推进一系列国家BIM标准的制定，期望能在不同特定的建造工作流程里明确定义数据交换。作为这项工作的一部分，许多行业团体参与编制了“模型视图定义”[1]，所有主要BIM工具供应商现在或多或少都支持某种形式的IFC标准交换。英国标准协会也主持制定了一系列英国标准和公共

1 一些MVD在“IFC Solutions Factory”网站上进行协调。

可用规范（PAS），以支持AEC行业广泛采用BIM，这主要是为了响应英国政府的BIM强制令，它要求 2016 年 4 月之前所有公共建筑必须采用 BIM。

BIM 使越来越复杂的建筑部件跨国制作变得经济可行。大型幕墙系统模块（参见《BIM 手册》配套网站，纽约市第十一大道 100 号公寓案例研究）和预制预装修箱式模块（PPVC）单元（参见第 10 章的新加坡南洋理工大学北山学生宿舍案例研究）跨国制作，只是 BIM 使模块化建造在经济上可行的众多例子中的两个（更多内容见第 7.5.2 节）。考虑到运输所受到的时间约束，从订货到交货的时间间隔不能太长，而且模块必须在预定的日期完成制作。BIM 可生成可靠无误的信息，因此能够缩短从订货到交货的时间间隔。它允许项目的很大一部分部件在非现场预制，从而降低成本、提高质量并简化施工流程。

公众意识到气候变化威胁后建造绿色建筑的需求持续增长。BIM 通过提供分析能源需求的工具以及支持查看和指定对环境影响较小的建筑产品和材料，帮助建筑设计师设计环境可 381
持续的建筑。BIM 工具还可以帮助评估项目是否符合 LEED 标准。一些平台供应商还在 BIM 平台嵌入了能耗分析工具，尽管人们对能耗分析的准确性怀有疑问。美国联邦能源部正在资助能改进建筑能耗仿真精度的新研究项目。

9.4.2 技术趋势

开发用于项目策划和合规性检查的自动化模型验证工具一直是 BIM 研发的热点。Solibri、EPM 和 SmartReview 等创新型公司已经基于 IFC 文件开发了模型检查软件，并打算扩展功能。通过叠加三维模型进行复杂建筑系统之间的协调变得越来越普遍，检查已不只是识别物理冲突。

> “合规性检查软件可能会改变建筑许可证签发流程。如果建筑师同时提交一份经过认证的规划审查报告和一个建筑信息模型，建筑监管机构可以省去数周的审查工作就可做出设计是否符合规划要求的结论以及是否签发许可证的决定。换言之，如果建筑监管机构官员接受经过认证的规划审查报告，则可在接待前台当即签发许可证，从而消除几天、几周或几个月的延迟。”
>
> ——马克·克莱顿（Mark Clayton），智慧审查公司（SmartReview）

外围硬件正在将虚拟的 BIM 世界与物理的建筑世界联系起来。激光扫描、摄影测量、无人机、射频识别技术（RFID）以及增强、混合、虚拟现实系统和便携式计算机的持续发展，使 BIM 模型与施工现场的双向数据传输成为可能。

由法国布伊格建设公司（Bouygues）主导开发的一系列可穿戴通信工具是该领域一个很好的创新实例。图 9-4 展示的是概念产品，其中包括一个内置摄像头的头戴显示器、一件带警告信号和传感器的背心、一双鞋底带有传感器的施工靴，以及一个具有显示器和按钮的袖套。

382

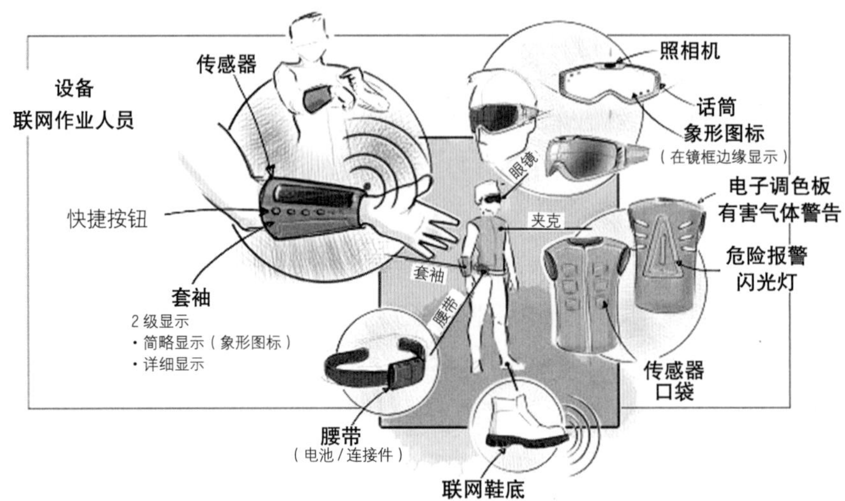

图 9-4 一套在线设备，旨在提高现场作业人员的安全性并使工作环境更符合人体工程学。该系统由位于法国格勒诺布尔（Grenoble）的共享创新实验室——创意实验室（Ideas Laboratory）开发
图片由创意实验室的合作伙伴布伊格建设公司提供（与苏伊士环境集团、法国液化空气集团和法国原子能总署合作开发的项目）。

381 快速发展的虚拟现实、增强现实和混合现实是 BIM 的重要外围工具。第 6.12.1 节讨论了增强现实在施工期间将 BIM 信息带入现场以及直接为运维工人提供信息的日益增长的应用。移动计算的普及使得虚拟和增强现实工具更容易使用，设计师和施工人员正在设法利用它们提供项目信息。

3D 打印和机器人施工。第 7.5.3 节概述了该领域的一系列创新性研究。令人惊讶的是，其中大部分成果已走出漫长的研发期，现已成为一些初创企业的拳头产品。尽管大多数
382 3D 打印仍须克服一些与材料技术和交付相关的障碍，但像快速砌砖机器人公司（FastBrick Robotics）生产的哈德良（Hadrian）这类施工机器人，似乎已准备好进入施工市场。它们的运行都离不开 BIM。

9.4.3 流程和技术的整合趋势

精益建造和 BIM 正在协同发展。精益建造（Koskela，1992；Ballard，2000）和 BIM 正在携手并进，许多关于它们协同增效的预测正在成为现实。BIM 和精益建造在几个重要方面是互补的。

当将精益理论用于建筑设计时，意味着需要消除不能直接给客户带来价值的工序（例如生成图纸）以减少浪费；尽可能并行设计以消除错误和返工，以及缩短设计周期。BIM 可以实现所有这些目标。为挑剔的消费者高效生产高度定制化产品是实施精益生产的关键驱动因素（Womack 和 Jones，2003）。精益生产的一个重要优势是能够缩短单个产品的生产周期，从而帮助设计师和生产商更好地响应客户（经常变更）需求。BIM 技术可以在缩短设计和施工

工期方面发挥重要作用，而且，在大幅压缩设计工期过程中，BIM 的优势更能得到发挥。方案设计的快速开发、通过可视化模型和成本预算与客户进行高效沟通、与工程顾问一起实现并行设计和协调、减少错误、自动化生成文档，以及促进预制都是 BIM 优势的体现。因此，BIM 正在成为建造流程不可或缺的工具，不仅因为它所带来的直接好处，还因为它能够实现精益设计和施工。

清晰定义管理和工作步骤是精益建造的另一个优点，因为其允许对有计划、有步骤的改
进进行系统性实验。美国 Lease Crutcher Lewis 公司、DPR 公司和莫特森公司（Mortenson）、芬 383
兰 Fira Oy 公司和斯堪斯卡公司（Skanska）、以色列提德哈尔建设公司（Tidhar Construction）等世界领先建设公司已经制定了自己的 BIM 与精益实施规范，明确定义了企业生产的“公司方式”[1]（company way）。这在《集成项目交付》（*Integrating Project Delivery*）[*]（Fischer 等，2017）和《精益建造，BIM 建造：改变建造的提德哈尔方式》（*Building Lean*，*Building BIM*：*Changing Construction the Tidhar Way*）（Sacks 等，2017）等书中均有介绍。

用于建造的精益生产管理软件正在逐步走向成熟。全新的建造生产管理信息系统已在使用并正在快速改进。其中大部分是支持末位计划系统（Last Planner System）[2] 四个层级规划的基于云的“软件即服务”（SaaS）解决方案。有的系统不使用 BIM 模型，如 vPlanner 和 touchplan；有的系统则直接使用模型，比如 VisiLean。后者和其他类似的系统都是以名为“KanBIM”的研究原型（Sacks 等，2010）为基础开发的，其利用 BIM 模型为在施工作业区工作的班组领导提供产品信息和过程信息。过程信息使他们能够“看到”共享设备的状态、其他团队正在做什么、材料处于供应链的哪个环节、可使用的工作空间等等，所有这些都有助于他们对下一步的工作安排做出明智的决策。图 9-5 是一个典型的软件界面。

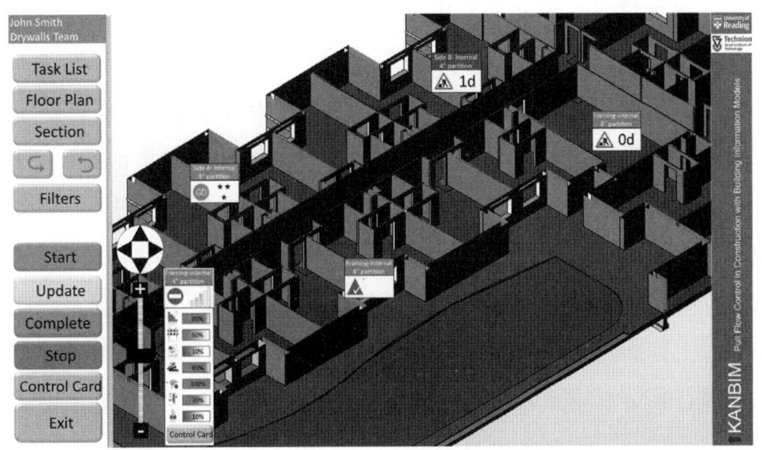

图 9-5 在施工现场大尺寸触摸屏上显示的 KanBIM 用户界面（Sacks 等，2010）（见书后彩图）

1 “公司方式”一词的灵感来自“丰田方式”（Liker，2003）。
* 此书中文版由中国建筑工业出版社于 2021 年 8 月出版。——译者注
2 一个用于精益建造的工作计划和控制系统（参见 Ballard，2000）。

384 ### 9.4.4 BIM 研究进展

BIM 已成为建筑、工程和施工管理领域科研人员的一个首要研究方向。欧盟第七研发框架计划（European Union’s 7th Framework）和地平线 2020 研发工作计划（Horizon 20-20 schemes）、美国国家科学基金会以及许多其他国家研究基金会都为 BIM 研究提供资助。最近的一篇综述性论文（Zhao，2017）指出，2005 年至 2016 年期间，在科学网（Web of Science）核心合集数据库收录的期刊上发表的 BIM 研究论文不少于 614 篇。一篇类似的论文仔细研究了多达 1874 份出版物，发现 BIM 的主要研究领域包括自动化与参数化设计、互操作性（包括 IFC）、实施和采用、绿色建筑、质量检查和 4D / 5D 建模（Li 等，2017）。

BIM 研究中，最有前景的是两个密切相关的主题，即语义丰富化（semantic enrichment）和语义万维网服务（semantic web services）。这方面的研究有望为实现 BIM 与人工智能融合、解决仍然阻碍 BIM 发展的互操作性问题、研制满足生产需求的对象级 BIM 服务器以及应用新工具推动设计和分析的自动化等提供新的解决方案。

保持不同设计模型（例如建筑模型、结构模型与施工图模型）之间的完整性是非常必要的，因为不同专业设计人员会对不同的模型进行更改。遗憾的是，像 IFC 标准这样的互操作性工具，仍然不支持可视化检查和几何冲突识别之外的协调。我们越来越清楚地认识到，管理跨越不同系统的变更——包含负载（结构荷载或热负荷）或其他影响性能的因素——对保持模型的完整性是必不可少的，因此，必须考虑变更对其他系统的影响。需要进一步增强 BIM 服务器的智能自动化事务处理功能，以逐渐取代为使专用模型视图同步而进行的手动更新。这些工作可以自动化完成，也可以通过人工干预完成。另外，还需要对隶属于不同系统的部件之间的关系加以研究。

语义丰富化。建筑模型的语义丰富化是指使用基于推理规则（Belsky 等人，2016）或应用机器学习（Bloch 等人，2018）推导新信息的软件，自动或半自动地将有意义的信息添加到建筑或构筑物数字模型中（另见第 3.6.2 节）。它需要应用领域专家知识识别或推理给定建筑信息模型的语义，并将新信息添加到模型中。如图 9-6 所示，语义丰富化引擎可以为“哑”（dumb）几何体查找和添加聚合关系（即对象属于组）、功能关系（例如“对象 1 连接到对象 2”）以及参数。主要思路是，通过使用语义丰富化，任何特定领域的 BIM 工具都可以直接导入通用 IFC 文件，而且就像模型是专门为该工具准备的一样，可以方便地识别模型对象的用途并处理信息。人工智能方法，例如使用人工神经网络的规则推理或机器学习，已经在研究中进行了测试，并在预制混凝土、钢筋混凝土公路桥梁和高层住宅建筑等领域取得了较好的应用效果。

385 **语义万维网服务**。在过去 10 年里，越来越多的行业研发项目专注于使用关联数据和语义万维网技术管理建筑数据。语义万维网是由蒂姆 · 伯纳斯 – 李（Tim Berners-Lee）于 2001 年引入的一个概念，旨在将万维网文档转换为万维网数据（Berners-Lee 等，2001）。建筑业

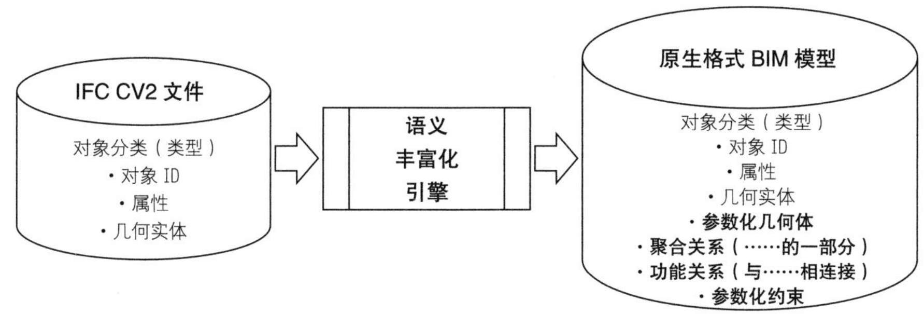

图 9–6 SEEBIM 原型语义丰富化引擎使用基于规则的正向推理将语义信息添加到由 IFC 协调视图 2.0 定义的建筑模型中（Sacks 等，2017）

对这一课题的研究旨在使用 Web 本体语言（Web Ontology Language，OWL）和资源描述框架（Resource Description Framework，RDF）将 BIM 模型表达为展示建筑数据的在线图形。鲍威尔斯等人在他们的论文中对建筑业这方面研究的近期进展做了概述（Pauwels 等，2017）。

使用这些技术表达建筑数据的主要优点是，可以利用相关工具实现（1）与建筑业以外的数据（地理、材料、产品、基础设施、法规）无缝连接;（2）数据查询;（3）基于数据进行推理。这三个目标（连接、查询、推理）的任何一个都可以使用建筑业以外广泛使用的现成的查询引擎和查询语言实现。这样可以敏捷灵活地使用数据：快速与其他数据相连，查询数据子集，以及使用推理引擎进行快速检查。

目前，研发主线主要围绕 IFC 模式的语义万维网版本——ifcOWL 本体展开。使用该本体，可用语义万维网图形表达任何 BIM 模型，并轻松部署可用的技术。由于大多数公司在工作中使用的仍然是 BIM 模型文件，迄今为止，行业的开发主要针对下游流程：将数据转换为 RDF 格式，供下游查询和推理使用。

9.4.5 变革的障碍

虽然 BIM 具有上节讨论的良好发展趋势，但同时，它也面临许多发展障碍，包括技术障碍、法律与法律责任问题、监管问题、不恰当的商业模式、对人员配置模式变革的抵制，以及专业人员严重不足等。

建造需要各个参与方的真诚协作。与使用 CAD 相比，使用 BIM 可实现更紧密的协作。但是，这需要有“利益共享、风险同担”的协作机制以及支撑这种机制的工作流程和商业模式。然而，BIM 工具和 IFC 文件尚未充分解决模型变更的管理和追踪问题，针对合作集体的合同 386
条款也不成熟。

设计师和承包商的经济利益不同，可能是制约 BIM 发展的另一个障碍。在建筑业的现有商业模式中，只有一小部分 BIM 收益归属于设计师，而主要的回报都给了承包商和业主。一些 BIM 指南呼吁重新设置设计费付款节点（参见第 8.4.1 节），在早期设计阶段支付更高比例的设计费，以接受很多信息在早期设计阶段就已生成这一事实 [如图 5-1 麦克利米（MacLeamy）曲线所示]。然而，这些说法还没有形成规定，并且没有一部指南明确规定增加设计费用。同样，可能与建筑调试有关，支持基于性能设计的业务规划和商业合同，尚未制定出来。

在追求经济效益的背景下，雇用廉价劳动力一直是阻碍建筑业采用创新技术的一个因素，并且这种状况还会一直存在。然而，由于廉价劳动力对承接日益增多的复杂建筑项目力有不逮，其结果是行业出现分化：一些项目既能推动 BIM 等技术创新，也能从 BIM 应用中受益，而另一些项目则无法有效利用 BIM。

BIM 软件开发商主要迎合设计人员的需求，因为他们人数众多。然而，BIM 面临的挑战是开发高水平的具有不同专业功能的专业化软件，从项目可行性评估软件（例如 DESTINI Profiler）到方案设计软件，特别是开发用于不同分包商制作建筑部件的专业化软件。BIM 软件的开发需要大量资金投入，软件供应商将不得不承担为施工承包商开发复杂工具的商业风险。

主要的技术障碍是缺乏成熟的互操作性工具。摩尔定律表明，硬件不会成为障碍，而事实似乎就是如此。标准开发比预期的要慢，主要是没有找到能够解决筹资问题的商业模式。同时，缺乏有效的互操作性仍然是实现协同设计的一个严重障碍。

9.5　2025 年愿景

近年来，我们见证了 BIM 逐渐发展成为建筑业的主流技术，许多富有远见卓识的 BIM 预言家的预言已经成为现实。未来几年将看到越来越多的成功案例、建筑业的变革以及在现有 BIM 应用之外的新的试验性应用和扩展应用。了解了迄今为止的 BIM 发展轨迹，考虑到当前趋势以及变革的驱动因素和障碍，我们现在开始推测未来。我们对以下领域的未来发展做出预测：建造流程和技术、建筑信息的交付方式、设计服务、建筑产品规范、合规性检查、工
387 程管理实践、就业要求、职业角色以及建筑信息与业务系统整合。

9.5.1　全面实现数字化设计与施工

设计和施工将完全数字化，为建造项目提供信息的 BIM 是数字化的中流砥柱。物联网（IoT）将提供新的输入数据流，包括来自塔式起重机、混凝土泵、楼宇监控系统、摄像头、工人和无人机携带的传感器、供应链中的建筑材料等方面的信息。所有这些数据流经过解析后即可与建筑模型整合。这些信息将以许多今天难以实现的方式使用。例如，通过位置监控，可以识别钻机将要钻过的材料（来自 BIM 模型），并向操作员推荐操作方式和合适的钻头。在施工安全方面，工人在未受保护的洞口临边附近时，会收到防止坠落危险的提醒。综合信息

将为施工班组赋予环境感知能力，使其能够做出更好的决策，确保安全条件下成熟工作包的施工先于尚不具备安全条件工作包的施工。

在施工现场和建筑使用期间收集的信息也将反馈给设计，使用实际性能数据校准性能模拟将成为可能。同时，前所未有的用于机器学习的充足训练数据也将准备就绪。BIM 和互联网提供了获取项目和行业建筑信息的公平竞争环境。信息流几乎是即时的，项目中所有相关人员之间的协作都将同步，这是传统异步工作流的一种模式变革。按顺序生成、提交、审查图纸的传统工作流程——会由于返工造成重复和浪费——将不再适用。与这些传统工作流程相关的专业和法律架构，同样不适合能够缩短工期、信息流紧密整合的协作设计和施工流程。

虽然学术研究在定义信息流新概念和测量方式以提升其完整性和价值方面扮演着重要角色，但行业开拓者在实际需求驱动下付出的试错努力将促使新型 BIM 工作流程诞生。新的合同形式、职位描述、商业路线和采购计划，需要整合、测试和完善。这些都将需要不断调整，有时需要重新定义，以符合当地法规、工会规定和其他管控要求。这些工作将支持、促进学术界和产业界开发新工具。

数字化建造将跨越项目现场边界，将 BIM 模型与街区信息模型（PIM）、城市信息模型（CIM）或“智慧城市”系统联系起来。BIM 模型和地理信息系统（GIS）之间的接口将通过映射数据交换标准创建。IFC 和 CityGML 模式之间的映射已取得长足进展（Isikdag，2014）。
BIM 模型数据为城市信息系统提供了建筑内部空间布局和资产数据，而 GIS 系统为各个项目 388
的设计师和施工人员提供了有关场地和公用基础设施的详细信息。

AEC 教育将继续演进，虽然有时领先，但大多数时候滞后于行业发展。向全数字化流程的转变，将要求毕业生不仅能够胜任数字化工作，而且能够在整个职业生涯中适应和学习新的工作流程。

9.5.2　建筑创新文化兴起

传统上，建筑业在研发方面的投入不多，创新很少。行业的碎片化、模块化扼杀了整体创新（即在实施过程中跨越组织边界的创新；Sheffer，2011）。然而，BIM 模型的出现为基于详细产品和流程信息的技术创新打开了大门。如图 9–7 所示，从 2010 年到 2015 年，每年成立的建筑技术初创公司的数量均有大幅增加。

自 20 世纪 90 年代初以来，在 BIM 发展的整个过程中，学术研究界开发了许多建筑模型概念性应用程序，但由于没有面向对象的建筑模型数据，这些应用程序无法在实践中使用。其中的一些 BIM 工具既不够成熟，也没有得到广泛使用。例如，施工设备的自动化控制工具，如起重机、铺路机器人和混凝土表面修整机的自动化控制工具；性能监测的自动化数据收集工具；施工安全规划工具；电子采购与物流工具等。虽然仍有障碍需要克服，但计算机算力、遥感技术、计算机控制生产机械、分布式计算、信息交换技术和其他技术的进步，为软件供

389 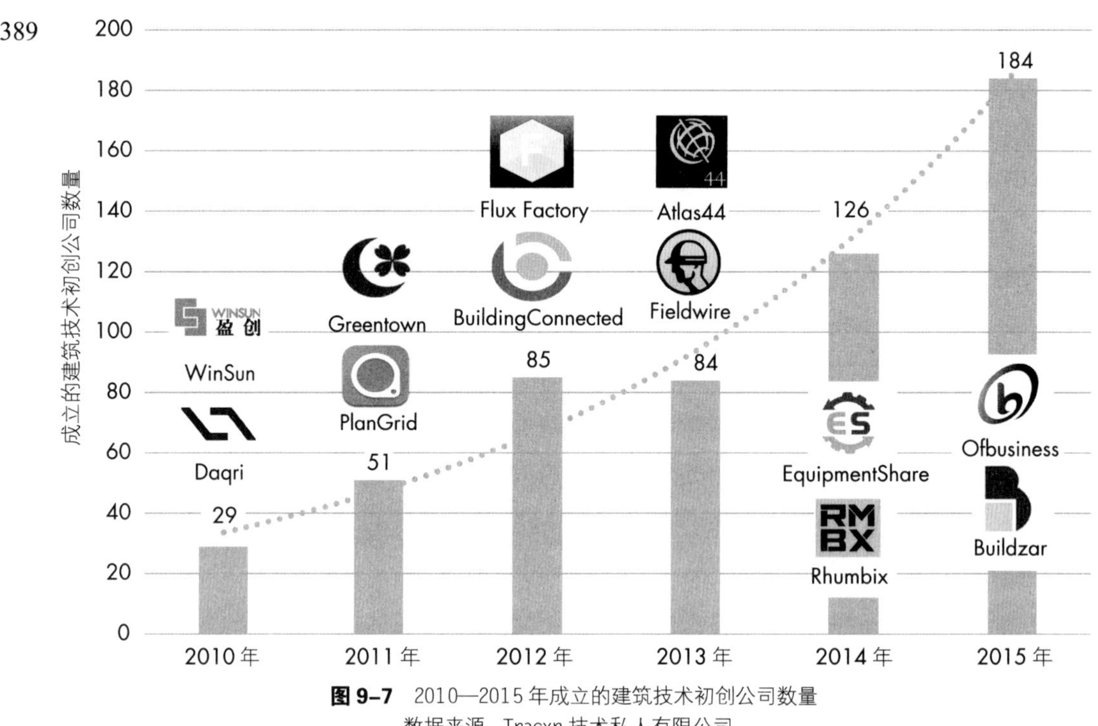

图9–7 2010—2015年成立的建筑技术初创公司数量
数据来源：Tracxn技术私人有限公司。

388 应商提供了新的机会。日益增强的移动计算、定位、识别和遥感技术（GPS、RFID、激光扫描等）将使建筑信息模型在现场的应用更加广泛，从而实现更快和更准确地施工。

实现数字建筑信息的随时可用和解决存储、处理大量数据等问题，并不是推动建筑业创新的仅有因素。数字设计和施工行业之所以能够培育创新，是因为人们对技术持积极态度，愿意并有能力在工作中使用新工具。BIM促进了鼓励创新的建筑文化的发展。因此，我们预计建筑技术初创公司、孵化器、创新实验室等创新实体的数量将呈指数级增长。他们将使用无人机或固定摄像机进行实时监控、激光扫描和摄影测量审查，并改变管理施工班组的方式。
389 精细化生产控制将成为可能，其先进程度远非今日之生产控制可比。

9.5.3 非现场建造

正如第7章所述，BIM促进了预制和预装配，能使工程协调基本上达到准确无误，因此比以前更节约成本。面对既要更好、更快又要更便宜建造建筑的压力，更大、更复杂定制化建筑部件的模块化设计和制作将变得十分普遍。市场将会有更多的综合支吊架、整体卫浴、酒店客房、楼梯单元和其他模块化产品。BIM使大规模定制成为可能，因此可以在不影响设计多样性的情况下，实现工厂生产的严格质量控制和机器自动化生产。应用BIM和相关建造技术的建筑业将变得更像制造业，大部分工作由非现场供应商完成，他们在工厂生产模块，然后运至工地安装。

与半导体制造工厂承接芯片外包业务相同，预制工厂通过使用数控机床（CNC）实现定 390
制制作，几乎不需要手动输入信息，就可生产预制混凝土部件、焊接钢结构部件和各种类型的碳纤维增强塑料面板。制作工厂将依赖设计人员提供的模型数据生成 CNC 指令，生产人员稍加检查即可输入数控机床。这将减少与定制制作相关的成本，使其更接近标准化制作，还可将工厂的资本投入分摊到许多项目。如第 7.5.3 节所述，3D 打印将在这方面发挥重要作用。

这里有两个需要注意的地方。首先，虽然 BIM 支持丰富多彩的设计和商业信息的整合——促进了预制和预装配——将使建筑业与制造业越来越像，现场作业减到最少，然而，这并不是批量生产，而是高度定制产品的精益生产。每栋建筑依然会有独特的设计特征，而 BIM 要做的则是确保所有交付的部件能够严丝合缝地组装在一起。其次，非现场建造再好也不能包揽所有项目。正如我们在第 9.6 节对 2025 年以后的预测中所讨论的那样，建筑业可能出现两极分化：一些项目高度依赖 BIM 和其他技术；而另外一些项目则仍然采用现场施工方法，尽管生产率偏低但用工便宜。

9.5.4 建造监管：自动化合规性检查

检查建筑设计模型是否符合规范要求和规划限制是 BIM 研究的重点。在世界范围内，业主、设计师和承包商都向建筑监管部门施压，要求加快发放施工许可证，并期望他们能够通过高效、快速分析 BIM 模型完成审批。一些有远见的业主也将推动针对不同类型建筑的自动化设计评审软件的开发。

自动化检查可以通过以下两种方式之一实现：

- 应用程序服务供应商出售或出租嵌入 BIM 软件的合规性检查插件。服务供应商负责维护为不同区域提供服务的在线数据库，该插件从在线数据库提取当地数据。设计师在设计开发过程中不断检查自己的设计。
- 外部软件直接检查中性模型文件（例如 IFC 文件）是否符合规范要求。设计人员将导出的 IFC 模型上传到 web 服务器上，然后对 IFC 模型进行检查。

这两种方案都是可行的，但第一种对用户更有利，因为在同一软件里根据检查反馈信息
直接更改设计比收到外部报告后再根据报告更改设计要方便得多。因为设计是一个迭代过 391
程——设计师希望获得检查反馈之后更改设计，更改设计之后再次检查——因此第一种方案可能是首选方案。

市场上已有一些用于模型检查的工具（第 2.6.3 节中对一些工具进行了介绍），但存在阻碍其广泛应用的障碍：

- 依据规范、标准、法规或规格书对模型进行某方面检查时，需要模型对象精确满足检查前置条件。例如，考虑一个具有倾斜顶棚的阁楼空间。如果规范规定净空高度大于 2.20 米的区域是主要空间，而净空高度小于 2.20 米的区域是附属空间，那么模型中的

空间对象就必须在2.20米净空高度处有一个分界线，以便检查是否满足面积限制。现有的模型检查工具在每次执行检查时都需要用户做大量的预处理工作，而这既费时费力又容易出错。

- 建筑规范检查工具种类繁多，硬编码编程不是定义规则和开发工具的最佳方式。与其他应用程序一样，硬编码编程，编写代码和调试成本过高，并且难以修改。相反，采用高级、专用的规则定义语言，才能推动通用建筑合规性检查软件的开发（Eastman等，2009）。

好消息是，产业界和学术界的研究人员正在努力解决这些问题并取得了新进展。人工智能技术，特别是应用机器学习的人工智能技术，正被用于实现模型的语义丰富化，从而实现针对特定规范检查的预处理的自动化。无需将规则和条件嵌入计算机代码之中的表达规则和条件的新方法也在开发中，这将使非编程人员也能编写和编辑检查规则。鉴于建筑业的创新氛围和创新文化越来越积极向上，这一领域可能会迅速发展。

9.5.5 建筑业人工智能应用场景越来越多

另一个可能影响BIM进一步发展的技术是人工智能。BIM平台将使用自然语言接口、语义万维网（包括通用推理工具）和深度学习等领域的最新技术实现各种目标，例如合规性检查、质量审查，以及生成版本比较智能工具、设计指南和设计向导等。

随着可用于机器学习的BIM模型数量的不断增多，应用机器学习的人工智能（AI）工具可能会越来越多。以模型检查为例：如果没有包含检查结果的庞大模型案例库，就没有训练
392 模型检查系统的资源。随着监管部门开始允许通过提交BIM模型申请施工许可证——新加坡已经如此（参见第9.3.6节）——所需的训练数据库将会不断扩大。

人工智能，特别是机器学习的另一个重要应用是获取竣工信息。将使用激光扫描和摄影测量技术获取的现场几何信息用于设计或施工管理，仍然受到将点云数据转化为BIM可用的有意义的建筑对象成本太高的阻碍。尽管过于耗时，限制了此类技术的应用，但最近的技术发展表明，新的解决方案可能就在眼前。在欧盟基础设施（Infravation）基金项目“SeeBridge”中，研究人员训练软件识别点云中的形体，从而重建钢筋混凝土公路桥梁的三维几何体模型。他们使用基于规则的正向推理对获得的几何实体进行分类，然后聚合对象，推断结构的连接，建立轴网，再对局部被遮挡的桥梁元素加以合理扩展。最终，获得的是可用于桥梁维护的BIM模型。

从设计模型向施工模型的转化将越来越顺利。软件向导——生成嵌入施工方法的工作包的参数化模板——将被用于由设计模型快速生成施工模型。像Vico Office套件中的“工法”（recipes）理念，是一个我们能预料的早期模样。例如，后张法楼板的参数化模板将根据设计模型中的通用楼板对象布置楼板模板，并确定人工与设备投入、材料用量和交付进度计划。

由此得到的施工模型，可以用于分析成本、设备、物流约束和进度要求，并且与备选方案进行比较。这样一来，施工规划水平就会大大提升。参数化模板也将成为企业知识的存储库，因为它们已将公司的工作方法嵌入其中。

> ALICE（**A**rtificia**L** **I**ntelligence **C**onstruction **E**ngineering）是一家初创公司基于学术研究成果开发的工具，预示着未来的发展方向。该软件基于 BIM 模型，先用包括施工做法的工法生成备选作业，再用不同的班组规模和方法选项生成大量的备选施工计划，从而确定最佳方案。

随着 BIM 的普及，设计师更倾向于选择能够提供产品模型的建筑产品，这些产品模型具有对供应商目录、价目表等的超链接引用，可直接插入 BIM 模型。目前厂商提供的电子建筑产品目录将演变为智能型产品规格书，其中包括结构、热工、照明、LEED 认证指标符合性和
其他分析所需信息，以及用于选择和采购产品的数据。产品模型能否在仿真工具中直接使用， 393
特别是能否在照明和能耗分析工具中直接使用，将成为产品模型与其他几何模型集成的新挑战。阻碍实现高级语义搜索的障碍将被克服，允许基于颜色、纹理和形体进行搜索的工具将会出现。

9.5.6 全球化

全球化需要消除国际贸易壁垒（Friedman，2007）。目前，虽然建筑业已有许多全球性的建筑和工程设计公司，但建筑部件制作几乎完全是在当地进行的。然而，当前互联网和 BIM 工具正在促进建筑业全球化程度提高，这不仅体现在设计和建筑产品供应方面，而且也体现在越来越复杂的定制型部件的制作方面。高度准确和可靠的设计信息为将建筑部件转移到更具成本优势的地方生产带来了可能性，因为部件不管是在多么遥远的地方制作，都不用担心安装出现问题。

纽约市第十一大道 100 号公寓案例研究中用于幕墙系统的钢和玻璃面板的制作（详见《BIM 手册》配套网站）是一个早期的例子，在第 10 章的新加坡南洋理工大学北山学生宿舍案例研究中，这种持续的趋势更加明显，其中的 PPVC 模块在中国台湾生产，运到新加坡后，再进行内部装修和安装。BIM 生成的生产数据的准确性和可靠性，使传统上在当地采购的建筑产品和部件能够在世界任何地方生产。建筑制作领域的竞争正在全球展开。

9.5.7 支持可持续建造

可持续性为评估建造建筑花费的成本和产生的价值引入了新的维度。从全球可持续发展观来看，设施运行的真正成本还没有按市场计价。因实现所有住宅净能使用量为零和较大设

施生产能源而不是消费能源的目标而产生的压力正在增大。这将影响材料定价、运输成本和建筑的运行方式。建筑师和工程师的任务是提供使用可回收材料建造的更节能的建筑，这意味着需要更准确和更广泛的分析。BIM 系统将为实现这些目标提供支持。

需要研究如何生成满足各种分析工具所需的不同类型的几何模型。虽然大多数人都熟悉结构分析软件所需的杆件 - 节点模型，但很少有人意识到需要使用有界曲面的细分结构界定单独管理的建筑用能分区。需要研究可用于能耗分析模型预处理以及生成不规则形状建筑表
394 皮拼板的自动化曲面细分方法。另一种类型的几何抽象对于围合计算流体动力学计算区域是必要的。此类模型使用试探法确定捕获基本气流所需的几何区域。如果这些分析要在设计中普遍使用，则需要进一步开发自动化的几何抽象技术。必要时，可以应用新的语义丰富化技术加速完成模型数据预处理工作。

BIM 可能会推动绿色或可持续建筑的发展，因为可以基于建筑信息模型分析设计是否符合能耗标准，是否使用了绿色建筑材料，以及是否满足 LEED 等绿色建筑认证的各项要求。建筑模型评估的自动化将使新法规更加容易实施。此类功能已可以通过 gbXML 实现。一些建筑规范已经要求所有建筑都应通过能耗分析检查设计是否符合能耗标准。与规定性设计标准相比，基于性能的设计标准的应用可能会增加。所有这些趋势都给行业施压，要求制定更好的指标以解决能耗和可持续性模拟的准确性问题。第一批与 BIM 软件集成的能耗计算工具已经投入使用，这意味着 BIM 将推动可持续建筑向前发展。

对整合多种类型分析以及开发新型能耗分析系统的研究，将催生新一代能耗仿真工具。例如，为了描述热流与自然对流的相互作用，空间内部材料的能量辐射模拟输出，将被用作计算流体动力学（CFD）模拟的输入。在设备方面，需要整合智能电网调控功能，以便公用事业公司能够管控向拥有可再生能源系统（如光伏）建筑提供的电量，而这需要新一代工具进行模拟。新的模拟工具将采用模块化设计，以便对不同类型的能源生产和能源消耗系统进行混合模拟。虽然已有多目标优化方法，例如各种遗传算法，但当同时考虑不同系统功能时，能够表达建筑整体性能的效用函数还有待开发。开发这些函数将允许参数化模型自动调整，以搜索与负荷、太阳能增益、能源使用和其他目标相关的性能目标。这使得为基于性能设计设立新的综合性性能水准成为可能，例如设立同时考虑机械设备性能水准和建筑围护结构性能水准的综合性性能水准，而这在今天是做不到的。

9.6 2025 年以后

中期之后，我们只能大致描绘 BIM 的发展图景及其在推进建筑业变革中所起的作用。

也许关键的变革是，由于 BIM 作为数字信息平台所起的作用，建筑业本身正在变成数字
395 化程度越来越高的行业。然而，整个行业对 BIM 的采用并不均衡，这不仅仅是由于保守的态

度或行业教育投入不足，还有经济因素阻碍了 BIM 的采用。雇用廉价劳动力是其中的一个因素；为了应对风险而导致行业碎片化是另外一个因素。未来有可能出现两类完全不同的公司，各自承接不同的项目：一类是大型、先进、信息驱动的建筑公司，充分利用 BIM 和自动化技术；另一类是劳动力要素驱动的建筑公司，主要依靠廉价劳动力。承担下一章案例研究项目的企业是第一类公司的代表。这些项目由技术精湛的设计师和施工人员建造，他们使用最新的 BIM 平台和工具，并且可以将软件功能发挥至极致。因此，与非 BIM 项目相比，他们使用的劳动力更少，生产率更高。鉴于许多建设项目的地域性和大多数建设项目规模很小，这两类公司的两极分化可能会持续一段时间。在本节的其余部分，我们讨论的是应用 BIM 和其他信息技术的建筑公司。

韩国首尔延世大学建筑信息研究组编制的 21 世纪 00 年代至 30 年代 BIM 发展路线图（图 9-8），简明扼要地描述了 BIM 的发展轨迹。21 世纪 10 年代被称为“全 BIM 时期”（或者称为“BIM 3 级时期”，具体特征由 BS PAS 1192 系列标准和其他 BS 标准定义）。“精益 BIM”是描述整个 21 世纪 20 年代 BIM 实践的总称，因为精益和 BIM 的协同增效效应，BIM 将基于精益制作和施工理念，为项目设计和施工在信息、材料、设备、空间和团队管理等方面提供支持。接下来的十年，即21世纪30年代,BIM发展将达到顶峰，被称为“人工智能BIM时期”，因为随着人工智能在整个社会的应用越来越多，尤其是在建筑业的应用日益广泛，BIM 的应用方式可能发生重大变化。

另一个引人注目的可能性是，信息技术可使客户、设计师、供应商和施工班组通过在线平台协调工作，这将完全改变总承包商的作用。亚马逊（Amazon）、优步（Uber）等在线平台彻底改变了各自行业的运营方式。目前，总承包商提供的服务不仅是业务方面的，还包括自甘风险、协调、质量控制、融资等。然而，如果能找到独立提供这些功能而且具有公平风险分配机制的分布式解决方案，那么平台公司就可以比当今总承包公司更灵活地承包项目并安排设计与施工工作。BIM 将在这样一个数字建造平台中发挥关键作用，提供明确的产品和流程模型，并使项目所有参与者围绕这些模型开展工作。

回顾过去，BIM 自问世以来已对建筑业的变革产生了巨大影响；展望未来，BIM 也必将创造一个让设计师、施工人员和其他 AEC 行业专业人员倍感激动的新时代。

396

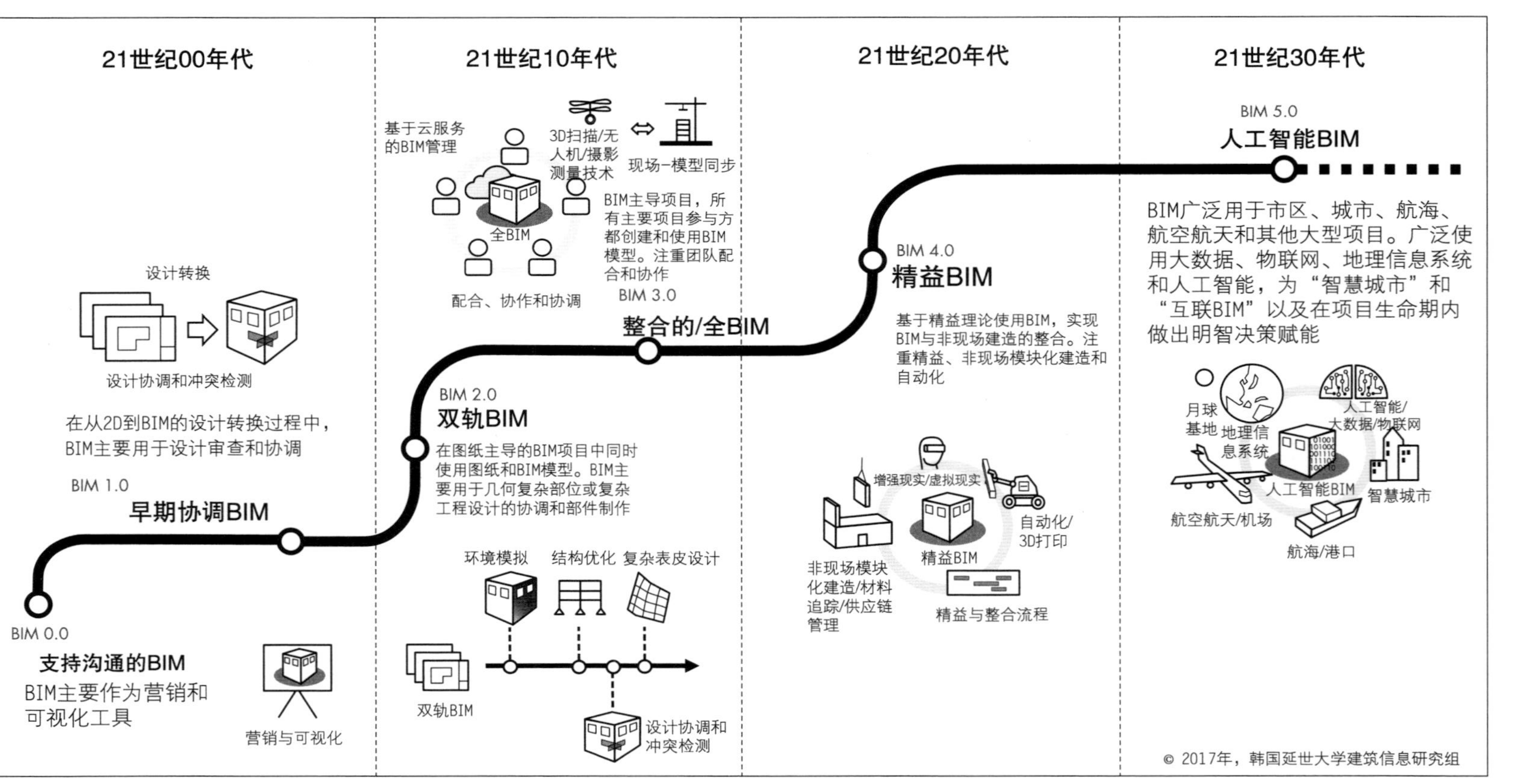

图 9–8 21 世纪 00 年代至 30 年代 BIM 发展路线图
图片由韩国延世大学建筑信息研究组提供。

21 世纪 20 年代精益 BIM 特征	21 世纪 30 年代人工智能 BIM 特征	397
· 与精益建造管理（如末位计划系统和其他拉式计划方法）及其工具集成； · 增加非现场生产的订货型部件或定制型部件的使用； · 自动化建造； · 3D 打印； · 材料追踪和供应链管理； · 非现场模块化建造； · 使用 IDM / MVD 实现数据交换的自动化； · 广泛使用虚拟和增强现实应用程序	· 设计、施工与设施管理 / 资产管理采用数据驱动的决策流程； · 数据处理和数据交换的自动化； · 现场和非现场建造的自动化生产； · 语义和智能信息接口技术应用； · BIM 数据科学（大数据）广泛应用； · 基于物联网制造； · 基于物联网的项目和设施管理； · 基于人工智能的设计、工程和模型质量检查； · 使用 IDM/MVD 实现自动化数据交换和信息需求检查的自动化，每个 LOD 级别都有对应的 IDM/MVD； · 智慧城市、地理信息系统和 BIM 的集成	

致谢

作者感谢彼得 · 鲍威尔斯（Pieter Pauwels）博士在写作语义万维网服务相关内容时提供的支持。

第 9 章　问题讨论

1. 与第 9.4 节讨论的 BIM 发展趋势对照，您工作或学习的地方 BIM 已经发展到了什么程度？请对从业人员做个简短调查，并讨论您发现的当地趋势与最佳实践之间的差异，思考造成这些差异的原因是什么？

2. BIM 技术发展中需要研究的最重要问题是什么？

3. 根据对行业、市场和人口变化的调查，在考虑建筑、工程和施工（AEC）行业潜在变革的背景下讨论 BIM 的未来。

4. 找出您所处环境实施 BIM 的几个主要障碍，并讨论如何克服这些障碍。

5. 人工智能正逐步与不同的技术进行融合，请列出在 BIM 环境下应用人工智能的三种可能方式，并针对每种情况描述它是如何工作的以及它能带来哪些收益。

6. 现场 BIM 技术会给施工现场带来哪些变化？

第 10 章 398

BIM 案例研究

10.0 引言

本章详细介绍 11 个实际项目案例研究。在所有案例中，BIM 均扮演了重要角色。这些案例研究总结了业主、建筑师、工程师、承包商、制作商，乃至建筑施工队和设施管理团队的 BIM 应用创新经验。本书此版的所有案例研究都是新的。本书第一版、第二版介绍的案例研究可在《BIM 手册》配套网站上查阅。表 10-0-1 简要描述了本书案例项目情况，它们分别位于亚洲、欧洲、北美和中东地区，既有公用、私有建筑项目，也有基础设施项目。若按功能分类，案例项目包含了医院、住宅、写字楼、博物馆、展览馆、多元文化综合体、机场和火车站等多种类型建筑。

总体来说，这些案例研究涉及不同项目参与方在项目各个阶段的 BIM 应用（表 10-0-2）。有三个案例重点介绍 BIM 在建筑运行、维护和设施管理阶段的应用。每一个案例都展示
了由 BIM 工具和流程的实施给各个组织带来的多重收益。表 10-0-3 展示了 BIM 可为每 399
一案例项目在哪些方面带来收益。表 10-0-4 汇集了各案例项目在项目不同阶段采用的软件和技术。读者可以通过这些表格，将不同案例项目进行对比，快速找出自己最感兴趣的案例。

事实上，我们不可能找到一个完美案例展示 BIM 应用所有的潜在优势，即便要通过一个案例展示 BIM 应用的绝大多数优势，其实也绝非易事。况且，BIM 发展到今天，我们尚无法确信是否已经了解了该技术的全部优势。每个案例研究都展示 BIM 流程的突出方面，

并着重介绍项目各专业团队如何使用手头 BIM 工具取得最大 BIM 应用成效。另外，各案例研究也注重各团队在克服应用新工具、实施新流程带来的各种挑战中得到的经验教训。

在本书出版时，虽然大多数案例项目已经竣工交付，但也有部分项目仍在施工中，尚不具备对使用 BIM 带来的收益进行全面总结和评价的条件。不可否认，案例研究在信息收集方面受到一些限制。由于建筑、工程、施工、制作和房地产开发是具有竞争关系的不同领域，
401 往往出于各种考虑，一些组织不愿过多透露其掌握的专业技能，而是有所保留。但在本书编写过程中，大多数组织和个人非常乐于帮忙，愿意分享他们的故事，并提供了相关的图表、信息和独到的见解。我们还努力辨析每个项目的关键问题——不只是成功的经验，还有必须解决的问题和在处理这些问题过程中学到的教训。

致谢

作者由衷感谢韩国延世大学建筑信息化研究组的李光夏（Kyungha Lee）、赵济允（Jehyun Cho）、郑南哲（Namcheol Jung）、安永信（Yongshin An）、金元俊（Wonjun Kim）、宋泰石（Taesuk Song）、正太贤（Kahyun Jeon）和吉大英（Daeyoung Gil），感谢他们对案例研究，特别是对其中的软件应用部分提出的审查意见。

399 **案例项目概况** 表 10-0-1

项目名称	建筑类型	建筑功能	地区	建设状态 *
10.1 爱尔兰都柏林国家儿童医院	公共建筑	医院综合体	欧洲	在建中
10.2 韩国高阳现代汽车文化中心	私有建筑	展览馆	亚洲	已竣工交付
10.3 法国巴黎路易威登基金会艺术中心	私有建筑	博物馆	欧洲	已竣工交付
10.4 韩国首尔东大门设计广场	公共建筑	多元文化综合体	亚洲	已竣工交付
10.5 美国科罗拉多州丹佛圣约瑟夫医院	私有建筑	医疗设施	北美	已竣工交付
10.6 英国伦敦地铁维多利亚站	公共建筑	地铁站	欧洲	预计 2018 年竣工
10.7 新加坡南洋理工大学北山学生宿舍	公共建筑	学生宿舍	亚洲	已竣工交付
10.8 新加坡丰树商业城 II 期	私有建筑	商务园区	亚洲	已竣工交付
10.9 沙特麦地那穆罕默德・本・阿卜杜勒 – 阿齐兹亲王国际机场	PPP 项目	机场	中东	已竣工交付
10.10 美国马里兰州切维蔡斯霍华德・休斯医学研究所	私有建筑	医疗设施	北美	已实施设施管理系统
10.11 美国加利福尼亚州帕洛阿尔托斯坦福神经康复中心	私有建筑	医院	北美	已通过设施管理用例测试

* 建设状态是指本书编写完成时的项目状态。

案例项目分阶段 BIM 应用 表 10-0-2 400

案例项目	可行性研究	方案设计	扩初设计	施工图设计	施工	运行维护
《BIM 手册》第一版和第二版中的案例项目（详细内容参见《BIM 手册》英文版配套网站）						
美国得克萨斯州达拉斯希尔伍德商业项目（第一、二版）	○	○				
美国加利福尼亚州卡斯特罗谷萨特医疗中心（第二版）	○	○	○	○	○	
美国海岸警卫队设施（第一、二版）		○	○			
中国北京国家游泳中心（水立方）（第一版）		○	○	○		
爱尔兰都柏林英杰华体育场（第二版）		○	○	○	○	
美国纽约第十一大道 100 号公寓（第一、二版）		○	○	○	○	
芬兰赫尔辛基音乐厅（第二版）		○	○	○	○	
中国香港港岛东中心（第一、二版）			○	○	○	
美国密歇根州弗林特通用汽车公司工厂（第一版）			○	○	○	
美国宾夕法尼亚州格兰特维尔宾夕法尼亚国家停车场（第一版）				○	○	
美国加利福尼亚州旧金山联邦办公大楼（第一版）			○	○		
美国密西西比州杰克逊联邦法院（第一版）			○	○		
美国加利福尼亚州山景城卡米诺集团医疗大楼（第一版）				○	○	
美国俄勒冈州波特兰万豪酒店改造（第二版）				○	○	
美国马里兰州巴尔的摩马里兰州总医院（第二版）					○	○
芬兰赫尔辛基克鲁塞尔大桥（第二版）			○	○	○	
本章案例项目						
10.1 爱尔兰都柏林国家儿童医院	○	○	○	○		
10.2 韩国高阳现代汽车文化中心	○	○	○	○	○	
10.3 法国巴黎路易威登基金会艺术中心		○	○	○	○	
10.4 韩国首尔东大门设计广场		○	○	○	○	
10.5 美国科罗拉多州丹佛圣约瑟夫医院		○	○	○	○	
10.6 英国伦敦地铁维多利亚站		○	○	○	○	○
10.7 新加坡南洋理工大学北山学生宿舍		○	○	○	○	
10.8 新加坡丰树商业城 II 期		○	○	○	○	○
10.9 沙特麦地那穆罕默德·本·阿卜杜勒－阿齐兹亲王国际机场						○
10.10 美国马里兰州切维蔡斯霍华德·休斯医学研究所						○
10.11 美国加利福尼亚州帕洛阿尔托斯坦福神经康复中心						○

401 **案例项目应用 BIM 获得的优势** 表 10-0-3

收益	国家儿童医院	现代汽车文化中心	路易威登基金会艺术中心	东大门设计广场	圣约瑟夫医院	维多利亚站	南洋理工大学北山学生宿舍	丰树商业城 II 期	穆罕默德·本·阿卜杜勒－阿齐兹亲王国际机场	霍华德·休斯医学研究所	斯坦福神经康复中心
降低成本		○		○	○	○			○		○
节约工期		○		○	○	○	○	○	○		○
提高设计质量	○	○	○	○	○		○	○			
更有效地获取终端用户需求	○	○		○	○	○	○				
减少信息请求书（RFI）数目								○			
降低返工率	○	○		○			○	○	○		
减废	○								○		
提升安全性		○			○				○		
沟通、决策改进		○		○				○			○
降低能耗	○					○	○		○		
改进资产、设施管理	○					○		○	○	○	
改进资源管理	○								○		○
提升影响分析精度										○	○
促进模块 / 场外预制		○	○	○	○		○				
其他		○		○						○	○

402 **案例项目的 BIM 应用以及用到的软件和技术** 表 10-0-4

项目阶段	BIM 应用	软件	技术
10.1 国家儿童医院			
可行性分析	场地分析	Revit、AutoCAD	激光扫描
	阶段规划	Revit、AutoCAD	计算机辅助设计（CAD）
设计	场地环境建模	Revit	建模技术
	设计建模	Revit、Dynamo、NBS Create	虚拟现实（VR）、增强现实（AR）
	3D 协调	Navisworks	冲突检测
	成本预算	CostX	分析
	结构分析	Dynamo、Tekla Structural Designer 2015、SCIAEngineer 16	结构建模与分析
施工前期	3D 协调	Navisworks	虚拟现实（VR）、增强现实（AR）、激光扫描
	成本预算	CostX	关系型数据库
	其他工程分析	Dynamo、Tekla Structural Designer 2015、SCIAEngineer 16	虚拟现实（VR）、增强现实（AR）、激光扫描

续表

项目阶段	BIM 应用	软件	技术
10.2 现代汽车文化中心			
施工图设计	设计审查	Navisworks	IFC
	设计审查	Fuzor	虚拟现实（VR）
施工	深化设计建模	CATIA、Tekla Structures、Digital Project、Revit Architecture、Revit MEP、AutoCAD MEP	IFC
	场地环境建模	Trimble Realworks	激光扫描
	3D 协调	Autodesk Recap	激光扫描
	数字化制作	Digital Project	预制
	阶段规划	Navisworks	IFC
10.3 路易威登基金会艺术中心			
设计和施工	协同工作	GT Global Exchange（包括 GTX、Trimble Connect）	基于云的项目管理
	建筑建模、工程分析、深化设计和设计审查	Digital Project、Tekla Structures、BoCAD，Solidworks、Autodesk products、Rhinoceros、Grasshopper、ANSYS、NASTRAN、Sofistik3D、3DVia Composer、Solibri	
	场地环境建模		激光扫描
	数字化制作	Digital Project	预制
10.4 东大门设计广场 403			
方案设计和扩初设计	设计建模	Rhinoceros	
施工图设计	设计建模、3D 协调和施工文件编制	Rhinoceros、Digital Project、Revit、AutoCAD	
	结构分析	MIDAS、Tekla Structures	
	其他工程分析		风环境模拟
施工	3D 协调	Rhinoceros、Digital Project、Revit、Tekla Structures	
	结构分析	MIDAS、Tekla Structures	
	数字化制作	Rhinoceros、Digital Project、AutoCAD	多点拉伸成形
	深化设计建模	Rhinoceros、AutoCAD	IFC
10.5 圣约瑟夫医院			
施工图设计	3D 协调	Revit、BlueBeam	IFC
	阶段规划	Primavera P6、Synchro	其他
	结构分析		其他
施工	数字化制作	Revit、BlueBeam	预制
	三维控制及规划	Navisworks	虚拟现实（VR）
	3D 协调	Revit、BlueBeam	COBie

续表

项目阶段	BIM 应用	软件	技术
10.6 维多利亚站			
方案设计	可行性研究	Bentley Triforma、Bentley AECOsim	建模
	平面布置	Legion Modeling	人流模拟
	协同归档	Bentley ProjectWise	文件共享、云
扩初设计	设计建模和 3D 协调	Triforma、AECOsim	建模
	协同归档	ProjectWise	文件共享、云
	结构分析	STAAD、Hevacomp	有限元法
施工图设计	设计审查	Triforma、AECOsim	建模
	图纸绘制	Microstation	计算机辅助设计（CAD）
施工	场地环境建模	Triforma、AECOsim	
	协同	ProjectWise	
	阶段规划	AECOsim	4D 模拟
404 **10.7 南洋理工大学北山学生宿舍**			
设计	设计	Revit	建模
	结构分析	ETABS	有限元法
	其他工程分析	PHOENICS	计算流体动力学
施工	数据共享	Google Drive	云文件共享
	施工进度规划	Autodesk Navisworks	4D 模拟
	冲突检查和 3D 协调	Autodesk Navisworks	冲突检查
	数字化制作	AutoCAD	计算机辅助设计（CAD）
10.8 丰树商业城 II 期			
设计	设计	Revit	建模
	设计审查	Unity	虚拟现实（VR）
	协同	Autodesk A360	模型共享
	场地环境建模		激光扫描
施工	施工进度规划	Navisworks、Revit	冲突检查和 4D 模拟
	场地布置	Autodesk Point Layout Add-in	全站仪测量
	建立竣工模型	Autodesk A360	增强现实（AR）
10.9 穆罕默德·本·阿卜杜勒 – 阿齐兹亲王国际机场			
运行维护	制定维护计划	EcoDomus-FM	
	空间管理 / 追踪	Navisworks	激光扫描
	资产管理	IFS、EcoDomus-FM	
	记录模型	Aconex、Revit、Navisworks、EcoDomus PM	

续表

项目阶段	BIM 应用	软件	技术
10.10 霍华德·休斯医学研究所			
运行维护	设施管理	EcoDomus	
	场地环境建模	Revit	
	数据库	EcoDomus	
	建筑系统分析	Revit	
	影响分析	EcoDomus、数据库	
10.11 斯坦福神经康复中心			
运行维护	设施管理测试	EcoDomus	
	资产管理测试	Revit、Maximo	

10.1 爱尔兰都柏林国家儿童医院 405

10.1.1 引言

位于爱尔兰首都都柏林市的新国家儿童医院（National Children's Hospital，NCH），是爱尔兰有史以来在医疗保健领域投资建设的规模最大、功能最全、影响力最强的项目。国家儿童医院项目选址位于都柏林市中心圣詹姆斯（St. James）园区内。该儿童医院由三所医院合并而成，前身分别是克拉姆林圣母儿童医院（Our Lady's Children's Hospital Crumlin）、坦普尔街儿童大学医院（Temple Street Children's University Hospital）和塔拉特国立医院（National Hospital in Tallaght）。该项工程建设，旨在最终建立一个独立的医疗保健新园区，除国家儿童医院以外，还将引入圣詹姆斯成人医院（St. James's Adult Hospital）和库姆比妇幼大学医院（Coombe Women's and Infants' University Hospital），实现园区医疗设备的共享。在迁入新址之前，上述医院将重组为儿童医院集团。

项目于 2016 年 7 月签订了第一个施工合同，但仅限于一个标段。在撰写本书时，项目已经开工；而本案例研究仅关注项目的设计阶段。

项目委托方坚信，BIM 能够有效促进项目工作开展，提高交付成果质量；并能够通过更加协同的设计信息，实现优化设计。因此委托方明确要求在项目中应用 BIM。他们也希望，在建筑施工期间，能够应用 BIM 公开、共享的资产信息，有效降低成本，提高附加价值，改善碳绩效。

委托方要求 BIM 应用应至少达到英国 PAS（公共可用规范）二级水准（详见 PAS 1192-2: 2013），即要求各参与方均使用自己的 3D CAD 模型，不必共同在一个共享的模型上开展工作。由于项目设计的联合牵头单位之一，英国 BDP 建筑设计事务所（Building Design Partnership），已经按照 PAS 二级水准参与了多个英国医院项目的设计工作，因此该水准可被视为多专业设计团队所有成员都期望达到的现实水准。委托方要求项目所有利益相关方都要参与到设计工作中来，这通常会使设计团队在向非专业人员展示技术信息时遇到很大的困难。

任何医院项目都会涉及一系列的特殊需求。而对于儿科医院来讲，由于儿童、青少年所处的年龄段，且在就医时往往需要成年家长的陪伴，则需要面对更复杂的特殊需求。医院项目涉及的利益相关方包括医院工作人员、临床负责人、本地居民等，因此，设计师要依靠这些不懂设计的外行收集空间功能需求，这对设计团队是极大的挑战。使用 BIM 可视化技术，很容易表达项目需求和发现未充分利用的空间，并促进设计团队的协作。对于国家儿童医院项目而言，协作是整个设计流程的关键，BIM 是帮助将非专业最终用户知识转化为项目输入的必不可少的工具。项目初期，BIM 在展示项目对周边环境视觉影响中的应用取得了很好的效果。BIM 从早期的方案设计开始实施，并在申请规划许可的过程中起到关键作用。为了满
406 足英国 BIM 二级水准要求，设计团队应用 BIM 从模型中自动生成房间数据，通过复杂算法生成屋面板，并采用先进的增强现实（AR）技术和创新分析方法。

10.1.2 项目目标

项目的总体目标是使园区的能源中心、设施管理（Facilities Management，FM）服务、材料管理、环境废物管理服务、中央无菌服务部、物流、直升机停机坪、医疗气体服务、供水服务和公共排水服务能够协同工作。儿童医院的营业范围包括住院护理和各类外科手术（包括门诊手术），而塔拉特医院和康诺利医院（Connolly Hospital）的卫星医疗中心将提供门诊和急诊医护服务。另外，拟建的儿童医学研究与创新中心是新组建的国家儿童医院的重要组成部分，将与现有的圣詹姆斯医院园区的学术研究设施相邻，可以最大限度地促进临床合作，为儿科和成人医学研究创造一个最优越的环境。

目前，儿童医院所拥有的大多数基础设施，并不能够满足现代医学的发展需求。在都柏林，三家儿童医院所提供的部分医疗服务是重复而不可持续的。新组建的儿童医院与圣詹姆斯医院毗邻，这将使成人医学分科的研究成果，无论是在广度还是深度上，都能最大限度地服务于儿童医院。

10.1.3 建筑方案

建筑在沿南环路的临街一侧为地上 3 层，南侧为地上 4 层；东侧与北侧同样为地上 4 层，女儿墙标高与南侧保持一致。建筑大门位于北侧正中的位置；东侧开有两个小门，方便自行前往的病人和救护车出入急诊部。建筑有很多景观带和休闲娱乐区，包括地面的庭院花园，以及覆盖了第 4 层楼面绝大多数区域的花园。这些花园既有助于清洁空气，也美化城市景观。由三个级别病房组成的住院部大楼是一座地上 7 层的建筑，顶部有一个全封闭的屋顶花园。由于建筑是椭圆形的，从而减少了对近中距离视野和微气候的影响。建成后，新医院将可同时容纳 380 名住院儿童，每名儿童均有独立的套间，内有卫生间和可供一位家长舒适陪护的

设施。另外，新医院也将提供 87 个日间护理床位供门诊使用。

新医院将配备顶尖水准的手术室，包括心脏外科、神经外科和矫形外科手术室。另外，医院还配有多个专门的急诊和普通外科手术室，以及介入治疗手术室。设计方案中，在新儿
童医院大楼旁还将建设一栋拥有 52 个床位的家庭公寓。园区还将建造一个直升机停机坪和一 407
个地下两层的停车场。图 10-1-1 所示为新建国家儿童医院的布局图，图 10-1-2 所示为医院门口效果图。

图 10-1-1 都柏林国家儿童医院及周边环境
图片由 BDP 事务所提供。

408

图 10-1-2 都柏林国家儿童医院门口
图片由 BDP 事务所提供。

407 10.1.4 项目团队组成

爱尔兰国家儿科医院发展委员会（NPHDB）全权负责监督新儿童医院的建设工作。为使这一庞大且复杂的项目顺利完成，委员会成员包括具有丰富经验和专业素养的建筑、规划、工程和采购专家。

拥有一大批经验丰富建筑师、设计师、工程师和城市规划师的国际知名的 BDP 建筑设计事务所与奥康奈尔·马洪（O'Connell Mahon）建筑师事务所合作，共同作为项目的主责设计单位。两家事务所与医院发展委员会签订合同，作为首席顾问和建筑设计方，与奥雅纳（ARUP）工程顾问公司（机电工程）、Linesight 咨询公司（成本咨询）和奥康纳·萨顿·克罗宁（O'Connor Sutton Cronin，OCSC）工程咨询公司等组织共同完成满足 BIM 二级水准的建筑设计。医院的初期成本预算约为 6.5 亿欧元（不包含设备费用）。综合体工程预计于 2019 年完工，并于 2020 年正式投入使用。项目一期已于 2016 年 7 月破土动工。

BDP 事务所从一开始便运用其丰富的 BIM 知识，在项目开发过程中发挥技术优势，最大限度增强设计团队成员之间的协作，发现设计图纸中的冲突，并且高效制定合理的进度计划和精确计算工程量。

408 设计之初，墨菲勘察所（Murphy Surveys）对周边的建筑、街道景观、场地特征、地形、地面和地下设施等进行了激光扫描。BDP 事务所索取了二维立面图的 CAD 文件和不同标高的 3D DWG 文件，全部导入 Revit 后形成整体地形的 BIM 模型。图 10-1-3 所示为项目场地模型，图 10-1-4 展示了国家儿童医院与周边环境的位置关系。

409

图 10-1-3 都柏林国家儿童医院场地模型
图片由 BDP 事务所提供。

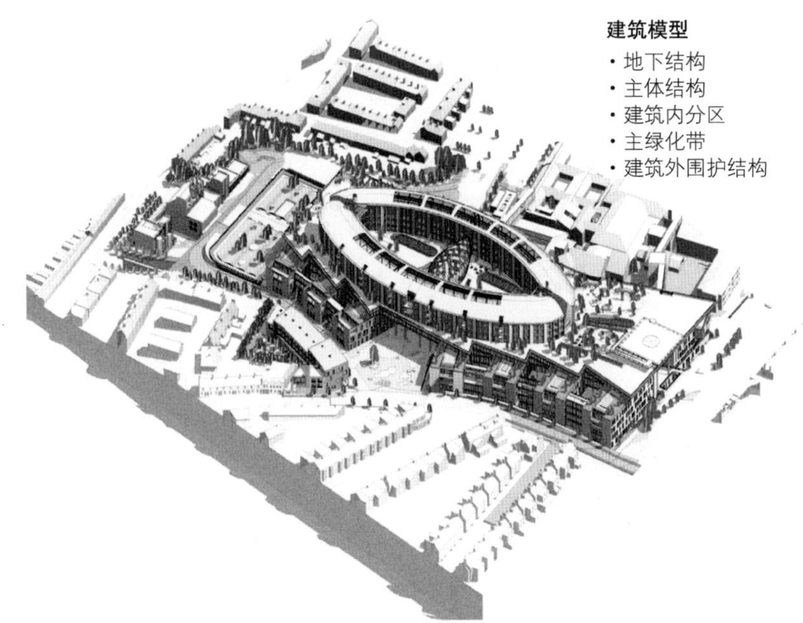

建筑模型
· 地下结构
· 主体结构
· 建筑内分区
· 主绿化带
· 建筑外围护结构

图 10-1-4 都柏林国家儿童医院与周边环境的位置关系
图片由 BDP 事务所提供。

10.1.5 BIM 执行计划（BEP） 408

自 2011 年起，BDP 事务所尝试开始应用 BIM 流程，并取得了成功。在 BDP 事务所的建议下，委托方在合同中要求项目必须搭建完全符合 BIM 二级水准的协同工作环境。而爱尔兰政府要求，所有公用建筑项目都要采用政府建设合同委员会（GCCC）的固定格式签订合同。为使 GCCC 格式合同适于 BIM 应用，须使合同内容与建筑工业委员会（CIC）的 BIM 协议（补充法律协议，可通过简单的修订纳入专业服务和施工合同）和 BIM 执行计划（作为合同的附带法律文件）协调一致。从设计阶段开始，各参与方就有意识地避免诸如知识产权、合同纠纷等可能出现的问题的发生。合同特别规定：医院发展委员会具有 BIM 模型所有权。CIC 协 410
议规定：不管承包商如何使用雇主提供的 BIM 模型或对其进行修改、改进或变更，也无论是用于许可的用途或其他用途，设计团队都不承担任何法律责任。

委托方要求承包商负责创建、更新和交付联合 BIM 施工模型。这包括合并各个分包商建立的 BIM 模型和将模型中的设备、部件和部件集合与整个施工过程中的 COBie 信息相关联，并最终在实际项目竣工之前提供精确、信息丰富的竣工 BIM 模型和资产信息模型（AIM）。由于项目体量大，建模时将整体模型拆分为若干不同的专业模型，包括场地模型、机电模型、外部围护结构模型、内部布局模型以及固定装置、家具和设备（FF+E）模型等，如图 10-1-5 所示。另外，委托方还要求，BIM 施工模型中包含的所有信息，都应能够以正确的格式导入医院发展委员会使用的计算机辅助设施管理软件中。

411

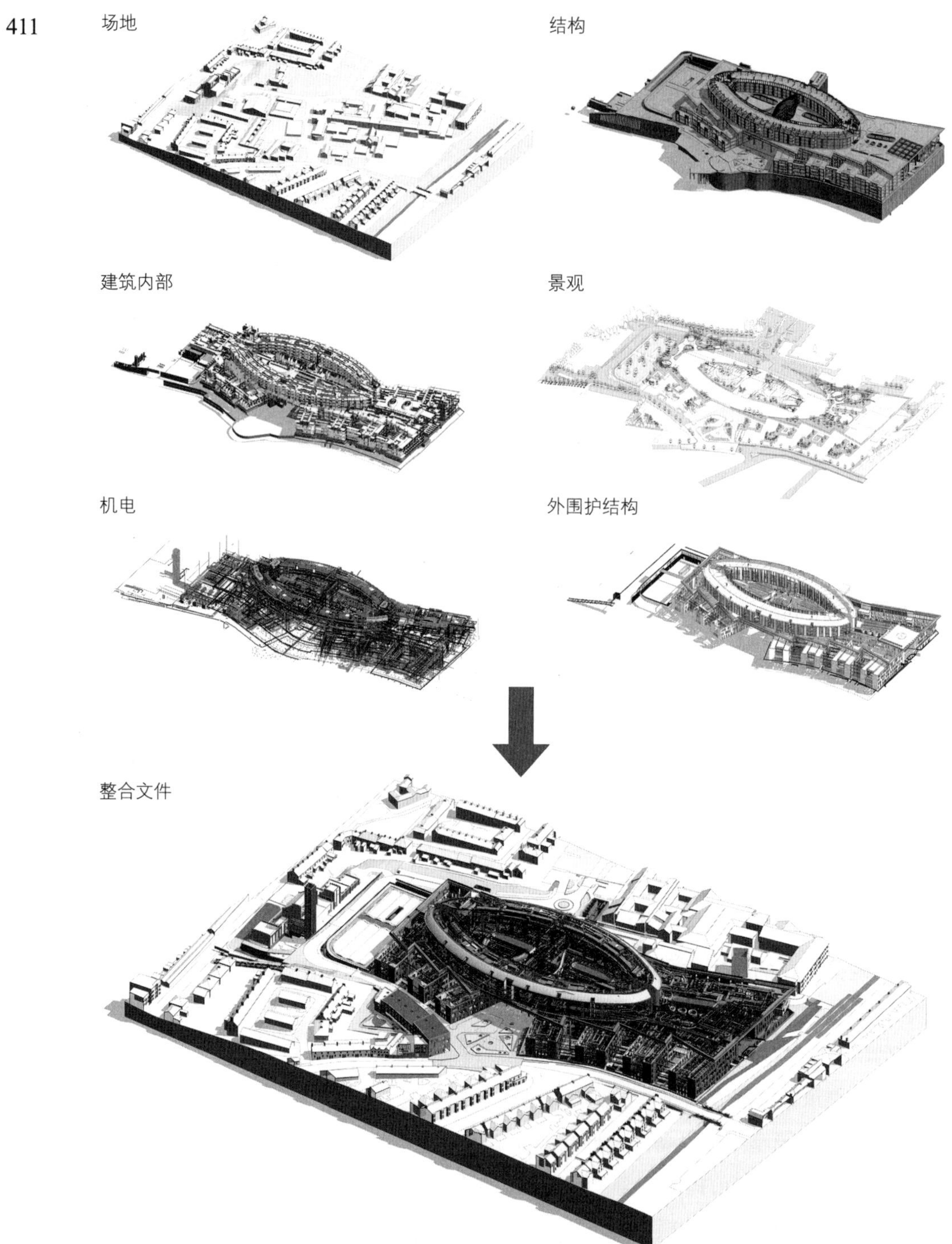

图 10-1-5 多个专业 BIM 模型和整合 BIM 模型
图片由 BDP 事务所提供。

项目编制了《雇主信息需求》(*EIR*)文件，用于详细说明委托方对于BIM应用的需求和期望，可使设计团队尽早了解委托方需求。EIR文件详细说明了BIM实施的角色和责任、技术问题、提交成果和模型管理等问题。它还规定由各团队BIM经理负责（或邀请第三方顾问）对所有团队成员进行BIM培训，让他们掌握模型访问、查看和打印技能。BIM经理还负责制定确保项目成功交付的软件协议；协调现场会议；进行模型冲突检查和制定任何必要的解决方案。为更好地服务于项目，BDP事务所与欧特克软件公司（Autodesk）签订了为期三年的《全球企业商务协议》。根据协议，BDP事务所拥有欧特克软件公司所有软件的无限制访问权，欧特克软件公司为项目的流程与工作流制定和整体BIM实施提供支持。 410

《项目Revit手册》作为一份内部文件，定义了BIM应用的工作流程和最佳实践方案。该手册确保随着项目团队的不断壮大，建模实践始终符合BIM二级水准要求；也确保在项目的全生命期中，任何新成员加入协作团队时，都能够有一个统一了解项目使用的所有方法和约定的信息源。该手册也会随着工作的不断推进而随时更新。同时，BDP事务所也具有健全的内部培训机制。项目所有员工在上岗之前，必须通过“BIM知识智能测评”。该测评反映了员工BIM技能的掌握程度。参照测评结果，能够针对测评者的薄弱环节，定制专门的内部培训或在线培训计划，提高他们的BIM技能熟练程度，以满足项目要求。

项目BIM执行计划依据2013年版《英国皇家建筑师学会工作计划》(*RIBA Plan of Work 2013*)、英国公共规范PAS 1192–2：2014、PAS 1192–3：2014、英国标准BS 1192：2016、BS 8541—Pts 1–4：2012、BS 1192：2007和美国建筑师协会文件（AIA Document）E202 2008等多项规范编写。BEP明确每位设计团队成员在收集建模需求以及协同和协调过程中的工作职责；规定数据存储在符合PAS 1192：2要求的共用数据环境（CDE）中（即设“当下工作”“共享”“发布”“存档”四个文件夹）。为增强工作的协调性和高效性，各设计团队将设计数据存储在共享存储库，供项目人员访问。而在分享之前，数据需经过检查、批准、验证流程，确认已“适用于协作”。 412

10.1.6 可视化、模拟和设计优化

爱尔兰国家儿科医院发展委员会要求可随时下载IFC文件格式的模型。为此，在共用数据环境（CDE）中建立了一个强大的文档管理系统。它允许项目团队成员将文档和数据上传到可访问的共享区域，拥有一个可审核的信息存储库。

BIM也经常用于某些区域的仿真和设计优化。伴随项目进展，经常使用虚拟图像和视频展示医院对周边环境的视觉影响。一个这方面的例子，是在医院外设有车站的都柏林地区有轨电车/轻轨交通系统——卢亚斯轻轨系统（Luas）。项目使用一系列的三维图像和视频，展示了医院对包括卢亚斯轻轨系统在内的周边环境的视觉影响（图10–1–6）(欲观看视频，请访问NCH网站)。图10–1–7和图10–1–8都是建筑内部渲染图，用于与建筑用户沟通最新设计。

图 10-1-6 都柏林国家儿童医院与卢亚斯轻轨系统的位置关系
图片由 BDP 事务所提供。

413

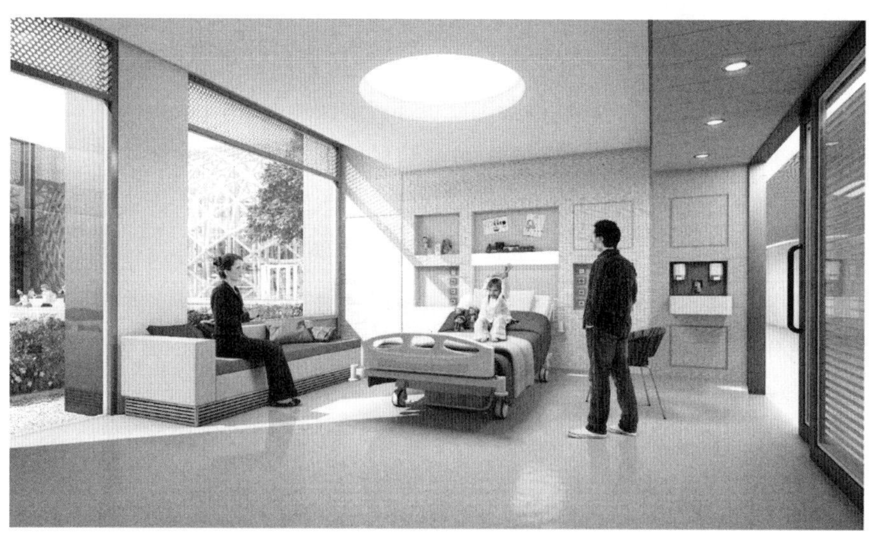

图 10-1-7 都柏林国家儿童医院病房视图
图片由 BDP 事务所提供。

BDP 事务所在建模工作流中融入了云渲染技术，并用谷歌纸盒眼镜（Google Cardboard）作为主要可视化展示工具。通过应用这一沉浸式技术，可使都柏林国家儿童医院工作人员置身于虚拟的建筑之中，有助于他们理解设计方案并进一步参与到设计中。图 10-1-9 为委托方佩戴谷歌纸盒眼镜看到的虚拟景象。

图 10-1-8 都柏林国家儿童医院中庭视图
图片由 BDP 事务所提供。

414

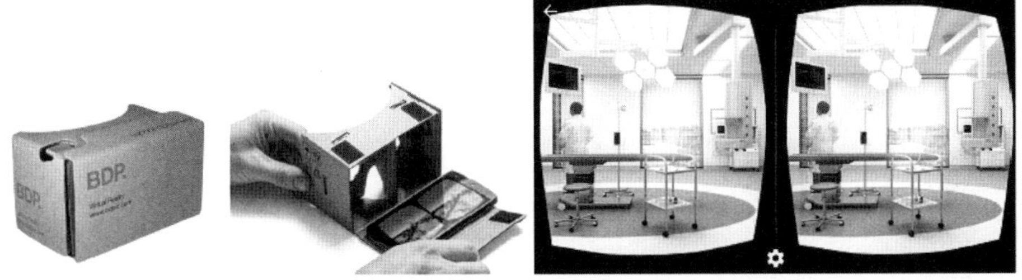

谷歌纸盒眼镜，一种可视化工具，可使项目利益相关方置身于虚拟的建筑之中

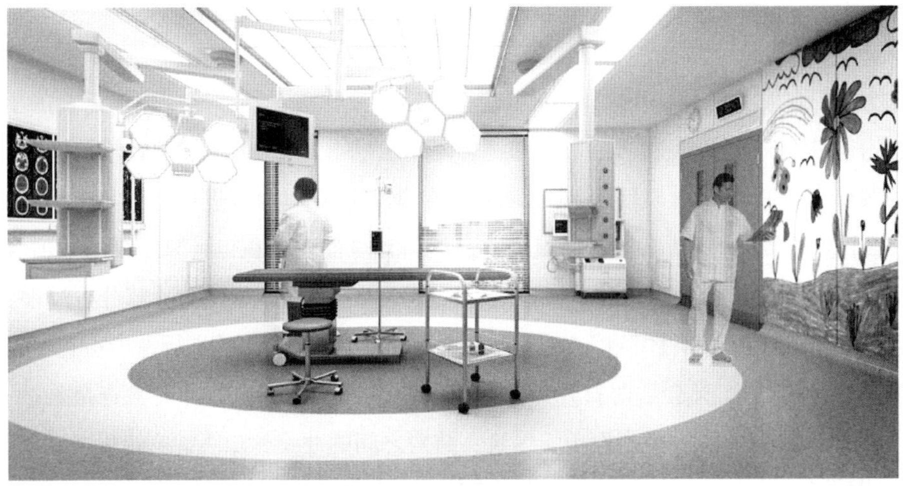

图 10-1-9 从谷歌纸盒眼镜看到的视图
图片由 BDP 事务所提供。

NBS Create 作为 BIM 生成技术规格书的工具，能够通过添加系统所列部件编写技术规格书。这使 BDP 事务所仅通过使用一个插件，即可实现技术规格书与 Revit 模型的同步；也使事务所能够充分利用国家 BIM 数据库中的 BIM 对象，并能使用 UniClass 引用其模型、视图和构件名称。

都柏林国家儿童医院总共有约 6500 个房间，相应地，在设施维护数据库中包含了约 50 万个 FF+E 构件对象，每个对象都嵌入了必要的编码、协调和规格信息。Codebook 软件可以在 BIM 流程中自动生成并输出房间数据表，因此项目用其输入或导出 Revit 模型中的房间属性信息和 FF+E 信息。数据存储在 Codebook 服务器上，允许备份和还原，确保委托方和顾问可以访问所有数据。表 10–1–1 中列出了一些需要填写的字段信息，图 10–1–10 则以一个手术室为例，展示如何在模型中查看这些信息。

Codebook 信息字段 表 10–1–1

标准	需填写字段				
标准信息	项目	部门	房间	房间号	
设计标准	房间编码	房间标记	房间名称	房间号	
设计	模板名称	房间实例编码	所需面积	房间类型	房间注释
	SOA* 行号	SOA 房间数量	SOA 房间区域	SOA 总面积	下属部门编码
使用情况	使用中	使用人数	员工 / 访客人数	职员	
窗户	内置玻璃				
门	安全门				
监控	需要监控	监控类型			
防火	火区密闭				
备注					

* SOA 指区域一览表。

414 通过应用 Dynamo 软件，可在 Revit 中建立自定义工作流，从而减少原本需要的手动重复工作。由于它是基于图形编辑器的数据和逻辑环境扩展 BIM 建模能力，因此被用于加快设计开发。例如，第三方顾问可以使用 Dynamo 软件依据坡度对屋面板进行分析。应用 Dynamo 软件，首先通过族类型选定所有的屋面板构件，然后计算面板面积，计算结果的数值大小以不同的颜色区分，并以此颜色自动覆盖面板颜色。图 10–1–11 展示了这一计算分析过程。

416 从项目初期开始，设计团队即主要采用 Navisworks Manage 软件进行冲突检查。设计团队在各个不同工作阶段，都会适时召开专门会议解决冲突问题，并将冲突检查报告纳入月报。冲突分为三个级别：一级冲突指设备与建筑、结构之间的冲突，二级冲突指设备之间的冲突，三级冲突指所有其他冲突。设计团队成员会定期收到冲突减少分析图（图 10–1–12），以便随时了解解决冲突问题的进度。它可以督促各参与方及时跟进解决每一个冲突的工作，使冲突

415

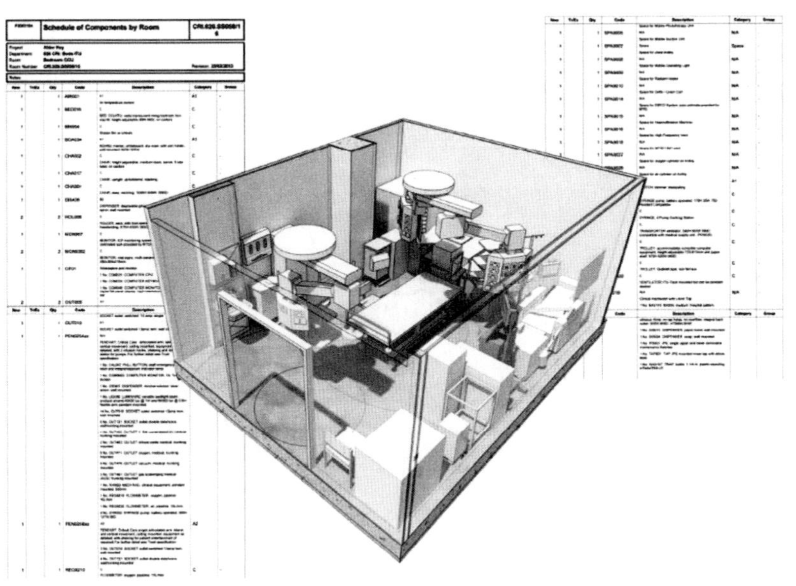

图 10-1-10 某手术室的 Codebook 数据

图片由 BDP 事务所提供。

416

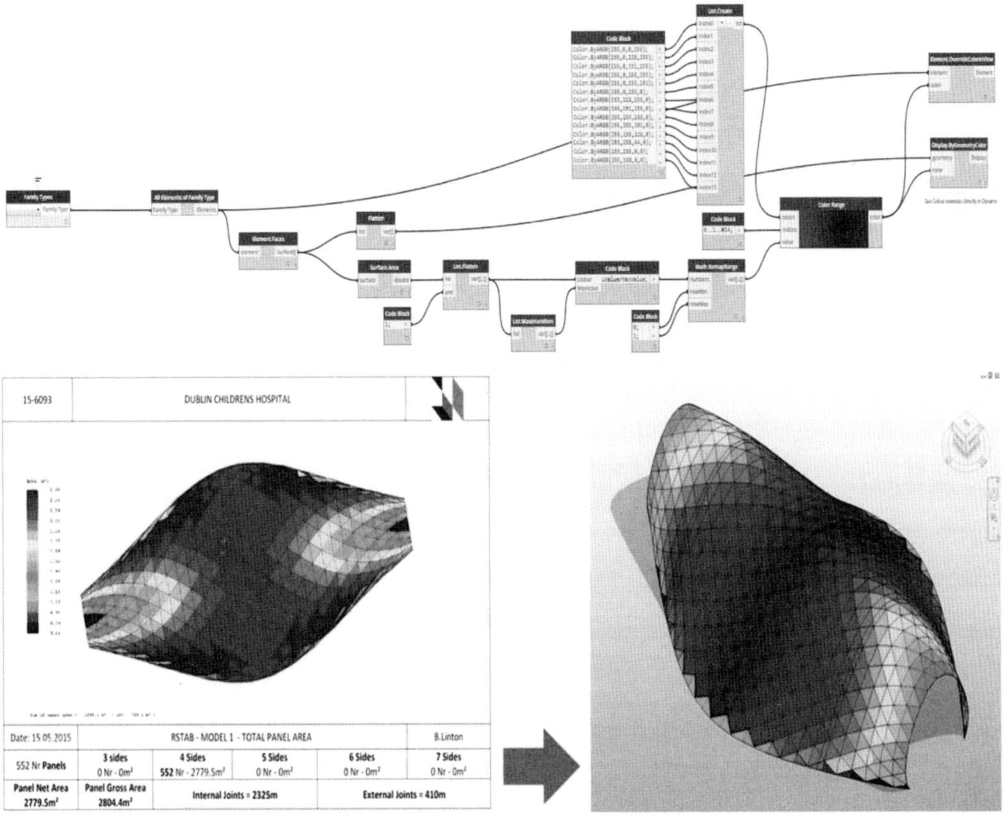

图 10-1-11 应用 Dynamo 进行屋面板面积分析（见书后彩图）

图片由 BDP 事务所提供。

417

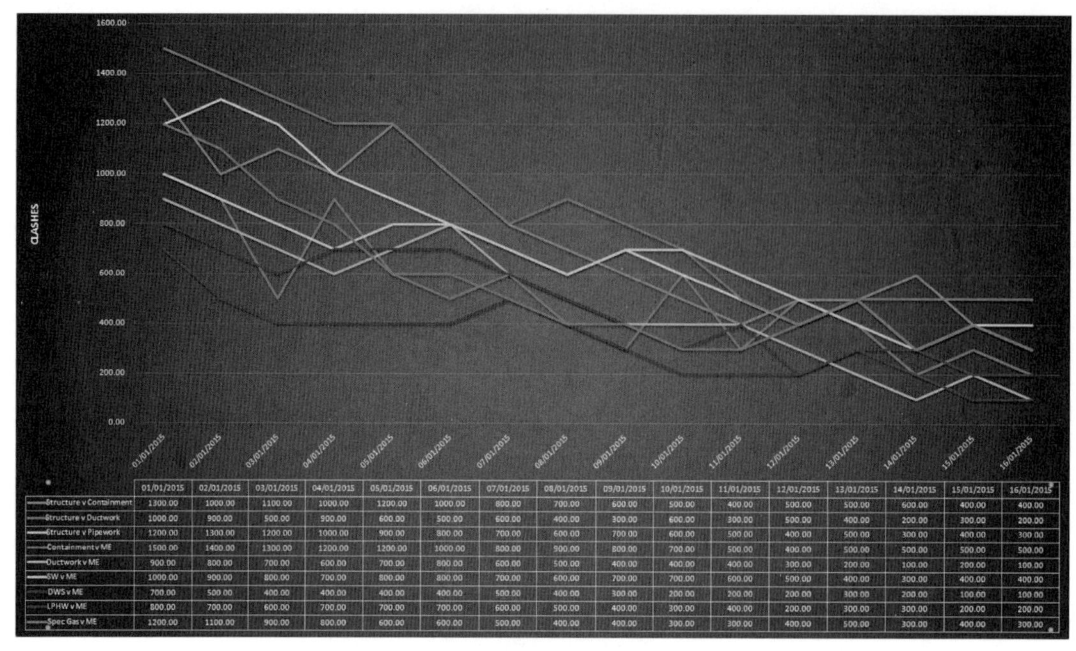

	01/01/2015	02/01/2015	03/01/2015	04/01/2015	05/01/2015	06/01/2015	07/01/2015	08/01/2015	09/01/2015	10/01/2015	11/01/2015	12/01/2015	13/01/2015	14/01/2015	15/01/2015	16/01/2015
Structure v Containment	1300.00	1000.00	1100.00	1000.00	1200.00	1000.00	800.00	700.00	600.00	500.00	400.00	500.00	500.00	600.00	400.00	400.00
Structure v Ductwork	1000.00	900.00	500.00	900.00	600.00	500.00	600.00	400.00	300.00	600.00	300.00	500.00	400.00	200.00	300.00	200.00
Structure v Pipework	1200.00	1300.00	1200.00	1000.00	900.00	800.00	700.00	600.00	700.00	600.00	500.00	400.00	500.00	300.00	400.00	300.00
Containment v ME	1500.00	1400.00	1300.00	1200.00	1200.00	1000.00	800.00	900.00	800.00	700.00	500.00	400.00	500.00	500.00	500.00	500.00
Ductwork v ME	900.00	800.00	700.00	600.00	700.00	800.00	600.00	500.00	400.00	400.00	400.00	300.00	200.00	100.00	200.00	100.00
SW v ME	1000.00	900.00	800.00	700.00	800.00	800.00	700.00	600.00	700.00	700.00	600.00	500.00	400.00	300.00	400.00	400.00
DWS v ME	700.00	500.00	400.00	400.00	400.00	400.00	500.00	400.00	300.00	200.00	200.00	200.00	300.00	200.00	100.00	100.00
LPHW v ME	800.00	700.00	600.00	700.00	700.00	700.00	600.00	500.00	400.00	300.00	400.00	200.00	300.00	300.00	200.00	200.00
Spec Gas v ME	1200.00	1100.00	900.00	800.00	600.00	600.00	500.00	400.00	400.00	300.00	300.00	400.00	500.00	300.00	400.00	300.00

图 10-1-12 冲突减少分析（见书后彩图）
图片由 BDP 事务所提供。

数目能够像图中折线那样保持下降趋势。例如，图中的紫色折线代表结构和各类设备外轮廓的冲突数：在 2015 年 1 月 1 日，冲突数高达 1300 个；而至 1 月 16 日，冲突数下降至仅剩 400 个。在施工阶段，设计团队依然可以采用上述冲突检查分级，对专业分包商的设计元素进行协调。

项目的造价单位 Linesights 公司，与 BDP 事务所保持密切合作，确保所有的信息均以编码形式与模型元素关联，从而可用 CostX 软件进行有效分析，获得概算工程量。由于诸如每平方米造价等信息能够直接与模型元素关联，委托方可以在设计之初，就能更好地理解不同的设计迭代，并获得更准确的成本概算。通过使用一些可用的三维工具，可在 CostX 软件中展示关于墙体的工程量，如图 10-1-13 所示。可以通过选择构件建立组，用于汇总诸如踢脚板、框缘等模型元素的工程量。

BIM 执行计划规定的细化程度（LOD）符合相关标准基本要求，从最低 LOD 100（模型元素可以使用符号表示或者使用其他通用方法表示）到最高 LOD 500（模型元素的尺寸、形状、位置、数量和朝向经过现场验证）。

418 通过使用资产信息需求（AIR）文件和 COBie 电子表格，可获取委托方资产的结构化数据和信息需求。它们随着项目不同阶段而变化，代表了该阶段的细化程度和所需信息。拥有它们可以更好地控制委托方的资产需求。

都柏林国家儿童医院框架结构的有限元分析和设计工作，主要使用两个结构软件完成：

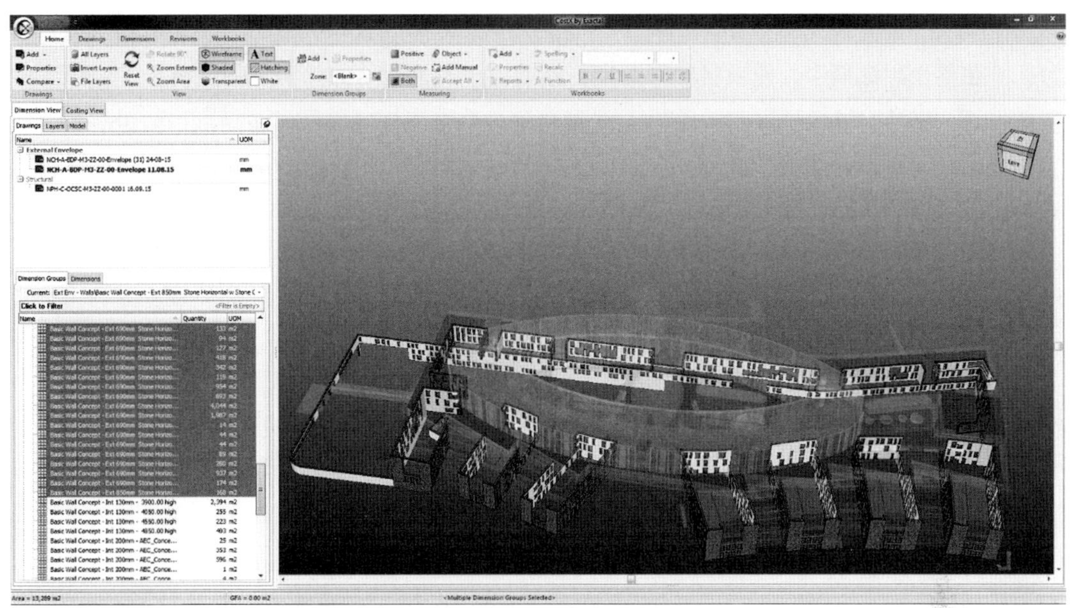

图 10-1-13 CostX 软件中的工程量
图片由 BDP 事务所提供。

Tekla Structural Designer 2015 和 SCIA Engineer 16。两款软件均可以导入三维 Revit 框架模型进行钢结构和钢筋混凝土结构分析。本项目考虑了不同的活荷载和恒荷载工况，对结构进行了线性和非线性分析。

10.1.7 BIM 效益总结

使用虚拟模型，能够事先预测并规避潜在的风险，还能进行冲突检查，提高设计质量和消除相关风险。规划者通过预先规划建筑材料运送和垃圾清运最佳线路，可以确保交通畅通，尽可能减小施工对场地周边区域的影响。BIM 应用也增强了委托方在设计过程的参与度，可使其对医院内部空间（如手术室、设备间、护士站等）和辅助功能的管理做得更好。由于项目采用的 GCCC 合同格式固定了合同总价，因此承包商更需要应用 BIM 准确预测风险因素， 419
从而更好地承担相关风险。

设计团队内部的早期协作确保了团队成员对项目的愿景、角色和需求了如指掌。正如 EIR（雇主信息需求）文件所述，BIM 合同文件对于这一点和表达委托方对项目的理解与期待至关重要。诸如《项目 Revit 手册》之类的指导文件可以满足项目员工培训需求。另一个重要的经验是，为了简化数字化工作流，在多专业设计团队的管理和培训中须注意文化差异。

总的来说，都柏林国家儿童医院项目为爱尔兰建筑业的 BIM 应用奠定了基础。BIM 及其相关流程的应用实现了信息的智能化管理，为项目带来了显著效益。与传统方法相比，创新型技术的应用，能够让面对各种方案摇摆不定的委托方和利益相关方更加深入地理解项目理念，可在整个生命期中，使项目获得预期持续收益，并通过 AIM（资产信息模型）应用实现价值提升。另外，设施管理团队应用 AIM 模型能够浏览空间，对空间布局进行假设分析，对日常维护和人流进行研究，并确保伴随医学的不断发展，当对设备产生不同需求时能够提供足够的空间。

致谢

同作者一起编写本案例研究的学者有：都柏林理工学院（Dublin Institute of Technology，DIT）的艾伦·霍尔（Alan Hore）博士，CitA BIM 创新能力项目成员、DIT 的巴利·麦考利（Barry McAuley）博士，以及都柏林圣三一学院（Trinity College Dublin）的罗杰·韦斯特（Roger West）教授。另外，我们要特别感谢来自 BDP 建筑设计事务所的肖恩·奥德维尔（Sean O’Dwyer）、多米尼克·胡克（Dominic Hook）和祖奇·本尼迪克特（Zucchi Benedict）。

10.2 韩国高阳现代汽车文化中心

五大挑战及解决方案

10.2.1 项目概况

韩国现代工程建设（现代 E&C）公司是全韩国排名前五的总承包公司。通过管理卡塔尔国家博物馆（预算 5.5 亿美元，建设工期为 2011—2017 年）等项目，其利用 BIM 开发了智能施工流程。

从 2013 年开始至 2016 年竣工，现代 E&C 公司一直致力于位于韩国高阳的现代汽车文化中心项目（Hyundai Motorstudio Goyang project）（图 10-2-1 和图 10-2-2）。该工程总建设成本高达 1.7 亿美元，具有多个独一无二的特点。它是一座以展示汽车产品为主的多功能综合体建
420 筑，钢框架结构，带有巨型桁架结构和自由表皮面板。在设计和施工阶段，该建筑的不规则几何形状，给项目团队在空间利用、室内外设计等方面带来挑战。项目在施工阶段，产生了大量的变更单，BIM 在解决该方面问题的过程中发挥了关键作用。

最初计划的施工工期为 39 个月。然而，由于业主要求的各种设计变更和安装额外设备，
421 工期延长了 5 个月，至 44 个月。相应地，项目预算从最初的 1.2 亿美元增长至 1.7 亿美元。项目于 2013 年 3 月破土动工，于 2016 年 11 月竣工。

项目业主单位为现代汽车集团。项目由国际知名建筑师事务所——德鲁根·迈斯尔联合建筑师事务所（Delugan Meissl Associated Architects，DMAA）承担包括方案设计在内的设计工作；由韩国本土建筑设计公司——现代建筑工程联合设计公司（HDA）负责施工图设计。由

420

图 10-2-1 韩国高阳现代汽车文化中心 BIM 模型
图片由现代 E&C 公司提供。

图 10-2-2 建成后的韩国高阳现代汽车文化中心
照片由张世俊（Sejun Jang）拍摄。

于 HDA 和现代 E&C 是姐妹公司，因此本项目实际上成了一个设计 - 建造项目。 421

总承包商现代 E&C 公司参与设计工作，主要检查可施工性。主要分包商（如钢结构、混凝土和 MEP 分包商）在施工图设计阶段参与设计协调。为使设计满足场地条件和建筑材料要求，主要分包商还和总承包商合作提出设计改进意见。

业主的主要目标为：

- 项目竣工交付时，建筑质量良好；
- 设计引领潮流。

项目业主韩国现代汽车公司有一个雄心勃勃的目标：建造世界上最具吸引力的汽车展览设施。因此，与传统的基于二维图纸设计的审查流程相比，其希望更频繁、更详细地审查建筑细节和空间规划。为此，采用基于 BIM 的设计协调流程，从而使业主、设计方、总承包商和分包商之间的协调和变更管理得到提升，并满足这些需求。

现代 E&C 公司正在积极向着基于 BIM 的施工和项目管理公司迈进，致力于将 BIM 应用于项目全生命期，从最初的可行性研究到运行和维护管理。现代 E&C 公司也在努力将目标市场从传统的普通建筑领域（例如公寓、工厂厂房和写字楼等）转移到以高科技为导向的建筑领域（例如建筑综合体、医院和数据中心等）。高阳现代汽车文化中心是现代 E&C 公司选择的一个主要转型试点项目，公司上至总部领导，下至现场一线施工工人，齐心协力实施创新流程。

韩国现代汽车文化中心项目面临五个挑战：

1. 复杂的空间布局；
2. 自由表皮面板；
3. 巨型桁架结构；
4. 项目各参与方之间的认知差异；
5. 施工进度缩减。

面对以上五个挑战，项目采用了若干基于 BIM 的技术，分别为：

- 采用基于 BIM 的协调业主、设计方、总承包商和分包商工作的业务流程，管理空间设计的复杂性。
422 - 使用 BIM 对表皮面板进行参数化建模，并完成自由曲面表皮面板划分及每一面板的深化设计。
- 采用三维激光扫描技术，对巨型桁架结构施工进行质量控制。
- 应用虚拟现实设备和 4D 施工模拟技术，促进项目各参与方之间的沟通交流。
- 采用多专业整体预制技术缩短施工工期，提高生产率。

下文详细介绍每个挑战和相应的解决方案。

10.2.2 复杂的空间布局：基于 BIM 的设计协调

现代汽车文化中心由汽车展厅、影院、3D 体验室、汽车维修车间、自助餐厅、儿童看护设施和体育设施等组成。在这些设施的工程设计和施工阶段，除了常见的分包商（如钢结构、混凝土、玻璃幕墙和机电分包商）外，专业分包商（如汽修设备、除尘分包商）也参与协调。考虑到项目特点，设计协调是项目流程中最具有挑战性的一项工作：与其他常规项目相比，本项目参与协调的利益相关者更多。因此，需要探索提高设计协调效率的方法。

反复召开由太多参与者参加的协调会议往往导致决策效率低下。该项目采用了两级协调流程（图 10-2-3），简化了决策流程，允许正确的参与者在正确的层级做出决策。第 I 级协调

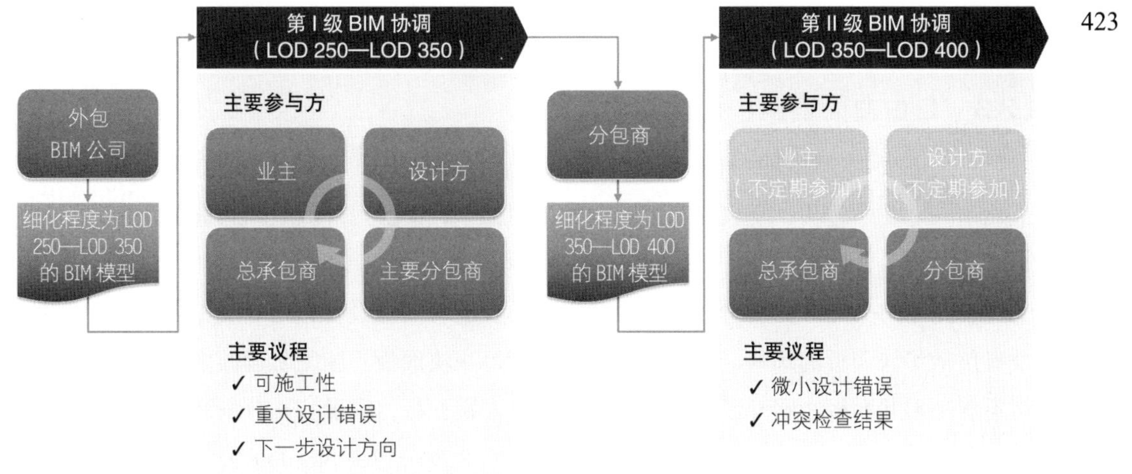 423

图 10-2-3 两个层级协调流程
图片由现代 E&C 公司提供。

会议由业主、设计方、总承包商和主要分包商（如钢结构、混凝土和 MEP 分包商）参加，第 422
II 级协调会议由总承包商和专业分包商（如玻璃、外立面、门和 T 台分包商）参加。下面对此做一详细介绍。

第 I 级协调会议主要关注可施工性、重大设计错误以及设计深化方向；而不消除冲突和微小的设计错误。可施工性问题并不能仅靠分包商之间的相互协商解决，需要总承包商和设计方的输入甚至修改设计。重大设计错误，是指需要设计变更和 / 或对成本有重大影响的设计错误。另外，通过第 I 级协调，业主和设计方可就项目下一步的深化设计方向达成一致。协调会议使用由外包 BIM 公司（ArchiMac 公司）创建的、细化程度为 LOD 250—LOD 350 的 BIM 模型，其中未包含诸如支管、电气硬导管等元素。这种做法旨在使 BIM 模型运行得更快，毕
竟这些细枝末节与业主或设计方在第 I 级的协调内容无关。微小冲突检测由总承包商负责，因 423
此被排除在第 I 级协调会议议程之外。项目对主要专业设计进行全面优化，例如，通过优化 T 台设计，用钢量减少 35.7%，从而降低了成本。

第 II 级协调侧重于解决设计小错误和施工冲突问题。业主和设计方并非每次都参加第 II 级协调会议，只有当问题可能导致重大变更时，他们才参加会议并解决问题。根据合同，解决设计小错误的责任由各个分包商承担。如果一个问题，能够通过相关分包商协商直接解决，且对成本没有大的影响，那就没必要拿到协调会议上解决。第 II 级协调会议使用由三维深化设计分包商创建的细化程度为 LOD 350—LOD 400 的 BIM 模型。值得注意的是，如果施工对象出现问题能在施工现场就地解决，比如支吊架、柔性管道等，那么 BIM 模型中就无须对其建模。不要寄希望于用 BIM 解决所有冲突和错误。如果那样，效率会很低。现代 E&C 公司从投入大量时间使用 BIM 协调一切的经历中汲取了教训。两级协调会议能够奏效，是因为参与

者只需参加与其工作相关的会议。

10.2.3 自由曲面表皮：面板划分

第二个挑战是设计自由曲面表皮的阳极氧化铝板面板，总面积约 13940 平方米。通过阳
424 极氧化这一电化学过程，不仅提高了铝板的抗腐蚀性，而且可使其表面具有更加别致、细腻的金属光泽。

这项任务的关键一步是对自由曲面表皮的面板进行深化设计，指导加工和安装。方案设计没有包括每块面板的细节，因此，有必要设计每一块面板。施工阶段的主要问题是如何在保持不规则形状面板之间开放接缝间隙的前提下安装面板，以及如何分割和连接表皮的微小边缘面板（图 10–2–4）。总承包商现代 E&C 公司与表皮分包商 SteelLife 公司合作，通过表皮 BIM 模型，完成面板划分。

图 10–2–4 表皮面板
照片由张世俊（Sejun Jang）拍摄。

为了解决上述设计和施工问题，设计阶段采用基于 BIM 的面板划分方法，用 Digital Project 软件进行参数化建模。面板划分方法分为三步：

第一步是基于施工阶段文件审查表皮初始设计（图 10–2–5），完成面板分区规划，确定每一分区对应的面板数量及类型。这一步被公认为是基于 BIM 划分面板最为重要的环节，因为后续工作都将受到初始表皮分区规划的影响。

第二步是建立面板之间相互影响的参数化设计和算法（图 10–2–6），将相邻面板的位置参数相互关联，一旦某个参数发生了更改，所有位置参数均会发生相应改动。

425

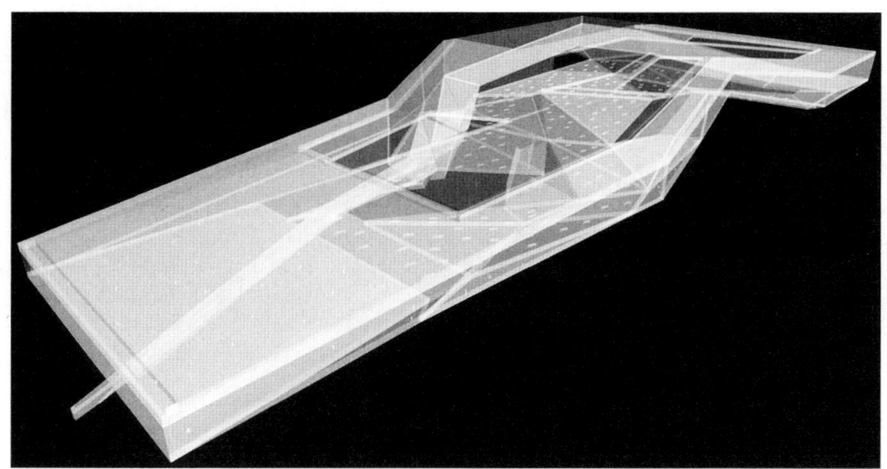

图 10-2-5 未进行面板划分的表皮设计模型
图片由现代 E&C 公司提供。

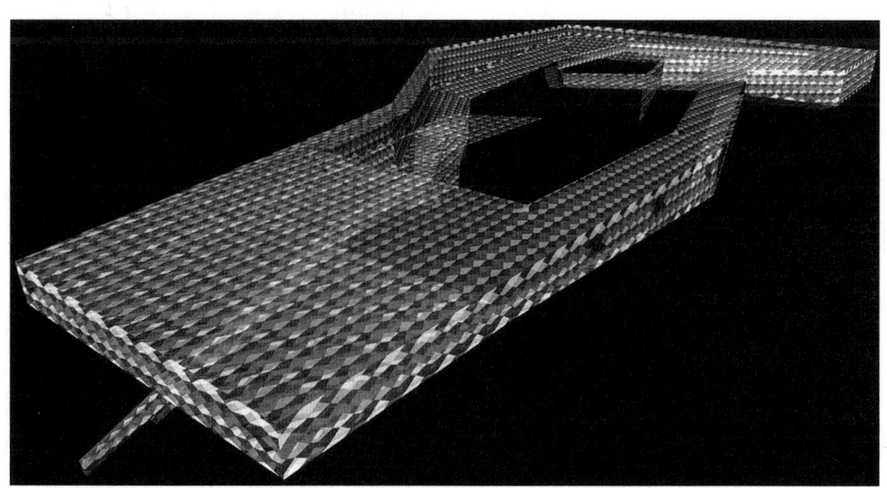

图 10-2-6 完成面板划分的表皮设计模型
图片由现代 E&C 公司提供。

第三步是设计安装详图（图 10-2-7）。在根据表皮分区规划完成面板深化设计之后，须要完成二次钢结构和金属连接件（如支架、板件等）设计。这些设计对于面板安装至关重要。

如上的基于 BIM 的面板划分方法有许多用途。它能通过改变表皮形状实现面板类型数量的优化（这和韩国首尔东大门设计广场项目一样，参见第 10.4 节）。它也可以在不改变表皮的情况下，对面板进行深化设计（例如卡塔尔国家博物馆项目）。业主和建筑师的首要任务是将各块面板顺畅连接起来，这比降低成本更重要。因此，现代 E&C 公司在每一表皮边缘都应用了不同类型的面板，而不是一味减少面板类型数量。

426 **图 10-2-7** 包括二次结构（钢结构框架）的表皮施工模型
图片由现代 E&C 公司提供。

10.2.4 巨型桁架结构：激光扫描

项目遇到的第三个挑战，是在施工过程中对共重达 3644 吨的巨型桁架结构进行安装质量控制（图 10-2-8）。该桁架结构有两个特点：

427 1. 距地面高度约 12.3 米；

2. 纵向最大长度达到 32.2 米。

这些特点决定了在施工阶段必须对质量控制进行严格管理。在施工过程中，随着结构自身重量不断增加，悬臂端的垂直挠度会不断增大，从而产生严重的尺寸公差问题。

426

图 10-2-8 现代汽车文化中心的一榀巨型桁架结构
图片由现代 E&C 公司提供。

设计阶段计算了桁架挠度，预测垂直挠度 50—100 毫米。安装之初，预设悬臂跨适当上弯，以使安装完成之后各构件能够按照设计位置准确就位。监测实际挠度并与设计挠度对比至关重要，因为一旦挠度超过了容许范围，玻璃幕墙、表皮面板等必须重新设计。施工时团队部署了三维激光扫描设备，以高效、准确地监测桁架挠度（图 10-2-9）。采用天宝 TX5 和 TX8 三维激光扫描仪在现场近 40 个不同站点扫描，每个站点激光扫描需要 20 分钟，总扫描时间为两天。 427

图 10-2-9 三维激光扫描技术在钢结构质量控制中的应用
图片由现代 E&C 公司提供。

首先，使用天宝 RealWorks 软件（一款用于扫描数据后处理的专用软件）汇集原始扫描数据并将其转化为点云数据，再将点云数据和 BIM 模型整合在一起。其次，分析巨型桁架结构实际点位和设计点位之间的差异（图 10-2-10）。这样，就可用三维激光扫描数据轻松测量和查看钢结构挠度。通过分析点云和 BIM 模型合并数据，可以发现幕墙和面板专业的设计和施工问题。这些问题将及时传达给不同专业经理，由其根据专业设计及施工计划加以解决。 428

安装面板的专业经理相信原始施工图设计文件，并以此为基础安装面板。然而，分析三维激光扫描数据，可以发现面板安装的关键性问题，进而可以通过修改设计和施工方案解决这些问题（例如，重新设计二次结构，以支持各种类型、尺寸和位置的面板及支架）。三维激光扫描对施工质量管理工作有许多好处，它可以减少因返工造成的施工时间和成本风险（图 10-2-11 和图 10-2-12）。

对合并的模型和点云数据进行评估

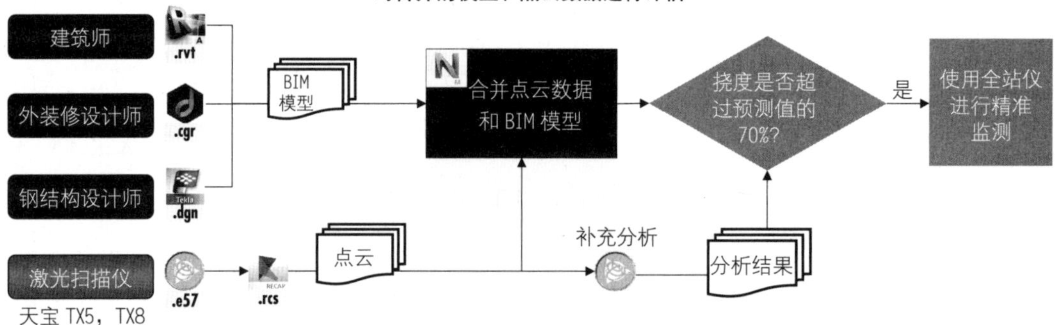

使用天宝 Realworks 软件进行位移分析

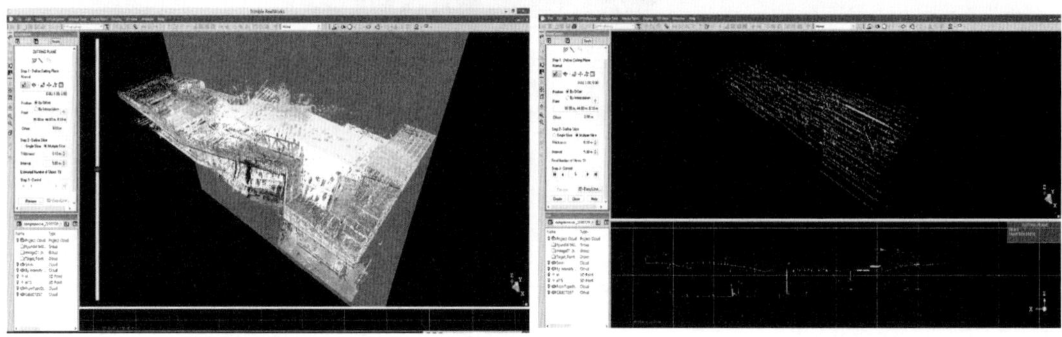

图 10-2-10 三维激光扫描工作流程（见书后彩图）
图片由现代 E&C 公司提供。

429

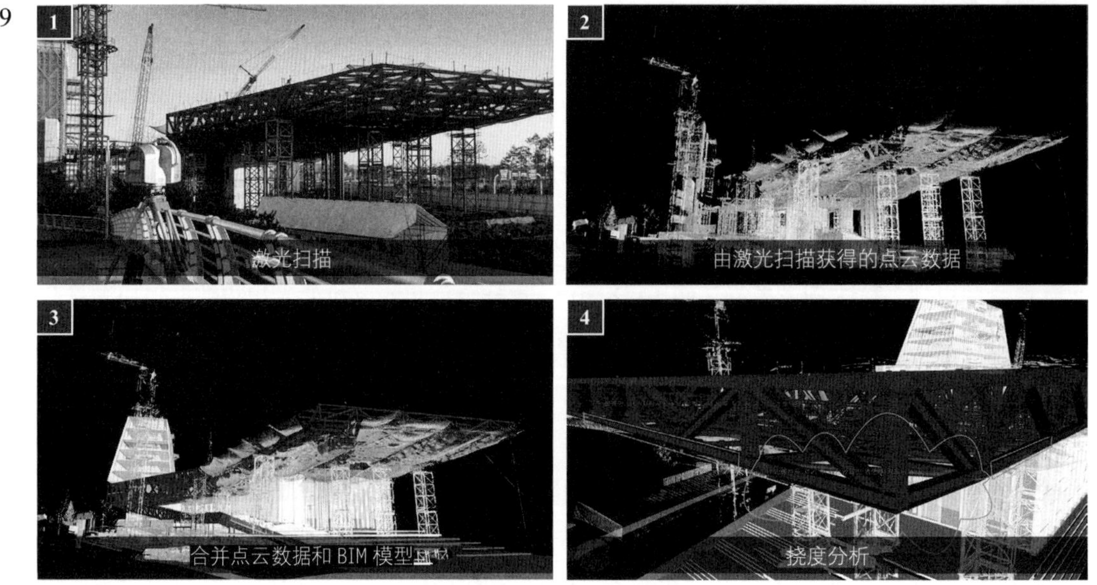

图 10-2-11 用于设计分析的激光扫描流程（见书后彩图）
图片由现代 E&C 公司提供。

 430

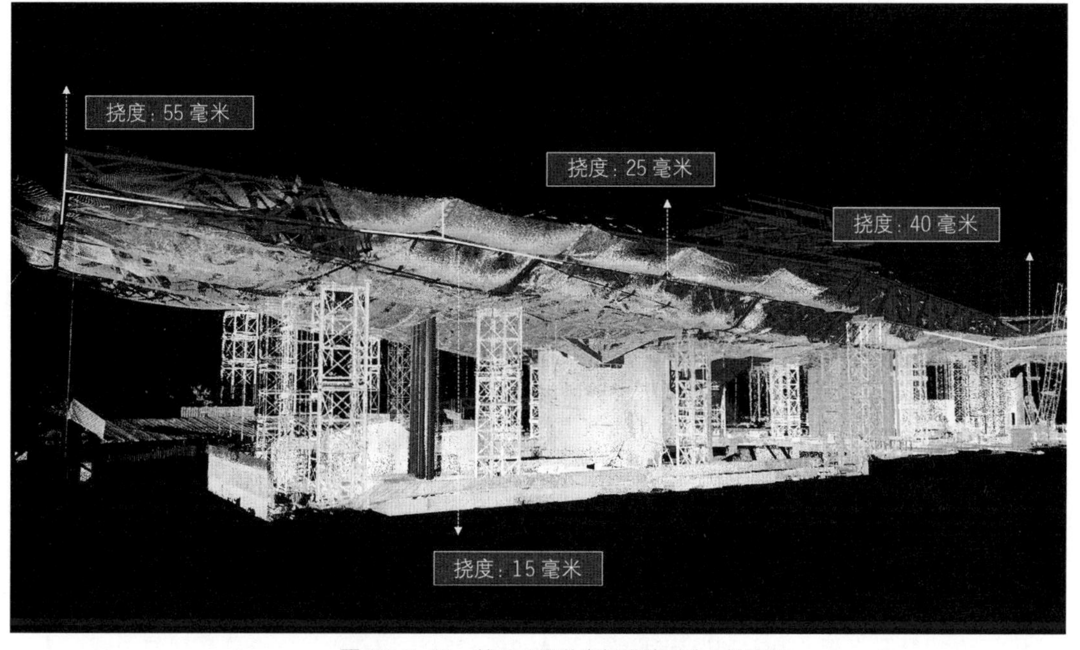

图 10-2-12 基于三维激光扫描的设计分析结果
图片由现代 E&C 公司提供。

尽管三维激光扫描有许多优势，但其使用仍处于实验阶段，因为有关测量质量的具有法律 429
效力的规定尚未建立。与传统测量工具全站仪相比，三维激光扫描在精准度上略逊一筹。全站仪和激光扫描仪的观测设备误差相似，为每 100 米 ±2 毫米，但三维激光扫描仪的累积误差大于全站仪。第一个累积误差发生在测量点云参考点的时候，因为目标（参考点）在有风或振动时会有细微移动。然而，这并不是激光扫描仪和全站仪产生精度差异的原因，因为全站仪也有同样的问题。第二个累积误差是在将从不同站点获取的点云合并为单个点云时产生的。第三个累积误差与激光扫描的分辨率相关。例如，如果扫描分辨率设置为 5 毫米的点间距，则两个测量点之间的最小距离将为 5 毫米。如果目标测量点位于两个实际测量点之间，则目标测量点的
测量位置将与目标点的实际位置相差几毫米。由于这些累计误差问题，本项目将全站仪而非激 430
光扫描仪作为主要测量仪器。此外，目前韩国还没有使用激光扫描进行质量检查的标准。

尽管存在不足，但本项目仍然使用激光扫描，因为只需一次扫描，就可测量承包商希望检查的桁架结构任何一点的挠度。如果挠度超过预测值的 70%，则使用全站仪进行更精确的测量。

10.2.5 参与方之间的认知差异：虚拟现实（VR）技术和 4D 模拟

在协调会议上，可以使用 BIM 可视化各种问题。然而，即便会议中的每一个人看到的是同一个 BIM 模型，他们感知的现实信息也是不同的。我们将这个问题称为“认知差异”（perception gap）。

产生认知差异的原因，一个是对模型饰面纹理或颜色感知不同。对于经验丰富的承包商
431 和分包商来说，由于已经太多次应用类似材料，即便模型渲染效果与实物有一定的偏差，他们也能够想象出最终的竣工效果；但对于缺乏经验的业主和其他人而言，正确感知饰面纹理具有一定难度。本项目的一位业主代表就曾说过，“看来，要应用 BIM 模型正确地理解和想象建筑建成后的效果需要大量练习。”

另一个产生认知差异的原因是对模型中的施工细节感知不同。即使 BIM 模型以较低的 LOD 创建，不包括施工细节，训练有素的承包商和分包商也可以想象到施工细节。然而，缺乏经验的承包商或业主却很难从同一 BIM 模型中发现潜在的施工问题。

在设计协调过程中，由于各参与方之间存在这种认知差异，有可能出现决策拖延风险。因此，本项目应用渲染软件 Fuzor 规避这一风险。该软件可针对业主的特定关注区域，增强渲染 BIM 模型的真实感，并有详细的纹理贴图和身临其境般的漫游模拟功能。

本项目位于表皮面板通风口的位置变更是一个重大变更，虚拟现实（virtual reality，VR）技术的应用提供了解决问题的方法。位于表皮面板的通风口的初步设计计划在结构侧墙上使用大约 30 块穿孔面板。业主和设计师都很关心这个设计，担心它可能会破坏建筑美感。为了更直观地进行设计评审，项目采用了 VR 技术。BIM 模型经过渲染，导入 Oculus Rift VR 设备。通过浏览更逼真的视觉效果，业主更好地理解了当前设计。使用虚拟现实设备出现了双赢的局面：业主可在清晰理解的基础上选择设计选项，承包商可鼓励业主比常规项目更早做出决策。正是通过基于虚拟现实的设计评审，业主和设计师决定将大部分穿孔面板从结构侧面移到正面。侧墙上的穿孔面板数量从 30 个减少至 10 个，另外 20 个穿孔面板移至建筑正面，以最大限度减少对建筑美感的影响（图 10-2-13）。

认知差异并不仅仅产生于建筑设计的饰面和施工细节问题。在施工工序的审查过程中，同样有认知差异问题。负责特定专业施工的分包商对本专业的施工工序了如指掌，然而，其他专业分包商却很难仅靠查看一个非本专业的 BIM 模型，就能想象出这一专业施工工序是什么样的。这个时候，应用 4D 模拟（4D Simulation）就可以缩小认知差异。

本项目大部分建筑区域都被巨型桁架结构覆盖。前文已经提到，管理桁架挠度是本项目一个很大的风险。但在施工过程中，还有另一个风险。在桁架施工过程中，出于安全考虑，桁架下方不得进行任何施工活动、人员活动以及材料运输。因此，项目的施工工序和材料运
432 输计划，必须根据桁架结构施工进度加以调整。项目为此专门召开了协调会议。会议开始时，大家尝试通过对 BIM 模型元素进行颜色编码协调施工进度。然而，缺乏钢结构施工经验的工程师很快发现，采用这种方法，并不能让他们准确理解施工工序和施工设备计划。因此，决定采用 4D 模拟。通过施工工序的动态可视化展示，参会各方均能清楚地了解施工进度和动线规划，并据此提出优化建议。桁架结构的施工顺序还考虑了其他分包商的施工作业面和材料运输路径（图 10-2-14）。

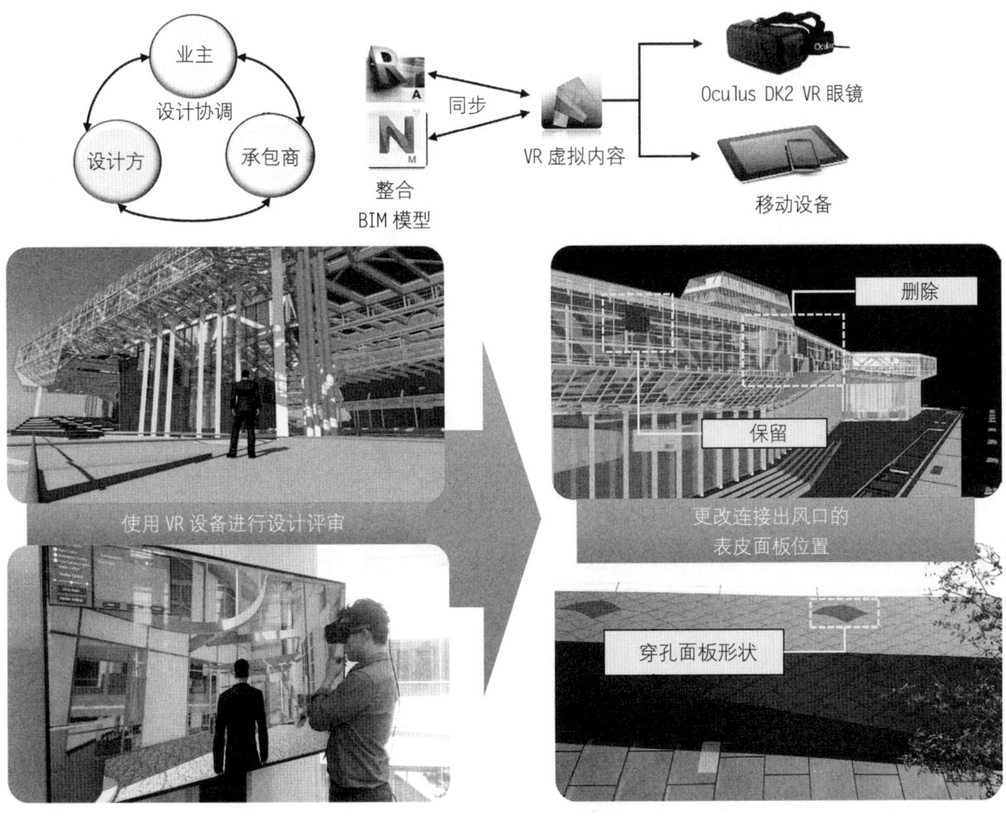

图 10-2-13 VR 技术应用流程及应用实例（见书后彩图）
图片由现代 E&C 公司提供。

433

图 10-2-14 4D 模拟应用
图片由现代 E&C 公司提供。

早在 21 世纪初，BIM 刚刚进入韩国，人们曾寄希望于应用 4D 模拟描述施工的每一个步骤。然而，与预期相反，由于创建 4D 模型费时费力，4D 模拟的有效性受到质疑。本案例研究表明，当用于需要不同参与者之间沟通的高风险施工区域，而不是用于主要由单个分包商施工的区域时，4D 模拟可以取得很好的成效。

10.2.6 缩减施工工期的需要：多专业整体预制

在项目期间，业主为打造引领潮流的建筑，对设计方案进行了修改；与此相应，项目的施工工期增加了 5 个月。尽管如此，业主仍希望尽可能地缩短施工工期，使现代汽车文化中心尽早向公众开放。

为了弥补由于频繁的设计变更而导致的施工进度延迟，并在新的截止日期之前完工，承包商决定采用多专业整体预制。如今，单专业预制很常见。然而，单专业预制的最大限制是，它只影响一个专业，不会缩短整个项目的工期。为此，办公楼的四个楼层都采用了多专业整
434 体预制。其中走廊顶部是各种 MEP（机械、电气和管道）元素排布最为复杂的空间。因此，项目团队计划在工厂将走廊的 MEP 系统制造为预制模块，然后在现场安装。

MEP 预制模块的设计在安装日期前两个月开始（图 10-2-15）。模块的制作在安装日期前一个月开始，每层楼（四个模块）需要一周时间。所有四个楼层的 MEP 模块的安装只花一天时间（参见图 6-14）。

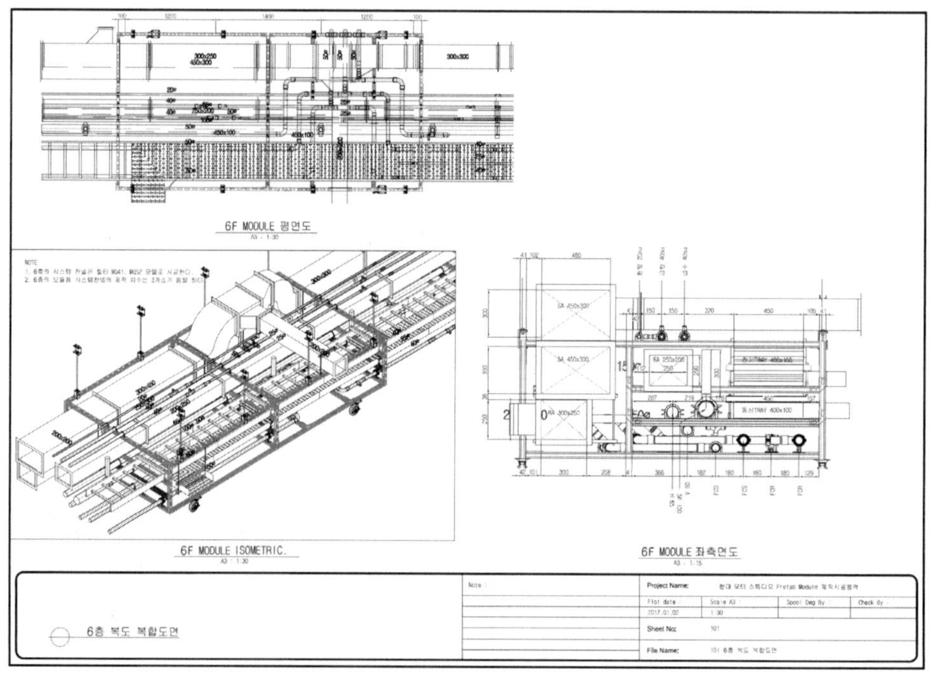

图 10-2-15 多专业整体预制深化设计（用于制作）
图片由现代 E&C 公司提供。

采用 MEP 多专业整体预制旨在缩短施工工期，并提高生产率。本项目多专业整体预制应用在第一个目的上是有效的，即缩短了施工工期。然而，它未能达到提高生产率的第二个目的。总体而言，多专业整体预制增加了 13.5% 的劳动力投入，但随着工人经验的积累，生产率会随着已施工楼层的数量增加而提高（表 10-2-1）。 435

按照原计划，在不采用多专业整体预制的情况下，一层楼 MEP 的安装需要一个月的时间。因此，MEP 预制模块可以将现场工期缩短一个月。生产率是以劳动力（人日）投入量作为衡量依据的，表 10-2-1 将它与作为基准的韩国政府劳动力投入标准进行了比较。多专业整体预制的劳动力投入包括工厂制作所需的小时数和现场安装所需的小时数。

表 10-2-2 列出了项目使用的各种 BIM 程序。

韩国政府标准规定的人日投入量和多专业整体预制人日投入量比较 表 10-2-1

基准	人日投入量	占标准人日投入量的百分比（%）
韩国政府人日投入量标准	114.3	100
多专业整体预制总体	129.7	113.5
第 5 层		137.0
第 6 层		121.6
第 7 层		98.6
第 8 层		95.6

BIM 应用与工具 表 10-2-2

BIM 的用途	BIM 工具
BIM 建模	CATIA
	Tekla Structures
	Digital Project
	Revit Architect
	Revit MEP
	AutoCAD MEP
文件一体化管理	Navisworks
激光扫描数据管理	Realworks
	Autodesk Recap
4D 模拟	Navisworks
虚拟现实（VR）	Fuzor

436 10.2.7 经验教训总结

韩国高阳现代汽车文化中心项目在实施 BIM 整体战略时，采用了多种施工、可视化、面板划分、测量、协调技术和管理技巧。然而，这些方法并不总能带来有效的项目管理、变更控制、项目开发和施工。使用 BIM 作为贯穿整个项目管理工具的成功取决于从业主到供应商所有参与者的参与度；所有参与者是否能够访问、理解和执行 BIM 输入的数据，以及他们为其他用户提供所需数据的能力。BIM 仍然是一种相对较新的技术，所有参与者都在努力使自己的工作适应新技术的要求。项目采用的各种技术取得了不同程度的成功，但成功的程度可能会因项目而异。主要的经验教训包括：

- 有句英语俗语叫“厨子多了烧坏汤”（too many cooks spoil the broth）。具体到本项目，即指如果在 BIM 协调会议上召集所有的项目参与方，人多口杂，反而没有效率。为了使协调会议更加有效，项目根据协调内容和项目阶段，分类召开协调会议，并且只邀请直接相关的人员参加会议。
- 本项目通过面板划分，完成了建筑不规则表皮深化设计。应用参数化建模技术，加快完成了大量表皮面板的深化设计，尽管深化设计效率和表皮工程造价并没有直接关系。该项工程造价主要与业主的方案选择和设计变更相关。
- 相较于全站仪，激光扫描仪可以更加快速地测量项目现场周边的地形和轮廓。但激光扫描仪的累积误差要大于全站仪；另外，激光扫描技术目前依旧缺乏具有法律效力的检验标准。因此，项目有必要将激光扫描仪和全站仪一起使用：首先，应用激光扫描仪测量结构变形，快速发现存在安全隐患的点；然后，应用全站仪进行安全隐患排查。例如，本项目的巨型桁架结构，就是首先通过三维扫描对结构整体挠度进行定期监测；在有必要时，再应用全站仪进行精细测量。
- 项目各参与方由于角色不同、经验各异，对于同一个 BIM 模型会产生不同的理解。这种认知差异常常导致协调会议和项目决策的拖延。照片级真实感渲染、VR 和 4D 模拟都有助于减少认知差异，加快项目决策进程。
- 多专业整体预制能够通过减少现场工作缩短施工工期。但如果要达到提高项目施工生产率的目的，需要项目规模足够大，以便消除由于初始安装缺乏经验对生产率产生的负面影响。

437 致谢

本案例研究，是在与韩国现代 E&C 公司的张世俊（Sejun Jang）、李东民（Dongmin Lee）和金英武（Jinwoo Kim）的密切合作下完成的。我们在此衷心感谢包括三位在内的所有现代 E&C 公司优秀员工在本案例研究中做出的贡献。

10.3 法国巴黎路易威登基金会艺术中心

10.3.1 项目概况

由国际知名先锋建筑师弗兰克·盖里（Frank Gehry）设计的路易威登基金会（the Fondation Louis Vuitton，FLV，前身为“创造基金会”）艺术中心（以下简称“FLV 艺术中心”），已于 2014 年 10 月向社会公众开放。该艺术中心是一个全新的展览空间，用于举办艺术收藏品常展、艺术表演、讲座以及各类临时性展览。该项目在 2012 年获得由美国建筑师协会（AIA）授予的业界至高荣誉——BIM 卓越大奖；同时，该项目也是公认的引领建设行业跨入 BIM 应用新时代的里程碑。

该艺术中心坐落于巴黎西郊布洛涅森林公园（Bois du Boulogne）北部的儿童乐园（Jardin d'Acclimatation）中，园中饲养有小鸭子、小马和其他各种小动物，充满童趣。艺术中心项目旨在打造行业标志性建筑，向世界展示最先进的施工方法、最具现代感的空间设计方案以及新材料和新制作技术的创新引用。建筑师弗兰克·盖里从一张流畅蜿蜒的草图中获得灵感，他希望建造一个与自然环境进行视觉对话的有机建筑；同时，建筑也应该能够代表巴黎（图 10-3-1 和图 10-3-2）。

为尊重和突出建筑周边的自然环境，建筑师使用了自由形式的透明玻璃，在建筑内部空 438
间和外部环境之间形成了独特的视觉分隔。在建筑设计中，玻璃材质的大量使用并不新奇，在盖里的近期作品中，就包括了位于捷克首都布拉格的尼德兰大楼（Nationale Nederlanden building）（又名“跳舞的房子”——译者注）、美国纽约的康泰纳仕（Conde Nast）自助餐厅，以及瑞士巴塞尔的诺华（Novartis）总部大厦，这些都是著名的玻璃建筑。甚至早在一个多世

437

图 10-3-1 弗兰克·盖里设计的 FLV 艺术中心
图片由路易威登基金会提供（© Iwan Baan / Fondation Louis Vuitton）。

438

图 10-3-2 盖里获得艺术中心设计灵感的草图
图片由盖里建筑师事务所提供（© 2006）。

纪前，约瑟夫·帕克斯顿（Joseph Paxton）就已经设计和建造了位于伦敦海德公园的世界闻名的水晶宫（Crystal Palace）。回到 FLV 艺术中心，这一件盖里设计作品的最为独特之处，则是通过自由曲面玻璃营造出浪漫、飘逸的效果（图 10-3-3）。由于建筑表皮、居间结构和“帆”形成的建筑外壳的复杂性，该项目在多个制作商协同工作版本控制、深化设计、模型同步、公差、变截面梁和连接的结构分析、多变表面、制作和施工等方面面临着独特的挑战。

439

图 10-3-3 覆盖 FLV 艺术中心“帆”的自由曲面玻璃
图片由纳西姆·沙特（Nassim Saoud）提供。

438 弗兰克·盖里的另一个设计目标，是将 FLV 艺术中心建设成为开放的、支持不同环境风格的建筑。近期，艺术家丹尼尔·布伦（Daniel Buren）为 FLV 艺术中心披上了新的“外衣”，很好地展示了建筑具有这方面的潜力（图 10-3-4）。

439

图 10-3-4 以在场作品闻名的法国艺术家丹尼尔·布伦，
用色彩鲜艳的滤光片覆盖了构成艺术中心 14 叶“帆”的 3584 块玻璃（见书后彩图）
图片由麦克·艾伦斯（Michael Arons）提供。

下面，我们将详细介绍这一项目，重点介绍多层外壳结构，以及使其制作成为可能的参 438
数化 3D 建模的广泛使用。

10.3.2 项目设计工作流程及软件技术

盖里团队，一直是建筑设计领域应用计算机技术的先锋队。早在 20 世纪 80 年代末，盖
里建筑师事务所（Gehry Partners LLP）合伙人，吉姆·格林福（Jim Glymph），就已经开始研
究将 CATIA 软件应用到建筑设计领域；而在当时，该款达索公司的三维建模软件仅被应用于
航空航天工业领域。从那时起，盖里建筑师事务所就突破了技术限制，有能力建造当时条件
下仅可想象、却无法施工的复杂形状建筑。通过 CATIA 软件，盖里团队也和位于法国的达索 440
公司总部建立了合作关系，并应用该软件共同完成了很多令人印象深刻的曲面造型建筑设计，
例如，位于西班牙毕尔巴鄂市的古根海姆博物馆（Guggenheim Museum）、位于洛杉矶的沃尔
特·迪士尼音乐厅（Walt Disney Concert Hall）、位于麻省理工学院的史塔特中心（Stata Center）
等等。通过双方合作，达索公司基于 CATIA 开发了面向建筑领域的建模软件，称为“Digital
Project”。该款软件的软件环境和接口都更适用于 AEC 领域。达索公司还开发了对象组装协
议，为盖里团队和合作伙伴管理曲面对象组装提供了便利。这是一项双赢的合作，盖里团队
使用软件的方式影响了达索公司对其软件产品的看法。而正是由此开始，建筑实践对汽车和
航空航天行业使用的工具产生了影响（Friedman 等，2002）。在双方合作过程中，成立了盖里
技术公司（Gehry Technologies），专门研发 Digital Project。2014 年该公司被美国天宝公司收购。

从一开始，FLV 艺术中心采用的流程就是高度协作的，涉及十多家不同的公司及其软件，包括 Digital Project、SketchUp、各种 Autodesk 公司的专业软件、BoCAD、SolidWorks、ANSYS、NASTRAN、Sofistik3D、3DVia Composer、Solibri、Tekla Structures、Rhino 3D 和 Grasshopper 3D。因此，项目特别注重 Digital Project 和其他各款软件的数据接口开发工作。为了促进众多合作方之间的数字化协同工作，盖里技术公司在项目中应用了一个称为"GT Global Exchange"（GTX）的基于网络的三维文件管理和项目协同平台，以促使项目各方能够尽快达成共识，在制作阶段减少设计变更，以及更好地管理项目成本。GTX 是商业项目协作平台 GTeam 的早期版本，在公司被收购后更名为"Trimble Connect"。

在设计和制作阶段，FLV 艺术中心项目的工作流程，主要是基于主模型作为 BIM 协同平台。建筑主模型存储在位于云端的 GTX 平台，项目各参与方可以随时访问。总体想法是创建一个安全的 web 服务器，允许人们访问和共享主模型携带的所有信息，用户无需在本地机器上安装任何三维建模软件，就可从计算机上直接在线处理主模型。

位于云端的主模型是由两个主要模型合并而成的：

- 其一是设计模型。该模型由建筑师负责创建，包含设计细节，是初始模型，也是权威的设计文件。
- 其二是施工模型。该模型由施工承包商负责创建和维护，包含施工细节。此模型中的很多信息是从设计模型继承而来的。

主模型将上述两个模型有机结合，主要用于项目的施工阶段。从该模型中，可以获取 FLV 艺术中心全生命期以及设施运行阶段的各种信息。

441 在项目制作阶段，有时多达 14 个团队参与其中。其中部分团队使用自己的 BIM 软件，项目通过 GTX 平台将各款软件生成的模型和数据与 Digital Project 相协调。盖里技术公司在项目中的角色是指导其他团队将他们的工作流程与主 DP（Digital Project）平台连接。这涉及创建新脚本或定制工具，以实现更精细化的互操作性。

项目应用 BIM 流程的另一个重要目的是消除合作团队在三维曲面制作中出现的常见问题和错误。这一目的的实现在一定程度上需要模拟真实建筑，但更重要的是，需要创建一个模型，让流程中的任何人在任何时候都可使用。此外，该模型还可收集来自设计流程的各种专业信息和知识。在这个意义上说，三维模型的应用，可以在设计和工程问题实际发生之前，即对其加以解决。

10.3.3 主体结构和"帆"结构设计

建筑可以分为两个主要组成部分：

- "冰山"
- "帆"

“冰山”结构作为建筑内核，内置主要的建筑机械系统（图 10-3-5）。它由纤维混凝土板制成的表皮覆盖，支撑着透明的“帆”。FLV 艺术中心独特的几何结构造型导致其必须承受一组复杂荷载，其中包括“帆”的风荷载、玻璃和“帆”的组合重力荷载以及由超高强度混凝土面板产生的“冰山”表皮面荷载。结构表皮由一组参数化定义的钢架支撑。这些钢架不仅承受表皮传递的载荷，还决定覆盖“冰山”表皮的造型。在图 10-3-6 所示的参数化钢架实例中，给出了定义钢架几何尺寸的控制参数。

442

图 10-3-5 “冰山”结构和钢结构框架
图片由盖里技术公司提供。

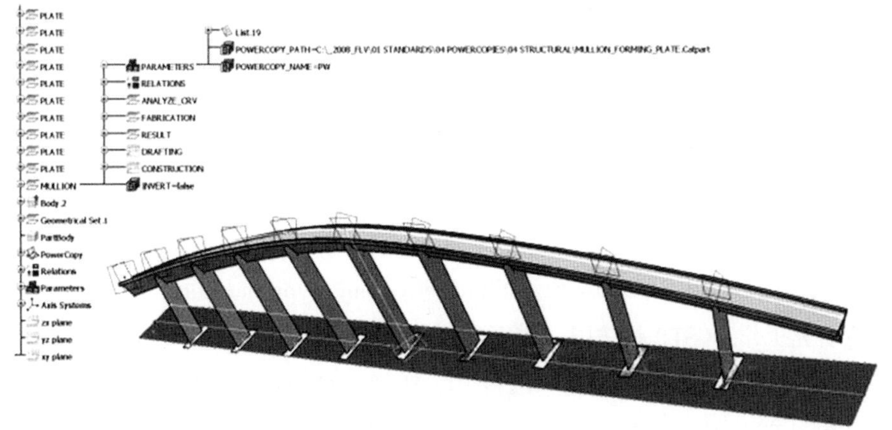

图 10-3-6 支撑建筑表皮的钢架，其几何尺寸由一组定义曲率的参数确定
图片由盖里技术公司提供。

441 “冰山”为每叶“帆”提供支撑，所有“帆”组合形成建筑外观。多“帆”竞发造型的设计灵感，正是来源于盖里最初随手勾画的草图。由于青睐于玻璃材质的质量，盖里决定在建筑的外壳使用玻璃。他认为，在一个像布洛涅森林公园北部儿童乐园这样的自然景观丰富多彩的地方，突出建筑的亮度和透明度是很重要的。盖里曾经说过，“我们理想中的这栋建筑，是随着时间的推移和光线的变化而不断演变，从而给人留下持续变化的印象”（Fondation，2014）。尽管如此，即使在盖里擅长的非传统造型和方法学里，这种选择也是非常新的。FLV 艺术中心是盖里第一次以如此富有戏剧性和雕塑表现力的方式使用玻璃。

所有“帆”的建筑面积之和约为 1.3 万平方米（约 14 万平方英尺）。各叶“帆”的表皮与
442 “冰山”主体结构分离，但通过定制节点固定在“冰山”主体上。“帆”的玻璃荷载通过挤压铝格栅传递给结构内核，如图 10-3-7 的模型视图所示。

443

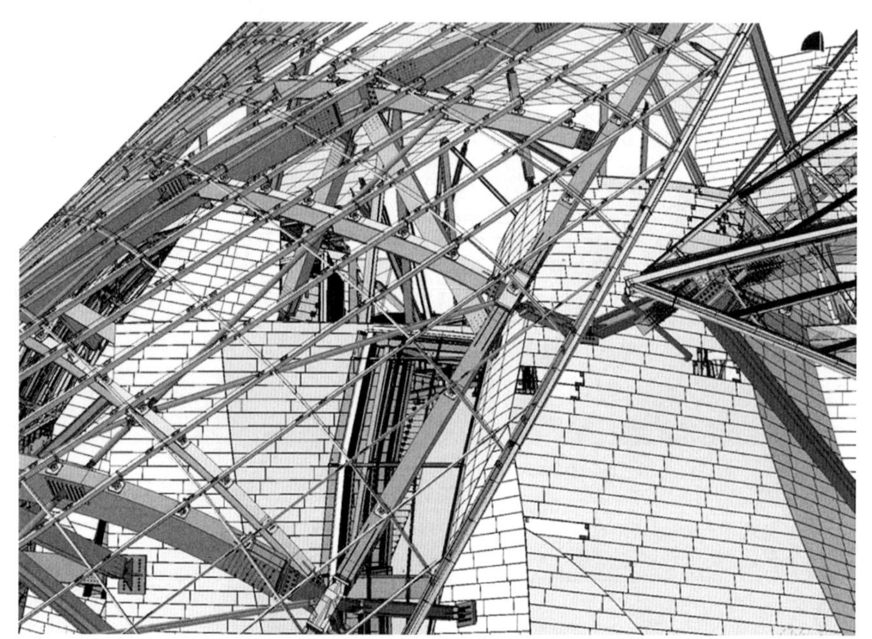

图 10-3-7 建筑外皮及其装配组件视图，包括安装玻璃面板的格栅、覆盖“冰山”结构的纤维混凝土板和承受玻璃面板荷载的钢结构构件
图片由盖里技术公司提供。

442 10.3.4 模型分析

法国建筑科学技术中心（Centre Scientifique et Technique du Bâtiment，CSTB）承担了“帆”结构的分析研究工作。CSTB 是法国一家面向建筑业开展科研、创新工作并提供咨询、测试、
443 培训、认证等服务的国家组织。针对本项目，CSTB 选定两家擅长复杂结构及外壳分析的工程公司——RFR 和 TESS 公司，参与到分析研究中来。为了收集有关“帆”结构的制作和性能数据，团队进行了多项分析。首先在施工现场进行了许多测量，以评估环境对巴黎地区风荷载

的影响。然后在风洞中，根据空间、尺度和时间维度（如漩涡长度和速度随时间的变化）再现现场收集的数值。安装在由烧结粉末制成的项目模型上的传感器用于采集风速和结构表面风压数据（Barré 和 Leempoels，2009）。团队还进行了其他分析，包括载荷传递、冷凝风险、接头密封性、防火性能等。

此外，团队还利用 BIM 主模型模拟火灾和人员疏散场景，以确定最佳紧急出口位置；使用三维主模型进行整栋建筑的完整 4D 模拟；对一些特定建筑构件在一段时间内的维护和翻新改造进行预测。

10.3.5 使用三维智能化构件完成衍生式深化设计

Digital Project 软件包含一个智能化参数对象建模工具，称为“Power Copy”。该工具具有高级复制功能，可以复制或实例化一个构件，同时允许自动改变构件参数取值以便适应周边条件。例如，当我们使用 Power Copy 对一个只能在某一范围移动的节点进行复制时，Digital Project 软件会自动检查这一条件是否得到 444
满足，如果无法满足，节点将依照新的预设条件复制。这是一个非常有用的三维设计及深化设计工具，广泛应用于 FLV 艺术中心项目，用其设计了数百个节点和构件，一些例子如图 10-3-8 所示。

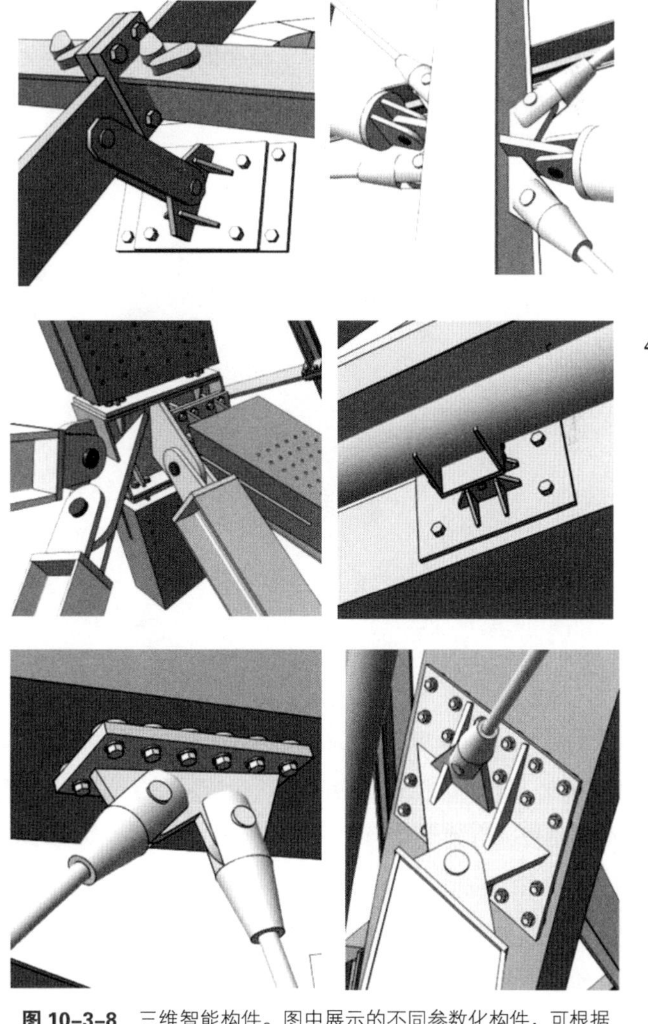

图 10-3-8 三维智能构件。图中展示的不同参数化构件，可根据与之连接的构件情况通过内嵌智能自动调整几何形状
图片由盖里技术公司提供。

尤其有用的是，建筑师可以采用原型方式设计构件，而不必了解每一特定构件的具体几何约束。脚本中嵌入的智能会根据构件的周边条件对构件形状进行调整。这种衍生式深化设计允许设计师通过定义脚本，指定一组控制构件的约束或规则。这些规则内容广泛，可以包括条件状态和特定环境中的细节优

445 化。此外，这些智能化的深化设计可以被其他不具备特定专业知识的人使用。它的目的是将一些知识封装到一个特定的深化设计中，供不胜任深化设计的人使用。这是一种在团队成员之间共享和传授知识的方法。

10.3.6 “冰山”结构的混凝土面板划分及其制作优化

“冰山”作为建筑内核，支撑“帆”及其上面的玻璃。“冰山”被设计成混凝土壳或钢框架，有 16000 多块面板。拉法基（Lafarge）公司基于 2008 年实施并获得专利的专门技术为项目提供了超高性能混凝土（Ultra High-Performance Concrete，UHPC）（Lafarge，2014）。法国本土专门生产预制混凝土构件的 Bonna Sabla 公司，自 2011 年春季开始制作这种混凝土面板。

BIM 模型及其参数化构件允许建筑师和工程师根据尺寸、面积和体积优化 16000 块面板（所有面板都具有独一无二的形状），以减少模具数量。经过优化之后，需要的独一无二模具数量减少到 1900 个，远远少于最初的 16000 个。因为模具可以重复使用，这使制作过程更加经济快捷，参见图 10-3-9。

图 10-3-9 纤维混凝土面板优化流程。不同的颜色代表面板与面板族之间的对应关系（见书后彩图）
图片由盖里技术公司提供。

每个模具都是用泡沫制成的。直纹表面采用热线切割，如图 10-3-10 所示；非直纹表面采用其他切割方式（Gehry Technologies，2012）。所有这些操作都在计算机数字控制机床
446 （CNC）上进行。浇筑好混凝土，包装后置于真空袋中养护 20 小时。之后，用激光扫描仪扫描每块面板，以确保其形状与设计一致。最后，对每个面板进行编号，并嵌入射频识别（Radio Frequency Identification，RFID）标签以确保面板在“冰山”结构正确就位。这些面板通过 200 根铝肋连接到混凝土建筑内核，铝肋梁的设计与“冰山”外部曲率完全匹配。在每个板节点下均设立加劲构件；铝肋梁则通过特殊设计的垫片连接到混凝土结构上。铝肋梁由 Iemants N.V. 公司制作。该公司通过改进高度自动化的工艺，允许在很小的公差范围内控制肋梁的制作（Pouma/Iemants，2012）。

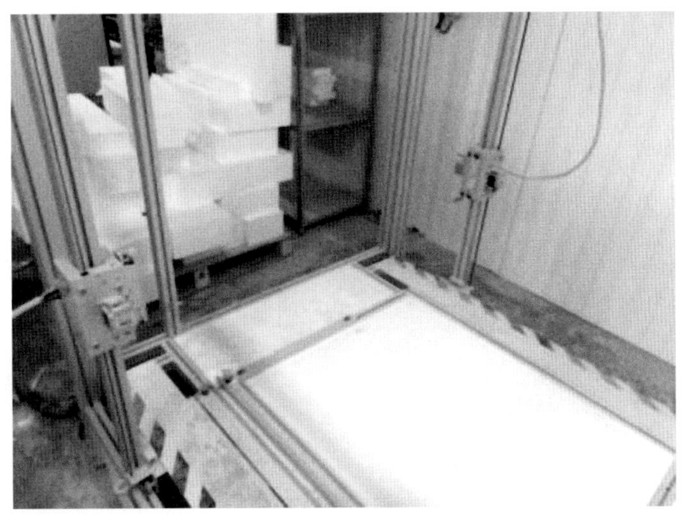

图 10-3-10 计算机数字控制（CNC）热线平板切割机。其设置为在承载模具的工作台上方水平切割。切割顺序自下而上。机器按照输入的面板形状进行切割，最终形成面板制作模具
图片由盖里技术公司提供。

10.3.7 覆盖“帆”的玻璃面板制作

FLV 艺术中心有 14 叶“帆”，由 3584 块面板覆盖，每块面板都是定制的，通过优化流程使用 CNC 制作。这一流程帮助团队找到覆盖 14 叶“帆”的每一块面板的最适合形状（参见图 10-3-3）。对每一个“帆篷”结构都进行了安装容许公差验证。在“帆篷”设计过程中，进行了三级迭代优化：

- 首先是表皮造型优化。其中，三维智能化构件通过 Power Copy 高级复制功能，对构件自身形状进行调整，以满足“帆篷”造型要求。
- 其次是局部表皮优化。其中，不同玻璃面板根据隶属的族进行优化。 447
- 最后是整体结构优化，检查所有构件是否符合一致性和公差要求。

玻璃面板的尺寸确定、预制和安装流程由六个步骤组成：

1. 第一步，根据建筑模型的曲率和面板角点的三角形控制点确定面板的参数化定义。由于每一块面板均位于复杂曲面的“帆”表皮上，因此面板都能在建筑模型设置的公差范围内安装。该空间模型可作为定义主模型控制点的参考。

2. 第二步，面板自适应实例化。参数化面板布满格栅，每块面板尺寸根据所在位置约束条件调整，结果有 16000 块各不相同的面板。图 10-3-11 是这一步的一个典型立面。

3. 第三步，归类优化。根据原始表面可接受偏差，基于目标搜索算法，减少面板类型数量。此时，进行第 1 级优化，驱动任何非线性设计条件或变形朝着更可控的线性形状发展。最后，基于相似性和公差合并面板，减少面板类型数量。图 10-3-12 通过可视化颜色编码展示了这一优化过程。

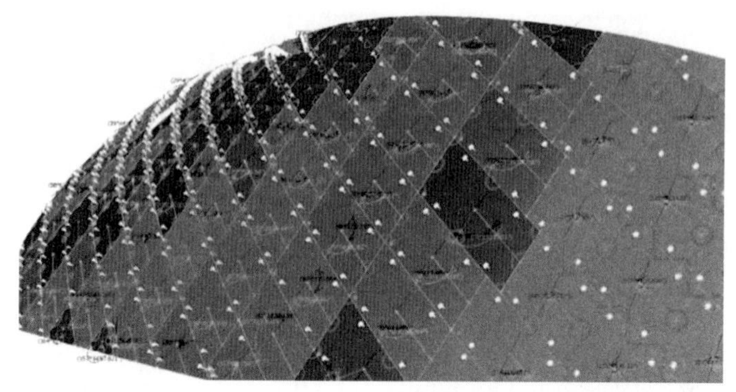

图 10-3-11 面板自适应实例化。使用 Power Copy 将携带几何形状、材料和安装约束信息的智能化面板布置在格栅之中，每块面板自动调整形状以适应栅格。面板连接用白点表示（见书后彩图）
图片由盖里技术公司提供。

448

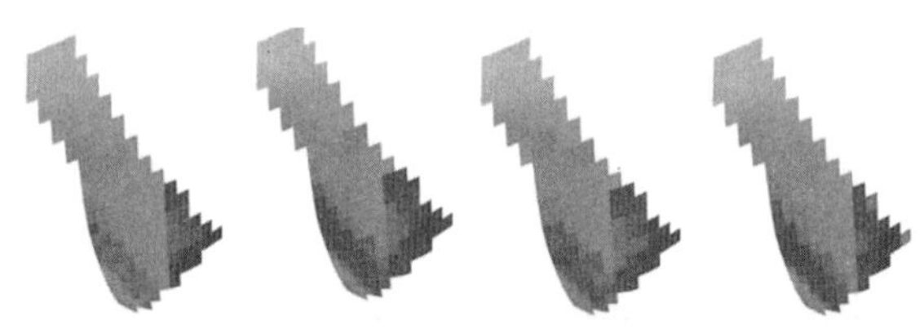

图 10-3-12 玻璃“帆”的局部及整体优化（见书后彩图）
图片由盖里技术公司提供。

4. 第四步，面板分类统计。依据形状对所有的面板进行归类，并统计不同类型的面板数目。根据统计结果可以得知最常用的面板形状。

5. 第五步，选择一组面板族，将每一块面板绑定到与其几何形状最接近的族。

6. 第六步，鉴于面板的几何形状与布置在格栅的初始实例相比已经发生了变化，因此，这一步进行公差验证，以确保任何偏差都在可接受范围之内。

覆盖“帆”的玻璃面板是用大型 CNC 圆柱形玻璃弯曲机制作的。玻璃面板被加热到 800℉（约 427℃），然后穿过一组圆柱辊，通过调整形状使其符合预定曲率。

10.3.8 BIM 模型的集成应用

项目从设计到施工的所有阶段都使用 BIM 模型，并将 Digital Project 三维主模型作为验证
变更及流程的唯一信息源。由于模型高度逼真，包含项目涉及的各种专业知识，因此，可通
过可视化手段使用模型发现项目潜在的各种问题，并支持及时开发解决方案避免问题的发生。
这为本项目节约了大量的时间和金钱，同时也减少了图纸信息表达不周以及团队成员对项目 449
理解不够深入等问题的发生。

因为大部分构件都是通过 CNC 加工制作的，为了节省制作时间，业主要求每一个承包商都要探索适于自己工作的三维模型应用模式。每一构件制作完成后，都进行激光扫描，并与三维模型进行比较，以确保构件几何形状误差在容许范围之内。安装之前，在需要的地方进行修正；安装之后，对模型中的每个面板都进行更新，以匹配竣工状态。由于几何形状复杂，实践证明，安装前对构件进行激光扫描检查制作精度，对于团队优化安装流程非常必要。

在制作过程中，制作商从三维主模型中提取对他们工作最为重要的信息。有的制作分包商使用自己熟悉的 BIM 工具建立自用三维模型；有的则聘请盖里技术公司作为顾问，由其完成可与三维 BIM 主模型整合的三维制作模型的建模。

脚本编写是流程的重要组成部分。在 Digital Project 中实施了 150 多个 Visual Basic 脚本。在这种情况下，管理对模型所做的修改并让所有团队成员都知道这些修改是一个挑战。一个项目通常有许多相互关联的文件，任何一处修改都可能产生连带性的多处变更。团队成员需要了解对他们工作产生影响的修改，对于一个团队来说，跟踪所有变更以及何时做的变更、谁做的变更是至关重要的。因此，需要应用版本控制系统，以便跟踪整个流程中所做的修改，同时促进项目各个阶段利益相关者之间的沟通。本项目选用一款法国开源信息系统 Batiwork 作为版本控制工具，其与 CATIA 软件兼容，可对不同团队所做修改进行三维验证。

与项目有关的所有信息都被整合到 BIM 模型中（包括入驻信息、墙类型、饰面等）。收集的信息对全程参与项目全生命期工作的所有团队都具有特殊价值。业主和建筑运营商、维护人员、策展人和所有其他参与者都将拥有一个完整可靠的信息和数据资源，以便管理和优化他们的相关工作。

在项目开发时，平板电脑的使用还不普遍。现场的大部分沟通都是基于传统方法进行的，包括使用纸质图纸。而如今，如果我们再建类似的项目，现场的沟通交流可能会更加依赖三维可视化工具的应用，例如有摄像功能的平板电脑和智能手机等。

10.3.9 经验和教训

法国与欧洲大多数国家一样，在设计开发阶段，设计师将设计文件交给承包商，由其完善
指导制作的深化设计。然而，本项目采用了不同的方法，设计师和承包商之间的关系更为密切。 450
在设计开发阶段，所有顾问、建造商和工程师在现场的一栋楼里办公。在施工过程中，有超过

300 人在同一地点办公，这一因素是项目流程成功的关键。巴黎大本营的工作人员应用 GTX 平台与不在现场的专业顾问及制作商保持持续沟通。此外，盖里技术公司团队注意到，参与流程的不同团队在使用不同的工具。每种工具都有潜在优势和局限性，盖里技术公司希望每个团队都能自由地在对其最有效的环境中创建模型。他们致力于创建一个通用环境，在这个环境中每人都可以在系统的统一管理下自由地创建不同的模型内容。为了实现这一目标，他们发现使用基于云服务器 GTX 的共享主模型非常有益。为了跟踪所有变更和各种设计迭代，盖里技术公司还开发了一个与 BIM 连接的 SQL 数据库以及一个允许各个团队从查询服务获益的版本控制系统。

项目的施工流程也得益于应用 GTX 平台带来的工作流的灵活性。这种灵活性允许集成不同制作商和分包商使用的许多不同工作流和技术，让每个人都可以自由地在他们更习惯的系统中工作。例如，为了制造铝肋梁，Digital Project 模型被先后导入 Rhino 和 Grasshopper。因为后两款软件的数字环境允许制造商用 VB.Net 和 Python 开发特定脚本，协助制作商 Iemants 公司实现铝肋梁生产的自动化。

当涉及自由形式的三维表皮时，面板公差和安装是固有的挑战。在预制和安装过程中，使用二维图纸很容易导致严重问题。项目施工时，在三维模型中设置了控制点并进行跟踪，从而最大限度减少安装过程中的尺寸误差。公差管理是设计和安装流程的重要内容。

10.3.10 总结

通过路易威登基金会艺术中心项目，我们看到了建筑信息建模的演进。该项目将重点转向基于云的协调服务器，该服务器通过使用共享三维 BIM 模型，使全球项目团队成员能够共享项目信息和数据。这一努力有助于消除通常由于沟通不畅或技术组织不完善引起的许多问题。它加快了设计流程，减少了因缺乏信息和知识而产生的错误。同时，参数化建模与先进的自动化 CNC 制造工艺和严格的质量控制相结合，使整个生产链受益。

路易威登基金会艺术中心由多层外壳结构、玻璃遮光面板和薄型高强度混凝土面板组成，
451 并通过钢框架结构将它们连接在一起。这种结构体系使得结构系统之间的连接十分清晰，从而盖里建筑师事务所可以使用 Power Copy 参数化建模技术以及脚本和其他手段高效地设计连接节点、混凝土面板和玻璃“帆”。参数化建模的广泛使用也使那些独一无二构件的制作和安装得以优化和完善。如果没有 BIM，可能永远不会尝试建造这样的建筑。

致谢

本案例研究是由莫罗·布法（Mauro Buffa）和查克·伊斯曼（Chuck Eastman，即本书作者之一查尔斯·伊斯曼）撰写的。作者特别感谢盖里技术公司（Gehry Technologies）技术研发部主任安德鲁·威特（Andrew Witt）和首席技术官丹尼斯·谢尔顿（Dennis Shelden）对本案例研究工作的大力支持。

10.4　韩国首尔东大门设计广场

使用 BIM 制作

10.4.1　引言

东大门设计广场（Dongdaemun Design Park，DDP）位于韩国首尔市中心，是韩国国家现当代艺术博物馆的主要展馆之一。项目整体概况见表 10–4–1。东大门设计广场建筑外观宛如一艘巨大的太空飞船，内置 LED 灯（图 10–4–1），于 2014 年向社会开放，目前日接待游客超过 2 万人，并且这一数字还在不断攀升。建筑表皮由 460000 多个构件组成，包括 46000 个铝面板和每个面板的 10 个支撑构件，不包括 LED 灯及其紧固件。我们来做一个简单的类比，一架波音 737 客机大约有 36.7 万个零件；相较之下，东大门设计广场表皮的构件数目要远超于此。为了建造这座流线型建筑，需要制作超过 4.5 万块面板，其中约 2 万块为双曲面板。所有的面板必须在有限的制造成本下如期交付，以保证项目整体工程进度。在此背景下，本项目迫切需要一个“大规模定制”面板的解决方案。

452

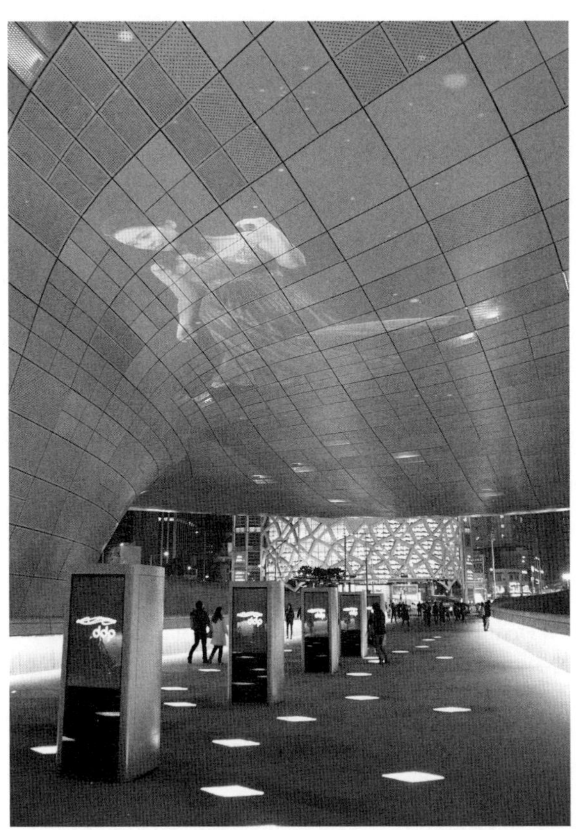

图 10–4–1　东大门设计广场内景：位于艺术博物馆和设计实验室中间的公众走廊
照片由李刚（Ghang Lee）拍摄。

项目信息一览表　　表 10-4-1

项目名称	东大门设计广场（DDP）
项目地点	韩国首尔市
项目类型	公共建筑
合同类型	设计 - 招标 - 建造（DBB）
建筑用途	展览馆、会议室、设计博物馆和展廊、设计实验室和学术馆、媒体中心、研讨室和设计师休息室
建筑结构	钢框架结构、钢筋混凝土（RC）结构等
总建筑面积	86574 平方米
建筑占地面积	65000 平方米
楼层数	地上 4 层，地下 3 层
建筑最大高度	29m
项目工期	全球设计方案竞选：2007 年 4 月至 2007 年 8 月 拆除东大门体育场：2007 年 12 月至 2009 年 2 月 东大门历史文化公园向公众开放：2009 年 10 月 27 日 东大门设计广场向公众开放：2014 年 3 月 21 日（初始计划竣工日期为 2011 年 12 月 26 日）
建筑施工总成本	初步预算约为 2 亿美元 实际成本约为 3.7 亿美元

451 然而，东大门设计广场项目面临的问题不仅仅是数量巨大的面板和技术挑战。东大门设计广场项目预算占首尔年度预算的 2.4%，是前首尔市长推动的“首尔——设计之都”运动的最重要成果。自然，该项目也处于韩国政坛辩论风暴的漩涡中心。

此外，项目选址位于一处历史遗址上。汉城（2005 年后改称为“首尔”——译者注）自 1392 年起一直是韩国的首都，历史上城墙环绕，在四个方向设有城门，即东大门、西大门、南大门和北大门，在每个城门的周围，都形成了较大规模的市场。在 600 年后的今天，首尔东大门地区，已成为亚洲时尚消费的著名聚集区。日本统治时期，在东大门附近的朝鲜王朝城墙和军事设施遗址上修建了一座名为“东大门体育场”的体育中心。如今，东大门设计广场项目的
452 选址正是位于已废弃的东大门体育场原址之上。原体育场的泛光照明灯，作为设计元素，仍保留在现场，以彰显东大门设计广场的深厚历史背景。在拆除体育场和土方挖掘施工过程中，项目团队发现了朝鲜王朝城墙和军事设施遗址的确切位置。因此，项目的设计方，著名的扎哈·哈迪德建筑师事务所（Zaha Hadid Architects，ZHA）不得不对东大门设计广场项目的最初设计方案进行大范围修改，以求将历史遗迹作为设计元素，出现在新设计方案中。所以说，建设东大门设计广场项目面临诸多技术性和非技术性挑战，以上所述只是其中的一部分。

10.4.2 设计阶段面临的挑战

在韩国，东大门设计广场是第一个在设计和施工阶段应用 BIM 的大型公共建筑项目。当

2006 年 11 月宣布面向全球征集设计方案时，韩国本土小型项目应用 BIM 的数量呈逐渐上升趋势。到了 2008 年，当扎哈·哈迪德建筑师事务所与其韩国合作伙伴——三友设计工程公司（Samoo Architects and Engineers）忙于施工图设计时，已有 30 多个私营和公共部门的大型在建 453
项目正在应用 BIM。

扎哈·哈迪德建筑师事务所和三友公司于 2007 年 8 月在东大门设计广场设计方案竞选中获胜，但扩初设计和施工图设计直到几个月后才开始，因为扎哈·哈迪德建筑师事务所和首尔市政府就设计费和其他细节进行的合同谈判比预期的时间要长（图 10-4-2）。

454

图 10-4-2 东大门设计广场项目进度示意图

根据长期以来的从业经验，扎哈·哈迪德建筑师事务所和三友公司一致认为，尽管合同 453
中没有强制要求，但是在东大门设计广场中应用 BIM 是十分必要的。扎哈·哈迪德建筑师事务所选择 Rhino 作为主要设计工具。三友公司曾参与过造型似大鹏展翅的仁川国际机场交通枢纽（Incheon International Airport Transportation Center）的设计工作，并曾用 CATIA 进行施工图设计。此次，其仍选择 CATIA 作为室外装修设计的主要工具。具有机械工程背景、精于 CATIA 的汉全科技公司（Han-All Technology）也参与到本项目中，负责室外装修及其支撑结构的建模工作。项目使用 Revit 和 AutoCAD 进行主体框架的结构设计。

另外，Group5F、Evolute 和 Ebener 三家公司，也以面板划分和合理化（优化）顾问身份
参与本项目。面板合理化是一个增加重复面板数、减少双曲面板数的优化流程，因为双曲面 454
板的制作成本非常高。每一轮的面板划分和合理化对项目进度都有很大影响，因为每个细节都必须根据表皮顾问团队和扎哈·哈迪德建筑师事务所提出的表皮造型从头开始重建。例如，表皮最初划分为大约 14000 个面板，但最终面板数超过 45000 个。由于面板数以及面板之间的关系在新一轮面板划分和合理化中发生了根本性变化，因此在给定模型中定义的几何元素之间的参数化关系就变得毫无用处。另外，尽管本项目使用的软件屈指可数，互操作性问题仍然是一个关键瓶颈。

通过开发脚本，可以由新的 Rhino 曲面模型和控制点自动重建 CATIA 模型中的面板和支撑结构，使互操作性问题得到部分缓解。然而，遗憾的是，由于施工图设计阶段时间太短，无法开发出成熟可用的脚本和数据交换流程。因此，在项目随后的施工阶段，盖里技术公司（Gehry Technologies）应邀加入了项目团队，负责解决互操作性问题。有关互操作性流程的详

细介绍，请见本案例研究第 10.4.4 节的“使用 BIM 制作”。

即使经过几轮面板划分和合理化，双曲面板数量仍占 45133 块总面板数的 50%（图 10-4-3）。与一般认知相反，全球所有自由曲面表皮建筑，包括洛杉矶沃尔特·迪士尼音乐厅、毕尔巴鄂古根海姆博物馆和西雅图摇滚乐博物馆（Experience Music Project，EMP），都没有使用双曲面板。沃尔特·迪士尼音乐厅和毕尔巴鄂古根海姆博物馆，通过高斯曲率分析和面板优化流程的多次迭代，仅使用单曲面板。西雅图摇滚乐博物馆造型比沃尔特·迪士尼音乐厅和毕尔巴鄂古根海姆博物馆更复杂，但其通过对表皮不断细分，每块面板都可在现场冷弯。这
455 些方法比使用双曲面板的成本低得多，但面板之间出现缝隙是不可避免的（图 10-4-4）。由于哈迪德建筑师事务所允许面板之间保留 25 毫米的缝隙，但公差不能超过 2 毫米，因此除了使用双曲面板外，别无选择。项目聘请韩国延世大学（Yonsei University）为技术顾问，由其综述、评介最先进的金属加工技术，包括无模成型和爆炸成型。但很遗憾，基于现有方法，延世大学没能找到一种满足项目工期和预算的既快又省的金属加工技术。因此，他们建议项目组在现有多点成型技术的基础上开发一种新的金属加工机器。这种技术已有被称为“鸟巢”的北京国家体育场扭曲组合柱的使用先例。

正如引言所述，在施工图设计即将结束时，又发现了新问题，使情况变得更加复杂：在土方挖掘过程中，发现了历史遗迹。面对新发现的遗迹，项目必须暂停并重新设计。然而，合同中已经规定了整个项目的开工和交付日期，可用的解决面板制作和细节设计问题的时间严重不足，因此，将面板制作问题留给施工阶段解决。

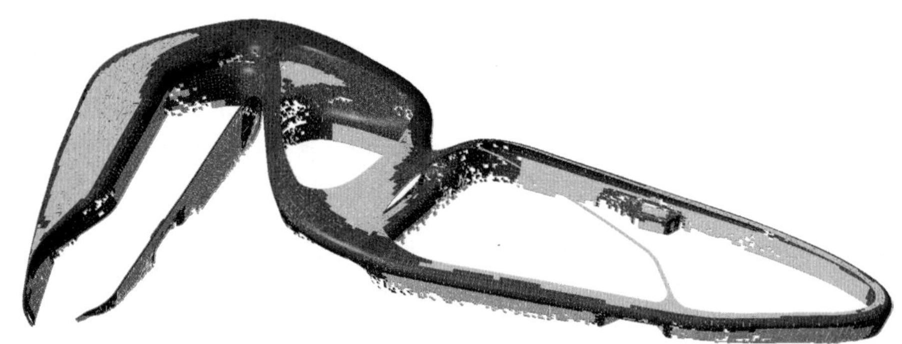

面板类型	数量（块）	面积（平方米）	占比（%）	平板	单曲面板	双曲面板
平板	13841	9492	29			
单曲面板	9554	7455	22			
双曲面板	21738	16281	49			
总计	**45133**	**33228**	**100**	**29%**	**22%**	**49%**

图 10-4-3 面板类型分布情况（见书后彩图）
图片由盖里技术公司提供。

456

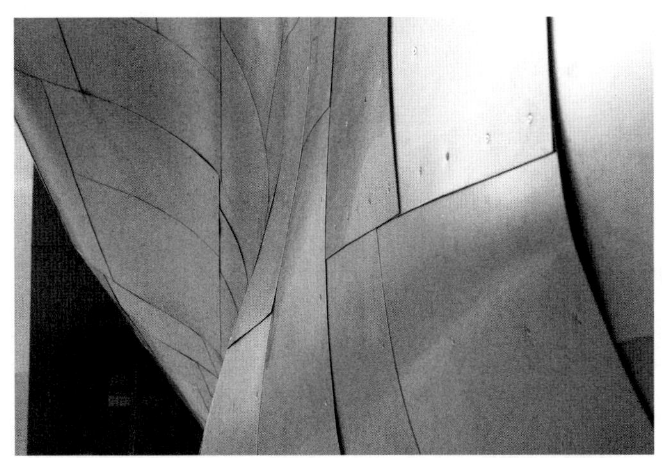

图 10-4-4 西雅图摇滚乐博物馆面板之间的预留缝隙
照片由李刚（Ghang Lee）拍摄。

10.4.3 施工阶段面临的挑战

尽管本项目已按典型的“设计 – 招标 – 建造”项目签订合同，但由于上节描述的种种问题，最终按“绿色通道”项目建造。拆除体育场和土方挖掘工作于 2007 年 12 月开始，但项目正式施工直到 2009 年 3 月才开始（参见图 10-4-2）。整体项目分为了两个部分：历史文化公园和设计广场。按照计划，历史文化公园于施工开始六个月后，即 2009 年 10 月开业；设计广场于两年后的 2011 年 12 月，即时任市长任期结束前开业（参见图 10-4-2）。设计广场是整个项目的主要建筑，而历史文化公园则是由一系列自由曲面造型的多层房屋组成。历史文化公园有一个咖啡厅、多个用于展示古城墙和军事设施遗迹的展厅，以及一条沿着古城墙遗迹的幽静小道（图 10-4-5）。

项目工期和预算都非常紧张。图 10-4-6 和图 10-4-7 比较了东大门设计广场与类似项目的进度和成本。东大门设计广场在一年时间内完成了 18552 平方米建筑面积的施工，比
2012—2014 年韩国建造的展览设施的施工速度快四倍，比哈迪德建筑师事务所设计的其他建 457
筑的施工速度至少快 1.3 倍（图 10-4-6）。

东大门设计广场项目的施工成本比韩国同期（2012 年至 2014 年）其他展览设施的施工成本高出 32%—77%（图 10-4-7）。然而，考虑到东大门设计广场的复杂性，这仍是一个十分紧张的预算。

通过施工总承包招标，韩国三星物产（Samsung C&T）财团中标。然而，由于担心项目能否顺利完成，尤其是担心与面板相关的成本和细节，三星物产财团与首尔市政府进行了旷日持久的合同谈判。最终的解决方案是，除了施工管理（CM）团队和一个全新的 BIM 顾问团队之外，首尔市政府聘请设计团队（即哈迪德建筑师事务所、三友公司两家设计单位），作为施工监管团队（表 10-4-2）。

图 10-4-5 东大门历史文化公园（Dongdaemun History and Culture Park，DHCP）
照片由李刚（Ghang Lee）拍摄。

458

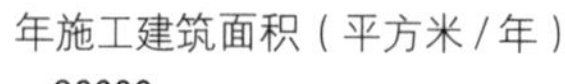

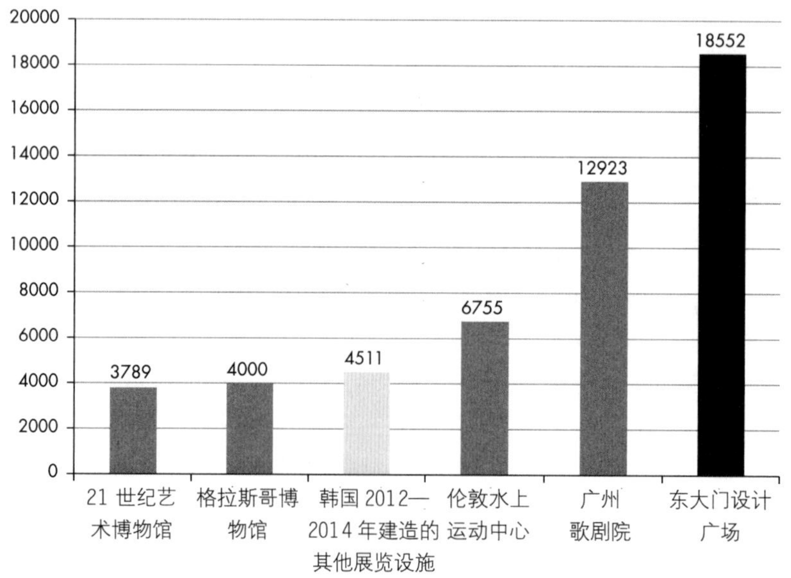

图 10-4-6 基于实际进度，东大门设计广场与哈迪德建筑师事务所公司设计的其他建筑项目以及韩国 2012 年至 2014 年建成的其他展览场设施的年施工建筑面积对比
源自 Lee 和 Kim 于 2012 年在《施工工程与管理杂志》上发表的一篇文章：使用一种新的杂交钣金加工技术进行双曲金属面板批量定制的案例研究

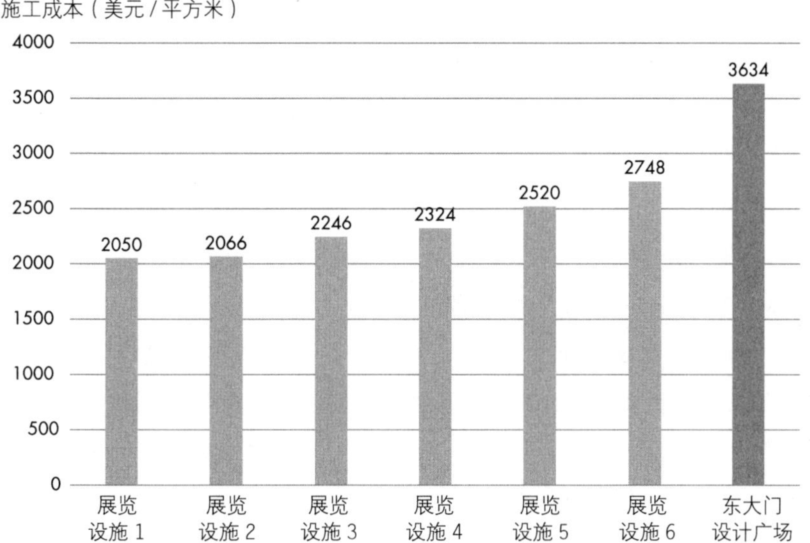

图 10-4-7 东大门设计广场与韩国 2012 年至 2014 年建成的其他展览设施的每平方米施工成本比较

项目团队 表 10-4-2 459

角色	参加单位
业主/委托方	首尔市政府
建筑设计方、施工监管	扎哈·哈迪德建筑师事务所（ZHA）
记录建筑师、施工图设计、施工监管	三友设计工程公司（Samoo）
表皮顾问	Group 5F、Evolute、Ebener
总承包商	三星物产（Samsung C&T）财团
BIM 顾问	盖里技术（GT）韩国分公司
施工管理	坤元（Kunwon）工程集团、国际空间工程与咨询公司（GTS E & C）、熙林（Heerim）施工管理公司
表皮施工	伊尔金（Iljin）铝业公司、钢铁人生（SteelLife）公司、钢材（不锈钢）工程施工公司[Steel E&C（ISS）]

2009 年 5 月，在与三星物产财团签约大约两个月后，业主聘请盖里技术（GT）亚洲分公司为 BIM 顾问，也正是由于该项目，盖里技术公司在韩国设立了分公司——盖里技术韩国分公司。韩国分公司的第一项任务是在三个月内为历史文化公园园区内所有多层建筑开发 BIM 模型。只有三个月的时间，基于细节尚未确定的设计建立 BIM 流程和开发 BIM 模型是非常紧张的，特别是在项目团队成员正在承受工期短的巨大压力，并对 BIM 的有用性持怀疑态度的情况下。尽管困难重重，韩国分公司还是按时完成了建模工作，并在垂直方向每隔 30 厘米生成一张建筑平面图。平面图包含了制作混凝土模板肋所需的信息。当时，公园园区内建筑的混凝土模板仍由木匠根据平面图手工制作，而不是将 BIM 模型的平面图数据直接发送给计算

机数字控制机床（CNC），尽管 CNC 已在韩国建筑业应用多年。然而，这个过程让项目团队成员开始意识到在这个几何复杂项目中使用 BIM 的必要性。

历史文化公园建成后，BIM 流程开始成型。BIM 合同规定了 BIM 顾问的角色，除了作为 BIM 建模者、培训者和技术支持者外，还作为沟通渠道，组织 BIM 应用并将其整合到施工流程中。BIM 顾问制定了数据交换流程和将设计变更纳入 BIM 模型的流程。通过将
460 Digital Project（DP）模型作为主 BIM 模型实现 Rhino、Tekla Structures、AutoCAD、Midas 和 Revit 等不同软件之间的数据交换。在项目开始时，没有解决不同专业设计冲突的流程。通过将 DP 模型定义为主 BIM 模型，并通过每周和不定期的 BIM 会议建立解决不同专业设计冲突流程，BIM 流程得以成型。项目成员很快习惯了使用 BIM 流程，尽管 Rhino 模型（建筑设计模型）和 DP 模型（数据交换流程中的主模型）之间固有的几何差异导致冲突是不可避免的。在这种情况下，作为建筑师设计意图的几何表达，Rhino 模型占据了优先地位；然而，将 Rhino 模型作为设计模型并给予最高优先级会导致很多问题，这是缘于擅长表皮建模的 Rhino 在几何表达上不够精确。冲突问题可以通过会议和协商解决，但许多项目成员认为，通过合同规定将 DP 模型（由实体建模师创建的模型）定义为具有最高优先级的模型，可以减少协商工作量和时间。至此，BIM 流程已经建立，但表皮面板制作仍然是一个尚未解决的重大技术挑战。

10.4.4 使用 BIM 制作

东大门设计广场的表皮面板为 4 毫米厚的铝板。面板的尺寸因曲率不同而不同，但典型尺寸为 1.6 米 ×1.2 米。面板的曲率越大，尺寸越小。在施工阶段，对面板设计做了多次修改，随着脚本和从包括面板细节和支撑结构的 Rhino 模型到 DP 模型数据转换流程的不断完善，实现了 Rhino 与 DP 数据交换的无缝对接。图 10-4-8 详细描述了数据交换流程。第一步，将更新后的 Rhino 模型以 IGES 格式导出到 DP 软件；第二步，应用 DP 模板和脚本生成线框模型；第三步，使用 Excel 电子表格和 DP 模板对每一空间框架单元的位置进行校正，使其中心与每个面板的质心对齐；第四步，创建面板和二力杆；第五步，提取面板数据用于面板细分；第六步，借助 DP 模板对每个面板使用唯一识别号自动编号；第七步，基于形状信息，自动对面板按类型分类，用于面板制作和成本预算；第八步，生成穿孔面板模型；第九步，生成带有支撑结构和面板细节的最终模型；第十步，从最终模型自动生成图纸和制作数据。

项目聘请由伊尔金铝业公司、钢铁人生公司和钢材（不锈钢）工程施工公司组成的联合体为表皮分包商。钢铁人生公司牵头开发了一种制造双曲面铝板的新机器。新机器采用了多点成型和拉伸成型的混合方法，因此，该方法被称为“多点拉伸成型”（Multipoint Stretch Forming，MPSF）方法。这台机器由 1200 根立柱组成，每根立柱由一台直流电机、一个编码

461

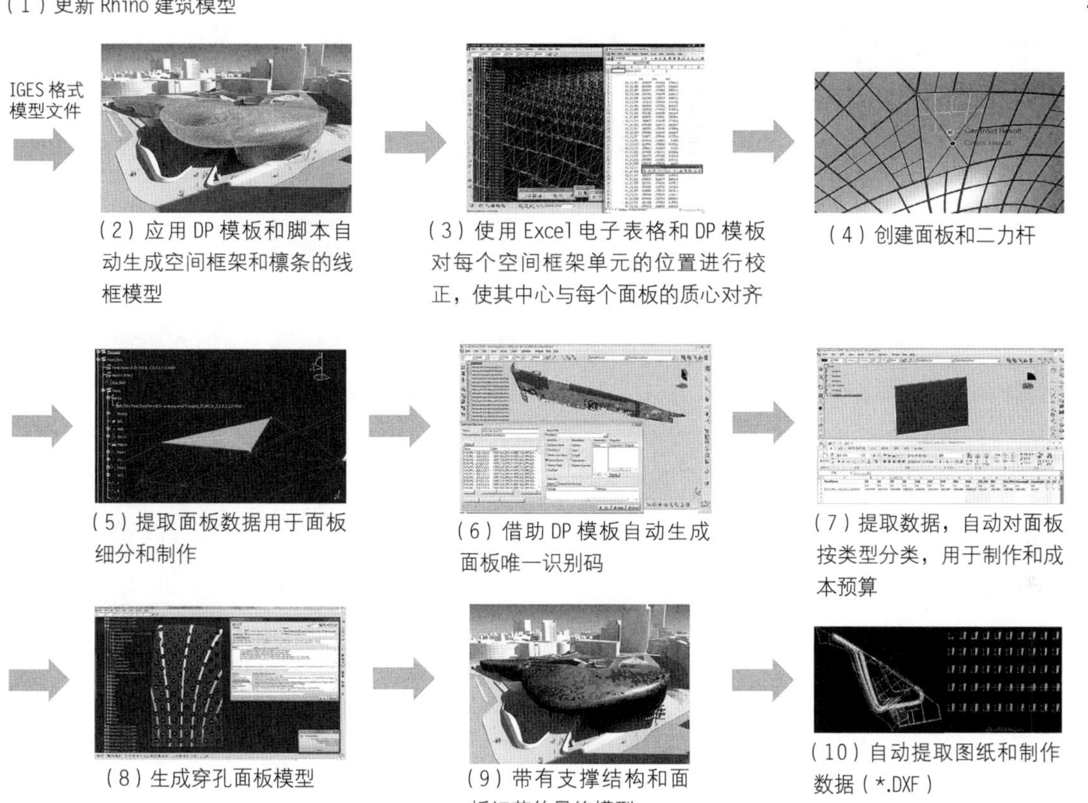

（1）更新 Rhino 建筑模型
IGES 格式模型文件
（2）应用 DP 模板和脚本自动生成空间框架和檩条的线框模型
（3）使用 Excel 电子表格和 DP 模板对每个空间框架单元的位置进行校正，使其中心与每个面板的质心对齐
（4）创建面板和二力杆
（5）提取面板数据用于面板细分和制作
（6）借助 DP 模板自动生成面板唯一识别码
（7）提取数据，自动对面板按类型分类，用于制作和成本预算
（8）生成穿孔面板模型
（9）带有支撑结构和面板细节的最终模型
（10）自动提取图纸和制作数据（*.DXF）

图 10-4-8 基于表皮模型生成面板和支撑结构细节

图片由 SteelLife 公司提供。

器和一个减速齿轮控制。每根立柱的高度由 BIM 模型中包含的面板形状信息生成。此外，基于激光扫描技术，开发了从加工金属板中找出与 BIM 模型面板形状最贴近部分的自动化方法，从而可使用连接在机械臂上的激光切割机从加工金属板上切割出正确形状的面板。机械手臂的腕部会自动旋转，以保持激光方向始终与双曲面板保持垂直，这样切口就不会有锋利的边缘。最后，在切割出的面板周围焊接加强肋（图 10-4-9）。

这种新型面板加工机器是在施工阶段通过四轮模拟试验（图 10-4-10）开发的。经过两年 462
的反复试验，项目团队终于能够制作满足精度要求的面板：面板之间 25 毫米缝隙的公差不超过 2 毫米（图 10-4-10 和图 10-4-11）。每块面板（包括平板）的制造成本从最初的每平方米 7000 美元下降到平均每平方米 250—400 美元。面板的生产时长（包括调机时间在内），也从最初的每平方米几个小时，减少至每平方米 15—70 分钟。如果按照原始生产方法，制作 4 万块面板，需要花费 20000 天的时间，约合 58 年。然而，使用基于 BIM 的制作方法，生产 4.5 万多块面板仅花费了约一年的时间。

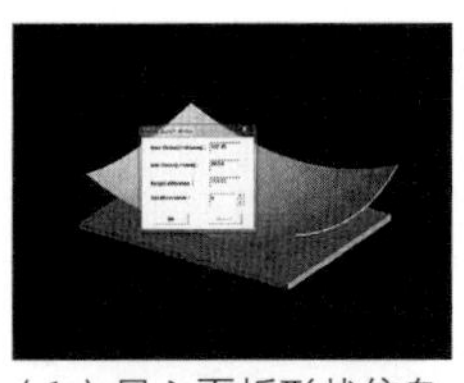
（1）导入面板形状信息

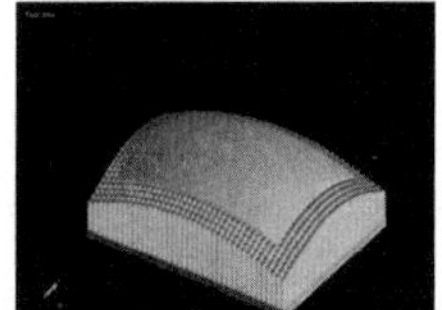
（2）计算坐标信息
（2 分钟）

（3）设置 MPSF 机器
（3—5 分钟）

（4）拉伸成型
（10 分钟）

（5）冲压成型
（5 分钟）

（6）激光扫描准备
（5 分钟）

（7）激光扫描
（3 分钟）

（8）曲面配准
（20 分钟）

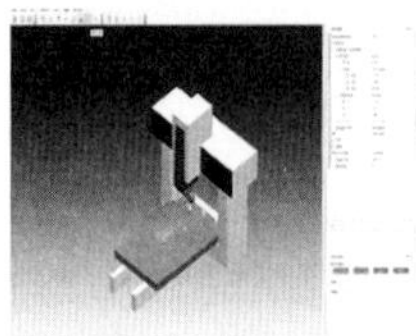
（9）激光切割准备
（5 分钟）

（10）激光切割
（10 分钟）

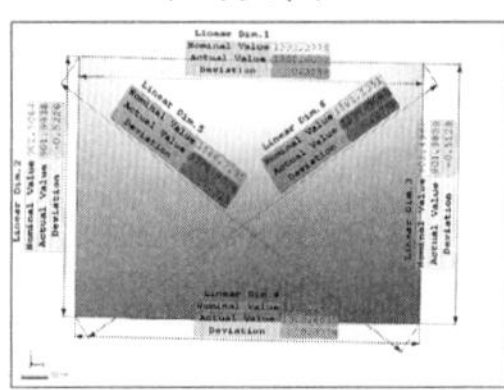
（11）质保
（5 分钟）

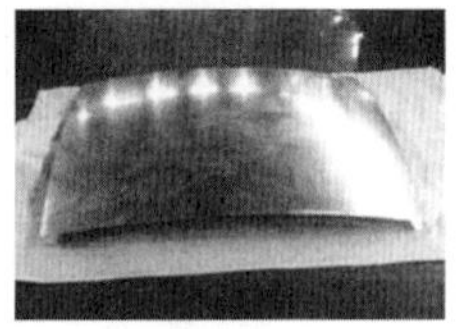
（12）最终产品

图 10-4-9 多点拉伸成型（MPSF）流程
图片由 SteelLife 公司提供。

463

图 10-4-10 模拟试验
照片由李刚（Ghang Lee）拍摄。

图 10-4-11 安装后的面板
照片由李刚（Ghang Lee）拍摄。

462 东大门设计广场项目的另一个挑战是制作室内形状不规则的混凝土结构。对几种传统方法进行了测试，但由于结构设计为清水混凝土结构，因此无法达到预期质量和饰面要求。项目使用 MPSF 方法制作钢质混凝土模板，与 BIM 模型相比，混凝土制作误差可控制在 0.5 毫米之内（图 10-4-12）。项目竣工后，将竣工 BIM 模型提交给业主，用于日后维护。

464

(A) (B)

图 10-4-12 MPSF 方法在混凝土工程中的应用：(A) 用 MPSF 制作的混凝土模板；(B) 清水混凝土结构
照片由李刚（Ghang Lee）拍摄。

东大门设计广场项目完成之后，其在施工过程开发的 MPSF 面板制造方法也在很多其他不规则形状建筑中得到应用，例如韩国丽水世博会主题馆（Yeosu Expo Theme Pavilion）。该技术的应用并没有止步于建筑领域，如今已扩展到船舶和飞机制造行业（图 10-4-13）。

465

(A) 机身

(B) 飞机小翼

(C) 游艇船壳

(D) 游艇舱盖

图 10-4-13 MPSF 方法在船舶和飞机制造行业中的应用
图片由 SteelLife 公司提供。

464 10.4.5 经验教训总结

通过东大门设计广场项目可以总结出很多经验教训。以下从项目组织、项目运作、设计和施工进度、主 BIM 模型需求、数据交换和移交以及项目合同等不同角度，对不规则形状建筑的 BIM 应用进行总结。

项目组织

- 项目的各参与方必须是真心诚意的合作伙伴，不可以彼此对立或仅仅是 合同关系。
- 在项目团队中，必须指定一家公司管理主 BIM 模型，并与利益相关者进行协调。
- 必须有一个 BIM 经验丰富的团队或个人专门负责 BIM 管理和实施。
- 465 必须排除没有 BIM 能力的分包商。如果他们的参与是绝对必要的，必须在合同中明确规定其义务，并对其进行培训。
- 4D 或 5D 应用需要额外的专职人员管理。

项目运作

- 必须建立审批流程，并用其对 BIM 主模型和其他模型的设计变更进行管理。
- BIM 团队必须建立把关流程或对信息请求按优先级排序，避免不必要的、重复的或者耗时的信息请求干扰。

466 *设计和施工进度*

- 与传统建筑相比，造型复杂的不规则建筑更容易产生设计冲突，更容易受到设计变更的影响；项目的可行性分析也往往需要更长的时间。因此，必须给设计分配足够的时间，否则可能出现设计质量不尽人意和设计不能按时完成的被动局面。
- 出于同样的原因，施工工期可能会被拉长。因为不规则建筑安装曲面模板，需要耗费比普通建筑更多的时间。由于每栋建筑遇到的与模板相关的挑战可能有所不同，因此没有预测施工所需额外时间的固定公式。然而，根据项目样本，不规则建筑的年施工面积通常为 4000—7000 平方米，除东大门设计广场和广州歌剧院外，最大不超过 10000 平方米。

主 BIM 模型需求

- 不同专业使用不同 BIM 模型是不可避免的。但是，整个项目必须有一个主 BIM 模型，作为其他模型的参照。即使模型之间存在看似微不足道的差异，也会给施工带来困惑。
- 创建 BIM 主模型的平台，必须具备直接生成施工图的功能。

- 创建 BIM 主模型的平台，必须能够生成 CNC 制作建筑构件的技术要求说明书。
- 不规则形状建筑的 BIM 模型文件往往很大，使用能够处理大文件的系统是绝对必要的。
- 考虑到以上所有因素，创建和管理主 BIM 模型的平台，应选取实体建模软件，而非表面建模软件，特别是在施工图设计和施工阶段，尽管在设计初期，表面建模软件功能强大，使用它能高效完成方案设计。

数据交换和移交

- 一个项目可能有多个用于不同领域的软件。在项目开始之前，所有参与者必须共同定义数据交换格式（文件格式、交换方法等）。
- 项目开始之前，必须全面了解项目各参与方用于结果优化和互操作性的软件。
- 如果业主要求项目完成后移交用于设施和资产管理的信息，那么，业主必须在施工开始前，提出一份明确的信息需求清单（提交文件）和一份在运维阶段使用这些信息做
什么的说明，以便承包商和 BIM 团队在施工过程中收集所需信息。施工开始之后再讨 467
论应向业主提交哪些信息为时已晚。

项目合同

- 如果没有全面深入地研究项目，设计变更是不可避免的。诸如“绿色通道”般的设计和施工方法，会增加设计变更数量，不规则形状建筑应避免采用。
- 合同中必须有专门条款对设计变更次数加以限制，不可无休止地进行变更。与普通建筑相比，不规则形状建筑的设计变更影响面往往更大。
- 项目总成本必须包括工程和施工顾问在设计阶段早期最大投入产生的成本，以防止施工期间出现意想不到的问题。
- 如果不能在项目涉及的所有专业领域都应用 BIM，那么就应该优先考虑在能够最大限度地应用 BIM 的专业领域应用 BIM。就东大门设计广场而言，建筑、结构和 MEP 专业应用 BIM 的优先级最高，灯光照明、电气工程、土方工程和园林景观专业应用 BIM 的优先级最低。
- 合同必须对如何确定主 BIM 模型，由谁管理，以及设计变更流程做出规定。
- 合同中必须包含促进项目参与者之间信任、合作和数据交换的条款。

10.4.6 结语和未来展望

形状不规则建筑数量增长如此之快，以至于具有一般斜面或扁平弧面的建筑不再被视为形状不规则建筑。这一趋势将持续下去。

东大门设计广场项目不仅具有政治象征意义，而且颇具争议。绝大多数成功的 BIM 项目

都认为应用 BIM 的主要好处是降低成本或缩短工期。而东大门设计广场项目，无论是建设成本还是工期，与最初的计划相比，都几乎翻了一番。出于这个原因，一些人认为这是一个失败的案例，虽然一些人辩解，与类似建筑相比，考虑到该项目的复杂性，最初的预算和进度计划是不可能实现的（参见图 10-4-6 和图 10-4-7）。尽管存在所有这些争议，东大门设计广场作为 BIM 案例研究的价值在于它所取得的技术进步。项目团队成员一致认为 BIM 在项目中发挥了重要作用，即使每个团队成员对 BIM 的有效性看法不同。他们一致表示，没有 BIM，无论投入多少资金或时间，东大门设计广场项目也不可能完成。

468 曾经，某些建筑、工程和施工（AEC）技术，如设计和建造易守难攻堡垒的方法，或精确绘制几何图形的方法，被视为最先进的技术，有时甚至是国家的最高机密。但是，如今的 AEC 行业是其他行业开发的先进技术的受益者，正在失去作为技术进步领导者的影响力。然而，东大门设计广场项目基于 BIM 制作的创新表明，随着 3D 打印、三维扫描以及其他 BIM 和施工自动化相关技术的进步和需求的增加，AEC 行业有可能再次成为技术进步的领导者。

致谢

作者特别感谢韩国首尔东大门设计广场项目团队，包括首尔市政府、扎哈·哈迪德建筑师事务所、三友设计工程公司、韩国三星物产财团、盖里技术韩国分公司、坤元工程集团、国际空间工程与咨询公司、熙林施工管理公司、伊尔金铝业公司、钢铁人生公司和钢材（不锈钢）工程施工公司，为本案例研究提供的支持和帮助。

10.5 科罗拉多州丹佛圣约瑟夫医院

BIM 促使预制方案提质增速

2014 年 12 月 13 日，美国科罗拉多州丹佛新建的圣约瑟夫医院（Saint Joseph hospital）迎来了第一位患者，这标志着其正式向社会公众开放。该医院致力于提供优质门诊服务，提高看病效率，抑制不断攀升的运营成本，为未来医疗保健服务树立了新标杆。新医院总面积 77233 平方米（约 831327 平方英尺），设有 365 间病房、42 张急诊室床位、5 张绿色通道急诊室床位、21 个手术室（包括 2 个混搭手术室、2 个机器人手术套间），此外还有 2 个停车场、食品服务 / 物资供应区、实验室、洗衣房、直升机停机坪和小教堂等附属设施（图 10-5-1）。

圣约瑟夫医院项目的总成本为 6.23 亿美元。其中，3.89 亿美元用于建设新医院，另外需要拆除原医院，因此，项目总承包商莫滕森工程建设公司（Mortenson Construction）的施工合同总额高达 4.05 亿美元。在人口稠密的闹市区修建一座大型医院本身就面临诸多挑战，然而，新圣约瑟夫医院项目还要应对更艰巨的挑战：在 30 个月内完成这座非常庞大而复杂的项

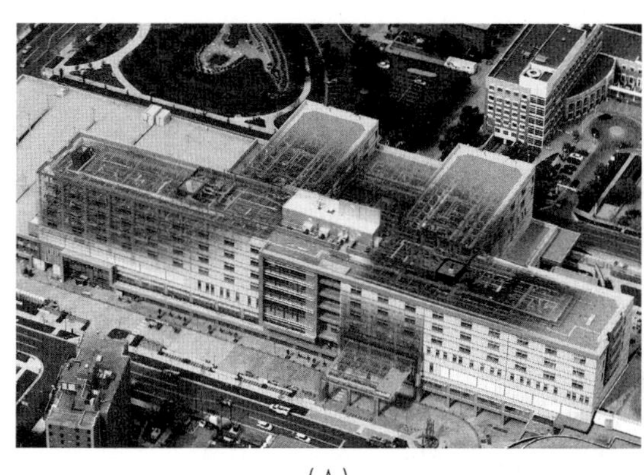

（A）

（B）

图 10–5–1 医院项目 BIM 模型鸟瞰图
图片由莫滕森（Mortenson）公司提供。

目，这无疑给设计和施工团队带来了巨大压力。本项目由 H+L 建筑师事务所等三家设计单位 468
组成的联合体领导设计。H+L 建筑师事务所（H+L Architecture）负责人罗伯·戴维森（Rob Davidson）曾经这样表示：这个用新医院替换老医院项目的优先级必须超越一般“绿色通道”项目，所有利益相关方须要“念兹在兹，全力以赴”。

项目进度计划是根据政府提出的“新医院必须在 2015 年 1 月 1 日之前开业运营”的要求制定的。老圣约瑟夫医院是丹佛建立的第一家私立医院，由来自堪萨斯州利文沃斯慈善修女
会（Sisters of Charity of Leavenworth）的勇敢面对向贫困人口提供医疗服务挑战的四位修女创 469
建。多年来，医院经历了各种改造和扩建，但它正在老化，已无法满足现行规范的要求，更不用说新的规范了。圣约瑟夫医院隶属于 SCL 医疗集团（以下简称“SCL 集团”）。时任圣约瑟夫医院 CEO 的贝恩·费里斯（Bain Ferris，已于 2015 年退休）就曾表示，“在我 2010 年 1 月来到这里的时候，新医院建设已列入议事日程，老医院的寿命已进入倒计时。”

10.5.1 项目的组织结构和协作协议

鉴于圣约瑟夫医院是丹佛当地规模很大的重要项目，因此迫切需要一个真正协作的集成项目团队承建。参与项目的莫滕森工程建设公司、由 H+L 建筑师事务所、戴维斯联合建筑师事务所（Davis Partnership）和 ZGF 建筑师事务所组成的建筑设计团队以及承接 MEP 设计的卡托尔·鲁马工程公司（Cator Ruma & Associates）和承接土木 / 结构工程设计的马丁 / 马丁工程咨询公司（Martin/Martin）共同设定了团队合作的范围和目标。虽然设计合同和施工合同（风险型施工管理）是分开签署的，但整个团队起草并签署了一份书面协作协议，以确保所有各方都认同项目的指导原则和影响客户成功的因素，并遵守集成项目交付规则。在各方签订的协作协议中，明确了协议目的，即“通过把各方及其利益引导到采用集成项目交付方法实现项目成功上来，对各分项协议进行补充”。参见图 10–5–2。

470

图 10-5-2 协作协议中约定的组织架构图
图片由莫滕森公司提供。

协作协议的目标

各方尽早参与项目。

各方朝着共同目标努力。

打造各方协作文化。

建立开放的信息共享环境。

在决策过程中尽早整合领导力。

整合设计、施工和运行知识。

在项目实际施工之前，通过使用 BIM 工具和其他可用的设计和施工规划技术进行虚拟施工，重点放在：

– 确保施工文件的完整性；

– 减少冗余和冲突；

– 改进效率、协同、方式和方法；

– 增加使用预制构件和场外施工的机会；

– 充分考虑项目竣工、启用和保修。

这份长达 18 页的协作协议进一步定义了业主的成功标准、各个项目角色、项目核心团队和业主 – 建筑师 – 承包商（OAC）团队的目标，以及决策流程，包括为合作伙伴提供咨询。书面协作协议还概述了管理和沟通进度计划、阶段划分、子阶段划分、绿色通道交付以及设计和施工建模的具体事项。该协作协议为制定 BIM 执行计划奠定了基础，同时支持预制和现

场制作并行生产，这要求制定设计决策的时间要比典型线性流程早得多。 471

10.5.2 BIM 执行计划

根据协作协议设定的目标，制定了详细的 BIM 执行计划。因为项目交付方式是“集成项目交付（IPD）方式”，各参与方都参与了 BIM 执行计划的制定。由于签署协作协议的每个实体都参与了协议制定，因此所有协议条款都获得了完全认可。项目经常提到协作协议，尤其是在项目开始时，每当发现存在潜在问题，解决方案更容易达成一致，因为整个团队都会说：“协作协议上有我们的名字。”

BIM 执行计划要求设计和施工团队在发布变更时更新其模型，并根据其与业主签订的合同要求回复信息请求书（RFI）。项目使用的软件包括 Revit、Bluebeam、Box，概预算软件 MC2 和 Primavera P6，以及进度计划软件 Synchro。在每周固定的时间，每个设计实体通过私有 FTP 站点上传 / 下载文件，这样每个人都知道自己应当负责的协调工作范畴。“文件审查一直在持续，每个团队发布的工作成果都须事先经过内部成员相互审查。协作是广泛的，我们会相互检查。”莫滕森公司丹佛办事处集成施工经理克里斯 · 鲍尔（Chris Boal）说。

BIM 执行计划针对每一阶段工作，规定了模型构件作者（Model Element Author，MEA）创建模型构件的细度（LOD）。设计工作被分解为多个制图工作包，并作为交付成果，以便莫滕森公司追踪设计进度（图 10-5-3—图 10-5-5）。本项目的 LOD 定义采取美国总承包商协会（AGC）和美国建筑师协会（AIA）的 LOD 表格，同时遵循 CSI 格式。

项目使用多个平台进行信息交换：

- FTP 站点：
  - 设计团队每周在私有 FTP 站点上更新建筑内核和建筑外壳建筑师创建的模型。
- Box.com（云托管）：
  - 为整个项目团队提供“现场版”图纸（发布附有信息请求书的最新的图纸）。所有利益相关者，从业主、设计团队、施工团队和专业分包商，到现场和场外工人，每天都使用这套图纸。
  - 所有相关专业团队一起协调三维 MEP/FP（机械、电气、给水排水和消防）系统。
  - 发布协调模型，特别是现场移动设备可用的模型。
  - 与现场团队交换预制构件仓储信息。发布预制构件的当前状态，以及预计何时可以交付到现场安装。

由于 BIM 执行计划涉及的 BIM 应用领域非常广泛，因此，没有聚焦每一具体应用的互操 474
作性问题。然而，BIM 执行计划允许团队就每项工作使用的 VDC 工具达成一致。

项目沟通过程中主要有争议的问题，是对在如此短的时间内完成一座医院的建造有不同看法。“我们需要设计团队快速提供信息，莫滕森公司也要以同样的速度进行施工，因此保持

472

设计包		名称	BIM 交付成果	备注
编号	日期			
DP #1		拆除 / 公用道路 / 调蓄池 / 公用设施	2D、3D	PDF 文件和 2D CAD（图纸）
DP #2		基坑支护与开挖	2D	PDF 文件和 2D CAD（图纸）
DP #3		停车场	3D**	PDF 文件和 3D（Civil 3D 与 / 或 Revit）
DP #4		地面停车场	2D	PDF 文件和 2D CAD（图纸）
DP #5a		医院基础	3D**	PDF 文件和 3D（Civil 3D 与 / 或 Revit）
DP #5b		医院上部结构	3D**	PDF 文件和 3D（Civil 3D 与 / 或 Revit）
DP #6		CUP	3D**	PDF 文件和 3D（Civil 3D 与 / 或 Revit）
DP #7		医院内核与外壳	3D**	PDF 文件和 3D（Civil 3D 与 / 或 Revit）
DP #8		医院内外部装修	2D	PDF 文件和 2D CAD（图纸）
DP #9		拆除现有医院	2D	PDF 文件和 2D CAD（图纸）

** 提交 3D 文件与图纸。

图 10-5-3 BIM 交付成果一览表：施工
图片由莫滕森公司提供。

设计阶段		名称	BIM 交付成果	备注
阶段	日期			
总体开发规划		总体开发规划报批	2D	PDF 文件
分区		分区报批	2D	PDF 文件
废水处理		废水处理方案——最终评审	2D	PDF 文件
概念设计		概念设计报批	2D、3D	PDF 文件、2D CAD（图纸）、3D（SketchUp 模型）
方案设计		最终方案设计交付	2D、3D	PDF 文件、2D CAD（图纸）、3D（SketchUp，Revit 和 / 或 Civil 3D 模型）
扩初设计：内核 / 外壳		扩初设计交付：内核 / 外壳	2D、3D	PDF 文件、2D CAD（图纸）、3D（SketchUp，Revit 和 / 或 Civil 3D 模型）
扩初设计：室内		扩初设计文件（100% 完成）	2D、3D	PDF 文件、2D CAD（图纸）、3D（SketchUp，Revit 和 / 或 Civil 3D 模型）
施工图设计		施工图汇总	3D**	每个汇总包：PDF 文件、3D（Civil 3D 和 / 或 Revit 模型）

** 提交 3D 文件与图纸。

图 10-5-4 BIM 交付成果一览表：设计
图片由莫滕森公司提供。

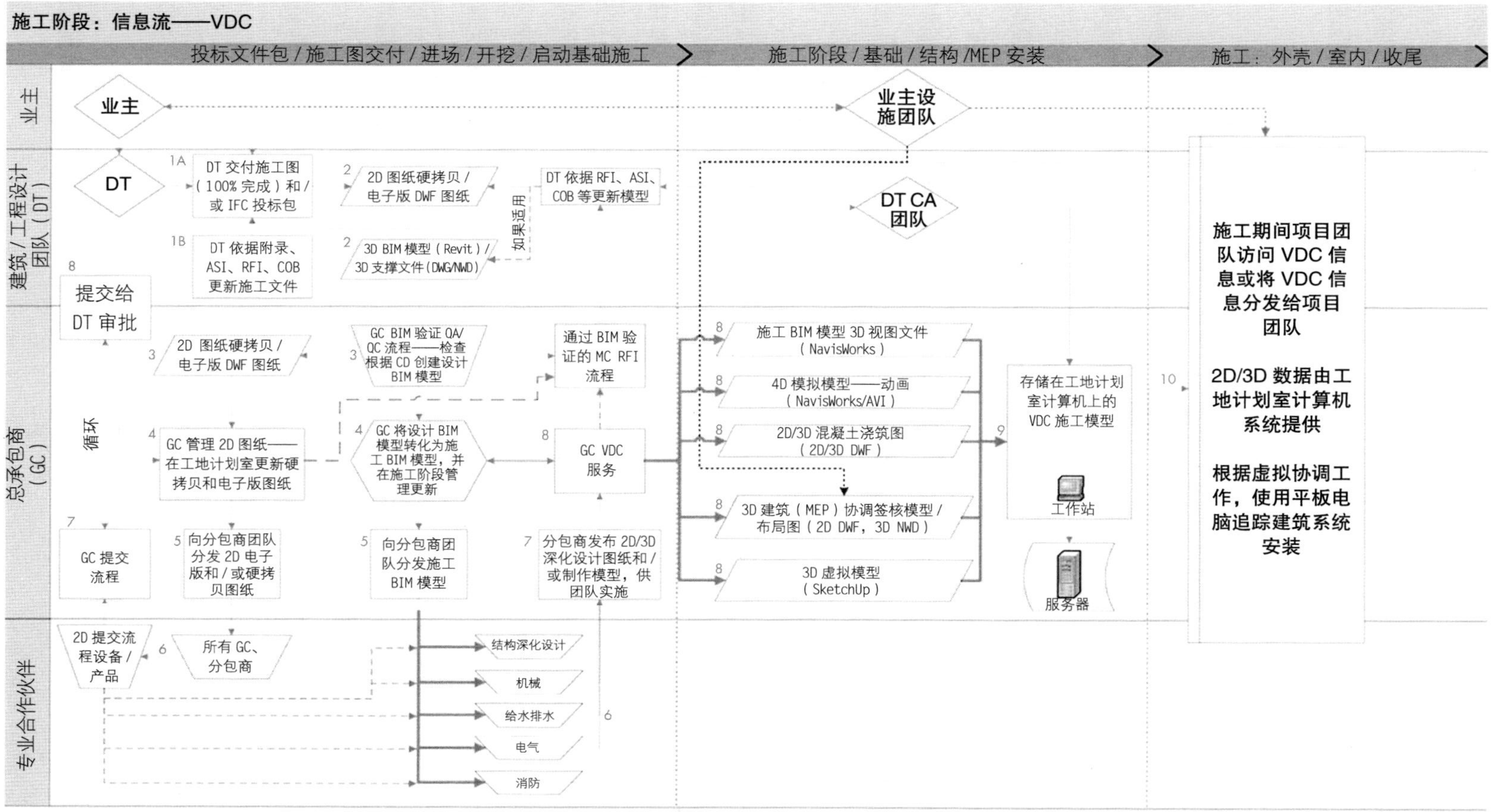

473

图 10-5-5 设计阶段和施工阶段 BIM 工作流程图
图片由莫滕森公司提供。

474 经常沟通非常关键。”鲍尔说：“模型是制定每个决策的基础。我们只有观察模型、钻研模型，才能更快地做出决策。它帮助我们快速了解问题，所以我们能够快速做出决策。这样，团队能够做出更加敏捷的决策以指导下一步工作。对于业主，包括那些‘首席’们（首席执行官、首席运营官、首席护理官），4D 是一种非常有用的沟通工具。借助它，可以确保工程进度按计划进行，以及对需要制定的决策进行充分沟通。”

10.5.3 模拟和分析

在设计早期使用 BIM 和 VDC 流程，向业主验证所有设计概念，包括向城市法规官员和执法人员可视化展示他们关注的问题；同时进行设计协调以及在整个设计开发过程中与所有项目利益相关者保持持续沟通。

集成施工经理克里斯・鲍尔回忆道：“我们使用 Primavera P6 制定进度计划后，将模型用于预算，然后使用 Synchro 开发可视化 4D 进度计划。不出所料，这对整个团队从全局角度审查进度计划非常有效。此外，还基于模型元素计算荷载，为结构分析准备数据。团队基于模型和其他 VDC 工具开展协作，一般来说，可使回答项目 RFI 时间减少，并有助于项目保持正常进度。”

10.5.4 BIM 对预制的支撑

项目从一开始就应用 BIM，以确保一切都得到完美协调，使富有挑战性的进度计划顺利执行。为了满足在 30 个月内完成总面积约 77233 平方米（831327 平方英尺）医院的施工要求，团队决定大规模采用预制构件，这可能是最有效的解决方案。此时，VDC 团队的工作对于确保将团队的 BIM 专业知识转化为实际生产力至关重要。虽然预制并不是一个新概念，但伴随建筑信息建模和虚拟设计与施工专业知识的不断发展，预制构件生产取得了跨越式发展。圣约瑟夫医院采用的预制构件包括外饰面板系统、综合支吊架（MTR）、病房床头设备带、整体卫浴、门和五金件以及其他“配套”部件和预装配部件集合。尽早进行设计协调和决策，对确保预制构件满足设计要求至关重要。

475 **外饰面板**：BIM 在圣约瑟夫医院外饰面板的整个预制过程中发挥了重要作用（图 10–5–6）。预制方案包括 346 块外墙面板，平均尺寸为 30 英尺 ×15 英尺（约 9.1 米 ×4.6 米）。为了试安装和对安装流程进行测试，很早就生产了面板实体模型。团队从测试中得到了有价值的反馈，对预制和安装流程进行了调整，以确保最终安装顺利进行。这些调整包括：

- 在面板中嵌入起吊装置；
- 一次运输更多的预制面板；
- 优化板与结构连接深化设计；
- 在每块混凝土面板完成浇筑后，记录竣工测量结果，确保每块面板尺寸正确无误以及面板之间的准确衔接。

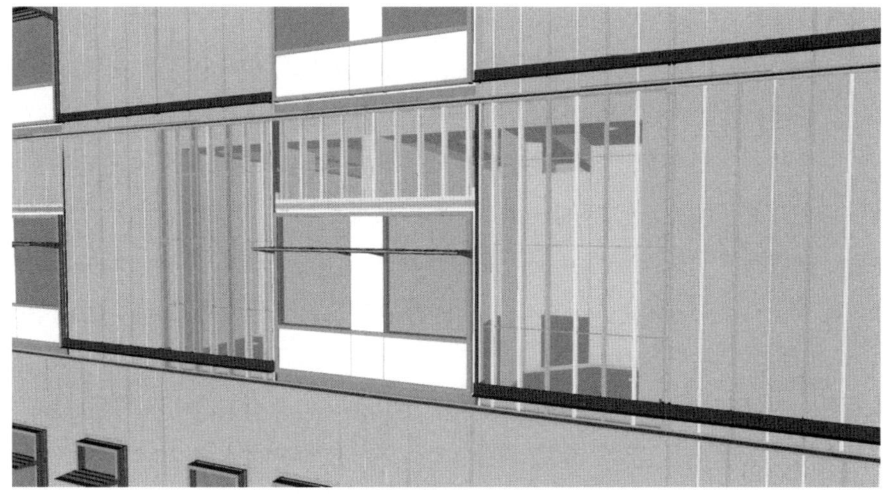

图 10-5-6 圣约瑟夫医院外饰面板协调模型
图片由莫滕森公司提供。

综合支吊架：建筑施工到第四层之前，在距离工地约 5 英里（约 8047 米）的租赁仓库开始组装 16625 英尺（约 5067 米）长的综合支吊架（MTR）。综合支吊架的预制单元包括机械管道、经过绝缘处理和带有标记的 HVAC 系统管道、电缆、电缆桥架和气动管道系统，允许即插即用，沿病房大楼走廊连接。很早就制作了综合支吊架的实体模型，以从设计、预制、质量和安装角度进行评估。事实证明，实体模型对综合支吊架的最终设计和施工都非常有价值（图 10-5-7）。

综合支吊架的实体模型还用于生产之前在项目现场演练交付、吊装和安装等相关工作。从这个过程中，团队学会了如何结合吊装点恰当、轻松地支撑管道系统，以确保其被完好无损地运输到施工现场。

476

（A）

（B）

图 10-5-7 （A）综合支吊架 BIM 模型；（B）建筑内安装的同一综合支吊架照片
图片由莫滕森公司提供。

病房床头设备带：376 个病房床头设备带也在场外仓库组装。同样，虚拟和物理实体模型以及 BIM 和 VDC 协作工具在确保这些保障患者安全重要构件在现场完美安装的过程中发挥了重要作用。通过提前对病房床头设备带进行测试，协调发现的冲突问题，显著缩短了工期。一个具体的例子是将医疗气体连接装置精确安装在预制病房床头设备带的正确位置。预制病房床头设备带在运到现场之前已经通过测试，一经安装就可投入使用。另外，由于施工团队高超的预制、安装技术，医院病房在消声降噪方面达到了非常高的标准。大多数情况下实测病房声音传输等级为 55 或更高，这在一个墙体布满管道、导管和设备箱的病房中是很难实现的。

整体卫浴：通过创建虚拟和物理实体模型，为预制 440 个整体卫浴提供了解决方案，实现了整体卫浴的高效生产和交付。例如，在对整体卫浴实体模型检查和评估后，团队意识到顶棚高度可从 275 厘米降低到 241 厘米，这样，在整体卫浴从制造厂商 Eggrock 所在地运输到项目施工现场的交付过程中，允许标准拖车装载更多的整体卫浴，从而仅运输成本一项就可节省 111000 美元。这一变更并不需要设计协调，因为业主也乐见把浴室的顶棚高度调低。发生的另一个设计变更，是出于对水汽凝结和日常维护的考虑，拆除了淋浴间的外窗。一个典型的传统团队，可能会使用纸质图纸沟通预制浴室系统的困难及其存在的维护和安全挑战，
477 但使用物理模型可使沟通更加有效。通过为业主展示真实示例模型，可以在项目早期，甚至在开始施工之前，进行关键的设计变更。

大批量采用预制构件是团队签署协作协议获益的另一个例子。与线性流程相比，采用预制构件可使设计决策和接续生产大大提前。

10.5.5 选取合适指标引导未来工作

随着预制构件的广泛使用，标准化产品的选择范围也越来越广，人们对预制构件的价值和影响寄予的期望也在不断增长。团队意识到了预制带来的潜在影响，并希望更多地基于科学依据评估这种影响。瞄准这一目标，莫滕森公司建立了一个流程，并为科罗拉多州立大学的一位教授和学生提供了资源，请他们进行预制构件影响的研究。总的来说，研究得出的结论是，在预制构件上每花费一美元，可为项目带来约 0.13 美元的可量化收益（图 10-5-8）。

效益 – 成本比

= [现场施工直接成本 + 因进度加快节省的间接成本 + 避免事故发生节省的成本] / [预制总成本]

= 1.13

效益 – 成本比（BCR）

根据对影响预制主要因素（进度、成本和安全）进行的基于价值的成本 – 效益分析，项目的效益 – 成本比为 1.13，即用于预制的每一美元中约有 13% 的可量化收益

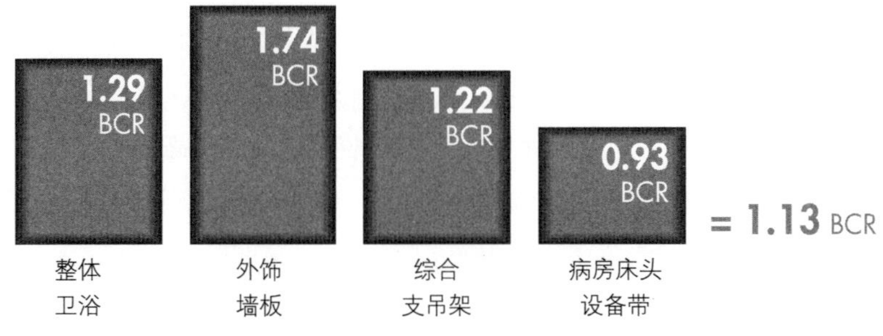

图 10-5-8　四种预制模块的效益 – 成本比
图片由莫滕森公司提供。

不同构件预制成效　　表 10–5–1　478

预制构件	节省工期	节约间接成本	直接成本	场外预制所需人工	向场外转移人工	因场外预制减少安全事故数 *	减少现场施工损失
外饰墙板	41 天	240 万美元	节约 3.7%	5000 工时	33000 工时	2 起	50 万美元
整体卫浴	52 天	310 万美元	增加 4.6%	27700 工时	78000 工时	4 起	140 万美元
综合支吊架	20 天	120 万美元	增加 21.7%	—	24000 工时	1 起	40 万美元
病房床头设备带	0 天	0 美元	增加 7.6%	1300 工时	16000 工时	1 起	30 万美元
总计	113 天	670 万美元	增加 6.0%	34000 工时	151000 工时	8 起	260 万美元

* 根据 OSHA 定义的现场施工每工时安全事故率和转移到场外的工时数进行估算。
注：原书的总计存在错误，翻译时进行了更正。——译者注

除了表 10–5–1 给出的重要量化指标外，采用预制还大大减少了现场拥堵的发生。尽管很难对此进行统计，但可以看到场地通道不怎么拥挤，建筑内外没有几台升降机，现场堆放材料、噪声和灰尘也明显减少。采用预制可使项目更安全、更可控。由于这些原因，工人对在仓库和现场工作都很兴奋。

由于 BIM 模型也可用于不同专业的工程量统计，如结构用钢量、混凝土用量、机械设备、门、病房床头设备带、预制外饰墙板、预制整体卫浴等，因此模型也可用于协助工程采购。

10.5.6 应用 BIM 和预制的风险与安全收益

采用 BIM 和预制，可从多方面降低安全风险。预制可使建筑外饰墙板在室内受保护的环境中快速生产，这是传统施工方法无法做到的。同样，综合支吊架的组装也是在受控环境中进行的，工人只需在地面走动而不必登高，因此组装过程更安全，组装成品质量更好。业主和政府主管部门（AHJs），可在综合支吊架吊装和安装在顶棚以上高度之前，在仓库工作台上查看和检查工作。与在高空检查相比，这种情况下，可见性更好，更容易看清管路走向，因而可使检查工作完成得更快。

工人将能够参与综合支吊架预制当作一项福利，因为他们更喜欢在仓库受控环境中工作（大多数预制都是在冬季进行的）。与在现场梯子和升降机上工作相比，在工作台上工作更安全。根据科罗拉多州立大学所做预制研究报告对量化安全效益的描述，本项目因采用预制可避免大约 8 起安全事故。

479 ## 10.5.7 BIM 在施工现场的应用

BIM 模型还广泛用于辅助施工现场的协调工作（图 10-5-9）。当 MEP/FP 专业（机械、电气、给水排水和消防）分包商工人发现深化设计图纸存在问题时，可在在图纸上用红线批注。然后，将这些信息转给深化设计模型创建人员，在其修订之后，再将模型发布给团队其他成员。如果其中的任何一处修改需要其他专业配合进行三维协调，那么项目团队将立刻进行协调，之后，再将协调好的模型重新发布。

（A）

（B）

图 10-5-9 在项目现场使用 BIM 模型
照片由莫滕森公司和科罗拉多州立大学提供。

10.5.8 BIM 用于设施管理

业主的设施管理人员也参与到项目中来。随着项目进展，团队主持召开了多次“用户组”会议，借助模型获取医院各个业务部门工作人员的反馈信息。业主希望获得有关 MEP/FP 系统的详细信息，包括循环水系统和 AHU（空调机组）区域截止阀以及医用气体关闭阀的所在位置。

在项目推进过程中，SCL 集团就“集团内部是否有员工使用模型参数化数据？如果有人使用，这些数据是否适合收入历史工单系统？”等相关问题展开了内部调查。因此，其并没有指定在项目竣工交付时移交资产信息用于设施维护。业主只是依据合同按照通常惯例，要求项目竣工时交付竣工文档、设计模型和施工模型、运维信息和保修信息。项目期间，莫滕森公司对市场上不同的设施管理交付选项进行了讨论，希望以此告诉 SCL 集团新设施可以利用哪些数据。莫滕森公司展示了使用移动信息的好处，以及如何通过使用移动信息提高设施管理人员的生产力，其中包括模型使用、模型数据收集、模型元素地理定位以及设施管理工作人员如何快速应对紧急情况的培训。

10.5.9 经验总结：最佳实践 480

项目一直使用 BIM 展示预期成果：从设计效果图和外壳虚拟模型到 4D 进度模型和 3D 阶段性规划；从 3D MEP/FP 冲突协调到手术室（OR）和实验室嵌墙系统协调，包括床头设备带协调。可以说，在项目在每一个阶段都离不开模型展示成果。

项目取得的主要经验如下：

- 让参与项目的所有团队都参与到协议制定中来，在协议中纳入他们的意见，这样，才能使协议获得全面认可。这对后续工作的顺利开展非常关键。
- 使用正确的工具并向用户授权。创新孕育创新（Innovation breeds innovation），因此，应向每个人授权，使其能够依据团队指导方针改进自己的工作流程。这种“尊重他人”的做法体现了精益原则的最基本要求。在项目工期从最初预计的 42 个月缩减至 29.5 个月的过程中，三维图形和可视化技术的应用功不可没。
- 沟通、沟通，再沟通：韦尔奇的这句名言仍然没有过时。如果我们不能交流我们的软件工具提供了什么，那么这些工具就失去了它们的用处。要与现场工人沟通，要与管理人员沟通，要与客户沟通，要与邻里沟通。
- 要勇于挑战传统。业主和设计团队必须根据设计进度调整采用的常规方法。通常很多决策在设计阶段后期才做，如今需要更早做出决策。举例来说，与传统流程相比，本案例需要更早就瓷砖选择做出决策。对于有些人来说，这会让他们感到不习惯，因为按照过往经验，这些工作在很久之后才做。此时，各方共同签订的协作协议发挥了指导作用，其提醒他们应尽早做出这类决策，而不是推迟。这也体现了麦克利米曲线（MacLeamy curve，参见第 5.2 节图 5-1）所示的，采用 BIM 之后，大量设计信息的形成提前至项目早期。

- 本项目的一些经验与预制直接相关。
- 欲采用预制，必须尽早做出各项相关决策，并获得项目所有主要参与方的一致同意。各方应尽早提出成本、进度、安全、质量等方面的预期，并给出相应的解决方案。总承包商和分包商必须从最早的设计阶段开始参与，以引导决策制定，还应酌情承担设计责任，提供可施工性输入，协助划分设计包工作内容并规定完成时间。在没考虑采用预制之前，设计工作做得越多，越不利于发挥预制的优势。
- 采用预制的一大优势在于，能够在仓库环境下高效生产重复性构件。当然，这并不意
481 味着一有重复性构件，预制就适用于所有项目。在决策之前，至少应进行详细的成本和进度分析，了解每个预制构件的真实影响。
- 必须从新的角度审视施工进度。快速安装预制构件需要多个后续工作提速，并比通常更早进行，以免施工场地空置。
- 在任何预制进入大规模生产之前，必须在现场对足尺实体模型进行严格审查，并进行 100% 的功能测试。这会是一个艰难的过程，但需要尽早完成。一旦出现任何与质量相关的问题，通过预制生产的快速复制，很小的问题也会被加倍放大。任何重复性缺陷都会产生昂贵的维修费用，并给项目进度和工地士气带来不利影响。另外，从合同和成本管理角度来看，如何分派和协调纠错成本会是一个颇为棘手的问题。

业主 CEO，贝恩·费里斯（Bain Ferris），是这样评价这个项目和 BIM 在其中的作用的："我们当时最关心的是：'你们能够在规定期限内完成这个项目么？'他们（莫滕森公司）的答复是：'如果贵公司能够及时做出决策，我们就能按时完成。'后来，我问是否可以提前一周时间告知需要做出决策的问题以及问题是否经过深思熟虑，他们说：'是的。'然后我就回答：'我们可以。'这正是我们合作关系的真实写照。莫滕森公司员工训练有素，他们精通 4D 模拟，并能很好地管理模拟流程。"

致谢

本案例研究是在莫滕森公司的南希・克里斯托夫（Nancy Kristof）和克里斯・鲍尔（Chris Boal）的大力协助下完成的。在此，衷心感谢包括两位在内的所有莫滕森公司的杰出人士，感谢他们为本项目和本案例研究做出的贡献。同时，感谢科罗拉多州立大学马特・莫里斯（Matt Morris）和他的同事为完成本案例研究提供的帮助。

10.6 伦敦地铁维多利亚站 482

本案例研究展示建筑信息建模（BIM）与数字工程在伦敦地铁维多利亚站升级改造项目（Victoria Station Upgrade Project，VSU）中的应用，着重介绍从项目一开始就使用BIM而给项目带来的积极影响。项目在地基处理方面面临重大挑战，通过采用BIM，建立了一套高压喷射灌浆地基处理解决方案，并在实际施工之前，使用数据丰富的信息模型进行了虚拟管理和施工。

10.6.1 历史沿革

维多利亚干线火车站是伦敦第二繁忙的铁路站，始于19世纪60年代（图10-6-1），作为一个主要交通枢纽，它为伦敦南部和英格兰南部以及乘坐火车往返盖特威克机场（Gatwick
Airport）的乘客提供服务。维多利亚地铁站由两座相互连接的地铁站组成：一座为区域环线 483
（District & Circle line）地铁站，于1868年通车；另一座为维多利亚线（Victoria line）地铁站，于1969年通车。两座地铁站的通车时间相隔一个世纪之久。

1868年12月24日，当大都会区域铁路（Metropolitan District Railway，MDR，现在称为“区域线”）开通南肯辛顿（South Kensington）站和威斯敏斯特（Westminster）站之间第一段线路

482

图10-6-1 维多利亚干线车站历史照片

图片由泰勒·伍德罗（Taylor Woodrow）和巴姆·纳托尔（BAM Nuttall）合资公司（TWBN）提供。

483 时，区域线地铁站开通。MDR 在南肯辛顿与大都会铁路（Metropolitan Railway，后称“大都会线”）相连。MDR 线路最初跑的是蒸汽机车，因而必须在隧道顶部设置通风口，以便通风。直到 1902—1903 年间通电之后，蒸汽机车才退出运行。当沃伦（Warren）街以南的第三期线路开始运营时，新的维多利亚地铁站于 1969 年 3 月 7 日开通。在通往布里克斯顿（Brixton）最后一期工程完工之前，维多利亚地铁站是这条线路的临时终点站。

10.6.2 项目概况

维多利亚地铁站的客流量一直不断增长，2006 年输送旅客 8200 万人次，预计 2020 年达到 1 亿人次。这导致车站和售票厅在高峰时段不得不频繁地采取持续时间较长的临时关闭措施，以控制过大的人流。2013 年，随着新列车的投入使用和信号系统的改进，对列车时刻表进行了修改，将每小时经停列车次数从 28 趟增加到 33 趟。然而，运力的增加很可能会促使车站变得更加拥挤。预计到 2020 年，为了确保旅客输送能够顺利、安全进行，车站在高峰时段会有近一半时间采取临时封站措施。

维多利亚站的拥堵问题由来已久（图 10-6-2），为了解决这一问题，早在 1989 年，就实施
484 了一项小型换乘改造方案。该方案是在区域环线和维多利亚线的两座地铁站之间增加换乘楼梯，并且扩大下层换乘大厅的面积。另外，车站也曾经试图采用其他方案缓解拥堵情况，包括建立一条具有更大通行能力的区间隧道，或者将站台延长 30 米，以便在现有站台加装扶梯。然而，这些方案因为潜在成本过高，或是需要地铁运行中断一段时间，最终都没有被采用。

另外，也有人提出了一项阶段性改造方案：与英国房地产投资信托企业土地证券（Land Securities）集团合作，将车站改扩建工程作为其在维多利亚街北侧零售和商业地产开发项目的一部分。该阶段性改造方案的内容包括：

- 在车站北侧建设一个新的售票大厅，能直接通往维多利亚线地铁站。

483 

图 10-6-2 维多利亚站拥挤情况
图片由泰勒·伍德罗和巴姆·纳托尔合资公司提供。

- 用无台阶换乘通道，将地下换乘大厅和区域环线地铁站连接起来，使去往东向的乘客 484
获得更好的换乘体验。
- 增加现有车站售票厅至换乘大厅的自动扶梯容量，扩建现有车站售票厅，使去往西向的乘客获得更好的换乘体验。

以上各项改造内容，构成了本次升级改造项目的基础。

改扩建方案确定在位于维多利亚街北侧的布雷森登广场（Bressenden Place）建立一个全新的地铁入口以及售票大厅。新入口处设有扶梯和无台阶通道，直接通向维多利亚线地铁站北端，然后用新乘客隧道将站台隧道、南侧售票大厅和区域环线售票大厅连接起来（图 10-6-3 和图 10-6-4）。无台阶通道将会配备 8 台全新升降电梯。建成后，位于布雷森登广场一侧的新入口，将能够有效分流途经现有售票大厅的乘客，分流占比约为 40%。该入口距离维多利亚街办公楼和商场更近，对于上班族或者去购物的顾客而言，走此入口可比走南侧售票大厅通道节省大约 7 分钟步行时间。整个改扩建项目预计 2018 年完工，总工程造价约 5.1 亿英镑。车站升级改造完成后，项目交付成果包括：

图 10-6-3 位于布雷森登广场的新地铁入口
图片由泰勒·伍德罗和巴姆·纳托尔合资公司提供。

485

图 10-6-4 全新的售票大厅
图片由泰勒·伍德罗和巴姆·纳托尔合资公司提供。

- 9 台新扶梯；
- 8 台新电梯；
- 1 条长度 280 米的新隧道；
- 20 个新检票口；
- 1 个新售票大厅；
- 1 个扩建售票大厅；
- 3 个新入口。

此项地铁站改扩建项目位于伦敦十分繁华的街区，施工团队需要建设总长度为 280 米的新隧道，并完成以下施工任务：

- 930 根桩（最大埋深 50 米，最大横截面直径 2100 毫米）；
- 23000 立方米钢筋混凝土；
- 50000 立方米弃土清运；
- 2700 根联锁喷射灌浆柱。

新隧道直径从 4.5 米到 9.0 米不等，新售票厅埋深 15 米。到 2018 年最终完工，项目工期长达 6 年半之久。

与项目相隔不远的威尔顿路（Wilton Road）和维多利亚街（Victoria Street）的交叉口是这一区域交通最为繁忙的路段，每天会有大量的车辆和行人经过。因此，须将施工对交通的影
486 响降至最低。为了实现这一目标，项目团队决定采用自上而下的逆作法施工方案。施工现场非常拥挤，且需要考虑许多既有基础设施，包括需要避让或迁移的管道、下水道、输电线路和通信电缆（图 10-6-5）。

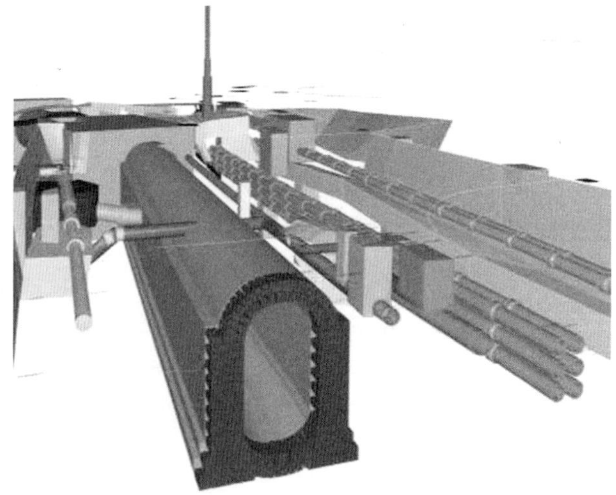

图 10-6-5 项目开挖后裸露的维多利亚站地下管网系统和其他公用设施。这些公用设施经激光扫描建模后导入三维项目模型

图片由泰勒·伍德罗和巴姆·纳托尔合资公司提供。

新建售票大厅和隧道位于许多既有建筑基础的下部。其中，有三座建筑——维多利亚广场剧院、阿波罗剧院和国家火车站北侧外立面，已经被英国国家历史遗产名录列为国家特殊建筑或历史建筑。任何可能影响所列建筑的结构变更或施工活动，都会受到相关政府部门的严格限制。另外，矗立在维多利亚街与沃克斯豪尔桥路（Vauxhall Bridge Road）交叉口交通环岛中心的缩微版圣斯蒂芬斯塔（St. Stephens Tower），或者称作“小本钟”，也被列为保护建筑，在其周边开展工程施工也需要经过特殊的论证、规划和审批流程。

形成布雷森登售票厅新墙的咬合桩与流淌泰伯恩河砖砌涵洞的距离不超过 3 米。连接新售票厅和维多利亚线的新乘客隧道从涵洞下方和维多利亚线南向隧道上方穿过。因此，项目设计要特别注意公差控制。例如，新自动扶梯隧道位于两条维多利亚线站台隧道之间，相互之间仅有 300 毫米的空隙。综上，管理现有结构和新结构之间的公差和净距对于项目的安全和成功交付至关重要。

由于项目现场和交付方案的复杂性，很早就决定使用 BIM。项目团队创建了一个信息模 487
型（其中包含由三维激光扫描点云数据创建的既有资产模型），并利用三维数字工程工具处理和可视化相关资产和施工现场数据。项目团队坚信，协同工作是促进高质量设计和降低风险的关键。项目通过为承包商、分包商和业主搭建共用数据环境实现协同工作。

10.6.3 工程挑战

维多利亚站既有隧道埋深都比较浅：区域环线隧道顶部距地面 2.5 米，维多利亚线隧道顶部距地面约 14 米。新建隧道的地基土层分为两层：上部为伦敦黏土层，下部为含水阶地砾石层。为了防止新隧道开挖对既有隧道和周围建筑造成扰动，地基必须具有良好的稳固性。项目选用喷射灌浆技术，对黏土层和砾石层地基进行处理（图 10-6-6）。

喷射灌浆施工先将空心钻头插入地基，然后在高压下注入水泥浆，使其与周围土体混合，
形成稳定的混凝土块，从而达到地基加固的目的。另外，混凝土块会形成不透水屏障，可使 488
新建隧道免遭地下水渗入。

喷射灌浆混凝土柱直径为 1.6 米，每根柱与其相邻柱至少重叠 150 毫米，施工时须密切控制尺寸和位置。这样做的结果是在地基中插入了大量低标号混凝土联锁柱。为了满足覆盖率要求，项目还使用了直径 1.4 米和 1.8 米的喷射灌浆柱。最终，有 2700 根喷射灌浆柱用于地基加固。

两大总承包商——泰勒·伍德罗公司（Taylor Woodrow）和巴姆·纳托尔公司（BAM Nuttall）成立了一家合资企业（TWBN），他们根据 NEC 选项 C[1] 确定的设计和施工合同交付项目，风险共担，收益共享。莫特·麦克唐纳公司（Mott MacDonald）作为一家长期提供跨专业

1 在 NEC 施工系列合同族中，选项 C 是目标成本合同，在任务计划表里，业主和承包商按照事先约定的比例分担财务风险。

487 

图 10-6-6 维多利亚站的喷射灌浆施工
图片由泰勒·伍德罗和巴姆·纳托尔合资公司提供。

488 工程、管理和开发服务的咨询公司，之前曾完成伦敦地铁概念设计，并指导、协助项目通过《运输与工程法案》(Transport & Works Act) 法定流程审查，在本项目中被 TWBN 聘为设计方。

伦敦地铁于 2011 年 3 月完成征地，2011 年夏季开始场地准备工作。2012 年夏天，喷射混凝土衬砌（SCL）隧道工程从北售票厅附近开始，一路向南推进。2012 年 10 月，南售票厅开始动工。新北售票厅于 2018 年 1 月 25 日开业。在撰写本书时，整体项目尚未完工，预计于 2018 年夏天竣工。

10.6.4 BIM 的作用

为了应对维多利亚站升级改造项目面临的严峻挑战和风险，项目团队决定使用建筑信息建模（BIM），这在 2006 年项目开始时在英国是前所未有的。在此之前，BIM 仅用于规模较小、结构简单的建设项目。在本项目中，BIM 侧重于实体资产信息模型的创建和使用，实施流程涵盖三维设计、模拟和分析、工程量统计以及许多其他模型应用，使用了各种不同的 BIM 工具。实施 BIM 的重点是将共用数据环境作为项目团队创建、管理和交换信息的平台，从而实现团队协同工作。伦敦地铁之所以尝试这种 BIM 实施方法，是因为团队认为，如果没有几何精确、完全协调的三维模型，将很难可视化及协调项目（图 10-6-7）。

2006 年开始设计时，BIM 在英国还处于起步阶段，BS1192 标准尚未发布。维多利亚站升级改造项目的 BIM 应用远远超出了此前英国尝试的范围，在国际上树立了新标杆。项目开始
489 使用 BIM 时，《政府建造战略》尚未出台。事实上，《政府建造战略》的开发参考了维多利亚站升级改造项目的 BIM 实践，并将其作为展示信息模型成熟度的范例。项目取得的经验教训

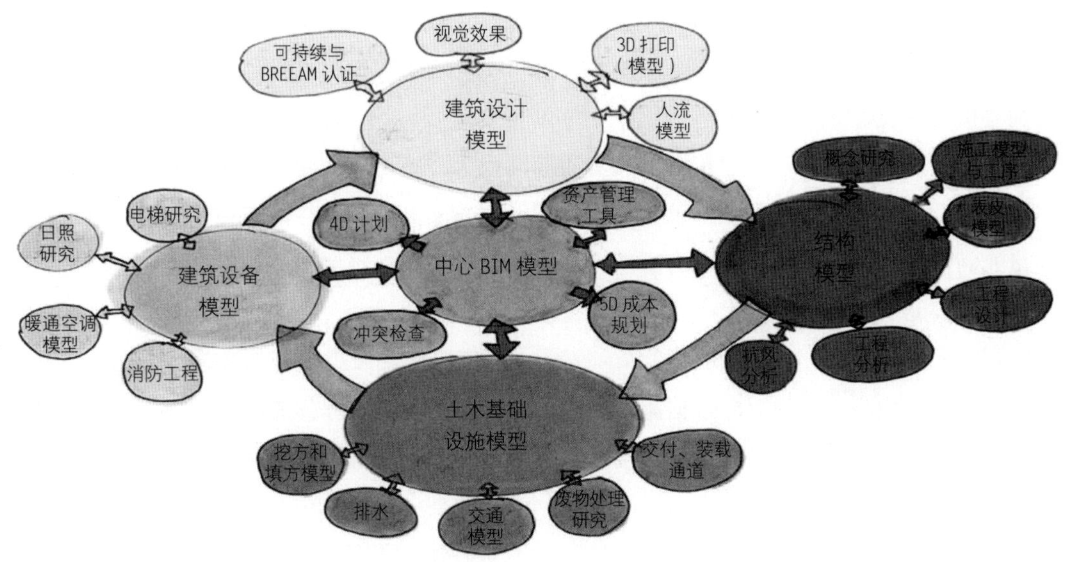

图 10-6-7 BIM 概念

图片由泰勒・伍德罗和巴姆・纳托尔合资公司提供。

和实现的收益对其他几个主要基础设施项目的 BIM 应用产生了影响，如伊丽莎白地铁线（又称“Crossrail”）和伦敦银行地铁站增容改造项目。

维多利亚站升级改造项目信息模型包含 18 个不同专业的设计信息，可使项目各方清晰看到整个项目是如何整合在一起的。虽然 BS1192：2007 尚未发布，项目围绕以下内容构建了 BIM 工作流程：

- 业主与项目供应链各方之间的协作；
- 数据创建、管理和共享的单一统一系统；
- 信息模型协调。

为了最大限度地提高不同专业之间的互操作性，项目要求各方尽可能将奔特力系统软件公司（Bentley Systems）的 ProjectWise 作为首选协作软件。ProjectWise 软件由莫特・麦克唐纳公司供应，其负责管理用于跨专业设计团队和业主之间进行沟通的 CAD 数据和 BIM 流程。远程设计团队成员可以通过广域网（Wide Area Network，WAN）访问数据。

莫特・麦克唐纳公司与泰勒・伍德罗和巴姆・纳托尔合资公司先后使用 Bentley Triforma 490
和 Bentley AECOsim 基于维多利亚站升级改造项目信息模型创建三维模型。伦敦地铁使用伦敦测量网格（London Survey Grid，LSG）作为首选坐标系，因为其考虑了地球曲率。在处理大型线性资产（如铁路）时，使用此类坐标系标注尺寸至关重要，因为平面军械测量坐标和曲面 LSG 坐标之间的误差随着距离的增加而增大。之所以选择 Bentley 套件程序，是因为其内置多种坐标系，允许团队轻松使用更精确的 LSG 坐标系。

将从信息模型和三维模型中提取的 PDF 三维动画用于整个设计团队的沟通，从而消除了对工程师进行 CAD 平台培训的需要。这一方面减少了团队成员面对面开会的次数，另一方面也减少了硬拷贝图纸的使用，从而节省了时间和成本。这些 PDF 文件还可帮助那些不懂技术的利益相关者获取所需的信息。

由于项目选址位于伦敦建筑密集、交通拥堵地带，施工场地受到诸多限制。因此，需要尽可能采用预制构件。使用 BIM 流程使设计团队对维多利亚站升级改造项目信息模型的数据质量充满信心。图模一致和改进的协作流程确保设计为场外预制构件预留准确位置，并进行严格安装验证。

有限元分析程序，如 STAAD 和 Hevacomp，可直接使用来自模型的数据，同时，分析结果也能反馈给模型，这种双向数据流动提高了设计效率，使工程师能够使用模型数据执行工程设计任务，然后将修改后的设计直接反馈给模型。这既缩短了设计时间，又能让项目团队成员更快获得所需的信息。

BIM 与喷射灌浆。维多利亚站升级改造项目使用喷射灌浆的规模在英国是前所未有的，这是首次将喷射灌浆用于喷射混凝土衬砌（SCL）隧道。维多利亚站升级改造项目信息模型的数据来源于校勘后的勘察和地质数据。基于维多利亚站升级改造项目的信息模型，项目创建了多个三维模型，用于设计、规划、验证和理解喷射灌浆流程。先对每段 SCL 隧道建模，帮助团队开工前确定灌浆柱之间的间隙（图 10-6-8 和图 10-6-9）。三维模型还可显示喷射灌浆未处理的区域、影响隧道表面施工的障碍物以及任何地质异常情况。这有助于团队在隧道施工开始之前采取一些必要的补救措施。

项目使用 BIM 模型对 2700 根喷射灌浆柱进行规划、协调、定位和定向。模型中的每根柱都有唯一的标识码（图 10-6-10），用于施工排序，并使工程团队能够识别每一根喷射灌浆柱，确保其方向和位置的正确性。

491

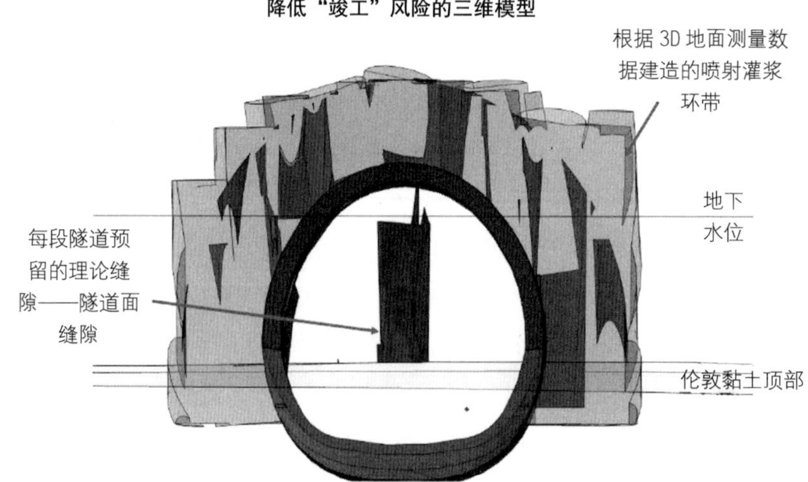

图 10-6-8 在三维模型中标明的一处喷射灌浆缝隙
图片由泰勒·伍德罗和巴姆·纳托尔合资公司提供。

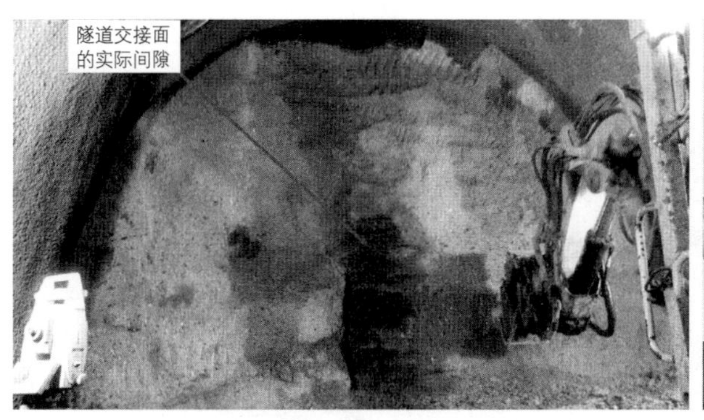

图 10-6-9 实际开挖时在相同位置发现了喷射灌浆缝隙
图片由泰勒·伍德罗和巴姆·纳托尔合资公司提供。

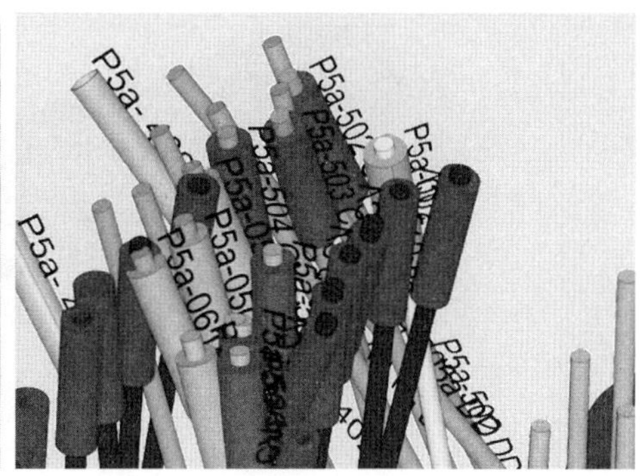

图 10-6-10 所有喷射灌浆柱都有唯一的 ID 编码
图片由泰勒·伍德罗和巴姆·纳托尔合资公司提供。

设计团队还应用 BIM 模型进行风险管理。例如，使用从三维模型中提取的柱平面图进行重叠检查，从而发现潜在问题，并进行可视化展示（图 10-6-11）。还可以使用信息模型进行逆“碰撞检测”，确保固结地基内没有影响隧道施工的空隙（即工程进水）。

地面处理承包商，凯勒公司（Keller），在施工中允许灌浆钻机直接读取三维模型中的位

492

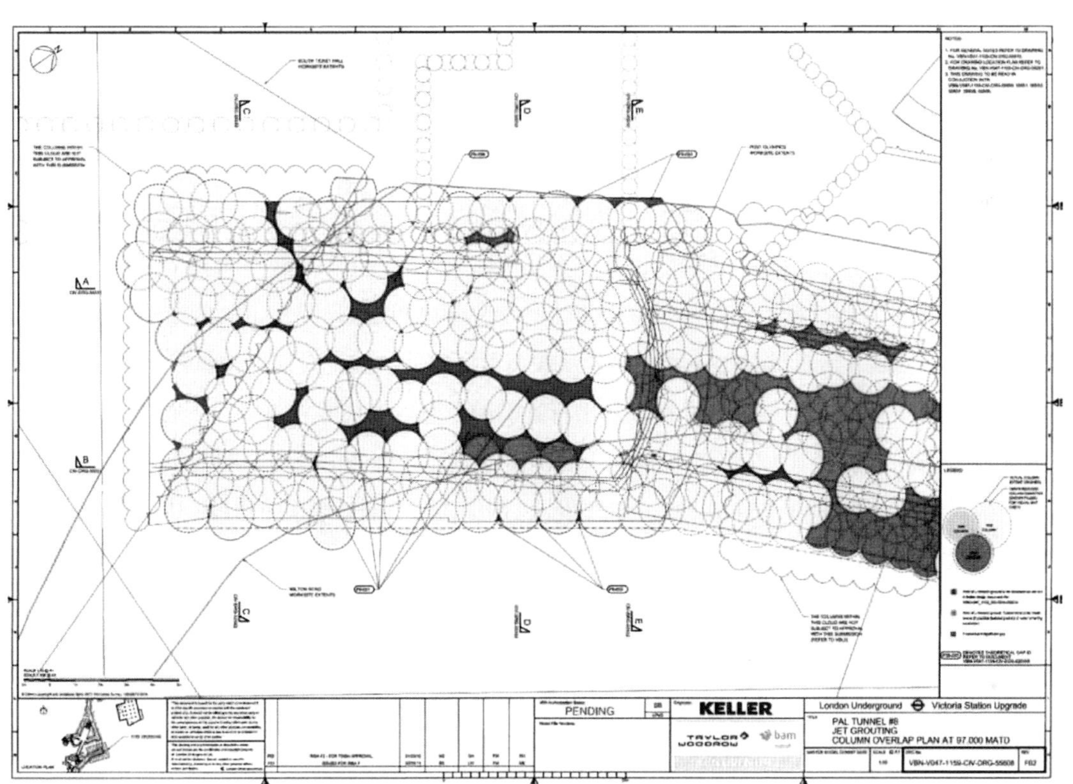

图 10-6-11 突显喷射灌浆过度重叠区域和需要关注区域的平面图（见书后彩图）
图片由泰勒·伍德罗和巴姆·纳托尔合资公司提供。

493

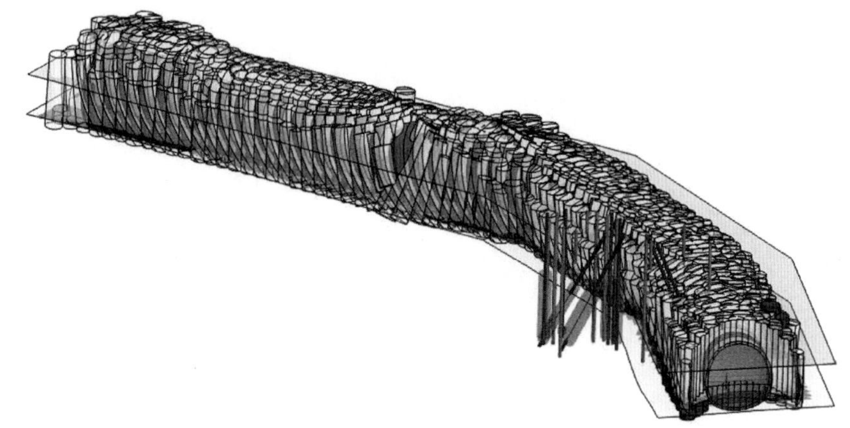

图 10-6-12 拟建隧道的喷射灌浆范围
图片由泰勒・伍德罗和巴姆・纳托尔合资公司提供。

置 / 角度 / 深度数据（图 10-6-12）。一般来讲，喷射灌浆的失误率为 5%—10%；而维多利亚站升级改造项目，只有两根柱需要重新钻孔，失误率仅为 0.00074%。据初步估算，通过使用 BIM 支持喷射灌浆流程，可为项目带来高达 400 万英镑的成本节省。

由于应用 BIM，提高了喷射灌浆施工的精度和效率，降低了项目风险，因此，凯勒公司将维多利亚站升级改造项目采用的技术和方法推广到其他项目。凯勒公司的工程实践表明，拥抱 BIM，并快速提高 BIM 成熟度，使之满足政府设定的承接大型投资项目要求，是分包商赢得项目的务实之道。

BIM 深度应用。在另一项工程，区域环线地下通道建造，BIM 也发挥了重要作用。项目要求在既有区域环线砖拱隧道下方再修建一条隧道。施工难点在于，既有砖拱隧道下方缺乏修建常规隧道的空间，因此，首选的设计方案是修建箱型混凝土结构地下通道。

泰勒・伍德罗和巴姆・纳托尔合资公司（TWBN）负责区域环线地下通道施工。混凝土板是在 2014 年圣诞节到新年夜之前的六天公众假期里浇筑的。施工时需要地铁停运，项目选择在这六天施工，也是出于尽量减少对公众出行影响的考虑。该板即为收费地下通道的顶板。

地铁必须在新年夜（12 月 31 日夜晚）之前重新开通，这是伦敦地铁网全年最繁忙的时段之一。TWBN 公司制作了一个四维工序模型，以确保工程能够在规定的时间内完成，并使施工团队熟悉工程施工的各项任务。2014 年 12 月 30 日，混凝土顶板浇筑工程完工，地铁恢复原状并通过通车测试，控制权还给伦敦地铁，比规定的截止时间——2014 年 12 月 31 日凌晨 1 ： 00 整整提前了 10 小时 45 分钟。

施工之前，对既有车站、临时车站和新车站布局进行行人建模，以确保施工期间车站内
494 没有拥堵区域。由于项目的性质，施工时，必须关闭现有车站的一些区域，同时还要确保客流以期望的速度移动。为此，伦敦地铁使用 Legion 建模软件和维多利亚站升级改造项目信息模型中的数据预测车站客流。在 Legion 模型中，可以添加不同数量的乘客，并且可以为虚拟

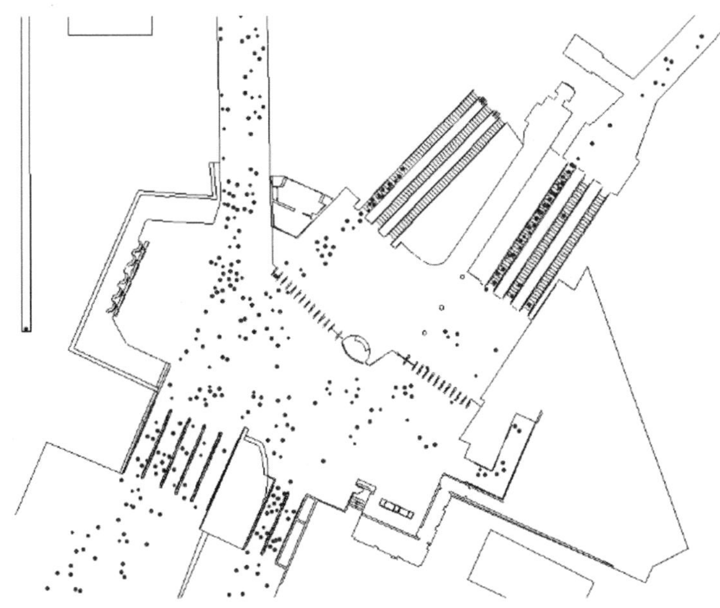

图 10-6-13 扩建后南售票大厅的 Legion 模型
图片由泰勒·伍德罗和巴姆·纳托尔合资公司提供。

乘客分配不同的行为，以使计算机模拟尽可能贴近实际。该模型还可用于识别火灾疏散、自动扶梯 / 电梯更换等不同场景的拥堵区域（图 10-6-13）。

承包商还使用模型展示位于布雷森登广场入口处机房的安装工序（图 10-6-14）。由于机房狭小且拥挤，设备必须按特定顺序安装，才能确保机房在不发生现场冲突的情况下在计划的时间内完成。

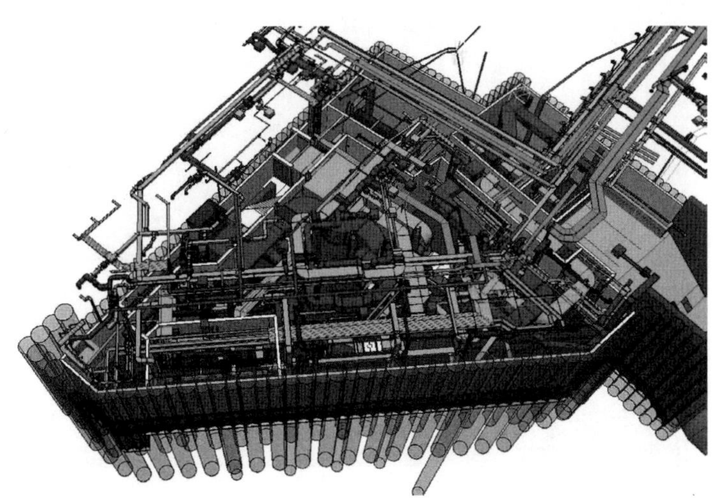

图 10-6-14 位于布雷森登广场入口处的机房
图片由泰勒·伍德罗和巴姆·纳托尔合资公司提供。

494 项目有许多难以处理的接口，尤其是喷射混凝土衬砌隧道与采用传统挖掘方法生成的方形隧道的接口。其中一个接口位于布雷森登广场入口附近的 2 号竖井侧壁，如图 10–6–15 所示。通过建立接口三维模型，项目团队能够基于信息模型中的三维数据底
496 气十足地做出设计决策，因为他们可从每个可能角度查看接口，因此，当他们开始建造隧道时，一切都了然于胸。TWBN 公司还制作了接口四维模型，以明确工程顺序，并确保在需要时将正确的隧道圈运至工地。这项工作非常重要，因为 2 号竖井必须与两条维多利亚线隧道斗榫合缝。

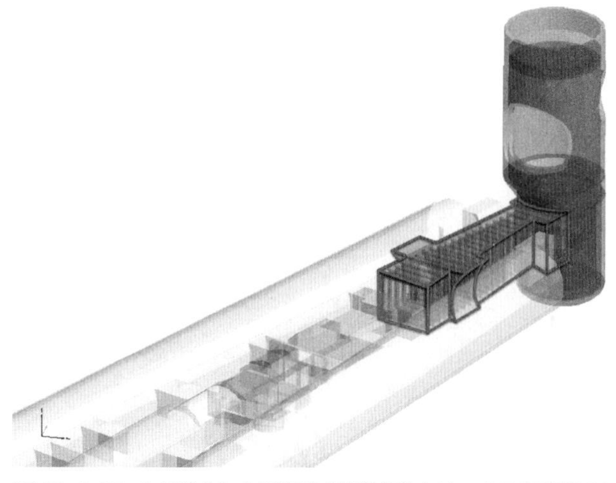

图 10–6–15 2 号竖井与方形隧道（蓝线部分）接口（见书后彩图）
图片由泰勒·伍德罗和巴姆·纳托尔合资公司提供。

维多利亚站升级改造项目信息模型还用于与利益相关者和公众进行沟通。设计团队制作了一个 3D 打印模型，以便利益相关者能够对项目有一个直观和清晰的理解；毕竟，他们并非专业人士，很难理解传统工程图纸和特定格式的信息内容（图 10–6–16 和图 10–6–17）。项目团队还制作了完工车站与周围建筑的全息图（图 10–6–18），以便利益相关者能够通过观察这

496

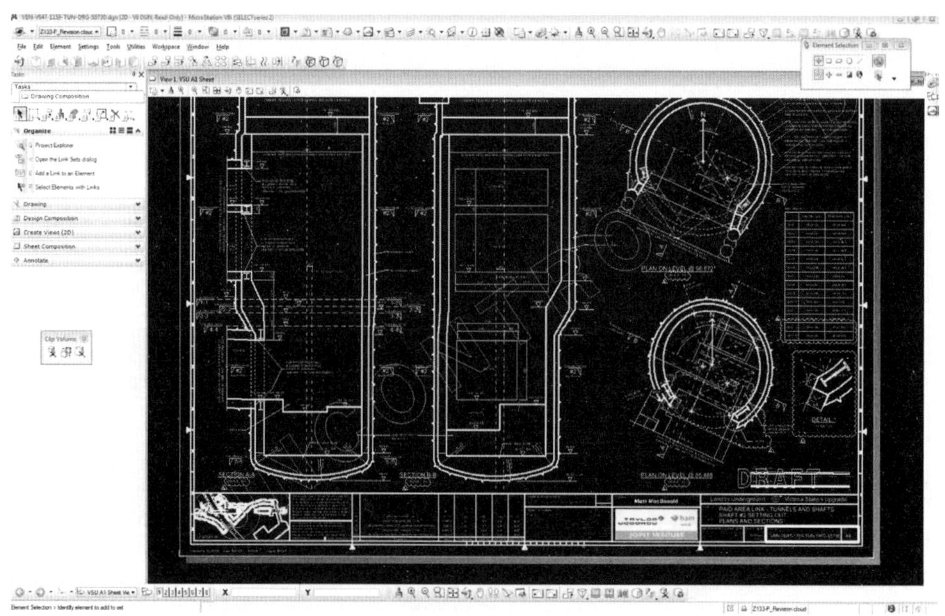

图 10–6–16 由模型自动生成的 2 号竖井的 CAD 图纸
图片由泰勒·伍德罗和巴姆·纳托尔合资公司提供。

497

图 10-6-17 维多利亚站升级改造项目 3D 打印模型
图片由泰勒·伍德罗和巴姆·纳托尔合资公司提供。

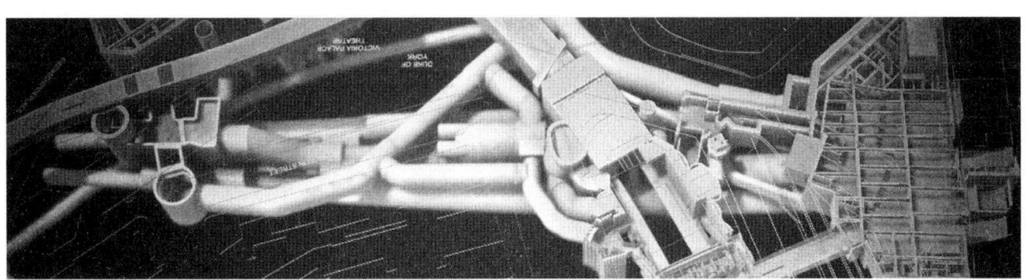

图 10-6-18 维多利亚站升级改造项目全息图
图片由泰勒·伍德罗和巴姆·纳托尔合资公司提供。

一三维视图进一步加深对项目的了解。使用 3D 打印和全息图提高了项目团队与公众沟通设计和施工意图的能力。这有助于在需要时及时获得反馈并做出相应修改，避免项目后期因变更导致成本增加和工期延迟。

10.6.5 BIM 为项目带来的收益 497

目前，维多利亚站升级改造项目的施工依然在有条不紊地进行，预计将于 2018 年按期完工。随着项目推进，维多利亚站升级改造项目模型中的信息也在不断丰富、完善，从基于所有设计信息的“设计模型”发展到基于竣工信息的“竣工模型”。在施工阶段，TWBN 公司使用模型能够更早、更容易发现和解决现场问题。

应用模型，TWBN 公司能够根据规范检查竣工工程，并对任何异常情况进行验证。随着项目进展，单一整合模型中的数据逐渐完善，可在整个设计和施工流程中基于其对设计的可
498 施工性进行审查和测试。2018 年工程完工时，将把竣工信息模型移交给伦敦地铁，用于资产运维。

喷射灌浆钻机直接读取 BIM 模型的坐标数据，将施工精度提高到一个新水平。仅此一项就为项目节省约 400 万英镑成本和数天工期，因为喷射灌浆的失误率接近于零，与同类项目相比，减少了约 270 根柱需要重新钻孔的工作量。

使用 4D 技术对帮助项目团队理解如何建造项目中的特别复杂区域非常有益。这使团队能够在虚拟环境中建造和重建这些区域，以找到交付项目的最佳的安全方法和有效的工序。

应用 BIM，维多利亚站升级改造项目的设计更快、更精确。通过施工之前在单一、精确的信息模型内检查建筑、结构和设备元素之间的冲突，为项目节省了时间和成本。节省时间的一个例子是售票厅的设计，如果建筑师修改了楼板洞口位置，工程师通常需要重新确定荷载传导路径，如有必要，还需要增加配筋。使用有限元分析软件及其与维多利亚站升级改造项目信息模型的双向连接，意味着可以自动计算荷载传导路径和钢筋面积。

最后需要指出的是，凯勒公司（地面处理承包商）见证了 BIM 应用对维多利亚站升级改造项目准确性和效率的提升以及风险的降低，对 BIM 的优势有着深入理解。随后，他们承诺自身组织将采用 BIM，并在两年内达到 BIM 2 级标准。这向所有承包商和分包商表明，BIM 是值得一探究竟的。

10.6.6 后记

“我们都知道，有已知的已知，就是我们知道有些事我们知道。

我们也知道，有已知的未知，就是我们知道有些事我们不知道。

但也有未知的未知——那就是我们不知道有些事我们不知道。”

BIM 让我们对已知的已知进行建模。

BIM 让我们对已知的未知做好准备。

BIM 帮助我们应对那些未知的未知。

致谢

伦敦维多利亚站升级改造案例研究是由以色列理工学院在读专业硕士研究生梅尔・卡茨（Meir Katz），以及伦敦运输局的史蒂夫・赖特（Steve Wright）和保罗・卡尔（Paul Carr）共同撰写的。作者在此特别感谢他们的合作和贡献。后记转述了唐纳德・拉姆斯菲尔德（Donald Rumsfeld）2002 年发表的一句隽语，在此一并致谢。

10.7 新加坡南洋理工大学北山学生宿舍

BIM 在高层预制预装修箱式模块装配式建筑（PPVC）中的应用

10.7.1 引言

新加坡南洋理工大学（Nanyang Technological University，NTU）新学生宿舍是采用 BIM 建造的预制预装修箱式模块装配式建筑（Prefinished Prefabricated Volumetric Construction，PPVC）。本案例研究描述 PPVC 项目应用 BIM 的整体思路、原则、关键技术和实施细则。

按照新加坡政府提出的发展目标，建筑业生产率每年都应有 2%—3% 的增长。为实现该目标，新加坡建设局（Building and Construction Authority，BCA）一直致力于寻求提高生产率的方法。现阶段，新加坡建设局正在大力推广装配式建筑，并通过不同资助和激励计划，鼓励和引导私人建筑企业投入到装配式建筑推广中来。因此，新加坡建筑业正在采用促进生产率提高的技术，如基于制作和装配的设计（DfMA），替代传统的建造方法。DfMA 是一种注重制作难易程度（场外）和装配效率（现场）的设计方法，是实现新加坡建设局设立的提高施工生产率、减少对外国劳工依赖和为施工现场提供更安全工作环境目标的有效手段。

采用 DfMA 解决方案，首先要对终端产品、现场限制条件，以及关键驱动因素有一个全方位的了解。PPVC 技术代表了一种非常有吸引力的 DfMA 解决方案，被认为是一种新的颠覆性建造技术。PPVC 要求，完成内部装修及固定装置和设备安装的箱式模块在工厂制作，然后运输到施工现场以类似乐高的方式进行安装。新加坡建设局还为该领域的 BIM 应用制定了政策和战略，并将 BIM 作为一项先进信息技术和一种虚拟设计与施工（VDC）重要工具，强调将其用于整个建造流程。

10.7.2 项目概览

作为南洋理工大学的代表，南洋理工大学发展与设施管理办公室（ODFM）决定在新加坡南洋新月北山沿线采用 PPVC 新建一座拥有 1673 个单元的学生宿舍。项目于 2014 年 6 月破土动工，原本预计施工工期持续 26 个月，而实际工程施工仅用了约 19 个月，建设总成本约 1.96 亿新加坡元。

项目总平面布局，包括六座独栋学生宿舍、一个多功能厅和一个停车场。每栋学生宿舍 500
均为 13 层，内设公共设施。项目总建筑面积约 5.4 万平方米，其中，约 2.94 万平方米采用 PPVC 模块（PPVC 占比约为 60%）。共有 1213 个钢制模块、11 个结构模块和 40 个建筑（单人间和双人间）模块，其典型尺寸为 2.175 米宽、10.35 米长和 3.14 米高。典型层高 3.15 米，室内顶棚高度 2.75 米。总重量约 4442 吨。模块在场外预制，配备家具，然后运输到现场安装。图 10–7–1 为一个典型的钢制 PPVC 模块。

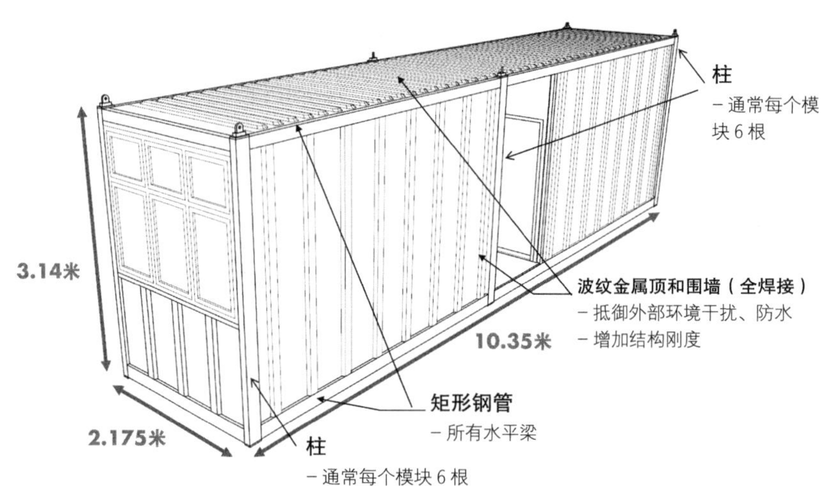

图 10-7-1 一个典型的钢制 PPVC 模块
图片由莫德纳家居有限公司（Moderna Homes）提供。

项目部署三台大型塔式起重机。每台起重机的起重幅度 24 米，额定起重量 24 吨。每个 PPVC 模块通常重 8—21 吨，而较小的模块重约 6—8 吨。建筑 1—4 层（部分为 1—5 层）裙楼，包括餐厅、商店、会议室和文化舞蹈室，采用传统现浇钢筋混凝土结构。PPVC 模块安装在四层（或五层）之上，但核心墙仍用现浇钢筋混凝土结构。图 10-7-2 展示了一个典型的采用传统现浇钢筋混凝土结构裙楼和采用 PPVC 塔楼的整合。从图中，可以发现以下技术细节：

- 采用现浇钢筋混凝土结构的裙楼在坡地设置不等高基础；
- 在现浇钢筋混凝土裙楼与钢制 PPVC 模块之间设置了转换楼板；
- 为保持 PPVC 模块的侧向稳定，核心筒采用现浇钢筋混凝土结构。

501 最初，在设计开始时，计划使用传统现浇结构建设项目，几个月后，在南洋理工大学的支持下，经过进一步评估和规划，决定采用 PPVC 技术。南洋理工大学发展与设施管理办公

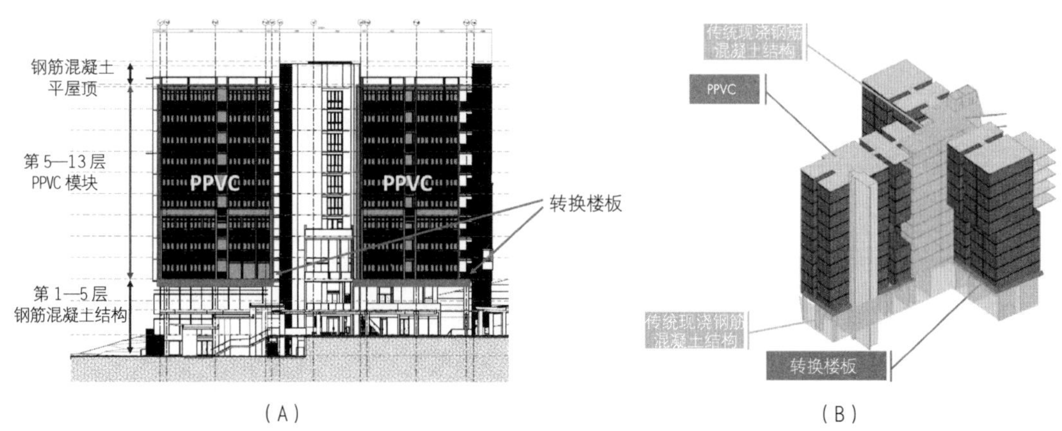

图 10-7-2 PPVC 与现浇钢筋混凝土结构的整合（PPVC 与现浇结构混合方法）（见书后彩图）
（A）竖剖面图；（B）三维视图
图片（A）由莫德纳家居有限公司提供；图片（B）由 P&T 咨询有限公司提供。

室对新加坡建设局推动采用颠覆性技术提高生产力战略的领会，以及大学具有协助政府贯彻提高生产力战略的意愿，是从传统建造方法向 PPVC 转变的动因。作为领先的科技大学，南洋理工大学勇于迎接挑战，决定在北山学生宿舍的设计和施工中率先采用 PPVC。设计规划明确划分了 PPVC 和常规现浇结构的界限，以便分别签订合同。

根据新加坡建设局颁布的《行业规范（2013—2014 年）》，所有建筑面积超过 20000 平方米的新开发项目都需要提交建筑专业 BIM 模型，而机电、土木和结构专业是否使用 BIM，可由项目自行选择。为了贯彻《行业规范（2013—2014 年）》，项目从一开始就使用 BIM。

无论是单独采用 BIM 还是单独采用 PPVC，收益都是显而易见的，但在 PPVC 中应用 BIM 将会获得更多收益。基于对场地限制、PPVC 模块运送、委托方设计需求、项目预算和进度计划等诸多重要因素的综合考虑，团队从一开始就决定将 BIM 用于 PPVC 模块的设计、制作和安装。利用 BIM 设计和制作 PPVC 模块，有助于采用全方位协调设计流程，并使施工管理更加高效。图 10-7-3 为渲染之后，南洋理工大学 PPVC 项目 BIM 模型的两个不同视图。

502

（A）

（B）

图 10-7-3 南洋理工大学 PPVC 项目 BIM 模型

（A）北向透视图；（B）鸟瞰图

图片由 P&T 咨询有限公司提供。

BIM 促进了不同角色和专业的融合，增强了团队的协调和沟通。从而可使项目出错减少，一致性增强，沟通更加顺畅。图 10-7-4 汇总了 BIM 在 PPVC 四个主要阶段的应用。

503

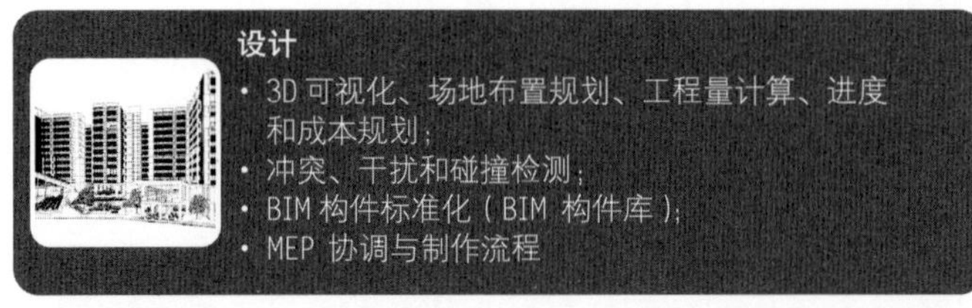

设计
· 3D 可视化、场地布置规划、工程量计算、进度和成本规划；
· 冲突、干扰和碰撞检测；
· BIM 构件标准化（BIM 构件库）；
· MEP 协调与制作流程

制作与组装
· 基于完成的 BIM 模型，生成深化设计图纸；
· 模块无差错制作和组装

物流与运输
· 模块进度协调；
· 模块状态追踪；
· 以准时生产方式交付

安装
· 模块安装规划与施工管理的现场协调；
· 参照 BIM 模型，使用定位系统和测量设备确定模块位置；
· 管理、追踪施工过程与进度、库存检查、质量控制；
· 为每个建筑系统的材料采购、制作、交付和现场安装制定完整的进度计划

图 10-7-4 BIM 在 PPVC 项目不同阶段的应用与收益

10.7.3 项目组织与管理

表 10-7-1 中列出了项目团队成员及其在项目中扮演的角色。

504 项目团队 表 10-7-1

角色分工	公司
开发商 / 业主	南洋理工大学发展与设施管理办公室
建筑设计方	P&T 咨询有限公司，圭达·莫斯利·布朗（Guida Moseley Brown）建筑师事务所
总承包商	BBR 集团新加坡桩基与土木工程（Piling & Civil Engineering）有限公司
PPVC 专业承包商	莫德纳家居（Moderna Homes）有限公司
PPVC 工程设计方	罗尼 + 高（Ronnie & Koh）咨询有限公司

续表

角色分工	公司
C&S、M&E 专业分包商	贝卡·卡特·霍林斯 + 费尔纳(Beca Carter Hollings & Ferner)(东南亚)有限公司
工程量计算	富兰克林 + 安德鲁斯(Franklin + Andrews)有限公司
工厂(钢骨架生产)	• 中国台湾新竹楚荣钢铁工业有限公司，367 箱 • 中国张家港海星集装箱制造有限公司，230 箱 • 马来西亚新山士乃(Senai，JB)光辉钢铁制造与建设公司，475 箱 • 新加坡洛阳路工艺钢铁有限公司，132 箱
工厂(组装)	• 新加坡特鲁桑街(Jln Terusan)工业园区 • 新加坡裕廊港路(Jurong Port Road)工业园区

10.7.4 PPVC 建造流程 503

设计阶段。与传统建造方法相比，非现场模块在设计和制作过程中需要更多协调。早期规划至关重要，原因之一是模块尺寸决定了采用何种必要结构组件组成模块。在制作模块之前，诸如室外装修、材料规格和立面等细节必须确定。因此，欲使 PPVC 项目获得最大收益，需要利益相关者尽早做出相关决策。项目在设计阶段开展了以下研究：

1. *PPVC 可行性研究*：包括布局规划、成本研究、项目进度、技术因素和场地限制等。主
要考虑：(1)PPVC 适用性评估，考察其是否满足项目需求；(2)固有场地限制；(3)基于政 504
府补贴的造价分析；(4)依据审慎评标结果确定项目进度计划。

2. *PPVC 设计规划*：包括划分 PPVC 和非 PVC 建筑构件、建筑开发阶段划分、项目进度规划和发包规划。主要考虑：(1)PPVC 专家的早期参与；(2)PPVC 与非 PPVC 的整合；(3)PPVC 现场安装的施工顺序；(4)工程早期阶段场外组装所需建筑和机电部件的发包规划。

3. *PPVC* 概念设计：包括研究模块布局、模块设计、尺寸标准化、建筑高度限制以及与设计整合。主要考虑：(1)优化模块尺寸和配置，尽量减小模块之间的差异；(2)PPVC 高度限制对布局的影响；(3)核心筒为非 PPVC，以增强侧向稳定，从而减少 PPVC 所需的附加支撑；(4)典型模块设计，包括为满足吊装要求，在每一模块设置增强刚度支撑。

4. *PPVC* 扩初设计：包括研究机电系统协调、结构整合、表皮设计和成本估算。主要考 505
虑：(1)就非典型设计和施工细节尽早与行政主管部门协商；(2)应用 BIM 进行 PPVC 设计协
调；(3)PPVC 模块可最大程度在场外自动组装，尽可能减少现场组装工作；(4)组合各种不
同模块组件，使其错落有致，打造独特的外观。

场外制作和组装阶段。设计完成后，将制作图纸和相关详图(已与机电系统协调)发给海外工厂(如中国台湾)，用于生产 PPVC 模块。箱体骨架由镀锌金属(热浸镀锌钢材)制成。图 10-7-5(A 至 D)展示通过焊接箱体骨架和支撑板形成完整模块的过程。图 10-7-5(E)展示半成品模块骨架内部。随后将模块运到新加坡，在位于施工现场附近的工业园区组

506 

（A） （B） （C）

（D） （E） （F）

图 10-7-5 工厂生产：（A）—（D）将箱体围板和支撑板焊接到模块骨架上；（E）半成品模块；（F）在组装工厂安装防火板
图片由莫德纳家居有限公司提供。

505 装工厂完成内部装修。模块一到工业园区组装工厂，就在骨架上安装窗户和机电系统。下一步，根据新加坡法规和规范要求，在骨架四周包覆防火板，以确保消防安全，如图 10-7-5（F）所示。然后，再在防火板上外包一层铝制覆层。组装工厂的最后一项工作是在模块内贴瓷砖和刷漆。

模块运输和现场交付阶段。模块根据需要通过拖车运至现场，换句话说，即以准时生产方式（JIT）交付。依据新加坡陆运管理局（Land Transport Authority）相关规定，部分模块宽度超过了宽度限制，因此只能在夜间运输。这样，可在夜间将 3—6 个模块存储在现场塔吊附近的储存区域，第二天一早安装，因此，模块最长存储时间不超过 1 夜。图 10-7-6（A 和 B）展示从组装工厂到现场的运输过程。模块暂时用防水材料密封，以免在运输过程中遭受天气影响。

安装阶段。模块到达现场后，使用螺栓在竖直和水平方向将其与相邻模块连接。密封 PPVC 模块之间接缝的装修工作也在现场进行。图 10-7-6（C 和 D）展示模块吊装过程，其中，图 10-7-6（D）还展示模块安装后的建筑。现场有三台用于 PPVC 安装的大型塔式起重
508 机，其整体布置可以确保两个模块同时起吊（不发生碰撞）。它们布置在 6 栋新建建筑之间。

通过海运每天运到新加坡的模块数量约为 10—24 个。组装工厂每天生产 3—6 个模块。在工地，一个由 7 名工人组成的小组只需 40 分钟就能安装一个模块，因此，每天可以起吊和

507

(A)

(B)

(C)

(D)

图 10-7-6 (A)、(B)模块从组装工厂运到施工现场；(C)、(D)PPVC 模块的吊装与安装，以及部分完成安装的模块
图片由 BBR 集团新加坡桩基与土木工程有限公司提供。

安装 6—8 个模块。安装流程从安装第一层 PPVC 模块开始，模块就位后，接着完成紧固螺栓、 508
环箍围板、接缝防水等工序，然后委托方和总承包商进行质量检查。确认没有质量问题后，再安装上一层 PPVC 模块。

10.7.5 BIM 实施

PPVC 模块的诸多模块化和重复元素允许通过 BIM 进行并行设计和技术协调，从而提高设计效率和施工效率。元素的重复性并不妨碍顾问基于 PPVC 模块设计各种各样的功能布局。图 10-7-7 展示项目不同专业基于 BIM 的协作框架。

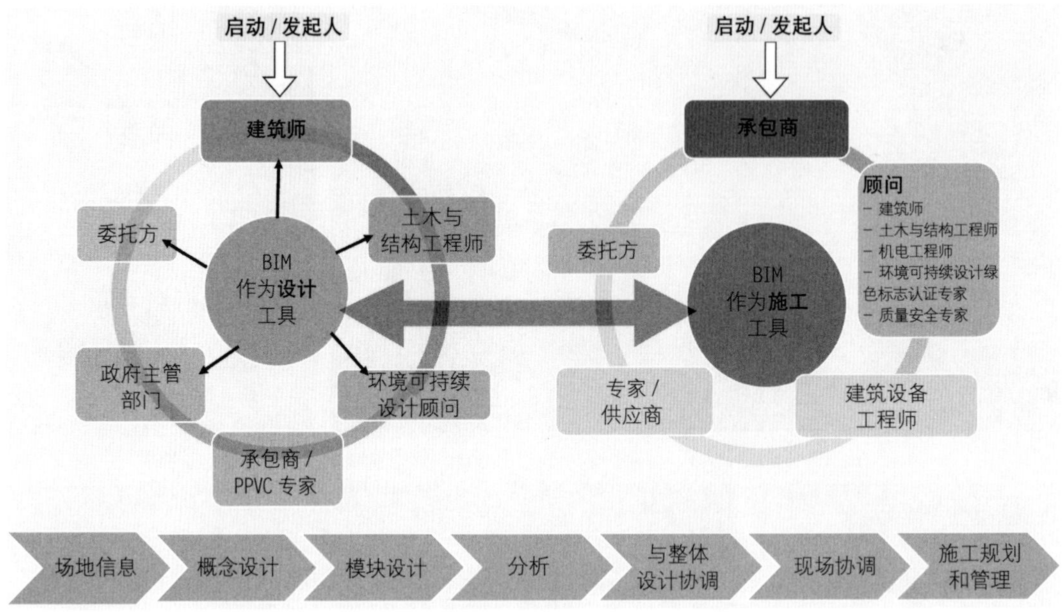

图 10-7-7 BIM 作为支持不同专业协同工作的工具
图片由 P&T 咨询有限公司提供。

509 10.7.6 参数化 PPVC 模块库

几种不同类型的典型 PPVC 模块如图 10-7-8 所示。

安装 PPVC 模块形成的建筑面积约占总建筑面积的 60%。为了提高 PPVC 模块设计效率，
510 项目顾问开发了一个参数化 PPVC 构件库。由于采用模块化思路并能复用，PPVC 构件库的建立消减了建筑部件 / 材料数量统计工作量，从而也消减了成本分析工作量。PPVC BIM 库使顾问能够在三维环境中研究、理解和可视化部件的装配以及模块、表皮和现浇工程之间的连接。

表皮组件根据项目设计要求定制，以形成独特新颖的建筑表皮。在自动化 PPVC 生产工厂对表皮组件进行场外组装，通过质量保证 / 质量控制，确保了组装质量，而且无高空作业，减少了搭建脚手架的成本。具有特有特征的表皮组件如图 10-7-9 所示。组件元素包括轻质垂直遮阳板和铝箔幕布。

设计阶段 BIM 应用。凑巧，所有参与项目协作相关方使用的软件都是 Autodesk Revit。在项目规划和设计时，使用 BIM 选择最合适的建设场地并规划项目布局。图 10-7-10 显示了 BIM 模型在场地布局规划中的应用，可视化地展现裙楼、塔楼布局和起伏地形 / 地势之间的空间关系。BIM 还用于土方挖填分析，如图 10-7-11 所示。

509

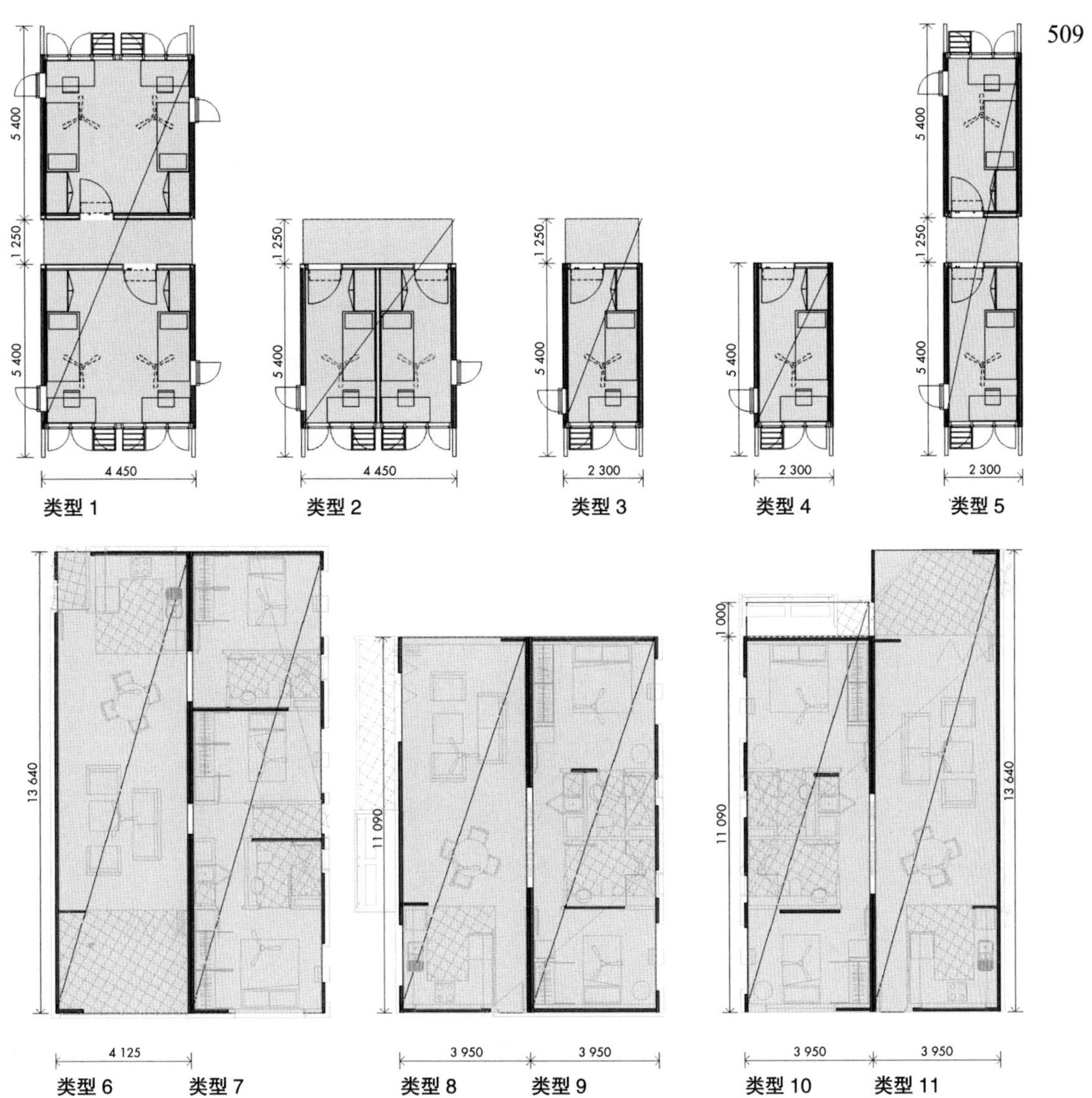

图 10-7-8 满足不同尺寸学生宿舍单元（单人间和双人间）设计需求的可定制 PPVC 模块。
实际建造时类型 1 和类型 2 由两个模块组成
图片由 P&T 咨询有限公司提供。

BIM 还用于评估建筑的安全性和耐久性，以及分析建筑的完整性。设计规范要求 PPVC 模 510
块的容许公差很小（2—3 毫米），BIM 减少了肉眼看不到的冲突，从而将下游风险降至最低。
图 10-7-12 和图 10-7-13 分别展示了在结构分析和 MEP 分析中通过使用 BIM 所取得的高度一 512
致性和准确性，从而最大限度地减少出错和误差。

510

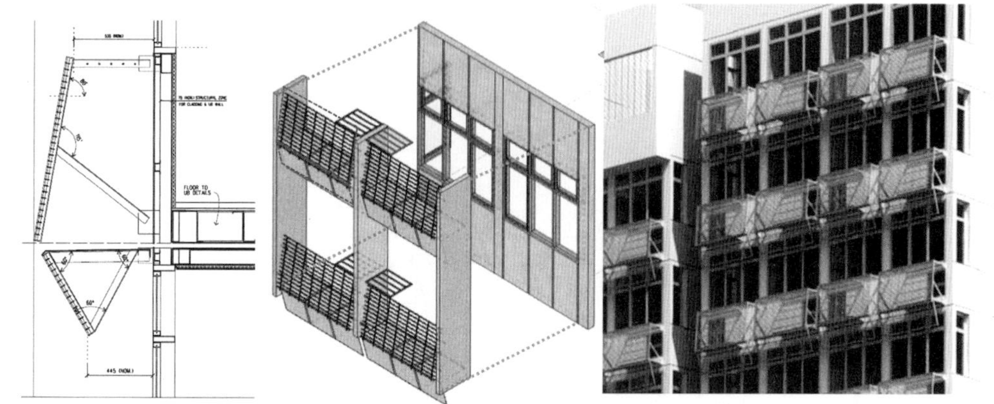

图 10-7-9 通过 BIM 建模对晾衣架和表皮进行细致、全面的扩初设计
图片由 P&T 咨询有限公司提供。

511

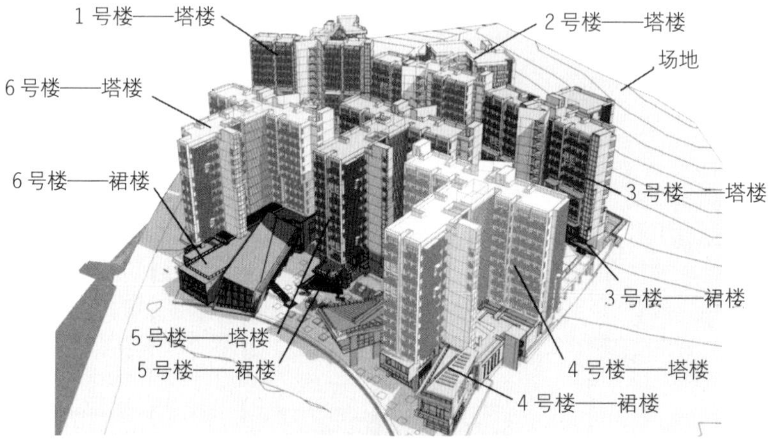

（A）

（B）

图 10-7-10 用于项目场地布局规划的三维 BIM 模型
图片由 P&T 咨询有限公司提供。

512

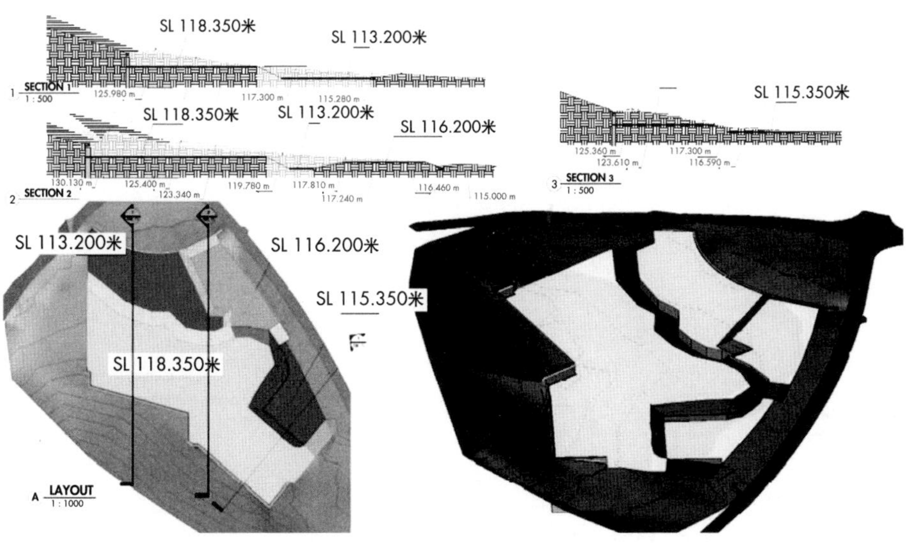

图 10-7-11 应用 BIM 模型计算土方挖填量（见书后彩图）
图片由 P&T 咨询有限公司提供。

RFEM 分析结果 513

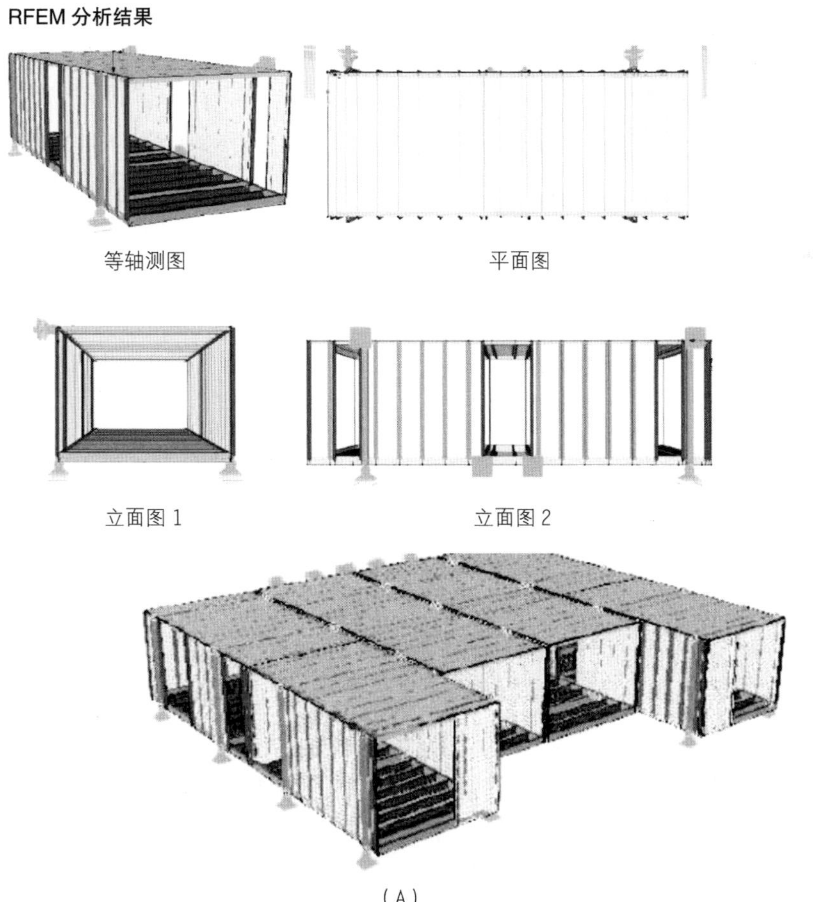

图 10-7-12 应用 BIM 进行结构分析获得的具有高度一致性和准确性的结果（见书后彩图）
图片由 BBR 集团新加坡桩基和土木工程有限公司提供。

514 **侧向荷载分析**

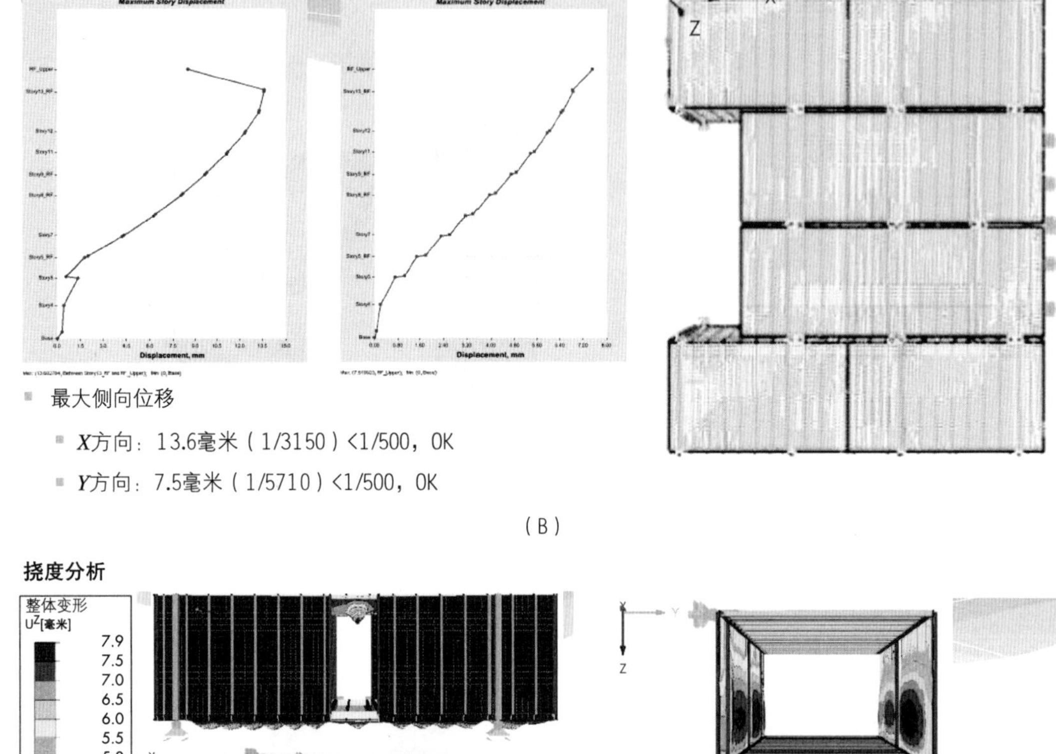

（B）

挠度分析

整体变形
U^Z[毫米]
7.9
7.5
7.0
6.5
6.0
5.5
5.0
4.0
3.0
2.0
1.0
0.0
最大：7.9
最小：0.0

7.9

最大挠度 = **7.9毫米**
容许挠度 = **20.6毫米** ➡ 通过

最大挠度 = **1.1毫米**
容许挠度 = **14.1毫米** ➡ 通过

（C）

图 10-7-12 应用 BIM 进行结构分析获得的具有高度一致性和准确性的结果（见书后彩图）（续）
图片由 BBR 集团新加坡桩基和土木工程有限公司提供。

512 BIM 还用于环境分析和计算最优混凝土使用指数（CUI），以及通过研究每个单元室内空气是否具有足够的流速和建筑是否满足绿色标志（Green Mark）铂金级认证要求，分析三维空间是否符合绿色可持续生活环境标准（图 10-7-14 和图 10-7-15）。新加坡建设局绿色标志认证是一种绿色建筑评级系统，用于评估建筑性能以及建筑对环境的影响。BIM 还用于对建筑体量和朝向进行研究，通过计算流体动力学（CFD）模拟得出室内气流最佳分布，助力通过绿色标志铂金级认证（图 10-7-16）。

通过 BIM 模型的可视化，委托方可以清晰了解建筑完工的样子，项目利益相关者可以讨 512
论设计方案的可施工性。它促进了 PPVC 模块的设计协调，减少了现场出错和调整的几率。对
于垂直或水平切开、跨越多个 PPVC 模块 / 楼层元素（如管道井 / 立管 / 管道等）的连接，项 513

515

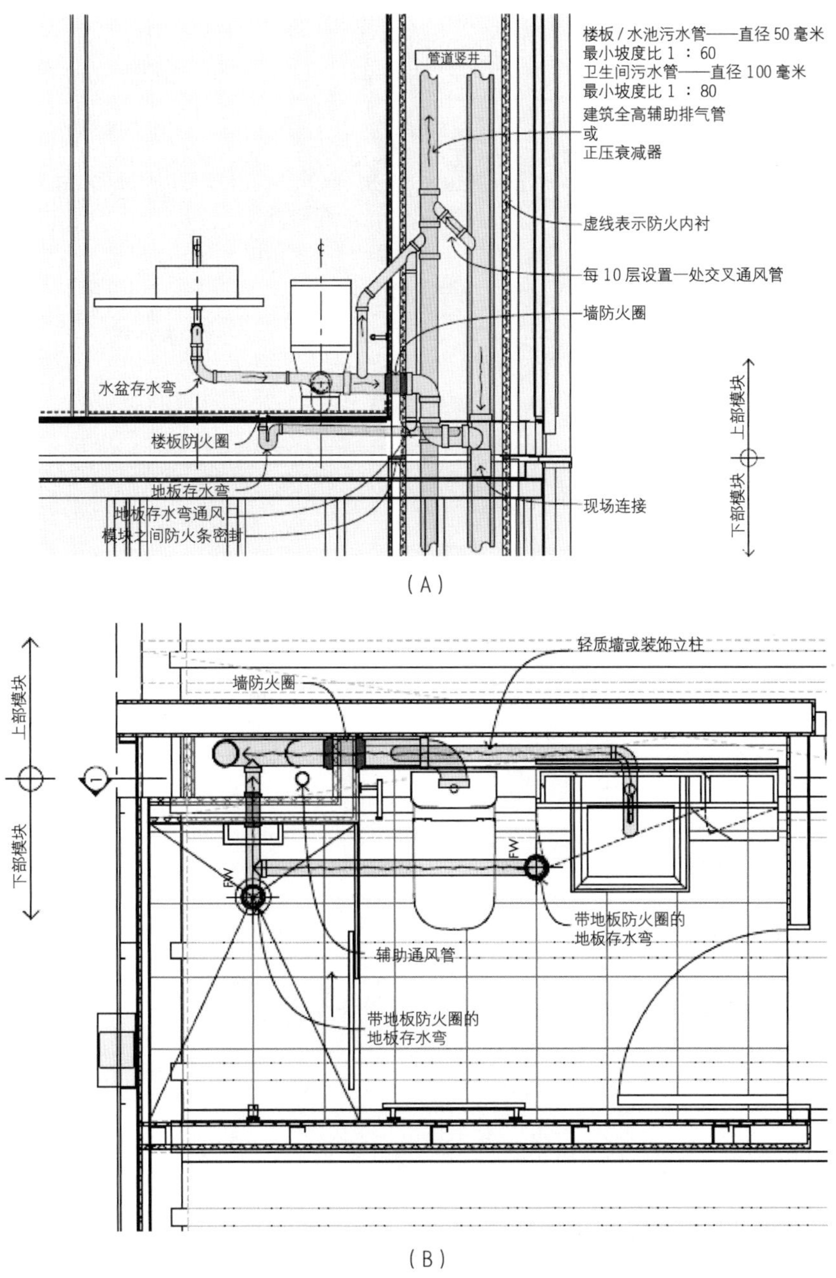

图 10-7-13 应用 BIM 进行 MEP 分析获得的具有高度一致性和准确性的结果（见书后彩图）
图片由 BBR 集团新加坡桩基与土木工程有限公司提供。

516

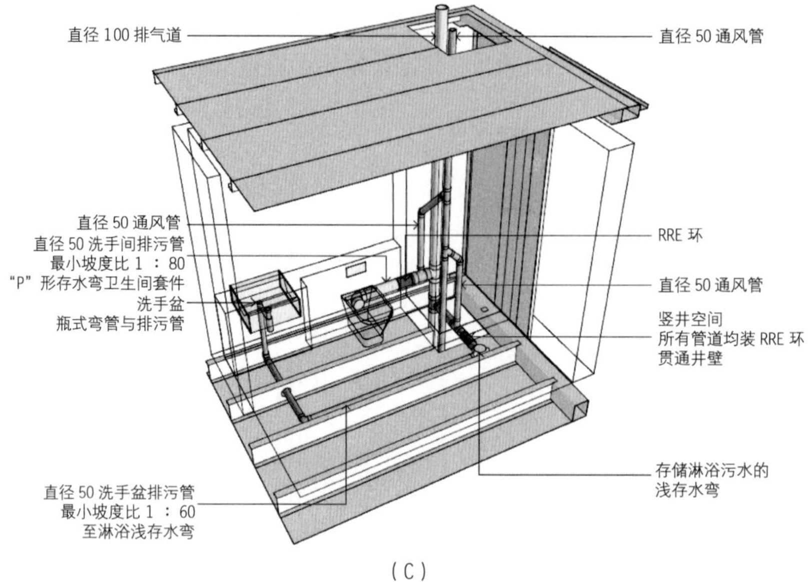

（C）

图 10-7-13 应用 BIM 进行 MEP 分析获得的具有高度一致性和准确性的结果（见书后彩图）（续）
图片由 BBR 集团新加坡桩基与土木工程有限公司提供。

517

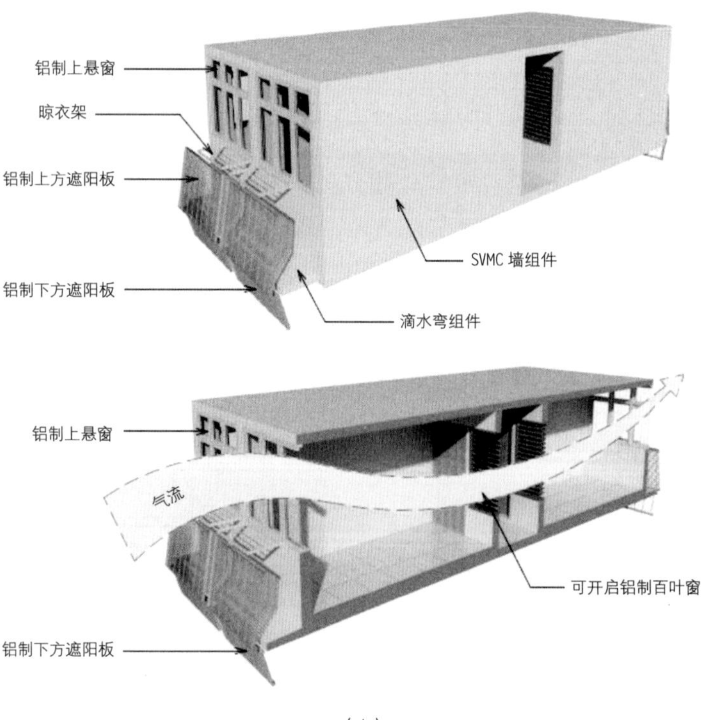

（A）

图 10-7-14 为通过绿色标志铂金级认证进行的被动式通风性能研究
图片由 P&T 咨询有限公司提供。

517

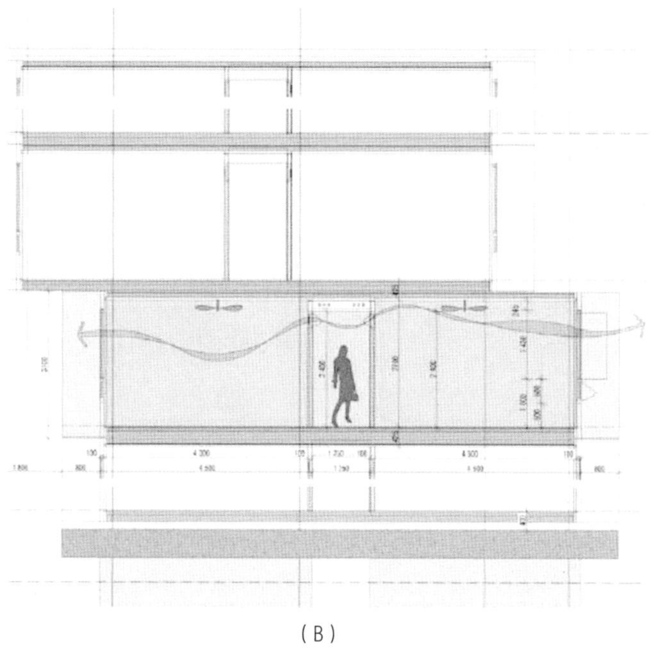

（B）

图 10-7-14 为通过绿色标志铂金级认证进行的被动式通风性能研究（续）
图片由 P&T 咨询有限公司提供。

518

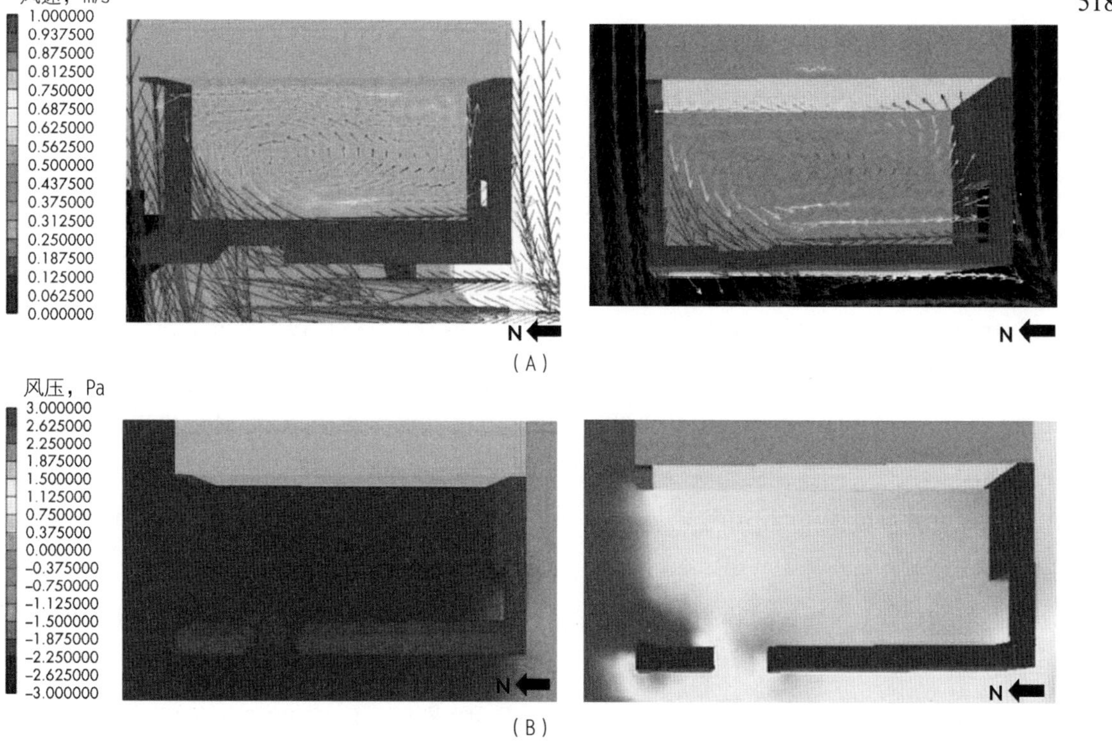

（B）

图 10-7-15 风速、风压分布图（见书后彩图）
图片由贝卡·卡特·霍林斯 + 费尔纳（东南亚）有限公司提供。

519

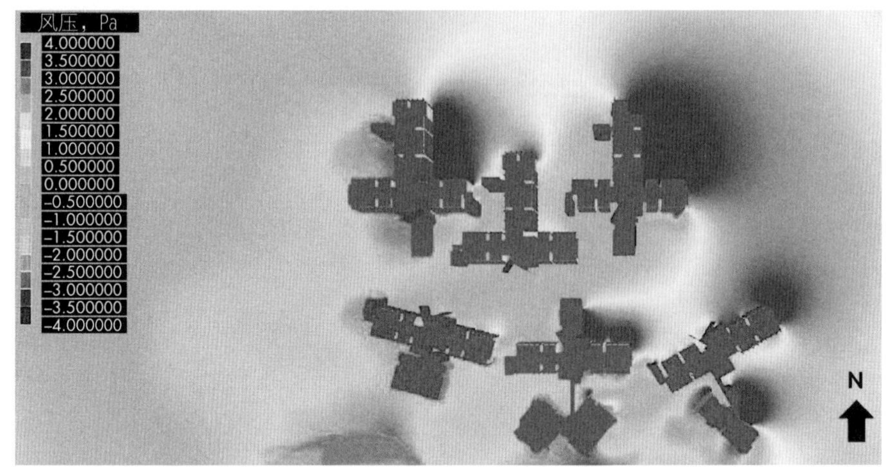

图 10-7-16 施工现场计算流体动力学（CFD）模拟（见书后彩图）
图片由贝卡・卡特・霍林斯 + 费尔纳（东南亚）有限公司提供。

513 目要求尽早精准协调，以确保安装期间 PPVC 模块能够精确整合，无需现场修改。项目还对 PPVC 模块之间以及 PPVC 主体结构与不同组件之间的连接和接口细节进行了详细协调。

在设计过程中，专门针对 PPVC 施工顺序和施工方法进行了协调，以便：

- 提供充足的 PPVC 模块交付通道；
- 对现场清晰分区，以便于吊装作业；
- 将传统钢筋混凝土结构和 PPVC 结构有机整合为一个整体。

516 项目基于 BIM 模型生成 2D CAD 图纸并用于场外制作。这一方面有助于对制作流程的理解，一方面还可获取分包商的输入。从设计一开始就这么做，从而顾问可以更好地将制作相关问题和约束条件纳入设计统筹考虑。

施工阶段 BIM 应用。在施工阶段，总承包商使用 BIM 模型而非传统的二维图纸指导施工。顾问使用南洋理工大学在 Google Drive 上建立的共用数据共享账户将模型传递给总承包商。总承包商使用模型进行施工规划、预算、工序和进度安排、安全模拟、临时入住许可证（TOP）申请、项目进度监控、元素之间的冲突检测以及项目协调。图 10-7-17 展示了总承包商如何使用 BIM 解决冲突问题，从而减少施工错误，提高施工效率。

BIM 有助于识别建筑中可能危及用户安全和功能使用的不协调部分。它特别适用于查找低净空、掩藏墙角、绊人障碍、安全围栏高度不足等问题。

项目使用 BIM，规划吊装 PPVC 模块塔吊的现场位置和使用，并优化吊装方案及 PPVC 模块的安装。

518 随后，总承包商使用 Autodesk Navisworks 进行 4D 模拟，包括 PPVC 施工规划和工序模拟（参见图 6-9）。

519

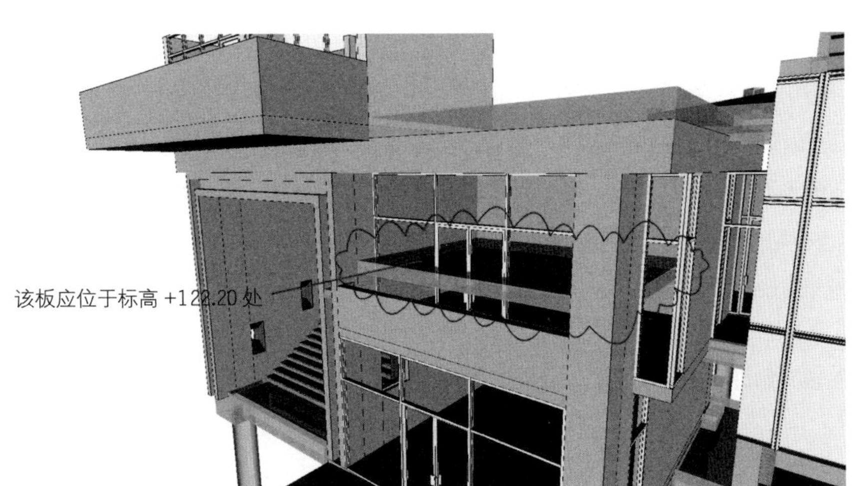

图 10-7-17 应用 BIM 进行冲突检测，以将施工协调过程中发现的错误降至最少（见书后彩图）
图片由 P&T 咨询有限公司提供。

10.7.7 项目收益 518

与传统建造方法相比，DfMA 允许在现场施工的同时（甚至在施工之前）制作模块。这种建造的灵活性可以大幅缩短建设工期。理想情况下，如果一切按计划进行，并且假设模块之间不需浇筑混凝土板，一栋建筑的 PPVC 模块可以在一个月内完成安装。工期缩减最为显著的是现场施工，与传统方法相比工期减少了三分之一。PPVC 模块现场安装工期仅为四个月，而一般来说，等量现浇钢筋混凝土结构的施工需要 12 个月。

项目所获得的主要收益集中体现在以下几个方面： 519

- 通过 BIM 有效规划塔吊 PPVC 模块吊装；
- 与传统建造方法相比，缩短了项目施工工期；
- 现场和场外同时施工；在受控工厂环境中进行 PPVC 模块的场外制作和组装，减少了对现场劳动力的需求；
- 楼层施工时间缩短，从传统建造的每层 14—21 天，到现场安装 PPVC 模块的每层约 4 天（每天安装三个 PPVC 单元）；
- 受控工厂环境下质量的一致性；通过制作和组装流程的自动化，确保更高水准的质量 520
控制和质量保证；
- 最大程度减少施工现场劳动密集型工作；预计节省约 20% 的人工工时。

采用 PPVC 的缺点是成本比传统建造方法高 10%—15%。作为早期采用 PPVC 技术的项目，由于没有当地参考信息，承包商和 PPVC 专家认为，因为建造时间节省了 15%—20%，整体成本与传统建造方法相差无几。然而，业主（南洋理工大学发展与设施管理办公室）提醒说，由于 PPVC 没有在当地进行测试，许多可变因素会影响预期收益。具体而言，技术认可度和市场接受度的不确定性被视为影响行业是否接受工作流程和监管要求变革的主要问题，鉴于这是第一个使用 PPVC 的项目，本质上，这些问题可能均源自成本的增加。对此，新加坡国家发展部部长黄循财（Lawrence Wong）指出，“随着 PPVC 新技术的更多采用，成本差异将下降。”成本高的原因之一是原型制作，但随着更多的重复采用，形成规模效应，成本将下降，即使没有政府补贴，PPVC 也有望变得非常经济。政府补贴并不是推广 PPVC 的唯一激励因素，开发商必须全面权衡建造技术。

10.7.8 经验教训总结

南洋理工大学学生宿舍项目是新加坡将 BIM 用于 DfMA 的早期成功案例。这是新加坡第一个利用 BIM 设计和建造的高层 PPVC 公共项目。本案例研究表明，BIM 在 PPVC 项目中的应用具有实用价值，确保了 PPVC 模块的成功设计和交付。采用 PPVC 的主要目标是提高生产率和减少施工现场对外国劳工的依赖。为实现可持续性、改善环境、施工安全和提高用户舒适度目标，需要改变思维模式和采用颠覆性技术重振建筑业，让其与其他先进行业一样具有吸引力。

通过使用提高生产率技术，项目获得了许多益处，如节省时间、保证质量一致性、更安全和受控的自动化流程以及更好的设计协调。BIM 在促进不同建筑技术在单个项目集成应用方面起到了催化剂作用，因为它可以快速、准确地设计和整合预制建筑部件。BIM 尤其有助于解决两种不同形式结构（PPVC 和现浇结构的混合方法）连为一体时遇到的难题。使用基于
521 BIM 的工序安排和进度计划对制作、组装、交付和安装进行监控和追踪，有助于承包商更有效地管理现场和场外库存。

项目将 BIM 用于 PPVC，获得的主要收益如下：

BIM 应用	收益
三维可视化	• 便于制作商、承包商和 PPVC 专家协调工作； • 促进 PPVC 模块设计协调，减少施工现场出错以及相应的调整； • 有助于 PPVC 模块与传统现浇结构的划分，以及各种设计图纸 / 设计包的整合。
BIM 构件库标准化	• 助力 PPVC 模块设计，提高设计效率； • 由于模块化和可重复使用，消减了建筑构件 / 材料数量统计工作量，进而消减了成本分析工作量。
现场协调	• 简化了场外部件组装和现场 PPVC 模块安装的技术协调和整合。
施工规划与管理	• 促进现场施工规划、工序安排和施工管理，尤其是促进 PPVC 和常规现浇结构的整合和协调； • 在从海外制作工厂到当地场外组装场地和现场安装的整个制作流程中，增强 PPVC 装配部件的物流和库存管理； • 增强施工期间行文的有效性； •允许监控进度，尤其是监控场外 PPVC 模块制作的生产率和现场 PPVC 安装的工作效率。

资料来源：新加坡建设局 2015 年度报告。

南洋理工大学北山学生宿舍项目应用 BIM 和 PPVC 的主要亮点如下：

- 为 PPVC 模块创建标准“BIM 构件”对象库，包括安装所需的连接细节；
- 通过采用标准化接口，使 PPVC 模块的差异降至最小，从而优化模块组合。部件的标准化程度越高（模块化设计和标准化尺寸），未来项目的收益就越大；
- 利用 BIM 协调 PPVC 和传统现浇结构元素；
- 验证设计的可施工性，特别是制作、组装、运送和现场安装的可行性；
- 专业分包商的早期介入对制定 BIM 和 PPVC 策略至关重要。

可以预见，未来的 PPVC 项目，应用 BIM 能实现最大程度的节约，确实提高生产率，并 522
取得显著经济效益。此外，随着 BIM 在建筑全产业链应用水平的提高，一旦 BIM 在从设计到施工和设施管理的整个流程中得到全面实施，新加坡建筑业在使用 BIM 成功交付 PPVC 项目方面将会更有优势。BIM 与机器人集成促进自动化制作是一个有趣的领域，需要进一步研发，以在未来的 PPVC 项目中实施。BIM 作为一种设计工具，可以整合诸如 PPVC、预制防空洞和预制整体卫浴（PBUs）等各种建造技术。

致谢

本案例研究由梅格达德·阿塔扎德（Meghdad Attarzadeh）、图沙尔·纳斯（Tushar Nath）、安吉拉·李（Angela Lee）和罗伯特·张（Robert Tiong）教授编写。

10.8 新加坡丰树商业城 II 期

10.8.1 引言

新加坡丰树商业城 II 期（Mapletree Business City II，MBC II）是丰树商业城总体规划中第二阶段开发的项目，其目标是打造亚历山德拉商业走廊的核心商业区。商业城 II 期位于城市远郊地带，占地 43727 平方米，总建筑面积 124884 平方米，集办公和休闲娱乐于一体。项目业主为丰树商业城有限公司。项目依据新加坡产业发展商公会（REDAS）的《设计与施工合同条件》（第三版）签订总承包合同。项目总成本 3.388 亿新加坡元。

表 10-8-1 是项目的阶段划分，图 10-8-1 和图 10-8-2 是渲染后的项目视图。

如图 10-8-3 所示，该项目是一个商业园区，由四座写字楼、一座两层停车场、一栋单层便利设施和一处位于停车场顶部的景观组成。四座写字楼分别为：

- 80 号楼：30 层
- 70 号楼：8 层
- 60 号楼：6 层
- 50 号楼：5 层

523 项目概况和阶段划分 表 10–8–1

项目名称	丰树商业城Ⅱ期		
项目业主	丰树商业城有限公司		
合同类型			
项目成本	3.388 亿新加坡元		
项目进度	阶段	开工日期	完工日期
	第 1 阶段： 50 号楼、60 号楼，临时停车落客区，亚历山德拉台地入口引桥，一层停车场部分工程	2014 年 2 月 21 日	2015 年 10 月 20 日（合同生效后 20 个月）
	第 2 阶段： 70 号楼、80 号楼，二层停车场景观顶板，一层停车场剩余工程、夹层停车场	2014 年 2 月 21 日	2016 年 4 月 20 日（合同生效后 26 个月）
	第 3 阶段： 位于二层景观顶板的餐饮设施	2016 年 2 月 1 日	2016 年 7 月 31 日（合同生效后 6 个月）

丰树商业城Ⅱ期建造合同是基于 REDAS 的《设计与施工合同条件》制定的，其中建筑设计是一个选项模块。总承包合同于 2014 年 1 月签订。之后，DCA 建筑师事务所将建筑 BIM 模型提供给清水建设株式会社，供其制定施工规划。

图 10–8–1 丰树商业城Ⅱ期（视图 1）
图片由 DCA 建筑师事务所提供。

图 10-8-2 丰树商业城Ⅱ期（视图 2）
图片由 DCA 建筑师事务所提供。

525

图 10-8-3 场地规划（见书后彩图）
图片由 DCA 建筑师事务所提供。

项目由弧形裙房将四座写字楼连接成一个整体。为实现裙房与写字楼之间的无缝连接，在设计期间，机电、结构和建筑专业进行了充分协调。建筑楼层高度 4.55 米，顶棚净高 3.2 米。项目秉持生态绿化景观设计理念，在景观平台种植 1000 多棵树（图 10-8-4）。这需要在确保净空高度满足下沉式苗圃要求的条件下，对停车场各层 MEP（机械、电气和给排水）系统进行全面协调。 524

526 

图 10-8-4 丰树商业城Ⅱ期生态景观平台
图片由 DCA 建筑师事务所提供。

524 ***项目协作团队。***项目协作核心 BIM 团队由设计团队和施工团队组成。设计团队由 DCA 建筑师事务所领导，成员包括 SHMA 有限公司（风景园林）、莫特·麦克唐纳（Mott MacDonald）新加坡有限公司（机电）和 P&T 咨询有限公司（土木与结构）。施工团队包括清水建设株式会社（总承包商）和主要分包商，即宾泰·金登科（Bintai Kindenko）有限公司和 APP 工程有限公司。

丰树商业城Ⅱ期基于 REDAS 的《设计与施工合同条件》进行采购。主要合同签订于 2014 年 1 月。项目招标之前，业主将土木与结构和 MEP 专业的工程设计自行委派给特约公司。项目初期，土木与结构和 MEP 两家顾问公司并未采用 BIM，他们只是为建筑师提供信息，建筑师将他们提供的信息纳入整体模型，然后提交给政府监管机构。签订合同后，总承包商又聘请了另外两家土木与结构和 MEP 顾问。

525 DCA 建筑师事务所自 2009 年首次在吉宝湾（Keppel Bay）映水苑项目中使用 BIM 以来，早已看到了使用 BIM 实现高水平专业协调的潜力。历经多年实践，其 BIM 核心竞争力不断增强。凭借在 BIM 方面积累的经验和技术专长，他们向客户宣传、展示 BIM 的有效性，描述 BIM 在提升项目质量方面的优势。

在编制标底阶段，DCA 建筑师事务所导出 DWG 格式图纸供其他顾问审查和反馈。在这一阶段，只有一个由几个 RVT 文件组装的建筑 BIM 模型可用，如图 10-8-5 所示。

526

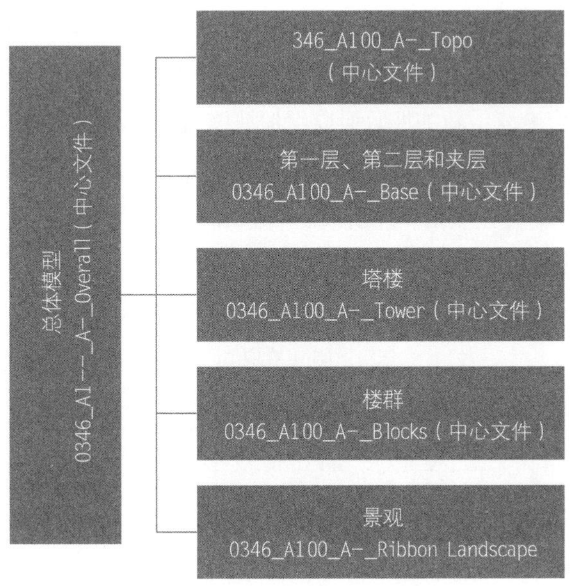

图 10-8-5 基于链接文件的总体模型管理
图片由 DCA 建筑师事务所提供。

新加坡政府监管机构接受三维格式的 RVT（Revit）文件和二维格式的 DWF 文件。他们查看模型并检查模型是否符合他们的要求，但不评估设计。监管机构可以检查 Revit 模型是否满足某些许可条件，如总建筑面积和外壳控制（建筑退台、建控地带等）是否符合要求。 525

2013 年，DCA 建筑师事务所在初步设计阶段开始创建丰树商业城 II 期的 BIM 模型。业主高瞻远瞩，积极支持 DCA 建筑师事务所的 BIM 工作。因此，在招标阶段，业主要求总承包商，即此后中标的清水建设株式会社，整个施工期间在与 DCA 建筑师事务所和业主的协作中均使用 BIM，以便丰树商业城 II 期项目能够充分利用 BIM 优势。 527

总承包商招标文件包里的 BIM 实施要求文档对这些条件进行了解释。因此，清水建设株式会社要求分包商也使用 BIM。总承包商在现场派驻一名经验丰富、技术娴熟的 BIM 经理，负责召开协调企业内部各部门和各分包商建模工作会议。

项目目标与团队准备。项目团队负责制定 BIM 实施目标，并将其写入 BIM 执行计划。具体目标如下：

目标描述	BIM 应用
在开工之前，发现并解决绝大多数冲突问题，减少施工出错和现场返工	现场三维协调
提高深化设计图纸及相关文件的质量	生成深化设计图纸
移交准确的 BIM 竣工模型	设施管理

在新加坡建设局（Singapore Building Construction Authority）鼓励建筑业应用 BIM 的政策感召下，2014 年初，丰树商业城 II 期项目团队开始基于 BIM 开展协同工作。清水建设株式会社和 DCA 建筑师事务所均申请了新加坡政府以新加坡建设局名义设立的 BIM 基金，并用所获资助对与 BIM 相关的 IT 基础设施进行升级，同时支付部分员工的培训费用。

为了使 BIM 团队达到胜任项目工作所需的熟练水平，开展培训至关重要。表 10-8-2 描述了两个团队人员的培训情况。

528 BIM 培训 表 10-8-2

DCA 建筑师事务所培训计划	人员类型	受训人员数目	培训时间	提供培训单位
BIM 专科专业文凭课程	BIM 协调员	1	2014 年 11 月	新加坡建筑管理学院
BIM 管理	技术经理	1	2013 年 1 月	新加坡建筑管理学院
Autodesk Revit 实训	建筑设计师	1	2011 年 12 月	IMAGINiT 科技公司
	建筑设计助理	1	2012 年 4 月	
	建筑设计助理	1	2013 年 3 月	
	建筑设计助理	1	2013 年 9 月	
	建模员 / 制图员	1	2011 年 12 月	
	建模员 / 制图员	1	2012 年 3 月	
清水建设株式会社培训计划	**人员类型**	**受训人员数目**	**培训时间**	**提供培训单位**
BIM 管理	建筑设计协调员	1	2014 年 5 月	新加坡建筑管理学院
Navisworks 实训	进度计划经理	1	2014 年 8 月	内部培训
	结构工程师	4		
	建筑设计协调员	4	2015 年 6 月	
	建模员 / 制图员	8		
Autodesk Revit 实训	建模员 / 制图员	4	2014 年 6 月	在岗培训

527 整个团队，包括业主、顾问、总承包商和各个分包商，共同承诺在丰树商业城 II 期项目实施 BIM。这就意味着，所有合作伙伴都必须具备利用 BIM 模型进行协调和实施 BIM 流程的必要能力。

建筑师代表业主编制了承包商 BIM 实施要求，内容如下：

- 提供标准化的 BIM 基础设施，如拥有必备硬件、软件的 BIM 协调办公室；
- 528 开发 / 更新来自所有专业的设计 BIM 模型和二维图纸，并在施工之前与相关方一道解决冲突问题；
- 聘请经验丰富的 BIM 经理，并与业主和建筑师一起制定 BIM 执行计划；
- 恪守标准化协同流程；
- 恪守标准化 BIM 建模质量控制流程和细化程度（LOD）标准；

- 编制、恪守包括交付成果清单在内的交付计划和协调计划；
- 参考新加坡最新的 BIM 指南和特定规定；
- 向业主移交 / 提交竣工 / 记录 BIM 模型。

10.8.2 沟通与协作事宜

由于这是一份准设计 - 建造（DB）合同，合同授予后，总承包商——清水建设株式会社，负责汇集来自各个顾问的 BIM 模型和信息，并将其整合为用于技术协调和冲突检测的总体模型。项目团队每周参加两类会议，一类是使用 BIM 模型协调工作的技术会议；另一类是通过冲突检测展示并解决发现错误的 BIM 协调会议。 529

项目各方之间的协同工作流程如图 10-8-6 所示。

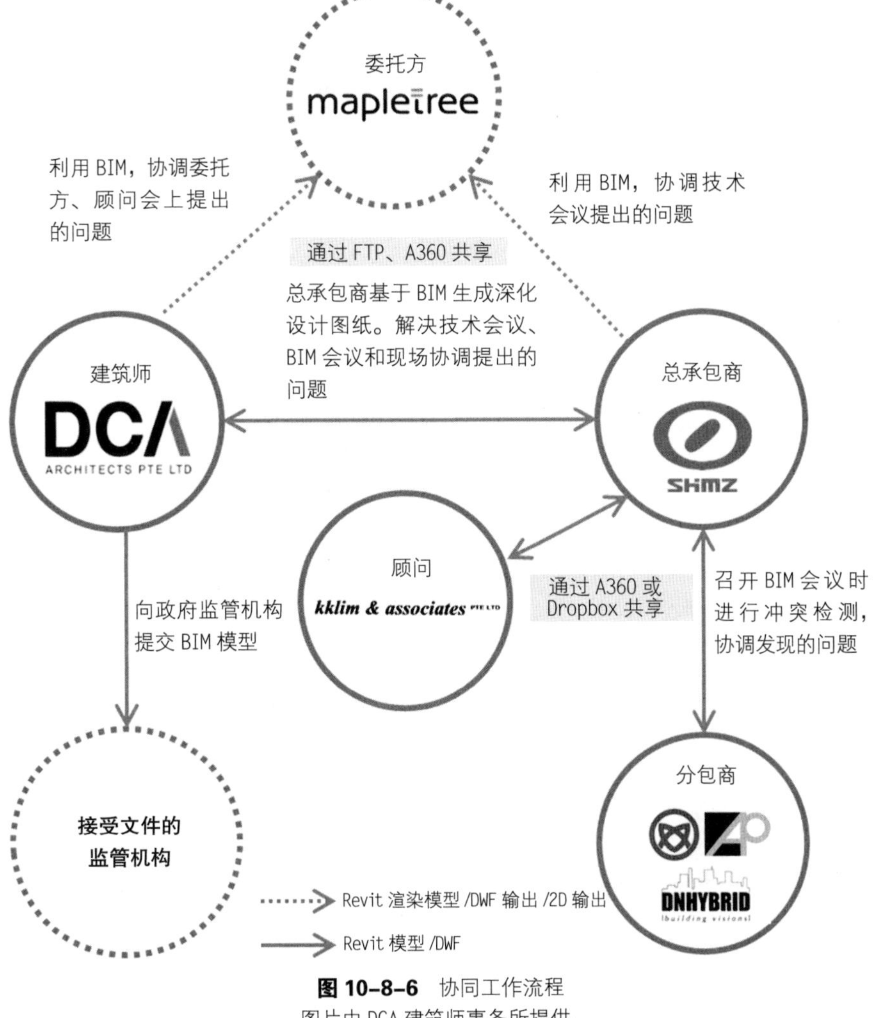

图 10-8-6 协同工作流程
图片由 DCA 建筑师事务所提供。

10.8.3 BIM 协调会议

在 BIM 协调会上，使用 Autodesk Navisworks Manage 审查模型，必要时立即更新原生 Revit 模型。会议有两个屏幕，一个在图像或图形中亮显要讨论的问题，另一个显示 BIM 模型。图 10-8-7 展示了会场设置和一个总装 BIM 模型的三维剖面视图，图 10-8-8 是发现和解决问题的记录示例。

530

(A)

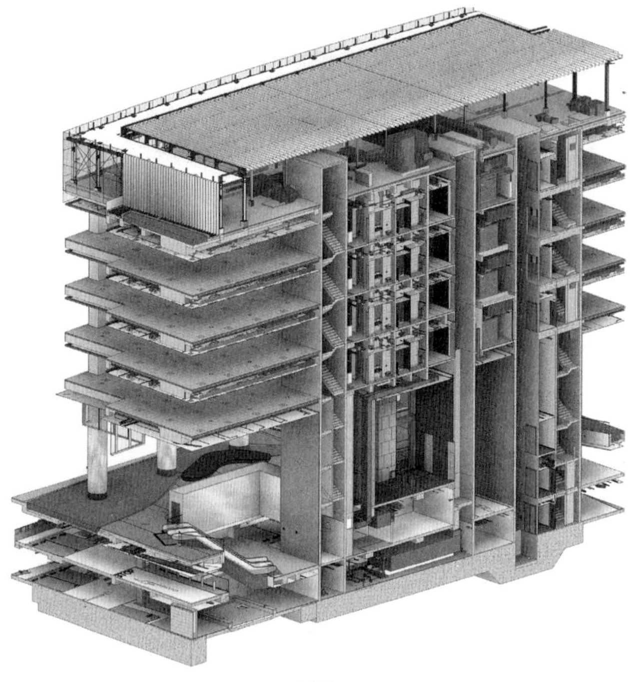

(B)

图 10-8-7 使用总装 BIM 模型召开技术会议和 BIM 协调会议
图片由 DCA 建筑师事务所和清水建设株式会社提供。

531

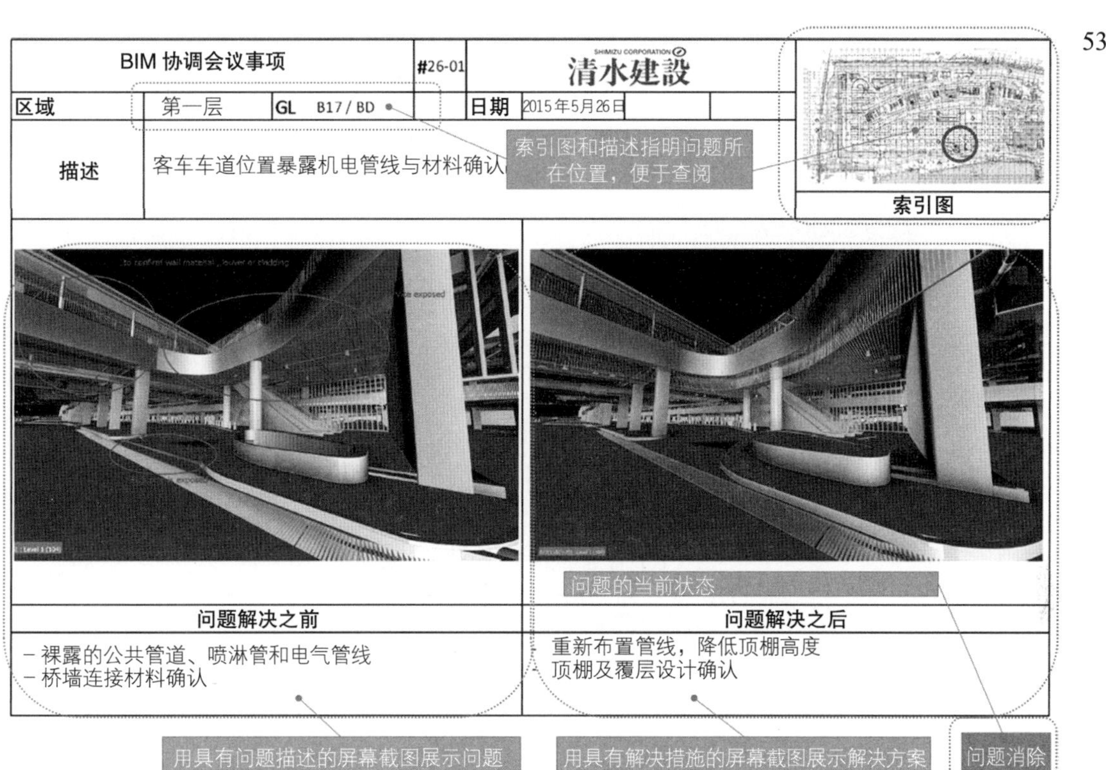

图 10-8-8 BIM 协调会议报告样本
图片由 DCA 建筑师事务所和清水建设株式会社提供。

设计和施工变更均需在 BIM 协调会议上讨论。总承包商将变更（如结构、机电、建筑装饰等变更）纳入模型，然后与团队共享模型，以进一步协调和整合来自建筑师、土木与结构工程师、机电工程师和业主的输入和反馈。

每周召开一次 BIM 协调会议，以确保协调工作不影响施工进度。根据结构混凝土浇筑时间表，承包商通常会在构件浇筑之前的四周内召开协调会议。这可使各方能够在发布深化设计图纸的前一周消除主要协调问题。有关建筑和机电专业的详细协调，将在随后召开的 BIM 技术会议上讨论和解决。

10.8.4 BIM 执行计划 532

BIM 执行计划制定了每个设计合作伙伴的角色 – 责任矩阵。清水建设株式会社根据合同要求雇用一名施工 BIM 经理，与建筑 BIM 经理密切合作。如表 10-8-3 所示，总共有七人直接负责模型维护工作，其角色和职责已在 BIM 执行计划中定义，如表 10-8-4 所示。

BIM 建模人员　　表 10-8-3

角色	组织	办公地点
建筑设计 BIM 经理 建筑设计 BIM 建模员	DCA 建筑师事务所	DCA 建筑师事务所办公楼
总承包商 BIM 经理 总承包商 BIM 协调员（建筑） 总承包商 BIM 协调员（土木与结构） 总承包商 BIM 协调员（MEP） 总承包商 BIM 建模员	清水建设株式会社	施工现场办公室
分包商 BIM 协调员（电气） 分包商 BIM 协调员（空调、机械、通风） 分包商 BIM 协调员（消防）	宾泰·金登科有限公司	施工现场办公室
分包商 BIM 协调员（管道、卫浴、燃气）	APP 工程有限公司	APP 工程有限公司办公楼

533 BIM 执行计划定义的 BIM 角色及职责　　表 10-8-4

角色	在 BIM 管理中的职责	BIM 职责
BIM 经理 （顾问方）	·审核 BIM 模型是否满足设计意图和合同要求； ·与总承包商 BIM 经理共同制定 BIM 实施策略	·设计评审 ·模型交换
BIM 经理 （总承包方）	·确定项目 BIM 应用范围； ·开发、执行项目 BIM 执行计划； ·BIM 模型质量控制； ·在施工之前，协调 BIM 进度； ·管理 / 解决冲突检测发现的大大小小的冲突，并在 BIM 会议上展示； ·分享 BIM 活动	·监管 ·管理 BIM 实施 ·管理 3D 协调 ·管理模型交换 ·管理阶段划分 ·协助成本预算
BIM 协调员 （总承包方）	·接收 / 创建 BIM 模型，用于可施工性研究和施工现场应用； ·确定冲突由谁解决	·与设计团队和分包商协调模型 ·冲突检测 ·模型交换
BIM 建模员 （总承包方）	·根据 BIM 进度计划，创建 / 更新 BIM 模型； ·基于 BIM 模型生成用于现场工厂制作的施工图纸，包括结构预制构件深化设计图纸	·设计建模 ·建立记录模型（竣工模型）
BIM 协调员 （分包商方）	·从扩初设计阶段到施工阶段，负责创建 BIM 模型，编制相关文件	·与总承包商协调模型 ·模型应用、模型评审 ·模型交换

532 10.8.5 数据交换

模型数据通过 FTP 站点和 A360 交换。其中，A360 是一个基于云的协作系统，可以 Navisworks 格式共享 BIM 模型。在每周一次的技术会议后，将 BIM 模型上传到 A360 上，以便项目团队共享信息。每个团队成员还可在模型上添加标记并在团队中共享（图 10-8-9）。必要时，也可将本地 BIM 模型上传到 FTP 站点，供团队成员共享。总体上，项目团队

534

图 10-8-9 在 A360 中审查和标记模型

图片由 DCA 建筑师事务所和清水建设株式会社提供。

在协调和沟通方面没有遇到任何重大问题。通过采用新加坡建设局的 BIM 指南解决了 BIM 532
模型知识产权归属问题。该指南规定，模型或模型构件的创建者拥有模型或模型构件的知识产权。

通过使用 CSIxRevit 插件，可从 Revit 导出结构设计模型，供 SAP 2000 导入进行结构分析，这为结构工程师节省了大量时间。

10.8.6 生产率增益 533

使用 BIM，有助于减少项目 RFI（信息请求书）的数量。在 18 个月的工期里，仅签发了 48 份 RFI。DCA 建筑师事务所估计，如果不使用 BIM，RFI 的数量约是现有数量的 22 倍。他们的估计是基于以前使用传统方法承接的类型相似且复杂程度大体相当项目的数据。DCA 建筑师事务所之前设计的一个项目，由 18 万平方米办公空间、9000 平方米零售空间和一个餐饮广场组成，共签发了 1555 份 RFI。如果使用总建筑面积作为衡量项目规模的指标，预期本项目（丰树商业城 II 期）的 RFI 数量将达 1028 份。

团队估计，与使用传统流程相比，对于标准层办公区域的协调，使用 BIM 流程节省了约 358 个小时，如表 10-8-5 所示。

534 办公区域协调的生产率增益 表 10–8–5

工作内容	传统流程耗费工时	BIM 流程耗费工时	两种流程工时差
内部协同（机电专业）	32	16	–16
内部协同（机电 + 结构 + 建筑）	16	8	–8
BIM 协调会议	0	6	+6
RFI 准备	5	1*	–4
RFI 审批流程	336**	0	–336
总计	**389**	**31**	**–358**

* 此为 BIM 协调会议内容的一部分；
** 基于审查、批准需要两周时间计算。

535 10.8.7 BIM 创新应用

设计方案比选。在扩初设计阶段，为取得符合业主要求的成本与美学之间的平衡，建筑师使用 Revit 开发了几个用于比选的设计方案。特别是，为了寻求弧形立面的最佳幕墙设计（图 10–8–10），建筑师除了准备了几套设计方案外，还生成了不同视角的透视图和逼真渲染图，并将其一起提交给业主进行比选。通过 BIM，可以在明细表中统计玻璃和中梃工程量，供造价工程师计算成本。

536

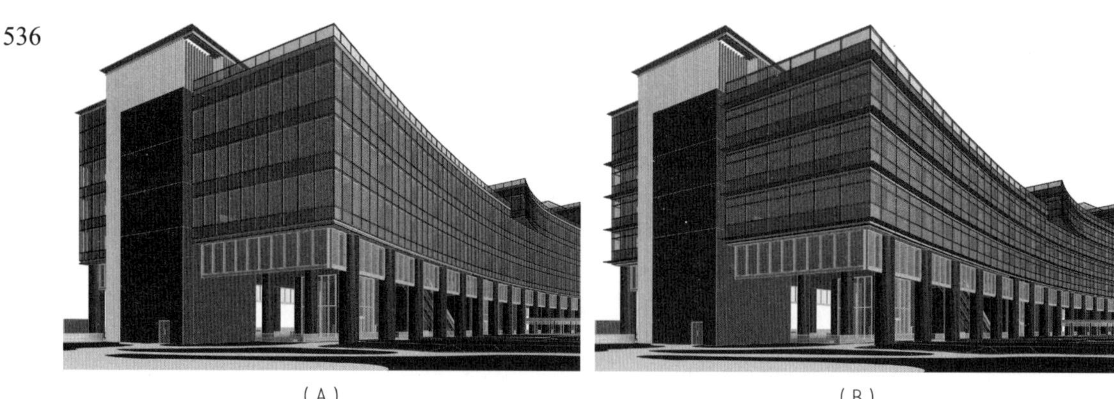

（A） （B）

图 10–8–10 扩初设计阶段参与比选的两种幕墙设计方案
图片由 DCA 建筑师事务所提供。

535 ***虚拟现实技术。***使用 Autodesk A360 全景渲染功能和谷歌纸盒眼镜为设计审查准备虚拟现实视图。通过扫描 A360 云软件提供的二维码，可以使用谷歌纸盒眼镜查看渲染的 BIM 模型。

实际建造完成之前，在新加坡建设局的精益和虚拟建造中心使用三维技术对项目进行虚拟漫游（图 10–8–11），旨在探索新技术潜力，以期在未来的设计审查中与开发商共享。

 537

（A） （B）

图 10-8-11 应用沉浸式虚拟现实技术浏览 BIM 模型
图片由 DCA 建筑师事务所提供。

合规性审查。定制具有参数化合规性检查功能的 Revit 族，并用于检查是否符合相关规范 535
要求。例如，为了执行新加坡建设局制定的无障碍规范，创建了具有表示推拉操作空间实体体积的特殊门族（图 10-8-12）。这样，Revit 冲突检查工具将亮显任何与门口无障碍空间发生的冲突，如图右下部所示。

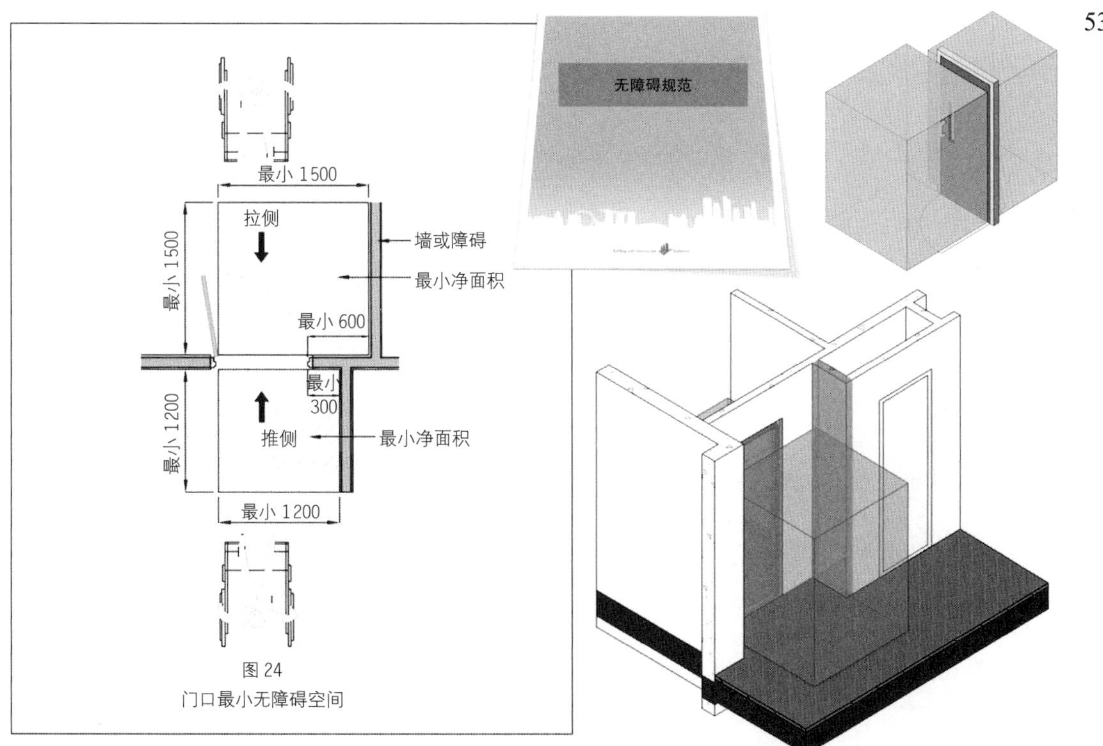 537

图 10-8-12 通过自定义 Revit 族，在门两侧添加双向开启的净空实体，以便于冲突检测时直接对设计方案的合规性进行审查
图片由 DCA 建筑师事务所提供。

3D 打印展示。BIM 可帮助项目团队研究不同专业设计的衔接、现有地形、斜坡结构（如坡道）和更复杂的景观特征，如阶梯式丝带景观（terracing ribbons）、波浪形餐饮屋顶和人行通道。餐饮屋顶的设计意图就是使用 BIM 模型实现概念表达的。波浪形屋顶结构的复杂性无法全靠二维图纸描述。因此，建筑师专门为屋顶结构建立了一个单独的 BIM 模型，用于研究，并在协调过程中不断纳入细节和新需求。一旦该研究模型通过可行性论证并最后敲定，就将其与主模型合并，提供给总承包商使用。

在细节协调阶段，建筑师和清水建设株式会社指定的工程师之间进行了进一步的 BIM 协调，以纳入所有结构和 MEP 需求，并确保建筑美感不受影响。为了更好地可视化，方便沟通和解决多个专业设计之间的衔接问题，使用 3D 打印设备打印了复杂区域的实体模型（图 10-8-13）。

538

（A）

（B）

图 10-8-13 复杂区域 3D 打印实体模型与渲染后的设计 BIM 模型
图片由 DCA 建筑师事务所和清水建设株式会社提供。

钢筋建模。施工阶段，在 Revit 中对配筋复杂的柱子建立了详细的钢筋模型。有一根柱下 539
层为矩形截面、上层为圆形截面，为了提高现场工作生产率，需要预制圆形钢筋笼。为了避免返工和精准确定钢筋笼构造，在 Revit 中对复杂梁柱节点钢筋进行建模，如图 10-8-14 所示。这种做法不仅避免了协调问题和额外成本，还缩短了工期，打通了 BIM 模型与实体构件的连接。这对钢筋笼的场外精确制作、现场精准定位和无缝安装非常有用。

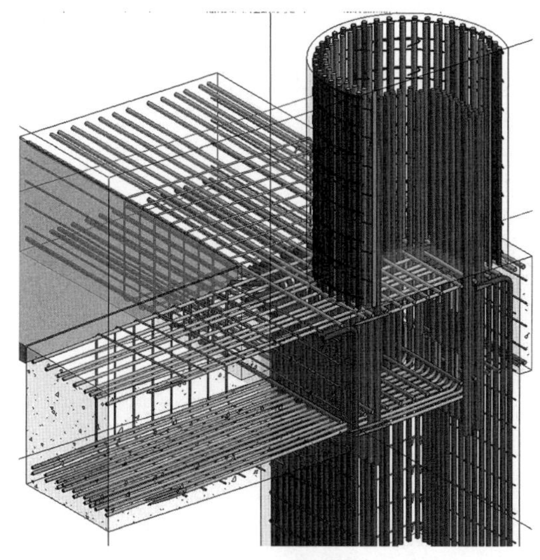

（A）（见书后彩图）

（B）

图 10-8-14 钢筋 BIM 模型

图片由清水建设株式会社提供。

自动生成预制结构构件深化设计图纸。项目使用 BIM 模型协调信息生成了用于预制结构构件制作的深化设计图纸（图 10-8-15）。

540

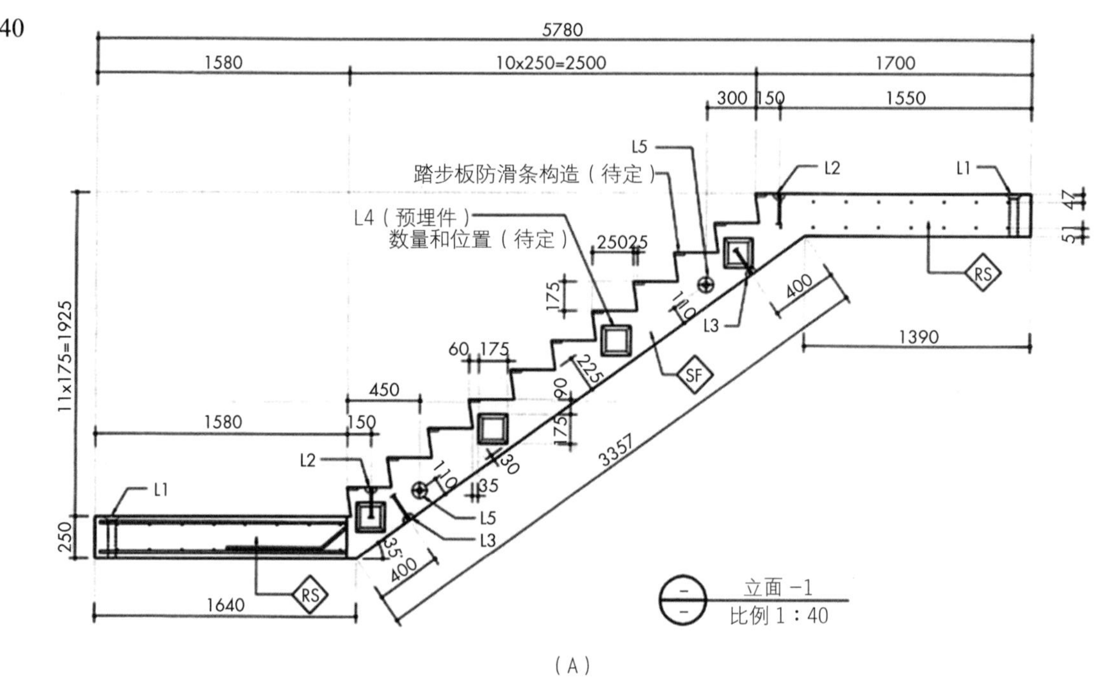

（A）

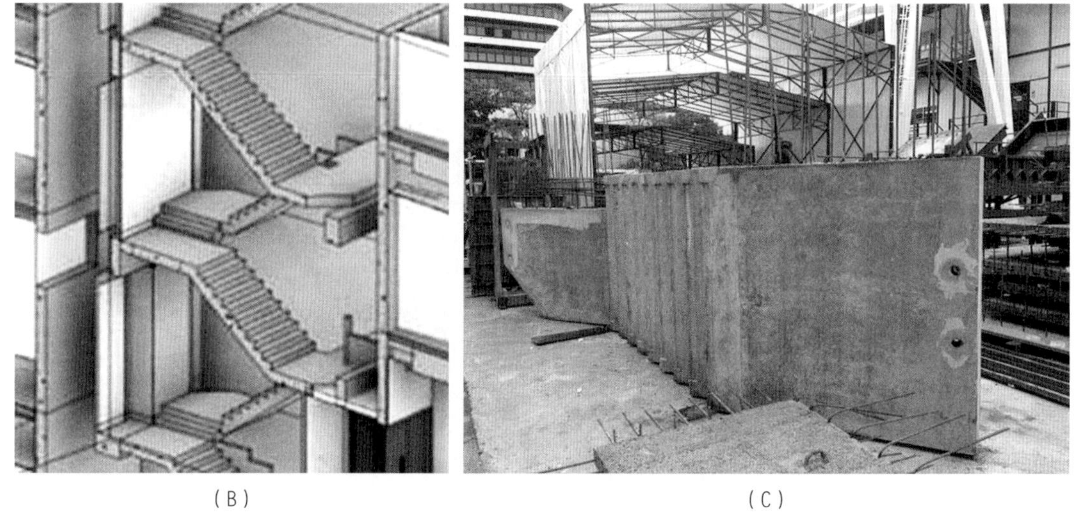

（B）　　（C）

图 10-8-15 预制混凝土楼梯梯段
（A）深化设计图纸；（B）BIM 模型；（C）预制构件成品
图片由清水建设株式会社提供。

539 ***交付竣工模型用于设施管理。***项目竣工后，将竣工模型移交给业主。还可将竣工 BIM 模型上传到 iPad 上，使设施管理人员能够轻松发现或识别隐蔽管线，如图 10-8-16 所示。

541

图 10-8-16 使用 iPad 上的竣工 BIM 模型查看隐蔽管线
图片由清水建设株式会社提供。

10.8.8 模拟和分析

日照分析。在施工阶段，业主要求对餐厅附近的景观设计做如下修改：

- 增加草坪面积，用公园式环境替换硬质景观；
- 在室外草坪增加遮阳花棚；
- 种植更多遮阴树木。

项目团队应用 BIM 对餐饮区周边的景观区域进行日照分析，目的是确定花棚下种草的可行性及光照时长。日照分析对确定不同阴影区域种植何种植物也很有帮助。基于计算得出的每个区域年均直射光照时长，景观顾问推荐了一种新的具有阴凉环境的景观解决方案和需要最短日照时长的适合植物。图 10-8-17 展示了这一过程。由于日照分析提前解决了关注的问题，从而极大缩短了业主和顾问的设计审查时间。

4D 模拟。4D 模拟是沟通和可视化项目进程的一种有用且强大的方法。4D 建模可为制定施工计划以及研究施工计划对安装和设计的影响提供支持。项目通过联合使用 Revit 和 Navisworks，建立了一个工作流，使团队能够有效规划不同施工阶段，识别潜在的问题，
并对替代解决方案进行可行性评估。每月进度可视化，如图 10-8-18 所示，将 BIM 进度 543
模型和实时进度照片并置对比，使团队能够根据现场完成的工作情况跟踪进度，并通知业主。

BIM 不仅用于确定项目的主要进程，还用于制定标准层的周期性施工计划，如图 10-8-19 所示。如此将施工工序一一展示，很容易向其他方解释施工进程，包括每天上、下午班的工作内容与楼层施工周期的对应关系。

542

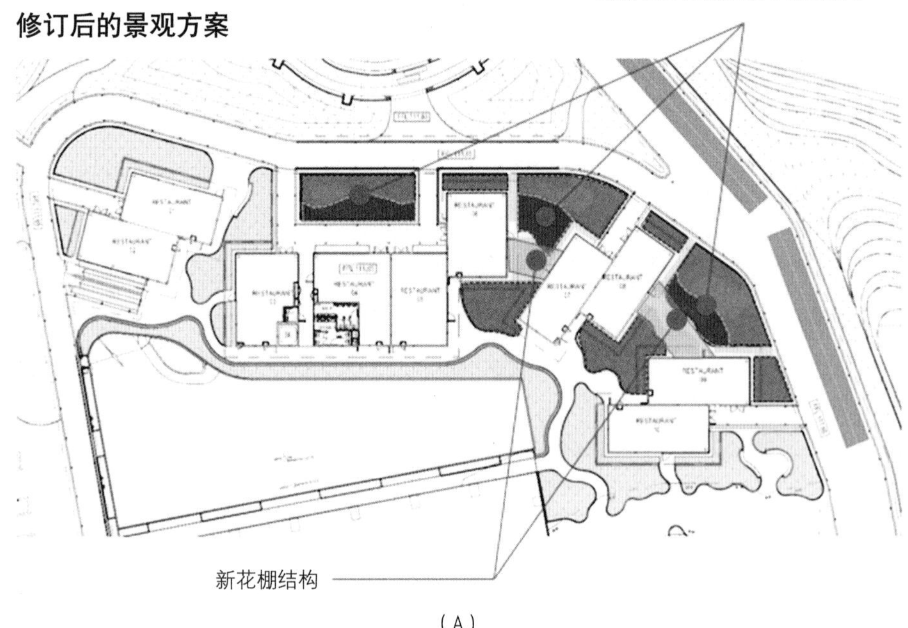

（A）

[19/41] [2015 年 3 月 21 日，12: 30]　[19/41] [2015 年 6 月 21 日，12: 30]　[19/41] [2015 年 12 月 21 日，12: 30]

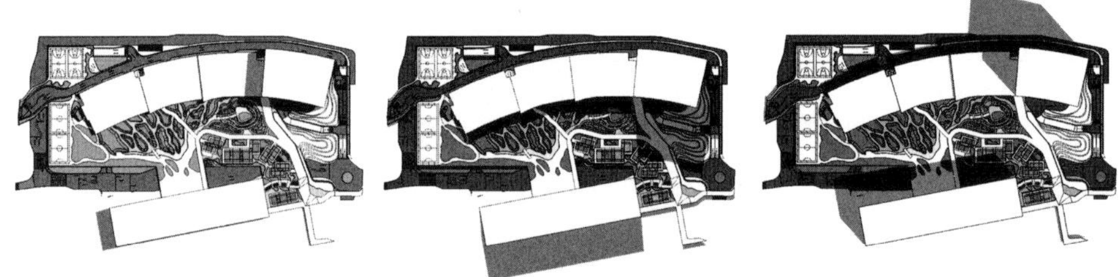

日照研究

基于遮阳分析的餐饮区景观设计

（B）

图 10-8-17　基于日照研究结果的最终景观设计方案
图片由 DCA 建筑师事务所提供。

计划（2014 年 11 月—2015 年 6 月） 543

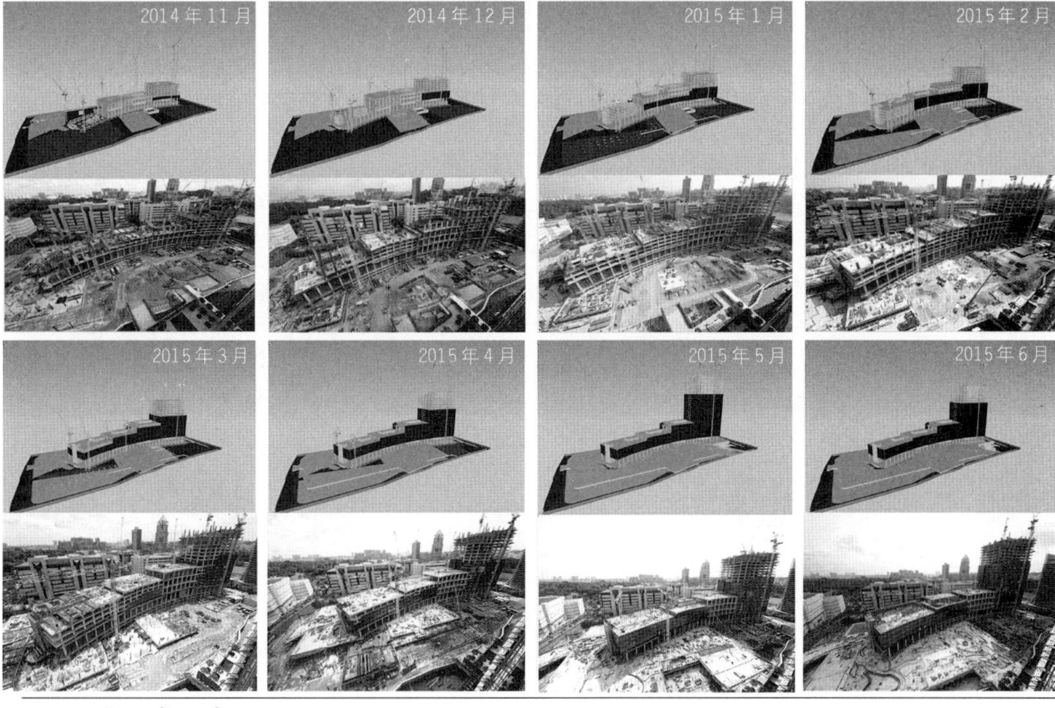

图 10-8-18 BIM 进度模型与现场实际进度对比
图片由清水建设株式会社提供。

544

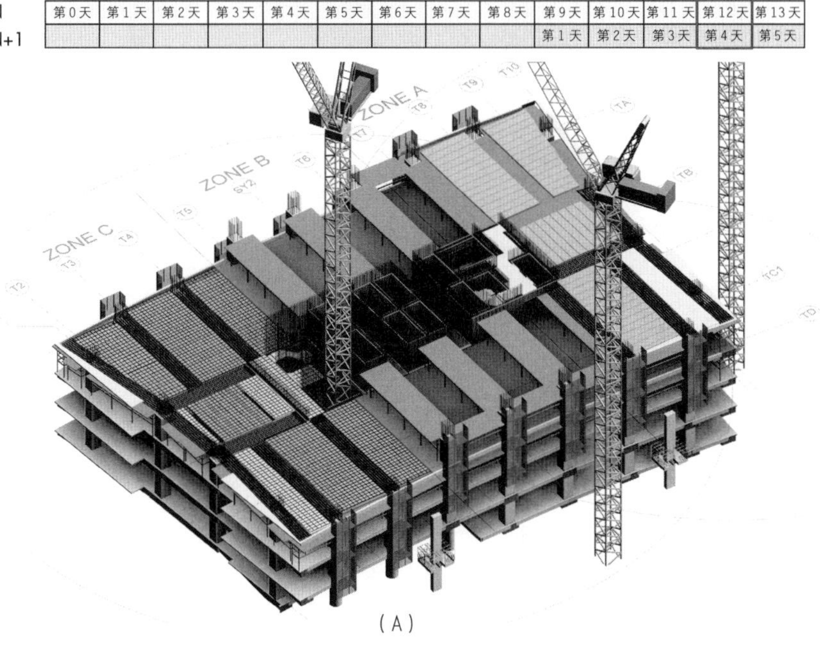

图 10-8-19 施工工序及楼层周期性施工 4D 模拟
图片由清水建设株式会社提供。

545

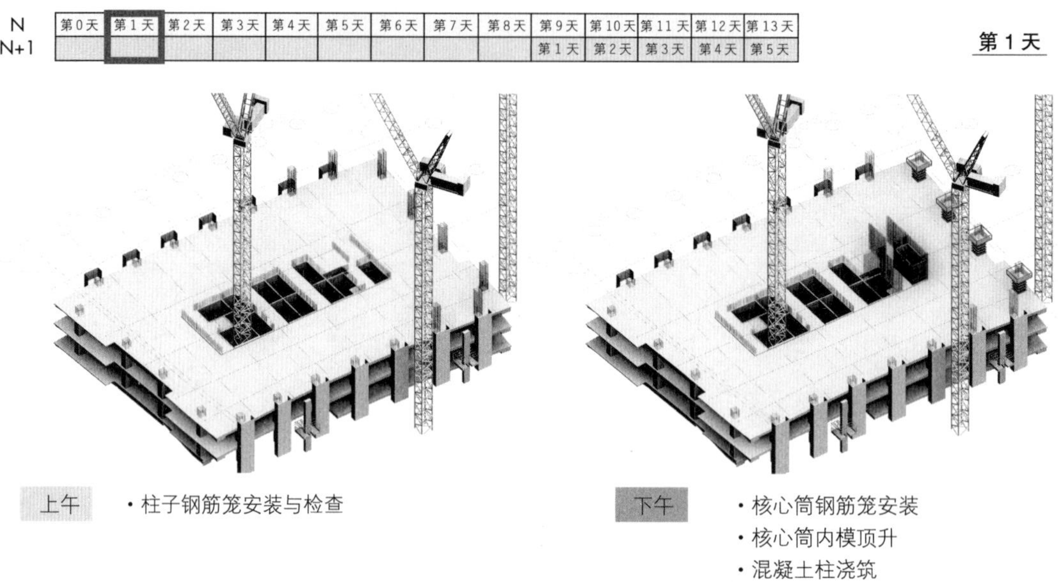

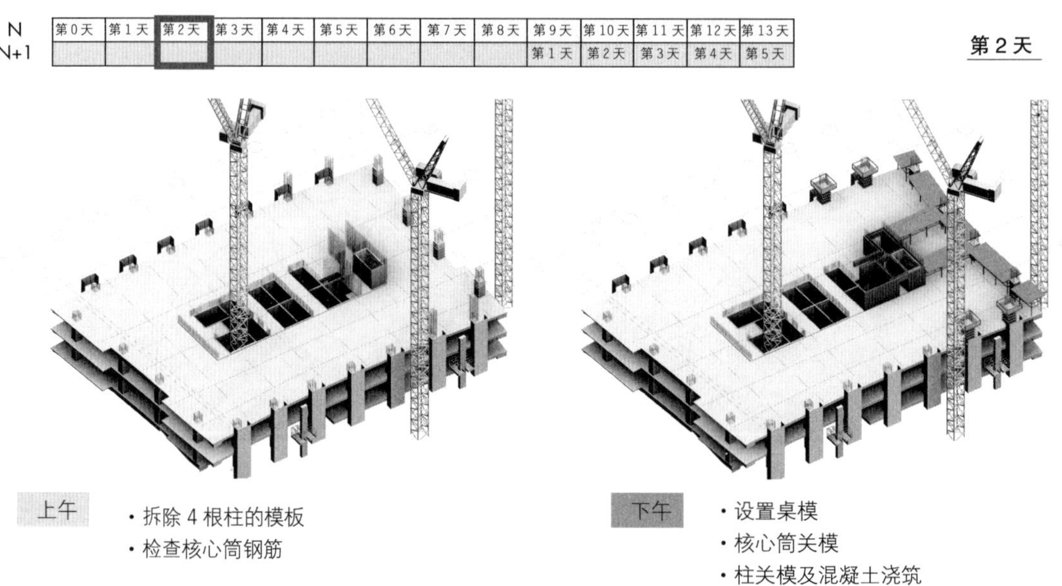

图 10-8-19 施工工序及楼层周期性施工 4D 模拟（续）
图片由清水建设株式会社提供。

546

N	第0天	第1天	第2天	第3天	第4天	第5天	第6天	第7天	第8天	第9天	第10天	第11天	第12天	第13天
N+1										第1天	第2天	第3天	第4天	第5天

第3天

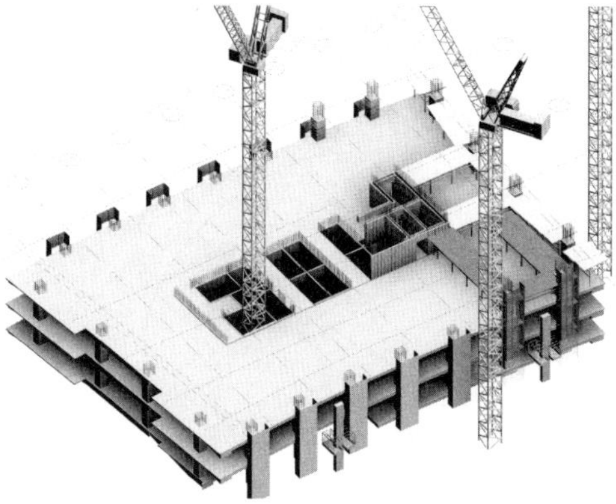

上午
- 拆除4根柱的模板
- 设置桌模
- 核心筒关模
- 在电梯等候厅安装脚手架用于布置PC半板

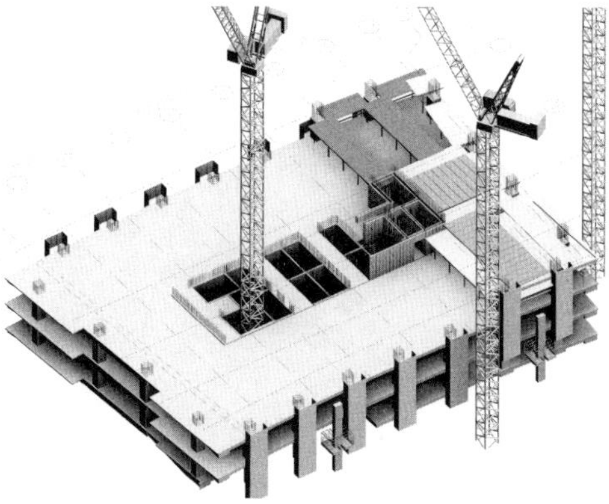

下午
- 核心筒关模
- 设置桌模
- 安装空心板、PC半板
- 安装PC梁

N	第0天	第1天	第2天	第3天	第4天	第5天	第6天	第7天	第8天	第9天	第10天	第11天	第12天	第13天
N+1										第1天	第2天	第3天	第4天	第5天

第4天

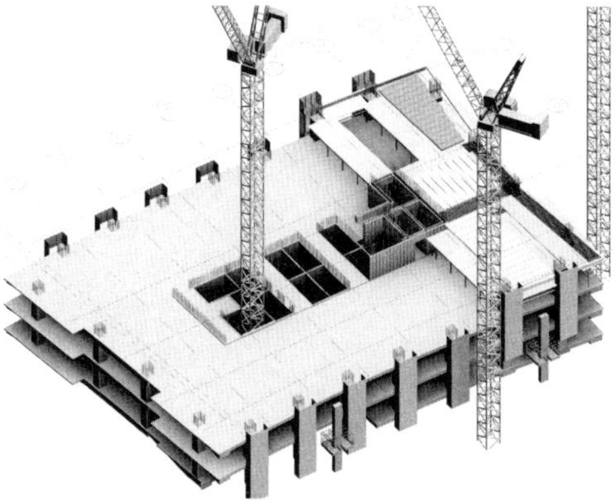

上午
- 安装空心板
- 安装PC板和梁
- 连梁与RC梁钢筋安装
- 核心筒关模

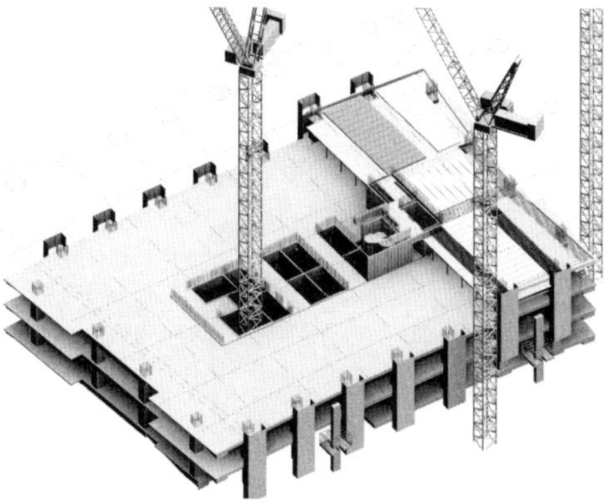

下午
- 安装空心板
- 在电梯等候厅安装半板
- 后张法预应力钢筋混凝土梁普通钢筋布置
- 后张法预应力钢筋混凝土梁预应力筋布置
- 核心筒关模

图 10-8-19 施工工序及楼层周期性施工4D模拟（续）
图片由清水建设株式会社提供。

547

N	第 0 天	第 1 天	第 2 天	第 3 天	第 4 天	第 5 天	第 6 天	第 7 天	第 8 天	第 9 天	第 10 天	第 11 天	第 12 天	第 13 天
N+1										第 1 天	第 2 天	第 3 天	第 4 天	第 5 天

第 5 天

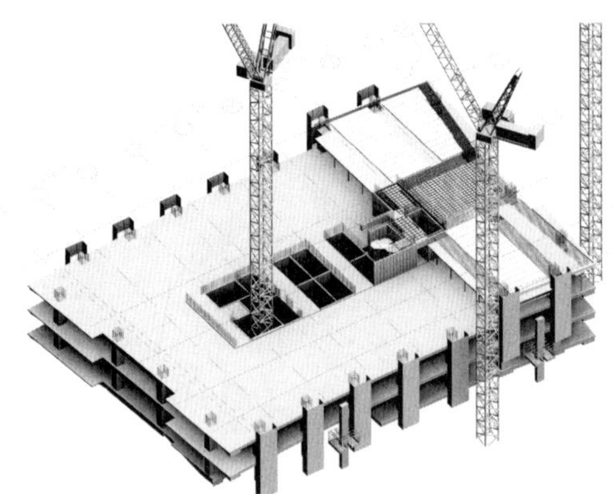

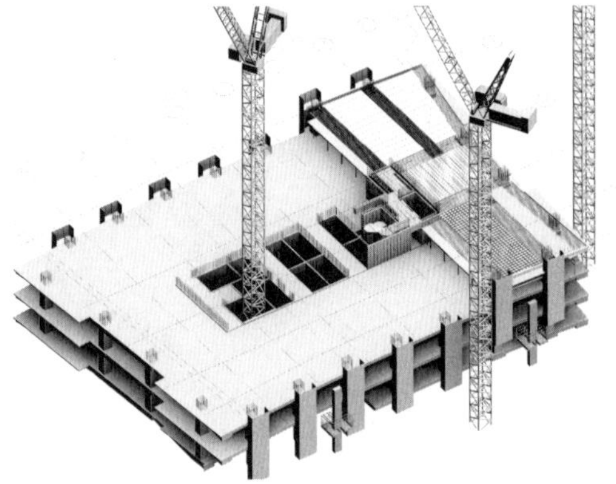

上午

- 连梁与 RC 梁钢筋安装
- 核心筒周边区域半板钢筋安装
- 后张法预应力钢筋混凝土梁预应力筋张拉

下午

- 后张法预应力钢筋混凝土梁普通钢筋布置
- 铺设 BRC 钢筋网
- 后张法预应力钢筋混凝土梁预应力筋张拉

N	第 0 天	第 1 天	第 2 天	第 3 天	第 4 天	第 5 天	第 6 天	第 7 天	第 8 天	第 9 天	第 10 天	第 11 天	第 12 天	第 13 天
N+1										第 1 天	第 2 天	第 3 天	第 4 天	第 5 天

第 6 天

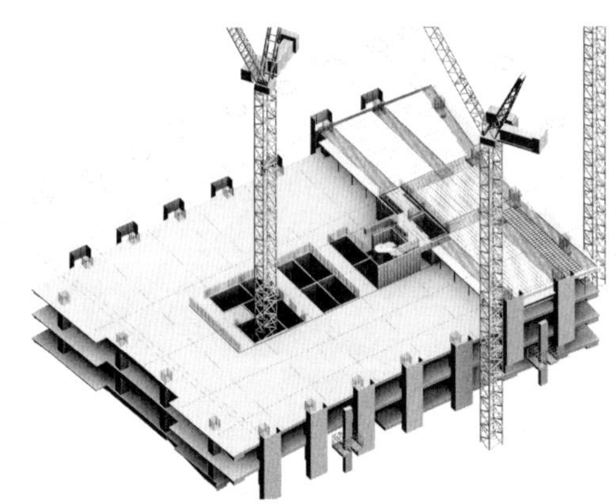

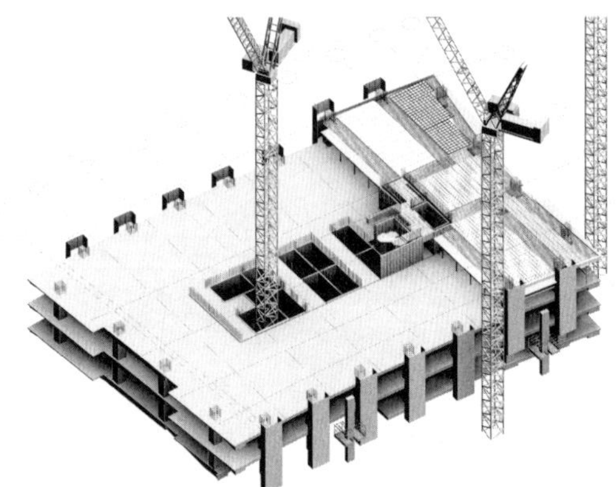

上午

- 在南侧铺设 BRC 钢筋网
- 梁侧模关模

下午

- 在北侧铺设 BRC 钢筋网
- 梁侧模关模

图 10-8-19 施工工序及楼层周期性施工 4D 模拟（续）

图片由清水建设株式会社提供。

548

	第 0 天	第 1 天	第 2 天	第 3 天	第 4 天	第 5 天	第 6 天	第 7 天	第 8 天	第 9 天	第 10 天	第 11 天	第 12 天	第 13 天
N+1										第 1 天	第 2 天	第 3 天	第 4 天	第 5 天

第 7 天

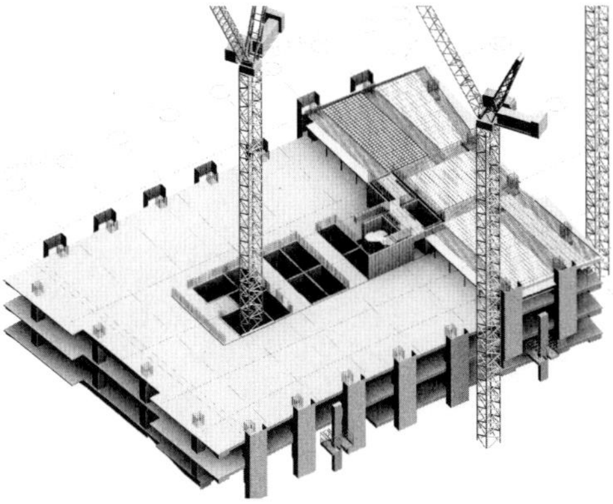

上午
- 在北侧铺设 BRC 钢筋网
- 后张预应力工程最后调整并完工
- 梁侧模板支模

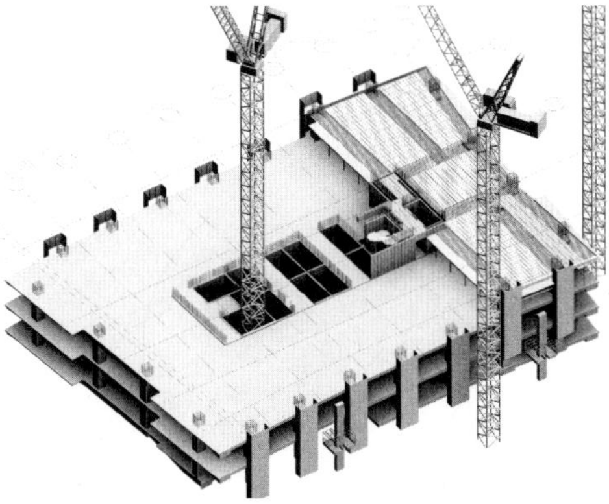

下午
- 梁侧模板支模
- 模板对齐、钢筋工程和后张预应力工程的清洁和最终检查
- 钢筋和后张预应力工程检查

N	第 0 天	第 1 天	第 2 天	第 3 天	第 4 天	第 5 天	第 6 天	第 7 天	第 8 天	第 9 天	第 10 天	第 11 天	第 12 天	第 13 天
N+1										第 1 天	第 2 天	第 3 天	第 4 天	第 5 天

第 8 天

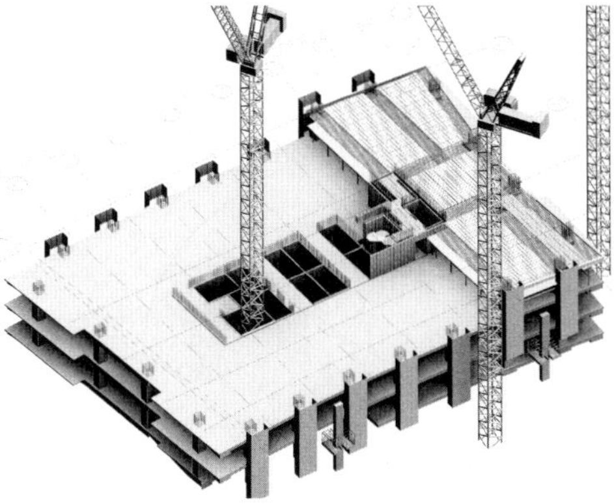

上午
- 梁模板及模板对齐检查
- 布置测量混凝土浇筑厚度的测量尺，标记浇筑水平线
- 最后一次清洁和检查

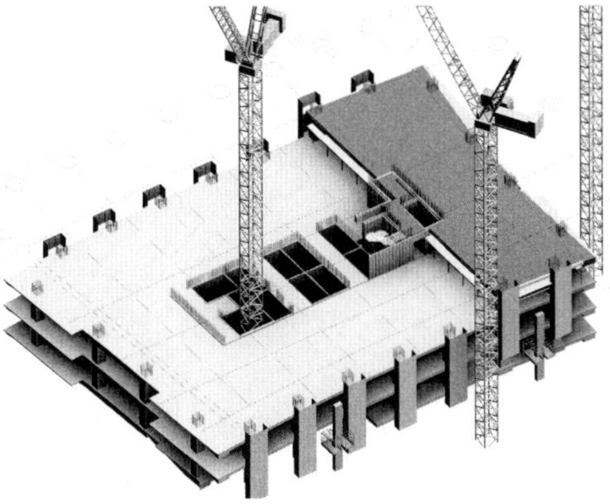

下午
- 墙、梁、板混凝土浇筑

（B）

图 10-8-19 施工工序及楼层周期性施工 4D 模拟（续）
图片由清水建设株式会社提供。

543 ***丝带景观的 4D 模拟和 5D 成本预算。***丝带景观位于 80 号楼附近，毗邻行车坡道的定点上下车位置。它是在施工开始之后才决定修建的。为了得到最有效的成本解决方案和施工方
544 案，团队使用 BIM 比选了不同设计方案并计算出材料用量。丝带景观设计需要对造型高度进行深入研究，同时兼顾结构、政府监管要求和美学。设计创意模型最初由建筑顾问开发，然后提供给总承包商，由其进一步开发和完善。项目使用 4D 模型规划和展示该复杂结构施工的物流和工序，如图 10-8-20 和图 10-8-21 所示。

549

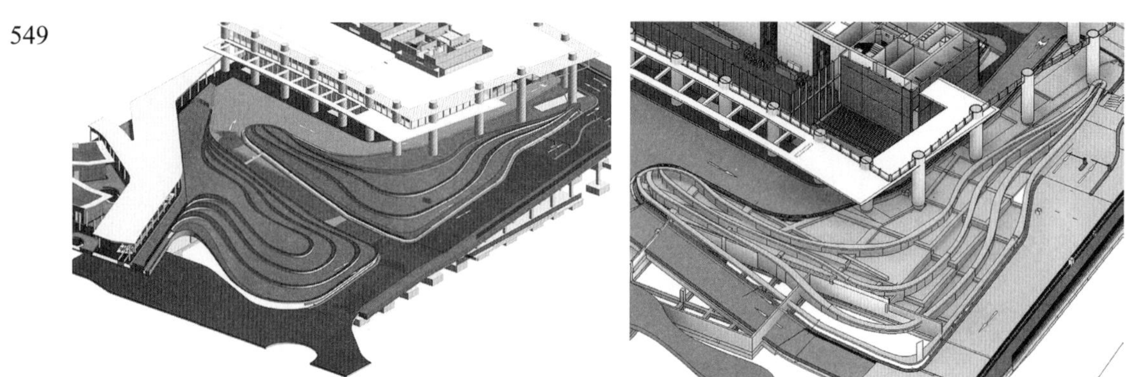

图 10-8-20 丝带景观
图片由 DCA 建筑师事务所和清水建设株式会社提供。

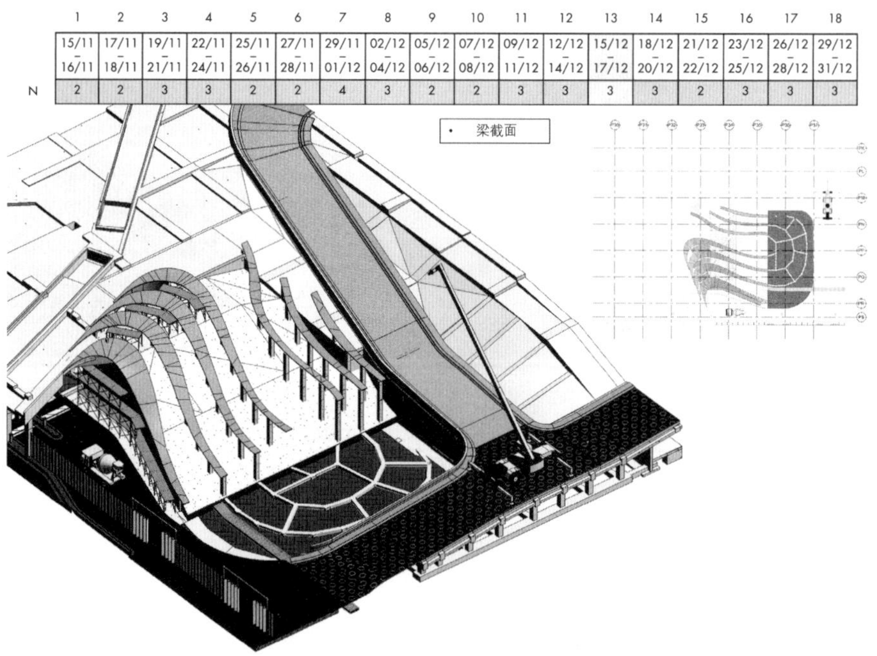

	1	2	3	4	5	6	7	8	9	10	11	12	13	14	15	16	17	18
	15/11–16/11	17/11–18/11	19/11–21/11	22/11–24/11	25/11–26/11	27/11–28/11	29/11–01/12	02/12–04/12	05/12–06/12	07/12–08/12	09/12–11/12	12/12–14/12	15/12–17/12	18/12–20/12	21/12–22/12	23/12–25/12	26/12–28/12	29/12–31/12
N	2	2	3	3	2	2	4	3	2	2	3	3	3	3	2	3	3	3

图 10-8-21 丝带景观的 4D 模拟
图片由清水建设株式会社提供。

设计方案包含三维自由曲面造型。由于采用传统方法很难提取这种复杂结构的材料用量， 544
项目使用 Revit 进行可视化和工程量计算。由于 Revit 图元包含混凝土体积、模板面积等信息，通过从 Revit 模型中提取图元，即可获得工程量计算所需的信息。

10.8.9 BIM 在施工现场的应用

点布置（Autodesk Point Layout）。现场工作人员可使用欧特克“点布置”（Point layout）插件识别坐标点，然后将信息导出给测量员，再由其输入智能全站仪中。测量员可从 iPad 的 BIM 模型中选择坐标点（图 10-8-22）。

如上所述，丝带结构是在进入施工阶段之后才确定建造的，它也是该项目最后施工的单 550
项工程，因此必须在很短的时间内完成。由于新颖的丝带景观将成为项目入口的标志，人们对其寄予厚望。在建筑师、工程师和承包商的密切合作下，通过模型对不同专业的衔接细节
进行了精确调整，以达到期望的效果。为了方便可视化，特别是让现场工人理解丝带造型， 551
项目将图 10-8-23 中所示的三维模型通过 3D 打印设备打印出来。项目使用“点布置”功能精确确定各个坐标点，然后在现场将它们标记出来。整个丝带景观从基础、结构、装饰到绿化种植仅用 8 周时间即全部完成（图 10-8-24）。

BIM 360 Glue 和 iPad 在施工现场的应用。为了支持项目团队核查现场工作，将 BIM 模型上传到 BIM 360 Glue 中，因而允许施工团队使用移动设备，如 iPad，在现场访问和核查模型（如图 6-15 所示）。

550

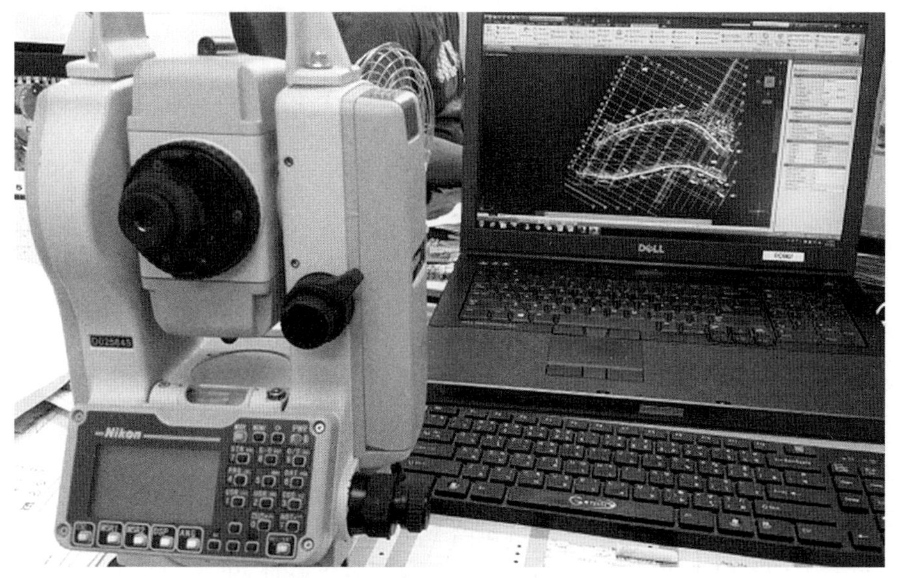

图 10-8-22 通过 iPad 从 BIM 模型中选取坐标点
图片由清水建设株式会社提供。

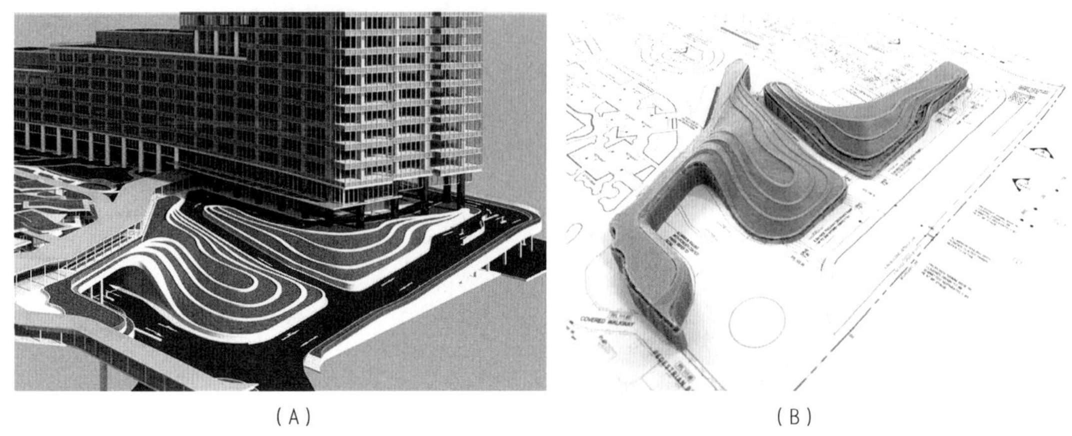

（A）　　（B）

图 10-8-23 丝带景观设计方案
（A）BIM 模型；（B）3D 打印模型
图片由 DCA 建筑师事务所和清水建设株式会社提供。

551

（A）　　（B）

图 10-8-24 （A）施工中的丝带景观；（B）已建成的丝带景观
图片由 DCA 建筑师事务所和清水建设株式会社提供。

项目团队跟踪现场所做的每一个变更，并将其纳入竣工 BIM 模型。现场检查期间，直接在 iPad 上标记变更，并将实景照片作为变更记录存档。然后，施工团队向在现场办公的建模人员简要介绍变更情况，以便他们更新 BIM 模型，如实反映现场完成的变更。

BIM 展板。项目团队一直在寻找一种能将 BIM 模型中的信息传递给现场团队的方法。他们想到的一个方法是使用图 10-8-25 所示的 BIM 展板。在此，清水建设株式会社向所有工人展示根据 BIM 模型打印的三维视图照片。事实证明，通过 BIM 展板，与分包商讨论问题更加高效，工人也很容易理解上、下午班安排的工作。这对来自其他国家的工人和刚到现场工作的工人特别有用，因为他们可以通过观看三维视图照片和阅读任务书迅速了解当天安排的工作。

552

图 10-8-25 现场 BIM 展板上的照片
图片由清水建设株式会社提供。

10.8.10 结语

降低风险。使用 BIM 能够很好地理解项目涉及的问题，促进项目团队之间和与监管部门之间的沟通，从而有助于避免或减少风险，提高生产力。项目凭借准确的 BIM 模型、为各方提供清晰的信息和精确计算材料用量等优势，将施工预算和进度风险降至最低。这方面的例子包括：

- 第 1 阶段工程竣工后，BIM 模型用于向新加坡建设局展示项目状态，以解决他们关注的安全问题，并保护公众免受正在进行的施工工程的影响。为了分析现场存在的风险，塔吊吊装作业风险区和公共区域附近设置的防护围板均已准确建模（图 10-8-26）。
- 在施工图纸和深化设计图纸中增加三维视图，并在施工现场的显著位置展示。这使现场工人能够更好地可视化复杂衔接，减少不必要的现场错误，从而降低施工进度延期风险。

553

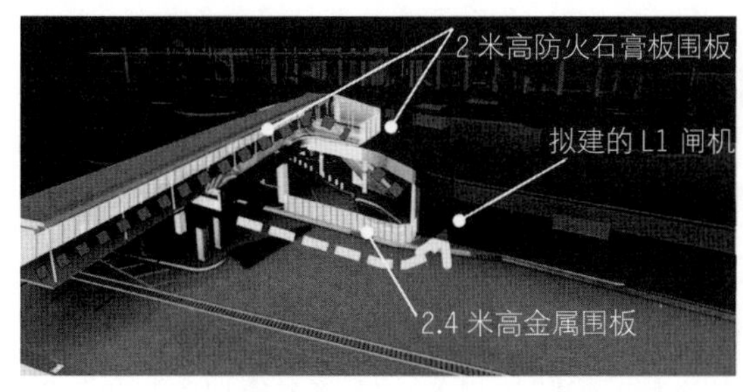

图 10-8-26 BIM 模型中的临时金属防护围板
图片由 DCA 建筑师事务所和清水建设株式会社提供。

552 项目保证了所有里程碑节点的施工进度。通过使用 BIM 实现精细协调，团队可在整个扩初设计阶段和现场施工阶段快速做出决策，确保了项目在 20 个月内获得第 1 阶段工程的临时入住许可证，在 26 个月内获得第 2 阶段工程的临时入住许可证。

553 如果不用 BIM，显然会出现传统协调经常发生的意外情况，例如，未检测到的冲突或不同专业元素衔接不佳，导致重新设计和返工，并造成进度延迟。BIM 能使项目团队可视化每个角落，并在三维可视化环境中有效解决问题。使用 BIM，大大减少了二维图纸出现不一致的概率，并可通过模型对所有区域进行可视化审查，从而降低在设计或沟通中出现人为错误的风险。

挑战和对策。丰树商业城 II 期（MBC II）在项目的全过程中成功地应用了 BIM 流程，并如期完工。然而，在某些方面，仍然可以利用 BIM 进一步优化流程：

- 理想情况下，整个顾问团队应在早期阶段与业主一起参与到项目中来。在本项目中，土木与结构、机电和景观设计师没有创建本专业的 BIM 模型，而是将信息提供给建筑师，由其完成整体模型建模。
- 最好采用允许承包商早期参与的合同方法。这样，团队从一开始就可选择最佳施工方法，从而使施工人员的生产力更高，施工成本更低。
- 从技术角度看，还可以采用更多的支持工具，例如在扩建或改建工程中采集既有建筑信息的点云数据采集工具。
- 业主的设施维护团队应参与到设计和施工中来，以便对竣工建筑和移交的用于运维的 BIM 模型有深入了解。

554 **致谢**

本案例研究是由 DCA 建筑师事务所文森特·古（Vincent Koo）和邱敏（Min Thu）编写的。在编写过程中，得到了丰树项目团队许多成员以及新加坡建设局郑泰发（Tai Fatt Cheng）等人的大力支持。非常感谢每一个分享了自己丰厚 BIM 实战经验的人。

10.9 沙特麦地那穆罕默德 · 本 · 阿卜杜勒 – 阿齐兹亲王国际机场

建筑信息建模（BIM）与设施管理（FM）集成应用

10.9.1 项目概况

沙特麦地那穆罕默德 · 本 · 阿卜杜勒 – 阿齐兹亲王国际机场（简称“麦地那国际机场”）采用政府和社会资本合作（PPP）模式建设，是沙特阿拉伯国内首座民营机场。它是游客前往克尔白（Kaaba）圣堂和朝圣者前往伊斯兰教两座圣城的主要门户（图 10-9-1）。

图 10-9-1 麦地那国际机场
图片由 TAV 建设集团提供。

机场由提巴（Tibah）机场发展有限公司投资建设和运营。提巴机场发展有限公司是由土耳其 TAV 机场控股集团与沙特阿拉伯的两家公司 [沙特奥格（Saudi Oger）有限公司和阿尔拉吉（Al Rajhi）控股集团] 共同组成的合资公司（JV）。该合资公司于 2011 年 10 月与沙特阿拉伯民用航空管理局（GACA）签订合同，负责修建机场并获得为期 25 年的特许经营权，同时 555
从沙特阿拉伯一家银行联盟获得总额 12 亿美元的融资。

25 年的特许经营权采用建设－转让－经营（Build-Transfer-Operate，BTO）模式运作。因此，在特许经营权合同生效期间，民用航空管理局具有机场一切基础建设设施的所有权。投资联盟专门为项目组建的公司——提巴机场发展有限公司，负责机场的管理，包括空侧和陆侧的日常运营。民用航空管理局继续履行监管职能，并负责空中交通管制。投资联盟及贷款银行将共同承担飞机乘客的需求风险，同时与民用航空管理局共享在特许经营权下所取得的营业收入。

新航站楼、停机坪以及快速滑行道的建设将使机场年旅客吞吐量增加至 800 万人次，到特许经营期结束时，年旅客吞吐量将增加至 1600 万人次。

指导建筑设计的主要原则是新机场要整合已有的机场设施；具有简单、连贯的布局，合理的日常客流、安全疏散和安全检查路线，以及关注运行效率、灵活性、适用性和可扩展性。从 2012 年 7 月至 2015 年 2 月，由来自不同国家的公司组成大型的项目团队，共同完成了新航站楼和空侧基础设施的设计和施工工作（如表 10-9-1 所示）。

556 **机场项目中的主要参与方及其在项目中的角色** 表 10-9-1

委托方 / 经营权授予方	沙特阿拉伯民用航空管理局
特许经营方	提巴机场发展有限公司 该公司是由土耳其 TAV 机场控股集团、沙特阿拉伯沙特奥格（Saudi Oger）有限公司和沙特阿拉伯阿尔拉吉（Al Rajhi）控股集团三家公司共同组建的合资企业
独立工程师	合乐（Halcrow）集团有限公司（英国）
贷款出资方	国家商业银行（NCB）、阿拉伯国家银行（ANB）和沙特英国银行（SABB）联盟
贷方技术顾问	Intervistas 咨询公司
施工总承包商	麦地那国际机场联合建筑公司 该公司是由 TAV Tepe Akfen 投资建设运营有限公司（土耳其）和 Al Arrab 总承包股份公司（沙特阿拉伯）两家公司共同组建的合资企业
建筑设计团队	斯科特・布朗瑞格（Scott Brownrigg）建筑师事务所（原英国 GMW 建筑师事务所）
空侧基础设施工程，以及 MEP+ 结构概念设计	URS 工程咨询公司 / 伟信（Scott Wilson）集团（英国）
钢结构设计	Çakıt 工程公司（土耳其）
钢筋混凝土结构设计	OSM 工程公司（土耳其）
机械设备设计	莫斯凯（Moskay）工程公司（土耳其）
电气设计	HB Teknik 公司（土耳其）

555 在整个中东和北非（MENA）地区，麦地那国际机场是首个获得美国绿色建筑委员会（USGBC）LEED 金牌认证的机场。2015 年，麦地那国际机场又获得了《工程新闻记录》（*ENR*）评选的全球机场 / 港口类最佳项目奖。

项目概览：

- 航站楼和大厅面积：156940 平方米
- 航站楼设计最大客流量：年客流量 800 万人次
- 钢结构工程：14320 吨
- 混凝土工程：89161 立方米
- 土方开挖量：1000 万立方米
- 土方回填量：280 万立方米
- 跑道、滑行道、停机坪面积：150 万平方米
- 乘客登机廊桥：32 座
- 电梯、自动扶梯、自动人行道：93 台
- 行李处理系统最大处理量：每小时 2200 件行李

10.9.2 BIM 的创新性应用

在中东地区，BIM 技术的应用，正在持续不断地发展。紧跟某些领先国家的脚步，中东地区各个国家也开始在本土强制推动 BIM 技术的应用。例如，迪拜市政府于 2014 年 1 月 1 日颁布了强制令，要求在所有的“40 层以上”和“30 万平方英尺（27871 平方米）以上”， 556
以及“医院、大专院校建筑和其他类似重要建筑”项目中必须应用 BIM。虽然 BIM 可以为所有规模的项目带来好处，但仅强制在大型和特殊项目上使用而未强制在中小型项目上使用，一方面是大型和特殊项目复杂程度高，承接此类项目的公司均规模较大且已经具有很强的 BIM 能力；另一方面是中小型项目众多，承接此类项目的许多公司通常规模较小且尚不具有 BIM 能力。

当前的行业趋势是显而易见的：越来越多的工程项目要求实施 BIM。鉴于工程项目对 BIM 的需求不断增长，TAV 建设集团内部已经正式建立了一套商业化的 TAV 整合解决方案（TAV–IS）。该解决方案以当前建筑业可用的工具和相关技术为基础，将 TAV 建设集团和 TAV 机场控股集团所拥有的设计、施工和运行技术进行整合。

由于委托方并未指定使用 BIM；同时，作为合资公司快速推进的工程项目，建设工期十分紧张；另外，参与项目的合作伙伴缺乏相关 BIM 资源；因此，原本并未计划在麦地那国际机场项目使用 BIM。采用 BIM 的主要动因来自“业主信息需求”（EIR）文件中所提出的项目相关需求。BIM 实施的资源成本预算需要满足招标阶段的 EIR，否则，项目中使用 BIM 工具或者聘用 BIM 人员所产生的成本只能归类为额外的建设成本。难以为 BIM 岗位配备人员、对现有员工培训颇具挑战以及难以寻找具有 BIM 能力的分包商是影响项目应用 BIM 的一些制约因素。

TAV 建设集团和机场控股集团已经达成共识，认为 TAV 旗下运营的机场都需要应用 BIM 557
系统存储用于设施管理（FM）的包括设计、施工和运行各阶段的所有信息。而麦地那国际机场项目无论是时机、范围还是规模，都非常适合作为试点项目，即非常适合以其需求为基础开发一个作为集团内部基准的专门应用于设施管理的 BIM 基础性平台。该 BIM–FM 开发计划由提巴机场发展有限公司资助，由 TAV–IS 团队实施。通过这一尝试，TAV 建设集团和机场控股集团将有能力规划并实施全方位的信息流动，为日后项目和其他机场提供参照依据和实践范式。

TAV 机场控股集团首席执行官大力支持 TAV–IS 开发和在公司全业务中使用 BIM。麦地那国际机场的 BIM–FM 整合计划和预算提交给提巴机场发展有限公司董事会后获得了批准。根据 TAV–IS 团队建议，主要目标是先使用 BIM 收集设计和施工信息，然后将 BIM 与设施管理工作流程和系统集成，供设施全生命期使用。通过这种集成，所有施工、维护和资产信息都可以通过易于导航的图形界面供终端操作人员访问。图 10–9–2 展示了航站楼鸟瞰图和航站楼

558

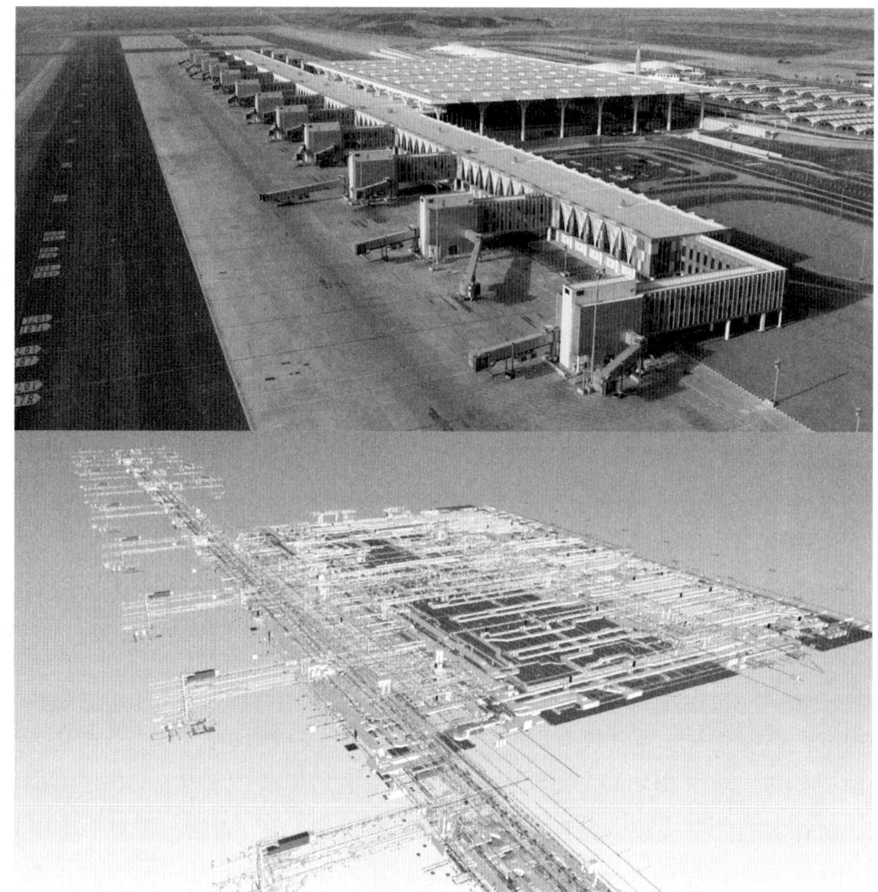

图 10-9-2 麦地那国际机场鸟瞰图（上图）；暖通空调系统 BIM 模型（下图）
图片由 TAV 建设集团提供。

暖通空调系统 BIM 模型。

557 将 BIM 用于设施管理，能够带来如下收益：

- 可应用可视化界面完善设施信息；
- 可将 BIM 中的资产数据直接导入计算机化维护管理系统（CMMS）；
- 通过 BIM 模型访问设施相关文件；
- 能够查看并追踪端到端系统和子系统的连接；
- 能在现场应用移动端的可视化工具访问、增加、修改 CMMS 数据库中的数据；
- 为升级改造所作的能耗分析提供基础数据，以评估方案的影响和投资回报率。

以下为两个里程碑成果：

- 建立集所有专业系统于一体的航站楼联合 BIM 模型：
  - ■ 依照 LOD 500 细化程度建模：收集所有的建筑规范、文件和图纸；对航站楼和各专业系统进行建模。

- 以设施管理和运行为目标引导 BIM 的规划和整合，整合航站楼中的设备和系统信息：
  - BIM-FM 数据库的开发、培训和集成：与顾问和利益相关者召开研讨会和培训会，以确定 BIM-FM 数据库的开发需求和准则；
  - BIM-FM 数据验证及与计算机化维护管理系统集成：实施和集成 BIM-FM 系统并进行竣工验证。

10.9.3 沟通和协同 558

航站楼的建模工作始于工程施工的末期阶段。所有图纸和施工信息均直接从 TAV 建设集团现场施工人员和基于云的项目文档和信息管理软件 Aconex 获取。

为了了解终端用户的实际需求和期望，项目组织提巴机场发展有限公司和 TAV 机场控股集团多名员工召开研讨会，确定机场需要维护的关键资产和系统及其对现场运维有用的相关属性。这些信息对于确定 BIM 模型包含的数据十分必要。

建模开始之前，TAV-IS 团队需要同 ProCS 工程公司（MEP BIM 顾问公司）一道定义空间、元素族、系统信息、系统连接和属性信息。需要维护的主要系统均与 MEP 相关，具有施工和运维实际经验是正确识别 MEP 系统并恰当建模的关键。

在 Invicta 公司（BIM 建模公司）的支持下，TAV-IS 团队和 ProCS 工程公司（MEP BIM 559
顾问公司）共同基于竣工图纸完成了航站楼建模。在建模过程中，进行持续的 QA/QC（质量保证 / 质量控制）以及倾听现场人员对需要澄清问题的意见，对于确保模型信息的准确性十分重要。本项目选用的 BIM-FM 平台是 EcoDomus-FM，CMMS 软件是 IFS。BIM 模型采用 Autodesk Revit 软件创建，模型文件格式与 Autodesk Navisworks 和 EcoDomus PM 两款软件兼容。

原计划，从召开研讨会到建模、信息集成、人员培训，所有工作在 12 个月内完成。其中，建模持续 4 至 5 个月。对于这种规模的航站楼，在正常情况下，这是创建联合 BIM 建模的合理时间。但由于提巴机场发展有限公司更改了房间编号以及模型元素编码方案，因此模型需要同步更新。这使得建模工作拖后了几个月才得以完成。最终，建模及信息集成总共用了 18 个月。稍后，我们将讨论未来项目可从本项目吸取的教训。

参与 BIM-FM 集成工作的参与方来自遍布四大洲的 7 个不同国家（土耳其、美国、俄罗斯、沙特阿拉伯、阿联酋、埃及和印度）。因此，需要定期举行参与方网络会议，以了解最新进展，制定决策，或者澄清重大问题。

项目各参与方之间的通信交流并没有采用电子邮件的形式，而是统一采用一款基于网络的项目管理系统平台 Basecamp。所有项目文件，包括 BIM 模型文件，都使用基于混合云的文件共享平台 TAVcloud 分发（图 10-9-3）。在一个项目中，共用一个通信平台和文件共享平台，

560

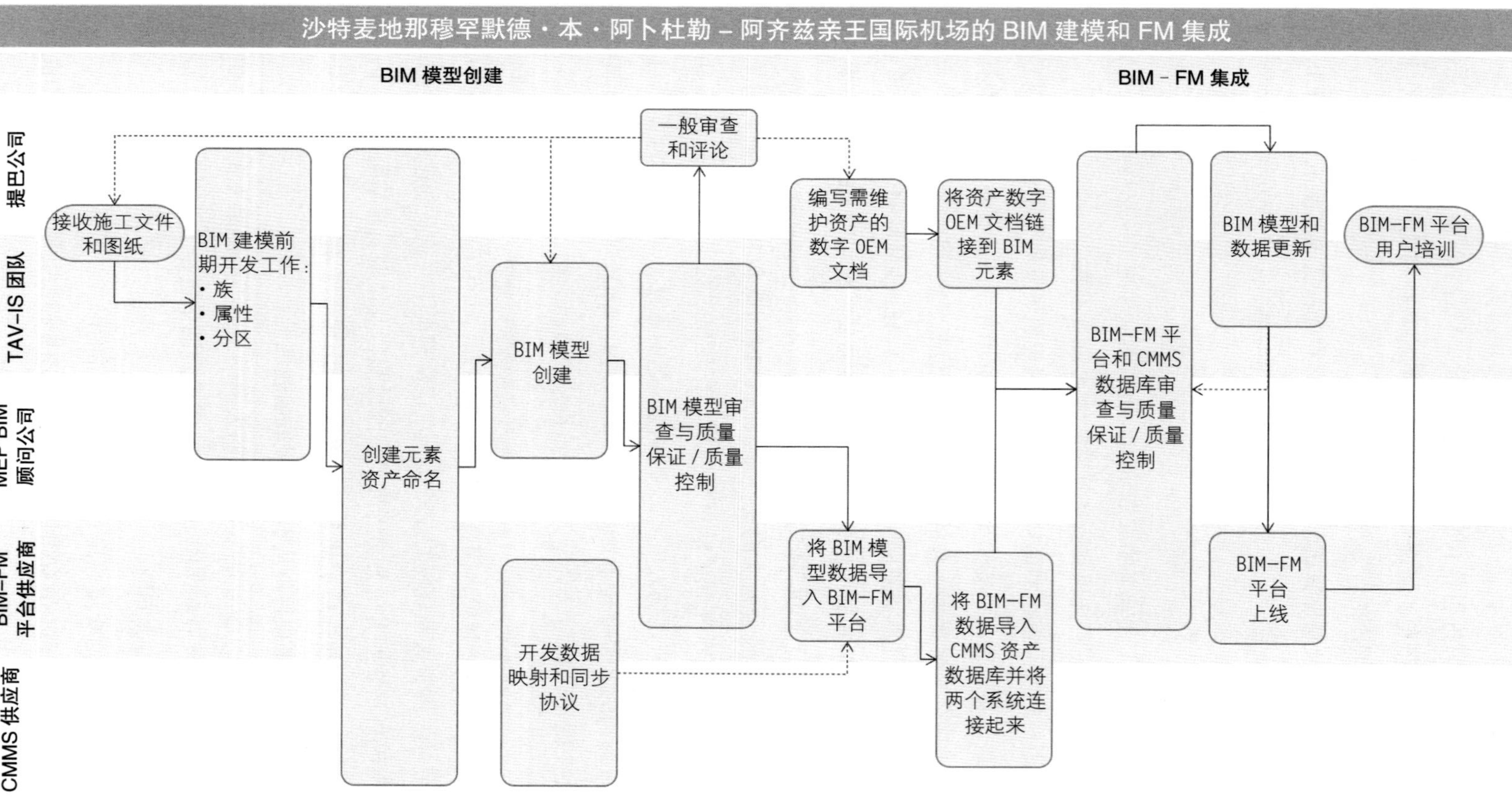

图 10-9-3 在大型项目团队中，使用统一的基于网络的文件和项目管理工具对于保持通信和数据交换的一致性十分重要

图片由 TAV 建设集团提供。

对于项目各参与方及时了解最新信息至关重要。这能有效避免类似电子邮件与其附件所产生的信息割裂。

BIM 建模过程中，最重要的是要使用反映竣工状况的精确信息进行建模，确保所有建模的资产元素按照 CMMS 数据库和资产登记要求编码。如果竣工图纸或相关信息有不清楚的地方，可以直接询问现场施工人员和运维人员，这对澄清疑问十分有益。 559

与这样一个遍布全球的项目团队进行协作和沟通的挑战是，召开网络会议需要考虑时差和不同国家的法定假日。由于网络性能并不总能尽如人意，此类网络会议也并非总是高效的，但使用基于网络的项目管理平台以及通过录屏沟通软件使用和建模方面的具体问题弥补了网络会议的不足。

10.9.4 各利益相关方的参与

图 10-9-4 展示了在整个 BIM 建模和 BIM 与 FM 集成工作中各利益相关方的工作。其中每一行的工作对应一个利益相关方。TAV-IS 团队与提巴机场发展有限公司共同主导模型创建和 BIM 与 FM 集成工作，同时该项工作也得到了 MEP BIM 顾问公司、BIM-FM 平台供应商和 CMMS 软件供应商的大力支持。

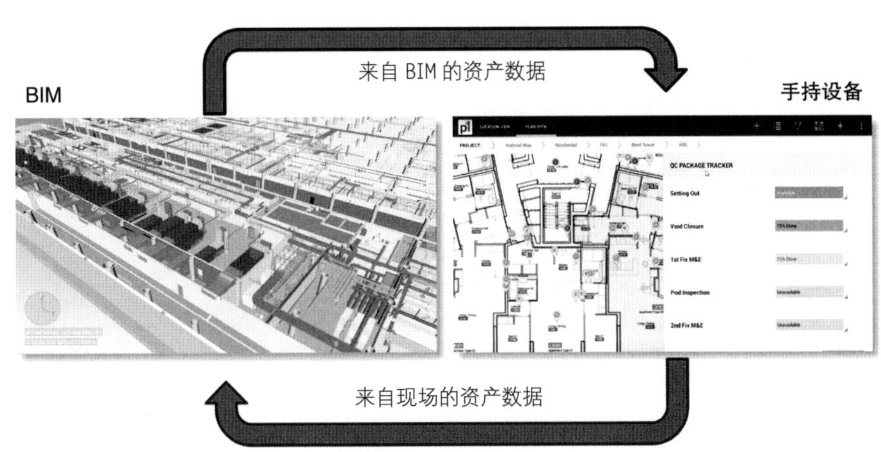

图 10-9-4 在 BIM 建模和 BIM 与设施管理系统（FM）集成工作中各利益相关方的工作职责（见书后彩图）图片由 TAV 建设集团提供。

注：本图与图 4-10 相同，但第 10.9.4 节与第 4.3.6 节对该图的解读视角不同。——译者注

依据航站楼设计文件开发了资产元素族并确定了各自属性。模型创建根据提巴机场发展有限公司和 CMMS 软件供应商共同开发的资产元素命名规则为模型元素命名，根据陆续接收的模型信息和审查意见对模型进行迭代式更新。同时，软件供应商协作开发了 BIM-FM 平台与 CMMS 软件之间的数据映射协议，团队将施工和资产文件与 BIM-FM 平台的元素进而直接 561

关联，并将 BIM 资产数据直接导入 CMMS 数据库。

一旦进入调试运行阶段，BIM 模型的维护就成了最关键的工作，一方面要保证 BIM 模型能够反映设施最新状态，另一方面要使其与 CMMS 数据库保持同步。这需要制定一份建筑全生命期模型管理计划。项目制定了“设施管理 / 运行 BIM 执行计划”，规定了模型创建要求、模型管理方法，以及软件版本的定期升级，以确保 BIM 模型一直处于可使用状态。

在“设施管理 / 运行 BIM 执行计划”中定义了未来项目的建模要求，包括小型内部改造、扩建或机场内新建建筑的建模。这对于未来利益相关方和项目在设计和施工阶段应用 BIM，以及在施工收尾时创建与 BIM-FM 平台集成的 BIM 模型具有指导作用。图 10-9-5 以关系图的形式，展示了未来项目各阶段 BIM 执行计划（BEP）的层级关系。

562

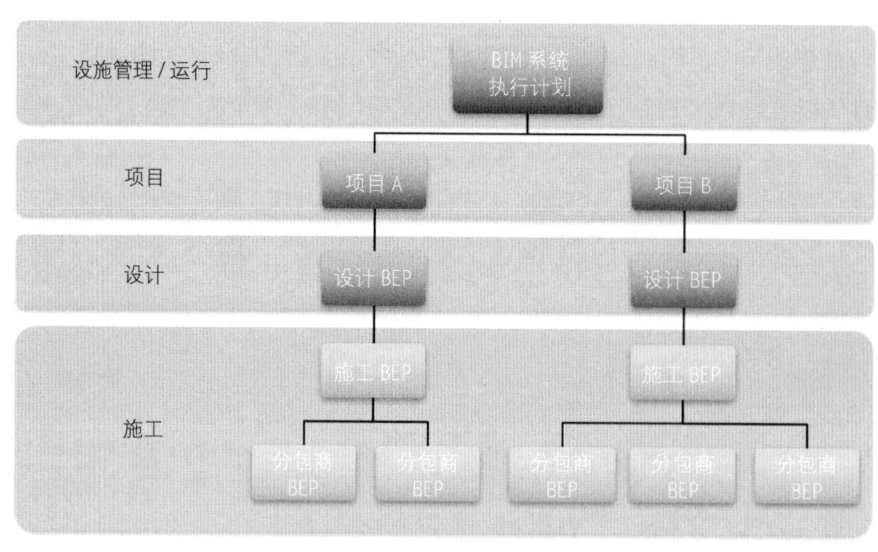

图 10-9-5 BIM-FM 平台 BIM 执行计划与日后项目 BIM 建模之间的关系。这对于确保日后项目的信息能够集成到 BIM-FM 平台至关重要
图片由 TAV 建设集团提供。

561 项目中的资产数据由提巴机场发展有限公司的现场员工进行管理，而 BIM 模型由 TAV-IS 团队负责管理。项目的现场状况一旦产生任何变更，都需要在现场及时记录，可以通过员工手工记录，也可以应用网络平台移动设备端的操作界面进行记录（如图 10-9-6 所示）。这些数据将被汇总，用于定期更新 BIM 模型。汇总后的现场状况数据将提交给 TAV-IS 团队，由其对 BIM 模型和平台进行更新，并将数据与 CMMS 数据库同步。

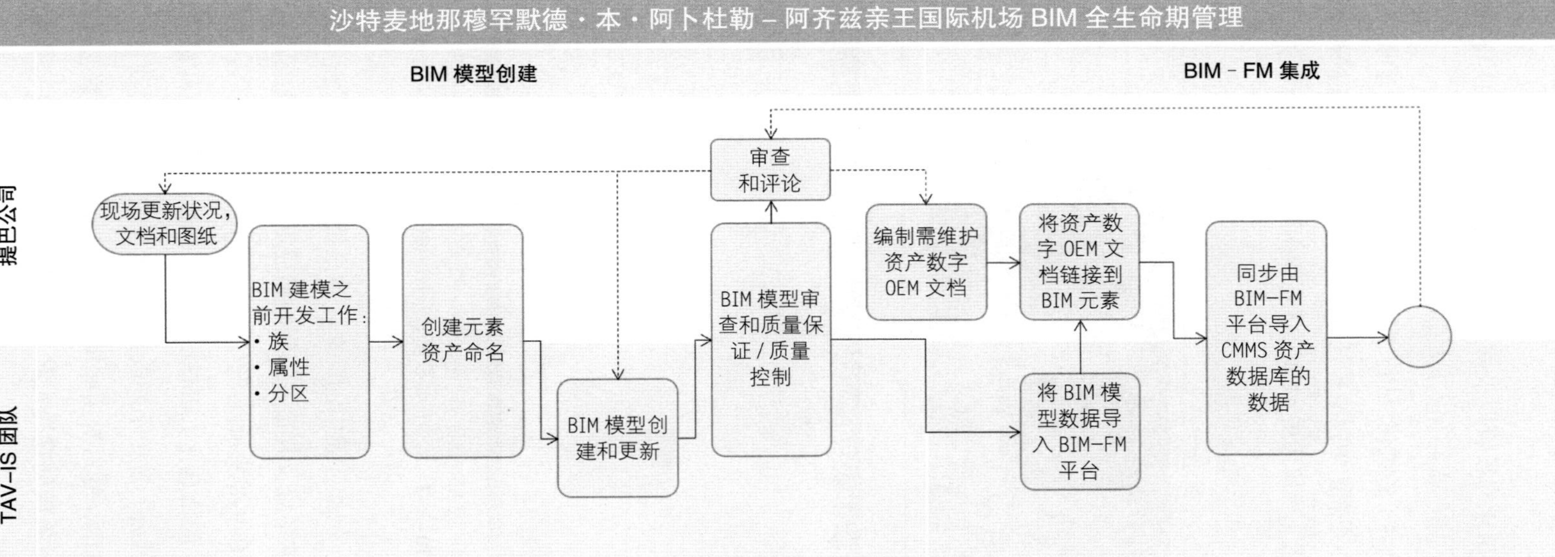

图 10-9-6 记录现场变更状况并依此更新 BIM 模型，以保证模型中的资产数据是最新的和准确的。根据现场信息定期更新模型
图片由 TAV 建设集团提供。

10.9.5 风险

在给定项目上实施 BIM 的投资回报率难以量化。然而，项目团队的经验表明，实施 BIM
562 的相关成本可以由生产效率的提高和人员的减少所弥补。

在 BIM-FM 平台中整合了各类建筑相关信息，有助于提高设施管理团队的响应能力和服务水平，使航站楼的运维更加高效。承担维护任务的技术人员可迅速获得相关信息（如图 10-9-7 所示），包括设备属性、位置、维修历史、OEM 文档、备用零件，以及到达设备位置的通道 / 路径等。

564

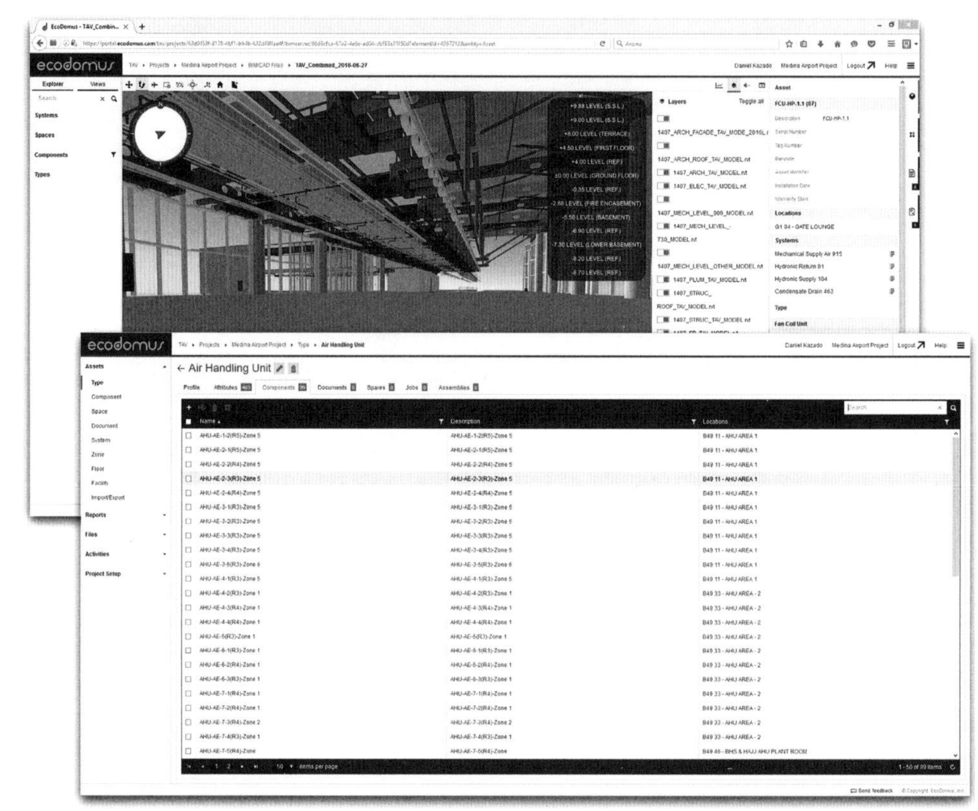

图 10-9-7 用户可查看模型元素详细信息的 BIM-FM 平台界面
图片由 TAV 建设集团提供。

562 为了应对紧急情况，例如建筑中的消防喷淋系统由于损坏或误操作而开始洒水，在 BIM 模型中，将每一消防喷淋系统及其至关闭阀的路径定义为一个系统，从而可以快速定位关闭阀以将阀门关闭，如图 10-9-8 所示。

562 BIM-FM 平台所提供的信息比 CMMS 数据库存储的通过手工从纸质材料提取和现场调查获取的信息大好几个数量级。按照不同的专业和楼层进行划分，项目团队总共为麦地那国际机场创建了 11 个 BIM 模型，然后对这些模型进行组装，部件总数超过 58 万个。下表汇总了 BIM 模型中基于可维护对象族创建的元素。表中所列元素类别定义了构成 CMMS 数据库的资产树（见表 10-9-2）。

564

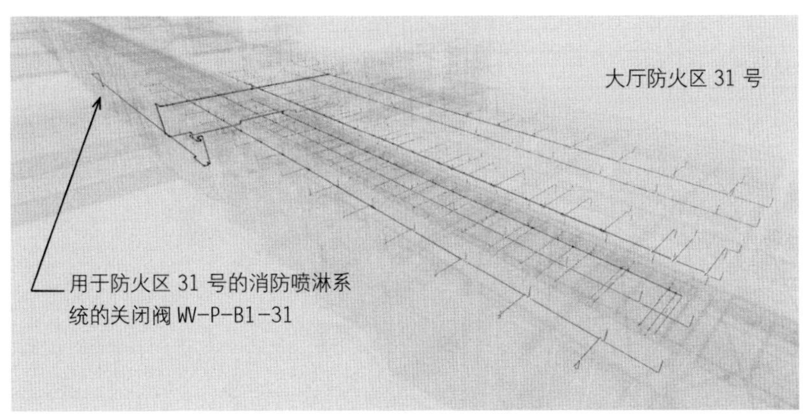

图 10-9-8 在 BIM 模型中，定义了系统中各个部件之间的连接关系。这使得隔离和追踪每个系统和/或区域相互连接的部件成为可能。图中所示为航站楼某个登机口消防喷淋系统的关闭阀
图片由 TAV 建设集团提供。

CMMS 数据库中的模型元素以及需维护对象族 表 10-9-2 565

BIM 模型文件名称	清单名称	族数	元素数
1407_STRUC_TAV_MODEL	结构柱清单	86	2248
	结构框架清单	5	12874
	楼板清单	18	226
	墙体清单	16	340
1407_STRUC_ ROOF_TAV_MODEL	结构柱清单	3	28
1407_ARCH_TAV_MODEL	门清单	26	1950
	专业设备清单	12	1242
	通用设备型号清单	5	1342
	使用案例清单	10	120
	顶棚清单	1	776
	楼板清单	1	2861
	卫生洁具清单	18	3237
	结构柱清单	1	675
	墙体清单	52	7781
1407_ARCH_FACADE_TAV_MODEL	门清单	14	195
	墙体清单	2	1110
	通用设备型号清单	216	2895
	面板清单	3	13582
	竖梃清单	1	18635
1407_MECH_LEVEL_000_MODEL	空调末端设备清单	8	4682
	风管附件清单	7	1860
	机械设备清单	5	1231
	管道附件清单	9	6934
1407_MECH_LEVEL_-730_MODEL	空调末端设备清单	12	1448
	风管附件清单	10	2840
	机械设备清单	31	1598
	管道附件清单	20	5873

续表

	BIM 模型文件名称	清单名称	族数	元素数
	1407_MECH_LEVEL_OTHER_MODEL	空调末端设备清单	9	1446
		风管附件清单	7	1329
		机械设备清单	13	711
		管道附件清单	13	3768
	1407_PLUM_TAV_MODEL	机械设备清单	13	62
		管道附件清单	12	1425
		卫生洁具清单	24	3068
	1407_FP_TAV_MODEL	机械设备清单	3	227
566		管道附件清单	19	953
		消防喷淋设备清单	3	18176
	1407_ELEC_TAV_MODEL	通信设备清单	2	2256
		电气设备清单	47	531
		电气固定设备清单	7	8036
		火灾报警装置清单	19	8629
		照明设备清单	19	690
		照明灯具清单	36	18361
		安防设备清单	2	376
		合计	840	168627

562 对于大型机场项目的交付，包括在长达多年的保修期内，设备厂商为设施管理提供技术支持服务。对于机场管理部门而言，CMMS 的运行对于追踪和监管合同规定的机场运行关键绩效指标（KPI）至关重要。推迟应用 CMMS 极可能导致 KPI 报告不正确，甚至遭到处罚。

566 项目规格中已经规定了，在项目交付阶段，应将哪些用于运维的图纸和文件，按照何种格式交付。一般情况下，需要以活页夹的形式交付多份项目文件的硬拷贝，同时交付几张存储这些文件数字拷贝的 DVD。这些文件通常不能直接用于数字化处理。另外，大量的文件可能是扫描副本，与原件有差异，需要大量的人工处理。机场 CMMS 数据库的数据录入，意味着要在数以万计的文档之中提取出资产相关信息。如果只是通过手工提取、组织数据，并将其录入数据库，可能非常辛苦。

在很多大型工程项目中，设施管理人员的驻场时间十分有限，不足以在建筑进入运行阶段之前完成所有 FM 相关数据的提取和审查，并将其录入 CMMS。在创建 BIM 模型的过程中，要考虑设施管理的相关需求，即随着工程施工的不断推进，将运维阶段所需要的信息录入 BIM 模型之中，这样可以加快 CMMS 数据库的数据录入。应用 BIM 加强了数据的流动性，消除了数据在设计、施工和运维等不同阶段传递的障碍。这也明显减少了从纸质图纸和文档中提取必要信息和手工将其录入 CMMS 数据库所需的大量时间。

10.9.6 现场 BIM 应用

将 BIM 和 FM 集成，其目的在于使提巴机场发展有限公司的员工在航站楼内的任何位置都能够直接访问相关数据。BIM-FM 平台还为移动设备提供了基于 web 的应用程序。

图 10-9-9 描述了 BIM-FM 平台的 IT 基础架构。所有资产信息和文件保存在 BIM-FM 平台上,CMMS 数据库与 BIM-FM 平台数据保持同步。工单存储在位于服务器的 CMMS 数据库里， 567
并将相关数据映射到 BIM-FM 平台。可以通过任何一个系统及其各自的移动应用程序打开或查找工单。两个系统都可以通过机场 Wi-Fi 网络在整个航站楼访问。

可以使用 BIM-FM 平台移动端 App 通过将照片和文件链接到平台相关元素或房间上记录现场变更。根据这些数据，能对 BIM 模型定期更新。

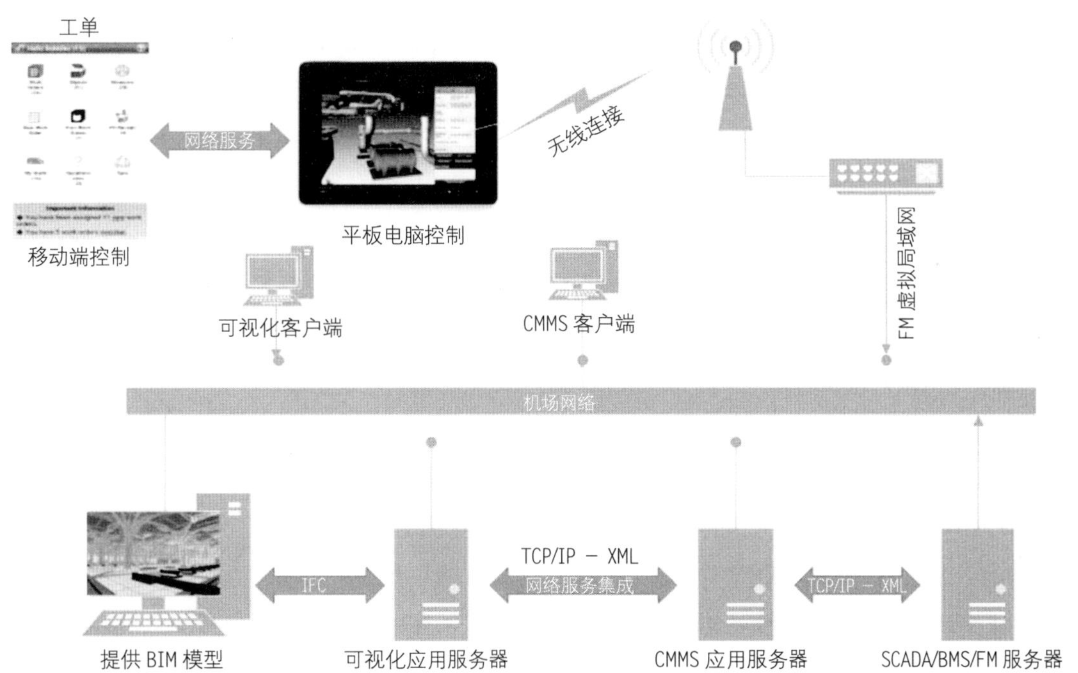

图 10-9-9 BIM-FM 平台的基础架构及其与 CMMS 的关系
图片由 TAV 建设集团提供。

10.9.7 经验教训：遇到的问题、挑战以及相应的解决方案

项目规格需求。如前文所述，在大多数大型项目中，项目规格的需求是 BIM 实施的主要推动力。不同的大型项目对 BIM 应用的需求，在细节上会有很大的差异。通常，有关 FM 应

568 用 BIM 的需求十分模糊。以下摘录摘自几个近期建造的大型机场的项目规格：

> “除了交付 CAD 文档之外，总承包商还需要维护一个用于施工的 Revit 模型，保证完全协调，细化程度达到 LOD 400。模型应通过电子文件管理系统（EDMS）每周提交给工程师进行审查，并且要在每周工作日内完成。”
>
> “除了交付 CAD 文档之外，施工总承包商还需通过 Revit 模型交付竣工文件。模型应完全协调，细度达到 LOD 400。”
>
> “依照最新的行业最佳实践方案，以及迪拜市政府第 196 号通知要求，承包商应使用建筑信息模型系统协调、记录和发布本项目施工的交付文件。”
>
> “项目收尾工作：在项目完全竣工之前，承包商应向委托方提供完全符合要求的 BIM 模型，包括以下内容……竣工信息应包括以下内容……以上移交给设施管理团队，以便计算建筑全生命期成本、采集数据和资产运维。”

在以上各段摘录中，前三段摘录是不同项目规格对 BIM 的仅有需求；而最后一段摘录，则是期望 FM 使用 BIM 的唯一信息。

英国标准协会（BSI）制定的公共可用标准（PAS）1192 和 buildingSMART 制定的美国《建筑信息建模国家标准》（*NBIMS-US*），均包含了 COBie（建造与运行建筑信息交换）框架。伴随这些标准的普及应用，BIM 建模以及施工结束后汇总用于设施管理文件的工作将更加规范化，所有利益相关方也会对此了如指掌。

目前，在项目交付过程中，越来越多的业主希望交付的 BIM 模型可以用于设施管理，或者细化程度达到 LOD 500。为此，必须根据项目规格中的业主信息需求，制定清晰的 BIM 执行计划，以确保交付的 BIM 模型对设施管理有用。特别是在当下对细化程度（LOD）等级和信息深度（LOI）等级定义有不同看法的情况下，更应如此。

如果没有明确的 BIM 执行计划，一个常见的误解是，只要在整个施工过程中更新 BIM 模型，就能直接得到可与设施管理系统集成的 LOD 500 模型。如果委托方最初指定的 BIM 建模范围不明确，则会导致变更单的产生。当委托方最终认识到建模范围存在缺陷之后，会签发变更单以确保能够收到细化程度达到 LOD 500 且反映竣工状况、内含设施管理所需必要信息的 BIM 模型。它会导致额外的建模和繁重的编辑工作，而这原本是可以通过制定清晰的项目规格规避的。

569 ***设施管理相关方尽早介入项目，并行收集数据。***在设施管理中应用 BIM，不仅可提升设施管理服务水平，同时也可减少向 CMMS 数据库输入数据的时间和工作量。为了实现这一目标，所有 FM 相关方都应尽早参与项目规格的审查，并在可能的情况下参与项目规格的编写。

施工期间，在创建模型和从各种资源获取元素信息的过程中，对 BIM 模型及其元素所含信息进行审查，可避免返工。

在麦地那国际机场项目中，资产的注册和现场编码工作是在竣工之后才开始的，并未从调试和移交过程借力。由于 FM 员工没在早期参与制定设备编码和属性需求方案，导致后续房间命名和编码方案变更，多次迭代建模，花费了大量额外的时间和费用。

在施工过程中并行应用 BIM 采集数据，使得元素属性信息录入更加容易。建模工作中，工作量最大的一项内容就是从施工文件中提取信息。如果合同中明确要求分包商必须使用 COBie 交付信息，那么建立用于 FM 的 BIM 模型的工作量就会大大减少。

项目通过使用文档管理软件 Aconex，显著减少了翻阅原始文档和图纸的工作量。在施工过程中，所有的相关文件都上传到 Aconex，并附有丰富的元数据。这样，通过筛选功能，即可很方便地过滤出所需文档并将其链接到某个元素族甚至某个元素上。Aconex 开发了自己的 BIM 接口，称为“Connected BIM”。通过该接口能够导入 IFC 格式的 BIM 模型，并可用 Aconex 界面浏览。这样，通过一个平台，即可建立 BIM 元素与文档的链接。

元素编码。建立一套通用的能够唯一标识 CMMS 数据库和 BIM 模型中设备资产的编码方案面临种种困难。有几种方法可以唯一识别设备，根据所用的具体软件和运行团队的偏好确定使用什么方法。

有几套可并行使用的标识设备的方案对收集属性信息非常必要，但对于标记 BIM 模型内的元素并不特别有用：

- 条形码标签数字
- 设备序列号
- 竣工深化设计图纸标签
- 多个命名层级中的对象 ID

有些运维人员可能更喜欢使用竣工图上的设备标签。这在大型项目中可能是不行的，因
为可能有多个分包商在建筑不同区域中的同一系统上工作。他们可能不遵循相同的标记方案， 570
或者更糟糕的是，使用不一致的标记，这会导致重复标记，使竣工图纸标记无法用于唯一
标识。

提巴机场发展有限公司和 CMMS 软件供应商合作，共同为麦地那国际机场的资产数据库开发了一套对象 ID 编码方案。对象 ID 按照表 10-9-3 和图 10-9-10 进行编码，并作为实例参数分配给 BIM 模型中的每一个设备。这样就可根据系统和位置对设备进行搜索。

例如，在 M281 号房间里，三个空调机组分别对应的对象 ID 为：

1. 0401M2811
2. 0401M2812
3. 0401M2813

对象 ID 编码方案　　表 10-9-3

对象的 ID 命名层级	描述
第 1 层级：系统编码	AA：由提巴机场发展有限公司规定的两位数字代码，表示元素所属系统，例如，04 代表 HVAC（暖通空调）系统
第 2 层级：子系统编码	BB：由提巴机场发展有限公司规定的两位数字代码，表示元素所属子系统，例如，01 代表 HVAC 系统中的空调机组
第 3 层级：房间号	CCCC：由提巴机场发展有限公司规定的四位代码，表示房间号，例如，M281
第 4 层级：唯一标识	DDD：每个房间里的设备编号，例如，1，2，3……

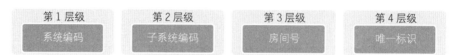

图 10-9-10 对象 ID 编码方案
图片由 TAV 建设集团提供。

出于实际应用原因，麦地那国际机场项目的编码方案具有人类可读的系统和位置（建筑、楼层、房间、系统代码等）信息。编码里的设备位置信息可自动从 BIM 模型中定义的房间提取。获取跨越多个房间的设备位置信息可能存在困难。BIM 建模工具可能无法自动将此类设备与多个房间关联。对于这些设备，需要通过手工操作为其分配一个位置，并进行编码。

另一个困难是为同一房间内的多个设备分配唯一 ID 号。BIM 建模后手动对现场设备编码时，设备编号从一个房间到另一个房间逐一增加。然而，在 BIM 模型中，每个房间设备的唯一 ID 都是重新从 1 开始。

这样，设备唯一 ID 会出现差异，其结果是 BIM 模型中的特定元素可能无法对应到设备安
571 装的物理位置。这对资产管理没什么妨碍，但需根据现场调查手动纠正这一差异。

定义房屋空间。 必须为模型中的所有房间定义空间体积，以为元素编码提供位置信息。为了确保设备编码是唯一的，每个有设备的房间也需要有唯一的 ID。定义机场航站楼中的每个房间是一个重大挑战，因为许多房间高度不同、顶棚净高不同，管道竖井和设备间分布在不同位置或相互交织。

为房间命名的一个挑战在于：在设计阶段和施工阶段使用的房间名称可能不同，以及运行开始后可能又用新的名字。麦地那国际机场航站楼就面临着此类情况。因此需要对 BIM 模型的房间命名进行手工调整。另外，还必须对设计文件未定义的管道竖井等区域进行定义。

基于图纸中各个房间所占有的面积以及房间高度，可在模型中将房间定义为空间体积。定义的房间空间体积包含位于该空间里的所有元素。通常情况下，房间的空间高度可上至上层楼板板底，通常高于顶棚。房间的体积必须是唯一的，不可重叠，以确保相关的编码也是唯一的。通过浏览模型和查看明细表，项目团队进行了多次检查，以确保所有设备位于特定的房间空间之内。

由于航站楼的顶棚很高，还存在局部不规则悬挑顶棚，确定房间或空间的高度变得复杂。图 10-9-11 是一个定义房间的例子，其中对大空间进行了分割，以便于通过更加合理的途径找到 FM 涉及的元素。

572

图 10-9-11 航站楼大厅剖面图，展示用于资产命名的房间体积定义
图片由 TAV 建设集团提供。

系统定义。项目的一个主要需求和挑战是，在 BIM 模型中将所有 MEP 系统部件连接起来， 571
并可视化展示与每个设备连接的管道和 / 或风管网络。

一个特定设备，可能同时分属于多个不同的系统。例如，如图 10-9-12 所示，一个空气处理装置（AHU）会通过多条管线连接到以下三个不同的系统：

1. 水系统：供水和回水管道；
2. 风道系统：新风、送风、回风和排风风管；
3. 电气系统。

只有定义了系统，才能追踪部件之间的连接，例如，一台空气处理机组与输送冷水的水泵的连接。但是，要使同一个部件属于多个系统会遇到困难，这一方面是建模软件的局限，另一方面是检索该部件会出现问题。

类似麦地那国际机场航站楼这种大型项目的 BIM 模型文件都非常大。如果按照通常做法，
按照专业、楼层或者区域分别建模，则系统定义的完整性无法保证。本项目在模型中增加了 573
两个共享参数 TAV_System 和 TAV_Subsystem，以便能够跨越不同 BIM 模型文件将设备与各种系统绑定。将这些参数分配给每个设备，以明确它们所属的多个系统。这允许通过模型或 BIM-FM 平台界面过滤和可视化系统管线，如图 10-9-13 所示。

572

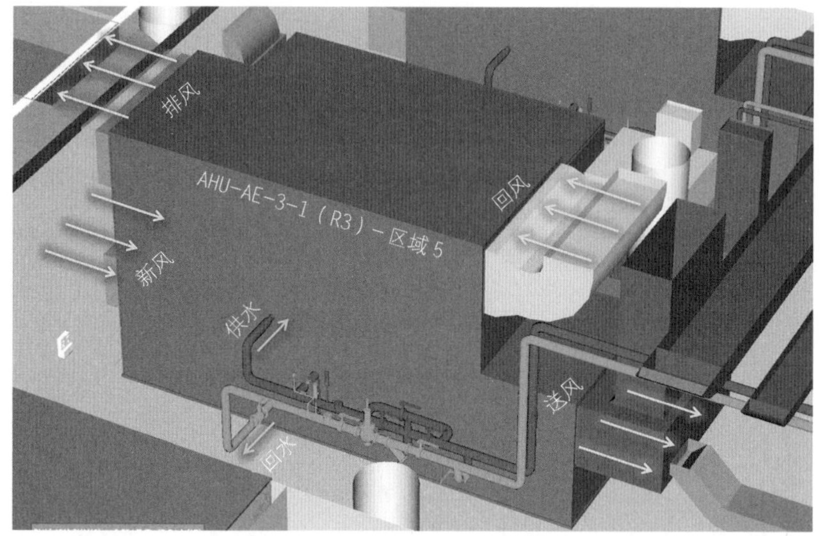

图 10-9-12 一个典型的空气处理机组以及与其连接的各个系统（见书后彩图）
图片由 TAV 建设集团提供。

573

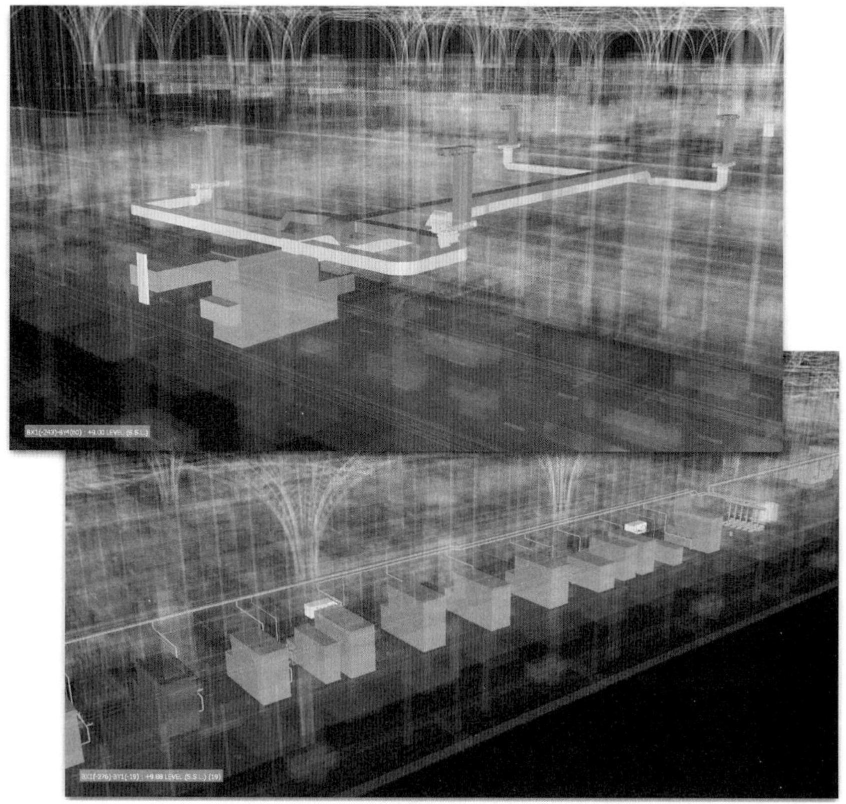

图 10-9-13 与供水 / 回水系统和风管系统相连的空气处理机组（见书后彩图）
图片由 TAV 建设集团提供。

10.9.8 结语及未来展望

TAV 建设集团和机场控股集团在承建项目和机场运维中对 BIM 技术进行了创新应用，为麦地那国际机场开发的设施管理 BIM 平台是其中的一项创新内容。该平台也为集团管理的其他机场和相关机场委托方提供了样板。

项目研发的 BIM-FM 平台内含所有的设计和施工信息，并与设施生命期使用的设施管理工作流程以及设施管理系统集成。BIM 模型可为 CMMS 资产数据库提供元素属性信息和相关文档。通过这种整合，航站楼运维人员可以通过一个易于导航的图形界面访问所有施工、维护和资产信息。

建立 BIM 模型，并将模型与 FM 系统集成，是由分布在世界各地的不同项目参与方共同 574
协作完成的。使用基于网络的项目管理平台和基于云的文件共享进行有效沟通，使所有利益相关方都能掌握最新信息，对这项工作的成功起到了至关重要的作用。

要将 BIM 用于 FM，首先需要有明确的规格，以确保数据的内容与组织方式能够有效地服务于项目的整合目标。有必要制定一份全面的“FM/ 运行 BIM 执行计划”，以确保定期维护的 BIM 模型，包括为未来小型内部改造、扩建和机场新建建筑开发的 BIM 模型，与 BIM-FM 平台保持一致。

为应对开发 BIM-FM 平台面临的挑战，项目利益相关方尽早参与确定资产的组织形式、所需属性信息和编码方案至关重要。对于机场这种典型的具有不规则吊顶的建筑而言，定义定位资产的房间有些棘手。定义系统连接，当存在横跨多个模型文件且隶属于多个系统的部件时，需要设定共享参数，以克服建模软件的局限。

如今，借助 BIM，能将数据整合在一起进行各种分析，这在以往是无法实现的。BIM 存储的庞大数据为建成环境获取所需信息打开了大门。将 BIM 作为集成现有 FM 系统（如计算机化维护管理系统和楼宇管理 / 自动化系统）的平台，将能进行更好的分析，并可促进运维、能源管理和相关业务绩效的提升。

致谢

本案例研究编写得到了 TAV 建设集团工程设计部总监艾哈迈德·西蒂皮蒂奥卢（Ahmet Citipitioglu）博士和 ProCS 工程公司管理合伙人丹尼尔·卡扎多（Daniel Kazado）的大力配合。感谢 TAV 整合解决方案团队全体员工做出的贡献。特别感谢提巴机场发展有限公司以及 TAV 机场控股集团和 TAV 建设集团 CEO 萨尼·塞纳（Sani Sener）博士的前瞻性探索和对本案例研究的大力支持。

10.10 马里兰州切维蔡斯霍华德·休斯医学研究所

建立并使用面向设施管理的 BIM

10.10.1 引言

通过应用 BIM 技术提升设施管理（FM）实践水平，是一个新兴的业务领域，并且正处于快速增长和发展阶段。其中，需要考虑以下关键问题：

- 目前，将 BIM 模型交付给设施业主后，设施管理人员更倾向于从设施系统角度考虑问题，而非从空间或施工工程包角度考虑问题。
- 575 设施管理部门已经陆续投入大量资金，用于建立架构完善但彼此独立的计算机化维护管理系统（CMMS）数据库、楼宇自动化系统（BAS）数据库和空间管理数据库等等，其中包含着对设施正常运行至关重要的数据。
- BIM 交付成果关注的重点在于将用于设施维护的资产数据传输给 CMMS 系统。但这样一来，则很可能遗漏掉其他有价值的数据，因而无法将这些数据与上述数据库中的设施数据有效地整合在一起。
- 同样地，如果将重点关注设施维护的 CMMS 系统作为查看 BIM 模型和获取模型所含信息的主要手段，那么很可能导致 BIM 模型中其他有价值的数据没有用武之地。

随着 BIM 模型作为建筑系统数据库（BIM 的功能之一）的出现，以及能够从 BIM 模型和前述各种独立的数据库中提取信息并进行集成的中间件的可用性越来越好，设施管理已经发展到了能够以全新、独创和有效的方式利用这些信息的全新阶段，涵盖的范围也远远超出了设施维护所关注的内容。

本案例研究着眼于珍妮莉亚研究园区（Janelia Research Campus）项目的工作流程和信息流。该项目旨在生成面向不同系统并追踪系统间连接的 BIM 模型，然后利用 BIM 模型与补充数据库中的数据，实现设施管理所需的关键能力的实质性提高，以便在发生重大事件或问题时，能够迅速而准确地做出评估和响应。

10.10.2 背景

霍华德·休斯医学研究所（Howard Hughes Medical Institute，HHMI）作为美国最大的生物医学研究私人捐助机构，是珍妮莉亚研究园区的一部分。整个珍妮莉亚研究园区占地 689 英亩（约 279 公顷），总建筑面积 110 万平方英尺（约 102000 平方米）。

霍华德·休斯医学研究所科研主楼建于 2006 年，占地 60 万平方英尺（约 56000 平方米），内含约 260 个实验室、办公室、会议设施和设备间。每天大约有 800 名科研人员在这栋景观大楼里办公。

这些实验室及附属空间为51个研究小组和14个科学资源共享小组提供了科研场地。园区每年都会改建大约四个实验室，其中绝大多数实验室对MEP及数据/通信设计有复杂需求。

由一支75人组成的设施管理团队负责整个园区的设施运行、维护、安保和改扩建工作。在撰写本书时，这支团队已经在过去的约三年半的时间里，将BIM作为关键平台使用。通过多年的应用实践，团队为BIM平台应用制定了四个目标：

- 作为信息存储库，存储园区竣工工程、历史工程和施工信息。
- 作为所需或最为关键运行信息的管理和展示平台。
- 作为严格的竣工信息审查平台，为未来的改造项目提供支持。 576
- 作为工程分析平台，为关键系统性能分析和建筑性能分析提供支持。

通过回顾通常的BIM模型生成和移交实践，团队发现，重点放在了BIM模型的生成，以及之后的将用于空间和维护管理的空间和资产相关数据导入业主的CMMS系统。对于搭建一个可用的BIM平台来说，这毫无疑问是必要的，但团队认为只做到这点还不足以实现前面所述的目标，因为：

- 在BIM模型包含的具有潜在价值的信息中，空间及资产数据只占一小部分。
- 有大量设施管理工作涉及“非资产”类型的设施元素，比如门五金、油漆饰面、地毯、灯具等，这些元素的相关数据也存在于BIM模型中。
- 虽然此类空间和资产数据能够与更大的背景（例如区域或者系统）关联，但对于关键系统的理解，需要系统中所有的元素（包括风管、管道、管件等）均互相关联。另外，某个元素可以属于不同的系统[例如，空气处理机组（AHU）加热盘管上的热水控制阀]，但其应能在不同的系统中变换身份。
- 只有充分理解了以上各点，才能够在事件或问题发生时，分析其影响在一个给定系统之内以及在其他系统之间是如何传播的。这将在下面进一步讨论。

由于CMMS系统的关注点并非上述问题，因此，如果仅仅通过CMMS系统查看和查询BIM模型，这些问题不可能真正解决。

总而言之，有必要从BIM模型中提取更多的额外数据，并对存储在其他园区数据库中的有价值数据加以利用。为此，应建立一个不同于CMMS但可以对其局限性加以补充的平台。

通过以上分析，引出了“面向设施管理的BIM”这一概念，我们将在第10.10.4节对此进行详细讨论。

10.10.3 挑战

珍妮莉亚研究园区设施管理团队的使命是，无论何时，都要保证珍妮莉亚研究园区每一个学科的科研任务能够正常进行。举一个例子，在一个高为14英尺（约4.3米）放置显微镜的实验室中，无论实验室外部环境如何变化，需在四个月内将室内温度始终保持在 ±0.25 ℉

（约 ±0.14℃）。再举一例，需在三至四个月内快速改造一间具有顶尖水平的光学实验室，包括设计、拆除、施工、调试各个环节。

艰巨的使命及完成使命面临的种种挑战，意味着园区内的众多建筑系统和科研环境之间
577 的互动始终是复杂和动态的，需要提前进行严格管理。因此，当任何问题或事件发生时，都能迅速而准确地了解其对科研产生的方方面面的影响非常关键。正是这种迫切需求，促使团队寻求一种面向设施管理的 BIM，其能够：

- 理解高新技术设施管理者往往持有系统驱动设施运行的观点，这很可能与负责在项目结束时生成和移交 BIM 交付成果的建筑师、工程师和承包商持有的空间和施工包驱动设施建造的观点有所不同。
- 除了关注几何图形之外，还应更多关注 BIM 交付成果所含的数据内容。
- 利用设施管理部门陆续开发的结构良好但通常独立的计算机化维护管理系统（CMMS）数据库、楼宇自动化系统（BAS）数据库和空间管理等数据库（需要符合现有命名标准）。
- 主要协助管理运行和维护成本，这部分成本约占建筑全生命期总成本的 85%，而设计和施工成本只占建筑全生命期总成本的 15%。
- 为建筑师、工程师和施工承包商提供一个能够快速、准确开展改造项目的高效平台。

10.10.4 面向设施管理的 BIM

面向设施管理的 BIM，必须能使设施管理团队更好地了解问题、分析问题，并做出更加明智的设施运行决策。为了对设施进行有效管理，设施管理团队需要具有广阔的视野并掌握细节信息，同时拥有大量良好整合的数据。虽然所需的一些细节可能与几何图形相关，但大量的细节与数据相关，这些数据不仅来自模型，也来自上述各种数据库。

举例来说，一次电路故障，可能会导致楼宇自动化系统（BAS）控制面板无法正常工作，进而影响到对某些关键系统的控制。尽管已对 BAS 控制面板的供电线路进行了完善建模，但是，面板管理的控制点很可能已经记录在 BAS 控制点数据库中。在珍妮莉亚研究园区的设施数据库中，就有 37000 个 BAS 控制点。欲对电路故障产生的影响进行评估，既需要来自 BIM 模型的数据，也需要来自外部数据库的数据。

我们把这些外部数据库称作“最后一英里”数据库，因为它们为整合最适宜存储在 BIM 模型中的信息和最适宜存储在外部数据库中的信息（或者是已经存储在外部数据库中的信息）架起了桥梁。除了考虑外部数据库的应用，再考虑到让所有设施管理团队成员都掌握 Revit 既不可行，也不可取，团队决定采用具有可视化 / 分析功能的中间件查询、整理和展示 BIM 模
578 型中的工程信息以及“最后一英里”数据库中的工程、运行和维护信息，并不断增强设施管理人员的数据库管理技能。

面向设施管理的 BIM 由三大关键要素组成：由 Revit（或其他建模软件）建立的 BIM 模型；“最后一英里”数据库，例如 CMMS 数据库、BAS 数据库等，以及具有可视化 / 分析功能的中间件（图 10-10-1）。

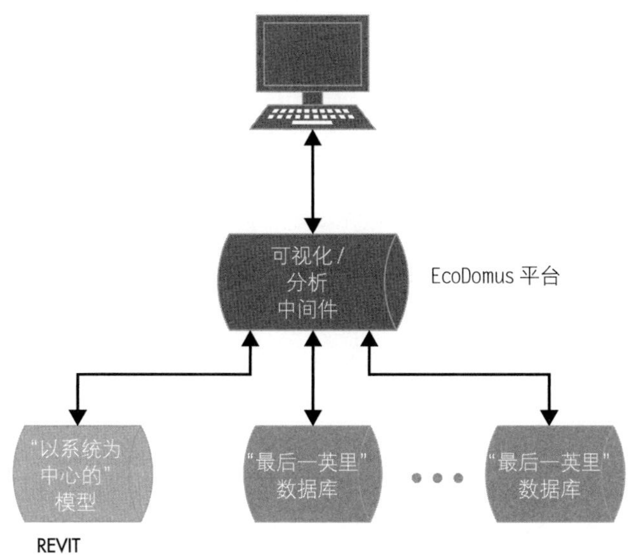

图 10-10-1 面向设施管理的 BIM 的三大关键要素
图片由建筑设施主管马克·菲利普（Mark Philip）提供。

设施管理团队建立以系统为中心的模型的工作流程充分考虑了建筑系统在运行、维护和改造技术设施中举足轻重的地位，同时要求有条不紊地将系统属性插入 BIM 模型（图 10-10-2）。

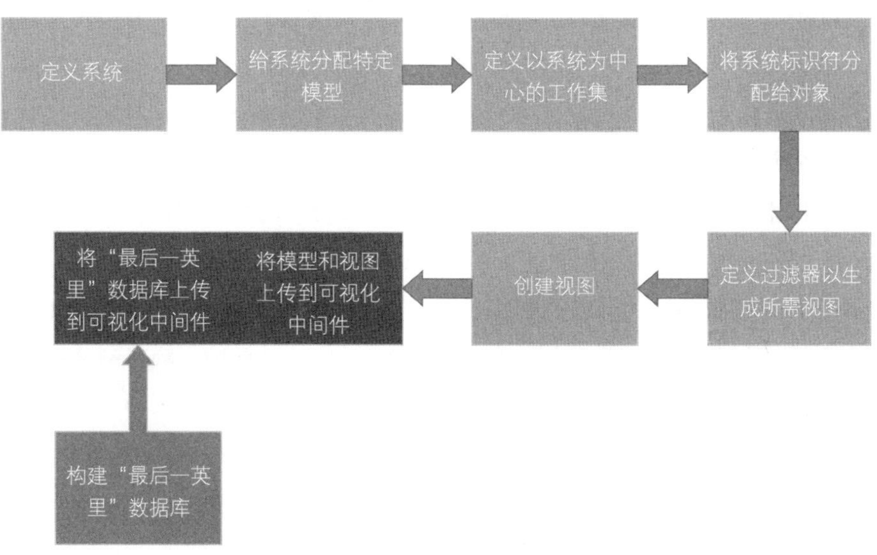

图 10-10-2 建立以系统为中心的模型工作流程
图片由建筑设施主管马克·菲利普提供。

579 团队在划分建筑系统及其部件子系统上投入了大量时间，划分目标有利于运维并在园区所有建筑中保持一致性。这看起来是一项复杂的工作，因为最初的系统定义将会极大地影响设施管理团队日后进行影响分析的有效性。举例来说，设施管理团队发现，对于科研主楼的排风系统，最佳方案是将其划分为 5 个主要子系统和 8 个次要子系统；每个子系统还可下设多个二级子系统。完成系统划分后，团队给每个系统分配一个特定模型（图 10–10–3）。

	A	B	C	D	E	F	G	H	I	J
1	Building System	BIM Model	LANDSCAPE BUILDING	GUEST HOUSE	STUDIO BUILDING	TOWNHOMES	DIRECTOR'S HOUSE	APARTMENT B	APARTMENT A	COMMERCIAL BUILDINGS
85	531 BUILDING RETURN AIR SYSTEM	Ventilation	X							
86	541 GENERAL EXHAUST AIR SYSTEM	Ventilation	X							
87	542 LAB EXHAUST AIR SYSTEM	Ventilation	X							
88	543 VIVARIUM EXHAUST AIR SYSTEM	Ventilation	X							
89	545 RADIOISOTOPE EXHAUST AIR SYSTEM	Ventilation	X							
90	546 MAIN KITCHEN EXHAUST AIR SYSTEM	Ventilation	X							
91	547 DISHWASHER EXHAUST SYSTEM	Ventilation	X							
92	548 BOB'S KITCHEN EXHAUST AIR SYSTEM	Ventilation	X							
93	549 GARAGE EXHAUST AIR SYSTEM	Ventilation	X							
94	551 KITCHEN EXHAUST RISERS	Ventilation						X	X	
95	552 TOILET EXHAUST RISERS	Ventilation						X	X	
96	553 DRYER EXHAUST RISERS	Ventilation						X	X	
97	554 TRASH SYSTEM EXHAUST	Ventilation						X	X	

图 10–10–3 系统划分、系统命名及模型分配
图片由建筑设施主管马克·菲利普提供。

设施管理团队使用基于系统的工作集进行建模，这既有利于高效、有条理地建模，也方便日后对系统逐一进行分析。为了确保所有模型具有统一标准，团队依据 OmniClass 表 21 定义和命名系统工作集，例如，04 30 00 HVAC。在设置系统类型和系统名称时，团队采用自己内部规定的命名方式，例如，543 生态箱通风系统。

此时，工作流从模型构建转移到可为运维提供重大帮助的模型可视化上。设施管理团队应用过滤器，从三个方面对模型视图进行了详细定义：哪些系统构件是明确可见的，哪些系统构件是用于提供背景环境的，以及哪些系统构件是明确排除的。一旦定义并创建了视图，它们便会遵循珍妮莉亚研究园区的系统划分以及命名约定，并被纳入项目浏览器的设施管理区中加以管理。

这种方法使团队能够有效地考虑整个系统或专注于某一子系统。图 10–10–4 所示的科研
580 主楼翼楼楼层排风子系统视图就是模型可视化的一个典型视图。图中，子系统“543.200 二层生态箱通风”清晰可见，建筑和其他 HVAC 系统元素以半色调作为背景显示，其他 MEP 元素被明确排除。

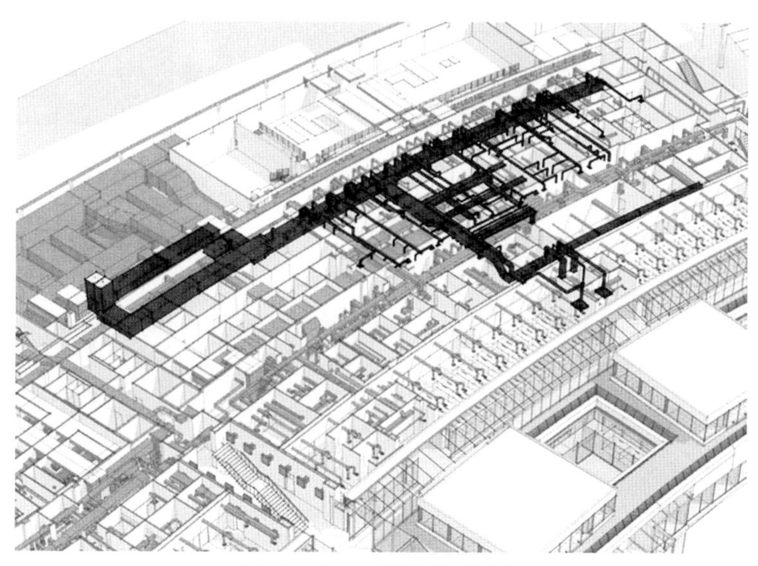

图 10-10-4 排风子系统视图
图片由建筑设施主管马克·菲利普提供。

10.10.5 使用面向设施管理的 BIM 进行影响分析

任何设施管理团队均面临的关键挑战之一，是确定一项事件或问题对设施系统、空间、功能和人员产生的影响，并制定能够快速、有效做出响应的完善预案。通常，由于手头缺乏信息以及对设施系统之间和设施系统与空间、功能之间的相互作用方式了解（或理解）不够，导致这项工作困难且耗时。

使用 BIM 的基本优势之一，是能够以结构化、易访问的方式获取信息。而使用面向设施管理的 BIM，其主要优势在于，能够更加快速、准确地确定某一事件或问题对设施以及使用设施的组织产生的影响。这有可能显著减少由于事件给组织造成影响所产生的成本，包括运行损失产生的成本和制定响应预案花费的成本。珍妮莉亚研究园区开展影响分析的工作流程如图 10-10-5 所示。

设施管理团队最初的工作重点是对电气系统进行影响分析，因为在 BIM 环境中，对电气系统进行影响分析特别容易。只要对电气系统进行合理建模，就自然而然地形成了以线性路 581
径传播影响的层级结构，从而，可以简单便捷地从自动生成的报告中获取分析结果。

设施管理团队利用这一专长管理了两个主要电气项目：为一栋居住建筑更换四个过时的 UPS 机组和并联安装第四台 2 兆瓦的应急发电机。最初，设施管理团队通过中间件直接从电气模型生成影响报告，用于确定项目每一步影响到的下游面板和负荷（图 10-10-6）。团队还通过将受影响的负荷与受影响的建筑系统相关联以及最终与受影响的空间、功能和人员相关联，使用数据库生成的衍生信息对图 10-10-6 所示的影响报告进行补充（如图 10-10-7 和图 10-10-8 所示）。

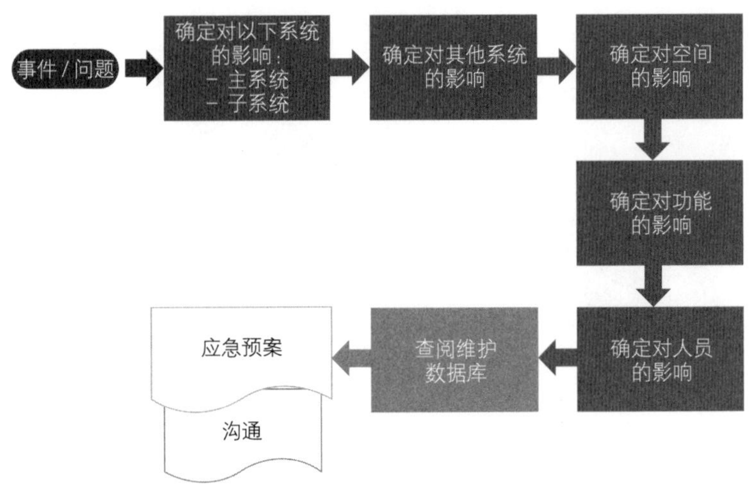

图 10-10-5 应对突发事件或问题的工作流程

图片由建筑设施主管马克·菲利普提供。

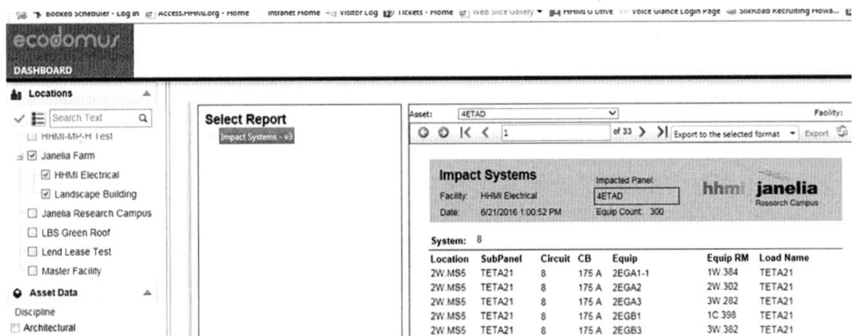

图 10-10-6 由 BIM 模型直接生成的受影响的系统报告

图片由建筑设施主管马克·菲利普提供。

582 **System: 543 VIVARIUM EXHAUST AIR**

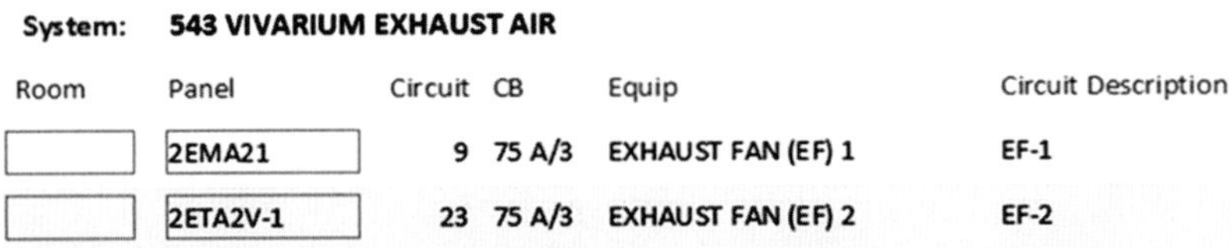

Room	Panel	Circuit	CB	Equip	Circuit Description
	2EMA21	9	75 A/3	EXHAUST FAN (EF) 1	EF-1
	2ETA2V-1	23	75 A/3	EXHAUST FAN (EF) 2	EF-2

图 10-10-7 由数据库生成的受影响的系统报告

图片由建筑设施主管马克·菲利普提供。

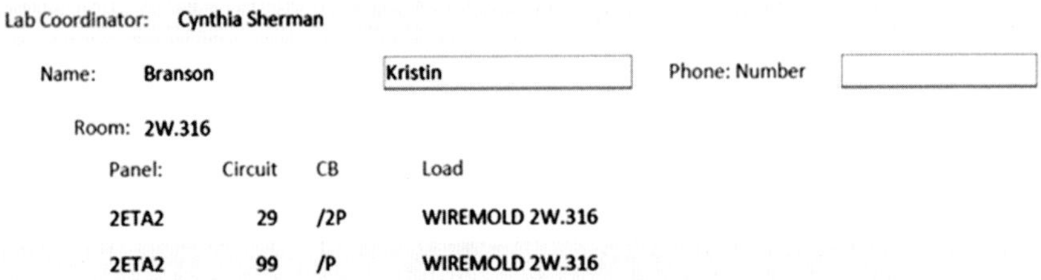

Lab Coordinator: **Cynthia Sherman**

Name: **Branson** **Kristin** Phone: Number

Room: **2W.316**

Panel:	Circuit	CB	Load
2ETA2	29	/2P	WIREMOLD 2W.316
2ETA2	99	/P	WIREMOLD 2W.316

图 10-10-8 由数据库生成的受影响的空间、功能和人员报告

图片由建筑设施主管马克·菲利普提供。

10.10.6 经验及教训

在撰写本书时，设施管理团队的大量 BIM 工作都集中在珍妮莉亚研究园区科研主楼的竣工模型上。团队还利用从本项目中获得的经验，对一些新建建筑或既有建筑改扩建项目的建模工作进行指导。同时，团队也深刻认识到，为了更好地使用面向设施管理的 BIM，需要对承包商的工作 / 成本、模型大小提出要求并进行管理。为了达到其定义的 BIM 平台目标，系统建模必须满足连续性要求；换句话说，系统中的所有相关对象（包括配件）都需要明确标识为属于该系统。此外，在开始添加系统设计数据和利用 MEP 模型进行工程计算之前，必须验证“系统连续性”。

他们认识到需要开诚布公地向承办商提出约定：他们的模型应满足“系统连续性”要求。作为这项工作的一部分，他们围绕所需的“系统细节”制定了标准，要求根据系统流程图等相关规定对几何形状的连续性和系统设计信息的插入进行验证。这反过来又导致他们修订有关绘制系统流程图的标准。

在考虑限制 BIM 模型大小和设计“最后一英里”数据库时，设施管理团队意识到需要明确置于 BIM 模型中的数据和置于外部数据库的数据。目前，设施管理团队正致力于制定将何种数据“插入”BIM 模型和将何种数据存入数据库的决策。一些答案似乎很清晰：存储在承包商提交的数据库（如 BAS 控制点数据库、门禁系统数据库和火灾报警系统数据库）中的有用运维信息最好通过中间件访问，而不是插入 BIM 中。他们认识到有必要修订园区的 BIM 标准，以要求承包商分别用数据库和 BIM 提交指定的具体信息。 583

10.10.7 未来之路

珍妮莉亚研究园区的设施团队认为，除了标准的运维管理和空间管理之外，目前他们的工作还很肤浅。团队还没有形成用于衡量采用自己的方法带来收益的恰当指标，只能定性地说，与制定其他复杂度相近的电气系统的防断电措施相比，采用他们的方法制定防断电计划所花的时间大幅缩短。这包括确保实验室管理人员和研究人员充分理解（规划）项目对其科学工作影响的性质和程度所花费的时间。珍妮莉亚研究园区研究人员的一个重大期望是，除了在极少数绝对必要的情况下，设施运维都不应该干扰科研人员的工作。

团队承认，随着设施管理平台的不断发展和改进，他们的方法很可能会被取代。而团队也可能在未来的某个时间点，将他们开发的功能模块迁移到其他平台上。

团队规划的下一步工作重点包括：

- 将影响分析扩展到其他相对线性的建筑系统，如送风和排风系统。
- 在 MEP 模型的关键系统中插入设计信息，并将这些信息与 BAS 衍生信息相关联，以便于分析这些系统的实际运行性能。在这方面，团队可以通过 EcoDomus 平台在 BIM

环境中获取实时运行数据；还可对该功能进行扩展，创建一个可以实时监控设施管理的集成环境。团队将这项尝试视为应用行业快速发展的智能对象互联网（物联网）的前期准备，以便通过诸如预测性维护实时信息等实时数据提高运行效率。

- 探索将 MEP 模型连接到相关流程图（例如前面讨论的排气系统的气流图）（图 10-10-9）的智能方法。

584 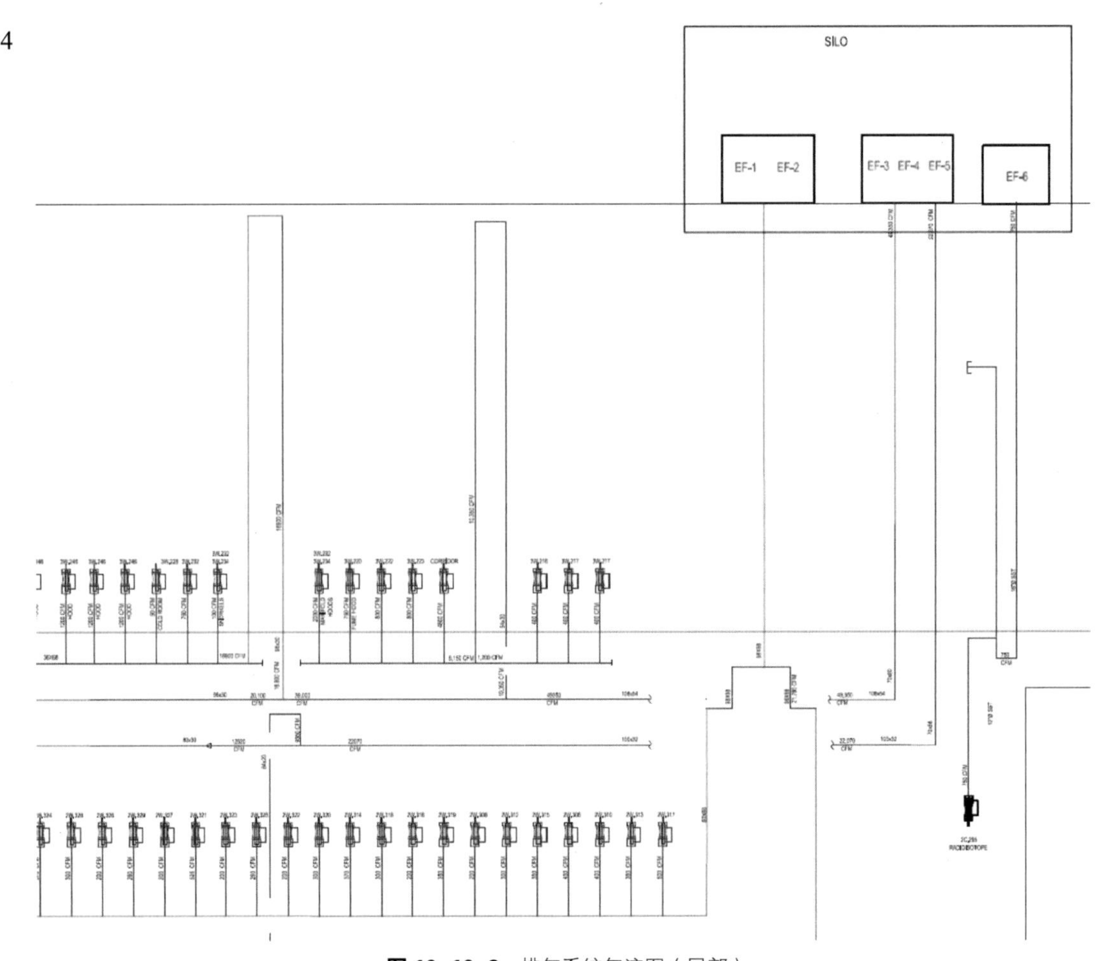

图 10-10-9 排气系统气流图（局部）
图片由建筑设施主管马克·菲利普提供。

583 **致谢**

本案例研究初稿是由来自珍妮莉亚研究园区的马克·菲利普（Mark Philip）和马克·麦金利（Mark McKinley）于 2016 年 7 月举办的北美地区 Revit 技术大会上发表的演讲报告；后经修改纳入本书。在此，本书作者向 EcoDomus 公司的伊戈尔·斯塔科夫（Igor Starkov）和 Synergy Systems 公司的阿尔特姆·里兹科夫（Artem Ryzhkov）表达谢意，感谢两位在很长一段时间里提供的宝贵指导，以及在生成模型、搭建平台功能等方面所做的工作。

10.11 加利福尼亚州帕洛阿尔托斯坦福神经康复中心

通过 BIM 支持设施管理（FM）

10.11.1 引言

2013 年，斯坦福医疗集团实施了一次大规模园区扩建，包括新建一所医院、改造既有医
院，以及在整个湾区增加诊所数量。集团想在建筑施工和移交中应用 BIM。在开发一座新设 585
施——神经康复中心的过程中，他们于 2014 年初制定了一个雄心勃勃的实施路线图：在设施运维中使用 BIM，并评估由此产生的影响。正是这一颇具前瞻性的愿景，促成了将 2015 年至 2016 年间建设的神经康复中心大楼作为试点项目。

从神经康复中心项目（图 10-11-1），斯坦福医疗集团设施服务部门以及斯坦福规划、设计和施工部门看到了将设计和施工过程中生成的建筑信息用于设施管理、建筑运维的机遇。由此可以展望这也将为其他新建设施或者关键设施的改造带来机遇。为了抓住和用好机遇，集团制定了 2018 年至 2021 年工作计划，其中设立了如下目标：

- 在设计和施工招标书中使用符合设施管理规格的初始 BIM 模型。
- 斯坦福医疗集团配备专门的 BIM 人员，负责审核模型、培训员工和更新 BIM 模型。
- 制定实施 BIM 的过渡计划：包括总承包商负责的大型投资项目的规划、设计和施工的 BIM 实施，以及设施、基础设施和安全防护建模。
- 利用内部 BIM 建模人员完成小型投资项目的 BIM 实施，包括利用工程和维护团队以及项目管理办公室的 BIM 建模人员。

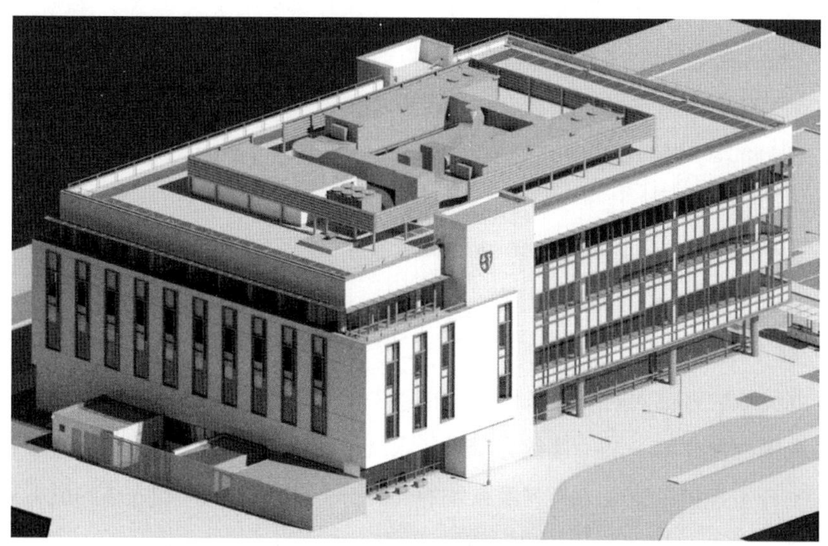

图 10-11-1 位于胡佛医疗园区的斯坦福神经康复中心大楼
图片由斯坦福大学医学中心提供。

586 ● 将 BIM 模型与综合企业资产管理系统（Enterprise Asset Management System，EAMS）——IBM Maximo 集成，用于资产生命期管理和日常维护管理。

● 通过采购信息技术服务（Information Technology Services，ITS）支持 BIM 软件应用。

● 对既有建筑进行三维扫描和拍照。

斯坦福医疗集团委托专业技术供应商提供必要的系统，为设施全生命期 BIM 应用奠定基础。

推动实施这一方案的一个主要原因是，由于项目施工结束时缺少竣工信息和可用的运维数据，导致建筑信息丢失及设施移交效率低下。产生这些问题的根本原因是从设计、施工阶段到运维阶段的建筑信息传输效率低下且可靠性差，以及没有集中的企业资产管理系统组织和管理数据。斯坦福医疗集团认为，神经康复中心 BIM 试点项目采用基于 BIM 的工作流程，可以降低某一事件 / 问题发生对设施运行产生的影响，能够实现集团极为关注的三个目标：

● 使用 BIM 改善病人护理水平；

● 使用 BIM 改善病人安全感；

● 降低每个病人日成本。

以下各节将详细介绍神经康复中心试点项目是如何实现这些目标的。

10.11.2 项目概况

神经科学康复中心位于胡佛医疗园区内，是一栋 5 层的新建建筑。建筑占地面积 92000 平方英尺（约 8547 平方米），位于采石场路（Quarry Road）213 号，毗邻胡佛展览馆。建筑于 2014 年初破土动工，并于 2016 年初正式投入使用。新建筑是为神经科病人提供一站式服务的综合医疗设施，一次挂号登记即可享受所有的专业医疗服务，大大提高了看病的便捷度。根据设计方案，整栋建筑设置 21 个神经科学细分专业科室，为所有神经科病人提供了手续简便、适合治疗的整体环境。建筑规划包括大量流程设计工作，吸纳了医生和神经科病人咨询委员会的意见反馈，并基于模型解决了从地面铺装到灯光照明等方面的问题。

项目概要：

● 建筑总面积 9.2 万平方英尺（约 8547 平方米），共 5 层（包括地下室）。

● 建设总成本约 8000 万美元。

587 ● 拥有 21 个细分专业科室。

● 具有北美地区首批面向病人临床使用的 PET/MRI 一体化设备。

● 拥有美国西海岸唯一的一座致力于神经系统疾病诊断和治疗的综合性自主神经系统实验室（自主神经系统是人类神经系统的一部分，主要用于调动人体内脏并调节某些身体功能，例如心率、消化、呼吸速率、瞳孔反应等）。

● 病人和护理人员直接参与建筑设计，以确保为神经科病人提供一个改善敏感性的环境。

10.11.3 试点目标

试点项目利用建筑信息建模技术的主要目标是：

- 验证斯坦福医疗集团领导层最为重视的以下三个方面能否得到改进：
  - 病人护理
  - 病人安全
  - 每个病人日成本
- 降低设施管理工作对病人产生的影响，并基于获得的经验教训完善新的管理流程。
- 通过获取的数据和指标，评估斯坦福医疗集团是否可以基于神经康复中心大楼试点项目使用 BIM 流程获得的投资回报率和收益，规划未来的新建建筑和改建建筑，以及追踪资产和支持建筑维护管理。

在制定项目 BIM 实施计划和路线图之前，完成了以下基础性工作：

- 审查已有信息，确保对试点情况和 CAD / BIM / FM / GIS 技术在非试点项目中的应用情况了如指掌。
- 制定正在进行、即将进行和规划中的新建项目和改建项目列表。
- 辨别试点项目模型和相关数据的短期使用和长期使用。
- 对设施信息进行层级划分，确定使用何种技术收集和使用每种设施信息，制定软件采购和培训计划。
- 明确新建建筑和既有建筑采用 BIM / FM 的分阶段目标和时间表。
- 为即将交付的项目指定细化程度（LOD）。
- 对成立 BIM 支持团队提出设想。 588
- 确定员工角色、职责和任职资格。
- 明确必要的技术基础设施（包括软件、硬件和服务器配置）。

10.11.4 试点立项

由亚历克斯·萨利赫（Alex Saleh）领导的斯坦福医疗集团下设的一个小组对现有运维团队的工作现状评估之后决定试点立项。在评估中发现，现有流程在诸多方面存在问题，简单地说，就是："运行团队无法在办公室和维修现场有效接收、处理和检索维护精益医疗体系所需的设施全生命期资产数据和相关记录。"

存在的具体问题如下：

- 难以找到正确关停公用设施的阀门。
- 员工掌握的经验性知识，会在员工离职之后丢失。
- 工单执行效率低下：检查内容多、查验路径长、零件不匹配。
- 病人体验差：病房和手术室经常出现设备运行故障。

- 完成合规性评审报告需要耗费过多的时间和精力，而且报告的准确度不高。
- 投资计划难以实现或眉目不清。
- 设施运维人员把大量时间花在查找数据、文件以及现场验证上，而不是花在解决问题和维护设施上。

因为没有度量指标，不能对上述每种问题的严重程度进行量化。斯坦福医疗团队与利益相关者举行了研讨会，确定了解决这些问题的时间表，有关具体内容我们将在“试点项目实施”一节（第 10.11.7 节）介绍。他们将一份包含目标、考核指标和战略的规划方案呈报给执行团队，其中的总体目标为：

- 通过减少停机时间，提高设施（房间、设备）可用性。
- 改善信息获取的便捷性，提高信息质量。
- 降低意外或非必要停机风险。
- 减少因建筑维护工作（如现场勘测、设备检查和故障排除等）造成的对病人护理的中断。
- 缩短病人护理风险评估（PCRA）评审流程所需的时间。

确立上述各项目标，旨在解决斯坦福设施服务与规划部门在工作中遇到的最基础性的问题，
589 从而有助于其及时制定业务决策、高效沟通、制定可靠的投资计划和维护计划；有效进行应急管理、合规性管理及供应链管理；高效招聘和培训员工，以及合理安排工作的优先顺序。

10.11.5 实施计划

斯坦福医疗团队牵头制定了启动和实施 BIM 试点的进度表，并将试点工作纳入总体资产管理（AM）实施路线图。

图 10–11–2 展示了围绕 BIM 试点计划和团队组建，初步制定的从 2013 年底起步的工作框架。以下是试点框架概要：

- 利用神经康复中心进行 BIM 用于设施管理（FM）的“概念验证”。

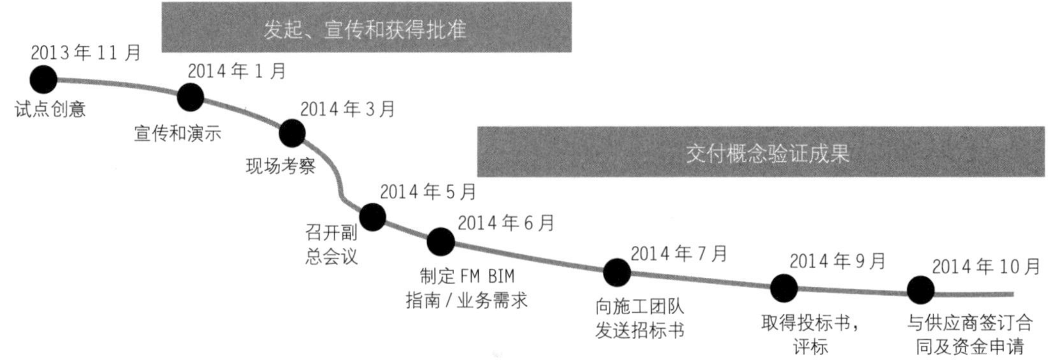

图 10–11–2 BIM 试点概念验证框架及时间计划
图片由斯坦福大学医学中心提供。

- 选择软件供应商进行 BIM 模型的创建 / 可视化展示。
- 选择软件供应商建立企业资产管理系统（EAM）。
- 编写指南 / 业务需求。
- 获得胡佛项目（神经康复中心）的投标书。
- 推进试点工作。

10.11.6　团队

参与试点项目的团队有：

- **斯坦福医疗团队：** 设施维护人员和运行人员负责试点用例指标的量化和用例执行。另外，他们还负责实施 Maximo 软件。该团队由来自工程与维护部门的亚历克斯 · 萨利赫 590 领导，团队中还包括来自以下部门的工作人员：感染控制部、资产管理部、项目管理办公室、资源管理部、工程与维护部、环境健康与安全部和 500P 建设部等。
- **EcoDomus 团队：** 负责实施 EcoDomus 软件并用该软件执行试点用例；创建 BIM 模型；整合资产数据；提供技术支持和培训。
- **Microdesk 团队：** 作为技术和流程顾问，负责 BIM 模型和数据的质量保证 / 质量控制（QA/QC）审查、试点项目的协调（编写试点执行计划）、试点分析，以及制定并更新面向斯坦福医疗集团的设施管理应用 BIM 指南。

在整个 BIM 建模和 BIM 与设施管理信息集成过程中，各团队参与的工作如图 10-11-3 所示。图 10-11-4 展示了试点的工作流程。

590

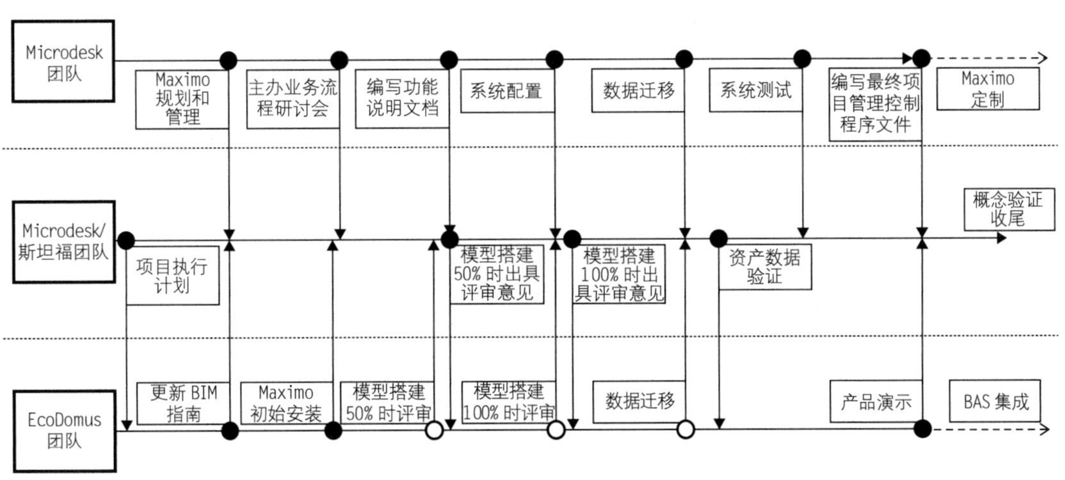

图 10-11-3　各团队的试点分工

图片由斯坦福大学医学中心提供。

591

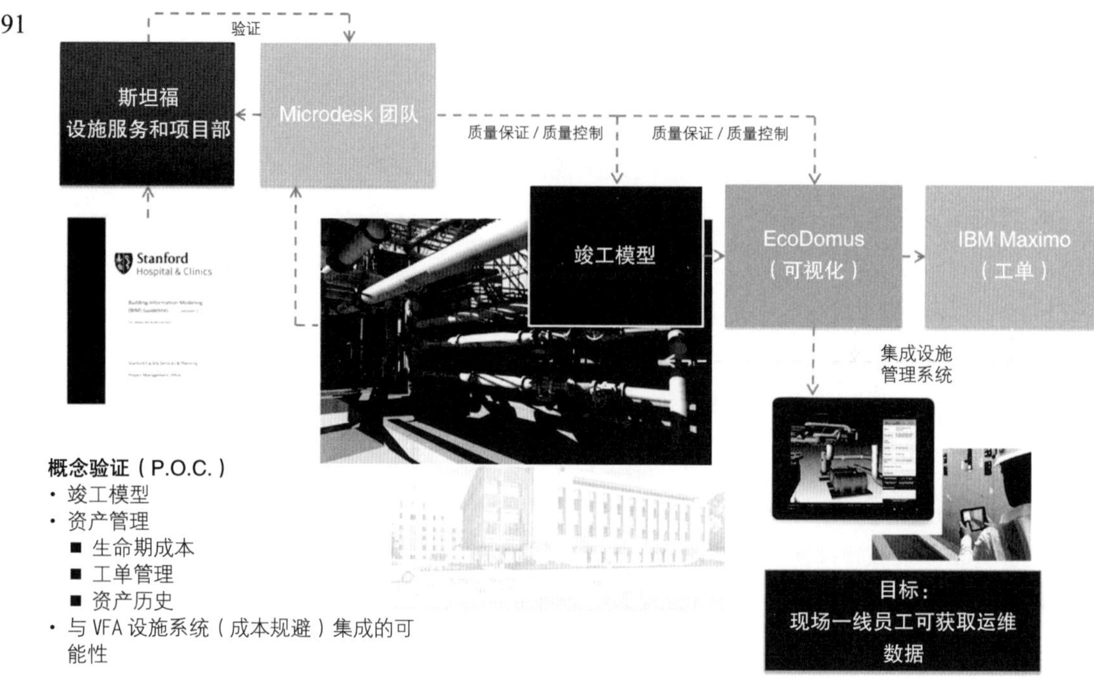

图 10-11-4 BIM 试点工作流程
图片由斯坦福大学医学中心提供。

591 ## 10.11.7 试点项目实施

作为试点工作的一部分，斯坦福医疗集团委托技术供应商提供必要的软件系统，以制定和实施神经康复中心大楼设施管理（FM）应用 BIM 的战略方案。该战略方案包括以下内容：

1. 确定使用的软件

神经康复中心大楼试点使用的软件如下：

- BIM 建模软件（Autodesk Revit）
- 中间件（EcoDomus）

  EcoDomus 软件通过将 BIM 模型与利用仪表、传感器（楼宇自动化系统、BAS）获取的设施运行数据和设施管理软件连接起来，以易于使用的方式为设施管理人员提供设施的三维视图。

  之所以选择 EcoDomus 作为中间件，主要是其具有在两个主要平台（Revit 和 Maximo）之间传递数据的能力。

592 - 企业资产管理系统（IBM Maximo）

  IBM Maximo 是一款用于资产全生命期管理和维护管理的综合性企业资产管理系统，非常适用于斯坦福设施的运行管理。

因为 Maximo 具有资产管理、工程管理和制定进度计划等功能，并能与斯坦福医疗集团的其他系统集成，另外一个项目也将选择使用该款平台。随后，Maximo 平台将广泛用于既有建筑和新建建筑，还将引入相关标准指导应用。

2. 制定进行概念验证的项目执行计划。Microdesk 团队协助制定该计划。

3. 创建神经康复中心竣工 BIM 模型。这项任务由 EcoDomus 团队完成。

4. 根据斯坦福医疗团队对关键属性和信息的需求，制定数据字典。这项要求是由斯坦福医疗团队提出的。图 10-11-5 以空气处理机组为例展示了数据字典样本。图 10-11-6 展示了将这些数据整合到竣工 BIM 模型中的工作流程；这样一来，BIM 模型就能进一步与 Maximo 资产管理系统集成。

MAXIMO 数据字典

23-33 25 00　空气处理机组

层级：部件

关联系统：暖通空调

描述：空调设备组件包，包括盘管、过滤器、加湿器等

属性	数据类型	单位	领域 / 取值范围
资产 ID	数值型	无	系统为实体 / 条形码生成的唯一编号
罗森公司 ID	数值型	无	用于引用罗森公司资产的 ID
部件描述	字符型	无	对实体的叙述性描述
部件类型	字符型	无	单区、多区
系统（母体）ID	数值型	无	部件所属的系统（母体）ID
重要性	数值型	无	1、2、3、4、5
曾用 ID	字符型	无	实体的通用名称或曾用名
状况评级	数值型	无	部件状况评级
检查日期	字符型	无	最近一次检查状况评级的日期
制造年份	字符型	无	部件制造年份
设计年限	数值型	无	设计年限

图 10-11-5　数据字典中的空气处理机组样本数据（属性）
图片由斯坦福大学医学中心提供。

5. 确定 BIM 可能影响到的以及可以检验试点是否成功的领域。初步确定七个用例，并将其作为检验试点 BIM 应用成效的基准。斯坦福医疗团队根据使用频率和是否具备基准量化指标选择用例。在 EcoDomus 团队的协助之下，斯坦福医疗团队确定使用的用例如下：

593

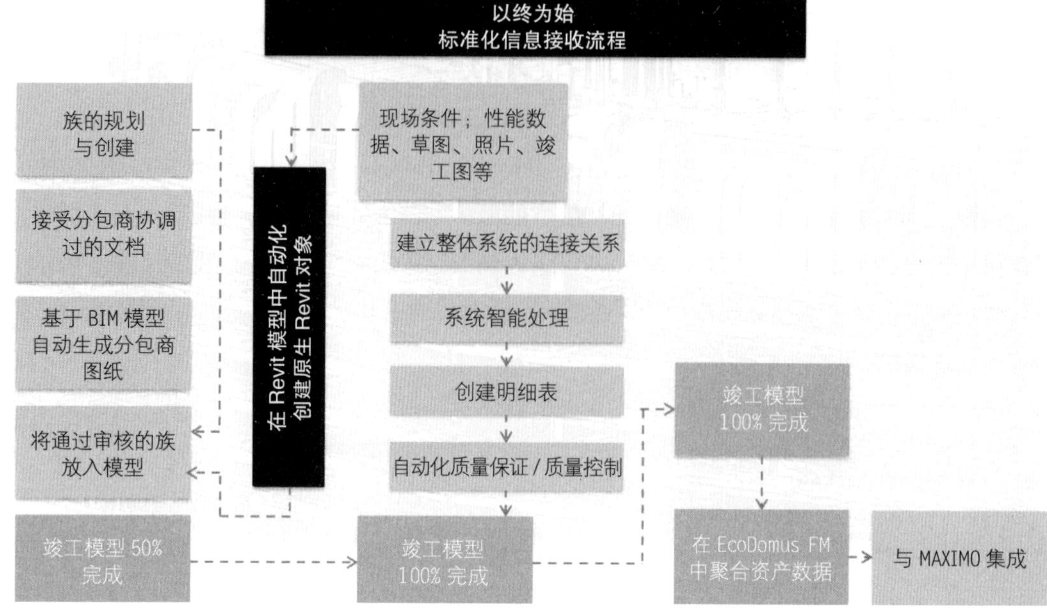

图 10-11-6 开发用于设施管理 BIM 模型的工作流程
图片由斯坦福大学医学中心提供。

- 用例 1：位于二层药房 2726A 室的主管道泄漏；
- 用例 2：结构和消防安全分析；
- 用例 3：资产信息的录入与更新；
- 用例 4：整合饰面信息；
- 用例 5：培训工程人员；
- 用例 6：关停请求；
- 用例 7：感染控制风险评估（ICRA）/ 施工前风险评估（PCRA）评审。

6. 试点计划的实施：作为概念验证的一部分，也为了评估 BIM 在设施管理 / 运行管理（FMOM）流程中的有效性和适用性，制定评估七个用例的试点计划。试点工作需按部就班进
594 行，参与人员执行用例定义的工作，并对各个团队完成日常工作所用的技术和软件系统进行验证。试点测试主要检验用例定义的维护管理问题是否得到解决。

实施的试点计划包括以下内容：

- 制定试点执行计划

  建立用例测试框架。

- 向斯坦福医疗团队展示试点执行计划

  Microdesk 团队负责制定并向斯坦福医疗团队展示试点执行计划。

- 对斯坦福用户进行技术培训
  - 介绍用例及其使用。
  - 为用户提供有关测试的参考文档。
  - 必要时，提供额外的远程网络培训。
  - EcoDomus 团队在培训过程中提供协助，并在实施过程中提供技术支持。
- 现场技术测试

  试点测试为期两周，试点团队执行七个用例并记录测试结果。
- 用户调查

  前面列出的所有用例都由斯坦福大学设施管理人员执行，目的是比较当前方法与新系统的性能（有一个用例是在试点测试期间临时增加的，因此调查没有找到该用例的详细信息）。

  请用户回答“对新流程有什么印象？”以及“与现有工作流程（主要是手工方式）相比，新流程是否有所改进”等相关问题。
- 试点审核与分析

  Microdesk 团队对测试结果进行审核和分析，从而量化试点收益，确定大规模部署的最佳方案，同时也对 BIM 模型应用在改善维护流程方面所起的作用进行评估。

7. 制定设施管理（FM）应用 BIM 标准。作为试点工作的一部分，斯坦福医疗团队责成 Microdesk 团队协助编制并更新设施管理（FM）应用 BIM 标准，以便将其纳入设计和施工 BIM 指南之中。

10.11.8 用例指标

斯坦福医疗团队与其他团队合作一起确定了七个测试用例，用于评估和量化任务；将传统流程与 BIM 流程进行比较；并将根据斯坦福医疗集团历史数据和每个用例相似事件的年度实际发生数确定的工时指标作为衡量当前工作量的基准。下面介绍这些用例。

用例 1：位于二层药房 2726A 室的主管道泄漏 595

目的：

- 识别房间内的管道系统（仅依据竣工文件很难在现场识别和确认）。
  - 确定系统部件之间的相互关系必须迅速准确，具有挑战性。

当下遇到的挑战：

- 很难找到竣工图纸，派往现场的新员工对设施不甚了解。
- 设施维护人员需要给负责安装管道系统的分包商打电话，以获得更多信息。

执行该用例所需的工时和资源如表 10-11-1 所示。

维修主管道泄漏的基准工作流程 表 10-11-1

编号	现有基准工作流程	工时	资源 / 影响
1	药房工作人员打电话，称 2726A 室漏水，正在损坏设备和药品。	0.5 小时	需要关闭房间水闸，这会对病人的医疗护理和医疗设备的运行造成负面影响。
2	工作人员被派往大楼，调查漏水源头。他们需要梯子和专业设备才能打开吊顶看到管道。为了找到管道系统的漏水点和恰当的隔离阀，只能随机打开吊顶面板进行查找。	2.0 小时	难以获取有用信息。维护工程师仅能够通过极其有限的信息匆忙排除故障。 漏水对房间和设备造成了严重损坏。
	总工时	2.5 小时	
	对设施运行的影响		管道系统被关闭，但关闭的可能不是将对设施产生的不良影响降低至最低程度的阀门。 需要查找资料，订购替换零件

用例 2：结构和消防安全分析

目的：

- 获取与梁相关的信息：它是否是承重梁？最大承重荷载是多少？哪些墙是防火墙（允许有洞口吗）？等等。

596 当下遇到的挑战：

- 该工作流程需要相关人员（通常是供应商团队的经理或领导）到现场核查具体情况，然后还需查看图纸，与不同的项目经理和安全团队讨论等。这是一个漫长的过程。

执行该用例所需的工时和资源如表 10-11-2 所示。

结构和消防安全分析的基准工作流程 表 10-11-2

编号	现有基准工作流程	工时	资源 / 影响
1	设施管理人员对设施结构进行评估，在图纸上标记需要评估的梁，然后在各种活页夹文件和图纸中搜寻与这根梁相关的信息。	2.5 小时	纸质图纸（虽然可能已经过时了）往往很重，不易于搬动。这样一来，设施管理人员只能凭借自己的记忆，或者多次往返于储藏间（存储图纸的地方）和检查场地之间开展工作。
2	设施管理人员完成评估报告，并将这些报告和相关图片作为附件，通过电子邮件发送给要求评估的人员。	0.5 小时	由于电子邮箱中的信件难以正确归档，因此，此次评估不能为后续的评估工作提供帮助。另外，图片中可能有好几根梁，不好与报告所述的梁一一对应。
	总工时	3.0 小时	
	对设施运行的影响		如果找不到信息，可能会导致重大安全问题；评估数据难以维护

用例 3：资产信息的录入与更新

目的：

- 简化应用计算机化维护管理系统（CMMS）——IBM Maximo 的手动输入数据工作。

当下遇到的挑战：

- 所有数据都是通过手工录入，不但耗费时间，而且会有人为录入失误。另外，很难保证这些信息能够及时更新。

执行该用例所需的工时和资源如表 10-11-3 所示。 597

资产信息录入与更新的基准工作流程　　表 10-11-3

编号	现有基准工作流程	工时	资源 / 影响
1	施工承包商在整个项目建设过程中手工收集分包商用 PDF 和 Excel 文件提供的信息。通常，由于没有标准的数据收集方法，每次收集数据的工作流程和获得数据的质量不尽相同。	数月	即使手工录入效率低下，业主也要按小时数付费。直到项目完工，有时甚至在项目完工几个月后，业主才能看到收集的信息。由于没有可用信息，某些设备难以运行。
2	施工承包商将存储有 PDF 和 Excel 文件的 CD 以及成箱的纸质文件（通常会有数百份文件装进几十个纸箱里）交付给业主。	数月	业主需要支付所有文件的打印费和邮寄费。
3	设施管理人员手工将所有设备信息录入计算机化维护管理系统，并将相关文档上传到各个文件夹。	数年	手工录入数据，成本高昂，准确性差，而且会将许多需要的数据弄丢。
	总工时	数年	
	对设施运行的影响		如果信息收集方式不当，或者没有按时将其输入系统，则设备无法正常使用

用例 4：整合饰面信息

目的：

- 保持设计意图。给墙和地板饰面添加饰面属性。

当下遇到的挑战：

- 在饰面变更之后，往往会丢失最初的设计意图。
- 如果不能得知饰面的面积，则很难确定饰面的涂料用量，进而也很难验证供应商的预算和费用清单是否准确。

执行该用例所需的工时和资源如表 10-11-4 所示。

保持设计意图的基准工作流程：饰面材料　　表 10-11-4 598

编号	现有基准工作流程	工时	资源 / 影响
1	建筑选用的饰面及其颜色，作为运维（O&M）手册的一部分内容移交。但是，手册并没有具体说明每个饰面使用的是什么材料。	不适合用工时定量。信息一旦丢失，即很难恢复。	违背设计意图，饰面以及颜色与设计不符。有些设施（如神经康复中心大楼）已将饰面作为病人体验的一部分，并靠其协助病人认路。保持原设计配色与饰面材料不变，对病人体验至关重要。

续表

编号	现有基准工作流程	工时	资源 / 影响
2	在饰面竣工交付文档以及房间饰面明细表中，并不计算每种材料的覆盖面积。对供应商提交的用于请款的预算（包含材料用量和工程量），斯坦福医疗集团难以核实	不适合用工时定量。无法获得准确数值，只能得到尽量接近的估计值	供应商合同中包括涂料、地毯等饰面的周期性维护，其合同额取决于供应商基于饰面面积材料用量的预算。而斯坦福医疗集团并没有简单的方法对工程量和成本进行验证

用例 5：培训工程人员

目的：

- 使新入职的工程人员能够尽快上手，尽早熟悉建筑系统。

当下遇到的挑战：

- 很难找到竣工图纸，实地了解系统需要花费大量时间和资源。

执行该用例所需的工时和资源如表 10–11–5 所示。

培训工程人员的基准工作流程 表 10–11–5

编号	现有基准工作流程	工时	资源 / 影响
1	聘用新的技术人员。 主管培训新入职技术人员，讲解建筑设备和系统。 进行一系列的实地勘察和图纸复核。	1 个月	主管 新入职技术人员
2	新入职技术人员由老员工带领参观建筑并了解建筑系统	1 周	老员工 新入职技术人员

599 **用例 6**：关停请求

目的：

- 减少确定和验证（通过现场验证、测量、追踪等方式）公用设施安全关停对系统产生的不可避免的影响的时间。

当下遇到的挑战：

- 竣工图纸与现场情况很难一一对应。
- 确定系统部件之间的关系必须迅速准确，具有挑战性。
- 设施管理人员需要给安装管道系统的分包商打电话，以获取更多信息。

执行该用例所需的工时和资源如表 10–11–6 所示。

关停请求的基准工作流程 表 10–11–6

编号	现有基准工作流程	工时	资源 / 影响
1	由承包商提交配电盘（或其他公用设施）关停请求。之后承包商要求设施管理部门提供竣工图，并对收到的图纸进行核查。	1 天	竣工图纸与现场情况很难一一对应，且只有在设施管理部门找到竣工图纸并提供给承包商之后，才能开展核查工作。

续表

编号	现有基准工作流程	工时	资源 / 影响
2	承包商在现场追踪系统线路，了解系统状况。	2 天	在手头没有竣工图纸的情况下于现场进行系统线路追踪。为了看图，承包商可能需要不断往返于放置图纸的房间和现场之间。 竣工图纸可能拿不到或者不准确，导致延迟。 另外，会出现不可预见状况，对成本和时间的有效管控产生不利影响。
3	设施管理部门接收到关停请求，确认被关停的系统以及关停产生的影响。	2 天	没有胜任的工程人员执行系统验证。
4	设施管理部门的运行控制人员审核公用设施关停请求。	1 天	管理层依靠现场追踪结果向部门和领导层展示受影响的系统。
5	批准公用设施关停请求，并通知楼内相关人员可能受到的影响。关停期间，电源转换措施（如备用电源、发电机等）准备就绪	1 天	项目经理

用例 7：感染控制风险评估（ICRA）/ 施工前风险评估（PCRA）评审 600

目的：

- 减少审查、评估和批准感染控制风险评估和施工前风险评估（通过现场验证、会议、对项目经理的走访等）所需的时间。

当下遇到的挑战：

- 风险评估仅仅以项目经理输入的信息为依据。
- ICRA 和 PCRA 评审人员的时间和资源有限。
- 评审需要多次进行实地考察，并与项目经理会面，以了解施工活动的范围及其可能产生的影响。

执行该用例所需的工时和资源如表 10-11-7 所示。

ICRA/PCRA 评审的基准工作流程　　表 10-11-7

编号	现有基准工作流程	工时	资源 / 影响
1	项目经理（PM）提交对某一施工活动进行 ICRA / PCRA 评审的申请。	5 天	竣工图纸很难与现场实际情况一一对应。项目经理必须通过现场拍照、绘制项目地图和新图纸展示项目范围和影响。
2	ICRA / PCRA 评审人员请求提供项目地图、图纸和现场照片，以了解工程的范围和影响。	3 天	项目经理需要解释工程范围，并使用图片和地图介绍工程。这会导致项目延迟。
3	需要通过召开现场会议评审施工活动产生的影响。	2 周	项目经理、ICRA / PCRA 评审人员、工程技术人员和维护人员以及房间使用人员必须一起开会，以了解工程范围和同一楼层及上下楼层紧邻施工地点的空间布局。
4	批准 ICRA / PCRA 评审	1 天	管理层依据团队开展的工作向领导层介绍受影响的系统和部门

10.11.9 用例执行结果

下面是对斯坦福医疗集团设施和运行团队执行测试用例的总结。通过测试在三个主要领域取得了最为显著的效果：

- 解决关停问题（被动关停和按计划关停）
- 合规性评审（感染控制风险评估 / 施工前风险评估评审）
- 建立组织部落知识库

在所有领域，都使用基准用例（以依据斯坦福医疗集团积累的实际运维历史数据算出的工时为度量单位）将传统的工作流程和使用 BIM 的工作流程进行了对比。图 10-11-7 展示了分析每个用例产生影响的路线图。

601

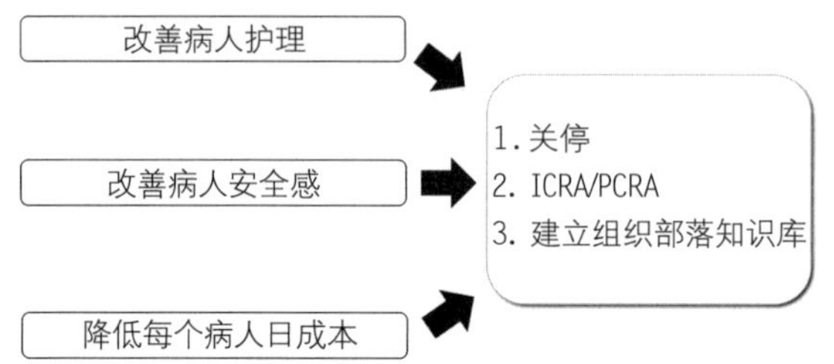

图 10-11-7 对斯坦福医疗集团设施运行具有重要影响的领域
图片由斯坦福大学医学中心提供。

1. 解决关停问题：被动关停和按计划关停

在试点期间，用户有机会执行和评估对病人安全和护理有重大影响的测试用例，其中包括将 BIM 流程用于被动和有计划关停场景：

被动关停场景（用例 1）

在试点中，用户能够应用 iPad 上的 BIM 模型查看顶棚上方的空间和管道系统，找到供水阀门，获得相关信息，厘清该阀门与整个系统之间的关系。近期，神经康复中心大楼发生了一次事故，在一次严重的管道泄漏中，由于阀门上的标记存在错误，关闭了错误的阀门。图 10-11-8 展示了每个阀门与其所属管道系统的关联关系。

602 **按计划关停场景（用例 6）**

用户对在 iPad 上使用 BIM 模型进行了测试。例如，选择一个开关部件，以更好地了解会使哪些房间断电，并验证执行安全公用设施关停对系统产生的不可避免的影响。图 10-11-9 显示了关闭某个电源产生的影响。

BIM 流程带来的重要变化：

- 用例 1 的被动关停场景（基准工时为 2.5 个工时）
    - 节省工时：每个实例 1.75 个工时（节省 70%）；

601

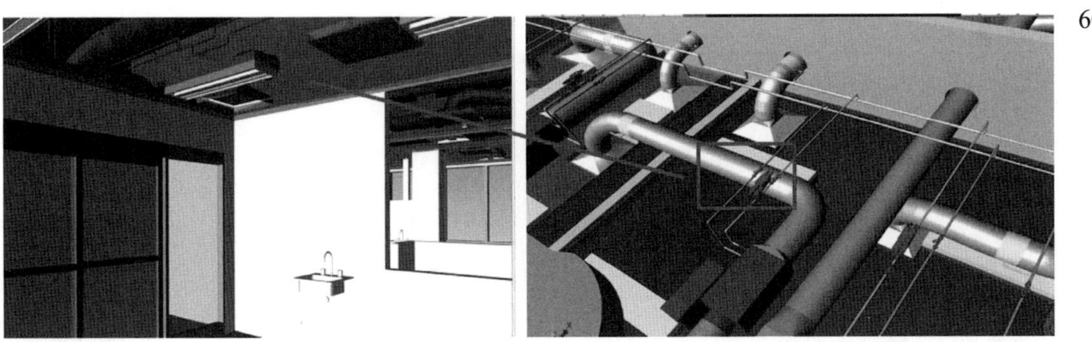

图 10-11-8 解决二层药房 2726A 室管道泄漏问题
图片由斯坦福大学医学中心提供。

602

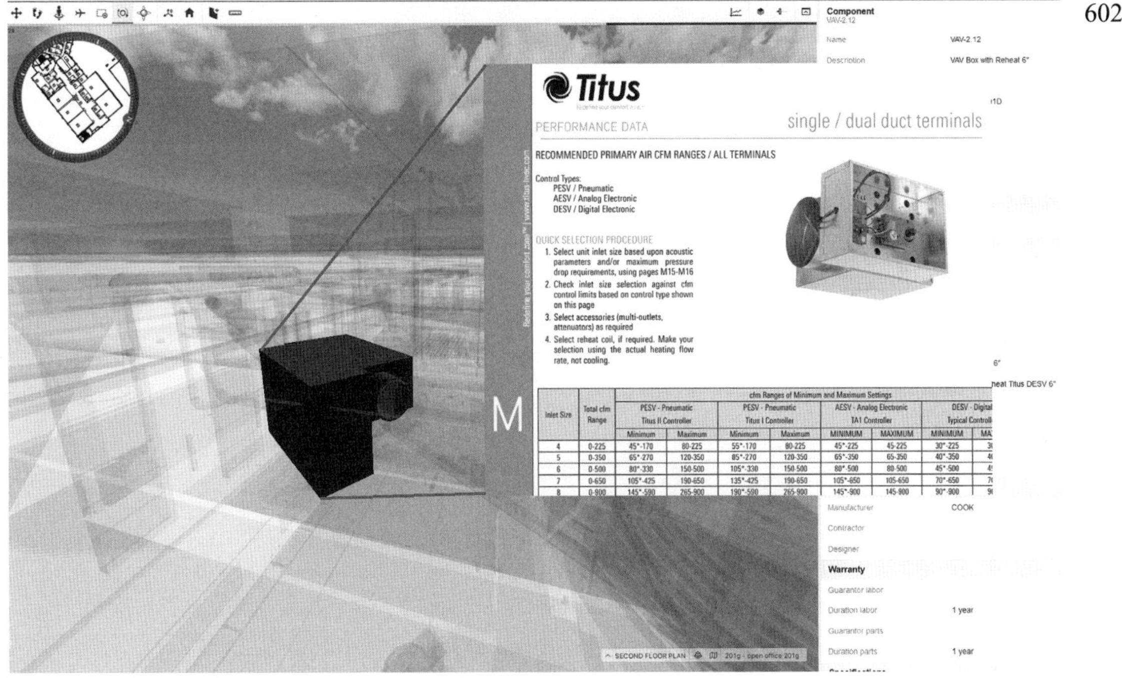

图 10-11-9 按计划停电
图片由斯坦福大学医学中心提供。

- 规模经济效益：每年发生类似事故：24 次；
- 用例 6 中按计划关停场景（基准工时为 56 个工时）
  - 节省工时：每个实例 35 个工时（节省 62%）。

2. 合规性审查：ICRA / PCRA（用例 7）

用户在 iPad 上浏览 BIM 模型，查看二层，对 6 号走廊可视化展示，获取与施工地点相邻、即将受到施工影响的空间（例如，图 10-11-10 中亮显的操作间）的信息等操作进行测试。

603

图 10-11-10 6 号走廊地毯更换施工规划

图片由斯坦福大学医学中心提供。

BIM 流程带来的重要变化：

- 节省工时：每个实例 78 个工时（节省 50%）。
- 规模经济效益：每年类似维护任务：200 个。

注：此外，BIM 流程允许用户在家或者在办公室进行合规性审查，这使斯坦福医疗集团在计划性维护任务最初的计划阶段就可进行合规性审查。值得注意的是，在撰写本书时，仅一个财政年度就有多达 200 项类似维护任务。

604 3. 建立组织部落知识库（用例 2—5）

测试了另外四个用例，执行这些用例需要花费大量时间查找信息，例如查找竣工图、资源和文档等。

在试点测试阶段，用户尝试将提取和检索信息作为测试工作的一部分，以检验现场 iPad 访问信息的能力。

图 10-11-11 结构研究：是否可以悬挂重物或设置洞口？
图片由斯坦福大学医学中心提供。

- 如图 10-11-11 所示，在一个实例中，用户应用模型查看核磁共振（MRI）检查室上方的结构构件，同时提取了一根梁的信息以确定其是否可以设置洞口（用例 2）。
- 如图 10-11-12 所示，在另一个实例中，用户应用模型查看二层防火墙系统，同时提取某些墙体信息核实防火等级（用例 2）。

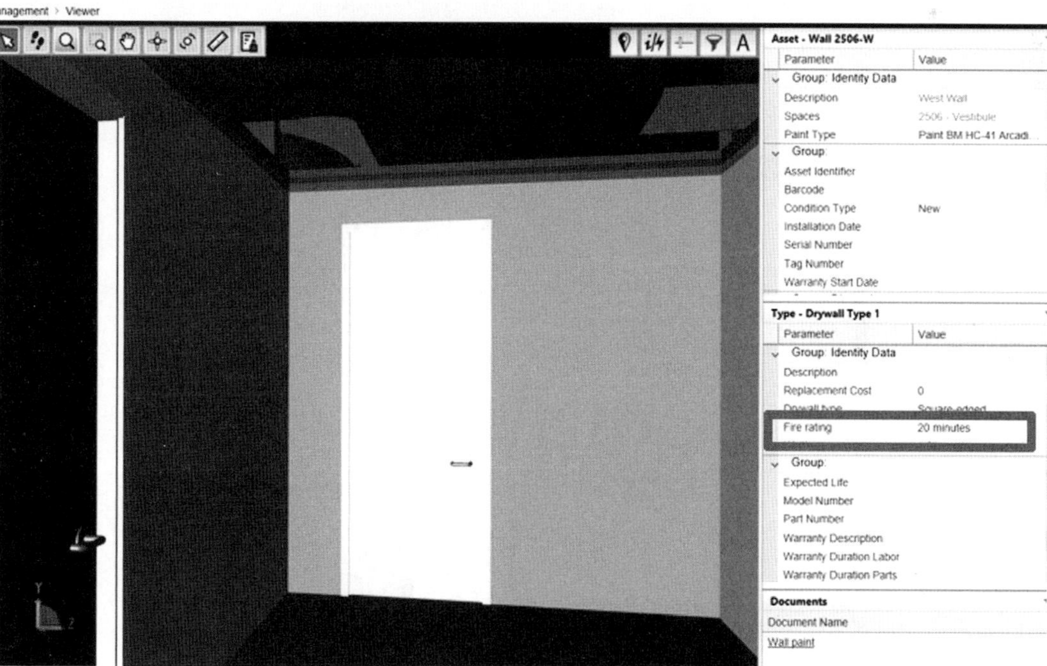

图 10-11-12 消防安全分析：核查墙体防火等级
图片由斯坦福大学医学中心提供。

604 用户还进行了以下测试：

- 如图 10–11–13 所示，通过查看房间墙体，提取有关涂料类型和配色方案信息（用例 4）。
- 如图 10–11–14 所示，通过隔离房间和系统，提取建筑元素或设备相关信息，从而测试信息检索和模型导航的易用性（用例 3 和用例 5）。

606

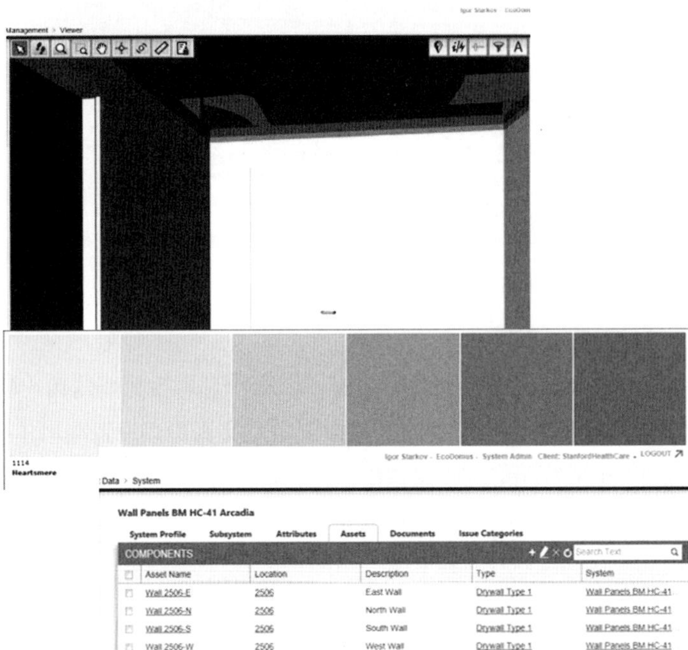

图 10–11–13 保留设计意图：整合房间饰面信息
图片由斯坦福大学医学中心提供。

607

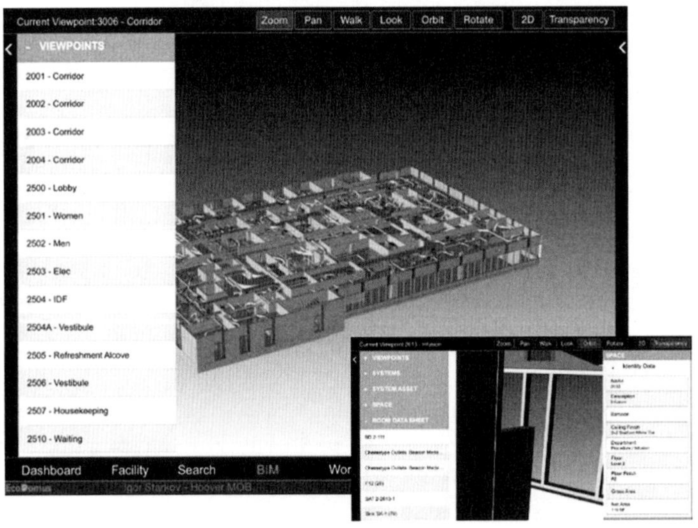

图 10–11–14 员工培训：通过访问信息了解复杂工程系统
图片由斯坦福大学医学中心提供。

BIM 流程带来的重要变化： 605

- 节省工时：每个实例 308 个工时（节省 85%）。
- 规模经济效益：每年类似维护任务：36 项。

10.11.10 收益总结

下面是基于 BIM 工作流程执行用例获得的收益。

对于解决关停：被动关停和按计划关停

- 直接影响是每个实例（或处理每个事件）所需的时间节省 60%—70%。
- 斯坦福医疗集团可以利用所在区域建立的基础设施：增加异地诊所。集团改变了商业模式，在支持医院的同时支持异地诊所。
- 系统工程师和管理人员能在哈文斯法院（Havens court）大楼的控制中心协助现场工作 606 人员识别系统并定位最佳截止阀，从而将关停对建筑运行的影响降至最低。
- 执行公用设施关闭所需的资源数量大幅减少。承包商的工期缩短，同时，还可进行更安全、更准确的系统验证。

对于合规性审查：ICRA / PCRA

- 同样，最直接的影响也是体现在时间的节省上，这里节省了 50%。
- 此外，BIM 流程允许用户在家或者在办公室进行合规性评审，这使斯坦福医疗集团在计划维护性任务的最初计划阶段就可进行合规性审查。
- 另外，减少了评审所需的资源数量，缩短了批准 ICRA/PCRA 评审的时间，并可进行更安全、更准确的系统验证和受影响范围验证。

对于建立组织的部落知识库 607

- 对执行测试用例的事件而言，所受影响仍然是时间减少。这对于将部落知识转化为组织知识（建立组织的部落知识库）非常重要。
- 拥有不同设备的相关数据（如制造商、型号、序列号、安装日期等），意味着运行团队不需再用手工方式将信息录入计算机化维护管理系统（即 Maximo）。
- 由于可以快速理解复杂的工程系统，新员工很快就能从事制定运行规划工作。
- 饰面设计信息能够直接与建筑模型关联，从而可以按照设计意图对饰面进行维护。
- 结构团队可以快速确定某面墙是否可以打洞，或者某根梁是否可以悬挂重型装饰物。

10.11.11 BIM 实施成本以及对年度预算的影响

采用以下方法，确定 BIM 产生的每个分项成本：

- 利用调查用户积累的数据确定节省的每个分项成本。
- 从既有系统维护数据统计年度发生事件数。

- 基于总建筑面积 10 万平方英尺（约 9290 平方米）计算节省的总成本。
- 将 BIM 日常维护产生的以下软性成本包括在内：
  - 顾问咨询费；
  - 软件费；
  - 员工聘用成本；
  - 历时五年的其他成本。

通过计算，结果如下：

创建 BIM 模型的初始成本为 1.40 美元 / 平方英尺（约 15.07 美元 / 平方米），由项目承担。1.40 美元 / 平方英尺的价格，包括了将 BIM 模型从施工模型转化为运维模型的成本，以及聘请 BIM 顾问和斯坦福医疗集团（SHC）员工的成本。不同规模设施的成本数据如表 10–11–8 所示。

创建及维护（为期五年）BIM 模型总成本 表 10–11–8

设施总建筑面积（平方英尺）	创建模型总成本（美元）	模型维护（为期五年）软性成本（美元）	五年平均成本（美元 / 平方英尺）
100000	140000	83750	2.24
1000000	1400000	341000	1.74
10000000	14000000	598000	1.46

基于上述分析方法对七个用例进行成本分析，发现应用 BIM 可使斯坦福医疗集团以下部门直接节省 4.5% 的成本：

- 工程与维护；
- 环境、健康与安全；
- 设施管理。

这一节省是针对总建筑面积 10 万平方英尺（约 9290 平方米）的设施计算的，相当于每个病人日减少 4% 的成本。对于更大的设施，节省的费用还要多。

10.11.12 经验教训

面临的问题和挑战

在竣工模型的建模阶段：

- 模型缺少资产数据

  查看一些模型元素后发现，一些模型元素缺少必要的属性信息，一些模型元素根本没有属性信息。例如，阀门类型编号为空，这将影响系统信息的读取和系统识别。
609 另外，还缺少通常从设备说明书引用的属性，如制造商名称。

在大多数情况下，这是因为施工技术规格书杂乱无章，散乱堆放，在超过 1000 页的文档中，既包含审核接受的也包含审核拒绝的模型元素信息。这就需要在 BIM 执行计划中添加一节关于设施管理导则的内容，并将其放在前面，以免事后还要投入人力改编文档。一般而言，存储在共享文件服务器站点中的交付文件不易提取信息，因为它们通常都是一个可读性很差的大型 PDF 文件。此外，需要的一些数据有许多在移交时没有提交。EcoDomus 团队曾一度不得不从制造商网站下载运维手册。

- 模型资产数据不符合一致性要求

在某些情况下，模型元素没有按斯坦福数据字典（Stanford Data Dictionary）要求设置属性或属性值。在基于竣工模型创建“设施管理 / 运维”模型的整个过程中，Microdesk 公司一直在比对“设施管理 / 运维”模型中的属性信息，并且将这些信息与斯坦福医疗集团提供的数据字典中的内容进行对照检查。然而，Revit 族（由此生成模型元素）并不满足 BIM 指南提出的要求，如图 10-11-15 所示。

- 模型数据来源

在某个阶段，数据驻留在中间件应用程序中，而不是 BIM 模型中。

数据存在何处是根据模型分别完成 50%、75% 和 100% 时的审核要求确定的。需要检查竣工模型是否符合标准要求，这包括查找和追踪元素、筛选和隔离元素，以及检查模型元素之间的一致性。

Category	Instance Description
Instance Description	Instance Name
Instance Name	OmniClassNumber
InstanceDescription	Sub-Discipline
InstanceName	Type Description
OmniClassNumber	Type Name
Power	
Schedule_UniqueId	
Sub-Discipline	
Subcategory	
Tag Number	
Type Description	
Type Name	

（A）

MAXIMO DATA DICTIONARY　610

23-33 11 00　Boiler
Hierarchical Level:　Component
System Association:　HVAC - Heating
Description:　The exterior component of a cooling system that includes a compressor and condensing coil.

Attribute	Data Type	Unit	Domain / Range of Values
Asset ID	Numeric	N/A	System generated unique id for the entity | barcode
Lawson ID	Numeric	N/A	ID used to reference Lawson Asset
Component Description	ALN	N/A	A narrative description of the entity
System (Parent) ID	Numeric	N/A	The system (parent) ID that the component is associated to
Criticality	Numeric	N/A	1, 2, 3, 4, 5
Legacy ID	ALN	N/A	Common name or previous name of the entity
Condition Rating	Numeric	N/A	Condition rating of the component
Inspection Date	ALN	N/A	Date of the last inspection for the condition rating
Year Built	ALN	N/A	Year that the component was constructed
Design Life	Numeric	N/A	Design life
Remaining Useful Life	Numeric	N/A	Remaining useful life estimate
Original Construction Cost	Numeric	$US	Cost of initial construction or purchase cost
Replacement Cost	Numeric	$US	Current replacement value of the component
Manufacturer	ALN	N/A	To be developed on-the-fly
Serial Number	ALN	N/A	Unique identifier for the Component
Model Number	ALN	N/A	Manufacturer's door model number (catalog id)
Cooling Type	ALN	N/A	Air cooled, Water cooled

（B）

图 10-11-15　（A）未满足斯坦福 BIM 指南要求的 Revit 模型元素属性信息；（B）Maximo 数据字典包含的锅炉信息

609 需要解决的各种技术和非技术问题：

- FMS（设施管理系统）数据的完整性
  - 斯坦福医疗集团规定的主要属性。
- 建模过程中的相关定义：标准与一致性
  - 命名规则（元素的名称能够正确地映射到 Maximo 中）。
  - 元素属性定义（例如制造商、产品型号）。
  - MEP 系统定义；能够隔离元素分别查看。
- 设备的命名规则
  - 类型名称应该简洁、实用、具有描述性。元素命名应该易于识别、通俗易懂，有利于建筑设备的运行、维修和维护。

610 图 10-11-16 是隔离机械系统的三维视图，允许查看部件和连接。

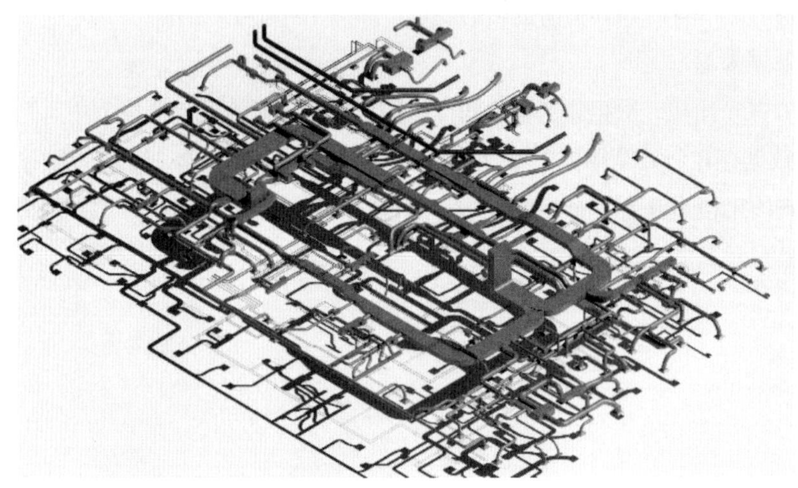

图 10-11-16 用于审核的隔离机械系统模型（见书后彩图）
图片由斯坦福大学医学中心提供。

需要改进的工作

1. 斯坦福医疗集团的设施管理应用 BIM 指南尚需完善，需要解决以下问题：

- 在设施管理应用 BIM 指南中，必须引入数据字典，并应在合同中对依据数据字典输入模型元素属性提出明确要求。这将确保所有数据都有一致的名称以及细化程度（LOD）符合要求。
- BIM 执行计划需要改进，应遵循设施管理应用 BIM 标准，囊括对数据要求和数据归属的更加明确的规定。举例来说，这些要求包括：
  - 为使竣工 BIM 模型具有更高的准确性，可对竣工交付的建筑进行三维扫描，并将扫
611 描结果与竣工模型进行对比。这能发现模型中的很多常见问题，例如框架之间的间距以及通风孔、管道、阀门的位置不准确等。通过审核模型，可以确保所有细节准

确无误。

- 制定竣工模型交付进度计划，并使项目施工进度与下面的流程互不干扰：
  - 承包商协调各分包商的竣工模型创建和数据交付，让他们在施工过程中持续建模，而非等到施工结束之后再建模。
  - 为变动竣工模型交付进度计划预留机动时间，以使模型能够根据信息需求书（RFI）、施工变更指令（CCD）等文件要求进行变更。
  - 为人员调配和在里程碑节点召开会议预留时间。
- 简化收尾文件交付流程：
  - 通过 Maximo 软件提交文档，在项目收尾时上传。
  - 斯坦福医疗集团应提出要求，所有的竣工文件均应该采用一致的 PDF 格式。

2. 解决数据存储在哪里的问题

竣工 BIM 模型和“设施管理 / 运维”BIM 模型的一个关键问题是数据应存在何处和由谁维护。关于数据的存储位置问题，业界公认的最佳做法是，将数据存储在 BIM 模型中，而非存储在外部系统中。

关于数据维护问题，可以采取几种不同的方法。最为常见的两种方法是： 612

– 维护竣工模型

这种方法由设施管理部门在竣工模型中维护数据；或者由设施管理部门不断将更改要求提交给建筑师，由建筑师对模型进行更改（如合并或拆分房间），从而实现模型的日常维护。

– 使用单独的生命期模型

这种方法由设施管理人员基于竣工模型创建一个单独的全生命期模型。设施管理人员可以在这个模型中删除各种用于施工但对日常管理无关紧要的细节，并依据建筑实际变更情况对模型进行变更（例如合并房间）。

3. 制定模型深化策略方案

这一方案应将新建建筑和改建建筑的模型创建工作划分为细化程度逐渐提升的三个阶段，是一个与时俱进的模型深化方法。

- 第一阶段

开发一个细化程度为 LOD 350 的模型，并将其整合到资产管理解决方案中。这可为合规性评审（用例 7：ICRA / PCRA 评审）和建立组织的部落知识库（用例 5：培训工程人员）提供支撑。

另外，这个阶段还可解决“用例 3：资产信息的录入与更新”提出的资产数据录入问题。这一早期的模型开发可从纳入用例 3 录入的数据获益，因为这可给组织带来一笔最大的成本节省。

- 第二阶段

  识别关键建筑系统，并对其建模。在现有模型基础上增加关键系统将为按计划和被动关停（用例 1：主管道泄漏；用例 6：关停请求），以及建立组织的部落知识库（用例 2：结构和消防安全分析；用例 4：整合饰面信息）提供支撑。

- 第三阶段

  这一阶段是建模开发的最后阶段，完成的模型可以如实地反映建筑竣工状况（细化程度达到 LOD 500）。

4. 制定技术支持策略

应确保培训手册和参考资料总是容易获取，并让用户唾手可得，这样可以借鉴以往和他人的经验，少走弯路。

613 10.11.13 结语与展望

神经康复中心大楼 BIM 试点项目，成功测试了对斯坦福医疗集团设施维护团队最为重要的三个领域：

1. 病人护理。
2. 病人安全。
3. 每个病人日成本。

测试之后，资产管理指导委员会下设了一个设施信息管理委员会，其目标是：

- 确定文档库组织架构和内容需求。
- 定义竣工图纸需求和格式。
- 决定数据分级、数据传输和 BIM 存储 / 使用等相关事项。

在未来几年中，BIM 和设施管理的结合将使设施运维绩效和运维规划人员的能力得到提高。把竣工模型用作检查和验证设施运行状态的工具使规划人员能够前所未有地访问运行数据。整个行业的总体趋势是将诸如 Revit 之类的工具与运行管理系统结合。在此转型过程中，还将使用其他工具，包括基于 web 的模型浏览器和用于检查和验证运行管理系统所用数据的分析工具。总体而言，这些技术的融合将降低运行成本，并可极大地改善设施人员对信息的访问。设施团队期待能在他们的维修、维护工作中使用有助于做出决策、提高工作效率和可靠的信息。使用持续更新的数字文档中的整合信息，将有助于监控、追踪和改善设施运行绩效，并有助于在建筑资产的全生命期内降低风险和提高绩效。

致谢

本案例研究的编写工作，是在斯坦福大学医学中心血液流变学实验（BRE）、慢性丙型肝炎（CHC）和肺动脉栓塞（PE）项目支持经理亚历克斯·萨利赫（Alex Saleh）以及 Microdesk 公司资产管理总监乔治·布罗德本特（George Broadbent）的密切协作下完成的。特别感谢斯坦福医疗集团信息技术服务（ITS）团队詹妮弗·王（Jennifer Wong）在 IT 资源方面的持续支持；感谢斯坦福医疗集团规划、设计和施工团队与设施管理团队合作并提供承包商创建的 BIM 模型。

术 语

4D

四维

4D 模型是将模型对象与施工计划中的活动相关联的 BIM 模型时变视图（time-dependent view）。可将 4D 模型视为动画，为发现永久设施和 / 或临时设施（例如起重机、脚手架）之间存在的空间冲突，可始于任何时间点执行冲突检查。

5D

五维

5D 模型是将各个预算科目（budget item）与不同模型对象的特定可测量特征相关联的 BIM 模型成本视图。目的是将预算科目与模型对象相关联，以便预测未来成本，并根据 BIM 模型监控实际成本。

As-Built BIM Model

竣工 BIM 模型

施工过程中准备的 BIM 模型，反映了施工过程中对设计模型所做的所有变更。通常，这是一个反映设施实际完工情况的 LOD 400 或 LOD 500 模型。

Asset Information Model（AIM）or Facility Maintenance（FM）BIM Model

资产信息模型（AIM）或设施维护（FM）BIM 模型

用于业主记录建筑（或设施）所含空间和资产的 BIM 模型。该模型用于支持设施维护和人员搬迁过程中的空间定位、资产所有权查询和对产品信息（如保修和折旧）的访问。通常，以设计模型为基础，然后根据施工过程发生的所有变更对模型进行更新。这是一个轻量级模型，具有足够支持 FM 作业（包括空间管理、设备维护和资产管理）的设备和系统（连通性）数据。

B-rep（Boundary representation）

边界表示法

由围合表面定义三维几何形体的一种方法。大多数 3D CAD 工具采用这种方法进行实体显示、碰撞检测和测量实体表面上的点。

BIM application or BIM system

BIM 应用程序或 BIM 系统

指代 BIM 软件的通用术语，包括 BIM 环境中用于支持建筑信息建模的 BIM 工具、平台或服务器。因此，诸如绘图、渲染、编写技术规格书和工程分析等传统应用程序，如果在工作流和 / 或数据交换中将其集成到建筑信息建模流程里，都可称为 BIM 应用程序。该术语可使 615
用定语表示特定应用领域。例如，“BIM 建筑设计应用程序”通常指主要用于建筑设计的应用程序，如 Autodesk Revit、Tekla Structures、Bentley AECOsim、Digital Project 和 ArchiCAD。

BIM Collaboration Format（BCF）

BIM 协作格式

BCF 是一种 XML 文件，用于交换数据，帮助用户协作解决冲突和其他问题。当在 BIM 平台中打开 BCF 文件时，可见一个冲突问题列表。用户的模型视图可以设置为显示每个问题以及与该问题相关的信息。

BIM Execution Plan（BEP）or BIM Project Execution Plan（PxP）

BIM 执行计划（BEP）或 BIM 项目执行计划（PxP）

项目团队之间的协议书，其规定项目实施 BIM 的流程、BIM 模型在项目生命期内的更新要求以及各种数据交换传递何种信息。它涵盖每个团队成员的责任、团队使用的技术、模型的细化程度、每种对象的命名标准、数据交换流程以及何时向模型输入何种数据。它还规定如何将模型数据传递给 FM 系统或与 FM 系统集成（如果这是团队职责的一部分）。该执行计划可以由业主或业主委托一名团队成员制定。

BIM environment

BIM 环境

通过接口与多种信息流相连的一组 BIM 平台和库，包括某个组织项目工作流中的各种 BIM 工具、平台、服务器、库和工作流程。每一个 BIM 环境都有一套支持 BIM 项目数据管理的策略和标准方法。

BIM guide

BIM 指南

BIM 指南是项目实施 BIM 的最佳实践合集。也可以称其为一份文件，旨在帮助 BIM 用户高效做出项目实施 BIM 的正确决策，从而在 BIM 路线图或 BIM 执行计划的每个阶段实现预定目标。同义词包括 BIM 使用手册、BIM 手册、BIM 规程、BIM 导则、BIM 需求和 BIM 项目规范。

BIM 指南与 BIM 标准不同 [见“BIM 标准”（BIM standard）定义]。

BIM mandate

BIM 强制令

BIM 路线图中每个阶段的需求和预定目标。

BIM maturity model

BIM 成熟度模型

评估项目、组织或地区 BIM 实施水平的基准工具。

BIM measure or BIM metric

BIM 评估指标或 BIM 度量指标

在 BIM 成熟度模型中使用的关键绩效指标（KPI）。

616 **BIM platform**

BIM 平台

一种可生成多种用途的信息、内含多种工具或可通过接口实现与多种工具不同程度整合的 BIM 设计应用程序。大多数 BIM 设计应用程序不仅提供工具（如三维参数化对象建模），还提供其他功能（如图纸生成和与其他应用程序的接口），因此，它也是平台。

BIM process

BIM 流程

使用 BIM 应用程序生成和管理用于设计、分析、深化设计、成本预算、进度计划或其他用途的信息的过程。

BIM roadmap

BIM 路线图

在预定时间框架内实现 BIM 成熟度模型定义的目标能力水平的国家或组织采用 BIM 的计划。

BIM server，model server，Common Data Environment（CDE），or BIM Repository

BIM 服务器，模型服务器，共用数据环境（CDE）或 BIM 存储库

BIM 服务器是一种数据库管理系统，其模式是基于对象的。它不同于现有的项目数据管理系统（PDM）和基于 web 的项目管理系统，因为 PDM 系统是存储 CAD 和分析结果等项目文件的基于文件的系统。BIM 服务器是基于对象的，允许异构应用程序对其中的单个项目对象进行查询、迁移、更新和管理。

BIM standard

BIM 标准

由国际标准化组织（如 ISO）或类似机构批准的 BIM 指南、BIM 信息需求或 BIM 规程。

BIM tool

BIM 工具

一种执行特定任务的应用程序，它为了实现某个预定目标操作建筑模型生成特定的结果。工具的示例包括用于图纸生成、编写规格说明书、成本预算、冲突和错误检测、能耗分析、渲染和可视化等的应用程序。

Boolean operations

布尔运算

允许通过将两个形体合并在一起、从一个形体中减去另一个形体或定义两个或多个形体的交集生成新的形体。这种方法以乔治·布尔（George Boole）的姓氏命名，他发明了数学集合的并集、交集和差集运算。

Building Data Model or Building Product Data Model

建筑数据模型或建筑产品数据模型

一种表达建筑及其相关数据（例如有关建筑部件、用户、能量负荷或流程信息）的对象模式。建筑数据模型可用于表达基于文件的数据交换模式、基于 XML 的 web 数据交换模式，或定义存储库的数据库模式。建筑数据模型的主要示例是 IFC 和 CIS/2。

Building Information Modeling（BIM） 617

建筑信息建模（BIM）

一个动词或形容词短语，用于描述创建与应用建筑及其性能、规划、施工和后期运行的机器可读数字文件的工具、流程和技术。因此，BIM 描述的是活动，而不是对象。我们把建模活动的结果称为“建筑信息模型”或“建筑模型”，或者简称为“BIM 模型”。

Building Model or Building Object Model

建筑模型或建筑对象模型

由包含特定建筑对象信息的数字数据库支撑的模型，其可以包括建筑几何形状（通常由参数化规则定义）、性能、规划、施工和运行信息。一栋建筑的 Revit 模型或 Digital Project 模型均是建筑模型示例。可以认为“建筑模型”是“施工图纸”或“建筑图纸”的下一代替代品。在设计的下游，“制作模型”（fabrication model）一词已被普遍用于替代“深化设计图纸”（shop drawings）。

BIM model checking or model quality checking

BIM 模型检查或模型质量检查

为了下游应用程序（如功能仿真、合规性检查、自动化许可证审批等）能够使用 BIM 信息，BIM 的语义内容和语法规则必须符合接收信息的应用程序的要求。因此，只有 BIM 模型质量有保证时，才能进行自动化规则检查。模型审查的内容非常广泛，从检查项目每个阶段某些对象是否建模及其命名是否正确（如 BEP 所定义的那样），到检查模型是否符合建筑规范和其他复杂需求，等等。

BIM model integration tools

BIM 模型整合工具

模型整合工具不仅允许用户通过合并多个模型形成联合模型以进行冲突检查，像一些先进的模型浏览器所做的那样，而且还提供了可以通过操作整合模型进行施工管理的功能，如冲突检查和施工规划。

Building objects

建筑对象

建筑对象是构成建筑的实体或部件。对象可以聚合为更高级别的对象，例如“部品”；部品也是对象。更概括地说，对象是具有属性的建筑单元。因此，建筑中的空间也是对象。建筑对象是组成建筑模型的对象的子集。有时，也将“元素”或“元件”作为“对象”的同义词使用。

buildingSMART International（bSI），formerly the International Alliance for Interoperability（IAI）

buildingSMART 国际总部（bSI），前身为“国际互操作性联盟”（IAI）

旨在改善建筑业数据交换和工作流的国际标准化组织。它开发了工业基础类（IFC）——
618 一个中立、开放的 BIM 数据交换标准，以及数据字典标准、数据建模方法与技术标准和相关工具标准。英国标准协会（BSI）是另一个不同的标准化组织。

CIS/2（CIMsteel Integration Standard/version 2）

CIS/2（计算机集成制造钢结构集成标准，第二版）

一种专门用于钢结构的数据交换模式。本标准得到了美国钢结构协会的认可和支持。它是基于 ISO-STEP 标准开发的。

Clash checking

冲突检查

检查一个或多个 BIM 模型中的对象是否占用相同的空间（硬冲突）或彼此距离是否太近（软冲突），以便为维护、安全需要、绝缘等留出空间。

Construction BIM Model

施工 BIM 模型

由总承包商（GC）和分包商开发的详细定义建造设施以用于施工生产（采购、制定进度计划、准确定位等）的 BIM 模型，细化程度通常为 LOD 300—LOD 400。

Construction Operations Building information exchange（COBie）

建造与运行建筑信息交换（COBie）

根据美国国家 BIM 标准第 3 版的定义，COBie 是一种建筑资产（如设备、产品、材料和空间）的信息交换格式。

Construction Manager at Risk（CM@R）

风险型施工管理（CM@R）

一种项目采购形式，在这种项目里，业主聘请一家设计单位提供设计服务，同时聘请一家施工管理单位在施工前期和施工阶段为项目提供施工管理服务。这些服务可以包括招标的准备和协调、制定进度计划、成本控制、价值工程和施工管理。施工管理单位通常是具有总承包资质的承包商，由其担保项目成本 [保证最高价格（guaranteed maximum price，GMP）]。在设定 GMP 之前，业主负责设计。

CSG（Constructive Solid Geometry）

CSG（构造实体几何法）

一种通过布尔运算将多个简单形体组合成复杂形体的实体建模方法。它通过构建形体的算子树存储形体。这是参数化建模的核心功能。

Design-Bid-Build（DBB）

设计 - 招标 - 建造（DBB）

一种项目采购形式，客户（业主）聘请一名建筑师与其他设计顾问一起开发设计，并将完成的设计图纸作为一个或多个合同招标的基础。业主通常将合同授予报价最低的承包商。
619 承包商通常也按最低价中标原则选择分包商、制作商和材料供应商，然后与他们一起建造项目。

Design-Build（DB）

设计 - 建造（DB）

一种项目采购形式，业主直接与设计 - 建造团队（通常是自身具有设计能力或与建筑师事务所合作的承包商）签订合同。DB 承包商首先编制一份精良的建筑策划书，同时完成满足业主需求的方案设计，然后预估设计和施工所需的总成本和时间。接下来，业主审核方案设计，DB 承包商依据业主意见修改方案设计，最终方案设计敲定，预算确立。

Design BIM Model or Design Intent Model

设计 BIM 模型或设计意图模型

由建筑师或设计 / 工程顾问开发的表达建筑造型、空间布局和功能特征的 BIM 模型，用于评估建筑的视觉效果和性能（能耗、设计意图、近似成本等）。

Exchange format

交换格式

用于交换信息的数据存储格式。交换格式示例为 IGES 和 DXF。

Exchange schema

交换模式

一种采用抽象方法定义的可用于数据交换的数据结构，其可转换为不同格式，如文本文件、XML 或数据库。IFC、CIS/2 和 ISO 15926 是交换模式的示例。

Feature

特征

具有特定用途的几何形体的一部分。在 CAD 系统中，特征很重要，因为其有功能用途。节点构造是钢梁的特征，窗洞是墙的特征。特征可以允许访问、带有属性和可编辑，也可以不允许访问、不带属性和不可编辑。基于特征的设计支持这些功能。

IFC（Industry Foundation Classes）

IFC（工业基础类）

表达建筑信息的国际公用标准模式。它使用 ISO-STEP 技术和库。

Integrated Project Delivery（IPD）

集成项目交付

一种项目采购形式，各参与方组成协作联盟，将人员、系统、业务结构和实践集成在一个流程里，在设计、制作和施工的所有阶段，充分利用所有参与人员的才能和灼见，优化项目结果，增加业主价值，减少浪费，并实现效率最大化。

Integrated Form of Agreement for Lean Project Delivery（IFOA）

精益项目交付协议的集成格式

共识文件有限责任公司（ConsensusDocs）发布的《ConsensusDocs 300——IPD 项目合同协议的标准格式》。

Interoperability **互操作性** 620

不同供应商 BIM 应用程序之间交换 BIM 数据及对交换的 BIM 数据进行操作的能力。互操作性是实现团队协作和数据在不同 BIM 应用程序之间流转的重要需求。

ISO-STEP

ISO-STEP 标准

国际标准化组织（ISO）第 184 技术委员会（ISO/TC 184）第 4 分委员会（SC 4）开发和管理的《产品模型数据交换标准》（*STandard for the Exchange of Product model data*）（ISO 10303）。ISO-STEP 为开发机械、航空航天、造船、石油化工等行业的互操作性工具和标准提供了基础技术、工具和方法。它是 IFC、CIS/2 和许多其他交换模式和格式的技术基础。

Level of Detail or Level of Definition（LOD）

细化程度

三维模型的细化程度（模型中包括哪些对象以及每个对象的细化程度）应根据 BIM 目标和不同项目阶段的模型应用情况确定。许多组织和项目 BIM 执行计划使用 LOD 定义不同建筑系统在不同项目阶段的建模需求。通常，较低级别的 LOD 用于设计模型（100—300），而较高级别的 LOD 则用于施工模型（300—400）和竣工模型（500）。

Model View Definitions（MVDs）

模型视图定义

MVD 是 IFC 模式的一个子集，用于实现 AEC 行业一种或多种数据交换。buildingSMART 在信息交付手册 IDM（也称为“ISO 29481”）中对如何确定交换需求做出了规定。

Model synchronization

模型同步

保持 BIM 环境中同一模型版本所有信息的一致性。这包括解决这个问题的方法以及如何处理跨工具和跨平台变更管理问题。

Non-uniform rational B-spline（NURBS）

非均匀有理 B 样条曲线

非均匀有理 B 样条曲线是计算机图形学中常用的一种数学模型，用于生成和表达曲线及曲面。它为处理解析曲面（由通用数学公式定义的曲面）和形体建模提供了极大的灵活性和精确性。

Object class or object family

对象类或对象族

在参数化建模中，对象类是定义对象实例的信息结构。建筑 BIM 设计工具有墙、门、板、窗、屋顶等对象类，结构 BIM 设计工具有节点、钢筋、预应力筋等对象类。对象类定义了类实例的结构、编辑方式以及不同背景下的行为。

621 Object-based parametric modeling

面向对象参数化建模

大多数 BIM 设计应用程序都是基于这一技术开发的。它具有定义对象且使其形体和属性可以通过参数控制的能力。它还允许对对象的集合，甚至整栋建筑，通过参数加以控制。通常在设计优化中使用。

Parametric object

参数化对象

可通过参数和参数化约束创建或编辑的单个对象。

Scalability

可扩展性

可扩展性是指系统为了应对数据量的增加而提供的一种扩展能力。有些应用程序仅在数据比较少时运行良好。基于文件的系统往往有文件大小的限制，而使用数据库的系统却很少受文件大小的限制。大型和复杂的模型可能需要拆分，以将更新响应时间控制在合理范围内。

Schema

模式

数据的抽象表达或模型。在数据库系统中，模式是数据库中全体数据的逻辑结构和特征的描述。

Semantic enrichment

语义丰富化

BIM 模型的语义丰富化是指利用人工智能技术为模型补充信息，并以人类专家的方式解读模型内容。语义丰富化识别隐式信息并将其显式添加到模型中。添加的信息包括对象分类、聚合、标识和编号、网格和坐标轴以及分区等。

Solid modeling

实体建模

一种几何建模方法，其创建和操作的元素是一个封闭体积。实体建模可以表达实体形体。从某种意义上说，也可以认为这是一种不准确的叫法，因为它也可以表达中空形体，例如房间。实体建模有多种方法，包括 B-rep 法（边界表示法）、CSG 法（构造实体几何法）和基于特征的实体造型方法。

Transaction

数据库事务

在数据库中，数据库事务通过单步操作更新数据，类似于文件系统中的“保存”。数据库事务可由用户控制或由系统生成，具有维护数据库存储数据一致性的重要功能。

Virtual design and construction（VDC）

虚拟设计与施工

VDC 是应用建筑信息建模技术的一种实践，主要用于研究施工流程。使用 VDC，设计师和承包商在现场施工之前，对产品（设施）和施工流程进行全方位虚拟检查。他们基于设计 -

622 施工项目的多专业整合模型，审查设施、工作流程、供应链和项目团队，以识别和消除制约因素，从而提高项目绩效和设施建造质量。

Workflow

工作流

工作流是“整体或部分工作流程在计算机应用环境下的自动化，是对工作流程及各项作业协作的业务规则的抽象和概括描述”，它主要解决的是：为了实现预定目标，基于数据流在人员（通常是项目团队成员）之间按某种预定规则自动传递文档、信息或者任务。

参考文献

Adachi, Y. (2002). "Overview of IFC model server framework." European Conference for Process and Product Modeling (ECPPM): eWork and eBusiness in Architecture, Engineering and Construction, Portorož, Slovenia, September 9–11, 367–372.

AGC (2010). *The Contractors' Guide to Building Information Modeling*, 2nd edition. Associated General Contractors of America. Arlington, VA. www.agc.org/news/2010/04/28/contractors-guide-bim-2nd-edition.

AGC (2006). *The Contractors' Guide to BIM*. Associated General Contractors (AGC) of America, Arlington, VA.

AIA (1994). *The Architect's Handbook of Professional Practice*, Washington, D.C., AIA Document B162, American Institute of Architects.

AIA (2007a). "AIA Document C106-2007: Digital Data Licensing Agreement." American Institute of Architects, Washington D.C.

AIA (2007b). "AIA Document E201-2007: Digital Data Protocol Exhibit." American Institute of Architects, Washington D.C.

AIA (2008). "AIA Document E202-2008: Building Information Modeling Protocol Exhibit." American Institute of Architects.

AIA (2013). "AIA Document E203-2013: Building Information Modeling and Digital Data Exhibit." American Institute of Architects.

AIA (2017). *AIA Contract Documents: Integrated Project Delivery (IPD) Family*, www.aiacontracts.org/contract-doc-pages/27166-integrated-project-delivery-ipd-family.

AISC (2017). *AISC Design Guide*, 30 vols. AISC Chicago, IL. www.aisc.org/publications/design-guides/.

Akinci, B., Boukamp, F., Gordon, C., Huber, D., Lyons, C., and Park, K. (2006). "A Formalism for Utilization of Sensor Systems and Integrated Project Models for Active Construction Quality Control." *Automation in Construction*, 15(2): 124–138.

Akintoye, A., and Fitzgerald, E. (2000). "A Survey of Current Cost Estimating Practices in the UK." *Construction Management & Economics*, 18(2): 161–172.

Alberti, L. B. (1988). On the art of building in ten books. MIT Press, Cambridge, MA.

ANSI/X3/SPARC (1975). "Interim Report: Study Group on Database Management Systems 75-02-08." *FDT: Bulletin of ACM SIGMOD*, 7(2), 1–140.

Ashcraft, H. W. J. (2006). "Building Information Modeling: A Great Idea in Conflict with Traditional Concepts of Insurance, Liability, and Professional Responsibility." Schinnerer's 45th Annual Meeting of Invited Attorneys.

624 Autodesk (2004). "Return on Investment with Autodesk Revit," June 25, 2007. Autodesk website. Autodesk, Inc. http://images.autodesk.com/adsk/files/4301694_Revit_ROI_Calculator.zip.

BACnet. (n.d.). "BACnet Official Website." www.bacnet.org/ (accessed Sept. 14, 2017).

Ballard, G. (2000). "The Last Planner™ System of Production Control." Ph.D. Dissertation, University of Birmingham, Birmingham, UK.

Barak, R., Jeong, Y. S., Sacks, R., and Eastman, C. M. (2009). "Unique Requirements of Building Information Modeling for Cast-in-Place Reinforced Concrete." *Journal of Computing in Civil Engineering*, 23(2): 64–74.

Barison, M. B., and Santos, E. T. (2010) "An Overview of BIM Specialists." *International Conference on Computing in Civil and Building Engineering (ICCCBE)*, Nottingham, UK, June 30–July 2, 141–147.

Barison, M. B., and Santos, E. T. (2011) "The Competencies of BIM Specialists: A Comparative Analysis of the Literature Review and Job Ad Descriptions." *International Workshop on Computing in Civil Engineering 2011*, Miami, Florida, 594–602.

Barré, Christian, and Karine Leempoels (2009), *"Louis Vuitton Foundation for Creation on a Cloud", cstb webzine*, February 2009. Accessed September 25, 2017, www.cstb.fr/archives/english-webzine/anglais/february-2009/louis-vuitton-foundation-for-creation-on-a-cloud.html.

Batiwork (n.d.) The Batiwork Official Website. Accessed September 26, 2017, www.batiwork.fr/.

BCA (2008). "BIM e-Submission Guideline for Architectural Discipline." Building and Construction Authority, Singapore.

BCA (2012). "Singapore BIM Guide Version 1.0." Building and Construction Authority (BCA), Singapore.

BCA (2013). "Singapore BIM Guide Version 2.0." Building and Construction Authority (BCA), Singapore.

Beard, J., Loulakis, M., and Wundram, E. (2005). *Design-Build: Planning Through Development*, McGraw-Hill Professional.

Bedrick (2008). "Organizing the Development of a Building Information Model," *AECbytes Feature*, Sept. 18, 2008. www.aecbytes.com/feature/2008/MPSforBIM.html.

Belsky, M., Sacks, R., and Brilakis, I. (2016). "Semantic Enrichment for Building Information Modeling." *Computer-Aided Civil and Infrastructure Engineering*, 31(4), 261–274.

Berners-Lee, T., Hendler, J., and Lassila, O. (2001). "The Semantic Web." *Scientific American*, 284(5): 35–43.

Bernstein, H. M., Jones, S. A., Russo, M. A., and Laquidara-Carr, D. (2012). *2012 Business Value of BIM in North America*. McGraw Hill Construction, Bedford, MA.

Bernstein, H. M., Jones, S. A., Russo, M. A., and Laquidara-Carr, D. (2014). *The Business Value of BIM in Australia and New Zealand: How Building Information Modeling Is Transforming the Design and Construction Industry*. McGraw Hill Construction, Bedford, MA. 625

Bernstein, H. M., Jones, S. A., Russo, M. A., Laquidara, D., Messina, F., Partyka, D., Lorenz, A., Buckley, B., Fitch, E., and Gilmore, D. (2010). *Green BIM: How Building Information Modeling is Contributing to Green Design and Construction*. McGraw Hill Construction, Bedford, MA.

Bijl, A., and Shawcross, G. (1975). "Housing Site Layout System," *Computer-Aided Design*, 7(1): 2–10.

BIMserver.org. (2012). "Open Source Building Information Modelserver." www.bimserver.org (accessed May 19, 2012).

bips (2007). "3D Working Method 2006." bips, Ballerup, Denmark.

Bloch, T., and Sacks, R. (2018). "Comparing Machine Learning and Rule-based Inferencing for Semantic Enrichment of BIM Models," *Automation in Construction*, 91: 256–272.

Booch, G. (1993). *Object-Oriented Analysis and Design with Applications* (2nd Edition), Addison-Wesley, New York, NY.

Borrmann, A., and Rank, E. (2009). "Specification and Implementation of Directional Operators in a 3D Spatial Query Language for Building Information Models." *Advanced Engineering Informatics*, 23(1): 32–44.

Boryslawski, M. (2006). "Building Owners Driving BIM: The Letterman Digital Arts Center Story." AECBytes. Sept. 30 2006. 27 June 07. www.aecbytes.com/buildingthefuture/2006/LDAC_story.html.

Braid, I. C. (1973). *Designing with Volumes*. Cambridge UK, Cantab Press, Cambridge University.

bSC (2014). "Roadmap to Lifecycle Building Information Modeling in the Canadian AECOO Community Ver. 1.0." buildingSMART Canada, Toronto, Canada.

BSI (2013). PAS 1192-2:2013 Specification for information management for the capital/delivery phase of construction projects using building information modelling, British Standards Institution, https://shop.bsigroup.com/en/ProductDetail/?pid=000000000030281435.

BSI (2014a). BS 1192-4:2014 Collaborative production of information Part 4: Fulfilling Employers information exchange requirements using COBie. Code of practice, British Standards Institution, http://shop.bsigroup.com/ProductDetail?pid=000000000030294672.

BSI (2014b). PAS 1192-4:2014 Collaborative production of information Part 4: Fulfilling employer's information exchange requirements using COBie. Code of practice, The British Standards Institution, London, UK.

BSI (2015). PAS 1192-5:2015 Specification for security-minded building information modelling, digital built environments and smart asset management, British Standards Institution, https://shop.bsigroup.com/ProductDetail/?pid=000000000030314119.

bSI (2014a). "buildingSMART International BIM Guides Project." www.bimguides.org (accessed Feb. 8, 2016.).

626 bSI (2017). "IFC Overview Summary." www.buildingsmart-tech.org/specifications/ifc-overview (accessed May 20, 2017).

bSK (2016). "Module 15. BIM Information Level (BIL)." *Korea BIM Standards Version 1.0*, buildingSMART Korea, Seoul, Korea.

buildingSMART Australasia. (2012). "National Building Information Modelling Initiative, Volume 1: Strategy." buildingSMART Australasia, Randwick NSW, Australia.

buildingSMART Finland. (2012). "Common BIM Requirements (COBIM) 2012 v1.0." buildingSMART Finland, Helsinki, Finland.

buildingSMART International (2017). http://buildingsmart.org/.

BuildLACCD (2016). *LACCD Building Information Modeling Standards*, Los Angeles Community College District, LA, 36 pp. http://az776130.vo.msecnd.net/media/docs/default-source/contractors-and-bidders-library/standards-guidelines/bim/bim-design-build-standards-v4-1.pdf?sfvrsn=4.

Cassidy, R. (2017). "BIM for O+M: Less about the Model, More about the Data," *Building Design and Construction* 2/2017, https://www.bdcnetwork.com/bim-om-less-about-model-more-about-data.

Cavieres, A., Gentry, R., and Al-Haddad, T. (2009). "Rich Knowledge Parametric Tools for Concrete Masonry Design: Automation of Preliminary Structural Analysis, Detailing and Specification." *Proceedings of the 2009 26th International Symposium on Automation and Robotics in Construction (ISARC)*, Austin, TX, June 24–27, 2009, pp. 544–552.

Chan, P. S., Chan, H. Y., and Yuen, P. H. (2016). "BIM-Enabled Streamlined Fault Localization with System Topology, RFID Technology and Real-Time Data Acquisition Interfaces." *International Conference on Automation Sciences and Engineering (CASE)*, August 21–24, 2016.

ChangeAgents AEC Pty Ltd. (2017). "About BIM Excellence." http://bimexcellence.com/about/ (accessed August 13, 2017).

Cheng, J. C. P., and Lu, Q. (2015). "A Review of the Efforts and Roles of the Public Sector for BIM Adoption Worldwide." *Journal of Information Technology in Construction*, 20, 442–478.

CIC (2010). *BIM Project Execution Planning Guide, Version 1.0*. Pennsylvania State University, University Park, PA.

CIC (2013). *BIM Planning Guide for Facility Owners, Version 2*. Pennsylvania State University, State College, PA.

CII (2002). Preliminary Research on Prefabrication, Pre-Assembly, Modularization and Off-Site Fabrication in Construction. University of Texas at Austin, July 2002.

CityGML (n.d.). "CityGML Official Website." www.citygml.org/ (accessed Sept. 14, 2017).

Cook, S. (2013). "A Field Study Investigation of the Time-Value Component of Stick-Built vs. Prefabricated Hospital Bathrooms." *Capstone Project Report in Construction Management*, Wentworth Institute of Technology, Boston.

Court, P., Pasquire, C., Gibb, A., and Bower, D. (2006). "Design of a Lean and Agile Construction System for a Large and Complex Mechanical and Electrical Project." *Understanding and Managing the Construction Process: Theory and Practice, Proceedings of the 14th Conference of the International Group for Lean Construction,* R. Sacks and S. Bertelsen, eds., Catholic University of Chile, School of Engineering, Santiago, Chile, 243–254. 627

CRC (2009). "National Guidelines for Digital Modelling." Cooperative Research Centre for Construction Innovation, Brisbane, Australia.

Crowley, A. (2003a). "CIMSteel Integration Standards Release 2 (CIS/2)." www.cis2.org/ (accessed Jan. 4, 2005).

Crowley, A. (2003b). "CIS/2 Interactive at NASCC," *New Steel Construction,* 11:10.

CURT (2004). Collaboration, Integrated Information, and the Project Lifecycle in Building Design, Construction and Operation, WP-1202 Architectural/Engineering Productivity Committee of the Construction Users Roundtable (CURT), http://mail.curt.org/14_0_curt_publications.html.

Dakan, M. (2006). "BIM Pilot Program Shows Success." *Cadalyst.* July 19, 2006. www.cadalyst.com/aec/gsa039s-bim-pilot-program-shows-success-3338.

Daum, S., Borrmann, A., Kolbe, T. H. (2017). "A Spatio-Semantic Query Language for the Integrated Analysis of City Models and Building Information Models." In Abdul-Rahman, A. (ed.), *Advances in 3D Geoinformation. Lecture Notes in Geoinformation and Cartography.* Springer, Cham.

Day, M. (2002). "Intelligent Architectural Modeling." *AEC Magazine,* September 2002. June 27, 2007. www.caddigest.com/subjects/aec/select/Intelligent_modeling_day.htm.

Do, D., Ballard, G., and Tillmann, P. (2015). *Part 1 of 5: The Application of Target Value Design in the Design and Construction of the UHS Temecula Valley Hospital.* Project Production Systems Laboratory, University of California, Berkeley.

Duggan, T., and Patel, D. (2013). *Design-Build Project Delivery Market Share and Market Size Report,* Reed Construction Data/RS Means Market Intelligence, Norwell, MA. www.dbia.org/resource-center/Documents/rsmeansreport_2013rev.pdf.

East, E. W. (2007). Construction Operations Building Information Exchange (Cobie): Requirements Definition and Pilot Implementation Standard. Engineering Research and Development Center, Champaign IL Construction Engineering Research Lab, ERDC/CERL TR-07-30, 195.

East, E. W. (2012). "Construction Operations Building Information Exchange (COBie)." www.wbdg.org/resources/cobie.php (accessed May 7, 2012).

Eastman, C. M. (1975). "The Use of Computers Instead of Drawings in Building Design." *Journal of the American Institute of Architects,* March: 46–50.

Eastman, C. M. (1992). "Modeling of Buildings: Evolution and Concepts." *Automation in Construction,* 1: 99–109.

Eastman, C. M. (1999). *Building Product Models: Computer Environments Supporting Design and Construction.* Boca Raton, FL, CRC Press.

628 Eastman, C. M., and Sacks, R. (2008). "Relative Productivity in the AEC Industries in the United States for On-Site and Off-Site Activities." *Journal of Construction Engineering and Management*, 134: 517–526.

Eastman, C. M., His, I., and Potts, C. (1998). *Coordination in Multi-Organization Creative Design Projects*. Design Computing Research Report. Atlanta, College of Architecture, Georgia Institute of Technology.

Eastman, C. M., Teicholz, P., Sacks, R., and Liston, K. (2008). *BIM Handbook: A Guide to Building Information Modeling for Owners, Managers, Architects, Engineers, Contractors and Fabricators*. John Wiley and Sons, Hoboken, NJ.

Eastman, C. M., Parker, D. S., and Jeng, T. S. (1997). "Managing the Integrity of Design Data Generated by Multiple Applications: The Principle of Patching." *Research in Engineering Design*, 9: 125–145.

Eckblad, S., Ashcraft, H., Audsley, P., Blieman, D., Bedrick, J., Brewis, C., Hartung, R. J., Onuma, K., Rubel, Z., and Stephens, N. D. (2007). *Integrated Project Delivery: A Working Definition*. http://ipd-ca.net/images/Integrated%20Project%20Delivery%20Definition.pdf.

Egan, J. (1998). "Rethinking Construction." Dept. of Trade and Industry, London.

Ergen, E., Akinci, B., and Sacks, R. (2007). "Tracking and Locating Components in a Precast Storage Yard Utilizing Radio Frequency Identification Technology and GPS." *Automation in Construction*, 16: 354–367.

Farmer, M. (2016). *The Farmer Review of the UK Construction Labour Model: Modernise or Die*. Construction Leadership Council (CLC), London, UK, 80.

FIATECH (2010). *Capital Projects Technology Roadmap*. http://fiatech.org/capital-projects-technology-roadmap.html.

FIATECH (n.d.). "FIATECH Official Website." www.fiatech.org/ (accessed Sept. 14, 2017).

Fischer, M., Khanzode, A., Reed, D., and Ashcraft, H. W. (2017). *Integrating Project Delivery*. John Wiley & Sons, Hoboken, NJ.

Fondation (2014). "Press Kit: Opening, October 27th, 2014." Fondation pour la Création Louis Vuitton (2014). Accessed September 26, 2017 https://r.lvmh-static.com/uploads/2015/01/oct-2014flv-press-kit.pdf.

Forgues, D., Koskela, L., and Lejeune, A. (2009). "Information Technology as Boundary Object for Transformational Learning." *ITcon*, 14 (Special Issue on Technology Strategies for Collaborative Working), 48–58.

Francis, R. L., McGinnis, L. F., & White, J. A. (1992). *Facility Layout and Location: An Analytical Approach*. Pearson College Division.

Friedman, M., Gehry, F., and Sorkin, M. (2002). *Gehry Talks: Architecture + Process*, Universe Architecture, New York.

Friedman, T. L. (2007). *The World Is Flat 3.0: A Brief History of the Twenty-first Century*. Picador, New York, NY.

Gallaher, M. P., O'Connor, A. C., John, J., Dettbarn, L., and Gilday, L. T. (2004). 629
Cost Analysis of Inadequate Interoperability in the U.S. Capital Facilities Industry. Gaithersburg, MD, National Institute of Standards and Technology, U.S. Department of Commerce Technology Administration.

Gehry Technologies. (2012). "Building Information Evolved: Fondation Louis Vuitton." AIA TAP BIM Awards 2012 Submission, Accessed September 25, 2017, https://network.aia.org/technologyinarchitecturalpractice/viewdocument/foundation-louis-vuitton?CommunityKey=79d8bdfe-0ff1-430c-b5c9-7aef1aa8fd0a&tab=librarydocuments.

Gerber, D. J., and Lin, S.-H. E. (2014). "Designing in Complexity: Simulation, Integration, and Multidisciplinary Design Optimization for Architecture." *Simulation,* 90(8), 936–959.

Gero, J. (2012). *Design Optimization.* Elsevier Science, Amsterdam, The Netherlands.

Gielingh, W. (1988). "General AEC Reference Model (GARM)," *Conceptual Modeling of Buildings,* CIB W74–W78 Seminar, Lund, Sweden, CIB Publication 126.

Glymph, J., Shelden, D., Ceccato, C., Mussel, J., and Schober, H. (2004). "A Parametric Strategy for Free-form Glass Structures Using Quadrilateral Planar Facets." *Automation in Construction* 13(2): 187–202.

Gray, J., and Reuter, A. (1992). *Transaction Processing: Concepts and Techniques,* Morgan Kaufmann, Burlington, MA.

Grose, M. (2016). "BIM Adoption in the MEP World." *Engineering New Record,* 2/2016. https://www.enr.com/articles/40243-bim-adoption-in-the-mep-world.

GSA (2007). "GSA BIM Guide Series." www.gsa.gov/portal/category/101070 (accessed 2017, July 22).

Gurevich, U., and Sacks, R. (2013). "Examination of the Effects of a KanBIM Production Control System on Subcontractors' Task Selections in Interior Works." *Automation in Construction,* 37: 81–87.

Hendrickson, C. (2003). *Project Management for Construction: Fundamental Concepts for Owners, Engineers, Architects and Builders* Version 2.1. June 27, 2007, www.ce.cmu.edu/pmbook.

HKHA. (2009). "Building Information Modelling (BIM) Standards Manual for Development and Construction Division of Hong Kong Housing Authority." Hong Kong Housing Authority, Hong Kong.

Hopp, W. J., and Spearman, M. L. (1996). *Factory Physics.* IRWIN, Chicago.

Howell, G. A. (1999). "What Is Lean Construction—1999?" *Seventh Annual Conference of the International Group for Lean Construction,* IGLC-7, Berkeley, CA.

HS2 (2013). "HS2 Supply Chain BIM Upskilling Study." High Speed Two (HS2) Limited London, UK.

Hwang, K., and Lee, G. (2016) "A Comparative Analysis of the Building Information Modeling Guides of Korea and Other Countries." *ICCCBE 2016,* Osaka, Japan, July 6–8, 879–886.

Indiana University Architect's Office. (2009). "IU BIM Proficiency Matrix." Indiana University Architect's Office, Bloomington, IN.

630 Isikdag, U. (2014). Innovations in 3D Geo-Information Sciences. *Lecture Notes in Geoinformation and Cartography*, Springer International Publishing, Zurich, Switzerland.

ISO (2013). ISO/IEC 27001:2013 Information Technology, Security Techniques, Information Security Management Systems: Requirements, International Organization for Standardization. International Organization for Standardization, pp. 23, www.iso.org/standard/54534.html.

ISO TC 59/SC 13. (2010). "ISO 29481-1:2010 Building Information Models: Information Delivery Manual, Part 1: Methodology and Format." ISO, Geneva, Switzerland.

ISO/TS 12911. (2012). "PD ISO/TS 12911:2012 Framework for Building Information Modelling (BIM) Guidance." ISO, Geneva, Switzerland.

Jackson, S. (2002). "Project Cost Overruns and Risk Management." *Proceedings of the 18th Annual ARCOM Conference*, Glasgow.

Johnston, G. B. (2006). "Drafting Culture: A social history of architectural graphic standards." Ph.D. Thesis, Emory University, Atlanta.

Jones, S. A., and Bernstein, H. M. (2012). *SmartMarket Report on Building Information Modeling (BIM): The Business Value of BIM*. McGraw-Hill Construction, Washington DC, 72.

Jones, S. A., and Laquidara-Carr, D. (2015). "Measuring the Impact of BIM on Complex Buildings." Dodge Data & Analytics, Bedford, MA.

Jørgensen, K. A., Skauge, J., Christiansson, P., Svidt, K., Sørensen, K. B., and Mitchell, J. (2008). "Use of IFC Model Servers: Modelling Collaboration Possibilities in Practice." Aalborg University & Aarhus School of Architecture, Aalborg, Denmark.

Jotne EPM Technology. (2013). "EDMServer Official Website." www.jotne.com/index.php?id=562520 (accessed February 10, 2013).

Jung, W., and Lee, G. (2015a). "Slim BIM Charts for Rapidly Visualizing and Quantifying Levels of BIM Adoption and Implementation." *Journal of Computing in Civil Engineering*, 04015072.

Jung, W., and Lee, G. (2015b). "The Status of BIM Adoption on Six Continents." *International Conference on Civil and Building Engineering (ICCBE)*, Montreal, Canada, May 11–12, 433–437.

Kalay, Y. (1989). *Modeling Objects and Environments*. New York, John Wiley & Sons.

Kam, C., Song, M. H., and Senaratna, D. (2016). "VDC Scorecard: Formulation, Application, and Validation." *Journal of Construction Engineering and Management*, 0(0), 04016100.

Karlshoj, J. (2016). "A BIM Mandate Lesson from Denmark." BIM+, www.bimplus.co.uk/people/bim-ma4ndate-lesso4n-den7mark/ (accessed July 27, 2017).

Keenliside, S. (2015). "Comparative Analysis of Existing Building Information Modelling (BIM) Guides." *International Construction Specialty Conference of the Canadian Society for Civil Engineering (ICSC)*, Vancouver, British Columbia, Canada, June 8–10, 2015, 293: 1–9.

Kenley, R., and Seppänen, O. (2010). *Location-Based Management for Construction: Planning, Scheduling and Control*. Spon Press, Abington, Oxon, UK.

Khemlani, L. (2004). "The IFC Building Model: A Look Under the Hood." March 30, 631
2004, *AECbytes*. June 15, 2007, www.aecbytes.com/feature/2004/IFC.html.

Koerckel, A., and Ballard, G. (2005). "Return on Investment in Construction Innovation: A Lean Construction Case Study." *Proceedings of the 14th Conference of the International Group for Lean Construction*, Sydney, Australia.

Koskela, L. (1992). *Application of the New Production Philosophy to Construction*, Technical Report #72, Center for Integrated Facility Engineering, Department of Civil Engineering, Stanford University.

Kreider, R., Messner, J., and Dubler, C. (2010). "Determining the Frequency and Impact of Applying BIM for Different Purposes on Building Projects." *6th International Conference on Innovation in Architecture, Engineering and Construction (AEC)*, Penn State University, University Park, PA, USA.

Krichels, Jennifer (2011). "Gehry's Louis Vuitton Fondation Façade" Fabrikator (Blog), October 2011. Accessed June 13, 2014 http://blog.archpaper.com/wordpress/archives/24715.

Krygiel, E., and Nies, B. (2008). *Green BIM: Successful Sustainable Design with Building Information Modeling*. Wiley, Indianapolis, IN.

Kunz, J. (2012), "Metrics for Management and VDC and Methods to Predict and Manage Them." CIFE, Stanford University.

Kunz, J., and Fischer, M. (2009), "Virtual Design and Construction: Themes, Case Studies and Implementation Suggestions." CIFE Working Paper #097, Version 10, October 2009, Stanford University.

Lafarge (2014), "Louis Vuitton Foundation: Innovation from Head to Toe." May 2011, Accessed June 13, 2014, www.ductal-lafarge.com/wps/portal/ductal/1_1_B_1-News?WCM_GLOBAL_CONTEXT=/wps/wcm/connectlib_ductal/Site_ductal/AllPR/PressRelease_1329390075063/PR_EN.

Laiserin, J. (2008). "Foreword." *BIM Handbook: A Guide to Building Information Modeling for Owners, Managers, Architects, Engineers, Contractors and Fabricators*. John Wiley and Sons, Hoboken, NJ.

Laurenzo, R. (2005). "Leaning on Lean Solutions," *Aerospace America*, June 2005: 32–36.

Lee, G. (2011). "What Information Can or Cannot Be Exchanged?" *Journal of Computing in Civil Engineering*, 25(1): 1–9.

Lee, G., and Kim, S. (2012). "Case Study of Mass Customization of Double-Curved Metal Façade Panels Using a New Hybrid Sheet Metal Processing Technique." *Journal of Construction Engineering and Management*, 138(11): 1322–1330.

Lee, G., Eastman, C. M., and Zimring, C. (2003). "Avoiding Design Errors: A Case Study of Redesigning an Architectural Studio." *Design Studies*, 24: 411–435.

Lee, G., Jeong, J., Won, J., Cho, C., You, S., Ham, S., and Kang, H. (2014). "Query Performance of the IFC Model Server Using an Object-Relational Database (ORDB) Approach and a Tradition-Relational Database (RDB) Approach." *Journal of Computing in Civil Engineering*, 28(2): 210–222.

632 Lee, G., Park, J., Won, J., Park, H. K., Uhm, M., and Lee, Y. (2016) "Can Experience Overcome the Cognitive Challenges in Drawing-Based Design Review? Design Review Experiments." *ConVR 2016*, Hong Kong, Dec 12–13.

Lee, G., Sacks, R., and Eastman, C. M. (2006). "Specifying Parametric Building Object Behavior (BOB) for a Building Information Modeling System." *Automation in Construction* 15(6): 758–776.

Lee, G., Won, J., Ham, S., and Shin, Y. (2011). "Metrics for Quantifying the Similarities and Differences between IFC files." *Journal of Computing in Civil Engineering*, 25(2): 172–181.

Lee, J.-K., Lee, J., Jeong, Y.-S., Sheward, H., Sanguinetti, P., Abdelmohsen, S., and Eastman, C. M. (2010). "Development of Space Object Semantics for Automated Building Design Review Systems," Design computation working paper, Digital Building Lab, July 2010.

Lee, Y.-C., Eastman, C. M., Solihin, W., and See, R. (2016) "Modularized Rule-Based Validation of a BIM Model Pertaining to Model Views." *Automation in Construction.* 63: 1–11.

Li, X., Wu, P., Shen G. P, Wang, X., and Teng, Y. (2017). "Mapping the Knowledge Domains of Building Information Modelling (BIM): A Bibliometric Approach." *Automation in Construction*, under review.

Liker, J. E. (2003). *The Toyota Way*. McGraw-Hill, New York.

Little, J. C., and Graves, S. (2008). "Little's Law." *Building Intuition, International Series in Operations Research & Management Science*, D. Chhajed and T. Lowe, eds., Springer US, 81–100.

Liu, X., Wang, X., Wright, G., Cheng, J. C. P., Li, X., and Liu, R. (2017). "A State-of-the-Art Review on the Integration of Building Information Modeling (BIM) and Geographic Information System (GIS)." *ISPRS International Journal of Geo-Information*, 6(2).

Love, P. E. D., Zhou, J., Matthews, J., and Luo, H. (2016). "Systems Information Modelling: Enabling Digital Asset Management." *Advances in Engineering Software*, 102: 155–165.

Mauck, R., Lichtig, W., Christian, D., and Darrington, J. "Integrated Project Delivery: Different Outcomes, Different Rules. *48th Annual Meeting of Invited Attorneys*. May 20–22, 2009, St. Petersburg, FL.

MBIE. (2014). "New Zealand BIM Handbook, Appendix C: Levels of Development Definitions." Ministry of Business, Innovation, and Employment, New Zealand.

McCallum, B. (2011). "The Four Approaches to BIM." http://bim4scottc.blogspot.kr/2012/10/the-four-approaches-to-bim.html (accessed Oct. 22, 2015).

McCuen, T. L., Suermann, P. C., and Krogulecki, M. J. (2012). "Evaluating Award-Winning BIM Projects Using the National Building Information Model Standard Capability Maturity Model." *Journal of Management in Engineering*, 28(2): 224–230.

McGraw Hill Construction (2011). "Prefabrication and Modularization: Increasing Productivity in the Construction Industry." *SmartMarket Report*, McGraw Hill Construction.

MLTM. (2010). "Architectural BIM Implementation Guide v1.0." Ministry of Land, Transport, and Maritime Affairs, Daejeon, South Korea. 633

Morwood, R., Scott, D., and Pitcher, I. (2008). "Alliancing: A Participant's Guide. Real Life Experiences for Constructors, Designers, Facilitators and Clients." Maunsell AECOM, Brisbane, Queensland.

Munroe, C. (2007). "Construction Cost Estimating." American Society of Professional Estimators, June 27, 2007, www.aspenational.com/construction%20cost%20estimating.pdf.

Neff, G., Fiore-Silfvast, B., and Dossick, C. S. (2010). "A Case Study of the Failure of Digital Communication of Cross Knowledge Boundaries in Virtual Construction." *Information, Communication & Society*, 13(4): 556–573.

NIBS (2007). *National Building Information Modeling Standard*, National Institute of Building Sciences, Washington, D.C.

NIBS (2008). *United States National Building Information Modeling Standard, Version 1, Part 1: Overview, Principles, and Methodologies.* http://nbimsdoc.opengeospatial.org/ Oct. 30, 2009.

NIBS (2012). "National BIM Standard - United States Version 2: Chapter 5.2 Minimum BIM," National Institute of Building Sciences (NIBS) buildingSMART Alliance.

Nisbet, N., and East, E. W. (2013). "Construction Operations Building Information Exchange (COBie), Version 2.4." www.nibs.org/?page=bsa_cobiev24 (accessed Jan 31, 2017).

NIST (2007). "General Buildings Information Handover Guide: Principles, Methodology and Case Studies." National Institute of Science and Technology, Washington DC.

NYC (2013). "Building Information Modeling (BIM) Site Safety Submission Guidelines and Standards for Applicants." New York City Department of Buildings. www1.nyc.gov/assets/buildings/pdf/bim_manual.pdf.

Oberlender, G., and Trost, S. (2001). "Predicting Accuracy of Early Cost Estimates Based On Estimate Quality." *Journal of Construction Engineering and Management* 127(3): 173–182.

OmniClass (2017). *OmniClass: A Strategy for Classifying the Built Environment*, OmniClass, www.omniclass.org/.

P2SL (2017). *Target Value Design*, Project Production Systems Laboratory, UC Berkeley, CA. http://p2sl.berkeley.edu/research/initiatives/target-value-design/.

Park, J. H., and Lee, G. (2017). "Design Coordination Strategies in a 2D and BIM Mixed-Project Environment: Social Dynamics and Productivity." *Building Research & Information*, 45(6): 631–648.

Pärn, E. A., Edwards, D. J., and Sing, M. C. P. (2017). "The Building Information Modelling Trajectory in Facilities Management: A Review." *Automation in Construction*, 75: 45–55.

Pasquire, C., and Gibb, A. (2002). "Considerations for Assessing the Benefits of Standardization and Pre-assembly in Construction." *Journal of Financial Management of Property and Construction*, 7(3): 151–161.

634 Pasquire, C., Soar, R., and Gibb, A. (2006). "Beyond Pre-Fabrication: The Potential of Next Generation Technologies to Make a Step Change in Construction Manufacturing." *Understanding and Managing the Construction Process: Theory and Practice, Proceedings of the 14th Conference of the International Group for Lean Construction*. R. Sacks and S. Bertelsen, eds., Catholic University of Chile, School of Engineering, Santiago, Chile, 243–254.

Pauwels, P., Zhang, S., Lee. Y.-C. (2017). "Semantic Web Technologies in AEC Industry: A Literature Overview." *Automation in Construction* 73 (January) 2017, 145–165. https://doi.org/10.1016/j.autcon.2016.10.003.

PCI (2014). *PCI Design Handbook: Precast and Prestressed Concrete,* 7th edition, Precast/Prestressed Concrete Institute, Skokie, IL.

Pikas, E., Sacks, R., and Hazzan, O. (2013). "Building Information Modeling Education for Construction Engineering and Management. II: Procedures and Implementation Case Study." *Journal of Construction Engineering and Management,* 39(11), 05013002 1–13.

Post, N. M. (2002). "Movie of Job That Defies Description Is Worth More Than a Million Words." *Engineering News Record,* April 8, 2002.

Pouma/Iemants (2012). "Tekla, Icebergs: Louis Vuitton Fondation." Tekla Global BIM Awards, 2012, Accessed September 25, 2017 www.tekla.com/global-bim-awards-2012/concrete-icebergs.html.

PPS (2016). "A Basic Guide to Implementing BIM in Facility Projects v1.31." Public Procurement Service, Daejeon, South Korea.

Proctor, C. (2012). "Construction Firms: It's Prefab-ulous for Some of the Work to be Done Off-site." *Denver Business Journal,* November 9–15, 2012.

Ramsey, G., and Sleeper, H. (2000). *Architectural Graphic Standards*. New York, John Wiley & Sons.

Requicha, A. (1980). Representations of Rigid Solids: Theory, Methods and Systems. *ACM Computer Surv*. 12(4): 437–466.

Robbins, E. (1994). *Why Architects Draw*. Cambridge, MA, MIT Press.

Roe, A. (2002). "Building Digitally Provides Schedule, Cost Efficiencies: 4D CAD Is Expensive but Becomes More Widely Available." *Engineering News Record,* February 25, 2002.

Roe, A. (2006). "The Fourth Dimension Is Time" *Steel,* Australia, 15.

Romm, J. R. (1994). *Lean and Clean Management: How to Boost Profits and Productivity by Reducing Pollution,* Kodansha International.

Roodman, D. M., and Lenssen, N. (1995). "A Building Revolution: How Ecology and Health Concerns Are Transforming Construction," Worldwatch Institute.

Sacks, R. (2004). "Evaluation of the Economic Impact of Computer-Integration in Precast Concrete Construction." *Journal of Computing in Civil Engineering* 18(4): 301–312.

Sacks, R., and Barak, R. (2007). "Impact of Three-Dimensional Parametric Modeling of Buildings on Productivity in Structural Engineering Practice." *Automation in Construction* (2007), doi:10.1016/j.autcon.2007.08.003.

Sacks, R., and Barak, R. (2010). "Teaching Building Information Modeling as an Integral Part of Freshman Year Civil Engineering Education," *Journal of Professional Issues in Engineering Education and Practice*, 136(1): 30–38. 635

Sacks, R., Barak, R., Belaciano, B., Gurevich, U., and Pikas, E. (2013). "KanBIM Lean Construction Workflow Management System: Prototype Implementation and Field Testing." *Lean Construction Journal*, 9: 19–34.

Sacks, R., Eastman, C. M., and Lee, G. (2003). "Process Improvements in Precast Concrete Construction Using Top-Down Parametric 3-D Computer-Modeling." *Journal of the Precast/Prestressed Concrete Institute* 48(3): 46–55.

Sacks, R., Eastman, C. M., and Lee, G., (2004), "Parametric 3D Modeling in Building Construction with Examples from Precast Concrete," *Automation in Construction*, 13(3): 291–312.

Sacks, R., Gurevich, U., and Shrestha, P. (2016). "A Review of Building Information Modeling Protocols, Guides and Standards for Large Construction Clients." *ITcon*, 21: 479–503.

Sacks, R., Korb, S., and Barak, R. (2017). *Building Lean, Building BIM: Improving Construction the Tidhar Way*. Routledge, Oxford, UK.

Sacks, R., Koskela, L., Dave, B., and Owen, R. L. (2010). "The Interaction of Lean and Building Information Modeling in Construction." *Journal of Construction Engineering and Management*, 136(9): 968–980.

Sacks, R., Ma, L., Yosef, R., Borrmann, A., Daum, S., and Kattel, U. (2017). "Semantic Enrichment for Building Information Modeling: Procedure for Compiling Inference Rules and Operators for Complex Geometry." *Journal of Computing in Civil Engineering*, 31(6), 4017062.

Sanvido, V., and Konchar, M. (1999). *Selecting Project Delivery Systems, Comparing Design-Build, Design-Bid-Build, and Construction Management at Risk*, Project Delivery Institute, State College, PA.

Sawyer, T. (2008). "$1-Billion Jigsaw Puzzle Has Builder Modeling Supply Chains," *Engineering News Record*, April 2008.

Sawyer, T., and Grogan, T. (2002). "Finding the Bottom Line Gets a Gradual Lift from Technology." *Engineering News Record*, August 12, 2002.

Scheer, D. R. (2014). *The Death of Drawing: Architecture in the Age of Simulation*. Taylor & Francis.

Schenk, D. A., and Wilson, P. R. (1994). *Information Modeling the EXPRESS Way*, Oxford U. Press, N.Y.

Schley, M., Haines, B., Roper, K., and Williams, B. (2016). *BIM for Facility Management Version 2.1*, The BIM-FM Consortium, Raleigh, N.C.

Sebastian, R., and van Berlo, L. (2010). "Tool for Benchmarking BIM Performance of Design, Engineering and Construction Firms in Netherlands." *Architectural Engineering and Design Management*, 6(4): 254–263.

Shafiq, M. T., Matthews, J., and Lockley, S. R. (2013). "A Study of BIM Collaboration Requirements and Available Features in Existing Model Collaboration Systems." *ITcon*, 18: 148–161.

636 Shah, J. J., and Mantyla, M. (1995). *Parametric and Feature-Based CAD/CAM: Concepts, Techniques, and Applications*. New York: John Wiley & Sons.

Sheffer, D. (2011). "Innovation in Modular Industries: Implementing Energy-Efficient Innovations in US Buildings." Dissertation, Department of Civil and Environmental Engineering, Stanford University.

Smoot, B. (2007). Building Acquisition and Ownership Costs. CIB Workshop, CIB.

Solihin, W., and Eastman, C. M. (2015), "Classification of Rules for Automated BIM Rule Checking Development." *Automation in Construction*, 53: 69–82.

Succar, B. (2010). "Building Information Modeling Maturity Matrix." *Handbook of Research on Building Information Modeling and Construction Informatics: Concepts and Technologies*, J. Underwood and U. Isikdag, eds., IGI Global Snippet, Hershey, PA, 65–102.

Teicholz, P, et al. (IFMA), (2013). *BIM for Facility Managers*. Wiley. (ISBN: 978-1-118-38281-3).

Teicholz, P. (2001). "Discussion: U.S. Construction Labor Productivity Trends, 1970–1998." *Journal of Construction Engineering and Management*, 127: 427–429.

Teicholz, P. (2004). "Labor Productivity Declines in the Construction Industry: Causes and Remedies." AECbytes, www.aecbytes.com/viewpoint/2004/issue_4.html (accessed May 3, 2013).

Teicholz, P. "Technology Trends and Their Impact in the A/E/C Industry." Working Paper No. 2, Center for Integrated Facility Engineering, Stanford University, January 1989.

Thomas, H. R., Korte, C., Sanvido, V. E., and Parfitt, M. K. (1999). "Conceptual Model for Measuring Productivity of Design and Engineering." *Journal of Architectural Engineering* 5(1): 1–7.

Thomson, D. B., and Miner, R. G. (2007). "Building Information Modeling-BIM: Contractual Risks are Changing with Technology." June 27, 2007, https://aepronet.org/documents/building-information-modeling-bim-contractual-risks-are-changing-with-technology/.

Touran, A. (2003). "Calculation of Contingency in Construction Projects." *IEEE Transactions on Engineering Management* 50(2): 135–140.

Uhm, M., Lee, G., and Jeon, B. (2017). "An Analysis of BIM Jobs and Competencies Based on the Use of Terms in the Industry." *Automation in Construction*, 81: 67–98.

U.S. Census Bureau (2016a). "Construction: Summary Series: General Summary: Value of Construction Work for Type of Construction by Subsectors and Industries for U.S., Regions, and States: 2012," EC1223SG09. www.census.gov/data/tables/2012/econ/census/construction.html.

U.S. Census Bureau (2016b). "Construction: Summary Series: General Summary: Employment Size Class by Subsectors and Industries for U.S. and States: 2012." EC1223SG02. www.census.gov/data/tables/2012/econ/census/construction.html.

USACE (2012). "ERDC SR-12-2: The U.S. Army Corps of Engineers Roadmap for Life-Cycle Building Information Modeling (BIM)." U.S. Army Corpos of Engineers, Washinton, DC.

Vico Software, Webcor Builders, and AGC. (2008). "Model Progression Specification." Salem, MA. 637

Warne, T., and Beard, J. (2005). *Project Delivery Systems: Owner's Manual*. American Council of Engineering Companies, Washington, D.C.

Warszawski, A. (1990). *Industrialization and Robotics in Building: A Managerial Approach*. Harper Collins College Div., New York.

Whitworth, Brian; Whitworth, Alex P. (2010). "The Social Environment Model: Small Heroes and the Evolution of Human Society." *First Monday*, [S.l.], ISSN 13960466. Available at: http://firstmonday.org/ojs/index.php/fm/article/view/3173/2647. Date accessed: August 3, 2017. doi: http://dx.doi.org/10.5210/fm.v15i11.3173.

Whyte, J., and Nikolic, D. (2018). *Virtual Reality and the Built Environment*. Second Edition, Routledge, Abington, Oxon, UK.

Womack, J. P., and Jones, D. T. (2003). *Lean Thinking: Banish Waste and Create Wealth in Your Corporation*. New York, Simon & Schuster.

Won, J. (2014). "A Goal-Use-KPI Approach for Measuring the Success Levels of BIM-Assisted Projects," Yonsei University, Seoul, Korea.

Won, J., and Lee, G. (2016). "How to Tell if a BIM Project Is Successful: A Goal-Driven Approach." *Automation in Construction*, 69: 34–43.

Won, J., Lee, G., and Cho, C.-Y. (2013a). "No-Schema Algorithm for Extracting a Partial Model from an IFC Instance Model." *Journal of Computing in Civil Engineering*, 27(6): 585–592.

Won, J., Lee, G., Dossick, C. S., and Messner, J. (2013b). "Where to Focus for Successful Adoption of Building Information Modeling within Organization." *Journal of Construction Engineering and Management*, 139(11), 04013014.

Wu, W., and Issa, R. (2014). "BIM Execution Planning in Green Building Projects: LEED as a Use Case." *Journal of Management in Engineering*, 31(1), A4014007.

Yaski, Y. (1981). "A Consistent Database for an Integrated CAAD System". PhD Thesis, Carnegie Mellon University, Pittsburgh, PA.

Yeh, I. C. (2006). "Architectural Layout Optimization Using Annealed Neural Network." *Automation in Construction* 15(4): 531–539.

Young, N. W., Jr., Jones, S. A., and Bernstein, H. M. (2007). *Interoperability in the Construction Industry*. McGraw Hill Construction, Bedford, MA.

You, S.-J., Yang, D., and Eastman, C. M. (2004). "Relational DB Implementation of STEP-Based Product Model." *CIB World Building Congress 2004*, Toronto, Ontario, Canada, May 2–7, 2004.

Young, N. W., Jr., Jones, S. A., and Bernstein, H. M. (2007). *Interoperability in the Construction Industry*. McGraw Hill Construction, Bedford, MA.

Young, N. W., Jr., Jones, S. A., Bernstein, H. M., and Gudgel, J. E. (2009). *The Business Value of BIM, 2009*. McGraw Hill Construction, Bedford, MA.

Zhao, X. (2017). "A Scientometric Review of Global BIM Research: Analysis and Visualization." *Automation in Construction*, 80: 37–47.

639 索引

注：索引的页码为英文原版书的页码（标注在正文的页边上）。页码后带 f 者表示索引项出现在该页的图中，页码后带 t 者表示索引项出现在该页的表中。

A

B

C

D

E

F

I

L

M

N

O

P

R

S

T

V

W

X

Y

Z

作者简介

拉斐尔·萨克斯（Rafael Sacks）是以色列理工学院土木与环境工程学院教授兼虚拟建造实验室主任。拉斐尔的研究兴趣包括 BIM 和精益建造，他也是《精益建造，BIM 建造：改变建造的提德哈尔方式》（*Building Lean, Building BIM: Changing Construction the Tidhar Way*）一书的首席作者。

查尔斯·伊斯曼（Charles Eastman）是世界建筑建模的开拓者，自 20 世纪 70 年代中期以来一直在该领域深耕不辍，对 BIM 的诞生和发展做出了不可磨灭的贡献，因此，被称为“BIM 之父”。查尔斯于 2020 年 11 月 9 日辞世。《BIM 手册》（原著第三版）是他生前的最后一部专著，蕴含着他毕生智慧与心血的闪亮结晶。查尔斯生前是佐治亚理工学院建筑学院荣誉教授和佐治亚理工学院数字建筑实验室创立人。

李刚（Ghang Lee）是韩国延世大学建筑学与建筑工程系建筑信息学学组教授和主任。他还是韩国和另外几个国家的几家政府和私人组织的技术顾问。

保罗·泰肖尔兹（Paul Teicholz）是斯坦福大学土木工程系名誉教授和斯坦福大学集成设施工程中心创立人，长期致力于 AEC 行业信息技术的研究和应用。他还是《设施管理应用 BIM 指南》（*BIM for Facility Managers*）一书的作者。

译校者简介

张志宏，博士，研究员，中国建筑标准设计研究院有限公司原副总工程师（已退休）。长期从事结构 CAD、结构分析、BIM、数字建造和混凝土结构钢筋深化设计的研究和软件开发工作，其中与 BIM 相关的主要研究与实践工作包括：（1）主持并参与“BIM 经典译丛”的翻译和审校工作；（2）主编《建筑信息模型技术员》国家职业技能标准；（3）参与、评审多个复杂工程 BIM 咨询项目；（4）担任第三届“北京大工匠”选树活动——建筑信息模型技术员比赛专家组组长、裁判长。

郭红领，博士，清华大学建设管理系副教授、博士生导师、副系主任，工程管理研究所所长。主要从事智能建造、虚拟建造、数字安全管理、建筑信息建模等方面的研究。已承担多项国家级科研项目，发表学术论文 100 余篇，出版专著 3 部，获发明专利授权 10 余项、软件著作权 10 余项，获省部级科技奖 4 项、教学成果奖 2 项，主编团体标准 6 项。同时兼任中华建设管理研究会（香港）副会长、中国建设教育协会建筑安全专业委员会常务理事、中国图学学会 BIM 专业委员会委员等职务。

刘辰，博士，高级工程师，中建工程产业技术研究院有限公司数字中心总工办负责人。作为核心成员，参与了十余项科技部、工信部、国资委等部委项目和企业科研攻关项目的研发和管理工作，组织团队获得数十项知识产权成果，参与国产自主 BIM 软件及平台研发，相关成果应用于湖州太湖湾超高层等多项工程。参与了《BIM 与施工管理》《设施管理应用 BIM 指南》等著作的翻译和校审工作。近年来，作为团队成员获得中施企协科技进步特等奖、华夏建设科技一等奖、中建集团科技进步二等奖等奖项。

马智亮，博士，清华大学土木工程系教授、博士生导师。主要研究领域为土木工程信息技术。主要研究方向包括：BIM 技术应用、智能建造和新型建筑工业化、施工企业信息化管理。曾经或正在负责纵向和横向科研课题 50 余项。发表各种学术论文 200 余篇。曾获省部级科技进步奖一等奖、二等奖、三等奖等多项奖励。最近 9 年，作为执行主编，每年编辑出版一本行业信息化发展报告，内容涵盖：行业信息化、BIM 应用、BIM 深度应用、互联网应用、智慧工地、大数据应用、装配式建筑信息化、行业监管与服务数字化、智能建造应用。目前兼任国际学术刊物《Automation in Construction》（SCI 源刊）副主编，中国图学学会常务理事、BIM 专业委员会主任，中国土木工程学会工程数字化分会顾问专家，中国施工企业管理协会信息化工作专家委员会副主任、住房和城乡建设部科学技术委员会绿色建造专业委员会委员等多个学术职务。

译后记

《BIM 手册》是由享有“BIM 之父”美誉的查尔斯·伊斯曼（Charles Eastman）教授领衔撰写的一部高屋建瓴、引领 BIM 发展的皇皇巨著，其英文版第一版、第二版和第三版分别于 2008 年 3 月、2011 年 4 月和 2018 年 8 月由美国威利出版社（Wiley）出版（表 1）。

《BIM 手册》英文版第一版至第三版出版概况　　表 1

版本	作者	出版日期
第一版	查克·伊斯曼（Chuck Eastman） 保罗·泰肖尔兹（Paul Teicholz） 拉斐尔·萨克斯（Rafael Sacks） 凯瑟琳·利斯顿（Kathleen Liston）	2008 年 3 月
第二版	查克·伊斯曼（Chuck Eastman） 保罗·泰肖尔兹（Paul Teicholz） 拉斐尔·萨克斯（Rafael Sacks） 凯瑟琳·利斯顿（Kathleen Liston）	2011 年 4 月
第三版	拉斐尔·萨克斯（Rafael Sacks） 查尔斯·伊斯曼（Charles Eastman） 李刚（Ghang Lee) 保罗·泰肖尔兹（Paul Teicholz）	2018 年 8 月

1975 年任职于卡内基梅隆大学的查尔斯·伊斯曼在《AIA 期刊》上发表了一篇论文“建筑设计计算机应用：取代图纸”（The Use of Computers Instead of Drawings in Building Design），该篇论文首次提出了“建筑描述系统”（Building Description System）的概念，还提出了很多建筑建模思想，比如从同一个模型获取平面、立面、剖面图纸，任何操作都能让所有视图一同更新，把建筑分解成许多对象并和数据库中的数据一一对应，用户可以随时查阅对象对应的属性信息，可以进行算量分析等，这些思想基本上描述了我们现在所知道的 BIM，对后来诞生的 BIM 建模软件产生了深远的影响。他于 20 世纪 70 年初期开发的建筑描述系统（BDS）——最早的实体建模工具之一，以及早期发表的学术论文和 1999 年出版的《建筑产品模型：支撑设计和施工的计算机环境》（*Building Product Models: Computer Environments, Supporting Design and Construction*）专著、2008 年出版的《BIM 手册》第一版奠定了他作为 BIM 创始人的地位。

查尔斯·伊斯曼是公认的世界建筑建模的开拓者，对 BIM 的诞生和发展做出了不可磨灭的贡献。他于 2020 年 11 月 9 日辞世。《BIM 手册》第三版是他生前合著的最后一部专著，蕴含着他毕生智慧与心血的闪亮结晶。

查尔斯·伊斯曼教授曾到访中国，在我国 BIM 领域享有崇高声望。谨以翻译《BIM 手册》原著第三版表达对他的深切缅怀和崇敬之情。

《BIM 手册》第三版在第一版、第二版的基础之上，广泛吸纳 BIM 最新科研成果与全新最佳实践案例，内容涵盖参数化建模理论、BIM 软件研发、互操作性和 BIM 在设计、施工、运维中的应用以及精益建造、智慧建造、BIM 标准、BIM 政策、BIM 教育与培训等各个方面，涉及美国建筑实践的诸多常规方法，跨越计算机软件、建筑学、土木工程、人工智能、机器人等多个专业领域，对我国 BIM 研究和实践具有重要参考价值。由于英文版内容涉及诸多专业及新领域和新技术，且新技术的一些相关术语在国内未出现过，没有准确的译名，使得本书翻译具有较大难度；同时，伴随国内 BIM 应用整体水平的不断提升，不少业内人士对中文版寄予很高期许；因此，翻译工作具有很大的挑战性。

译校团队满怀炽热情怀，带着崇高的责任感和使命感，经过不懈努力，认真完成了译校工作。现在《BIM 手册》第三版中文版已经付梓，即将接受读者的全面检验。

全书由张志宏负责封面至第 4 章和术语至封底的翻译工作，由郭红领负责第 5 章至第 9 章的翻译工作，由刘辰负责第 10 章的翻译工作，张金月、杨芸、马羚、李智、张洪伟、赵雪锋、何爱利、王兰芝参与了部分章节的翻译。翻译团队具体分工如表 2 所示。

《BIM 手册》第三版中文版翻译团队分工　　表 2

章节	翻译人员
封面至第 4 章、封底	张志宏
第 5 章至第 7 章	郭红领、马羚
第 8 章	张金月、郭红领
第 9 章	张金月、郭红领、杨芸
第 10.0 节至第 10.4 节	刘辰
第 10.5 节	张洪伟、刘辰
第 10.6 节	赵雪锋、刘辰
第 10.7 节	何爱利、刘辰
第 10.8 节	王兰芝、刘辰
第 10.9 节至第 10.11 节	刘辰
术语、索引	李智、张志宏

此外，王曦为第 2.2.2 节“图纸生成”的翻译工作提供了帮助，王娇娇为第 5.3.1 节介绍 SketchUp 软件的翻译工作提供了帮助；郭子扬参与了第 5 章和第 9 章的修改工作，周颖参与了第 6 章和第 8 章的修改工作，孙亚康参与了第 7 章的修改工作，刘影参与了第 10.9 节至第 10.11 节的修改工作。

全书由马智亮审校，由张志宏、董苏华统稿并定稿。

清华大学马智亮教授不仅审校了全书，还为原著作者提供了有关中国 BIM 强制令、BIM 指南以及 BIM 教育与培训情况的写作素材（参见本书第 8 章致谢部分）。

衷心感谢清华大学顾明教授对本书翻译工作给予的指导和帮助。

衷心感谢译校团队坚持不懈，齐心协力，在业余时间熬更守夜完成如此浩大的翻译工作。

衷心感谢中国建筑工业出版社的信任和支持，感谢董苏华编审、孙书妍编辑的悉心校订和指导。特别感谢董苏华编审从翻译之初就介入翻译工作，译者译完一章，她审校一章，与译者多轮互动，反复修改，加快了翻译进度。其忘我工作、追求卓越的敬业精神，令译者感佩交并。

衷心感谢中国建筑学会理事长修龙、中国建筑股份有限公司原总工程师毛志兵、中国建筑工业出版社原社长刘慈慰、中国建筑工业出版社社长咸大庆长期以来对这套译丛出版的关心、支持、指导和帮助。

衷心感谢清华大学孙家广院士为“BIM 经典译丛”所作的精彩序言和对这套译丛的翻译工作给予的悉心指导。

衷心感谢《BIM 手册》第一版至第三版合著作者、以色列理工学院拉斐尔·萨克斯教授为本书中文版倾情作序和为本书翻译工作提供的大力支持。

最后，衷心感谢译校团队的家人，他们的后援支持是译校团队开展翻译工作的强大动力。

由于译者时间和水平有限，翻译和表述中难免存在疏漏或者错误，不当之处，敬请读者不吝指正。

张志宏
2023 年 5 月于北京

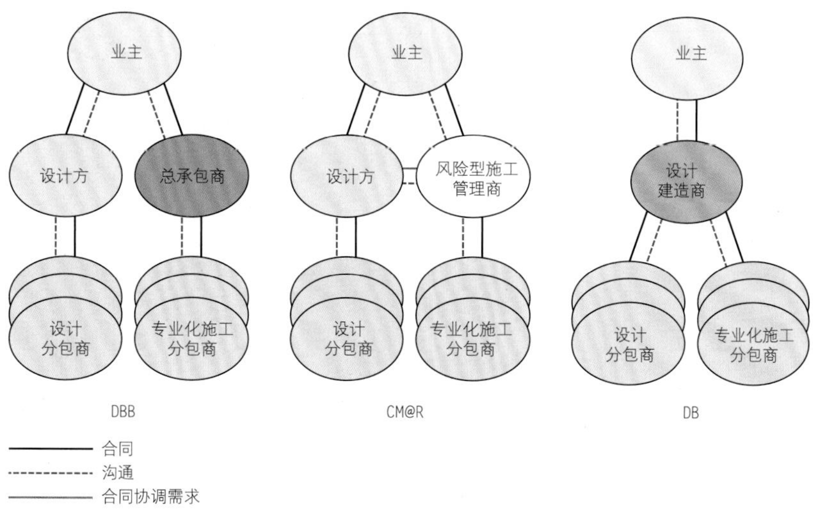

图 1–2 DBB、CM@R 以及 DB 流程示意图

1. 定义功能和空间需求

2. 用室内对象布置房间

3. 在建筑里布置房间

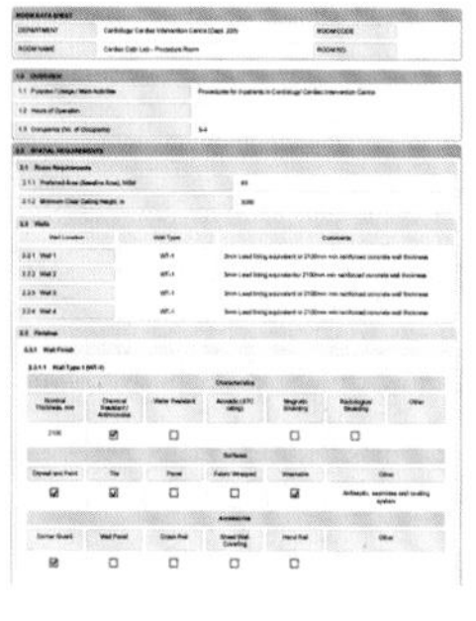

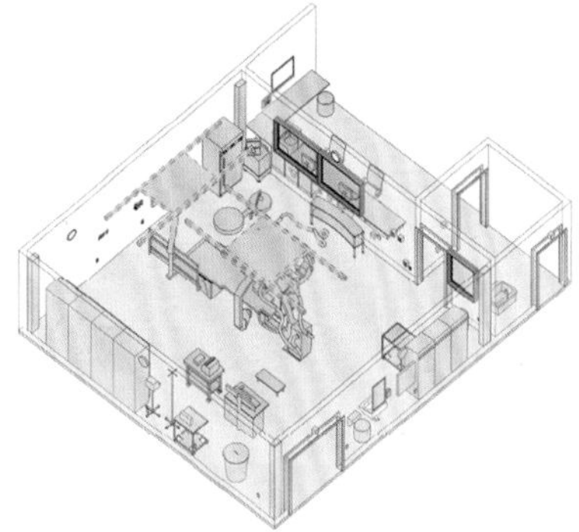

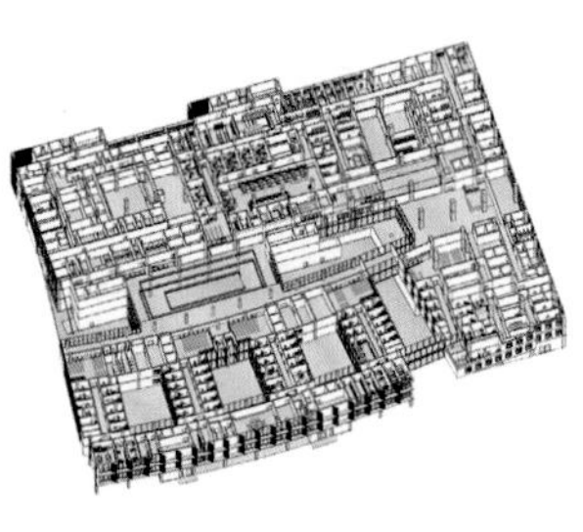

4. 识别和测量房间之间的交通模式

5. 测量空间（房间）利用率

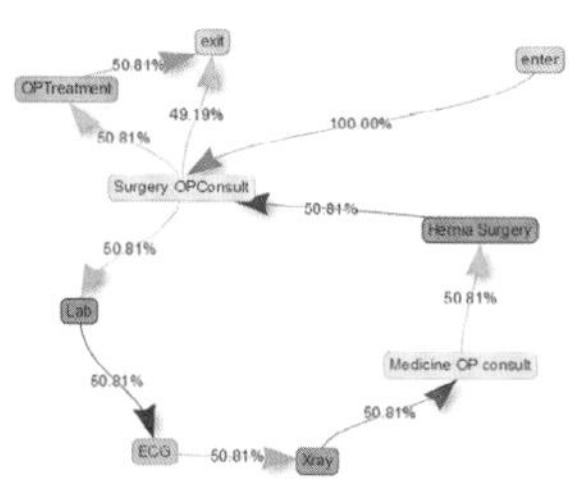

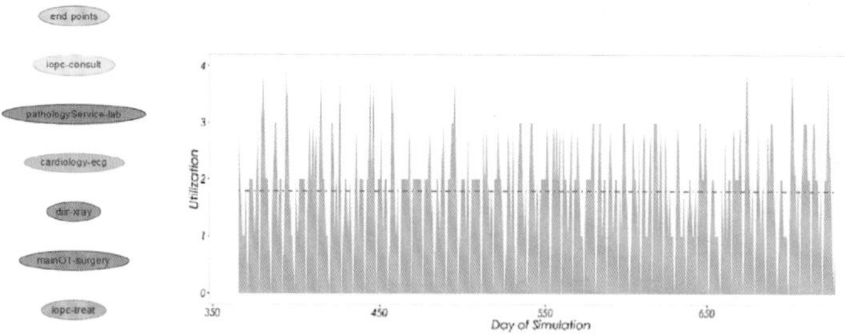

图 4–4 从概念需求到人流模拟的自动化空间规划示例

图片由 Aditazz 公司提供。

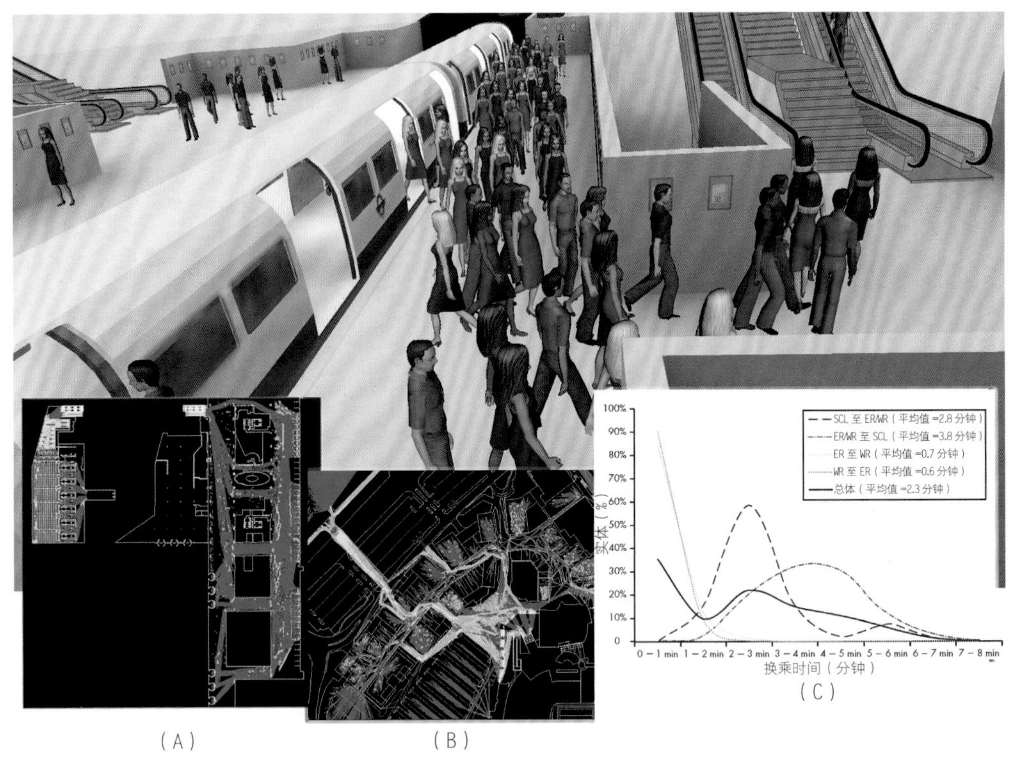

图 4–5 由军团（Legion）工作室完成的基于二维和三维建筑信息的可视化和分析输出示例。三维渲染展示了某一地铁站某一工作日早高峰的模拟。（A）用颜色表示平均速度的机场地图，其中红色表示缓慢移动，蓝色表示自由移动；（B）体育场地图，包括通道和相邻零售设施，用颜色显示平均密度，红色和黄色表示最高密度的位置；（C）乘客换乘不同起点 – 终点列车的换乘时间比较图

图片由军团（Legion）有限公司提供。

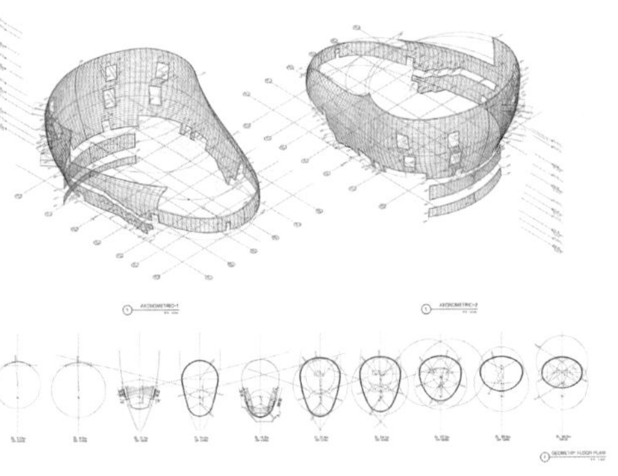

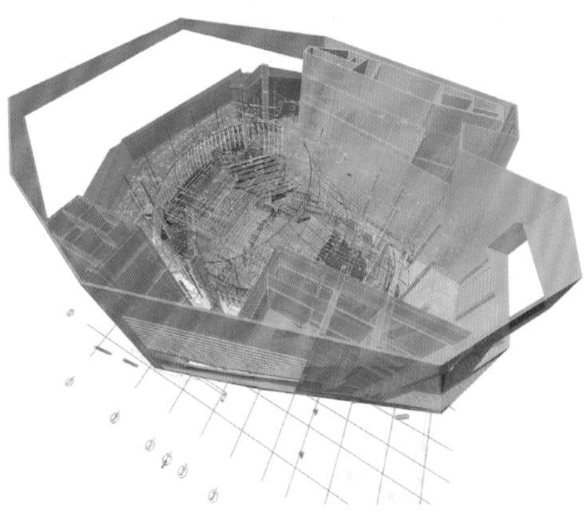

图 5–4 韩国仁川艺术中心音乐厅。Rhino 既可以创建自由曲面造型，也可以创建结构化曲面造型

图片由位于韩国首尔的 DMP 综合建筑事务所提供。

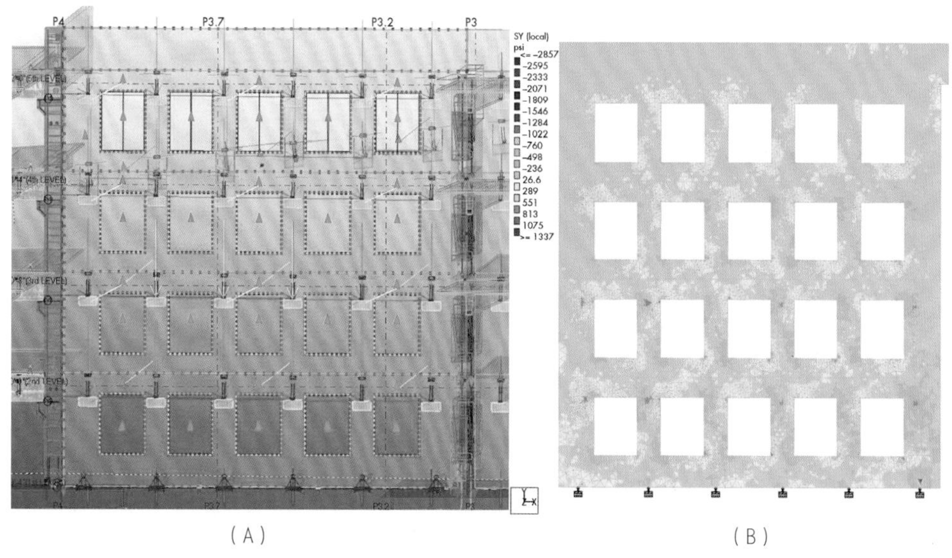

（A）　　　　　　　　　　　　　　　　　　（B）

图 5–8 （A）Tekla Structures 中由预制轻质墙体模块组成的墙体模型及其载荷定义；（B）STAAD PRO 有限元分析软件展示的墙体应力

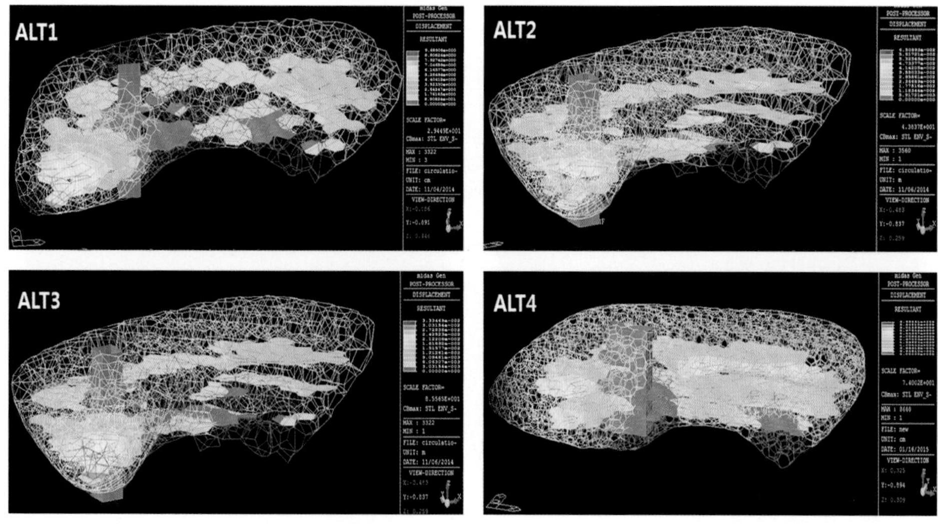

图 5–9 建筑结构设计优化
图片由韩国 ChangSoft I & I 公司提供。

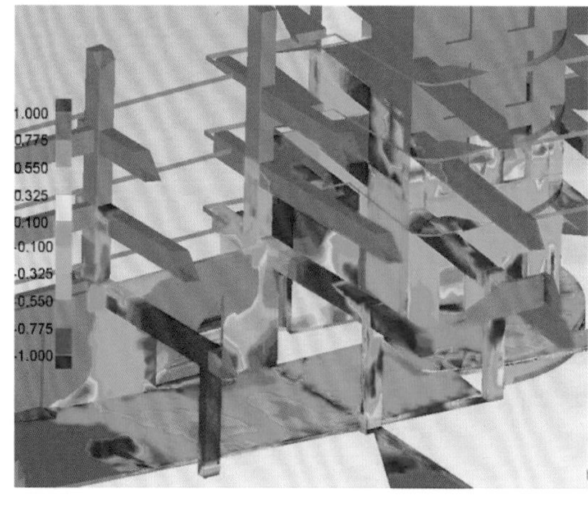

图 6–20 激光扫描的点云数据可以映射到 BIM 对象上，以显示竣工对象与设计对象的几何偏差。图中用颜色（见图左的图例）表示出实际表面与设计表面（灰色）的偏差程度
图片由爱思唯尔公司（Elsevier）提供（Akinci 等，2006）。

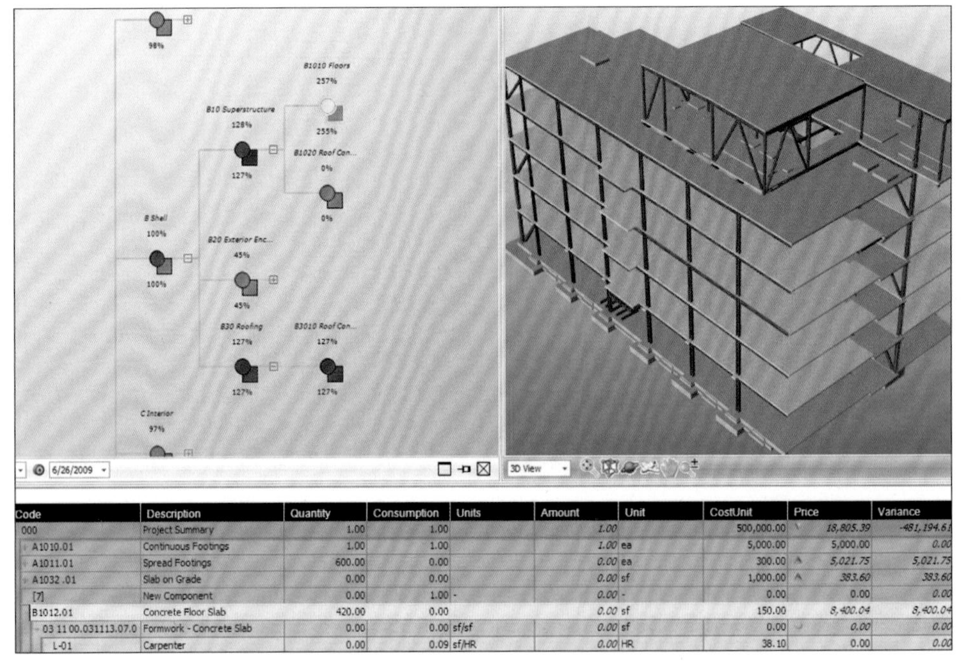

图 6-21 Vico Cost Planner 界面。模型中的建筑对象可以根据预算报表中每一行的预算科目进行过滤和着色

图 7-13 用于建造某铁路桥高桥塔的模板布置渲染图

图片由位于德国魏森霍恩的佩里公司提供。

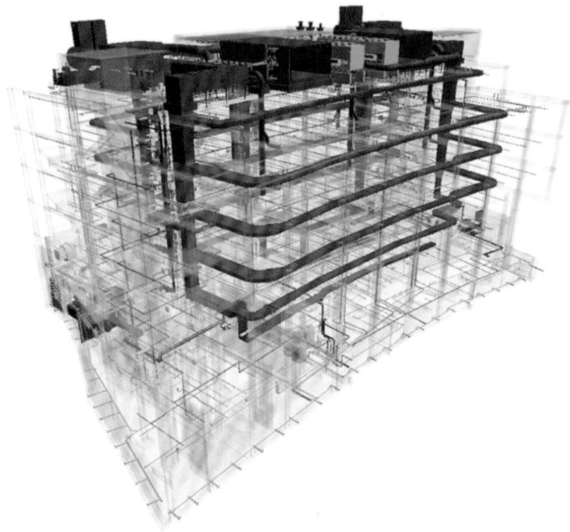

图 7-14 由总承包商（莫特森公司）为施工协调创建的展示 MEP 系统以及透明结构部件的模型视图

图片由莫特森公司（Mortenson）提供。

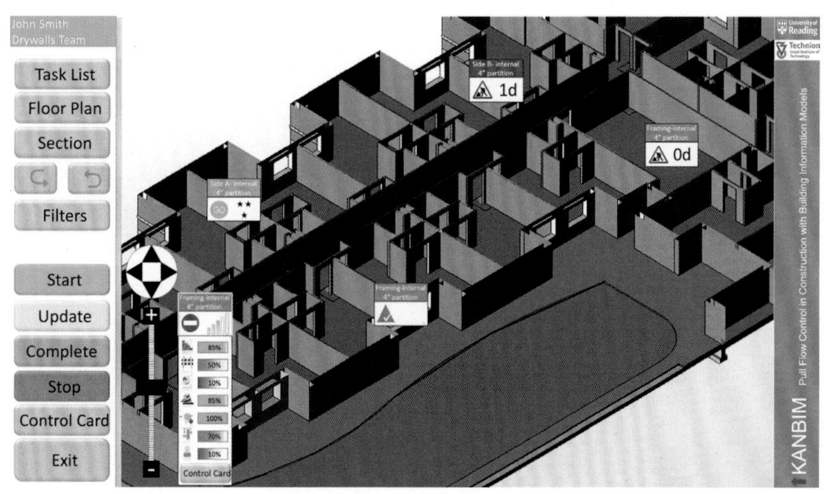

图 9–5 在施工现场大尺寸触摸屏上显示的 KanBIM 用户界面（Sacks 等，2010）

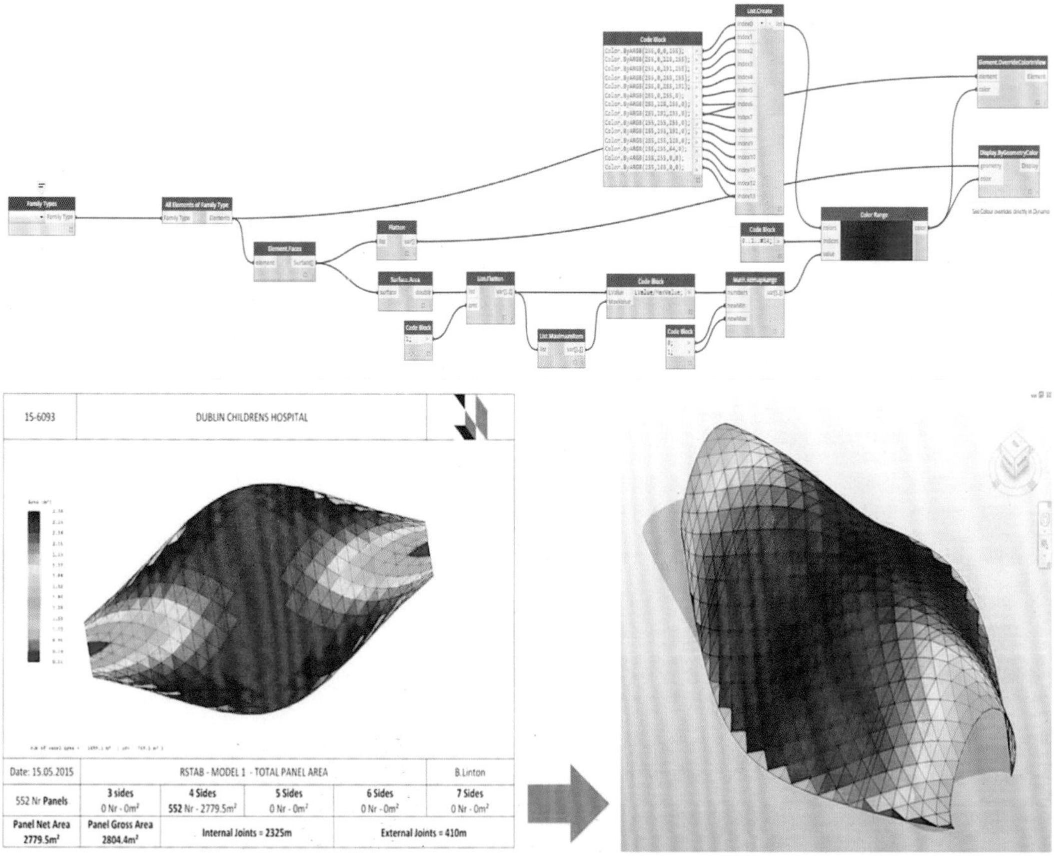

15-6093 DUBLIN CHILDRENS HOSPITAL

Date: 15.05.2015	RSTAB - MODEL 1 - TOTAL PANEL AREA				B.Linton
552 Nr Panels	3 sides 0 Nr - 0m²	4 Sides 552 Nr - 2779.5m²	5 Sides 0 Nr - 0m²	6 Sides 0 Nr - 0m²	7 Sides 0 Nr - 0m²
Panel Net Area 2779.5m²	Panel Gross Area 2804.4m²	Internal Joints = 2325m		External Joints = 410m	

图 10–1–11 应用 Dynamo 进行屋面板面积分析

图片由 BDP 事务所提供。

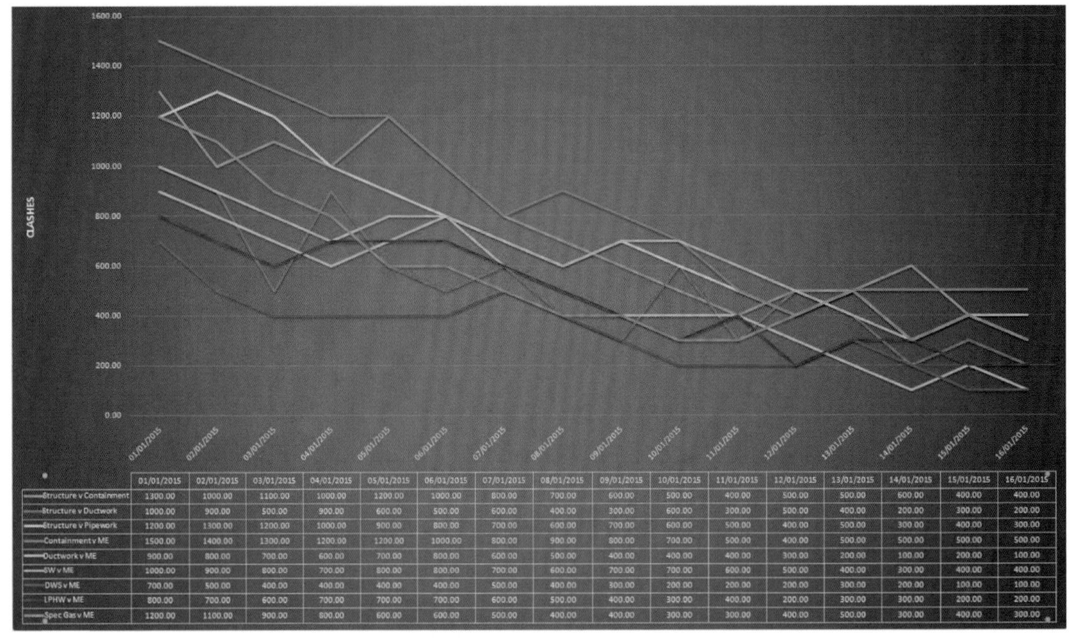

	01/01/2015	02/01/2015	03/01/2015	04/01/2015	05/01/2015	06/01/2015	07/01/2015	08/01/2015
Structure v Containment	1300.00	1000.00	1100.00	1000.00	1200.00	1000.00	800.00	700.00
Structure v Ductwork	1000.00	900.00	500.00	900.00	600.00	500.00	600.00	400.00
Structure v Pipework	1200.00	1300.00	1200.00	1000.00	900.00	800.00	700.00	600.00
Containment v ME	1500.00	1400.00	1300.00	1200.00	1200.00	1000.00	800.00	900.00
Ductwork v ME	900.00	800.00	700.00	600.00	700.00	800.00	600.00	500.00
SW v ME	1000.00	900.00	800.00	700.00	800.00	800.00	700.00	600.00
DWS v ME	700.00	500.00	400.00	400.00	400.00	400.00	500.00	400.00
LPHW v ME	800.00	700.00	600.00	700.00	700.00	700.00	600.00	500.00
Spec Gas v ME	1200.00	1100.00	900.00	800.00	600.00	600.00	500.00	400.00

	09/01/2015	10/01/2015	11/01/2015	12/01/2015	13/01/2015	14/01/2015	15/01/2015	16/01/2015
Structure v Containment	600.00	500.00	400.00	500.00	500.00	600.00	400.00	400.00
Structure v Ductwork	300.00	600.00	300.00	500.00	400.00	200.00	300.00	200.00
Structure v Pipework	700.00	600.00	500.00	400.00	500.00	300.00	400.00	300.00
Containment v ME	800.00	700.00	500.00	400.00	500.00	500.00	500.00	500.00
Ductwork v ME	400.00	400.00	400.00	300.00	200.00	100.00	200.00	100.00
SW v ME	700.00	700.00	600.00	500.00	400.00	300.00	400.00	400.00
DWS v ME	300.00	200.00	200.00	200.00	300.00	200.00	100.00	100.00
LPHW v ME	400.00	300.00	400.00	200.00	300.00	300.00	200.00	200.00
Spec Gas v ME	400.00	300.00	300.00	400.00	500.00	300.00	400.00	300.00

图 10-1-12 冲突减少分析
图片由 BDP 事务所提供。

对合并的模型和点云数据进行评估

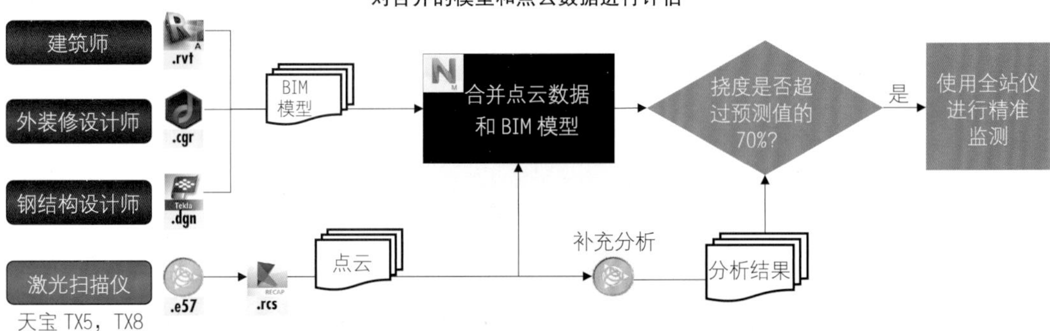

使用天宝 Realworks 软件进行位移分析

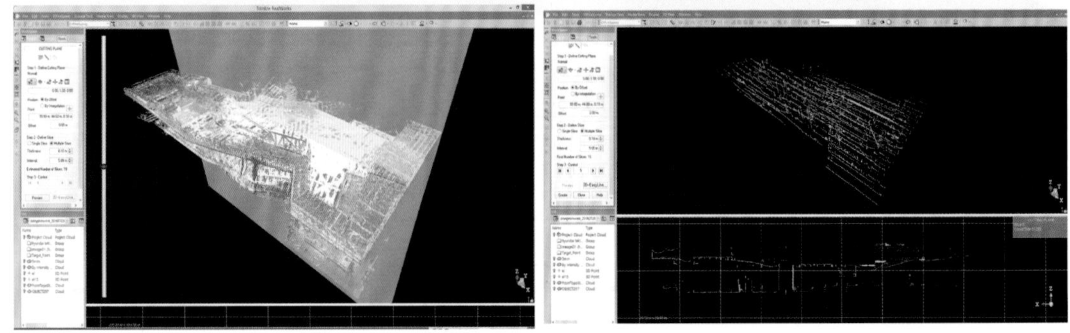

图 10-2-10 三维激光扫描工作流程
图片由现代 E&C 公司提供。

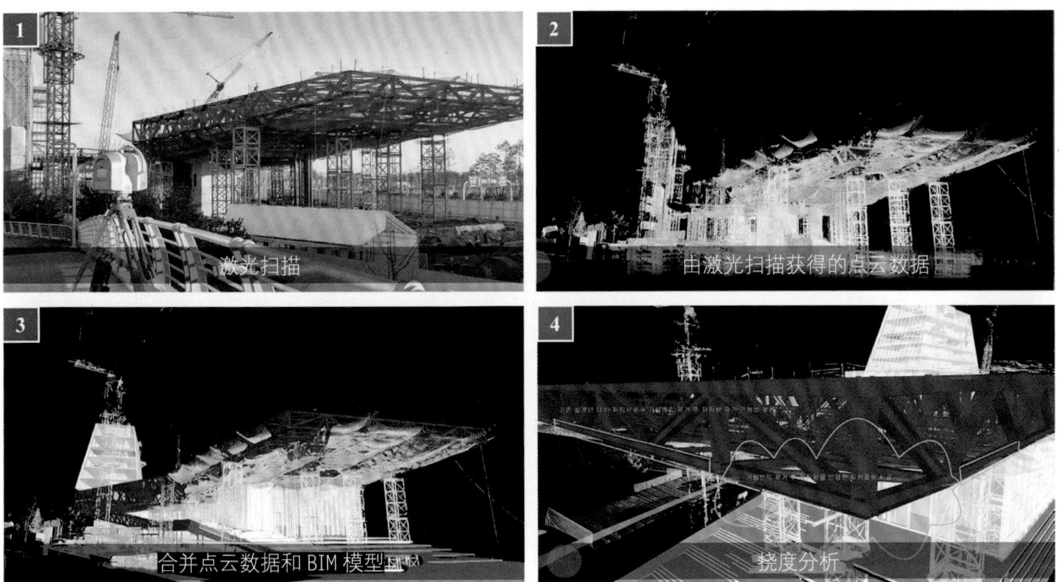

图 10-2-11 用于设计分析的激光扫描流程

图片由现代 E&C 公司提供。

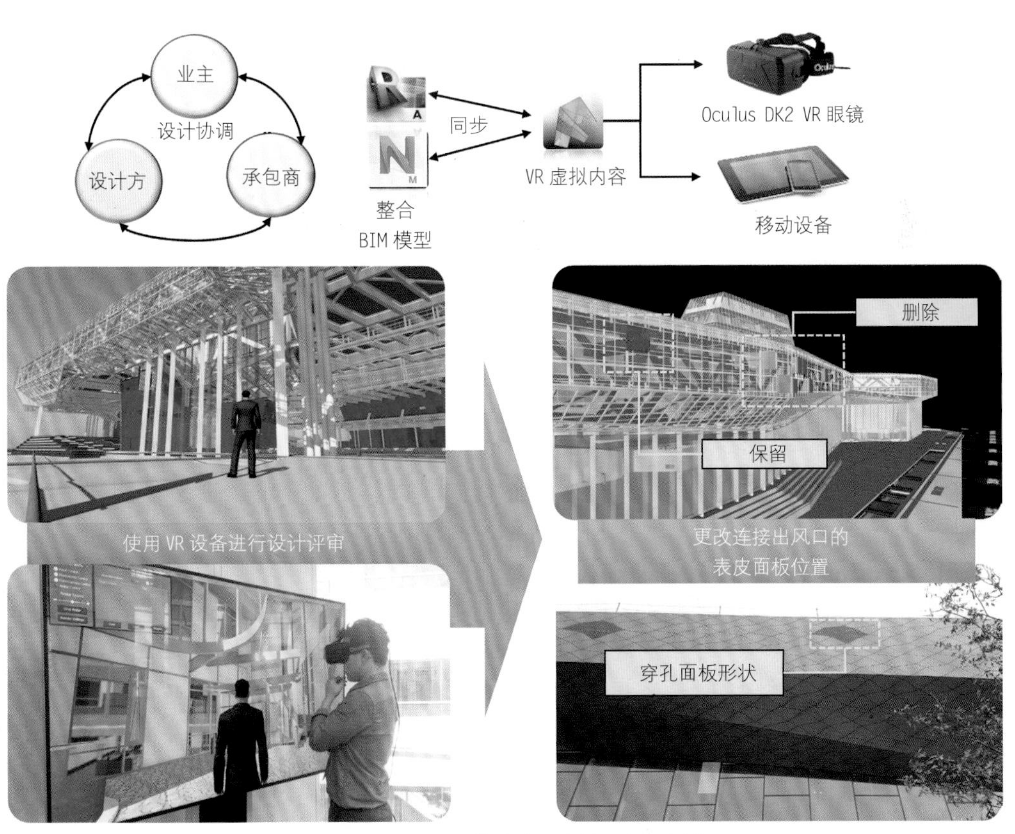

图 10-2-13 VR 技术应用流程及应用实例

图片由现代 E&C 公司提供。

图 10-3-4 以在场作品闻名的法国艺术家丹尼尔·布伦，用色彩鲜艳的滤光片覆盖了构成艺术中心 14 叶“帆”的 3584 块玻璃
图片由麦克·艾伦斯（Michael Arons）提供。

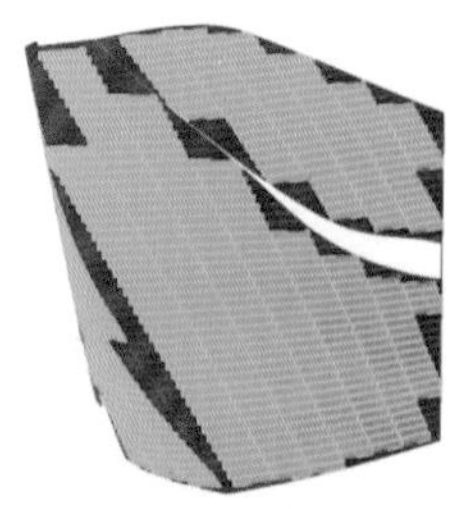
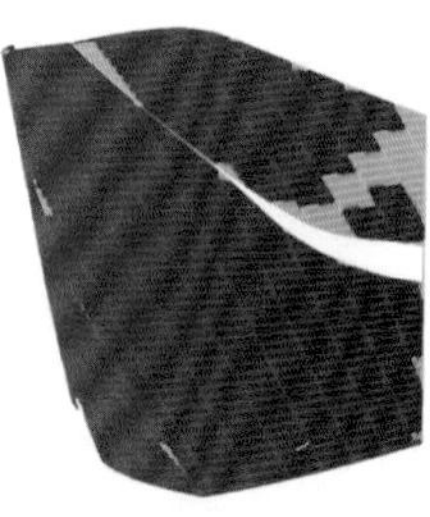

图 10-3-9 纤维混凝土面板优化流程。不同的颜色代表面板与面板族之间的对应关系
图片由盖里技术公司提供。

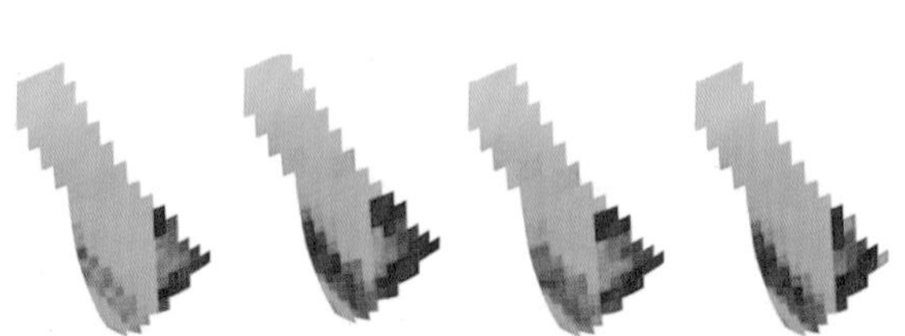

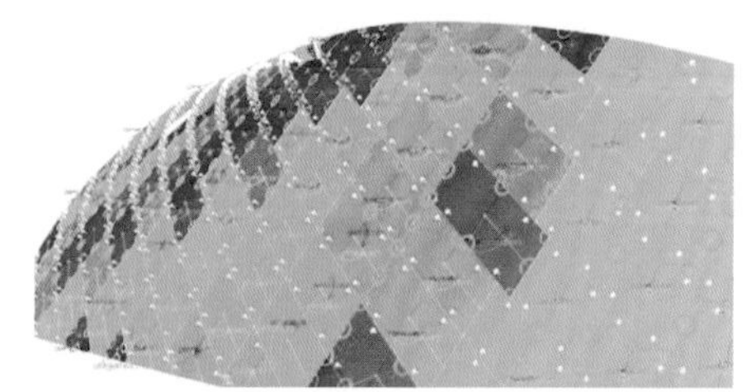

图 10-3-11 面板自适应实例化。使用 Power Copy 将携带几何形状、材料和安装约束信息的智能化面板布置在格栅之中，每块面板自动调整形状以适应栅格。面板连接用白点表示
图片由盖里技术公司提供。

图 10-3-12 玻璃“帆”的局部及整体优化
图片由盖里技术公司提供。

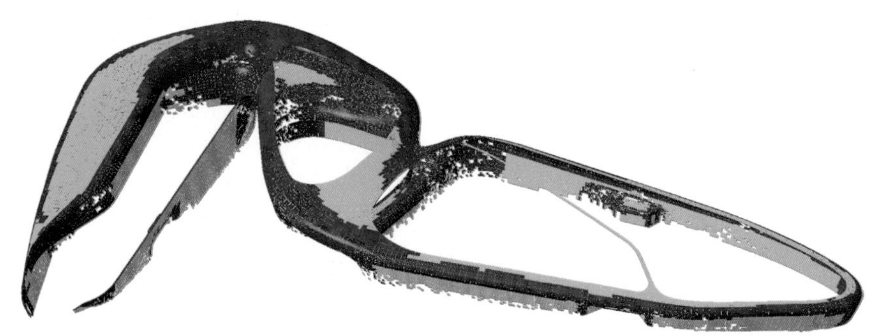

面板类型	数量（块）	面积（平方米）	占比（%）	平板	单曲面板	双曲面板
平板	13841	9492	29			
单曲面板	9554	7455	22			
双曲面板	21738	16281	49			
总计	**45133**	**33228**	**100**	**29%**	**22%**	**49%**

图 10-4-3 面板类型分布情况
图片由盖里技术公司提供。

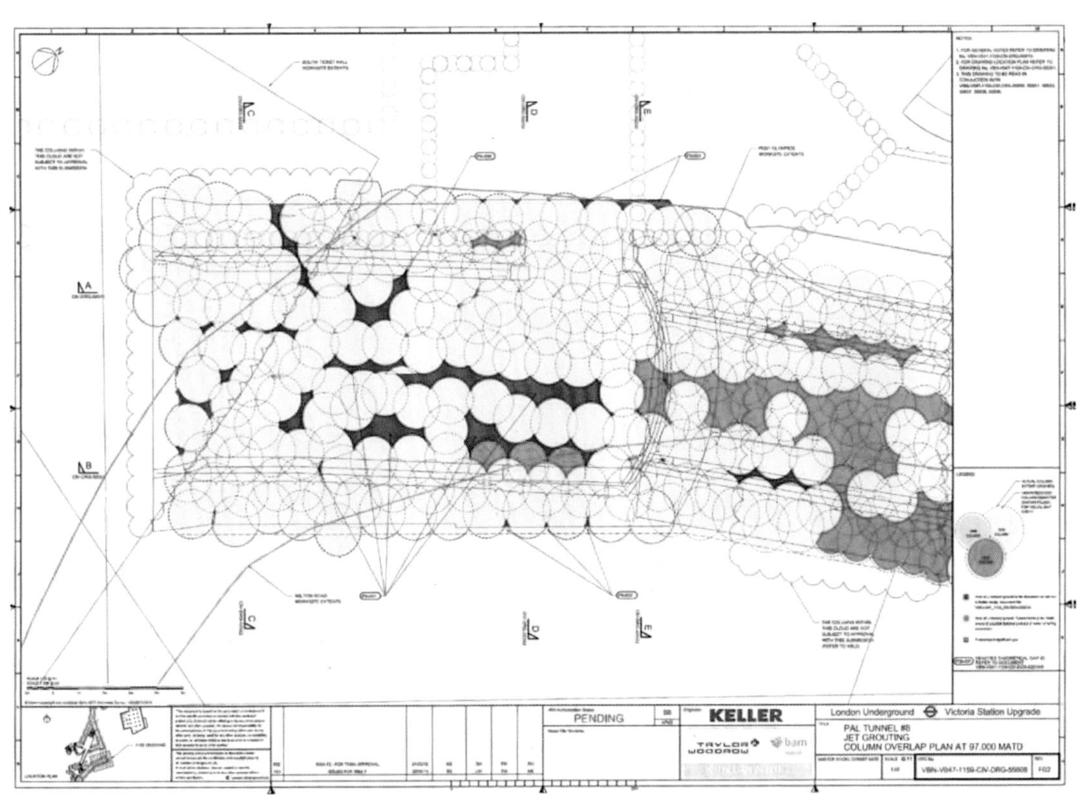

图 10-6-11 突显喷射灌浆过度重叠区域和需要关注区域的平面图
图片由泰勒·伍德罗和巴姆·纳托尔合资公司提供。

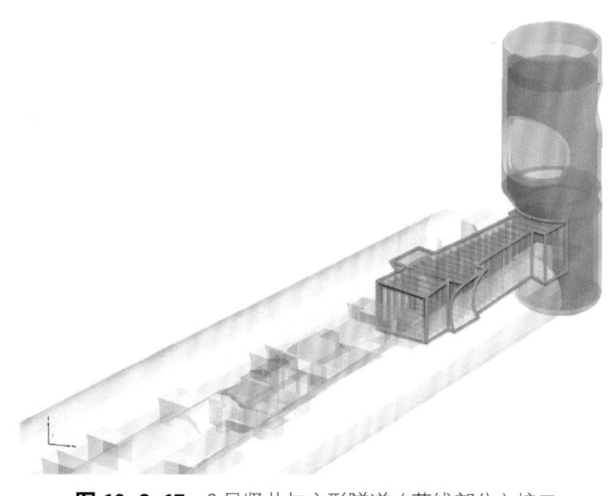

图 10-6-15 2号竖井与方形隧道（蓝线部分）接口
图片由泰勒·伍德罗和巴姆·纳托尔合资公司提供。

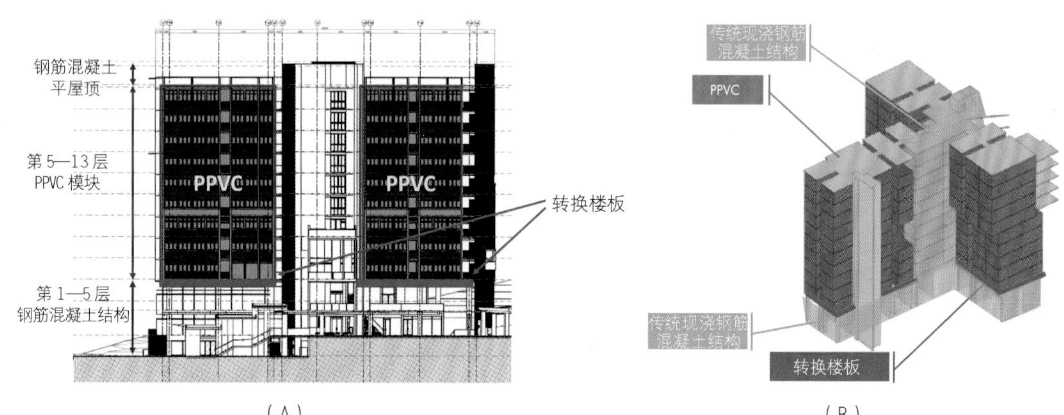

（A） （B）

图 10-7-2 PPVC与现浇钢筋混凝土结构的整合（PPVC与现浇结构混合方法）
（A）竖剖面图；（B）三维视图
图片（A）由莫德纳家居有限公司提供；图片（B）由P&T咨询有限公司提供。

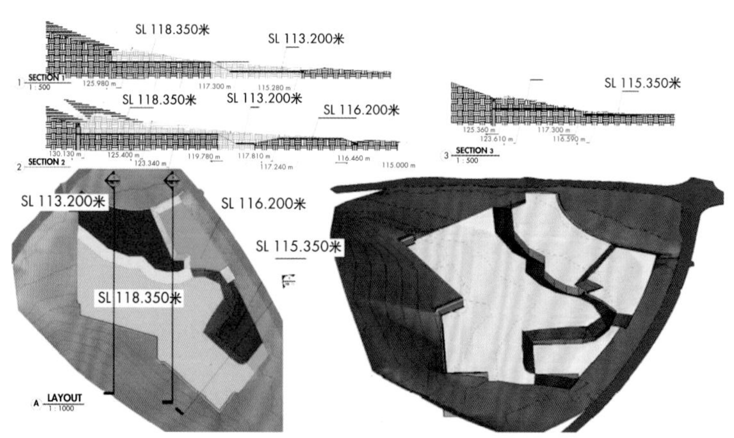

图 10-7-11 应用BIM模型计算土方挖填量
图片由P&T咨询有限公司提供。

RFEM 分析结果

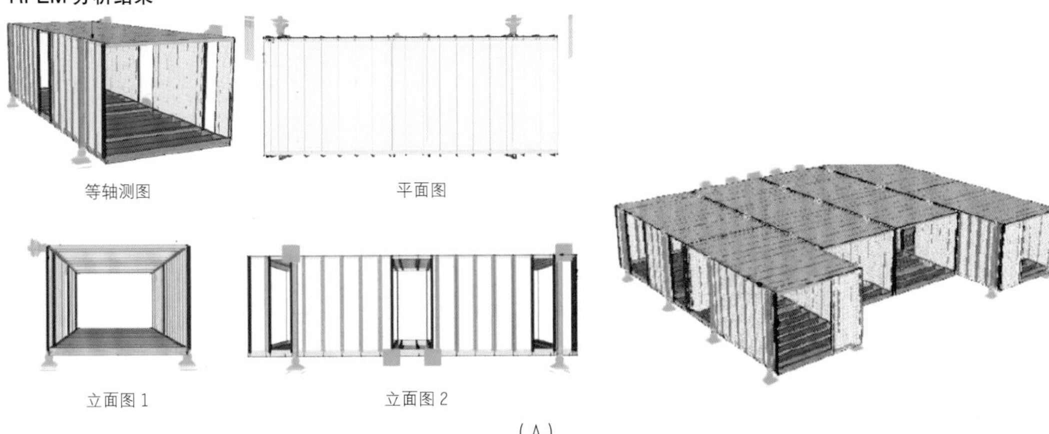

（A）

侧向荷载分析

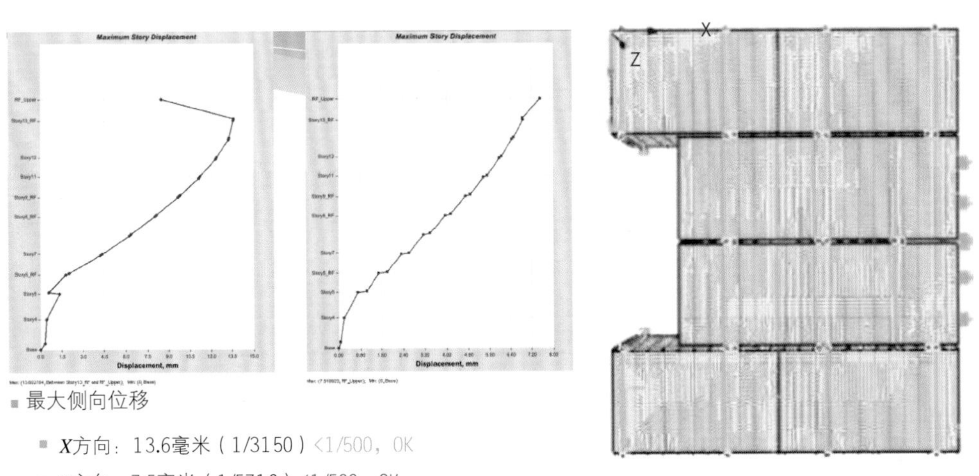

（B）

挠度分析

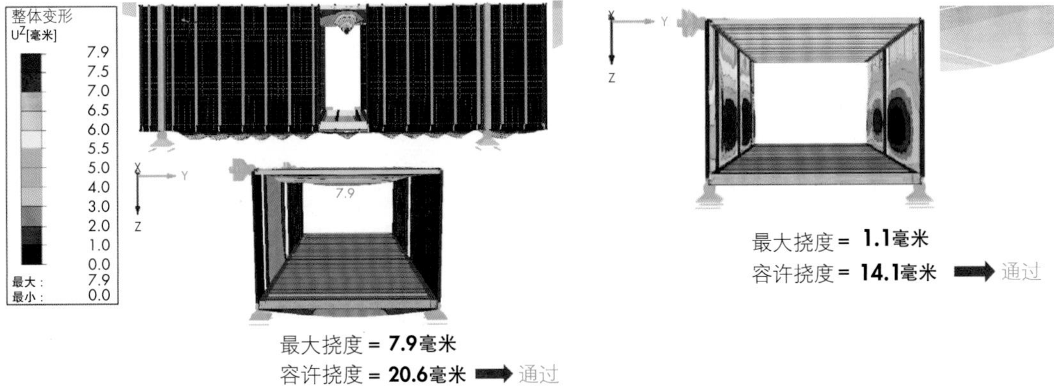

（C）

图 10-7-12 应用 BIM 进行结构分析获得的具有高度一致性和准确性的结果
图片由 BBR 集团新加坡桩基和土木工程有限公司提供。

MEP 整合研究

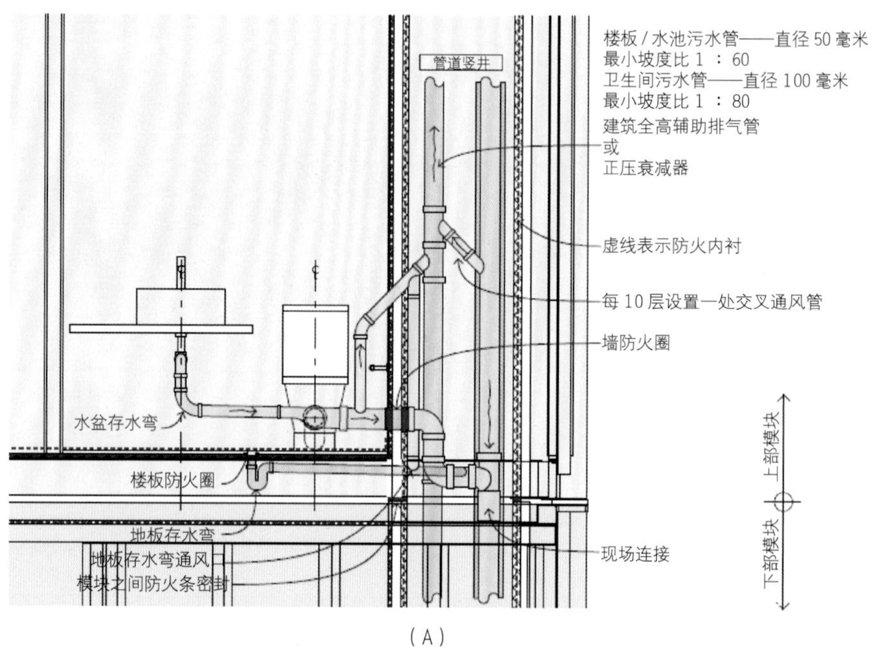

（A）

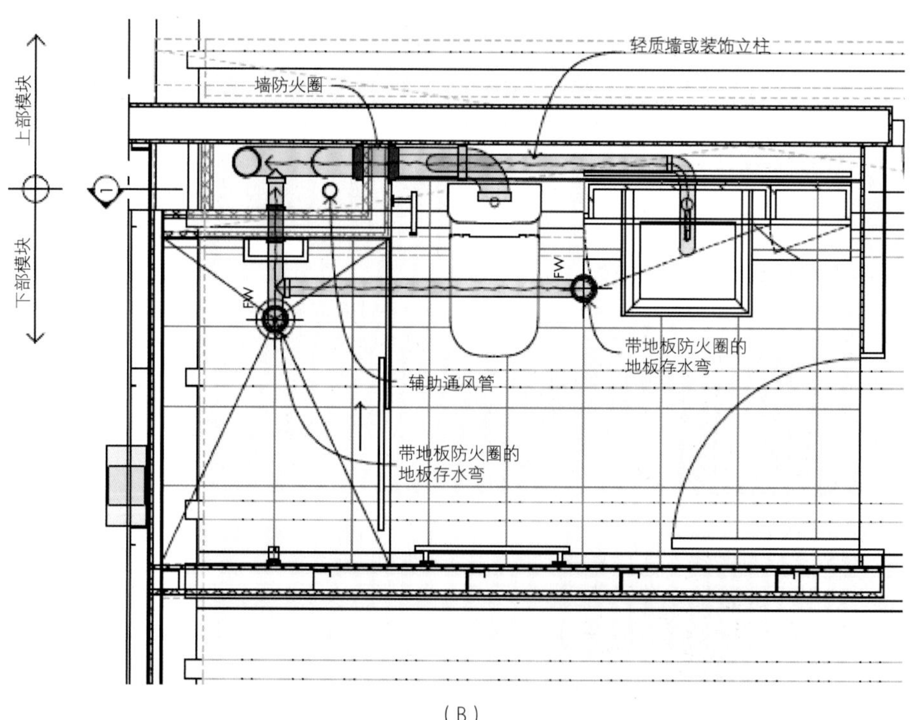

（B）

图 10-7-13 应用 BIM 进行 MEP 分析获得的具有高度一致性和准确性的结果

图片由 BBR 集团新加坡桩基与土木工程有限公司提供。

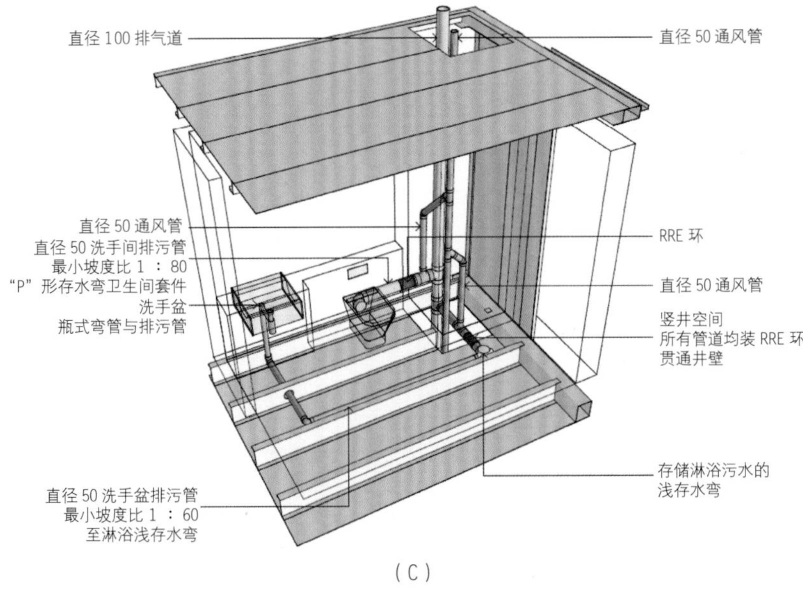

（C）

图 10-7-13 应用 BIM 进行 MEP 分析获得的具有高度一致性和准确性的结果（续）
图片由 BBR 集团新加坡桩基与土木工程有限公司提供。

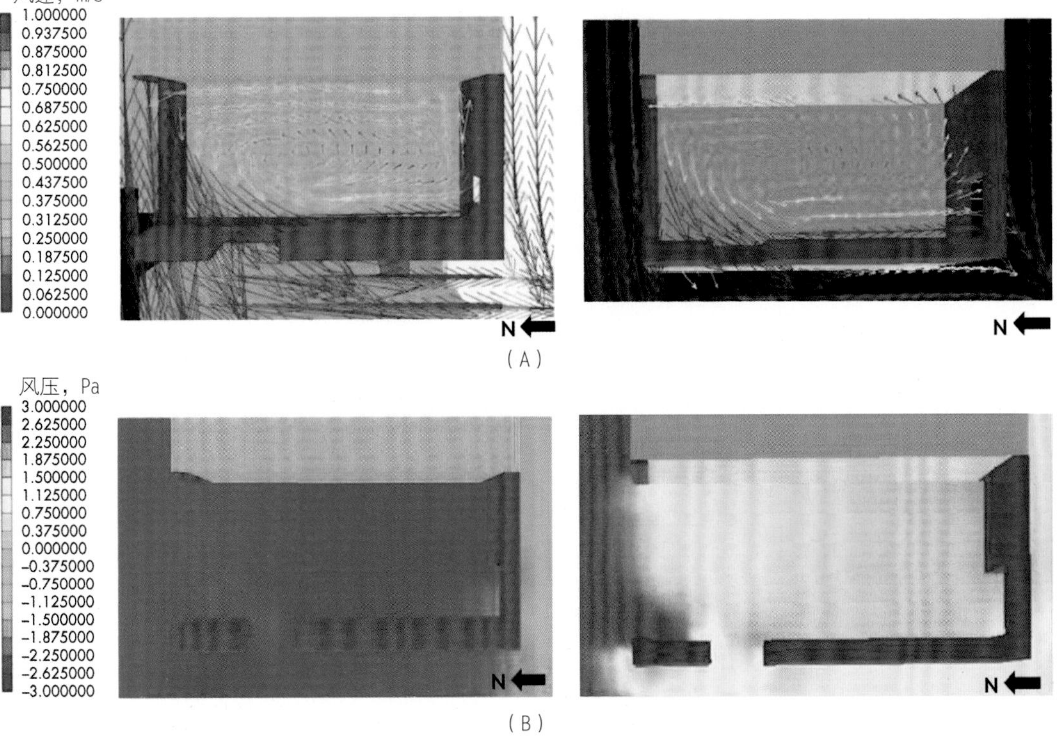

（B）

图 10-7-15 风速、风压分布图
图片由贝卡·卡特·霍林斯 + 费尔纳（东南亚）有限公司提供。

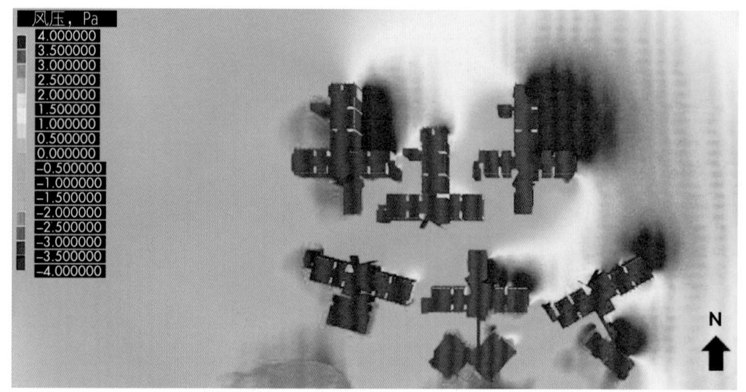

图 10-7-16 施工现场计算流体动力学（CFD）模拟
图片由贝卡·卡特·霍林斯 + 费尔纳（东南亚）有限公司提供。

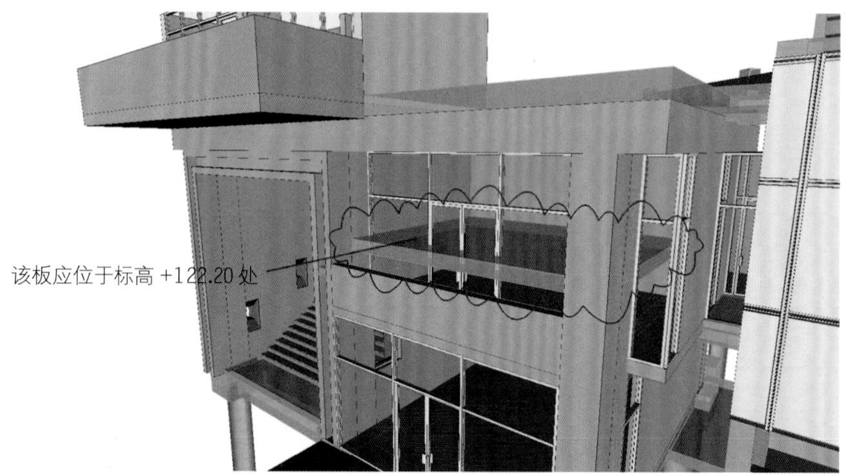

图 10-7-17 应用 BIM 进行冲突检测，以将施工协调过程中发现的错误降至最少
图片由 P&T 咨询有限公司提供。

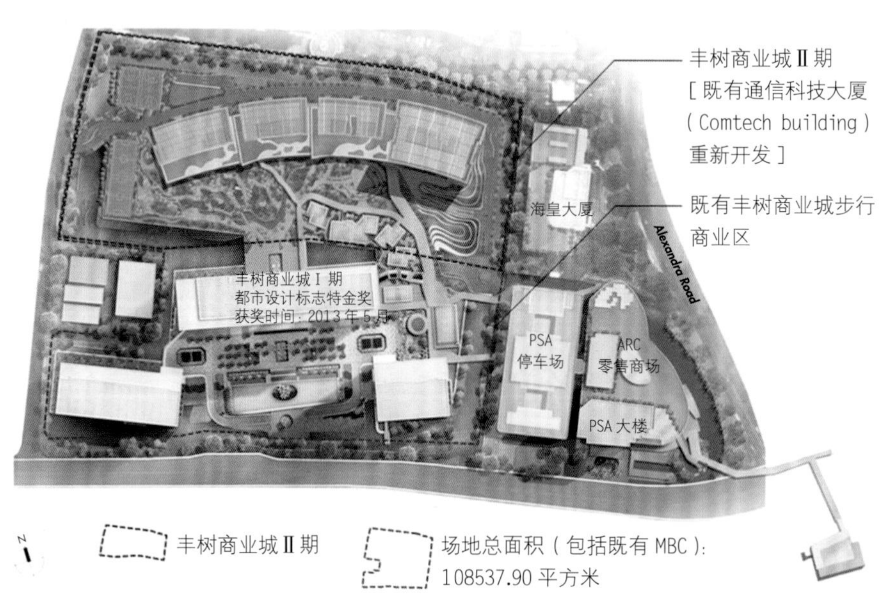

图 10-8-3 场地规划
图片由 DCA 建筑师事务所提供。

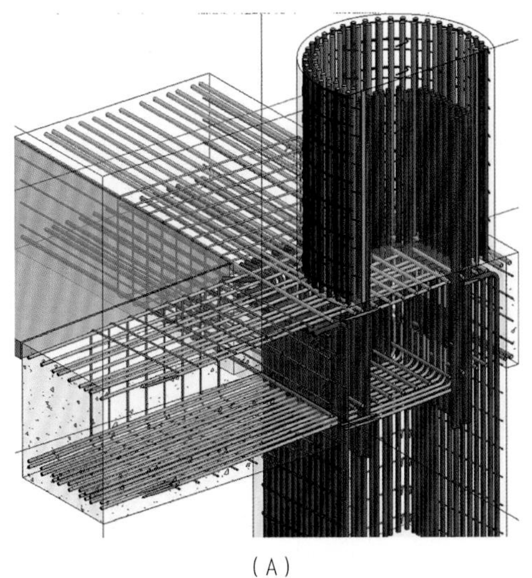

（A）

图 10-8-14　钢筋 BIM 模型
图片由清水建设株式会社提供。

图 10-9-4　在 BIM 建模和 BIM 与设施管理系统（FM）集成工作中各利益相关方的工作职责
图片由 TAV 建设集团提供。
注：本图与图 4-10 相同，但第 10.9.4 节与第 4.3.6 节对该图的解读视角不同。——译者注

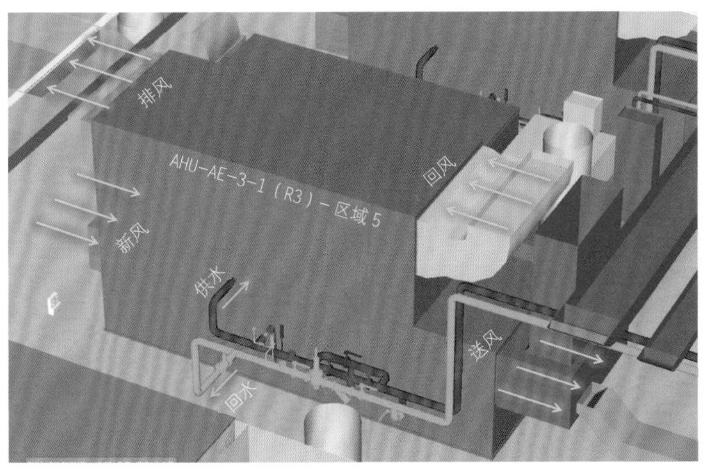

图 10-9-12　一个典型的空气处理机组以及与其连接的各个系统
图片由 TAV 建设集团提供。

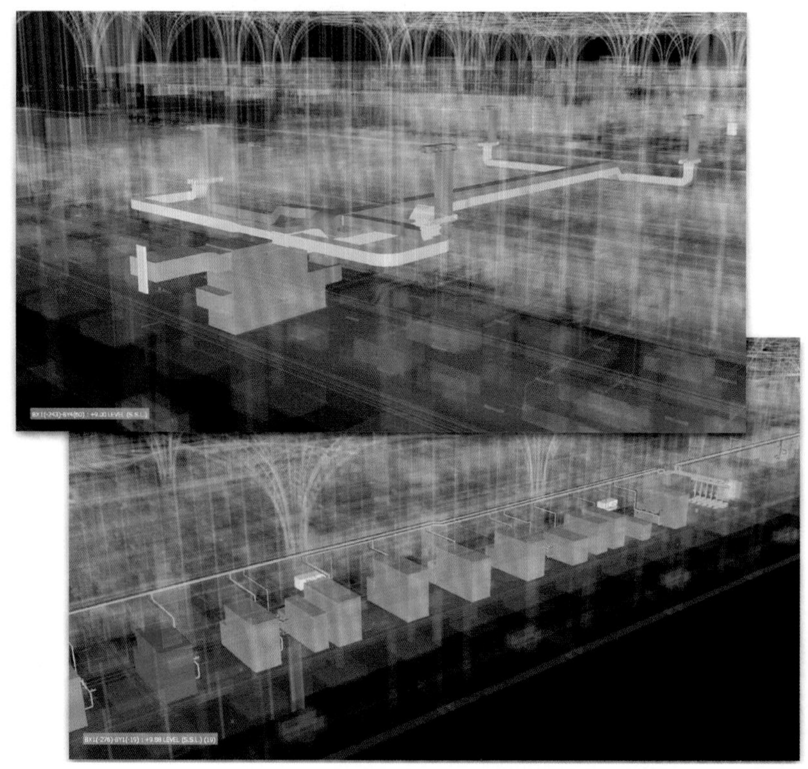

图 10-9-13 与供水 / 回水系统和风管系统相连的空气处理机组
图片由 TAV 建设集团提供。

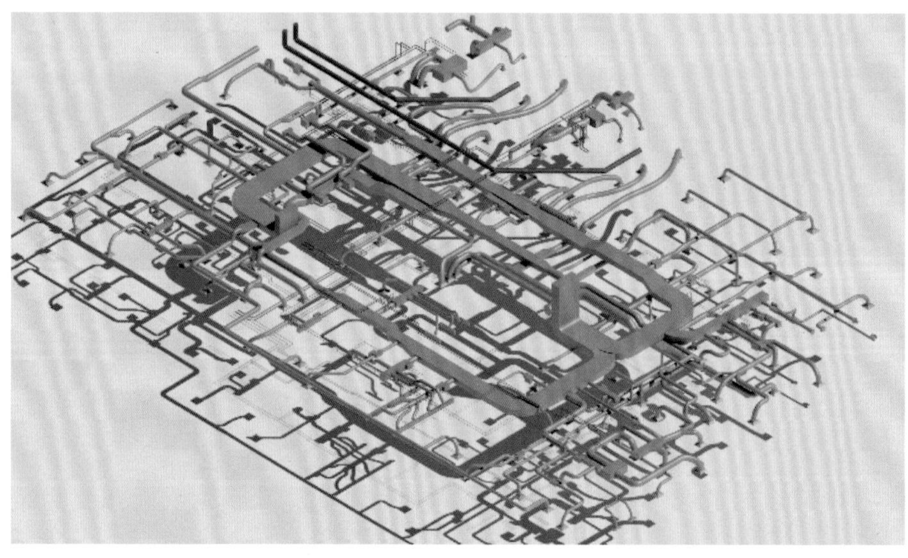

图 10-11-16 用于审核的隔离机械系统模型
图片由斯坦福大学医学中心提供。